“西门子杯”中国智能制造挑战赛

赛项优秀方案集锦

主　编　廖晓钟
副主编　冯恩波

清华大学出版社
北　京

内 容 简 介

"西门子杯"中国智能制造挑战赛，赛项涉及智能制造领域中的科技创新、产品研发、工程设计和智能应用等。本书展示了 2018 年总决赛的连续过程设计开发、逻辑控制设计开发、运动系统设计开发、工业信息设计开发、智能创新研发、企业命题、PLM 产线规划等赛项的部分获奖优秀方案书，以及由工程师总结的实用技术知识和工程设计经验。

本书可供"西门子杯"中国智能制造挑战赛参赛学生选用，也可供参加其他大学生学科知识竞赛的学生参考。

图书在版编目(CIP)数据

"西门子杯"中国智能制造挑战赛 赛项优秀方案集锦/廖晓钟主编. —北京：清华大学出版社，2019（2022.7重印）
ISBN 978-7-302-52946-0

Ⅰ. ①西… Ⅱ. ①廖… Ⅲ. ①智能制造系统－设计方案－汇编－中国 Ⅳ. ①TH166

中国版本图书馆 CIP 数据核字(2019)第 084579 号

责任编辑：王一玲 李 晔
封面设计：常雪影
责任校对：李建庄
责任印制：曹婉颖

出版发行：清华大学出版社
网　址：http://www.tup.com.cn，http://www.wqbook.com
地　址：北京清华大学学研大厦 A 座　　邮　编：100084
社 总 机：010-83470000　　邮　购：010-62786544
投稿与读者服务：010-62776969，c-service@tup.tsinghua.edu.cn
质量反馈：010-62772015，zhiliang@tup.tsinghua.edu.cn
印 装 者：三河市铭诚印务有限公司
经　销：全国新华书店
开　本：210mm×285mm　　**印　张**：32.25　　**字　数**：926 千字
版　次：2019 年 8 月第 1 版　　**印　次**：2022 年 7 月第 4 次印刷
定　价：129.00 元

产品编号：082563-01

赛项优秀方案集锦编委会

序（一）

工程师在人类发展史上发挥了举足轻重的作用。纵观我国诸多辉煌工程，例如水利工程、飞天工程、制造工程等，都是千万工程师付出巨大努力的历史杰作。一代又一代工程师为人类文明发展不断创造，为社会进步不断突破。在互联网快速发展的今天，我们依然应当重视工程技术人才的培养，让工程师成为年轻人向往的职业，让工程实践和工程创新继续服务于我们更美好的未来，这是中国工程教育肩负的历史使命。

作为中国高等教育和职业教育中规模最大的工程教育，还面临着很多现实的教育难题。为中国制造培养更多的优秀工程师，需要各方在日常教学、实践锻炼和竞赛活动中特别加强培养学生严谨的工程师精神，锻炼学生解决复杂工程问题的综合能力，以及提高学生与时俱进学习各种新兴技术的能力。只有让学生在成长过程中逐步获得各种能力的全面提升，他们才能感受到学习的乐趣和动力，他们才愿意走上工程师的职业道路，成为中国智能制造的新一代卓越工程师。我也希望在大家的共同努力下，将来有更多同学们愿意从事工程师行业，并且在各行各业的具体岗位中运用所学知识和智慧去创造更多的优秀产品、优秀工程，勇于发明与创新，造福全人类。

“西门子杯”中国智能制造挑战赛从创办伊始就以培养优秀工程师人才为目标，这份初心值得称赞。我本人也曾多次到比赛现场观摩，可以说见证了挑战赛的成长与发展。我很高兴每年看到有数万名大学生愿意参与到这样一个工程型的学科竞赛中，同学们在比赛中学习和锻炼，也敢于在比赛中与更多同学一起交流和竞争，这对于同学们的成长很有助益。在近几年的比赛中，每年都会产生大量的优秀学生方案和作品，这些方案和作品的质量在不断提高，这非常令人欣慰。同时，也希望将来参赛的同学们在比赛过程中除了学习技术，也要有意识地增强团队精神，提高表达能力和沟通能力。

今年，大赛秘书处和专家组共同出力从比赛中挑选了一些好的方案汇编出版，让优秀方案得以共享，互相学习，取长补短，这将使更多老师和学生从中受益，是一件大好事。感谢编委会各位专家和秘书处老师，还有各位贡献原创方案的老师和同学们。

最后，祝大赛越办越好，祝中国工程教育越办越好，祝中国优秀工程师队伍越来越壮大！

吴启迪
原教育部副部长
中国工程教育专业认证协会理事长
2019年6月

序（二）

从1847年维尔纳·冯·西门子先生发明了第一台指针式电报机开始，西门子股份公司的前身西门子-哈尔斯克电报公司正式登上了历史舞台。西门子先生堪称电气工业的先驱，最早的实业家和国际企业家之一，西门子先生的创新发明在一个多世纪前推动了人类社会文明的进程，促使人类迈入了“电气时代”。一代代的西门子人一直传承着西门子先生的创新精神、社会责任感和对可持续发展的关注，推动公司不断向前迈进。

在实践中创造价值是西门子矢志创新的灵魂所在，西门子先生曾说过：“空有灵感毫无价值，行之有效的发明应实现批量生产并广泛应用。”他的每一项发明都以应用于人们的生产生活为目的，如今在西门子将发明创造付诸实践的正是我们伟大的工程师们。这也是我们始终专注于工程师人才培养的意义所在。

为了将西门子的产品、技术和行业经验共享给中国高校和技术院校的师生，从2006年起，西门子发起并赞助了“西门子杯”中国智能制造挑战赛，为中国未来工程师的培养尽自己的一分力量。十多年来，通过竞赛平台的不断发展壮大，越来越多的学生在竞赛的舞台上展示出了自己的风采。部分参赛选手在毕业后踏入职场时也加入到西门子公司或者我们的客户企业中，并在工作中充分展示出了他们深厚的技术功底和工程素养。

将优秀的作品集结成册并正式出版将有助于把这些宝贵的经验传承下去，从而引领更多的学生找到适合自己的工程师成长之路。希望本书的出版可以带动、帮助更多人加入到工程师的队伍当中来！

本书的出版凝结了诸多专家、老师和同学们的努力。西门子将对竞赛以及中国智能制造工程师培养提供持续不断的支持和服务，我们也愿意继续与教育界同仁在工程人才培养的道路上共同探索和实践，一路同行，同心致远。

王海滨
西门子（中国）有限公司执行副总裁
数字化工厂集团总经理
2019年6月

序（三）

“西门子杯”中国智能制造挑战赛（原全国大学生“西门子杯”工业自动化挑战赛）是教育部与西门子公司签订的战略合作框架下国家A类赛事，也是目前国内智能制造领域规模最大的一项比赛。每年吸引约400所院校、3000多支参赛队、1万多名大学生，在全国范围分14个赛区进行比赛，得到许多高校学生的热烈响应和学校领导与教师的积极支持。挑战赛涉及与工业4.0智能制造相关的离散/连续过程智能自动化、智能逻辑控制、智能机器人、智能硬件研制、智能软件开发、智能工业网络、智能创新研发及全生命周期数字化智能设计等技术与应用，以培养自动化、信息化、数字化和智能化卓越工程人才为目的，以搭建工业界与教育界交流平台，促进人才培养供需结合，给工程教育改革提供开放式试验田为宗旨。截止到2018年，已连续举办12届，届届口碑相传。挑战赛于2010年纳入教育部质量工程资助项目，2012年被中国-欧盟工程教育论坛列为唯一支持的大学生竞赛项目，2015年成为教育部“产学合作专业综合改革项目和国家大学生创新创业训练计划联合基金”主题项目，2016年纳入为教育部中德青少年交流年活动内容之一，2017年纳入为教育部中德高级别人文交流对话机制成果，2017年选为“金砖国家技能发展与技术创新大赛”的核心赛事。

挑战赛按“创新研发”“设计开发”和“应用实施”3大类设置赛项，除了“应用实施”类赛项外，其他赛项都融入了智能化要素，“智能化”成为挑战赛的技术关键词。

“创新研发”类设有3个赛项：“智能创新研发”“企业命题”和“PLM（Product Life Cycle Management）产线规划”，其中“智能创新研发”为开放型赛项，“企业命题”和“PLM产线规划”为征集型赛项。

“设计开发”类设有4个赛项：“连续过程设计开发”“逻辑控制设计开发”“运控系统设计开发”和“工业信息设计开发”。要求参赛选手具备不同行业复杂系统在多目标优化环境下的分析、设计、开发、实施和调试能力，强调系统方案的创新性，鼓励参赛选手采用智能化方法解决复杂的工程系统问题。

“应用实施”类设有2个赛项：“连续过程应用实施”和“逻辑控制应用实施”。要求参赛选手具备不同行业复杂系统的分析、设计和实施能力，强调工程实施的严谨性、项目执行的可靠性和应对复杂故障的处理能力。

挑战赛设置的所有赛项都体现有智能化的要求，参赛选手从中可以体会到智能化时代的到来。“智能化”不同于“自动化”，它们之间有本质的区别。“自动化”不需要人去干预，而“智能化”是要像人那样地干预。

从历届的挑战赛情况看，参赛选手在以下9个方面的能力得到了逐步提高：

（1）探究工程问题的研究能力；

（2）解决工程问题的实践能力；

（3）体现创新意识的设计能力；

（4）工程问题的分析能力；

（5）预定目标的开发能力；

（6）个体担当、协同合作的团队精神；

（7）工程职业道德、社会责任的职业规范；

（8）与业界同行交流的沟通能力；

（9）不断进取和适应发展的学习能力。

但是，下面7个方面的问题还是目前的短板，需要进一步加强。

（1）全局的工程思想。

自动化是工程类专业，工程强调的是全局性。自动化工程项目涉及控制技术、开机流程、参数调节、实时通信、CAM技术、HMI界面设计、故障诊断、状态监测，甚至商业管理等，还可能涉及项目开发过程中设备选型、工艺仿真、逻辑规划、控制模型等，没有全局工程思想是无法把控项目的全局进程的。

（2）综合解决问题的能力。

如果对自动化所服务的主体对象缺乏了解和相应的知识，是不可能设计出贴合需求的自动化方案。参赛选手之所以缺乏综合解决问题的能力，是因为缺乏行业过程知识，难以对工艺、装置、自动化、信息化等多方面知识进行综合处理。

（3）系统的思维方法。

系统化思维就是对复杂系统的分析、表达和建模，对所学知识的灵活运用，以及利用工程思维方法解决系统问题，需要在实践中积累，并非全凭自己能领悟获得的。

（4）创新能力。

虽然创新研发赛项的参赛选手思路活跃，在“攻击”环节中表现出大智大勇，但实际上往往没有真正“攻击”到痛点，也可以说是一种缺乏创新能力的表现。

（5）软件工程思想。

软件是自动化行业的竞争核心，未来工业 4.0 时代自动化软件会变得更为复杂，包括分布式工艺控制软件、信息标签软件、数据分析软件、视觉集成软件、机器人智能算法软件，加上 MES 软件、EMS（能源管理）软件、PDA 数据采集软件等，不具备软件工程思想是难以玩转自动化软件系统的。

（6）运营管理知识。

不论是自动化、信息化还是智能化，都是以企业能够更快、更多、更灵活和更敏捷运转为目的。反映到技术领域，至少包括产品研发和产品生产两个方面的全生命周期和制造全过程的运营和管理，说明未来的自动化人才必须具备运营和管理知识。

（7）工程素养。

优秀的工程师不仅仅要求技术精通，而且在自我修炼方面表现要优异，要具备积极主动、结果导向、以数据说话、多向沟通和团队合作能力，这才会是一名真正优秀的工程师。

除此之外，更让人担忧的问题是方案设计书的编写，真的很不令人满意，某些参赛选手编写的方案设计书简直令人无语。不过也不能全怪参赛选手，他们没有受过这种训练，不知道应该怎么写方案设计书，也没有人告诉他们应该怎么写。这次编辑出版“赛项优秀方案集锦”，其目的就是为了帮助参赛选手提高编写方案设计书的能力。能够入选“集锦”的参赛选手，有人教他们怎么编写，还有人帮助校对和提修改意见，反复多次，选手得到了很好的训练。编写出来的方案设计书对不能入选“集锦”的参赛选手来说，可以起到很好的示范作用，从中可以很好地学到应该如何编写方案设计书，包括设计书的整体框架、章节安排、内容取舍、行文规范，甚至文字描述等。这正是编辑出版这本“集锦”的目的，希望对以后的参赛选手会有所帮助。

这本“集锦”经过 4 个月的组稿，仅用 5 个月时间就公开出版了。需要感谢的方面很多，首先要感谢全体大赛评审专家的努力，他们认真把关，严格审校，使“集锦”保持科学性和可模仿性；还要感谢“西门子杯”中国智能制造挑战赛秘书处的辛勤劳动，没有他们的组织和管理很难顺利完成组稿任务；当然，“集锦”出版的最大功劳应归于入选集锦的参赛选手和指导教师，是他们把参赛方案写成规范的文本，达到出版要求；清华大学出版社为“集锦”的出版也付出很多，他们打破正常的出版流程，修订了一套加快流程，以保证“集锦”在 2019 年挑战赛开赛之前付梓，满足亟待需要的参赛选手。

萧德云

清华大学自动化系教授，博士生导师

“西门子杯”中国智能制造挑战赛专家组组长

2019 年 6 月

前　言

“西门子杯”中国智能制造挑战赛（原全国大学生“西门子杯”工业自动化挑战赛）以“立足培养，重在参与，面向工程，追求卓越”为指导思想，旨在促进高等学校的工程实践能力教育，提高学生的工程设计能力、工程创新能力、工程研发能力、工程素养等工程师的综合能力，在竞争中练就成为未来的新工程师。赛项涉及与工业4.0智能制造相关的连续/离散过程智能自动化、智能逻辑控制、智能机器人、智能工业网络、智能创新研发及全生命周期数字化智能设计等技术与应用。挑战赛至今已经成功举办了12届，2018年有约400所学校的3000多个参赛队参加竞赛。

“西门子杯”中国智能制造挑战赛的赛题都源自于工程实际，学生在逼近工业工程实际的多元环境下完成任务，能够全面训练和提升综合工程能力。参赛学生一般要根据项目任务书要求，通过团队协作完成项目分析、设计、开发、任务分解、任务规划、任务执行、撰写方案设计报告、成果 / 作品展示、方案答辩等过程。其中方案设计报告作为工程文档的一部分，其撰写也是工程师所应该具备的基本能力。为了帮助参赛选手提高工程文档的撰写能力，竞赛委员会决定从2018年总决赛获奖参赛队方案中挑选一部分优秀方案书，通过专家指导参赛学生对其设计方案书进行修改完善，之后汇编出版“赛项优秀方案集锦”。学生在修改完善方案书的过程中，提高了工程文档的撰写能力。更重要的是，“赛项优秀方案集锦”可以为下一届参赛学生撰写工程文档提供学习参考。另外，“赛项优秀方案集锦”也能展现获奖学生的成果，起到互相交流学习提高的作用。

今年大赛结束时，赛项委员会成立了“赛项优秀方案集锦”编委会，收集获奖参赛队的方案书，经过编委会专家初选，再从设计书的整体框架、章节安排、内容取舍、行文规范，甚至文字描述等方面给予学生指导，力求将方案书写成规范的文本，达到出版要求。经过专家认真仔细的指导，参赛学生几轮的修改，最后由专家组集体讨论选出拟出版的方案书共18份。之后又经过专家仔细审核校对，形成了最终出版稿。

编委会特别邀请了具有丰富经验的工程师，撰写相关的实用技术知识，分享工程设计经验。还邀请了7位赛项指导教师，分享竞赛指导经验和体会。

本书正文共8部分。第一部分介绍“西门子杯”中国智能制造挑战赛的赛项设置、赛项实施的育人理念、2018 年赛项总体方案等。第二至第八部分分别是“连续过程设计开发”“逻辑控制设计开发”“运动系统设计开发”“工业信息设计开发”“智能创新研发”“企业命题”“PLM产线规划”7个赛项的任务书和入选的优秀方案书。本书附录是由工程师撰写的实用技术知识和工程设计经验，包括多回路控制与调节器整定、卷绕张力控制、工业网络项目实战、自动化工程项目的实施、Solid Edge应用实例剖析等。赛项指导教师的经验分享也放在附录中。

历经4个月时间的紧张组稿工作即将结束，在此衷心感谢为本书出版辛勤付出的人们。感谢“西门子杯”中国智能制造挑战赛组委会和秘书处，感谢编委会全体专家，感谢参赛选手和指导教师。最后要特别感谢“西门子杯”中国智能制造挑战赛专家组组长萧德云教授，从“集锦”的策划、工作的组织、方案书的规范模板等等，都给予了全面指导和把关。

本书是“西门子杯”中国智能制造挑战赛首次汇编出版赛项优秀方案集锦，难免经验不足，存在错误和不当之处，敬请读者批评指正。

廖晓钟
北京理工大学教授，博士生导师
《赛项优秀方案集锦》编委会主任
2019年6月

目　　录

第一部分　“西门子杯”中国智能制造挑战赛

第二部分　“连续过程设计开发”赛项

第三部分 “逻辑控制设计开发”赛项

第四部分 “运控系统设计开发”赛项

第五部分　“工业信息设计开发”赛项

第六部分　“智能创新研发”赛项

第七部分 “企业命题”赛项

第八部分　“PLM 产线规划”赛项

第九部分　附　　录

第一部分

“西门子杯”中国智能制造挑战赛

“西门子杯”中国智能制造挑战赛的赛项设置

萧德云[①]

在中国面临从制造业大国向制造业强国转型的历史时期，“中国制造 2025”已成为新的国家发展战略，为了提升大学生的工程技能素养和实践动手能力，教育部高等学校自动化类专业教学指导委员会、西门子（中国）有限公司和中国仿真学会于2006年共同创办了“西门子杯”中国智能制造挑战赛。

挑战赛立足智能制造技术，以培养优秀的自动化智能技术人才为宗旨，以推广和应用智能制造技术为任务。就人才培养而言，以培养下面两类人才为目标，与之对应设置了两大类8个比赛项目。

（1）具有商业意识、创新意识、扎实技术的创新研发型人才。

（2）具备智能系统综合设计、开发和优化能力的工程应用型人才。

第一类培养的是具有创造力与研发能力的人才，对应的职位是产品经理、系统架构师、研发工程师；第二类培养的是具有综合设计、系统开发与优化能力的人才，对应的职位是系统设计、技术应用工程师。

根据当前国内工程教育的现状和挑战赛的宗旨，挑战赛设计了“创新研发”和“工程应用”两种类型的赛项，其中“工程应用”类赛项分本科组与高职组。

“创新研发”类赛项针对不确定的需求问题，以产品与服务创新、设计和开发为主，设有“智能创新研发”“协作机器人”“PLM（Product Life Cycle Management）产线规划”和“企业命题”4个赛项，其中“智能创新研发”为开放型赛项，“协作机器人”“PLM产线规划”和“企业命题”为征集型赛项。

“智能创新研发”赛项以智能产品、智能装备、智能服务的研发过程为背景，参赛队以创新创业团队的角色参与竞赛。主要考察参赛选手在产品创意、设计、研发过程中技术与商业的结合能力，综合运用跨学科知识与技术的能力。有趣的是，为了真实模拟商业环境，激发产品创新热情，该赛项采用对抗赛的形式，以优秀产品经理所需的能力为参照，考察参赛选手在多方激烈的攻击与反击氛围中表现出对商业价值的敏锐判断力、对核心问题的辨别能力、对深层问题的分析能力、对支撑产品核心竞争力的技术能力、对竞争对手的快速学习能力和严谨的产品研发管理能力。

“协作机器人”赛项以采用人机协作生产方式的企业为背景，针对某项复杂的工作任务，运用工作流和人因工程方法，对任务动作进行分解，在满足质量管理的要求下，设计、开发需要的人机协作工位，并完成工程实施，主要考察参赛选手的任务分析、研发和实施能力。

“PLM 产线规划”赛项以制造业工厂升级改造为背景，针对某项生产任务，在有限的车间面积和资源投入条件下，设计一条投入产出比最优的生产线，包括零件规划与验证、装配规划与验证、机器人与自动化规划、工厂设计与优化、质量生产管理及制造流程管理等。参赛选手以乙方的角色参与企业的升级改造过程，以仿真手段对生产过程进行模拟，以产能、投入、灵活性和品质控制为综合指标，考察参赛选手对PLM软件的使用能力和创新能力。

“企业命题”赛项从企业真实需求出发，以“中国制造 2025”战略下企业转型升级为背景，由合作企业提供生产过程中存在的有关质量、效率、灵活性及安全等课题。参赛选手根据需求进行问题解析、方案设计及专用设备原型机研制，在设计方案论证的基础上，要求在仿真环境下对原型机进行实际验证。该赛项涉及管理、机械、电子、材料、物料及工艺等综合知识，除了由企业专家进

---

① 萧德云，清华大学自动化系教授，博士生导师，“西门子杯”中国智能制造挑战赛专家组组长。

行评审和第三方测试外，还要经历参赛队之间的对抗竞争。该赛项一方面可以帮助企业解决实际问题，另一方面也能考察参赛选手解决实际问题的能力和水平。

“工程应用”类赛项针对比较具体的项目需求，要求完成项目设计、开发、实施和优化等任务，设有“连续过程设计开发”“逻辑控制设计开发”“运动系统设计开发”和“工业信息设计开发”4个赛项。主要考察参赛选手对不同行业复杂系统在多目标优化环境下的综合分析、设计及控制系统的开发、实施与调试能力；强调控制方案的创新性，鼓励参赛选手采用智能控制算法解决复杂系统的优化问题。

“连续过程设计开发”赛项以流程行业连续生产过程的智能升级改造为背景，参赛队以乙方角色承接项目任务，内容包括生产工艺与对象特性分析、控制系统设计、系统实施调试及优化等。同时，从流程行业的安全生产角度考虑，完成系统的风险辨识、评估，监控、报警及安全连锁等的设计与实施，项目完成后移交甲方验收。

“逻辑控制设计开发”赛项以智能工厂、智能车间、智能生产线离散过程为应用背景，参赛队以乙方角色承接项目任务。重点考察参赛选手对离散系统的综合分析、控制系统设计、智能调度优化、HMI界面组态、工业云开发、工程实施及异常事故处理能力，强调工程方法的严谨性和控制系统应用的完整性，在控制优化、调度方面鼓励创新。

“运控系统设计开发”赛项以智能工厂、智能车间、智能生产线运动系统为应用背景，以印刷、包装、缠绕、剪切、抓取、机床、机器人等工业场景中的精准定位、同步、跟踪为应用主题，参赛队以项目乙方角色参与竞赛。重点考察参赛选手对运动控制系统（如张力控制、多轴同步、速度控制等）的综合分析、智能算法开发、控制方案设计、实施、模块开发及异常事故处理能力，鼓励控制方案及算法的创新。

“工业信息设计开发”赛项以工业通信网络为应用背景，主要考察参赛选手面向实际工业生产所需的实时冗余通信网络的需求分析、网络拓扑结构设计、优化、实施及故障处理能力，鼓励在满足通信需求的条件下在网络结构设计、网络功能和网络信息安全方面的创新。

挑战赛从2006年第一届10个参赛队发展到2018年的3100多个参赛队，比赛项目也从单一的仿真控制拓展到过程控制、运动控制、逻辑控制、工业网络、算法研发、硬件研制、软件开发、产品生命周期管理、工程创新和企业命题等多个赛项。十几年过去了，挑战赛得到学校和企业的充分认可，影响步步深入人心，参赛选手逐年增加，学校的关注度节节提升，企业也开始争抢获奖人才。

2018年的挑战赛历时6个月，在全国分14个赛区进行，通过层层选拔，最终从399所学校的3100多个参赛队中脱颖而出140所学校300多个参赛队进入总决赛。挑战赛为企业、高校和学生三方搭建了互动平台，构成了一种“鲜活型”的育人模式，推动理论与实践的有机结合，促进大学生综合工程能力的提高。近年挑战赛涉及面逐步扩大，难度不断增加，赛项更加接近工程化要求，覆盖的知识面更广。连续过程控制赛项要求选手从系统特性分析入手，自行设计控制系统，包括检测点的确定，执行机构的选择和控制回路的构成等，真正像一名工程师完成项目设计的全过程。逻辑控制赛项的对象不仅限于仿真环境下的资源调度问题，增加了实物生产线的调试，并要求将控制系统的信息通过物联网技术构建云端的信息化系统，无疑给参赛选手增加许多复杂难度。运动控制赛项对参赛选手提出更有压力的精准控制要求，参赛选手倍感比赛不再那么轻松。工程创新赛项采取限定主题，但不限硬件品牌的比拼方式，使得参赛选手的创造力更具针对性，才智的发挥具有更大的空间。工业网络赛项涉及的知识内容非常广泛，对参赛选手是一种严峻的考验。

每届参赛选手的参赛热情都极为高涨，在激烈的竞争中，碰撞出思想火花，个人的能力得到发挥，个人的意志得到历练。参赛选手个个生龙活虎，有模有样，人人颇像企业界的工程师，赛场充满活力。许多参赛选手在赛题难度加大的情况下依然能获得高分，在激烈的挑战赛面前表现淡定。从参赛选手身上，看到了自动化、智能化事业的未来。

从参赛过程看，参赛选手最大的收获是获得一次跨专业、跨学科的综合锻炼，在逼近工业实际的多元环境下，锻炼系统化思维、结构化解决问题的工程能力。通过比赛让参赛选手了解到企业的实际需求，并思考如何运用所学知识去解决问题，帮助实现工程与职业思维的转换，从中也不断体验到未来职业生涯所需的服务意识、安全理念、追求卓越精神，在竞争对抗中激发潜能，培养热爱专业的精神。

然而，从挑战赛的情况看，参赛选手在工程思维方式、系统分析能力方面还存在较大的不足。系统分析设计以及调试、排除故障的能力还比较差。有些参赛选手的思维方式还停留在课堂作业的解题上，以追求高分为目的采用反复试凑的方法，就工程能力的培养来说，这是不可取的。挑战赛有意识地引导参赛选手依靠扎实的专业知识和技能，通过分析和设计，学会站在甲方角度来思考，以解决工程实际问题。对工科学生而言，编写的设计文档、答辩报告的水平及答辩的表达能力也有待提高。由于日常缺乏思维训练，在对抗赛中攻击或反击能力往往还不能有力地击中关键点。

通过 12 届"西门子杯"中国智能制造挑战赛，深刻体会到一个道理：自动化专业的目标是培养具有深厚理论知识、较强工程实践能力、良好综合素质、富有开创性的高层次工程技术人才。就工程教育的角度而言，这样的专业人才培养是理论教学与实践教学、工程项目、工程训练和社会调研等方面结合的工程教育过程。然而，要建立一套完整的工程教育体系，不能离开高水平、有影响力的重大工程的支撑，不能离开产学研的协同合作，只有紧密结合国家战略需要，注重改善教学实践环境和师资结构，注重工程学科的交叉融合，调动工业企业和社会资源的积极参与，才能确实保障工程教育的落实。

（本文根据《自动化博览》2018 年 8 月刊【"西门子杯"中国智能制造挑战赛倡导的理念】改写）

“西门子杯”中国智能制造挑战赛
——在竞争中练就成为未来的新工程师

萧德云[1]

“西门子杯”中国智能制造挑战赛涉及智能制造领域的科技创新、产品研发、工程设计、技术应用及品牌管理等知识，面向全国控制科学与工程、电气工程、机械工程、仪表科学与工程、信息与通信工程、计算机科技与技术等相关学科的研究生、本科生和全国自动化类、机电设备类、机械设计制造类、电子信息类、计算机类及网络通信类等相关专业的高职高专学生。

挑战赛以“立足培养，重在参与，面向工程，追求卓越”为指导思想，旨在促进高等学校的工程实践能力教育，提高学生的工程兴趣、工程素养、工程设计能力、实践动手能力、工程创新和工程研发能力，培养提高以下十一个方面的基本能力。

（1）具有能够应用自然科学和工程科学基本原理，借助文献资料和他人经验，探究复杂工程问题的研究能力。

（2）具有能够应用自然科学、工程基础和专业知识与技能，解决实际复杂工程问题的实践能力。

（3）具有能够针对复杂工程问题，设计满足特定需求的系统、单元部件或工艺流程，在设计中体现创新意识，考虑与社会、健康、安全、法律、文化及环境保护等相关联的设计能力。

（4）具有能够基于科学原理并采用科学方法对复杂工程问题进行剖析，包括实验验证、现象解释、数据整合，并通过信息综合得到合理结果的分析能力。

（5）具有能够针对复杂工程问题，选择与使用恰当的技术、现代工程和信息技术工具，进行富有预测性的开发能力。

（6）具有能够基于工程相关背景知识进行合理综合，对复杂工程问题的解决方案，及其对社会、安全、法律、文化和可持续发展的影响和应承担的社会责任的评估能力。

（7）具有人文科学素养、社会责任感，能够在工程实践中理解并遵守工程职业道德，履行责任的职业规范。

（8）具有能够在多学科背景下承担个体责任、协同合作的团队精神。

（9）具有能够就复杂工程问题与业界同行及社会公众进行沟通与交流，包括撰写报告和设计文稿，并具备一定的国际视野，能够在跨文化背景下进行交流的沟通能力。

（10）具有能够应用工程管理原理与经济决策方法，在多学科环境中组织项目的管理能力。

（11）具有自主学习和终身学习的意识，不断进取和适应发展的学习能力。

这十一个方面的基本能力应该是智能互联网时代未来新工程师的素养要求，其实质就是强调同时具备技术创新、经营意识和人文情怀的能力，也可以说是挑战赛有意倡导的一种理念——“在竞争中练就成为未来的新工程师”，就是向参赛选手呼吁，要将自身锻就成兼备以上十一个方面基本能力的人才。这种理念逐渐为参赛选手所接受，慢慢成为挑战赛的灵魂，成为参赛选手的一种信仰，主宰参赛选手的行为。

新工程师，包括从事产品（或装备）创新和创造的技术工程师，从事产品（或装备）设计和研制的开发工程师，从事生产管理、制造和运营的管理工程师，从事规划、设计和建造的项目工程师，从事产品推广、营销和服务的营运工程师，从事调研、设计和培训的咨询工程师等。在智能化和互

---

① 萧德云，清华大学自动化系教授，博士生导师，“西门子杯”中国智能制造挑战赛专家组组长。

联网+时代下，对这些新工程师而言，在从事技术研发、经营管理、商业咨询和技术服务时，要求具备系统的思维方式，跨专业、跨学科完成复杂任务的能力，包括掌握和运用新技术解决问题的能力，以及自我管理和创新创业所需的技术与商业结合的能力及人文智商能力。简单地说就是做事的能力和管理的能力，也就是新时代下创新创业所需的商业与技术结合的能力。这些能力要求是挑战赛倡导的理念所涵盖的实质性内涵。

挑战赛倡导的这种理念在组织行为学里叫“胜任力”，既要胜任专业技术要求，又要胜任岗位对于沟通能力、系统思考能力的要求。综合而言，就是专业知识、技能与素养的综合，构成新工程师能力。

下面从 4 个维度对新工程师“胜任力”做进一步的描述。

第一维度：技术能力，包括专业技术和公共技术能力。专业技术能力表现为运用科学知识、专业知识、专业工具、专业方法解决问题的能力；公共技术能力表现为运用信息化技术、自动化技术、数字化技术、智能化技术和安全与绿色制造技术解决问题的能力。

第二维度：管理能力，指能适当运用所学和可用的资源，获得最优化的工作输出，也就是通常所说的包括自我管理能力、人际管理能力、团队管理能力、业务管理能力等，能以系统的思维方式梳理工作流程、处理好人际关系、搞好团队合作。

第三维度：商业能力，表现在技术与商业结合的价值创造过程中，包括战略思维、品牌思维、商业概念、财务观念和销售策略等。

第四维度：人文能力，指的是人文艺术、价值观以及跨文化的能力，体现在项目设计、品牌营销等方面的人文艺术修养。

上述从 4 个维度论述未来新工程师的“胜任力”，它代表新工程师的核心竞争力。若用公式描述可以写成：

胜任力＝技术能力（Technical competence）×管理能力（Management capacity）+
商业能力（Business capacity）+人文能力（Art ability）

该公式表明，未来新工程师的技术能力与管理能力是不可或缺的两个方面，商业能力和人文能力也是很重要的，四方面的综合能力才是未来新工程师的“胜任力”。

挑战赛倡导成为未来新工程师的理念得到企业和学校的认同，同时也得到有关领导、专家的肯定和支持，他们给未来新工程师重心长的寄语（见后）对挑战赛是极大的鼓励和鞭策。

最后再强调一下，希望参赛选手能在竞争的氛围中将自身练就成为未来的新工程师。

（本文根据《自动化博览》2018 年 8 月刊【“西门子杯”中国智能制造挑战赛倡导的理念】改写）

附：寄语未来的新工程师

吴启迪

（教育部原副部长，中国工程教育专业认证协会理事长）

工程师作为一个持续六千年的职业，创造了人类的文明史，推动着社会生产力的发展，不断改善人们的生活质量。中国的工程师也构筑了万里长城、都江堰、京杭大运河等伟大工程，载入了人类文明发展的史册，更有现代三峡工程、高铁、港珠澳大桥、航天载人飞船、深海工程、超级计算机、量子通信、智能手机等等，无不体现了中国工程师的贡献。在当今的新时代，我们要建设创新型国家，要从制造大国发展为制造强国，我们又提出了“一带一路”的倡议，让全世界共享中国发展的成果，我们呼唤数以百万千万计的卓越工程师和各类工程技术人员。让更多年轻人参加到我们工程师的队伍中来吧！感谢西门子，在中国制造到中国创造的进程中一直相伴！

王海滨

（西门子（中国）有限公司执行副总裁，数字化工厂集团总经理）

数字化时代需要数字化的人才。西门子愿意将自身在电气化、自动化和数字化领域的先进经验和人才培养理念引入中国，通过竞赛来助力中国工程人才培养，希望更多学生通过竞赛学习和了解西门子的技术和理念，成长为优秀的新工程师。

萧德云

（“西门子杯”中国智能制造挑战赛专家组组长，清华大学自动化系教授，博士生导师）

“西门子杯”中国智能制造挑战赛秉承培养技术创新、经营意识和人文情怀兼备的新工程师理念，构建“问题空间”，以运动的方式，为培育未来新工程师营造一种竞争的第二课堂。期望参赛选手充分利用这个舞台，在争先恐后的氛围中，在激烈碰撞的思潮下，树立正确的价值观和使命感，以兴趣为动力，驰骋在时间轴的未来点上，陶醉在“超自然”的乐趣中，不要过分拘泥专业细节，用工程的思维方式和科学的系统观，养育多学科交叉观察现象、多方位思考问题的习惯，增强与他人交往的关联力，提升独立判断、综合解决问题的能力。

相信，技术是一种力量，“西门子杯”将助你塑造个人魅力。

（引自《自动化博览》2018 年 8 月刊【“西门子杯”中国智能制造挑战赛倡导的理念】）

第十二届(2018)“西门子杯”中国智能制造挑战赛总体方案

高　东[①]

优秀人才培养是挑战赛一直秉承的理念与宗旨。在中国制造 2025 的时代背景下，智能制造已经成为国家制造业进一步发展的战略目标。为推进教育部卓越工程师、新工科等教育培养计划，为制造业全面升级、智能制造全面推广培养、选拔急需的优秀人才成为挑战赛最为重要的任务。因此，2018 年“西门子杯”中国智能制造挑战赛在原有赛项基础上进行了全面优化，进一步更新工程人才培养模型，紧密围绕智能制造关键技术展开，并在部分赛项由企业专家直接命题，直面现实生产中的技术难题。工程师人才能力模型与赛项设置如图 1 所示。

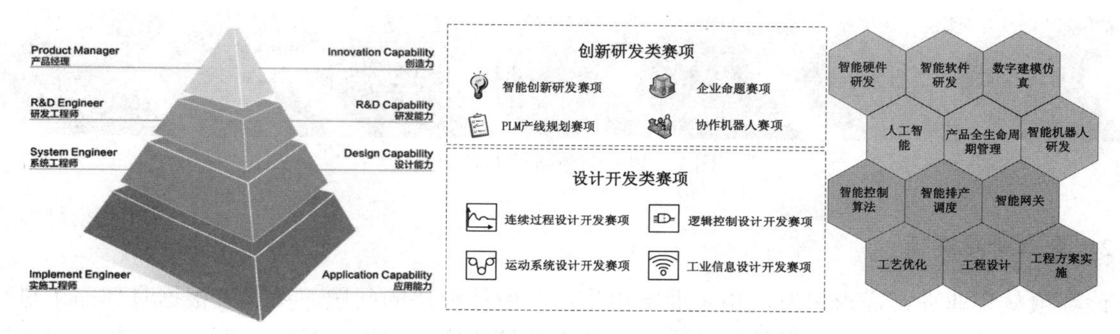

图 1　工程师人才能力模型与赛项设置

2018 年挑战赛赛项分为“创新研发类”与“设计开发类”两大类。“创新研发”类赛项包含“智能创新研发”“企业命题”“PLM 产线规划”以及“协作机器人”4 个赛项，培养参赛选手的创造力与研发能力，培养目标是产品经理与研发工程师。涉及的方向包括但不限于智能硬件研发、智能软件研发、数字建模仿真、人工智能、产品全生命周期管理、智能机器人研发等等。

“设计开发”类赛项包含“连续过程设计开发”“逻辑控制设计开发”“运动系统设计开发”以及“工业信息设计开发”4 个赛项，培养参赛选手的设计能力、应用能力（针对高职参赛选手）等，培养目标是系统工程师、实施工程师（针对高职参赛选手）。涉及的方向包括但不限于智能控制算法、智能排产调度、智能网关、工艺优化、工程设计以及工程方案实施等等。

而从工厂全生命周期的角度出发，赛项又可以分为全生命周期的产品研发、生产规划以及生产执行三大部分，如图 2 所示。

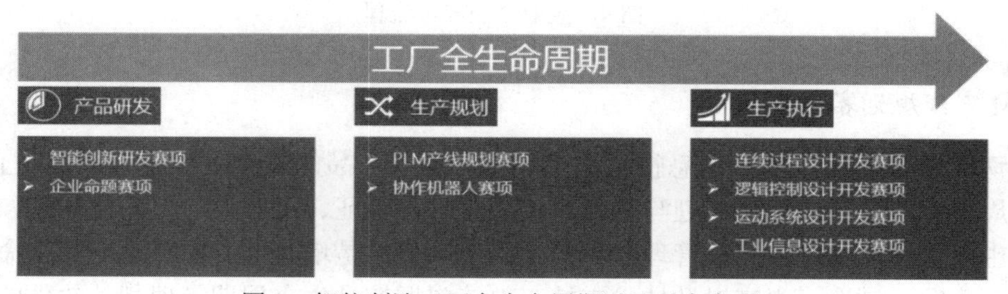

图 2　智能制造工厂全生命周期以及对应赛项

① 高东，北京化工大学自动化系，博士，副教授，“西门子杯”中国智能制造挑战赛秘书处技术负责人。

一、创新研发类赛项

1. 智能创新研发赛项

智能制造、工业 4.0、中国制造 2025 在智能制造领域，需要大量具备商业头脑、进取精神的技术与商业相结合的工程人才。本赛项设立目的是面向中国制造业急需的产品经理、研发型工程师，培养参赛者的商业意识、创新意识、产品规划、设计与研发能力，激发其去了解和掌握产品研发的流程和管理方法，锻炼其综合运用跨学科知识与技术的能力。

该赛项每年根据国家发展战略、企业市场需求、制造业未来发展方向等方面，由专家组确定创新研发的方向与范围。2018 年，该赛项主题为机器人。参赛者在此范围内，确定研发项目，完成产品市场调研、创意设计、产品设计、开发、原型机制作等。比赛流程包括：市场调研、创意设计、产品设计、产品研发、原型机展示与评测、互动 PK、方案答辩等，如图 3 所示。该赛项特点是题目紧跟时代潮流，智能制造最新、最热话题；选题范围内，参赛队自由发挥，不受限制；环节多、所需知识综合性强，能充分锻炼、培养参赛者的商业意识、创新意识、产品规划、设计与研发能力等。

图 3 智能创新研发赛项流程

2. 企业命题赛项

该赛项从企业真实需求出发，由企业给出生产中亟待解决的问题，参赛者根据具体需求进行问题解析、方案设计以及设备研发等，一方面帮助企业解决实际问题，另一方面培养和提高参赛者解决实际工程问题能力。

该赛项赛题来源于制造业企业在升级改造中面临的真实问题，由企业根据题目模板直接命题，经专家组审核后，形成正式赛题。2018 年，企业命题赛项包括了 3 家典型制造业企业提出的 5 道题目。参赛者作为乙方，自由选择要完成的项目，完成需求分析、测试用例设计、方案设计、样机研发、测试等。比赛流程包括：需求分析、测试用例设计、方案设计、样机研发、原型机展示与评测、互动 PK、方案答辩等，如图 4 所示。该赛项特点是题目直接反映企业需求；系统化思维的培养；解决企业真实需要能力的培养；综合运用所学知识，创造性、非结构化解决企业复杂工程问题能力的锻炼等。

图 4 企业命题赛项流程

3. PLM 产线规划赛项

企业迫切需要数字化技术、信息技术、现代管理融入产品的整个过程中，以提高企业竞争力。产品全生命周期管理包括了零件规划与验证、装配规划与验证、机器人与自动化规划、工厂设计与优化、质量生产管理以及制造流程管理等环节。该赛项目的是培养一流的熟悉产品生命周期管理概念包括规划、开发、制造、生产以及技术支持，熟练掌握产品生命周期管理相关软件的使用并具备创新能力的人才。

该赛项每年以企业实际需求为背景，范围为企业产品生命周期管理涉及的某些环节，参赛队以乙方角色参与到比赛中，使用全生命周期管理软件完成产品规划、方案设计、仿真验证等。2018 年 PLM 产线规划赛项背景为某自行车厂的焊接流程设计与优化。比赛流程包括：需求分析、方案设计、优化、仿真测试、评测答辩等，如图 5 所示。该赛项特点是以真实企业需求为背景；全生命周期管理理念与能力的培养；利用全生命周期管理软件创造性、非结构化解决复杂工程问题能力的锻炼。

图 5　PLM 产线规划赛项流程

4. 协作机器人赛项

工业机器人的普及是中国制造业企业产业升级的重要手段。新型协作机器人在保证整体提高企业自动化水平和作业安全的前提下，以优秀的人性化、智能化来灵活地辅助人愉快工作，更好地实现企业小批量、定制化生产。在可预见的将来，协作机器人的开发、应用必将在制造业中占据极其重要的地位。本赛项设立的目的是培养协作机器人方向相关人才，锻炼培养参赛者人因工程素养以及人机交互设计、规划、操作、维护等方面的综合能力。

该赛项以制造业中典型的需要人机交互、人机协作生产环节为背景，参赛者设计一套完整的人机交互、人机协作生产方案，并进行现场应用实施与评测。具体包括：需求分析、测试用例设计、方案设计、方案测试、现场实施与评测、方案答辩等。如图 6 所示。该赛项特点是以真实生产制造为背景；人因工程素养、人机交互设计能力、协作机器人操作、维护能力培养；利用协作机器人与各学科知识，创造性、非结构化解决复杂工程问题能力的锻炼等。

图 6　协作机器人赛项流程

二、设计开发类赛项

1. 连续过程设计开发赛项

该赛项设立目的是针对流程行业自动化方向，培养一流的具备工艺设计、优化、算法研发、控制系统设计、实施以及异常处理等综合能力的设计、开发人才。

该赛项以流程行业中某个生产过程的升级改造为背景，参赛队以乙方角色参与生产过程的升级改造过程。2018 年连续过程设计开发赛项赛题为某反应器工艺流程的控制，具体包括：工艺分析、生产优化、仪表选型、智能算法开发、控制系统设计、实施以及异常处理等。工艺流程与比赛环境如图 7 和图 8 所示。该赛项特点是以真实工业为背景；工业现场真实控制系统；工艺分析、生产优化、系统设计、实施等多环节考核；系统化思维培养；综合运用多学科知识，结构化解决流程行业复杂工程问题能力的锻炼。

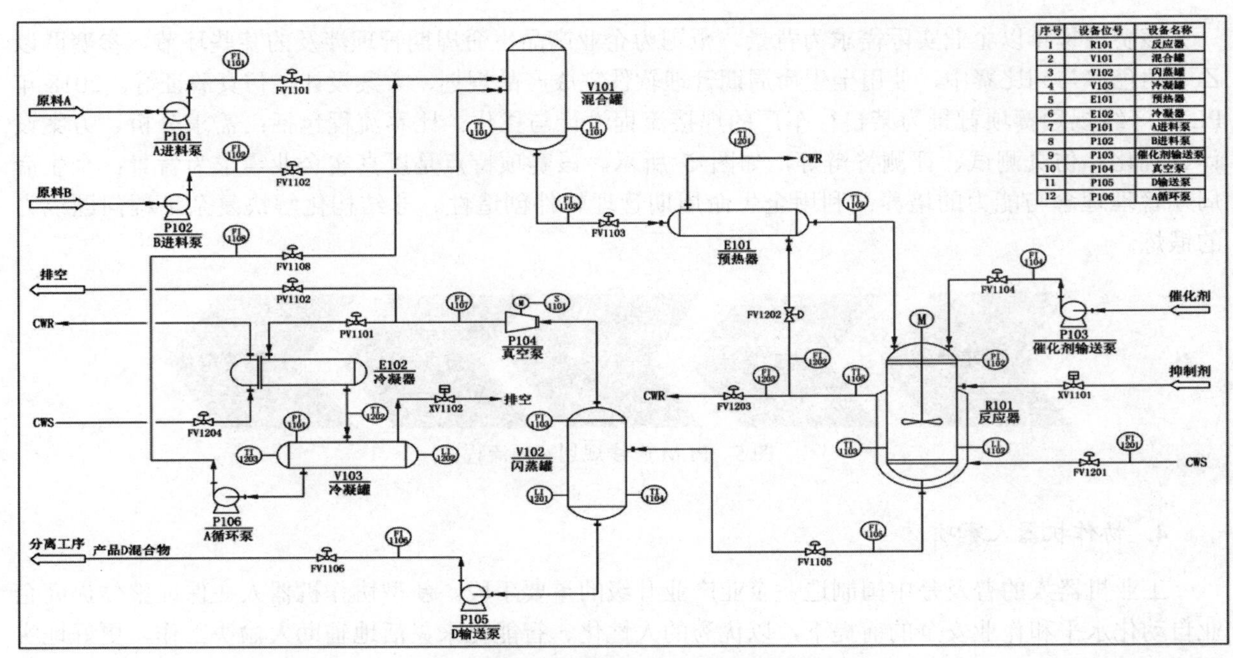

图 7　连续过程设计开发赛项工艺流程图

图 8　连续过程设计开发赛项比赛环境

2. 逻辑控制设计开发赛项

该赛项设立目的是培养一流的具备离散过程行业流程分析、设计、优化、算法研发、控制系统设计、实施以及异常处理等综合能力的设计、研发人才。

该赛项以某个离散行业为应用背景，参赛队以乙方的角色参与到离散行业的生产中。2018 年逻辑控制设计开发赛项赛题为电梯以及工业 4.0 生产线的控制。重点考察对这类离散系统的综合分析、生产优化、智能调度算法开发、控制系统设计、实施及异常处理能力，强调工程方法的严谨性和控制系统应用的完整性，在控制优化、调度方面鼓励创新。比赛环境如图 9 和图 10 所示。该赛项特点是以真实工业为背景；工业现场真实控制系统；系统分析、生产优化、控制系统设计、实施等多环节考核；系统化思维培养；综合运用多学科知识，结构化解决离散行业复杂工程问题能力的锻炼。

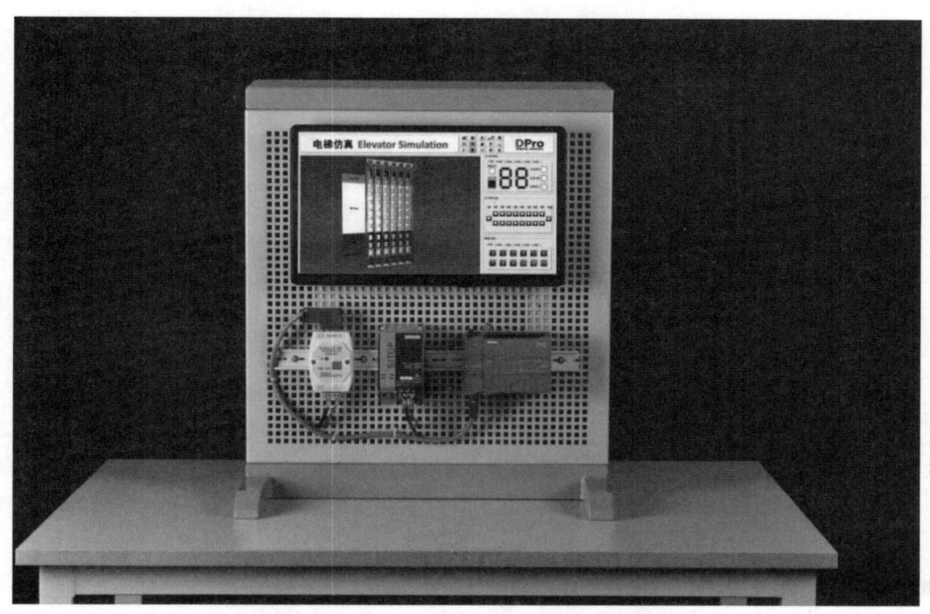

图 9　逻辑控制设计开发赛项初赛比赛环境

图 10　逻辑控制设计开发赛项决赛比赛环境

3. 运动系统设计开发赛项

该赛项设立目的是针对离散行业运动控制方向，培养一流的具备运动系统分析、优化、智能算法开发、模块研发、控制系统设计、实施以及异常处理等综合能力的设计、研发人才。

该赛项以离散行业实际产线中运动系统为应用背景，参赛队以项目乙方的角色参与竞赛，重点考察参赛选手对运动控制系统的综合分析、智能算法开发、控制方案设计、实施、模块开发及异常处理能力，鼓励在控制方案及算法方面的创新。2018 年运动系统设计开发赛项赛题为同步、卷绕系统的控制。比赛环境如图 11 所示。该赛项特点是以真实工业为背景；工业现场真实控制系统；系统分析、控制方案设计、实施等多环节考核；系统化思维培养；综合运用多学科知识，结构化解决离散行业运动控制方向复杂工程问题能力的锻炼。

图 11　运动系统设计开发赛项比赛环境

4. 工业信息设计开发赛项

该赛项设立目的是培养一流的具备工业网络及工业信息安全系统分析、设计、实施以及异常处理等综合能力人才。

该赛项以制造业实际工业通信网络为应用背景，重点考察参赛选手面向实际工业生产通信网络的技术需求分析、网络结构设计、工业信息安全设计、实施及故障处理能力，鼓励在满足通信技术需求的条件下在网络结构设计与网络功能实现方面的创新。2018 年工业信息设计开发赛项以工业 4.0 数字化工厂网络为应用背景，体现工业生产的实时性、可用性网络需求及信息安全需求，涉及工业现场常用的虚拟局域网 VLAN、路由、实时通信、无线通信、冗余网络、防火墙、远程维护等技术。比赛环境如图 12 所示。该赛项特点是赛题来源于实际制造业项目；需求分析、网络结构设计、信息安全设计、实施与故障处理、方案阐述等多环节考核；系统化思维培养；综合运用多学科知识，结构化解决制造行业中信息化、网络化方向复杂工程问题能力的锻炼。

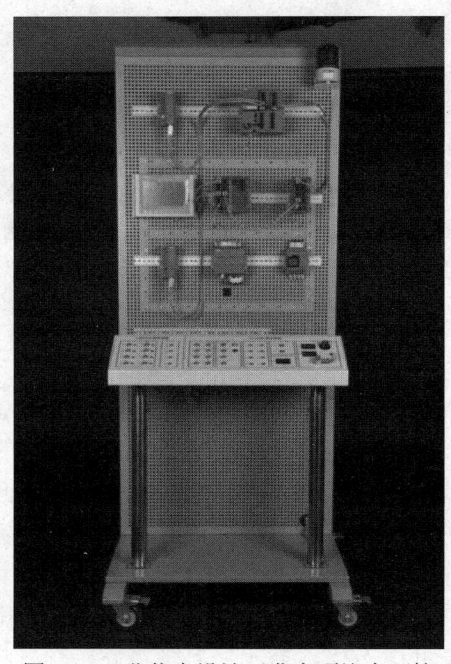

图 12　工业信息设计开发赛项比赛环境

第二部分

“连续过程设计开发”赛项

“连续过程设计开发”赛项任务书

1. 赛项任务

根据甲方提供的放热反应器工艺流程，通过分析工艺过程和对象特性，设计一套放热反应器控制系统，并通过现场实施、调试、优化等，将系统成功投入运行，达到控制目标。

2. 工艺描述

某反应工艺过程如图1所示。

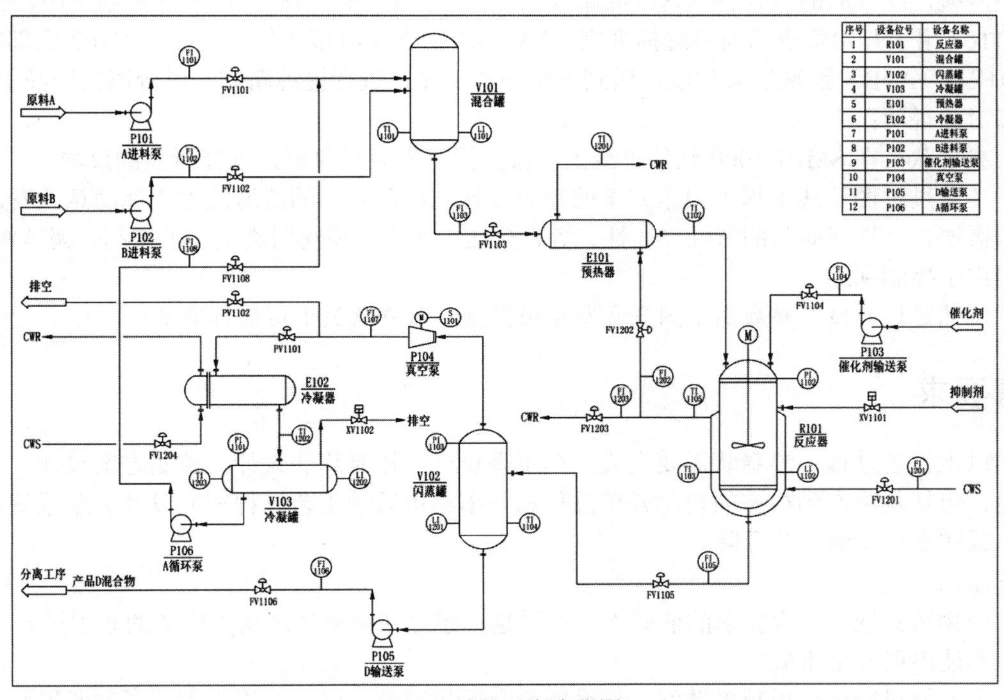

图1　放热反应流程图

该放热反应过程在催化剂C的作用下，原料A与原料B反应生成主产物D和副产物E，反应方程式如下：

$$主反应：\quad 2A + B \rightarrow D$$

$$副反应：\quad A + B \rightarrow E$$

其中，主生成物D是所需产品，副生成物E是杂质，主、副反应均为强放热反应。为了获得较高的反应转化率，采用原料A过量的工艺。

正常工况下工艺过程如下：原料A与原料B分别由进料泵P101、P102和阀门FV1101、FV1102输送到混合罐V101（立式圆罐），在罐内充分混合后，经阀门FV1103进入预热器E101，然后从顶部进入反应器R101。在催化剂C的作用下，混合反应物（A+B）在反应器R101内进行放热反应，生成主产物D和副产物E，催化剂C由输送泵P103，经阀门FV1104从反应器R101顶部加入。反应器R101的反应转化率与反应温度、停留时间、反应物浓度及混合配比有关，合理控制这些反应条件，可以提高反应转化率。混合反应物（A+B）在反应器R101内的反应为强放热反应，反应器R101的温度将随放热反应逐渐升高，反应器 R101 的温度变化过程具有很强的非线性，气相压力又对温度敏感，造成过高的气相压力可能导致反应器 R101 爆炸。为了保障生产安全，反应器 R101 采用夹套式水循环冷却流程，以控制反应器 R101 的温度不宜过高。在反应器 R101 顶部设置一路抑制剂，当反应器 R101 温度过高，导致反应器 R101 气相压力升高，危及反应器 R101 安全时，需要启动阀门 XV1101，加入抑制剂 F，使催化剂 C 迅速中毒失活，中止反应。夹套式冷却水经阀门 FV1201，进入反应器 R101，吸收反应过程产生的热量，生成热水，经阀门 FV1203 通往公用工程，用于其他工艺过程。

另外一条经阀门 FV1202 通往预热器 E101 的管路，将作为今后开车过程蒸汽对进料预热的通道。今年赛题不要求通过热水对混合进料（A+B）进行预热，即要求 FV1202 处于关闭状态，练习、比赛工程中该阀门已处于内控状态，初始状态为关闭，不可以打开。

反应器 R101 底部出口生成物含有产品 D、杂质 E，催化剂 C 以及未反应的原料 A 和少量原料 B，为了回收原料 A，在反应器下游设置闪蒸罐 V102，将混合生成物（D+E+C+A+B）中过量的原料 A 分离提纯。闪蒸罐 V102 顶部采出混合物（D+E+C+A+B）为气相，首先进入冷凝器 E102 与冷却水进行换热冷凝，冷凝后的混合物进入冷凝罐 V103，通过循环泵 P106 再送入混合罐 V101 循环利用。阀门 PV1102 用于开始阶段的闪蒸罐抽真空；XV1102 用于冷凝罐排气。闪蒸罐 V102 底部的混合生成物（D+E+C+A+B）经输送泵加压，送到下游分离工序，进行提纯精制，以分离出产品 D。

仿真对象说明：

（1）参赛队员在 SMPT-1000 软件平台上，根据提供的变量仪表，选择所需的仪表。

（2）工艺过程图管线上均可根据方案的需要设置阀门，阀门的流通能力不能随意改变。参赛队员可根据需要自行选择阀门的特性（线性、等百分比、快开）和阀门类型（手操阀、调节阀），其中调节阀门用于控制回路。

（3）工艺过程的设备参数由全国竞赛专家组设置，参赛队员不可自行变动。

3. 比赛要求

针对以上工艺过程，参赛队需要完成开车步骤设计、控制算法设计、控制方案设计、实施、调试、投运，包括从冷态到稳态的自动开车过程和开车结束后的工艺过程控制以及克服系统可能存在的干扰，或实现自动的负荷升降。

甲方需求：

（1）产物达到规定浓度要求的前提下，产量越多越好（流量×产物浓度值的累积量）。

（2）不能出现安全事故。

（3）生产原料循环使用越多越好，体系能量利用越高效越好，公用工程消耗越低越好（自行根据工艺过程分析）。

根据工艺过程及甲方需求，参赛队伍完成：

（1）进行控制方案设计，包括对象特性及控制需求分析、开车步骤设计、过程仪表选型、控制回路设计及控制算法研究，以及相关硬件的选型、系统设计和电气设计等。

（2）控制系统方案在西门子控制系统上实施（控制器硬件型号不限，推荐控制器为 PCS7 412-H）并调试，完成自动开车顺序控制及正常工况的控制系统投用。

（3）在负荷改变或干扰产生时，实现稳定控制。

依据甲方的要求，在比赛结束时，以达到要求的产物 D 累积量、控制回路稳态性能（包括反应器温度、反应器液位、闪蒸罐压力、闪蒸罐底部流量、混合罐液位、闪蒸罐液位、冷凝罐液位等）、冷却水消耗量和物料循环利用量等指标进行综合评价。如果系统出现下面事故，评分系统自动扣分：

（1）生产过程中，加抑制剂中止反应（造成废料增加，后处理困难）；

（2）混合罐、反应器、闪蒸罐、冷凝罐等罐式设备出现抽空或满罐现象（生产事故）；

（3）反应器超压（严重事故）。

1 “连续过程设计开发”赛项工程设计方案(一)

——放热反应器控制系统设计与开发

参赛选手：许　芳（北京化工大学），彭江文（北京化工大学），
曹金龙（北京化工大学）
指导教师：马　昕（北京化工大学）
审　　校：萧德云（清华大学），冯恩波（中国化工集团）

1.1 概述

本方案从生产优化、节能、安全等多个角度出发，对指定的放热反应器进行自控工程设计和实施。在最大限度满足被控对象控制要求的前提下，力求控制系统简单、经济、实用、维护方便，保证控制系统能长期、安全、可靠、稳定运行。同时考虑到生产发展和工艺的改进，所设计的控制系统具有适当的扩展功能。

1.2 设计依据、范围及相关标准

1.2.1 设计依据

主要的设计依据包括：第十二届“西门子杯”中国智能制造挑战赛任务书、对象工艺说明和设计要求；DCS 自控工程设计的相关国家标准及行业规范；安全相关系统设计的相关国际规范和国家标准。

1.2.2 设计范围

本设计包括基础过程控制系统方案设计、安全相关系统方案设计、自控设备的选型以及系统组成与连接设计，具体涉及系统分析、系统设计、系统组成、设备选型、硬件配置、系统连接、软件配置、系统组态、监控界面、运行调试、干扰测试和结果分析等。

1.2.3 相关标准

HG/T 20636—1998 《自控专业设计管理规定》
HG/T 20637—1998 《自控专业工程设计文件的编制规定》
HG/T 20638—1998 《自控专业工程设计文件深度的规定》
HG/T 20639—1998 《自控专业工程设计用典型图表及标准目录》
HG/T 20505—2014 《过程测量与控制仪表的功能标志及图形符号》
HG/T 20507—2014 《自动化仪表选型设计规范》
GB/T 21109—2007 《过程工业领域安全仪表系统的功能安全》
IEC61882 《危险与可操作性分析应用指南》

1.3　系统分析

1.3.1　系统任务分析

根据任务要求，系统设计的目标是：产物达到规定浓度要求的前提下，产量越多越好；不能出现安全事故；在反应充分的前提下，生产原料循环使用越多越好；体系能量利用越高效越好，公用工程消耗越低越好。

1.3.2　工艺流程分析

连续反应过程的工艺流程图如图 1 所示，反应器为夹套式换热的釜式连续反应器。为了使反应正常进行，提高反应转化率，需要确保进入反应器的各种物料量配比符合要求，为此需要对进入反应器的原料 A 与原料 B 采用比值控制，按照 3:1 的配比进料。在混合罐内混合之后，进入反应器，同时催化剂由输送泵，按照一定的比例从反应器顶部加入。由于反应为强放热反应，因此需要设置相应的热量平衡控制系统，以保持化学反应器的热量平衡，使进入反应器的热量与流出的热量及反应生成热之间相互平衡。通过控制冷却水量，使得反应器温度维持在相对稳定的范围内，以免造成高温条件下，过高的气相压力使得反应器有爆炸的风险。同时，在反应器顶部设一路抑制剂，当反应压力过高危及安全时，通入抑制剂使催化剂中毒失活，从而中止反应。

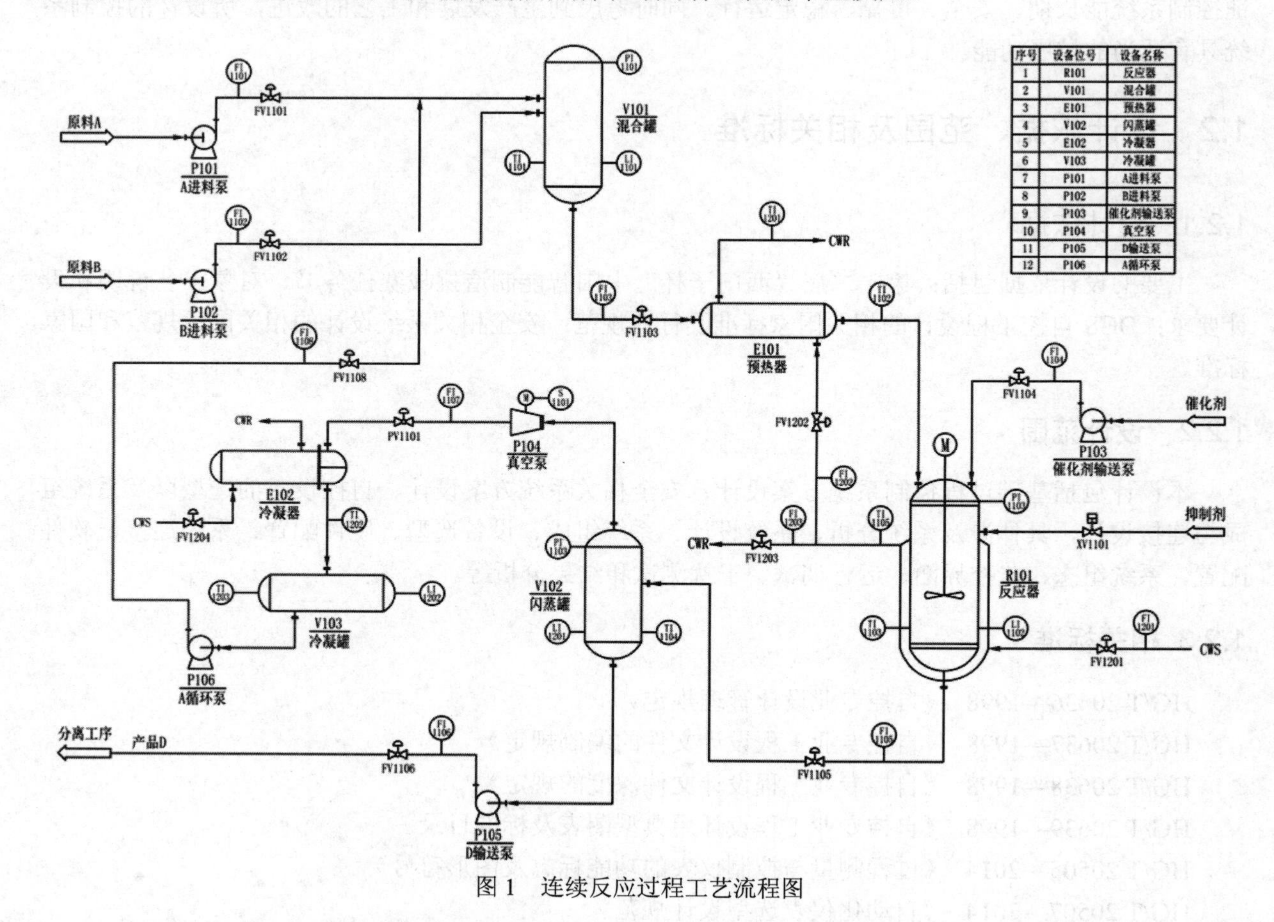

序号	设备位号	设备名称
1	R101	反应器
2	V101	混合罐
3	E101	预热器
4	V102	闪蒸罐
5	E102	冷凝器
6	V103	冷凝罐
7	P101	A进料泵
8	P102	B进料泵
9	P103	催化剂输送泵
10	P104	真空泵
11	P105	D输送泵
12	P106	A循环泵

图 1　连续反应过程工艺流程图

反应器底部出口生成物中含有产品 D、杂质 E、催化剂 C 以及未反应的原料 A 和少量原料 B。为了回收原料 A，通过闪蒸将混合物中的 A 物料分离提纯，并且通过冷凝器冷凝后，将 A 物料回流、循环利用。闪蒸罐底部的混合物送到下游分离工序，进行提纯精制，分离出产品 D。

1.3.3 对象特性分析

为了更好地对连续反应过程进行对象特性分析，用符号有向图（Signed Directed Graph，SDG）描述反应过程中各变量之间的影响关系，如图 2 所示。基于这些影响关系进行了如下分析及随后的控制方案设计。图中分别围绕混合罐的液位、反应器的液位、产品 D 含量、反应器的压力、闪蒸罐的压力、冷凝罐的压力等参数形成若干影响关系，同样围绕这些变量及相关设备进行对象特性分析[1]。

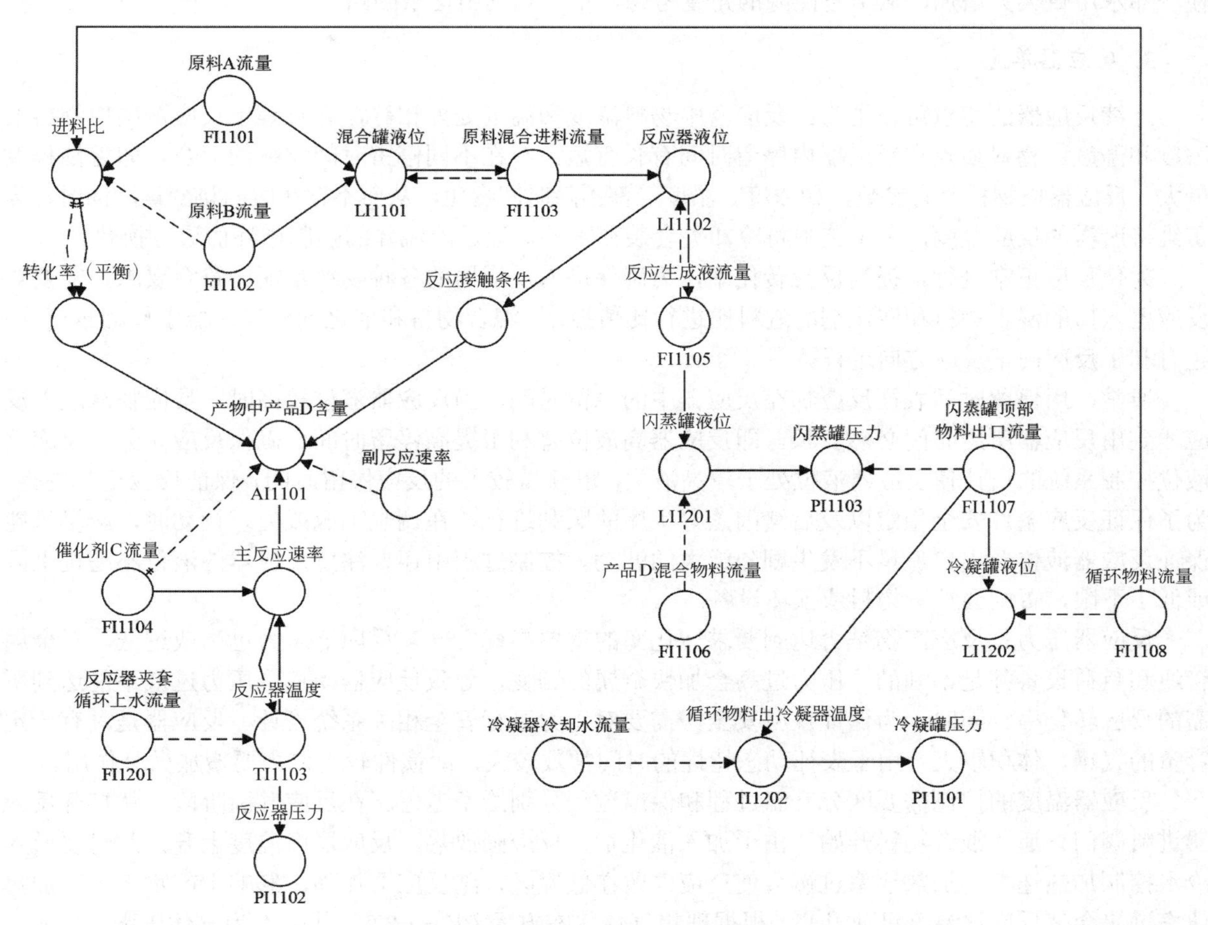

图 2 连续反应过程 SDG 模型

1. 混合罐单元

混合罐对整个工艺过程起到缓冲作用。对混合罐，需要设计控制系统，以克服每股进料的流量扰动，同时控制 A、B 进料流量符合比值要求，并且考虑后期存在循环物料回流的状态，以保证反应产物的质量及组分。为保证后续流程的稳定，还要注意混合罐的液位稳定、出口流量稳定等几个方面。液位的对象通常具有非线性、滞后、时变性等特性，由于滞后较大，液位系统需要增加微分作用。对于流量而言，广义对象的时间常数主要取决于控制器、定位器、变送器和信号传输等部分，流量自身的时间常数相对较小。

2. 预热器单元

冷却水加热后有一支通往预热器的回路，但在本方案中不打算使用这条支路，原因如下：根据反应器移热速率公式 $Q_c = KF\left(T - T_c\right) + V_0\rho C_p\left(T - T_0\right)$，其中 Q_c 为移热速率，K 为反应器与冷却介质间传热总系数，F 为器壁传热面积，T 为混合物料温度，T_c 为冷却水温度，V_0 为反应物料进料体积流量，ρ 为反应物料密度，C_p 为单位质量反应物料压热容，T_0 为进料温度。在本系统中，反应器的移热速率与混合物料温度、冷却水温度和进料温度有关，其余参数视为常量。在混合物料温度即反应器温度控制稳定的情况下，冷却水温度越低、进料温度越低，反应器的移热速率越快，因此冷却水加热后不再通往预热器，有利于进料温度降低，进而增大反应器的移热速率。从能量守恒角度，循环冷却水吸收反应器的热量变成热水，将热量给予预热器后再送到反应器，是能量的循环，但是却使冷却水用量大大增加，从节省能源的角度考虑，不计划利用这条回路。

3. 反应器单元

连续反应器的特点可归纳为：反应器中物料浓度和温度处处相等，并且等于反应器出口物料的浓度和温度。物料质点在反应器内停留时间有长有短，存在不同停留时间物料的混合，即返混程度最大。反应器内物料所有参数，如浓度、温度等都不随时间变化，从而不存在时间自变量。同时，为了维持所需的反应温度，本工艺中将冷却夹套装在釜外，通过冷流体的强制循环而进行换热。

为使反应正常进行，提高反应转化率，为确保进入反应器的各种物料量配比符合要求，需要对反应器入口的混合物料和催化剂的进料比进行比值控制。混合物料和催化剂在反应器中接触越充分，越有利于反应向正反应方向进行。

通常，用停留时间表征反应物在反应器中的逗留时间。当反应器液位较高时，反应物从进入反应器到出反应器所用时间必然变长，即反应器高液位有利于提高停留时间、确保反应充分。反应器液位控制系统的设计使反应器液位处于较高液位，以获得较大的反应停留时间，保证反应充分进行。为了保证反应条件安全稳定以及后续闪蒸等工序的顺利进行，在调整工况或处理扰动时，应尽可能保证反应器液位及出口流量不发生剧烈或大的波动。控制过程中还要注意反应器的液位不超过上限或低于下限，否则会浪费物料或损坏设备。

反应器压力是反应产物是否达到要求转化率的重要指标之一，反应器压力过高或过低，对金属管线和负荷设备都是不利的。压力过高会加快金属的蠕变，导致反应器受损；压力过低不能达到所需的反应转化率。同时，为保证反应安全，需要对压力进行安全相关系统设计。反应器是具有一定容量的气罐，体积较大，用于表征动态特性的时间常数较大，即惯性较大，需要增加微分作用。

反应器温度的控制需要区分升温过程和保温过程分别给予考虑。在反应升温阶段，从打开反应器进料阀门、通入混合物料开始，由于加入催化剂，反应强放热，反应器内温度上升，此时要通入冷水控制加热速率，加热速率过慢会使反应停留在低温区，副反应会加强，影响主产物产率；加热速率过快会使反应器温度迅速升高。根据理想气体状态方程 $PV = nRT$，其中 P 为气体压强，V 为气体体积，n 为气体摩尔数，R 为气体常量，T 为体系温度，当反应器液位保持稳定时，反应器内气相空间体积基本保持不变，温度和压力正相关，温度过高导致压力过高，容易产生超压事故。同时需保证反应速度尽可能快，包括尽可能缩短从冷态开车过渡到正常生产的时间。经过升温反应后，在反应保温阶段要使反应器温度保持稳定，以使反应尽可能充分地进行，达到尽可能高的主产物产率。温度对象的动态特性包括两个方面：其一是惯性大、容积滞后大，其二是多容性。由于温度滞后大，控制起来不灵敏，因此温度控制系统需要增加微分作用。

4. 闪蒸单元

闪蒸罐为流体迅速汽化和气液分离提供空间。由于物料 A 沸点温度只有 65℃，当闪蒸罐的压力保持在负压状态时，出反应器的产物混合物温度高于该压力下物料 A 的沸点，物料 A 在闪蒸罐中将迅速沸腾汽化，并进行两相分离，可以快速分离物料 A，同时提纯反应产物混合物。所以闪蒸单元是进行循环物料回收及出口物料浓度控制的重要环节。为保证生产安全和产品质量，需要对闪蒸罐的压力进行控制，同时要维持闪蒸罐的液位和出口产品 D 流量的稳定，以确保闪蒸罐的压力稳定。

5. 冷凝单元

冷凝器的主要作用是将气相状态的过剩物料 A 冷却成液体，便于循环使用，同时避免气相的物料 A 致使冷凝器、冷凝罐的压力升高，产生安全事故。为保证生产安全和产品质量，需要对冷凝器温度进行监控。由于温度滞后大，控制起来不灵敏，因此温度控制系统需要增加微分作用。

冷凝罐的主要作用是收集过剩物料 A，并通过冷凝罐出口泵，将其送回至流程入口处循环利用。为保证生产安全和产品质量，需要维持循环物料回流量的稳定，以免对生产过程造成过大冲击。同时，由于冷凝罐出口处有泵，为避免液位过低导致泵受损，还需要确保液位的稳定，需要对冷凝罐的液位进行控制。

1.3.4 控制需求分析

1. 各生产单元的控制要求

1）混合罐

混合罐的原料进料 A、B 流量及回流流量需要控制，以确保混合罐的液位恒定，且 A、B 进料符合一定的比值要求。

2）预热器

需要监视预热器混合物料出预热器温度，以便于观察预热器工作是否正常。

3）反应器

为保证反应器在适量的催化剂作用下进行有效反应，对进入反应器的混合罐出口流量和催化剂流量需要进行比值控制，并通过控制混合罐出口物料流量，使反应器的液位维持在一个合理的位置，以控制反应停留时间；反应器的压力和温度具有较好的单值对应关系，通过控制夹套循环冷却水上水的流量，使反应器温度保持恒定，进而控制反应器压力，避免出现压力过高导致的安全事故。

4）闪蒸罐

为保证生产安全和产品质量，需要对闪蒸罐的压力进行控制，可通过控制闪蒸罐顶部物料流量实现；为了维持闪蒸罐的液位稳定，采用闪蒸罐的液位-反应器出口流量串级控制。

5）冷凝器

为保证生产安全和产品质量，需要对冷凝器温度进行监控，温度越低越有利于将过剩的气相物料 A 进行冷凝液化，因此此处冷凝器冷却水阀处于全开状态。

6）冷凝罐

需要控制冷凝罐的循环物料流量，从而维持冷凝罐的液位恒定，同时也维持循环物料回流量的基本稳定。

2. 自动控制要求

从冷态按照开车步骤对工艺过程进行全自动顺序控制，保证开车稳步进行，实现系统无扰动切换至自动控制状态，保证所控制的参数稳定在要求的范围内。在整个开车步骤的设计当中，还需要考虑可能出现的突发状况的应对措施，比如在反应器顶部设置一路抑制剂，当反应压力过高危及安全时，打开抑制剂管线阀，通入抑制剂使得催化剂迅速中毒失活，终止反应；在冷凝罐顶部设置有冷凝罐排气阀，当冷凝罐的压力太大时（往往是因为进入的物料没有冷凝或者冷凝不够，呈现气相），选择打开冷凝罐排气阀排气，回到常压后再关闭。

3. 优化指标分析

1）反应速率

影响化学反应速率的因素很多，主要有温度、浓度、压力以及催化剂的性质等，其中最主要的是温度和浓度。

考虑到温度对反应速率的影响，由于本反应为不可逆反应，温度越高，反应速率越大，但要受高温材料的选用、热能的供应等工艺条件的限制。本系统还需要注意，温度过高会使催化剂失活，同时由于反应体系气相压力对温度敏感，高温条件下带来的过高的气相压力会使反应器有爆炸的风险，因此对温度控制的要求较高，必须将其控制在合适的范围内。

考虑到反应物浓度对反应速率的影响，反应器内液位水平越高，反应物分子之间相互碰撞的概率就越大，应维持液位在较高水平。但要注意高液位会带来反应器内气相空间的减小，根据 $PV = nRT$，会导致反应器内压力对温度变化更加敏感，因此液位必须温度控制在合适的水平上。

2）反应转化率

反应转化率与反应温度、停留时间、反应物料浓度及混合配比有关，对于不可逆反应，温度越高，反应转化率越高；反应物浓度越高，反应转化率越高。反应物料在反应器内的停留时间与反应器内的液位有关，液位越高，反应物停留时间越长，转化率越高。但要综合考虑液位对各项指标的影响，选取合适的液位。采取 A 物料略微过量的配比，会有利于提高转化率。

3）瞬时选择性

本放热反应属于复合反应中的平行反应，生成目的产物 D 的主反应和生成产物 E 的副反应存在竞争关系，应加快主反应的速率，降低副反应的速率，以便获得尽可能多的目的产物。通常用瞬时选择性来评价主副反应速率的相对大小。

当浓度一定时，温度对瞬时选择性的影响取决于主副反应活化能的相对大小，当副反应的活化能大于主反应的活化能时，温度升高将使瞬时选择性降低。本反应中生成目的产物 D 的反应为主反应，生成产物 E 的反应为副反应，主反应的活化能小于副反应的活化能，从这一角度考虑，应降低温度以提高主反应的瞬时选择性。但要综合考虑温度对反应速率和转化率的影响，选取合适的温度。

1.3.5 系统安全要求分析

根据本工艺流程，可能出现的生产事故或危险情况及解决方法如下：

（1）混合罐、反应器、闪蒸罐、冷凝罐等罐式设备出现抽空或满罐现象（生产事故）。为杜绝此情况出现，首先需考虑物料平衡关系，防止入口流量远大于出口流量或相反情况的出现。此外还需要对控制器参数进行合理配置，以便应对生产过程中各种干扰对液位可能造成的影响。

（2）反应器超压爆炸（严重生产事故）。本反应为不可逆的强放热反应，剧烈反应过程中，根据热量平衡原理可知，反应器内具有较高的温度，约为 105℃左右。根据压力和温度的单值对应关系可知，此时压力亦处于较高位置，在此情况下，如果物料 A 过量较多，则可能出现超压事故。因为过量的 A 物料很容易在反应器内急剧汽化，导致反应器压力超限。为此在后期有循环物料 A 回流之后，应根据实际情况，为反应物和催化剂设置相应的配比值。同时，设置反应器温度单回路控制系统，通过控制夹套循环冷水流量，使得反应器压力和温度均维持在合理的位置。由于本方案采取冷却水间接控制压力的策略，且测试发现冷态到稳态的过程中压力参数会出现一段灵敏区，变化迅速，故需提前供给冷却水以保证压力变化处于可控范围内。

（3）为应对反应器超压，可以加抑制剂中止反应，但会造成废料增加、后处理困难。加抑制剂属于应急措施，所以将反应器压力控制在合理范围内即可保证不出现此类问题。

1.4 系统设计

1.4.1 系统设计原则

控制方案设计在整个系统设计中占有十分重要的地位，控制系统的成功与否主要取决于设计是否优良的控制方案。任何一种控制系统都是为了满足生产过程中的工艺要求，从而提高产品质量和生产效率。为实现此目的，设计系统控制方案时，应遵循以下基本原则：

最大限度地满足被控对象的控制需求，这是设计控制系统的首要前提，也是设计中最重要的一条原则，设计前需要深入了解被控对象。

保证控制系统长期运行的安全、可靠、稳定，是系统设计的重要原则。为了达到这一目的，在方案设计、可靠性设计、设备选择、软件编程方面应进行总体规划和全面考虑。

在满足控制要求的前提下，力求控制系统简单、经济、实用、维护方便。考虑到生产发展和工艺的改进，设计的控制系统应具有适当扩展功能。

以上述原则为基本出发点，根据放热反应系统的生产工艺要求，对整个反应系统进行控制方案设计，主要包括两大部分：基础过程控制系统方案设计和安全相关系统方案设计。

1.4.2 控制回路设计

基础过程控制系统的控制方案设计遵循合理性、可行性原则，即所设计的控制方案一定是经过验证可以实施的。按照这一原则，本方案以工业上常见的控制方案为参照，以单回路控制、串级控制、比值控制等为基本方案，这样可以保证方案具有较高的可实施性和工业应用价值[1]。

1. 混合罐进料比值与液位复合控制回路

为了满足生产需求以及维持混合罐的液位稳定，要使混合罐的出口流量和进料流量保持物料平衡关系。同时为了达到物料 A、B 进料流量 3∶1 的关系，以及综合考虑整个工艺流程中循环物料 A 的回流量，构成混合罐进料流量双闭环比值-液位串级控制系统，原料 A 构成单回路控制实现对主流量的定值控制，同时和混合罐的液位构成串级控制系统，保证混合罐的液位恒定的同时，克服主流量干扰的影响。原料 B 构成一个随动控制系统，以原料 A 进料和循环物料 A 回流量之和经过比值计算装置作为原料 B 控制回路的给定值，从而使 B 物料的进料量随 A 物料进料量的变化而变化。这个控制系统不仅实现了比较精确的流量比值，也确保了两物料总量基本不变，而且提降负荷比较方便。控制回路方块图如图 3 所示。

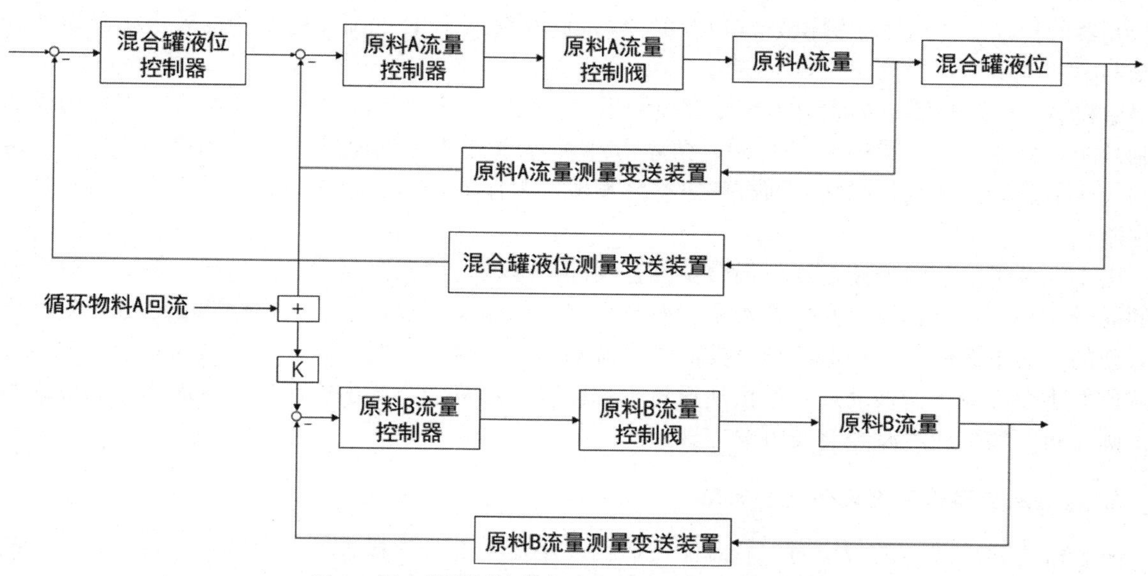

图 3 混合罐进料比值与液位复合控制回路方块图

根据阀门开闭形式的选择原则，当发生故障时，必须保证生产安全，停止进料；从降低原料、成品、动力损耗角度考虑，为了节约物料，没有控制信号时应该将物料 A 和 B 的流量控制阀关闭，所以物料A和B的进料流量控制阀门均为气开阀，同时根据控制阀流量特性的相关知识，选用等百分比阀。

检测仪表主要有A、B物料进料的流量测量，通过测试得到仪表的量程，如表1所示。由于混合罐出现抽空或满罐现象属于生产事故，故应设立报警上下限。由于进料A和B的流量均有其上限值，由供应商决定，A物料的报警上限可参考供应商的供给；A物料供给相对而言没有B物料充足，B物料的报警可考虑A物料的报警上限。循环物料A的报警上限则与下游的物料平衡有关。由于需要维持工艺过程长周期稳定生产，不能出现突然中断供应的情况，故流量检测仪表应设定报警下限。

表1　混合罐进料比值与液位复合控制回路仪表量程和报警上下限

位　号	仪表量程	报警上限	报警下限
FI1101	0～30kg/s	9kg/s	2kg/s
FI1108	0～5kg/s	3kg/s	–
FI1102	0～6kg/s	4kg/s	0.5kg/s
LI1101	0～100%	80%	20%

根据符号法判断控制器的正反作用，在物料A进料流量控制回路中，流量控制阀为气开阀，符号为“正”。当流量控制阀开大时，物料A流量会增加，所以流量对象的符号为“正”，变送器的符号为“正”。为了保证控制系统稳定，必须保证该系统的反馈为负反馈，即该控制系统中各组成部分的符号之积为“负”，所以物料A流量控制器为反作用控制器。同时，A流量控制阀开大，混合罐的液位升高，主控制对象为“正”，则主控制器液位控制器选择反作用控制器。同理，物料B流量控制器为反作用控制器。

流量被控对象的被控变量和操纵变量是同一物料的流量，只是处于管路的不同位置。由于时间常数很小，其控制通道基本上是一个放大系数接近于1的放大环节，因此广义对象特性中测量变送环节和控制阀的滞后不能忽略，使得对象、测量变送及控制阀的时间常数在数量级上相同，且数值不大。此时组成的系统可控性较差，且频率较高，所以控制器的比例度必须放得大些。为了消除余差，提高系统动态性能，有必要引入积分作用，以提高系统的控制质量。所以流量控制回路中，流量控制器的控制规律选用比例积分（PI）控制器，因此物料A和B的流量控制器均采用比例积分（PI）控制器。

原料A、B进料流量构成双闭环比值控制系统，同时混合罐的液位和原料A进料流量构成串级控制系统。另外，在有物料A回收时，循环物料A与原物料A的流量和与B物料的流量单回路控制构成比值控制，并且根据实际情况整定得到相应的配比值，综上为混合罐进料比值与液位复合控制回路。

由于混合罐的主要作用是物料混合及工艺缓冲，故设定值应取为一个较高值，保证物料充分混合的同时，还可一定程度上减轻各类干扰对整体工艺的影响。混合罐的液位控制是通过控制进料流量实现的，而下游的液位控制是通过控制混合罐的出口流量实现的，因此进料波动只会影响混合罐的液位并不会影响下游波动。下游出现质量不平衡时会影响混合罐出口流量，进而影响混合罐的液位，则进料的增多或者减少会及时响应。

2. 放热反应器催化剂比值控制回路

混合罐内达到一定的液位时，打开罐底阀门，小流量混合物料进入反应器，同时打开催化剂管线阀门，催化剂与混合原料按一定配比由反应器顶部加入，此时原料A、B在反应器里进行化学反应，由此设计A、B混合物料量-催化剂量比值控制系统，如图4所示。本方案中，催化剂量既是被控变量，又是操纵变量。

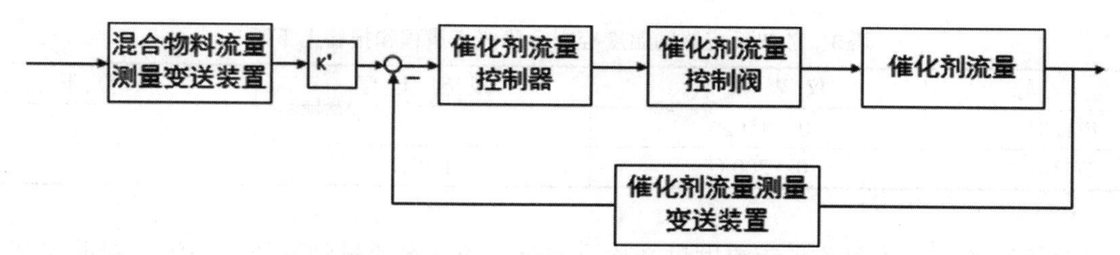

图 4 放热反应器催化剂比值控制回路方块图

在反应系统中，催化剂供应不成问题，而混合物料可能供应不足，为了保证混合物料的充分反应，这里要求催化剂量随着混合物料量的变化而变化。因此选择混合物料为主物料，而催化剂为副物料。放热反应器催化剂比值控制回路仪表量程和报警限的设置如表 2 所示。

表 2 放热反应器催化剂比值控制回路仪表量程和报警上下限

位 号	仪 表 量 程	报 警 上 限	报 警 下 限
FI1103	0～20kg/s	12kg/s	
FI1104	0～3kg/s	—	0.3kg/s

根据阀门开闭形式的选择原则：当发生故障时，应该关闭催化剂进料阀，保证操作人员以及设备的安全，因此催化剂流量控制阀选择气开阀。根据控制阀流量特性选择的相关知识，进料流量控制阀选用等百分比阀。催化剂进料流量控制器为反作用控制器，控制规律选用比例积分（PI）控制器。

关于参数 K′的设定值，更改 K′会导致两个量：产物出口流量与产物浓度发生变化，且这两个量的变化方向是相反的。由于工艺过程要求得到合格产物的量越多越好，所以 K′应当存在一定的范围，在该情况下合格产物累积量可得到最大值。同时，为了保证冷态开车的速度尽可能快，需要反应器温度尽快上升，因此刚开车时 K′设定在一个较高的值，可以稍微过量，以缩短开车过程。又由于催化剂 C 属于重组分，大部分的催化剂会在闪蒸罐底部随反应产物一起排出，因此随着反应逐渐进行，应使参数 K′阶梯下降。

3. 放热反应器温度控制回路

本反应是一个不可逆的强放热反应，且压力和温度具有较好的单值对应关系，为避免高温条件下，过高的气相压力使得反应器有爆炸的风险，应该设置相应的热量平衡控制系统保持化学反应器的热量平衡，使得进入反应器的热量与流出的热量及反应生成热之间相互平衡。通过控制夹套冷却水流量使得反应器温度维持在一个相对稳定的范围，以冷却水流量作为操纵变量，构成反应器温度单回路控制系统，如图 5 所示。

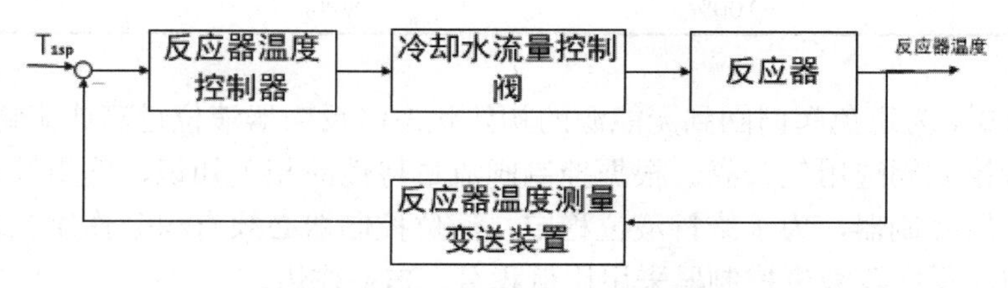

图 5 放热反应器的温度控制回路方块图

根据工艺要求可知，温度达到反应要求所需条件时，再提高反应温度对反应转化率的提升很小，同时过高的反应温度会导致反应器压力超出安全值，故反应器温度应设定报警上限，将温度设定值+5℃设为报警上限。放热反应器温度控制回路仪表量程和报警限的设置如表 3 所示。

表 3 放热反应器的温度控制回路仪表量程和报警上下限

位 号	仪 表 量 程	报 警 上 限	报 警 下 限
FI1201	0～35kg/s	—	—
TI1103	0～200℃	110℃	—

从安全角度考虑，为避免反应温度过高危及安全，冷却水流量阀选择气闭阀。根据控制阀流量特性选择的相关知识，冷却水流量阀选用等百分比阀。根据符号法判断控制器的正反作用，在以冷却水流量进行温度控制的单回路中，反应器温度控制器为反作用控制器。

为了维持温度的稳定，控制器必须有积分作用，来保证反应器温度无余差，而温度对象的容积滞后较大，因此需要加些微分作用，所以温度控制器采用比例积分微分（PID）作用。

由先前的分析可知，温度的设定值范围必须首先满足反应正常充分进行，另外需考虑温度与压力的对应关系，保证反应器压力处于安全可控的范围内。同时，由于冷却水用量需考虑到经济成本中，故在满足安全压力的控制条件下可将温度设定为一个比较高的值，此时可一定程度地降低冷却水消耗，提高经济效益。

4. 放热反应器液位控制回路

反应器的液位高度影响着反应物停留时间、反应器温度等，进而影响反应速率和反应的全程转化率及瞬时选择性，因此必须对反应器液位进行控制。液位控制的操纵变量通常是容器的入口流量或出口流量，本控制方案选用反应器入口流量、即混合罐出口流量作为操纵变量，构成反应器液位单回路控制系统，如图 6 所示。当反应器达到一定液位时，打开反应器底部管线阀门，反应生成液进入闪蒸罐进行闪蒸。

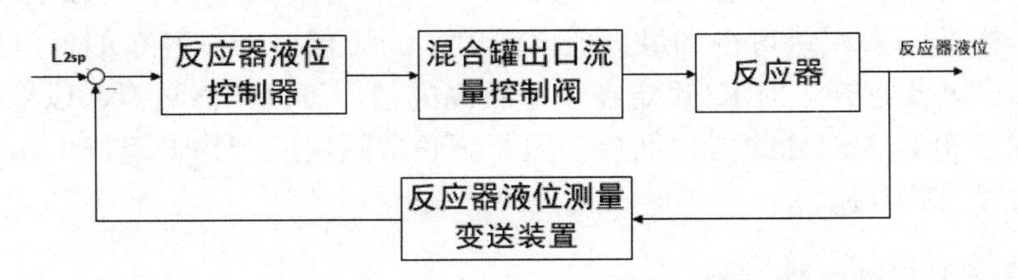

图 6 放热反应器的液位控制回路方块图

放热反应器的液位控制回路仪表量程和报警限的设置如表 4 所示。

表 4 放热反应器的液位控制回路仪表量程和报警上下限

位 号	仪 表 量 程	报 警 上 限	报 警 下 限
FI1103	0～20kg/s	12kg/s	—
LI1102	0～100%	80%	20%

从安全角度考虑，为避免阀门回到无能源的初始状态时反应器液位过高或满罐而导致生产事故，混合罐的出口流量控制阀选用气开阀。根据控制阀流量特性的相关知识，选用等百分比阀。反应器液位控制器为反作用控制器，为了维持液位稳定，液位控制器必须有积分作用，来消除余差，提高系统动态性能，因此反应器液位控制器采用比例积分（PI）作用。

由工艺分析可知，当反应器液位设定值取一个较高值时，可保证物料的停留时间，提高反应转化率。同时，高液位反应器对应大体积的反应物料，相对于低液位情况来说，当生产负荷变化时，其温度、反应条件等因素的变化相对较小，波动相对小意味着可控性更好，即对各类干扰有更好的可调节和可控能力。故反应器液位设定值应取为一个较高值。

5. 闪蒸罐压力控制回路

闪蒸罐的压力过高可能导致管路、设备的损坏、爆裂，压力过低影响闪蒸小锅，因此要维持一定的压力稳定，对闪蒸罐的压力进行控制。以循环原料A出口流量作为操纵变量，构成闪蒸罐的压力单回路控制系统，如图7所示。

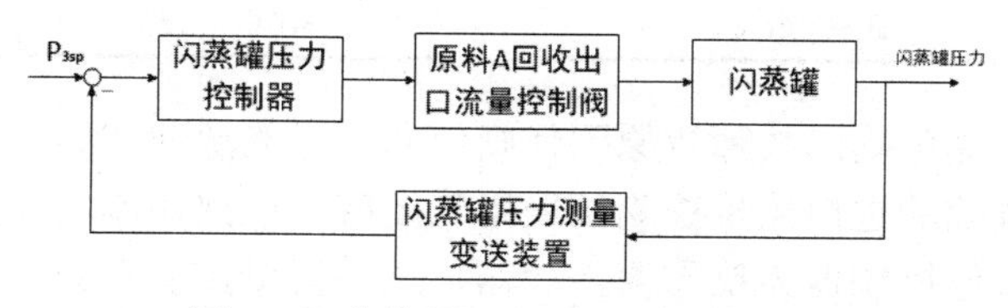

图7 闪蒸罐的压力控制回路方块图

从安全角度考虑，为避免阀门故障等原因使阀门回到无能源的初始状态时闪蒸罐的压力过高导致生产事故，闪蒸罐顶部循环原料A控制阀采用气闭阀。根据控制阀流量特性的相关知识，选用等百分比阀。闪蒸罐压力控制器为反作用控制器。为了维持压力稳定，压力控制器必须有积分作用，来消除余差，提高系统动态性能，同时为了提高控制作用的速度，需要加入比较微弱的微分作用，因此闪蒸罐压力控制器采用比例积分微分（PID）作用。

由闪蒸原理可知，需维持闪蒸罐的真空环境，故闪蒸罐的压力应设定报警上下界限。闪蒸罐的压力控制回路仪表量程和报警限的设置如表5所示。

表5 闪蒸罐的压力控制回路仪表量程和报警上下限

位号	仪表量程	报警上限	报警下限
FI1107	0～10kg/s	3kg/s	—
PI1103	0～250kPa	55kPa	15kPa

关于压力设定值，需考虑两个方面，首先是出口产物浓度、流量均与闪蒸罐的压力有关，若压力设置值比较高，则闪蒸作用较强，出口产物浓度肯定提高，但出口流量将有所下降；反之则产物浓度降低，产物流量上升。所以应同之前的比值参数类似，有一个较为合理的压力范围即可。另外，由于混合罐的液位设定值也较高，故冷凝罐的出口回流量也应有一个上限值，若闪蒸罐顶部出口气相循环物料A过多，可能导致冷凝罐入口流量大于出口流量，不满足物料平衡条件，最终可能导致冷凝罐满罐，引发安全事故，所以闪蒸罐压力设定值也不宜过高。

6. 闪蒸罐液位控制回路

当反应器达到一定液位时，打开反应器底部管线阀门，反应生成液进入闪蒸罐进行闪蒸，为避免满罐或空罐等安全问题，需要对闪蒸罐的液位进行控制，采用闪蒸罐的液位-进口流量串级控制系统，如图8所示。进口流量控制回路为副回路且为随动控制系统，具有一定的“快调”“粗调”能力，闪蒸罐的液位控制回路为主回路且为定值控制系统，具有一定的“慢调”“细调”能力，使得整个控制回路具有更高的工作频率，克服较多干扰，具备一定自适应能力。

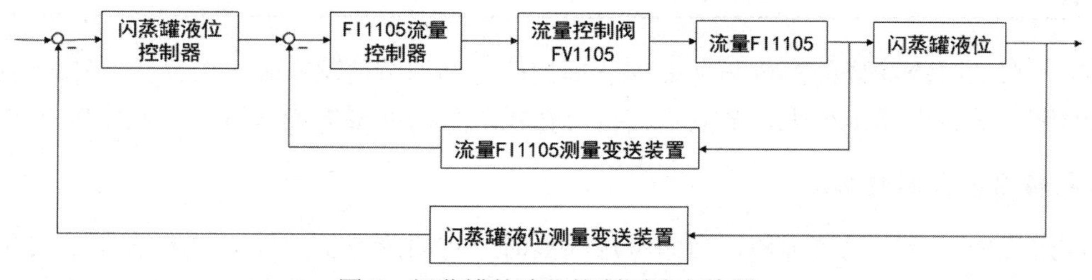

图8 闪蒸罐的液位控制回路方块图

闪蒸罐的液位控制回路仪表量程和报警限的设置如表6所示。

表6 闪蒸罐的液位控制回路仪表量程和报警上下限

位号	仪表量程	报警上限	报警下限
FI1105	0～25kg/s	12kg/s	—
LI1201	0～100%	80%	20%

从安全角度考虑，为避免阀门故障等原因使阀门回到无能源的初始状态时反应器液位过高或满罐而导致生产事故，闪蒸罐的进口流量控制阀采用气闭阀。根据控制阀流量特性的相关知识，选用等百分比阀。闪蒸罐的液位控制器为反作用控制器，进料流量控制器为正作用控制器。主、副控制器均采用比例积分（PI）作用。

放热反应器的液位控制回路是通过控制进料量实现，反应器出口流量控制回路则是作为闪蒸罐的液位串级控制系统中的副回路。通过多次运行数据记录，对于反应器液位和闪蒸罐的液位设置合理的参数点，投自动后使得反应器中流入的物料流量等于流出的量，从而达到物料平衡，即实现反应器和闪蒸罐在物料供求上相互均匀、协调、统筹兼顾。

7. 冷凝罐液位控制回路

当冷凝罐的液位达到一定水平时，打开循环物料管线阀，循环物料进入混合罐，为避免液位超限等安全问题，需要对冷凝罐的液位进行控制，如图9所示。以冷凝罐出口流量作为操纵变量，构成液位单回路控制系统。从安全角度考虑，为避免阀门故障等原因使阀门回到无能源的初始状态时冷凝罐的液位过高或满罐而导致生产事故，冷凝罐的出口流量控制阀采用气闭阀。根据控制阀流量特性的相关知识，选用等百分比阀。冷凝罐的液位控制器为反作用控制器，采用比例积分（PI）作用。

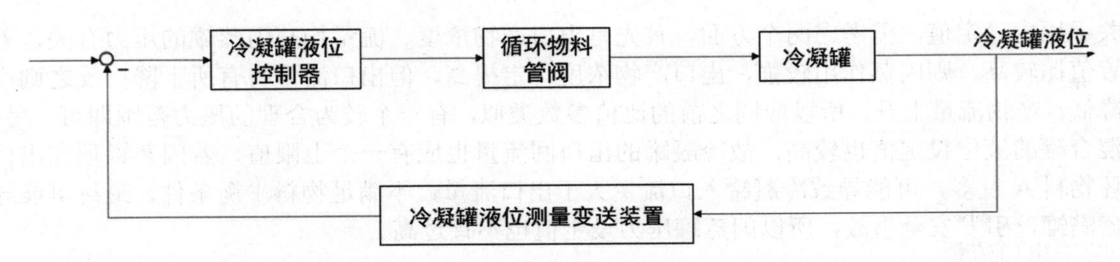

图9 冷凝罐的液位控制回路方块图

冷凝罐的液位控制回路仪表量程和报警限的设置如表7所示。

表7 冷凝罐的液位控制回路仪表量程和报警上下限

位号	仪表量程	报警上限	报警下限
FI1108	0～5kg/s	3kg/s	—
LI1202	0～100%	80%	20%

由于投入自动时冷凝罐的液位与之前闪蒸罐的压力的调节情况有较大关系，存在波动和偶然性，且冷凝罐的液位的合理范围很大，故其设定值可在投入自动前根据冷凝罐实际液位进行设定。

8. 冷凝罐温度控制回路

在反应过程中，反应放热强烈，当闪蒸罐闪蒸时，将闪蒸产生的以A物料为主的气相引入到冷凝器，通过打开冷凝器的冷却水将其降温，气相变成液相，进入冷凝罐形成液位，因此需要通过控制冷凝器冷却水流量，对循环物料 A 进行冷却，并且达到全冷凝的效果。以冷却水流量为操纵变量构成冷凝罐温度单回路控制系统，如图 10 所示。

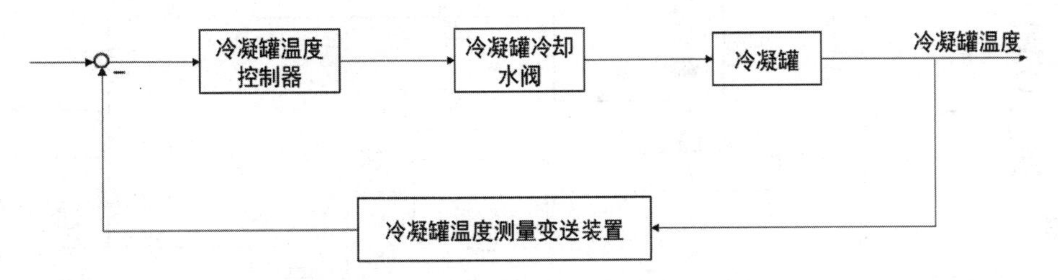

图 10 冷凝罐温度控制回路方块图

从安全角度考虑，为避免温度过高危及安全，冷却水管路阀门选择气闭阀。根据控制阀流量特性选择的相关知识，冷却水流量控制阀选用等百分比阀。冷凝罐温度控制器为反作用控制器，采用比例积分微分（PID）作用。冷凝罐温度仪表量程为 0～200℃，在实际应用中，温度控制越低冷凝效果越好，冷却水阀门一般处于满开状态。

9. 产品流量控制回路

闪蒸罐出口产品 D 是本反应的直接产量指标，同时在一定程度上影响着闪蒸罐的压力稳定，因此需要控制其出口流量稳定。以闪蒸罐出口产品 D 流量自身作为操纵变量，构成闪蒸罐出口产品 D 流量单回路控制系统，如图 11 所示。

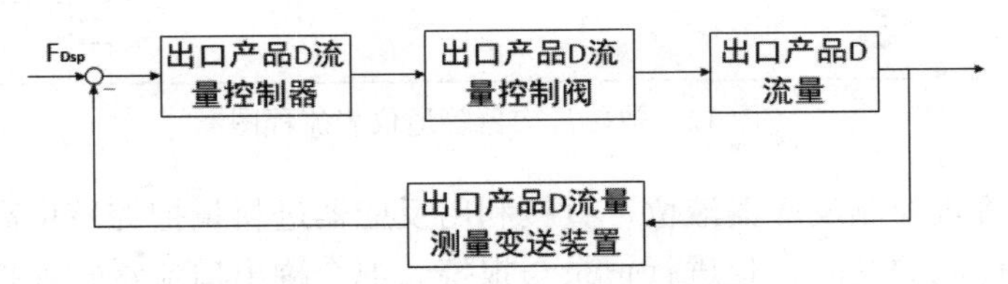

图 11 产品流量控制回路方块图

从保证产品质量角度考虑，为避免不合格产品 D 的流出，出口产品 D 流量控制阀采用气开阀。根据控制阀流量特性的相关知识，选用等百分比阀。闪蒸罐出口产品 D 流量控制器为反作用控制器，流量控制器的控制规律选用比例积分（PI）控制器。流量检测仪表量程为 0～30kg/s，无报警上下限。

关于出口流量的设定值需考虑物料平衡关系，同时出口流量的合理控制也能保证闪蒸罐的液位与闪蒸罐的压力处于合理范围，故可参考稳态情况下的工艺参数，将闪蒸罐入口总流量与回收量之差作为稳态情况下产品流量的设定值[2]。

1.4.3 控制系统管道仪表流程图

综上所述，可以得到放热反应器管道仪表流程图如图 12 所示，各控制回路汇总信息如表 8 所示。

混合罐进口 A、B 物料采用双闭环比值控制，实现 3∶1 的配比，同时对物料 A、B 记录累积量、便于经济效益核算。其中物料 A 参与比值计算的流量值是原料 A 流量和循环物料 A 流量的叠加值，没有对循环物料 A 流量进行控制，通过调节原料 A 流量确保物料 A 总流量的稳定。物料 A、B 的进料泵均可遥控启停。另外，混合罐的液位与原料 A 流量组成串级控制系统，在稳定混合罐液位的同时，维持原料 A 流量的稳定，并可迅速应对混合罐出口流量的波动。混合罐不能满罐或空罐，对其液位在控制的同时，还进行记录与报警。

对混合罐温度、预热器壳程出口温度和管程出口温度均进行显示，便于了解反应器进料温度的具体情况。

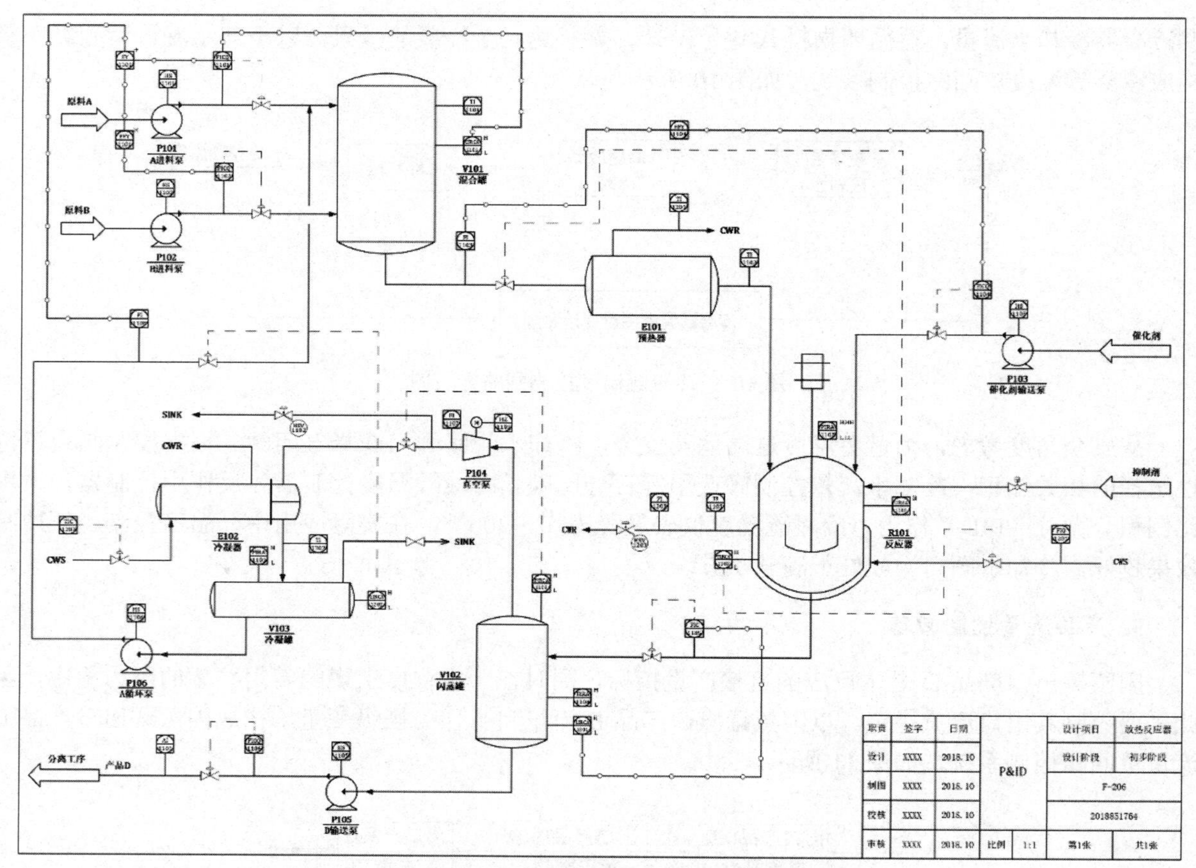

图 12　放热反应器管道仪表流程图

使用混合罐出口流量控制反应器液位，直接利用反应器进料量把控液位高低。反应器不能满罐或空罐，对其液位在控制的同时，也进行记录与报警。混合罐出口流量管线控制阀流通能力偏小，因此需根据此处流量值反算物料 A 流量的设定值，以维持混合罐的液位稳定。同时，混合罐出口流量与催化剂流量组成单闭环比值回路，根据物料 A、B 的量动态调整催化剂用量。对催化剂 C 也记录累积用量、便于经济效益核算。催化剂泵可遥控启停。

使用夹套冷却水对反应器温度进行单回路控制。由于反应器温度和压力均是十分重要的质量指标和安全指标，对两者均进行记录与报警，其中反应器压力还设置了高高限报警和低低限报警。冷却水上水流量同时进行显示与累积，并对冷却水回水进行流量显示和温度显示，便于实时了解冷水供应情况。冷却水回水阀可遥控开度。

闪蒸罐的液位与反应器出口流量组成串级控制回路，既能确保闪蒸罐的液位稳定，又能够将闪蒸罐下游的工艺波动隔绝在闪蒸罐，不会对上游造成影响。闪蒸罐同样不能满罐或空罐，对其液位在控制的同时，进行记录与报警。反应器出口流量管线控制阀流通能力也偏低，在方案实施过程中需注意平衡反应器进出流量的具体操作值，以维持反应器液位的稳定。

闪蒸罐的压力对产品产量、质量均有显著影响，使用抽真空管线气相循环物料 A 流量对其进行控制，并同时记录和报警。对气相循环物料 A 流量进行显示，以便判断抽真空系统是否正常工作。真空泵可遥控启停与调速，抽真空阀可遥控开度。闪蒸罐温度的高低能够表征闪蒸罐抽真空系统是否正常工作，对其进行显示、记录与报警。

气相循环物料 A 物料需要全冷凝、以免冷凝单元压力过高，对循环物料 A 物料温度使用冷凝器冷却水上水进行单回路控制。同时，监视冷凝罐压力，并记录和报警。监视冷凝器出口物料温度。使用循环物料 A 流量控制冷凝罐的液位，在维持冷凝罐的液位稳定的同时，确保一定的循环物料 A

流量。循环物料 A 流量的波动也不会影响冷凝单元上游工艺。冷凝罐不能满罐或空罐，对其液位在控制的同时，进行记录与报警。物料 A 循环泵可遥控启停。

表 8 控制回路设计综合信息

<table>
<tr><th colspan="2" rowspan="2">控制回路</th><th rowspan="2">被控变量</th><th rowspan="2">操纵变量</th><th colspan="2">控制器</th><th colspan="2">执行机构</th></tr>
<tr><th>正反作用</th><th>控制规律</th><th>开闭形式</th><th>流量特性</th></tr>
<tr><td rowspan="3">混合罐进料流量液位复合控制系统</td><td>混合罐液位控制回路</td><td>混合罐液位</td><td>原料 A 流量</td><td>反</td><td>PI</td><td>—</td><td>—</td></tr>
<tr><td>进料 A 控制回路</td><td>原料 A 流量</td><td>原料 A 流量</td><td>反</td><td>PI</td><td>气开</td><td>等百分比</td></tr>
<tr><td>进料 B 控制回路</td><td>原料 B 流量</td><td>原料 B 流量</td><td>反</td><td>PI</td><td>气开</td><td>等百分比</td></tr>
<tr><td rowspan="2">闪蒸罐液位-进料流量串级控制</td><td>闪蒸罐液位控制回路</td><td>闪蒸罐液位</td><td>FI1105 流量</td><td>反</td><td>PI</td><td>—</td><td>—</td></tr>
<tr><td>闪蒸罐进料量控制回路</td><td>FI1105 流量</td><td>FI1105 流量</td><td>正</td><td>PI</td><td>气闭</td><td>等百分比</td></tr>
<tr><td colspan="2">反应器进料比值控制</td><td>催化剂流量</td><td>催化剂流量</td><td>反</td><td>PI</td><td>气开</td><td>等百分比</td></tr>
<tr><td colspan="2">反应器温度单回路控制</td><td>反应器温度</td><td>冷却水流量</td><td>反</td><td>PID</td><td>气闭</td><td>等百分比</td></tr>
<tr><td colspan="2">反应器液位单回路控制</td><td>反应器液位</td><td>混合罐出口流量</td><td>反</td><td>PI</td><td>气开</td><td>等百分比</td></tr>
<tr><td colspan="2">闪蒸罐压力单回路控制</td><td>闪蒸罐压力</td><td>原料 A 出口流量</td><td>反</td><td>PID</td><td>气闭</td><td>等百分比</td></tr>
<tr><td colspan="2">冷凝罐液位单回路控制</td><td>冷凝罐液位</td><td>物料 A 流量</td><td>反</td><td>PI</td><td>气闭</td><td>等百分比</td></tr>
<tr><td colspan="2">冷凝罐温度单回路控制</td><td>冷凝罐温度</td><td>冷却水流量</td><td>反</td><td>PID</td><td>气闭</td><td>等百分比</td></tr>
<tr><td colspan="2">出口产品 D 流量单回路控制</td><td>出口产品D流量</td><td>出口产品 D 流量</td><td>反</td><td>PI</td><td>气开</td><td>等百分比</td></tr>
</table>

1.4.4 开车顺序控制系统设计

初始化检查，系统处于冷态开车前状态，确认所有阀门、泵处于关闭状态。为确保万无一失初始化两遍，在第二遍初始化同时打开真空泵 P104 和闪蒸罐顶抽真空阀 PV1102，将闪蒸罐的压力降低到大气压下，节省开车时间。

启动泵 P101，打开 A 物料进料阀；启动泵 P102，打开 B 物料进料，原料 A、B 按照一定的比例进入混合罐 V101，同时关闭真空泵 P104 和闪蒸罐顶部抽真空阀 PV1102。

混合罐 V101 达到一定液位时，以小开度打开 V1103，小流量混合物料经过预热器进入反应器，启动泵 P103，打开催化剂管线阀门，催化剂与混合原料按一定配比由反应器 R101 顶部加入。原料 A、B 在反应器里进行化学反应。

当反应器 R101 达到一定液位时，打开反应器底部管线阀门 V1105，反应生成液进入闪蒸罐 V102 进行闪蒸。

闪蒸罐的压力开始增大并开始闪蒸时，通过调节 P104、S1101 和阀门 PV1101，将闪蒸产生的以 A 物料为主的气相引入到冷凝器（此时冷凝器的冷却水阀门应该打开），然后变成液相进入冷凝罐，待冷凝罐形成液位后，启动循环泵 P106 打到混合罐内。

当闪蒸罐 V102 达到一定的液位值时，启动产物 D 输送泵 P105，打开阀门 V1106，罐底液相混合物进入下游分离工序。

回流开始后，打开循环冷却水上水管线阀门；打开循环回水至公用工程管线阀门 V1203。

1.4.5 安全相关系统

1. 安全相关系统设计原则

信号报警、连锁点的设置，动作设定值及调整范围必须符合生产工艺的要求；在满足安全生产的前提下，应当尽量选择线路简单、元器件数量少的方案；安全相关系统应当安装在振动小、灰尘少、无腐蚀气体、无电磁干扰的场所；应用DCS和PLC时，可采用经权威机构认证的DCS/PLC来构造安全相关系统；安全相关系统中安装在危险场所的检出装置、执行器、按钮、信号灯、开关等应当符合所在场所的防爆、防火要求[2]。

遵照上述原则，本方案通过对放热反应器进行安全分析，确定实施的安全相关系统。

2. 安全相关系统设计步骤

首先通过对被控对象进行安全分析，确定系统中包含哪些危险隐患，再设计相应的安全相关系统，在满足安全生产需要的前提下保证安全相关系统设计的合理性和经济性[3]。

第一步：定义风险等级

在生产装置中引进安全防护手段，其作用是为了将风险减低到企业可接受的水平。任何防护手段都不可能完全消除风险。

第二步：识别所有潜在风险

定义了风险等级后，使用合理的安全评价方法对装置中可能存在的风险进行充分、彻底地识别，获得装置中每个风险发生原因和所导致后果之间的对偶关系。只有在获得所有可能的潜在风险的基础上，才能对装置进行充分、完整地防护层设计与校核。

第三步：校核防护层设计

针对第二步中所识别出来的每一个可能的风险，考虑当前已有的保护措施对风险的降低程度，校核其是否满足在风险矩阵中定义的可接受范围。如果不能满足要求，则需要引入新的防护措施，并对引入新的防护措施后的风险降低程度重新进行计算。

第四步：结论审查

检查所有不可接受的风险是否都已受到防护，即所有风险的等级都达到“可接受”范围内，否则回到第三步重新进行防护层校核与设计。

3. 系统装置安全分析与防护层设计

1）系统装置风险矩阵

风险矩阵就是一种定性的风险定义方法，其形式随着对事故发生的可能性和严重度的划分等级的不同而有所不同，本方案采用国际通用的5×5矩阵，如图13所示。

后果 频率	1	2	3	4	5
1	无危害	可接受	可接受	待审查	待审查
2	可接受	可接受	待审查	待审查	待审查
3	可接受	待审查	待审查	待审查	不可接受
4	待审查	待审查	待审查	不可接受	不可接受
5	待审查	待审查	不可接受	不可接受	不可接受

图13 风险矩阵

风险矩阵的行代表风险发生的频率，列代表风险发生所导致的后果的严重程度，矩阵中每一个元素代表某个风险发生时，其后果是否可以接受，如果不能接受或需要审查，则需要进行防护层的校核和安全相关系统的设计。针对反应器系统装置，对风险发生频率等级、风险导致后果等级以及风险等级进行定义，如表 9 ～表 11 所示。

表 9 反应器系统装置风险发生的频率等级

频 率 等 级	发 生 次 数
1	1000 年 1 次
2	100 年 1 次
3	10 年 1 次
4	1 年 1 次
5	1 年 10 次

表 10 反应器系统装置风险发生所导致的后果严重度等级

后 果 等 级	后果严重程度
1	人员：无伤害，无时间损失 公众：无伤害、危险 环境：不会带来工作场所和环境危害 设备：估计损失低于 1 万元
2	人员：很小伤害或无伤害，无时间损失 公众：无伤害、危险 环境：不会受到通告或违反允许条件 设备：很小的设施损害，估计损失低于 10 万元
3	人员：1 人受到伤害，不是特别严重，可能会损失时间 公众：因气味或噪声引起公众抱怨 环境：受到通告或违反允许条件 设备：有些设施受到损害，估计损失大于 10 万元
4	人员：1 人或多人严重受伤 公众：1 人或多人受伤 环境：重大泄漏，给工作场所外带来严重影响 设备：生产过程设施受到损害，估计损失大于 50 万元
5	人员：人员死亡或永久性失去劳动能力的伤害 公众：1 人或多人严重受伤 环境：重大泄漏，给工作场所带来严重环境影响，导致直接或潜在的健康危害 设备：生产设施严重或全部损害，估计损失大于 100 万元

表 11 反应器系统装置事故风险等级

风 险 等 级	说 明
无危害	不需要采取行动
可接受	可选择性地采取行动，需评估可选择的方案
待审查	选择合适的时机采取行动，通知公司管理部门
不可接受	立即采取行动，通知公司管理部门

装置中所有潜在的事故风险，都需要用风险矩阵进行核查。只有当所有事故风险的计算结果都落在图 13 左上角浅灰色的“可接受”区域内，才能认为该装置目前属于可接受的安全水平。如果增加防护措施后无法降低到可接受区域，需汇报上级从后果方面降低等级。

2）反应器系统装置风险辨识

下面采用国际公认的石化行业最佳的风险识别方法——危险与可操作性分析（Hazard and Operability Analysis，HAZOP）方法，对反应器系统装置进行风险识别。结合反应器系统 SDG 描述来进行危险与可操作性分析。为反应器系统 SDG 模型中每个可能发生偏离的节点增加引起其偏离的原因 R（Reason），对每个可能由于偏离而造成不利后果的节点增加后果 C（Conclusion），将得到如图 14 所示的 SDG-HAZOP 模型。

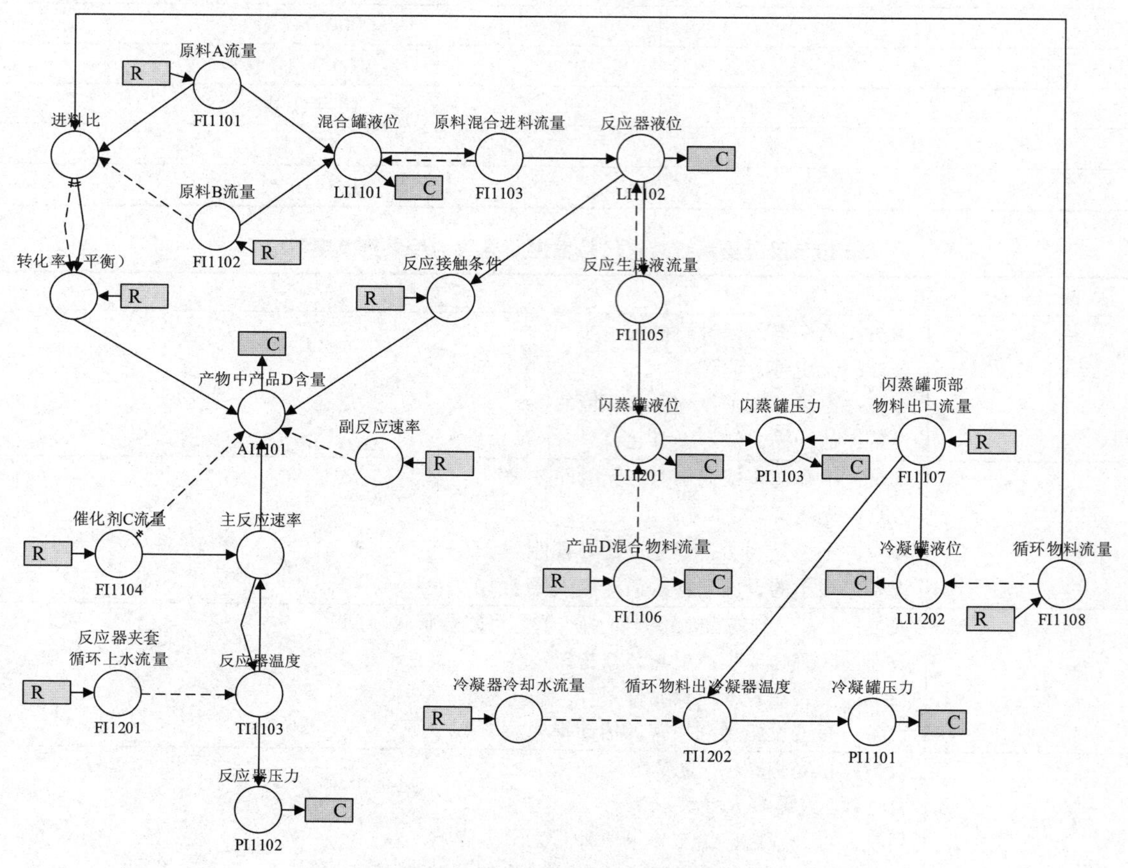

图 14　反应器系统 SDG-HAZOP 模型

该模型蕴含了系统中存在的关于事故原因和不利后果之间的因果关系链，下面仅针对如下两种情况进行具体分析。

（1）反应器超压导致爆炸。

反应器超压会造成反应器设备的损坏，造成设备内件破坏、开裂，挤碎催化剂，长时间处于抗压、抗拉的极限，会致使反应器及其所属附件的炸裂。从反应器压力节点反向搜索可以得到：上游工艺提供的冷却水不足，会导致反应器超温超压，造成危险。与之相对应的风险传播链如下所示：冷却水流量减少→反应器温度过高→（反应器内过量 A 直接气化）→反应器超压→反应器爆炸开裂，通过 HAZOP 分析得出表 12。

表 12　反应器爆裂事故 HAZOP 结论

偏　差	原　因		后　果		已有防护措施
	描　述	概　率	描　述	严 重 度	
反应器压力超高	冷却水减少	4	反应器损坏、爆裂	3	反应器温度自动控制

（2）物料 B 流量增大导致反应器满罐溢出。

反应器液位升高有满罐溢出的风险，会造成产品不纯，影响后续的工艺。与之对应的风险传播链如下所示：物料 B 流量升高→混合罐的液位上升→混合罐出料流量增加→反应器液位上升，通过 HAZOP 分析得出表 13。

表 13 反应器满罐溢出事故 HAZOP 结论

偏 差	原 因		后 果		已有防护措施
	描 述	概 率	描 述	严 重 度	
反应器液位上升	物料 B 流量减少	5	反应器液位上升	3	物料 B 流量自动控制 混合罐液位自动控制 反应器液位自动控制

3）反应器系统装置防护层分析（LOPA）

共有 7 种防护层可对生产装置起到降低事故风险的作用：工艺设计层（第 1 层）、基础控制与报警层（第 2 层）、操作人员干预（第 3 层）、自动连锁保护层（第 4 层）、紧急停车系统层（第 5 层）、物理保护层（第 6 层）、公众紧急响应层（第 7 层），其中第 2～5 层是本专业设计安全相关系统时可以采用的防护层。

进行防护层分析时，首先确认风险是否已经落入“可接受”范围内。如果风险已经可接受，无须再进行防护层设计；否则，需要加入新的防护层以使得风险落入“可接受”范围。增加的防护层对风险发生概率的降低作用的计算公式如下所示：

防护下的风险概率 = 原始风险概率×防护层 1 失效概率×⋯×防护层 N 失效概率

使用该计算公式的前提是各防护层相互独立。根据防护下的风险概率值，可以确定加入安全防护措施后的事故风险是否降低。如果发现剩余风险等级仍然较高，必须提出合理、可行的安全保护措施，同时针对提出的措施再实施风险评估，使其最终达到“可接受”的等级。防护层分析方法的基本特点是基于事故传播链进行风险研究，前面已经运用 HAZOP 进行了事故传播链的识别。

下面针对前面列举的潜在风险，分别进行 LOPA，对于需要增加防护层的潜在风险，考虑增加如下独立防护层：报警响应、自动连锁或紧急停车，假设各独立防护层的失效概率均为 0.1 次/年，同时假设已有的基础过程控制系统的失效概率为 0.1 次/年。

（1）反应器爆裂的 LOPA。

根据 SDG-HAZOP 的结果，冷却水减少可能导致反应器爆裂，事故发生概率为 4 级，后果严重度为 3 级，属于“待审查”风险。

反应器系统装置已有反应器温度自动控制系统，该控制系统只能将风险发生的概率降低至 3 级，属于“待审查”风险。

考虑再为反应器压力、温度参数增加报警及参数值过高的自动连锁还有紧急停车系统，在 4 道独立防护层作用下，重新计算反应器压力过高时的风险概率，属于“可接受”风险。

（2）反应器满罐的 LOPA。

根据 SDG-HAZOP 的结果，物料 B 流量的突然升高可能导致反应器满罐，事故发生概率为 5 级，后果严重度为 3 级，属于“不可接受”风险。

在整条风险传播链上已有物料 B 流量自动控制系统、混合罐的液位自动控制系统和反应器的液位自动控制系统，考虑再为分别为混合罐液位过高和反应器液位过高时增加报警，在 5 道独立防护层作用下，重新计算反应器满罐事故的风险概率，属于“可接受”风险。

这里仅针对反应器爆裂和反应器液位超限事故的风险传播链，进行了独立防护层分析与校核。按照上述 LOPA 思路，对该系统装置中所有可能的风险传播链进行分析和防护层校核，使所有潜在风险均落到“可接受”区域，既可有效地防范风险的发生，又为安全防护系统提供了设计依据。通过 LOPA，最终得到如表 14 所示的安全相关系统设计信息。

表 14 拟增加的安全相关系统

参　数	增加报警响应	增加自动连锁	进行紧急停车
反应器温度	是	是	是
反应器压力	是	是	是
反应器液位	是	—	否
闪蒸罐液位	是	—	否
闪蒸罐压力	是	是	是
混合罐液位	是	—	否
冷凝罐压力	是	—	否
冷凝罐液位	是	—	否

4. 安全相关系统设计

1）声光报警系统

当生产过程某个参数实测值超出设定的阈值时，将会进行声光报警。本方案中，报警的功能主要由基础过程控制系统完成。DCS 上进行闪烁报警，通过报警组态对上述过程参数均设置报警。

2）安全联锁系统

当反应器的温度或压力进入危险界限时，连锁系统立即采取应急措施，加入抑制剂，减缓或停止反应，从而避免引起爆炸等生产事故的发生。

当闪蒸罐的压力进入危险界限时，连锁系统立即采取应急措施，全开真空泵，使闪蒸罐通大气，从而避免破裂等生产事故的发生。

安全联锁系统根据参数报警信号自动启动。为防止开车过程中连锁自动投用，在操作员站上设置连锁投用/连锁切除开关。

3）紧急停车系统

若安全连锁系统仍然不能将事故消除，或反应器系统装置的某些过程参数越限、机械设备故障、系统自身故障或能源中断时，对系统实施紧急停车操作。

紧急停车联锁可根据参数报警信号自动启动；同时，在操作员站上设置紧急停车按钮，操作人员可根据设备运行状况启动紧急停车。

1.4.6 系统节能减排考虑

1. 在满足工艺要求的前提下，反应器在正常工况时反应物的使用量最少

按照 A、B 反应物 3∶1 配比关系，利用比值控制系统控制 A、B 物料进料流量。为了保证较高的转化率，采用 A 物料略过量的工艺。当反应物在反应器内充分反应后到达闪蒸罐，在闪蒸罐上方通过真空泵和出口流量阀，吸出过量的 A 物料，回收后循环再利用，以避免浪费。

2. 在负荷增加或减少时对应的反应物流量调整损耗尽量小

在负荷波动变化时，流量波动会造成能量的损耗，因此采用一次性提升负荷到要求的指标，同时利用单回路控制产品 D 的出口流量，维持流量平稳。

3. 公用工程冷却用水的利用

为保证反应器内温度不超过安全上限、符合反应条件要求，需要混合物预热器和反应器夹套冷却水共同调整维持。考虑经济效益，反应器夹套冷却水在保证安全压力的情况下尽可能少，较高的反应温度也可促进反应的充分进行。

4. 控制不符合要求的反应产物的排放

一方面通过A物料略过量的工艺保证转化率，提高产品D的量，另一方面，在反应器达到一定液位后再打开反应器出口流量阀门，保证一定的反应时间，确保充分反应。同时在闪蒸罐上方通过真空泵和出口流量阀，吸出过量的A物料，保证出口产品D的浓度，避免不合格产品的流出。

1.4.7 系统监控界面设计

1. 工艺流程监控界面

放热反应器系统监控界面如图15所示[3]，该工艺流程监控界面主体为任务要求的全部系统对象及物料流向，并在相应位置添加对应的标签、绑定相应的位号，以用于相应的过程参数显示。同时，在各个罐体上添加液位棒状图，并绑定相应的位号，以直观地显示各罐体的当前液位。

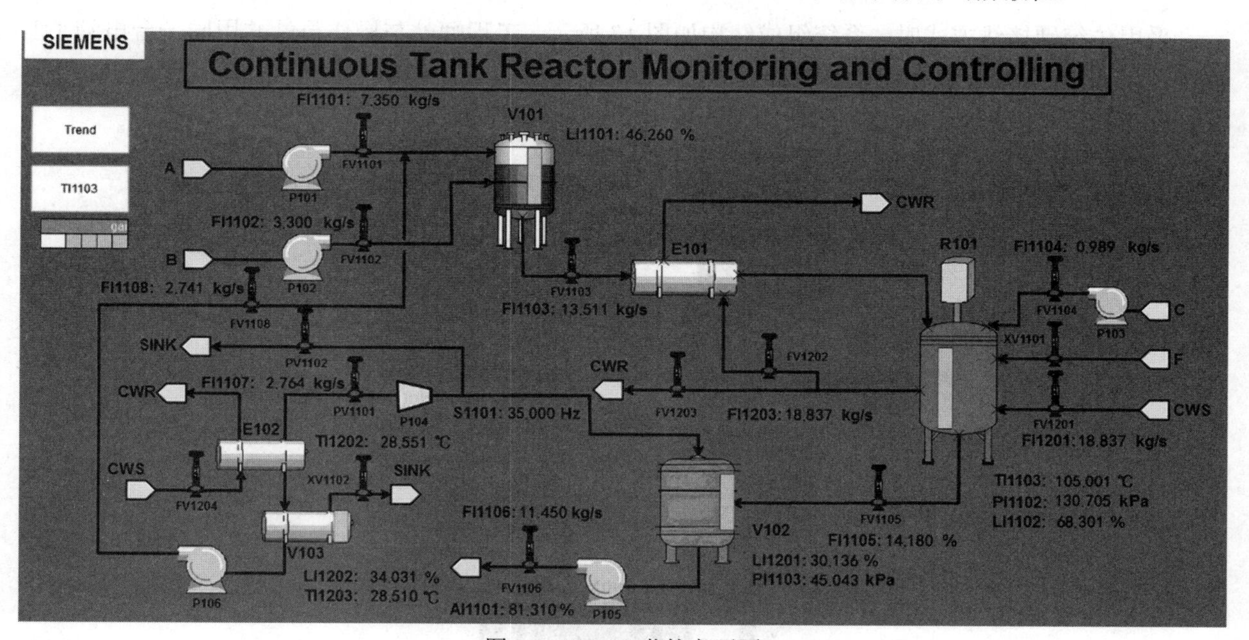

图15 WinCC监控主画面

在工艺流程界面左上方添加3个按钮，分别为Trend、TI1103、gai，单击Trend按钮会弹出显示部分关键参数的实时变化曲线的界面；单击TI1103按钮会弹出硬接线通信参数的实时值显示界面；单击gai按钮（图15界面上未显示）会打开顺序功能图可视化界面，用于开车顺序控制程序显示以及相关参数显示。

2. 过程参数响应曲线

在图15中单击Trend按钮，将会跳转至如图16所示的趋势画面。趋势画面使用实时趋势控件WinCC OnlineTrendControl设置所需显示的位号、曲线、横纵坐标等，便可通过该窗口观察到参数的实时变化曲线。

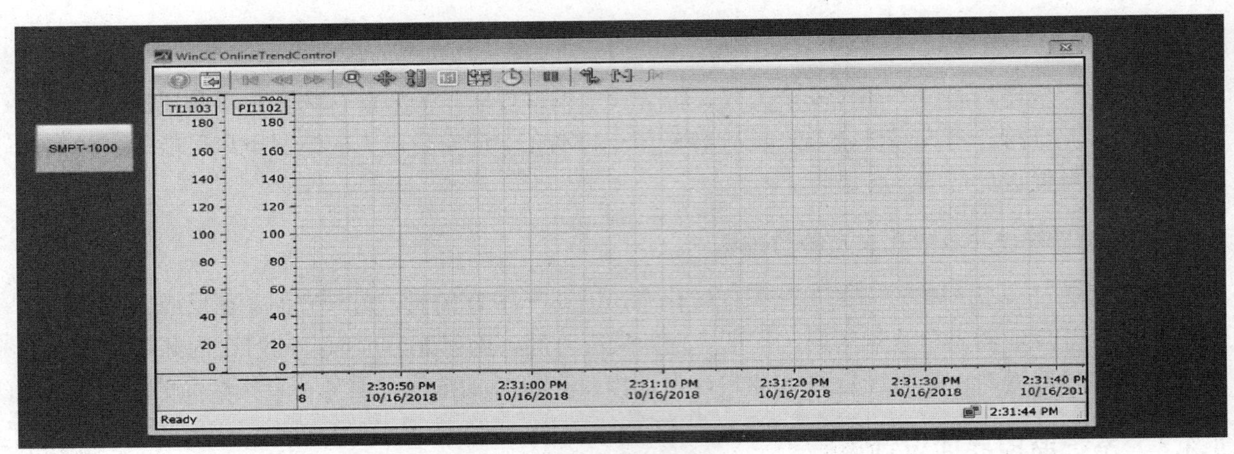

图 16 趋势画面

1.5 系统组成

1.5.1 系统组成结构

采用传统硬接线方式时，系统组成结构如图 17 所示，工程师站与操作员站共用同一台电脑（上位机），该站与 PCS7 硬件系统通过工业以太网 ProfiNet 通信，PCS7 CPU 与远程 I/O 模块通过 ProfiBus 现场总线通信。被控对象放热反应器的输入输出信号与 PCS7 远程 I/O 相连接。

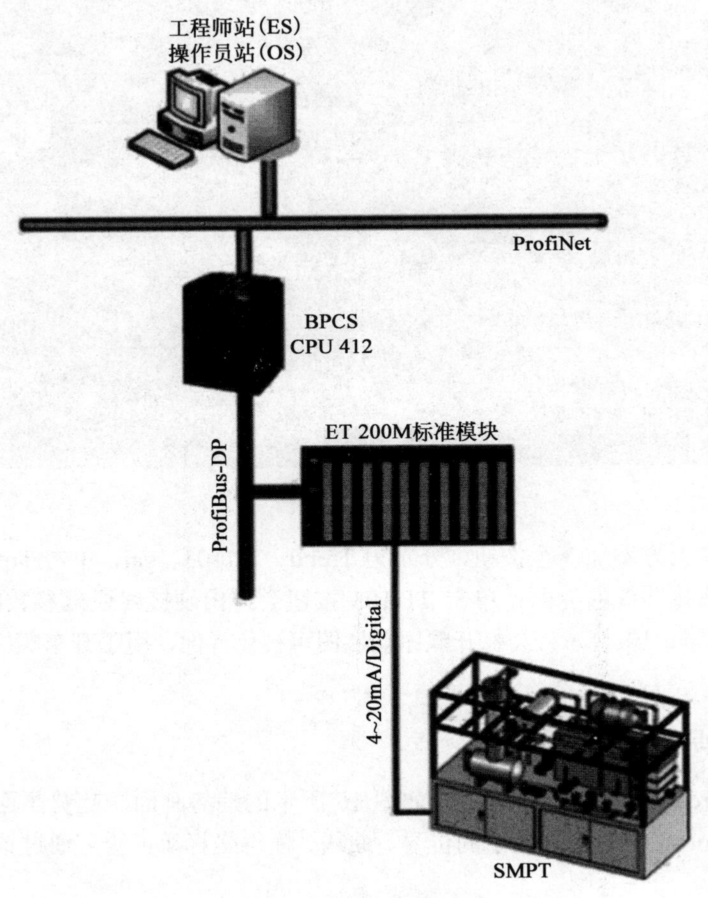

图 17 系统结构图

同时，被控对象能够通过 ProfiBus-DP 从站模块 PM125 与 PCS7 CPU 通信，在这种情况下，将 ET 200M 模块用 PM125 模块替代即可。

1.5.2 硬件配置

1. I/O 信号列表

首先给出如表 15 所示的 I/O 信号列表，根据 I/O 点数方可进行 I/O 模块的选取。

表 15 I/O 变量列表

序 号	位 号	说 明	单 位	类 型
1	FI1106	产品 D 混合物料流量	kg/s	AI
2	FI1101	原料 A 流量	kg/s	AI
3	FI1102	原料 B 流量	kg/s	AI
4	FI1103	原料混合进料流量	kg/s	AI
5	FI1104	催化剂 C 流量	kg/s	AI
6	FI1105	反应生成液流量	kg/s	AI
7	FI1107	闪蒸罐顶部物料出口流量	kg/s	AI
8	FI1201	反应器 R101 夹套循环上水流量	kg/s	AI
9	FI1203	反应器 R101 夹套循环回水至界区流量	kg/s	AI
10	LI1101	混合罐 V101 液位	%	AI
11	LI1102	反应器 R101 液位	%	AI
12	LI1201	闪蒸罐 V102 液位	%	AI
13	TI1101	混合罐 V101 温度	℃	AI
14	TI1102	原料混合进料出预热器 E101 温度	℃	AI
15	TI1103	反应器 R101 温度	℃	AI
16	TI1104	闪蒸罐 V102 温度	℃	AI
17	TI1105	反应器 R101 夹套循环回水温度	℃	AI
18	TI1201	反应器 R101 夹套循环回水出预热器温度	℃	AI
19	TI1202	循环物料出冷凝器温度	℃	AI
20	PI1101	冷凝罐压力	kPa	AI
21	PI1102	反应器压力	kPa	AI
22	PI1103	闪蒸罐压力	kPa	AI
23	FI1108	循环物料流量	kg/s	AI
24	LI1202	冷凝罐 V103 液位	%	AI
25	TI1203	冷凝罐 V103 温度	℃	AI
26	FV1106	闪蒸罐 V102 底部产品 D 管线阀门	%	AO
27	PV1101	闪蒸罐 V102 顶部循环原料 A 管线阀门	%	AO
28	FV1101	原料 A 管线阀门	%	AO
29	FV1102	原料 B 管线阀门	%	AO
30	FV1103	混合罐 V101 底部混合进料管线阀门	%	AO
31	FV1104	催化剂 C 管线阀门	%	AO
32	S1101	变频真空泵频率	%	AO
33	FV1105	反应器 R101 底部反应生成液管线阀门	%	AO

（续表）

序　号	位　号	说　明	单　位	类　型
34	PV1102	闪蒸罐顶抽真空阀门	%	AO
35	FV1108	循环物料管线阀门	%	AO
36	FV1204	冷凝器 E102 冷却水阀门	%	AO
37	FV1201	反应器 R101 夹套循环上水管线阀门	%	AO
38	FV1203	反应器 R101 夹套循环回水至界区管线阀门	%	AO
39	XV1101	抑制剂管线阀门		DO
40	HS1101	A 进料泵 P101 开关		DO
41	HS1102	B 进料泵 P102 开关		DO
42	HS1103	催化剂输送泵 P103 开关		DO
43	HS1104	真空泵 P104 开关		DO
44	HS1105	D 输送泵 P105 开关		DO
45	HS1106	循环泵开关		DO
46	XV1102	冷凝罐排气阀		DO

由表 15 可以汇总得到控制系统 I/O 规模，如表 16 所示。

表 16　输入/输出信号规模列表

过程输入/输出		点　数	是否冗余	需配置的点数
模拟量信号	模拟输入（4～20mA）	25 个	冗余	56 个
	模拟输出	13 个	冗余	32 个
数字量信号	接点输入	8 个	冗余	16 个

2. 控制器硬件配置

控制系统采用西门子 PCS7，具体硬件配置如表 17 所示。

表 17　控制器硬件选型与配置

名　称	型　号	订 货 号	数　量	说　明
电源	PS407	407-7KA02-0AA0	1 块	为 CPU、I/O 模块供电
CPU	412-5H	412-5HK06-0AB0	1 块	支持 ProfiNet、ProfiBus 通信 MPI/ProfiBus DP 主站接口 ProfiBus DP 主站/从站接口
通信模块	CP 443-1	443-1EX30-0AB0	1 块	与 ES/OS 进行 ProfiNet 通信
ET200M	IM 153-2	153-2BA02-0XB0	1 块	最多可挂接 I/O 模板 12 个
模拟输入	SM331	331-7KF02-0AB0	7 块	8 点
模拟输出	SM332	332-5HF00-0AB0	4 块	8 点
数字量输出	SM322	322-1BF01-0AA0	2 块	8 点

3. 现场仪表选型与配置

放热反应器涉及流量、温度、压力、液位等参数的测量与变送，需要进行仪表选型；为安全起见，执行机构均选用气动薄膜控制阀。具体仪表选型与配置如表 18 所示[2]。

表 18 测量变送仪表与执行机构选型与配置

仪表类型	公司	型号	数量	信号方式	动力源
流量测量变送仪表	上海自动化仪表九厂	LWGY-80A	10 个	4~20mA	24V DC
液位测量变送仪表	上海自动化仪表三厂	UQK-17	4 个	4~20mA	24V DC
温度测量变送仪表	上海自动化仪表三厂	SBWR-2440	8 个	4~20mA	24V DC
压力测量变送仪表	上海自动化仪表四厂	STD-930	3 个	4~20mA	24V DC
气动薄膜控制阀	上海自动化仪表七厂	97/98-21000	10 个	4~20mA	140～200kPa

1.5.3 软件配置

控制方案采用 SIEMENS 公司的 PCS 7 V8.0 软件实现。下面对 PCS7 V8.0 所具备的功能及相关配置进行简单的介绍[4]。

方案中所涉及和使用的软件功能包括：

SIMATIC Manger（SIMATIC 管理器）——项目创建、库创建、项目管理和诊断等。

PH——Plant Hierarchy（工厂层级），用于工厂层级的设计。

HW Config——Hardware Configuration Environment（硬件配置环境），用于配置 CPU、通信处理器、外围设备和现场总线等。

CFC——Continuous Function Chart（连接功能图），用于设计库、自动化逻辑、连锁、算法和控制等。

SFC——Sequential Function Chart（顺序功能图），用于设计顺序控制、逻辑和连锁等。

SCL——Structured Control Language（结构化控制语言），编写算法程序和创建功能块等。

WinCC——Windows Control Centre（Windows 控制中心），PCS7 操作员界面和可视化。

Graphics Designer Editor（图形编辑器）——图片、图形对象和动画的设计。

1.6 系统连接

1.6.1 系统通信连接

现场实施时的通信网络组态如图 18 所示，工程师站（PC）接在 PROFINET 工业以太网上，通过 IE General 网卡与 PCS7 SIMATIC 400 进行通信，PCS7 使用专用 CP443-1 通信卡接入工业以太网。PCS7 完成基础过程控制功能和安全控制功能。同时，PCS7 CPU 作为 PROFIBUS 主站，通过 PROFIBUS 总线与被控对象（从站）进行通信。被控对象放热反应器的 PROFIBUS 从站由 PM125 提供。

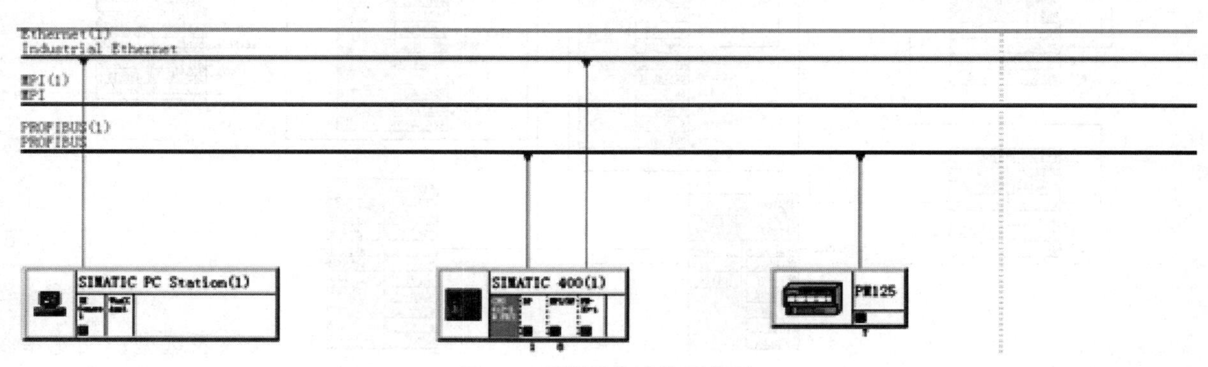

图 18 系统通信连接示意图

1.6.2　控制回路连接

图 19 和图 20 是混合罐进料比值与液位复合控制回路图，原物料 A 作为主物料构成比值控制主回路，同时和混合罐的液位构成串级控制系统，另外原物料 A 与循环物料 A 的流量和与原物料 B 的进料流量构成双闭环比值控制系统[3~5]。

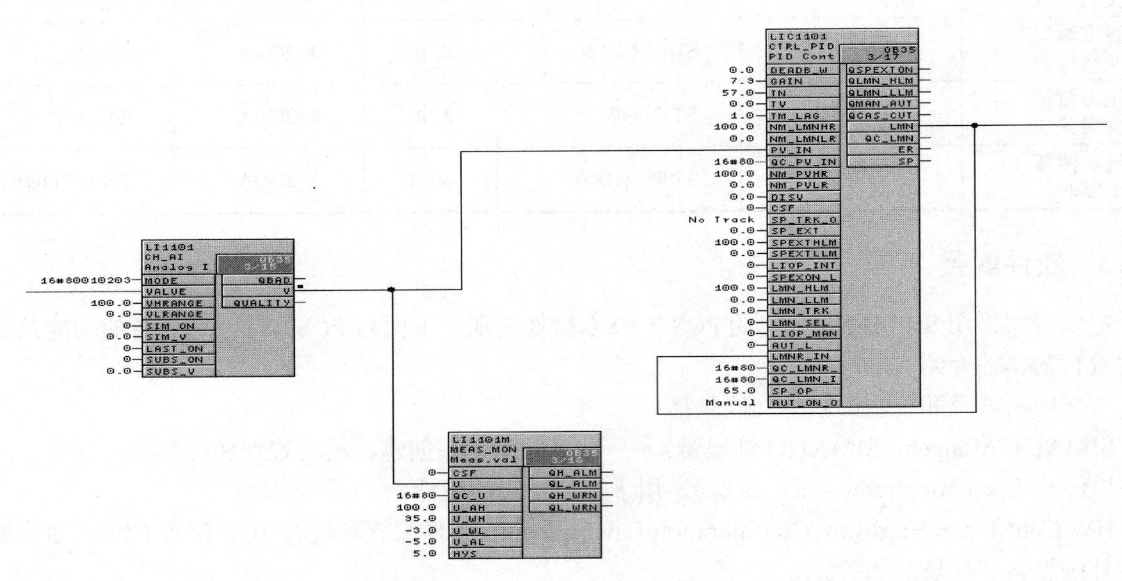

图 19　混合罐进料比值与液位复合控制回路 CFC（1）

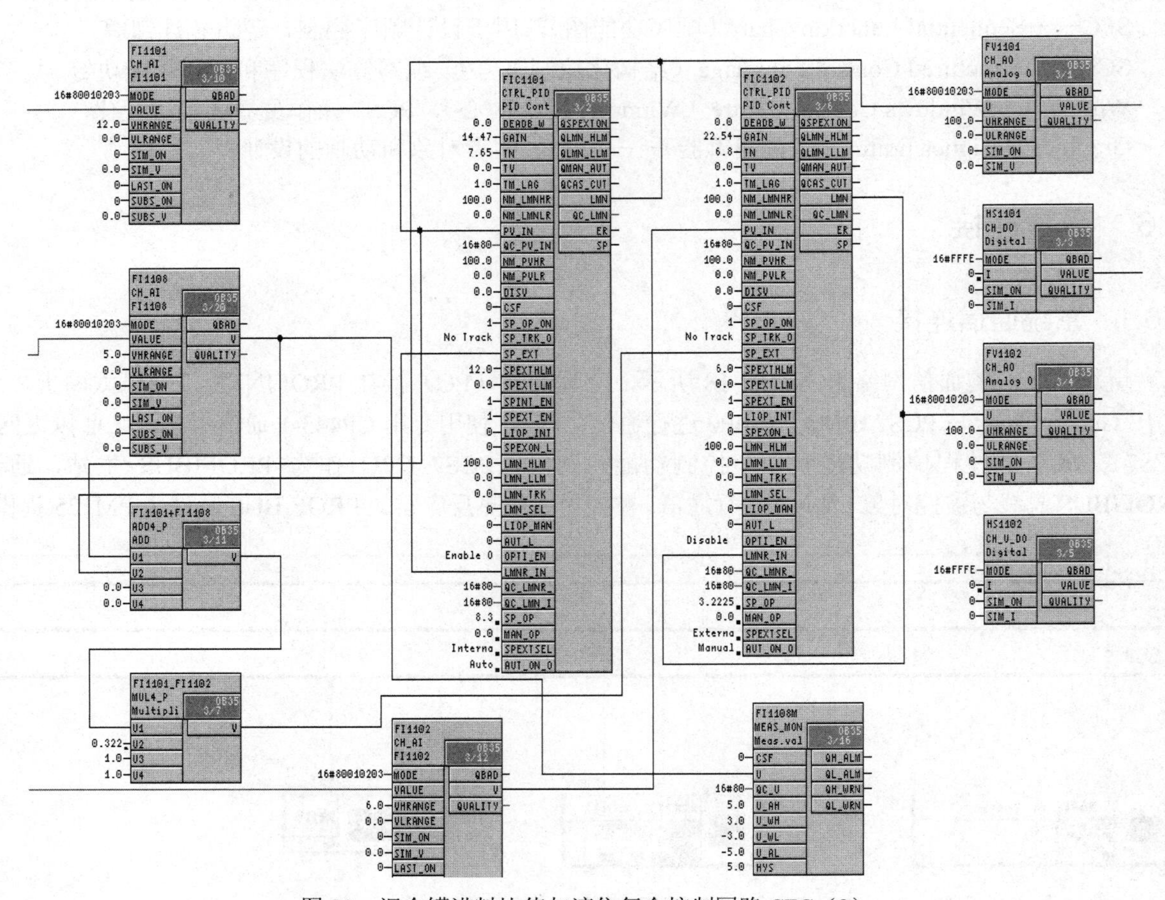

图 20　混合罐进料比值与液位复合控制回路 CFC（2）

图 21 是反应器进料流量控制回路图，构成混合罐出口流量和催化剂流量的单闭环比值控制系统，混合罐出口流量为主物料，催化剂流量为副物料。

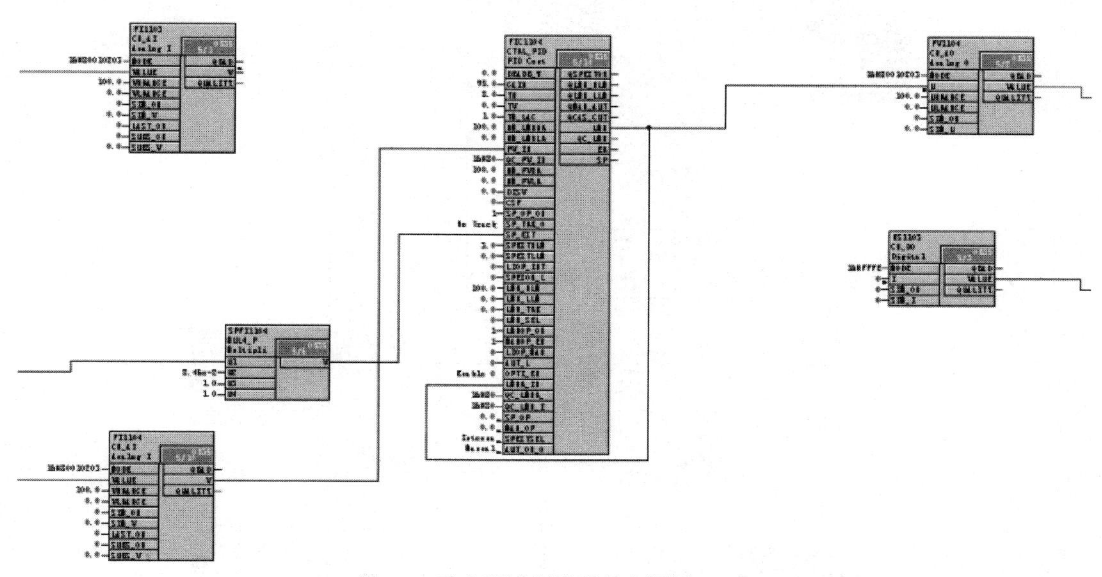

图 21　反应器进料流量控制回路 CFC

图 22 是反应器液位单回路控制系统回路图，通过控制混合罐出口流量控制反应器液位，将测量液位实际值与期待液位给定值的偏差送给控制器，进而根据实际情况控制阀门开度，维持液位的恒定。

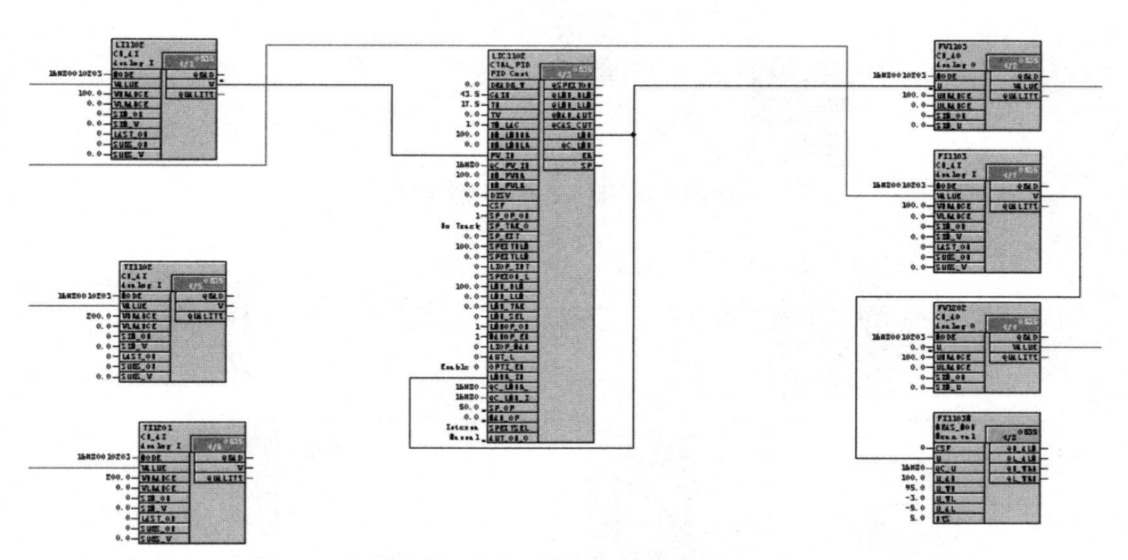

图 22　反应器液位控制回路 CFC

图 23 是反应器温度单回路控制系统回路图，将温度测量信号传送给控制器，控制器输出给夹套循环上水流量阀，通过偏差整定阀门的开度。

图 24 是反应器压力监视回路图，观察反应器压力是否在正常范围内。当出现超压事故时，抑制剂管线阀门打开，中止反应。

图 25 是闪蒸罐压力单回路控制系统回路图，将压力测量信号给控制器，控制器输出给闪蒸罐顶部物料流量阀，通过控制阀门的开度维持压力恒定。另外，给真空泵设置一定的频率，并且实时监控。

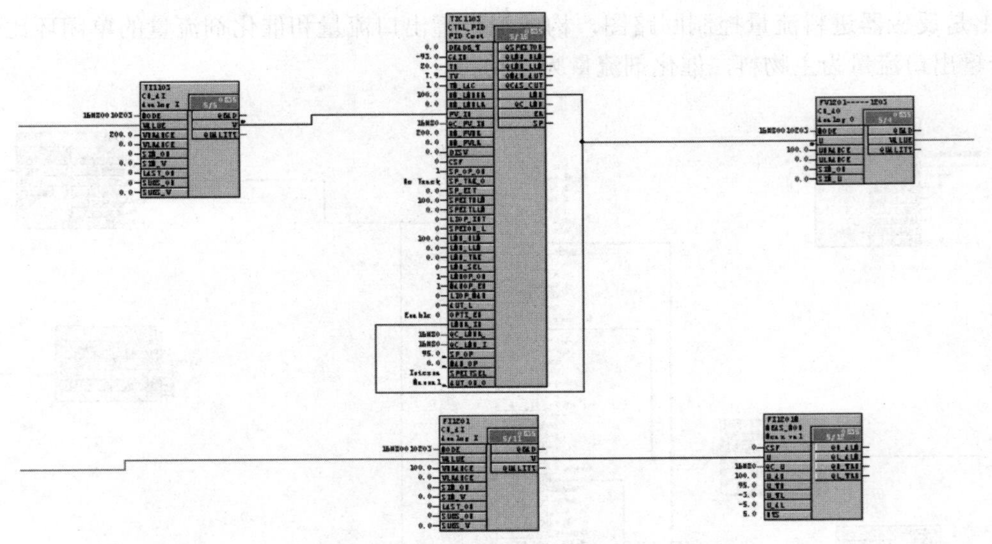

图 23 反应器温度控制回路 CFC

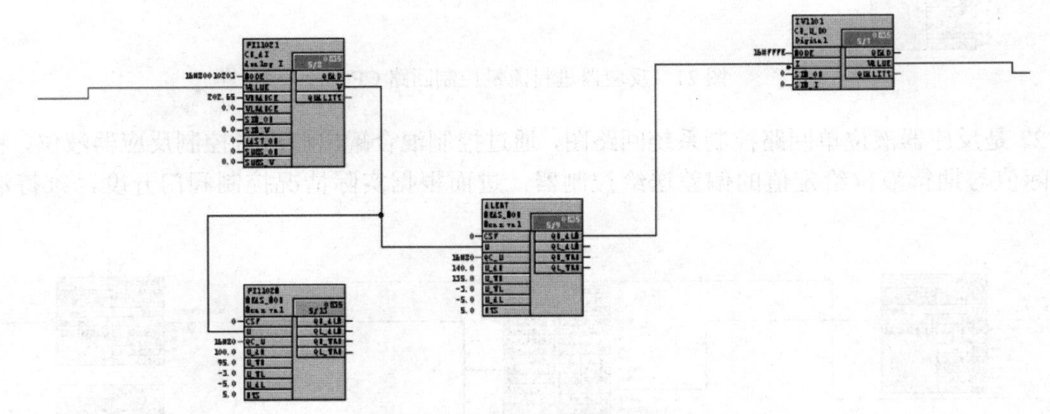

图 24 反应器压力控制回路 CFC

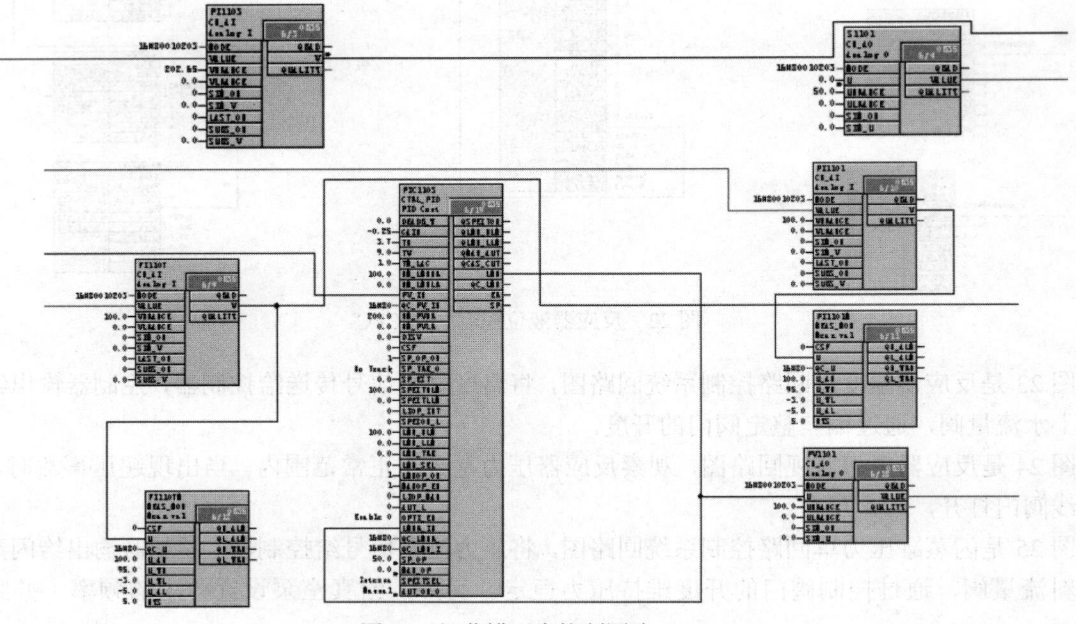

图 25 闪蒸罐压力控制回路 CFC

图 26 是闪蒸罐液位-反应器生成液流量串级控制系统回路图，闪蒸罐液位作为主对象，将液位测量信号给主控制器。反应器生成液流量构成副回路，主控制器的输出作为副回路的给定值，将反应器生成液流量测量信号送给副控制器，输出给反应器生成液流量控制阀，进而维持反应器出口流量的稳定及闪蒸罐液位的稳定。

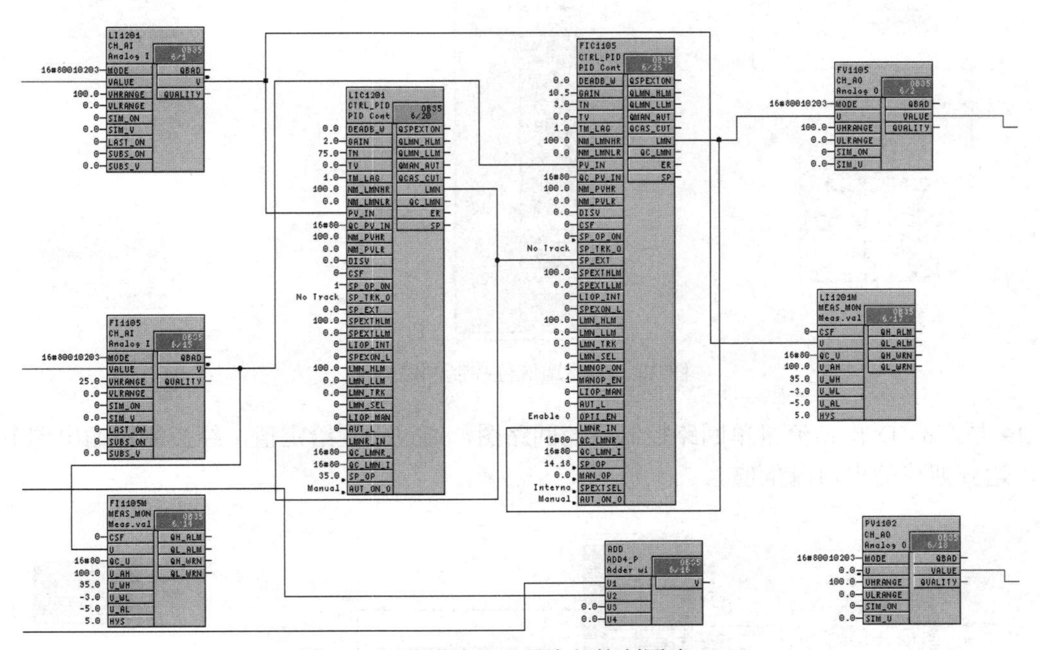

图 26 闪蒸罐液位进量串级控制回路 CFC

图 27 是冷凝罐温度单回路控制系统回路图，将温度测量信号送给控制器，输出给冷凝器冷却水阀。实际应用中，为达到较好的冷凝效果，冷却水阀门一直处于满开的状态。

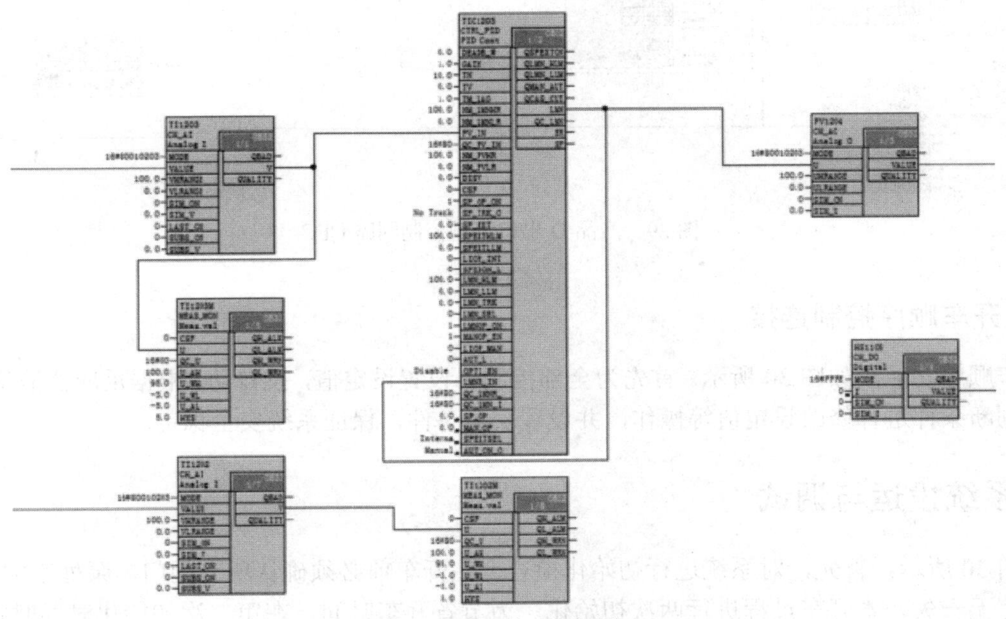

图 27 冷凝罐温度控制回路 CFC

图 28 是冷凝罐液位单回路控制系统回路图，将液位测量信号给控制器，控制器输出给循环物料管阀，通过控制阀门开度，实现冷凝罐液位的恒定。

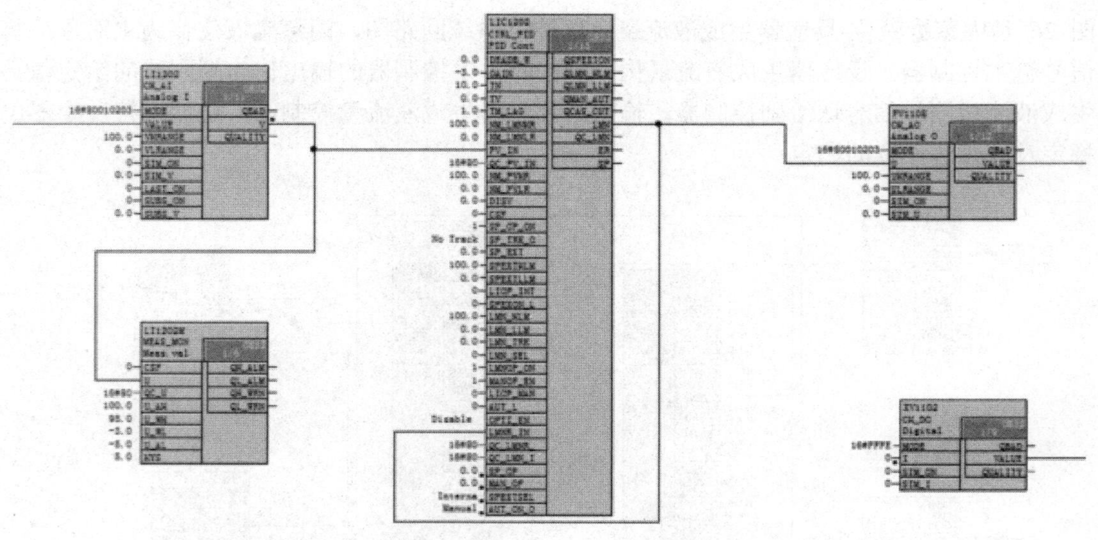

图 28 冷凝罐液位控制回路 CFC

图 29 是产品 D 出口流量单回路控制系统回路图，通过设置给定值，经控制器输出调节产品 D 管阀门，达到期待的出口流量值。

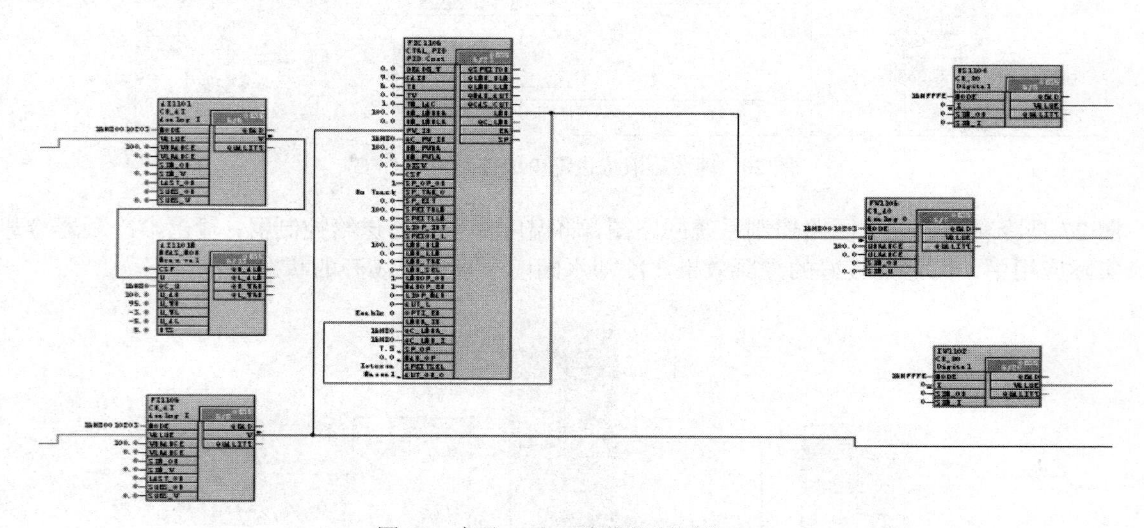

图 29 产品 D 出口流量控制回路 CFC

1.6.3 开车顺序控制连接

开车顺序功能图如图 30 所示。首先为全部控制器设置设定值，投自动。根据反应器液位、温度、压力等判断条件进行修改设定值等操作，并设置安全条件，保证系统安全稳定。

1.7 系统投运与调试

如图 30 所示，首先，对系统进行初始化检查，在开车前必须确认所有阀门、泵处于关闭状态，为确保万无一失，本开车过程进行两次初始化。为节省开车时间，在第二次初始化时同时打开真空泵 P104 和阀门 PV1102，使得在闪蒸罐未闪蒸之前通过真空泵与此阀门，将闪蒸罐内的压力降到大气压下。

由于 A、B 进料控制方案为双闭环比值控制，因此打开 A、B 物料进料阀门，启动泵 P101、P102，对于原料 A 给定一个设定值，即可使得原料 A、B 按照配比要求进料并且在混合罐内进行混合，同时并行操作关闭真空泵 P104 和阀门 PV1102。为使得反应尽快进行，初始进料对于原料 A 的设定值接近阀门 FV1101 的最大流通能力。

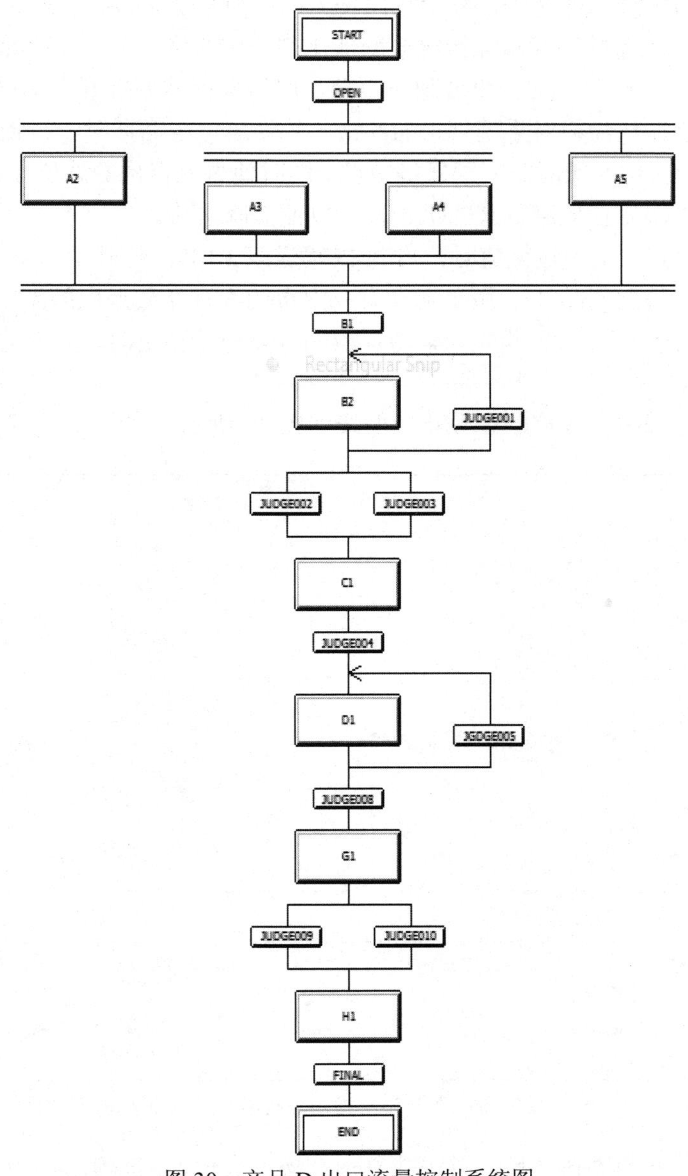

图 30 产品 D 出口流量控制系统图

混合罐 V101 达到一定的液位时，以小开度，打开 FV1103，小流量混合物料进入反应器，启动泵 P103，打开催化剂管线阀门，催化剂与混合原料按一定配比由反应器 R101 顶部加入，其中原料 A 与原料 B 及催化剂 C 的配比比值约为 9∶3∶1。原料 A、B 在反应器里进行化学反应，该反应为一个不可逆的强放热反应，较高的温度及反应器液位有利于提高本反应的全程转化率，但是温度过高，会使得反应器内压强超过安全界限。因此，在反应器的控制方案中设置液位控制、温度控制及混合进料和催化剂的比值控制。

当反应器 R101 达到一定液位时，打开反应器底部管线阀门 FV1105，反应生成液进入闪蒸罐 V102 进行闪蒸。之后，将反应器液位控制器投自动，并且设定值约为 85，在此设定值下，能保证反应具有较高的反应速率、反应转化率及瞬时选择性，并且不会出现安全事故。

闪蒸罐的压力开始增大及开始闪蒸时，通过调节 P104 泵转速 S1101 和阀门 PV1101，将闪蒸罐产生以 A 物料为主的气相引入到冷凝器（此时冷凝器的冷却水阀门应该打开并且处于满开状态），然后变成液相进入冷凝罐，待冷凝罐形成液位后，启动循环泵 P106 打到混合罐内。为避免循环原料 A 对于整个控制系统造成过大的冲击，编写程序使得循环原料 A 回流阀门 FV1108 缓慢开大。同时由于循环物料 A 的加入，需要根据实际情况改变催化剂配比的量。由于反应混合物中物料 A 相对过量且物料 A 易于汽化，为避免反应器出现超压事故，应该根据需要打开夹套循环冷水阀，并且给定一定的开度，尽量减小循环物料对系统带来的冲击。待系统完全循环时，给物料 A 进料一个合适的给定值，考虑反应平衡转化率的同时兼顾经济效益。同时使得混合罐的液位保持在一个合适的位置，充分体现了混合罐中采用复合控制带来的优越性，以便提降负荷。

当闪蒸罐 V102 达到一定的液位值时，启动 D 输送泵 P105，打开阀门 FV1106，罐底液相混合物进入下游分离工序，得到产品 D。由于初期有一定量的没有充分反应的副产物产生，因此应该给产品 D 混合物流量一个相对较大的设定值。待反应进行充分且稳定时，通过整定，给产品 D 混合物流量一个合适的给定值。

本控制系统运行过程中，各控制参数响应曲线如图 31 所示。

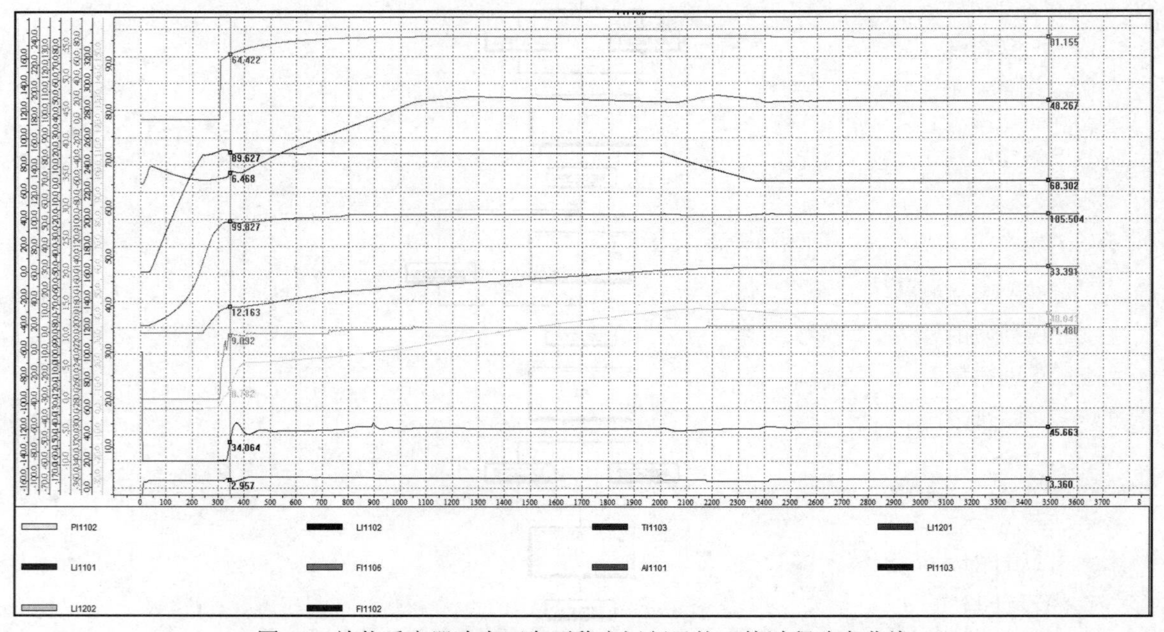

图 31 放热反应器冷态开车至稳定运行及抗干扰过程响应曲线

初始化程序结束、开始进料之后，首先建立混合罐的液位，闪蒸罐的压力抽到 20～40kPa，混合罐的液位到达 10%左右。在开车阶段，为快速建立各容器液位、快速诱发反应，物料 A、B 的进料量均较大。在 50s 附近打开混合罐出口阀，开始缓慢有混合物料和催化剂进入反应器，反应器开始建立液位，并且随着反应的进行，反应器内的温度及压强呈现逐步上升趋势。在 250s 附近，当反应器液位到达约 85%之后，打开反应器底部出口阀，开始有反应生成液流入闪蒸罐，与此同时，闪蒸罐形成液位，且内部压强呈现上涨趋势。此时将反应器液位单回路控制系统投自动，给定相应的设定值，设置合适的 PID 参数使其自动调整，反应器液位曲线呈现一条平滑的直线。

在 300s 附近，闪蒸罐的液位达到 10%左右，同时打开闪蒸罐顶部、底部出料阀。在闪蒸罐底部，产物流量会不断增大，当其到达 10kg/s 时，将产物出口流量单回路投自动。之后随着闪蒸罐的液位增加，不断改变产物出口流量设定值，最后将其维持在 11.5kg/s 左右。在闪蒸罐顶部，通过闪蒸将过剩的气相物料 A 分离到冷凝器和冷凝罐，得到相应的液态物料 A。此阶段，闪蒸罐的压力上升到 40kPa 时将其控制回路投自动，维持闪蒸罐的压力稳定。为达到全冷凝效果，冷凝器冷却水阀门处于全开状态。为了减小循环原料 A 对整个系统的冲击，在回流开始之后将循环原料管线阀逐级开大，且每一级设置一定的最小保持时间，可以确保循环物料 A 流量基本维持在其上限值附近。由于回流之后物料 A 相对过量且其极容易汽化，为避免反应器出现超压事故，给反应器夹套循环上水阀门一定的开度，同时根据具体的实际情况，改变催化剂配比。由于前期过快建立反应器液位，整个工艺过程的物料平衡还未建立起来，混合罐的液位、闪蒸罐的液位、冷凝罐的液位都在缓慢上升。当混合罐的液位达到 50%时将其投自动。随着上游逐渐实现物料平衡，闪蒸罐的液位、冷凝罐的液位也逐渐趋稳，此时将两个液位控制回路投自动。物料平衡使得几乎每一个罐内的液位呈现稳定不变的状态，即进入容器的流量近似等于流出容器的流量，达到预期的控制效果。在 800s 左右，反应器温度趋于稳定，将反应器温度单回路控制系统投自动。

由于扰动项是物料 B 进料量突增 20%，因此在 2000s 前后，先将较大的物料 A、B 进料量适当减少。为防止对系统的冲击过大，物料 A、B 分两次下降到之前流量值的 20%左右。可以看到混合罐的液位、反应器的温度、闪蒸罐的压力均在自动控制系统的作用下及时调整。同时，由于扰动阶段对 4 个容器的液位均有控制指标的要求，而只有反应器液位超高，因此将反应器液位控制回路切回手动状态，关小其入口流量控制阀，在入口流量减少、出口流量不变的情况下逐渐降低反应器液位到要求范围内。在此过程中，混合罐的液位由于进料量、出料量都减少，经历了一个动态调整过程，最后回到 50%附近；由于反应器液位降低、反应物停留时间变短，反应温度有所下降，在控制作用下再重新回到设定值；物料 A 变少，闪蒸得到的循环物料 A 流量也有所减少，冷凝罐的液位有所下降，随后由控制器调整回原设定值附近；物料 A、B 量变少，闪蒸罐的压力有所下降，同样在自动控制作用下重新回到设定值。而闪蒸罐的液位由于处在自动控制状态、其操作变量是反应器出口流量，并未受到反应器液位下降的影响。

在 2400s 施加扰动后，由于所有关键参数都处在自动控制状态下，受到扰动其动态变化过程与 2000s 时突降进料量的变化过程正相反，在此不再展开分析。可以看到，在受到扰动后，200s 内所有变量都恢复到了原有设定值，抗干扰效果显著。

1.8 结束语

本参赛队针对本次赛题的被控对象——放热反应器，以节能、减排、安全为出发点进行了整个参赛方案的设计与实施，大幅度地提高了参赛同学综合运用所学知识解决实际问题的能力。

在充分了解反应系统工艺特性的基础上，本参赛队针对该工艺进行基础过程控制系统的设计。同时，通过对反应器系统装置进行全面的安全分析，设计了安全相关系统。设计过程参考了许多在工业中已投入使用的控制方案，具有较高的可实施性。

在自控设备的选型方面，使用西门子公司的 DCS 组成基础过程控制系统和安全仪表系统，从实施角度出发，进行了硬件选型与配置。

本自控方案的设计过程力求与真实控制系统的设计过程和要求保持一致，达到对设计者进行工程化、标准化、规范化训练的目的，满足社会对自动化控制技术人才的需求。

参考文献

[1] 孙洪程，李大字，翁维勤. 过程控制工程[M]. 北京：高等教育出版社，2006.
[2] 孙洪程，李大字. 自动控制工程设计[M]. 北京：高等教育出版社，2016.
[3] 马昕，张贝克. 深入浅出过程控制——小锅带你学过控[M]. 北京：高等教育出版社，2013.

[4] 西门子公司. 过程控制系统 PCS7 指南（V8.0 或更高版本）. 2012.
[5] 西门子公司. 过程控制系统 PCS7 SIMATIC S7 的 CFC. 2015.

作者简介

许芳（1996— ），女，学生，E-mail：qx2904607190@163.com。
彭江文（1997— ），男，学生，E-mail：386304368@163.com。
曹金龙（1995— ），男，学生，E-mail：2014014122@stud.buct.edu.cn。
马昕（1975— ），女，高级工程师，研究方向：控制系统应用，E-mail：maxin@mail.buct.edu.cn。

2 “连续过程设计开发”赛项工程设计方案(二)

——放热反应器控制系统设计与开发

参赛选手：曲振阳（南京工业大学），杨建东（南京工业大学），
陈宇鑫（南京工业大学）
指导教师：薄翠梅（南京工业大学）
审　　校：萧德云（清华大学），冯恩波（中国化工集团）

2.1 概述

本方案基于聚合反应工艺过程，完成了系统分析、控制系统设计、安全设计、开车顺序设计、监控界面、软硬件配置、通信连接、运行调试等一系列内容。方案的设计从 7 个角度出发，综合考虑了安全、节能环保、平稳操作、设备保护、产品质量、利润、监控和故障诊断等问题，具有一定的工程性。整个设计的先进性体现在两个方面：一方面，控制方案充分考虑了被控变量的特性，针对不同的特性来设计不同的控制方案，对于整个系统中存在着相互耦合关系的变量设计了解耦合的方法；另一方面，方案设计了卡边操作，得到了最优的控制效果。

2.2 设计依据、范围及相关标准

2.2.1 设计依据

本方案设计依据：2018“西门子杯”中国智能制造挑战赛连续过程设计开发赛项任务书；CHEMICAL REACTOR DESIGN AND CONTROL；气升式反应器气液两相流流态特性模拟；闪蒸过程压力控制系统设计；基于 PCS7 的工业连续反应过程控制系统的设计与开发；自动化仪表与过程控制。

2.2.2 设计范围

本方案设计范围：系统特性分析、硬件设备选型和连接、工艺过程控制方案设计、监控界面设计、自控系统的调试与投运和系统干扰测试以及结果分析等。

2.2.3 相关标准

HG/T20519—1992《化工工艺设计施工图内容和深度统一规定》
HG20505—2000 《过程检测和控制系统用文字代号和图形符号》
HG/T 20507《自动化仪表选型设计规定》
HG/T20639—1998《自控专业工程设计用典型图表及标准目录》
PCS7 SFC 编程手册
过程控制系统 PCS 7 Advanced Process Library (V8.0SP2)功能手册
西门子过程控制仿真设备的使用手册

2.3 系统分析

2.3.1 系统任务分析

本系统设计要求在不出现安全事故的前提下，使得目标产物 D 的累积量最大，满足最大经济效益，同时所设计的系统需具有很好的抗扰动性能。其中安全事故包括：混合罐、反应器、闪蒸罐、冷凝罐满罐或空罐；反应器温度超限；反应器压力超限。

2.3.2 工艺流程分析

反应流程为工业领域常见的连续反应，反应过程为反应物 A、反应物 B 在催化剂 C 的作用下，生成主产物 D 和副产物 E 的过程。反应方程式如下：

主反应 $2A + B \xrightarrow{C} D$

副反应 $A + B \longrightarrow E$

主、副反应均为强放热反应。为了获得较高的反应转化率，采用原料 A 过量的工艺，得到较高的产物浓度同时抑制副反应的发生，具体原料配比约为 9∶3∶1。

反应过程分为三部分，初始反应缓慢进行，放出的热量供反应物进料预热；反应进行一段时间后，反应器温度逐渐升高，反应速率大大提升；最后反应剧烈到一定程度需要冷却水进行冷却，保持反应器温度恒定。当反应压力过高危及安全时，通入抑制剂中止反应保证设备和人员安全。在反应器下游设置闪蒸罐，将原料 A 分离提纯，分离出的气相 A 经过冷凝罐冷凝之后供给原料 A 进口循环使用；混合生成物（D+E+C+A+B）经输送泵加压，送到下游分离工序，进行提纯精制，以分离出产品 D，工艺流程如图 1 所示。

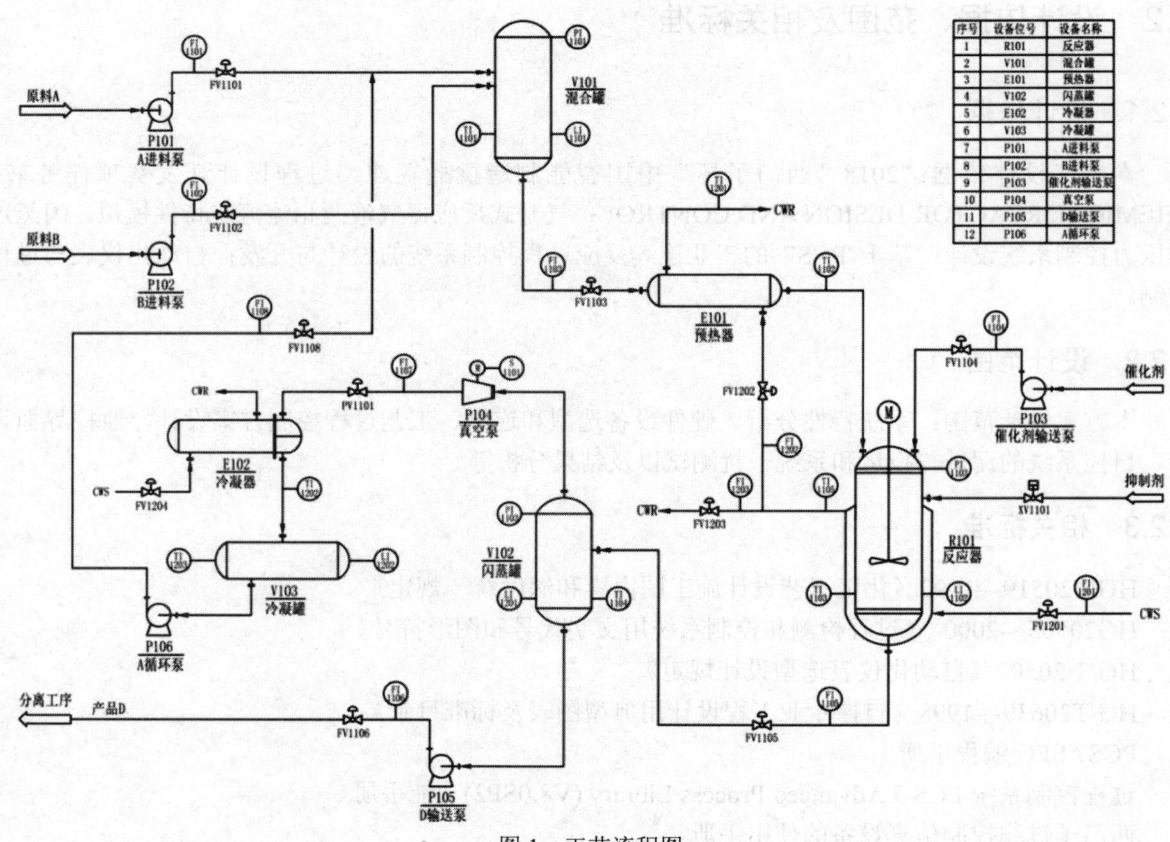

序号	设备位号	设备名称
1	R101	反应器
2	V101	混合罐
3	E101	预热器
4	V102	闪蒸罐
5	E102	冷凝器
6	V103	冷凝罐
7	P101	A进料泵
8	P102	B进料泵
9	P103	催化剂输送泵
10	P104	真空泵
11	P105	D输送泵
12	P106	A循环泵

图 1 工艺流程图

整个流程的关键点在于对反应器温度的精确控制，从而使产物 D 的在达到规定浓度的条件下，累积量最高。工艺流程中的各个被控变量之间相互影响，相互作用，存在着强耦合的关系，这是整个方案的难点所在，找到并解决各个被控变量之间的耦合关系，为方案设计的重点。

2.3.3 对象特性分析

本次比赛工艺流程中涉及的被控变量主要包括：温度、压力、流量、液位、浓度。由于不同的被控对象有其不同的特性，直接影响控制回路的设计，因此对于被控变量的特性分析显得尤为重要。下面分别对这些被控变量的特性加以分析和描述。

1. 温度

工艺流程中的温度主要由反应器反应放热和冷却水共同维持，涉及温度的部分主要有反应器 R101 内部温度、闪蒸罐 V102 温度以及冷凝罐 V103 进口温度，不同的对象对温度的要求不同，每一个对象的温度特性也不尽相同。

对反应器 R101 温度的控制尤为重要，温度过低，反应进行缓慢且易生成副产物，导致反应效率低下，既不经济，也不环保；温度过高，将导致反应速度过快，释放出热量导致反应温度进一步升高，反应压力也会迅速加大，反应体系气相压力对温度敏感，在冷却失效产生的高温条件下，过高的气相压力将使反应器有爆炸的风险。针对整个工艺流程，对反应器温度的影响因素以及被影响因素进行分析（见图 2）。

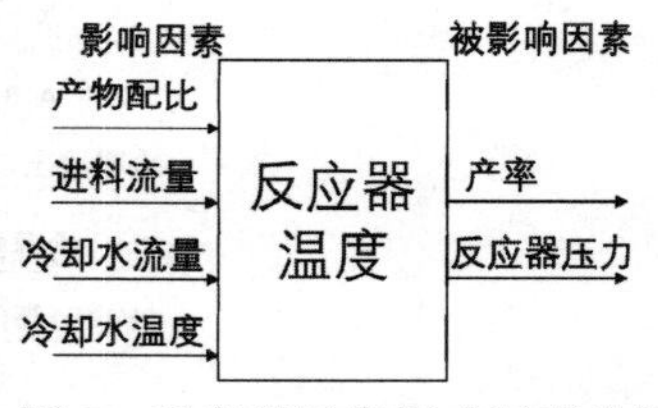

图 2　反应器温度影响因素分析

经过对反应器的温度的特性测试，得到如图 3 所示的特性曲线，随着反应的进行，反应器温度呈现指数上升趋势。

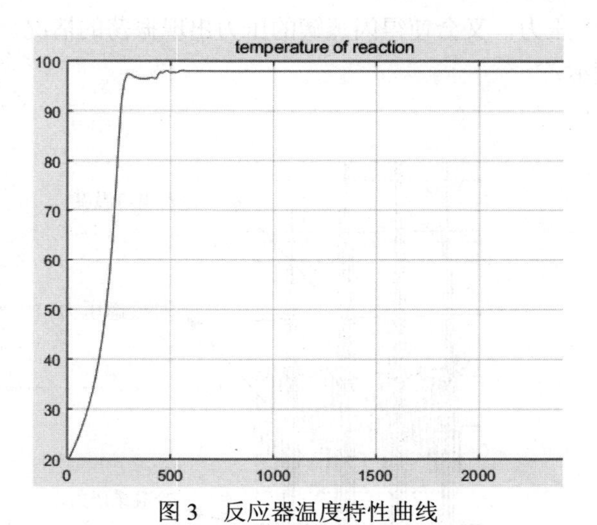

图 3　反应器温度特性曲线

闪蒸罐的温度是由反应器出口产物的温度以及闪蒸罐内的压力决定的。在负压的条件下，当反应器的出口温度高于 A 物料的沸点时，A 物料便会在闪蒸罐中汽化，并带走部分的热量，因此，闪蒸罐的温度要低于反应器的温度。

冷凝器 V103 出口温度是保证气相物料 A 完全液化的前提，当温度控制低于物料 A 的沸点时，才能保证 A 物料被液化；当温度控制高于物料 A 的沸点会使 A 物料不能被液化，导致冷凝灌的压力过高，损坏冷凝灌以及管道。

温度具有惯性大、多容滞后性大等的动态特性，使得系统控制不灵敏，温度控制回路需要增加微分作用。此外不同对象温度之间存在着一定的耦合关系，设计控制方案时需要考虑耦合性的影响。

2. 压力

压力实质上是指液态反应物挥发形成的混合气体的压力，工艺流程中涉及压力控制的部分有反应器 R101 的压力、闪蒸罐 V102 的压力、冷凝灌 V103 的压力。反应器 R101 压力为重要的安全指标，一旦压力超限，将会造成严重的安全事故。根据所给的物料特性以及反应温度，反应器中的压力主要产生原因为 A 物料在高于 65℃的温度下汽化。因此，反应器 R101 压力的高低主要取决于反应器中反应物 A 与 B 以及催化剂 C 的比例，反应温度以及抑制剂的加入。在物料 A 与 B 的进料流量比不变的前提下，反应压力随反应温度变化（见图 4）。

闪蒸罐 V102 压力的高低主要取决于闪蒸罐温度和变频真空泵频率，但是也受其他诸多因素的影响，如冷凝器出口温度等。另外，在温度不变的条件下，变频真空泵频率增大，压力降低，反之则升高（见图 5）。

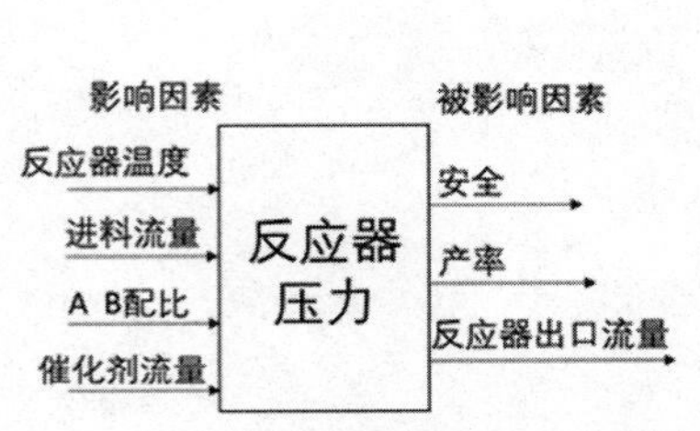

图 4 反应器压力影响因素分析

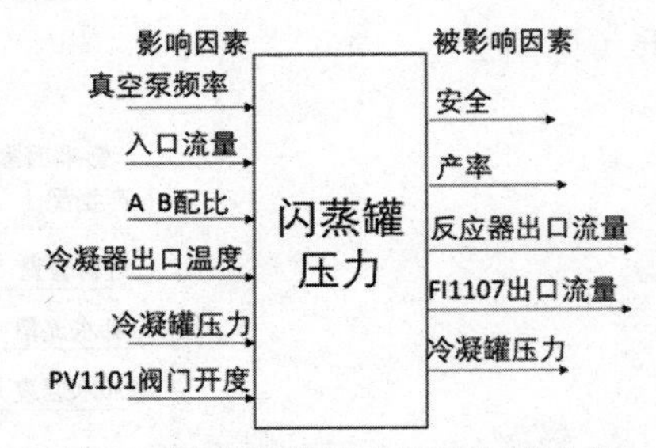

图 5 闪蒸罐的压力影响因素分析

冷凝灌 V103 的压力在正常运行过程中变化很小，只有当 A 物料不完全液化时，压力才会出现明显升高。但是这种升高却对上游与下游变量的影响很大，适当的冷凝罐的压力能够增大回流 A 的流量，提高产量；但过高的压力，又会使得闪蒸罐的压力出现振荡的情况，从而引发一系列的不稳定因素，具体图像如图 6 所示。

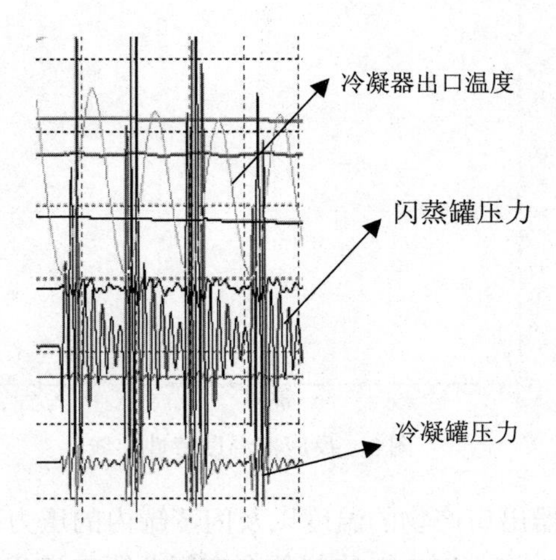

图 6 闪蒸罐的压力变化曲线

从图 6 可以分析出，冷凝罐的压力与闪蒸罐的压力两者之间的耦合关系如图 7 所示。

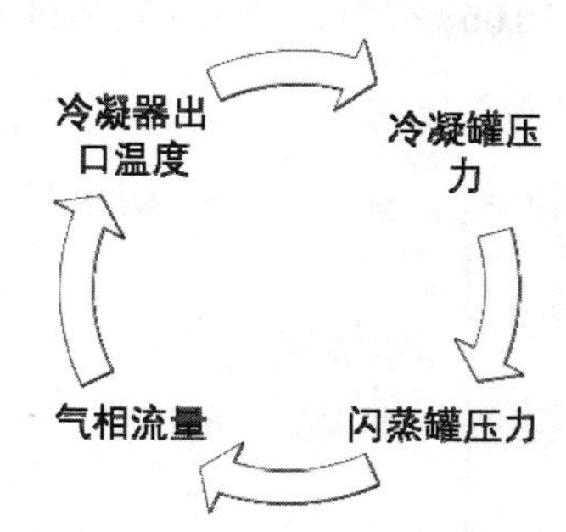

图 7 闪蒸罐的压力与冷凝罐的压力间的关系

总之，对象中有两类常见的压力动态特性：其一是具有一定容量的器罐，此种情况，体积和容量较大，表征动态特性的时间常数较大，即惯性较大；其二是管道的压力，由于管道的容积小，所以时间常数较小，控制比较灵敏。以上两种情况与温度对象相比都是比较快的过程，时间常数不大，大致呈现单容特性。

3. 液位

化工过程中往往要求液位稳定，稳定的液位是保证出料流速和工艺流程稳定的基础，本工艺流程中涉及液位控制的部分有混合罐 V101 液位、反应器 R101 液位、闪蒸罐 V102 液位、冷凝灌 V103 液位。

混合罐 V101 的液位是保证物料 A 和物料 B 充分混合以及出料速度的决定因素，液位低，物料 A 和物料 B 混合不充分，出料速度慢；液位高，出料速度快，容易使反应器内部温度和压力失控（见图 8）。

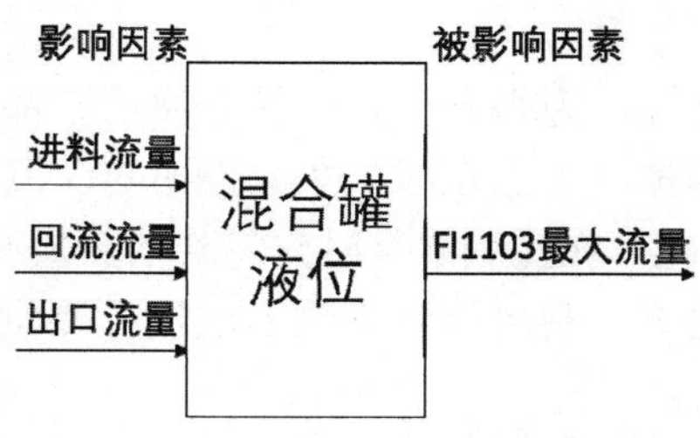

图 8 混合罐的液位影响因素分析

反应器 R101 液位直接影响反应是否充分和反应的速率。液位过低时，不能充分利用反应器的有限条件生产出较多的产物，出口产率比较低；液位过高时，可能使温度过高压力超限而导致爆炸或火灾事故（见图 9）。

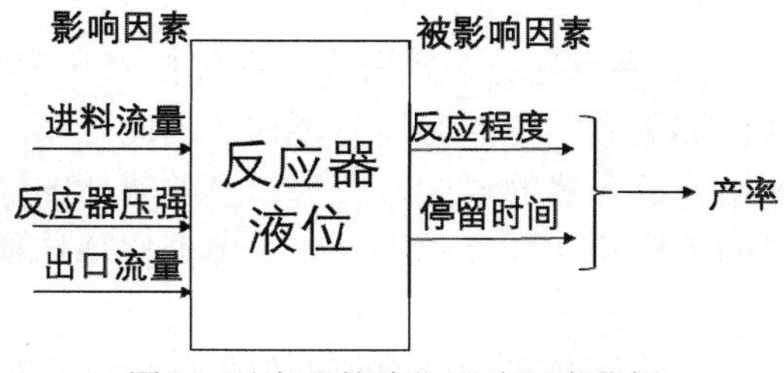

图 9 反应器的液位影响因素分析

闪蒸罐 V102 液位和冷凝灌 V103 液位均是保证出口流量的重要条件。闪蒸罐液位过低，可能会导致变频真空泵空转，损坏变频真空泵；液位过高，可能会使液体被抽入真空泵管道，影响管道的使用。冷凝灌液位过低，可能会使泵 P106 空转以及发生气体进入循环管道的风险，过高也会对温度和压力控制带来不利影响（见图 10）。

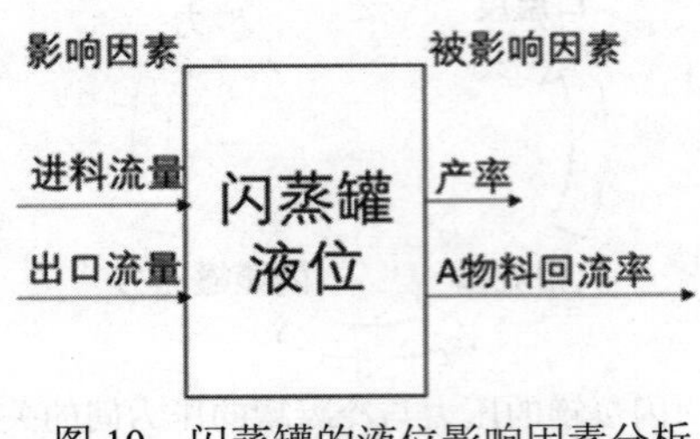

图 10 闪蒸罐的液位影响因素分析

4. 流量

流量的大小对物料混合的充分程度、停留时间、反应转化率均有影响。在其他条件不变的前提下，流量小，有利于物料混合充分，反应停留时间长，反应转化率高，但在一定时间内，累计产物少；流量大，物料混合不充分，反应停留时间短，转化率下降，但在一定时间内，累计产物多。

流量的测量容易受到噪声的干扰，流量本身可能是平稳的，平均流量没有什么变化，但测量信号常常是频繁的变动。这是由于管道中的流量正常时都呈现湍流状态，流量虽然平稳，流体内部却存在骚动。特别是流体流过截流装置时，这种骚动就更大了，产生的噪声也比较大。噪声频率很高，变化无常，因此流量控制系统通常不能加微分，加上微分控制器输出容易出现波动，使系统不稳定。流量过程自身滞后时间小，响应快，当手动调节阀门时，流量在几秒内就能变化完毕，反应比较灵敏。对于流量而言，广义对象的时间常数主要取决于控制器、定位器、变送器和信号传输等部分，流量自身的时间常数相对较小。

5. 浓度

浓度作为产品的质量的重要指标，为得到一定的转化率的产品，要求对反应器最终产物的产率进行控制。由于浓度不容易时时测量，无法在线采集。同时它又受到升温速度、保温时间、压力与温度的影响。为了将控制对象清晰化，在控制浓度时先将其他变量假设为稳定，此处假定在液位、压力、温度等这些变量都稳定的情况下，利用软测量的方法进行测量得出溶液组分的评估，在这样的前提下将反应器变为理想化反应器。

针对被控对象的上述特点，选择合理的控制方案，综合考虑系统的鲁棒性和快速性的要求，提高温度测量的精度和测量稳定性，最终设计和开发出可靠性高、稳定性好、性价比高的控制器。

2.3.4 控制需求分析

1. 开停车控制需求分析

为保证生产的安全性，需从生产单元冷态自动开车，必须按照开车步骤使开车过程稳步进行。在实际生产中，每一步的开车动作都需要一定的时间与过程，因此开车过程的每一步的操作与下一步要有一定的延迟。同时，要严格将反应器的温度、压力以及各罐体的液位控制在允许范围内，不发生生产事故。另外，在控制器的手自动切换过程中，要实现无扰动切换，避免阀门大起大落，保证系统稳定投运。

停车过程需要缓步降低负荷，降低负荷过程中须确保不能出现空罐现象，同时最后达不到生产要求的产品需进行回收处理，避免影响综合产率。

2. 工艺过程控制需求分析

基于工艺流程要求，控制方案需进行下列控制并满足以下指标：

（1）原料 A、B、C 进料流量比值满足 9:3:1；

（2）混合罐的液位在 30%～70%，确保混合充分；

（3）反应器的液位在 30%～70%，温度 80℃～110℃，压力低于 135kPa；

（4）闪蒸罐的液位在 30%～70%，压力 30kPa～101kPa；

（5）闪蒸罐底部出口物料浓度要求 80%以上，流量 1kg/s 以上；

（6）冷凝灌的液位在 30%～70%。

2.3.5 系统安全要求分析

1. 安全连锁

反应器压力是整个工艺流程中最重要的安全指标。反应器内压力超过 135kPa，会造成反应器超压爆炸，造成严重的生产事故。在开车阶段，要保证进料速率和反应器温度，使得压力缓慢变化并不会超过最高限。在稳态运行阶段，由于反应体系气相压力对温度敏感，在冷却水失效产生的高温条件下，过高的气相压力使反应器有爆炸的风险。为了控制反应器内的压力，保证反应安全和产率理想，当反应压力过高危及安全时，通入抑制剂 F，使催化剂 C 迅速中毒失活，从而中止反应。

2. 节能降耗

反应器反应过程中会放出大量的热量，只有少部分热量用于保证反应的充分进行，而大部分的热量会以热辐射的方式散发，对这些热量的充分回收是降低能耗的重要举措，因此需将循环冷却水的热量加以回收利用。为确保主反应 2A + B → D 的充分进行，我们采取了 A 过量的策略，对过量 A 的回收不仅有利于提高产物产率，而且还可以循环使用，节能且更具经济效益。

2.4 系统设计

2.4.1 系统设计原则

根据以上对工艺流程和被控对象特性的分析，总体考虑系统设计。整个系统设计应该从安全、节能环保、设备保护、平稳操作、产品质量、高利润、监控和故障诊断等 7 个方面来考虑。

安全：对于整个系统，应该设计相应的安全连锁报警系统，一旦出现安全问题，系统能够自动停车、自动报警；

节能环保：整个过程中所产生的废气、废液要做到统一回收，统一处理，系统中产生的多余热量要尽量进行回收，达到节能的要求；

设备保护：系统中的每个罐体装置，都有一定的标准，其液位、温度、压力均有一定的范围，因此在设计方案时，要防止出现满罐、空罐、压力超标、温度超标等情况；

平稳操作：在 PID 控制器的手自动切换过程中，要做到无扰动切换，保证系统的平稳运行，避免输出参数突变造成对生产对象的不必要的扰动；

产品质量：找到影响出口产物浓度的因素，尽量提高产物的出口浓度，同时减小副产物的浓度；

高利润：在保证产品的出口浓度满足要求的条件下，提高产物的出口流量，以达到更好的经济效益；

监控和故障诊断：整个过程的运行状态、控制器参数、实时曲线等信息均可在上位机显示并可修改。

2.4.2 控制回路设计

1. 混合罐进料与催化剂比值控制回路

反应需要 A、B 两种原料和催化剂 C，且要保证进料流量的稳定和 3 种物料的进料量满足以下比例关系 A∶B∶C=9∶3∶1。因此采用比值控制来控制 3 种物料的比例关系，以物料 B 的流量作为主动量、物料 A 的流量作为从动量；以混合罐的出口流量作为主动量、催化剂 C 的流量作为从动量。进一步考虑到物料 A 的回流量，将 B 物料的流量乘以比值再减去回流的物料 A 的流量后作为进料 A 的流量控制器设定值。

对于混合罐进料的比值控制回路，由于流量对象属于小惯性、小时滞的变量，调节速度比较快，因此阀门选择线性阀；而一旦控制系统发生故障、信号中断时，要求整个流程立即停止进料，因此 FV1101、FV1102 均选择气开阀。同理，催化剂的比值控制回路也选择气开线性阀。

根据控制要求，A∶B∶C 的比值要符合 9∶3∶1 的比例，过大或过小都会影响最终产物的浓度。比值控制要求从动量能够及时、快速的跟踪主动量的变化，因此，从动量的控制器的比例作用应该大些，使得从动量对于设定值的变化响应更快；积分作用应该使用但是不宜过大，一方面使得系统能够无余差、快速达到设定值，另一方面减小响应的超调量；由于流量属于变化较快的变量，因此没必要使用微分作用。由于阀门为气开阀，故控制器选择反作用。主动量的设定值要尽可能的大，一方面能够加快系统的开车速度；另一方面，根据整个系统的物料平衡，在各个罐体的液位恒定的情况下，进口流量越大，出口产物的流量也越大，所产生的经济效益也越高。

综上所述，从动量采用 PI 控制器，控制作用为反作用。主动量也采用 PI 控制器，控制作用为反作用（见图 11）。

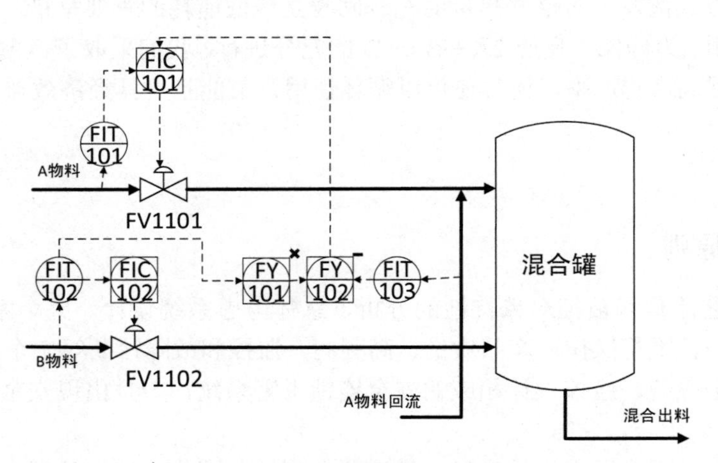

图 11 混合罐进料控制回路

2. 混合罐液位控制回路

要求控制液面处于混合罐的 65%，液面过低会使得反应物料混合不充分，且下游的预热器和反应器的进料量无法得到保证；而液面过高压力大，会造成安全隐患。液面的高度主要受到两个进料阀和一个出口阀的开度影响，实际工艺过程中需要控制进料阀升降负荷，故我们采用混合罐底部出口阀 FV1103 控制液位。

针对混合罐的特性，当罐内液位升高时，对底部的压力增大，在出口阀的开度不变条件下，出口流速会增大，整个混合罐的液位特性等价于一阶惯性环节。因此，考虑到这一点，在选择 FV1103 的阀门特性时，要与液位特性“互补”，使用抛物线阀。而一旦控制系统发生故障、信号中断时，要求停止向反应器内进料，因此阀门选择气开阀。综上所述，FV1103 选择气开抛物线阀。

出口流速增大，混合罐的液位降低，因此控制回路的对象增益为负；同时阀门选择气开阀，故控制器为正作用。根据工程经验，液位控制一般单独使用比例作用，但是考虑到要使反应器的进料比较稳定，不至于造成大的波动，因此采用 PI 控制器，使得出口流量能够稳定在一定的范围内。综上所述，液位控制采用 PI 控制器，控制作用为正作用（见图 12）。

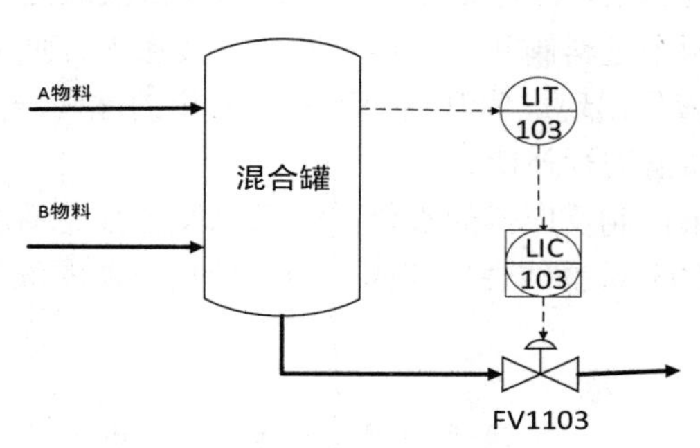

图 12　混合罐液位控制回路

3. 反应器温度控制回路

反应器温度是整个工艺中最为重要的被控变量，它会影响反应的速率、产物出口的浓度、反应器内部的压力。系统主要依靠操控冷却水流量来控制温度的稳定，升温阶段由于温度上升缓慢未达到设定值，不需要开冷却水阀门；当进入稳态工作时，由温度控制系统操纵冷却水阀 FV1201，以维持温度在恒定值，反应正常进行。经过多次试验，在反应器温度为 97℃时，既能保证反应器内压力不超标，还能保证产物的浓度达到最高。因此，温度控制器的设定值为 97℃。

温度对象为非线性对象，选择调节阀时，希望以调节阀的非线性特性补偿调节对象的非线性。根据被控对象的温度特性分析，温度过程放大系数为严格的非线性，开始升温速率比较慢，随着反应的进行，温度变化率越来越大，所以选择等百分比调节阀。从工艺生产安全考虑，一旦控制系统发生故障、信号中断时，调节器的开关状态应能保证工艺设备和操作人员的安全。冷却水阀门在故障时要求阀门打开，降低反应器内温度，所以选择气闭阀。

由于温度属于时间常数较大、惯性较大的变量，而冷却水流量的变化随阀门的开关变化较快、时间常数较小。在工业现场，往往不能保证冷却水的进口压力恒定，即使阀位不变，冷却水流量也可能变化，从而影响反应温度。考虑到冷却水的流量波动会影响反应器的温度控制，采取"温度-流量"串级控制方式，以冷却水的流量控制作为副环，反应器温度控制作为主环。

阀门为气关等百分比阀，阀门开度增大，冷却水流量增大，因此副控制器为正作用；而冷却水流量增大，反应器的温度降低，所以主控制器也为正作用。串级控制要求副环控制路能够快速响应主环控制器的输出，副环控制回路起到"粗调"的作用，对稳态误差没有要求，因而副控制器选择 P 作用。主环控制回路起到"细调"作用。对于温度对象，一般使用微分环节来加快系统的暂态性能，因此主环控制回路选择 PID 控制器（见图 13）。

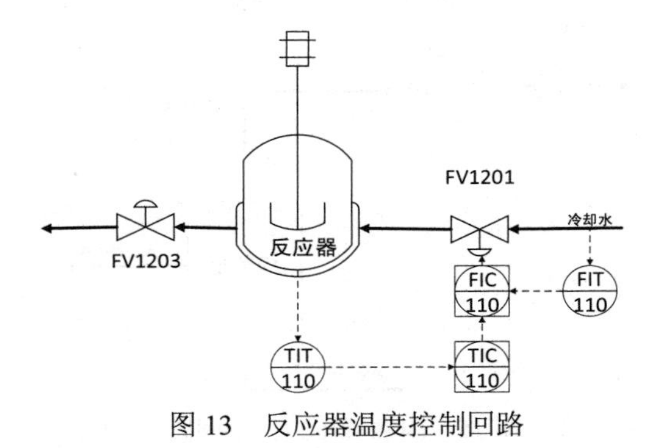

图 13　反应器温度控制回路

4. 反应器液位控制回路

反应器的液位决定了反应物在反应器内的停留时间，从而决定反应进行得充分与否，同时还会影响反应器的压力[2]。因此，反应器的液位要稳定在一个合适的值，既要保证反应充分，又要保证反应器压力在反应过程中不会超限。经过不断的试验，当控制液面处于反应器的 65%时，能够两者兼顾。液面的高度主要受到两个进料阀和一个出口阀的开度影响，此外还需考虑到由于反应温度上升，致使 A 物料汽化，造成液位出现虚假升高的现象，液位的虚假升高伴随着压力的变化，因此以反应器压力的变化量作为前馈值进行补偿。

采用反应器的出口阀门来控制反应器的液位，当系统发生紧急情况时，需要使反应器内的反应物尽快排出，因此阀门 FV1105 选择线性气闭阀。为了使反应器的液位能够稳定在一个固定的值，选用 PI 控制器（见图 14）。

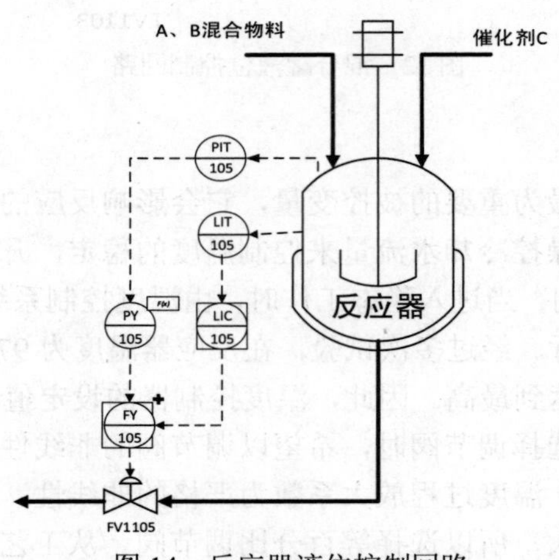

图 14 反应器液位控制回路

5. 闪蒸罐压力控制回路

闪蒸罐在整个工艺中的作用，是将反应器混合物中多余的 A 物料分离出来。为了使混合物料中的成分 A 能被蒸出，实现两相分离，闪蒸罐中必须维持一定的负压值。闪蒸罐的压力一方面会影响反应器的出口流量，另一方面会影响闪蒸罐的出口流量。压力过高，使得 A 不能完全蒸出，会导致出口产物浓度较低；压力过低耗能较大，还会导致闪蒸罐的进出口流量同时增大，反应不够充分，将压力的设定值设为 40kPa。

真空泵响应快，对于压力的控制比较有效，因此选择真空泵作为执行器来控制闪蒸罐压力。真空泵的频率增大，闪蒸罐内的压力减小，控制器选择正作用；根据工程经验，控制器选择 PI 作用（见图 15）。

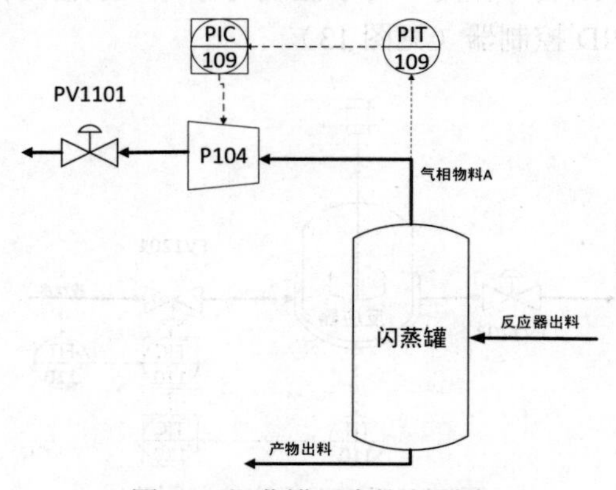

图 15 闪蒸罐压力控制回路

6. 闪蒸罐液位控制回路

闪蒸器的液位影响混合物在闪蒸罐中的停留时间，从而影响 A 物料的蒸出，对出口产物浓度影响较大，因此需维持在一定高度，取液位设定值为 32%。执行器选择为闪蒸罐出口阀门 FV1106，阀门类型选择抛物线气闭阀。控制器选择 PI 作用，控制作用为正作用（见图 16）。

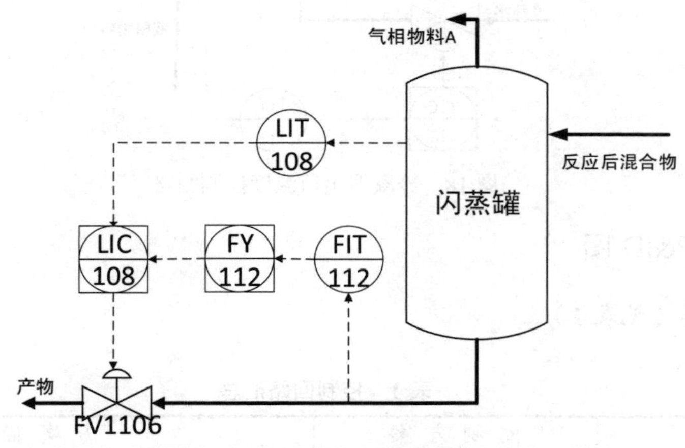

图 16 闪蒸罐液位控制回路

7. 冷凝罐液位控制回路

为了防止气相的 A 物料回流入闪蒸罐中，在冷凝器中需要建立一定的液位。另外考虑，冷凝罐内上方要有一定的压力，能增大 A 物料回流的流量。将冷凝罐的液位控制在 40%，A 物料回流阀门 FV1108 作为执行器，阀门选择线性气开阀。阀门开度增大，液位降低，因此 PI 控制器为正作用（见图 17）。

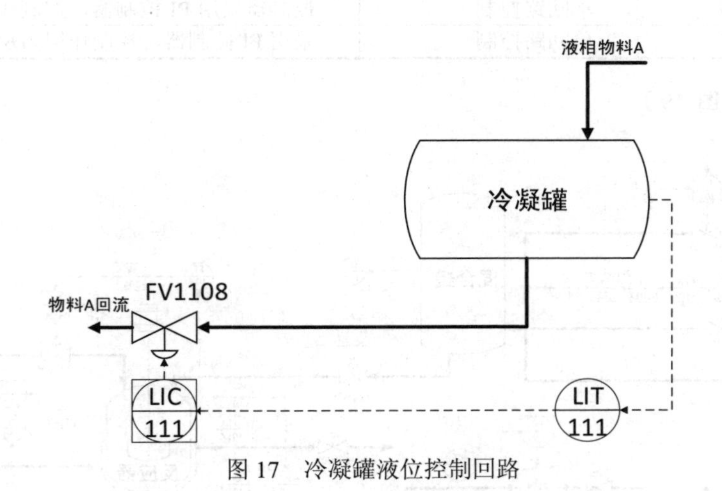

图 17 冷凝罐液位控制回路

8. 冷凝器出口温度控制回路

冷凝器出口温度控制的必要性在于：将闪蒸罐蒸出的气相 A 充分液化，如果出口温度高于 A 物料的沸点 65℃，则导致气相 A 进入冷凝罐中，致使冷凝罐的压力增大，同时还会影响闪蒸罐气相物质的出口流量。因此冷凝器的出口温度需控制在 40℃左右，采用 PI 控制。当发生紧急情况时，要冷却水阀门要打开，以防止温度过高。阀门 FV1204 选择线性气闭阀，阀门开度增大，出口温度降低，控制器为反作用（见图 18）。

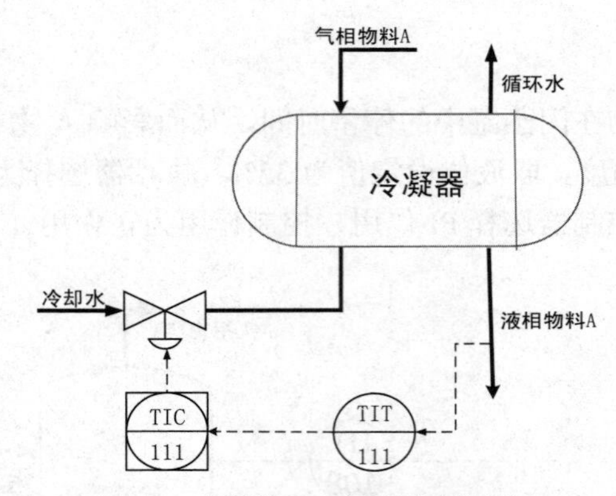

图 18　冷凝器出口温度控制回路

2.4.3　控制系统 P&ID 图

1. 控制回路汇总（见表 1）

表 1　控制回路汇总

控 制 回 路	控 制 方 案	方 案 描 述
混合罐进料控制回路	双闭环比值控制	从动量采用 PI 控制器，控制作用为反作用 主动量采用 PI 控制器，控制作用为反作用
混合罐液位控制回路	单回路控制	采用 PI 控制器，控制作用为正作用
反应器液位控制回路	前馈反馈控制	以反应器压力变化作为前馈量进行补偿 控制器采用 PI 控制器，控制作用为正作用
反应器温度控制回路	串级控制	从动量采用 P 控制器，控制作用为正作用 主动量采用 PID 控制器，控制作用为正作用
闪蒸罐压力控制回路	单回路控制	采用 PI 控制器，控制作用为正作用
闪蒸罐液位控制回路	单回路控制	采用 PI 控制器，控制作用为正作用
冷凝罐液位控制回路	单回路控制	控制器采用 PI 控制器，控制作用为正作用
冷凝器温度控制回路	单回路控制	采用 PI 控制器，控制作用为反作用

2. P&ID 图（见图 19）

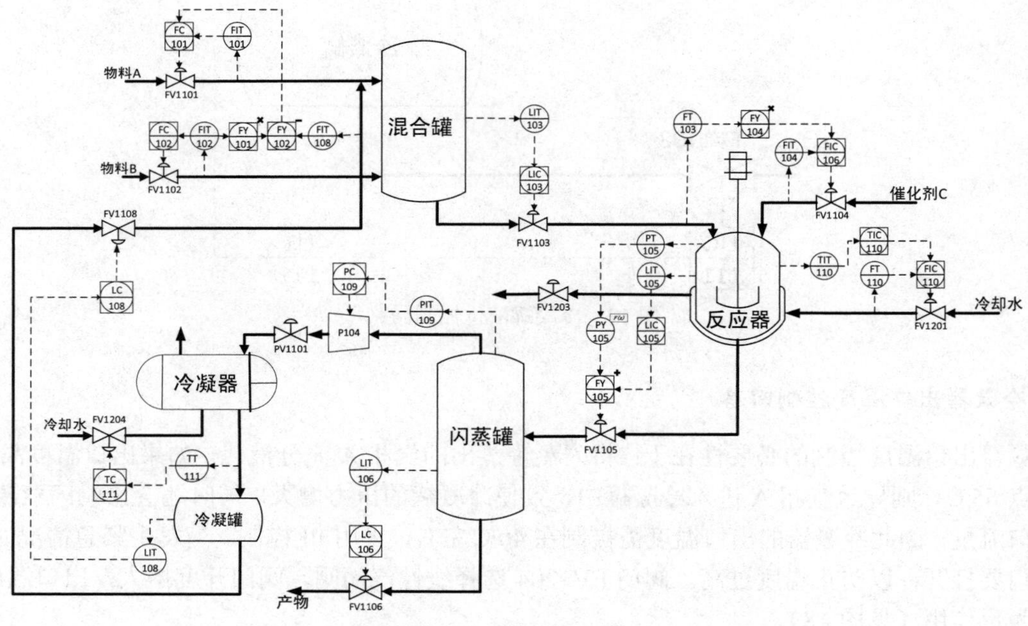

图 19　系统 P&ID 图

3. 控制系统整体分析

控制系统的整体设计主要考虑了实际控制需求和系统的平稳运行，系统设计的根本目的是达到效益最优的目标，即产物 D 的累积量最多，而控制系统不同的运行状态下所能达到的最大出料速率是一个动态变化的过程，因此我们设计了以调节进口速率为导向的正向顺序控制流程，控制信息的流向遵循从进口到出口顺序调节的原则，简便易行、安全性高。

此外，为保证整个系统的平稳运行，我们综合考虑了全流程的物料平衡和能量平衡，物料平衡通过严格控制各个对象的液位稳定，保持对象的进口总量等于出口总量，针对控制过程中可能出现扰动的回路，我们有针对性地设计了串级控制、前馈反馈等。能量平衡主要是反应器温度控制回路和冷凝器温度控制回路，主要通过冷却水进行温度的调节，实现热量的回收以便循环利用，节能环保。

2.4.4 开车顺序控制系统设计

1. 开车设计原则

系统开车的顺序控制，涉及整个反应的进行以及出口产物的浓度。一个完美的开车方案，既能够实现在短时间内得到产物，又能保证各个被控变量不超标，还能使出口产物的浓度达到最优。

在设计开车步骤时，首先要遵循的原则是保证安全，因为在开车过程中，各个变量都处于一种变化的状态，每一步的操作要不能使其超过安全标准；然后切忌阀门开度大起大落，如一开始就把所有阀门开到最大，应当缓缓调节，慢慢提高负荷；最后，再考虑尽量缩短开车时间，使得系统能够尽早达到稳态运行阶段。在实际过程中，开车的每一步都要有一定的运行时间，因此在 SFC 程序中也要为每一步设置一定的运行时间。

2. 开车顺序控制系统

根据以上所述的开车顺序控制原则，设计开车的顺序控制流程图如图 20 所示。

为了保证开车过程中，安全指标之一的反应器压力不会超标，将反应器的温度分 3 个阶段升高[1]。开始阶段，反应器初始温度 20℃，反应速率低，此时反应器的进料用小流量缓缓进料，使得反应充分。中间阶段，随着反应的进行，反应速率逐步升高，当反应器温度大于 65℃时，这时将反应器的进料提高至大流量，加快建立反应器的液位，同时增大温度升高的速率。稳定阶段，当反应器的温度达到 90℃时，由于温度的时滞特性比较大，为了防止温度过高导致压力超标，将反应器的进料流量降低至中流量，减缓温度的上升速度，然后打开冷却水的阀门，提前进行降温。分阶段控制后，就能把反应器的温度控制在设定值的范围内，使得出口产物浓度达到标准。

随着反应器温度的升高，压力会随着温度的增大而不断增大，两者之间呈现出强耦合关系。经过对反应机理的深入分析，可以了解到，当反应器温度超过 A 物质的沸点 65℃时，液相的物料 A 开始汽化，反应器内部的压力也会开始逐步增大。而催化剂的作用，就是加快反应的速率，从另一方面来讲，也加快了反应器中 A 物料的消耗，从某种程度上来讲，也可以减小反应器的压力。综上所述，通过分析的方法，我们找到了解决反应器温度与压力之间强耦合关系的方法，即过量加入催化剂。

为了缩短开车的时间，在 A、B 进料后混合罐随即就出料，但是起始的出料流量小于进料流量，以此混合罐的液位可以缓缓建立，而此时反应器的液位也缓缓建立起来。这样就从开车时间中省去了混合罐的液位积累时间。在前面控制回路设计中提到，闪蒸罐的液位控制在 32%左右，对于出口产物的浓度来讲，一开始低温阶段反应后的混合物，产物浓度较低，随着反应温度的升高，产物浓度也逐渐升高，但是，两阶段的产物混合后产物 D 浓度就会降低，因此在闪蒸罐建立 5%液位时，就打开出口阀，小流量排出低温阶段产生的低浓度产物，使得闪蒸罐液位缓缓建立，这样得到出口产物浓度增长就会比较快，在这一过程中逐步开大出口阀阀门开度，出口产率达到 80%以后，将出口阀设为自动，以减小手自动切换的扰动。

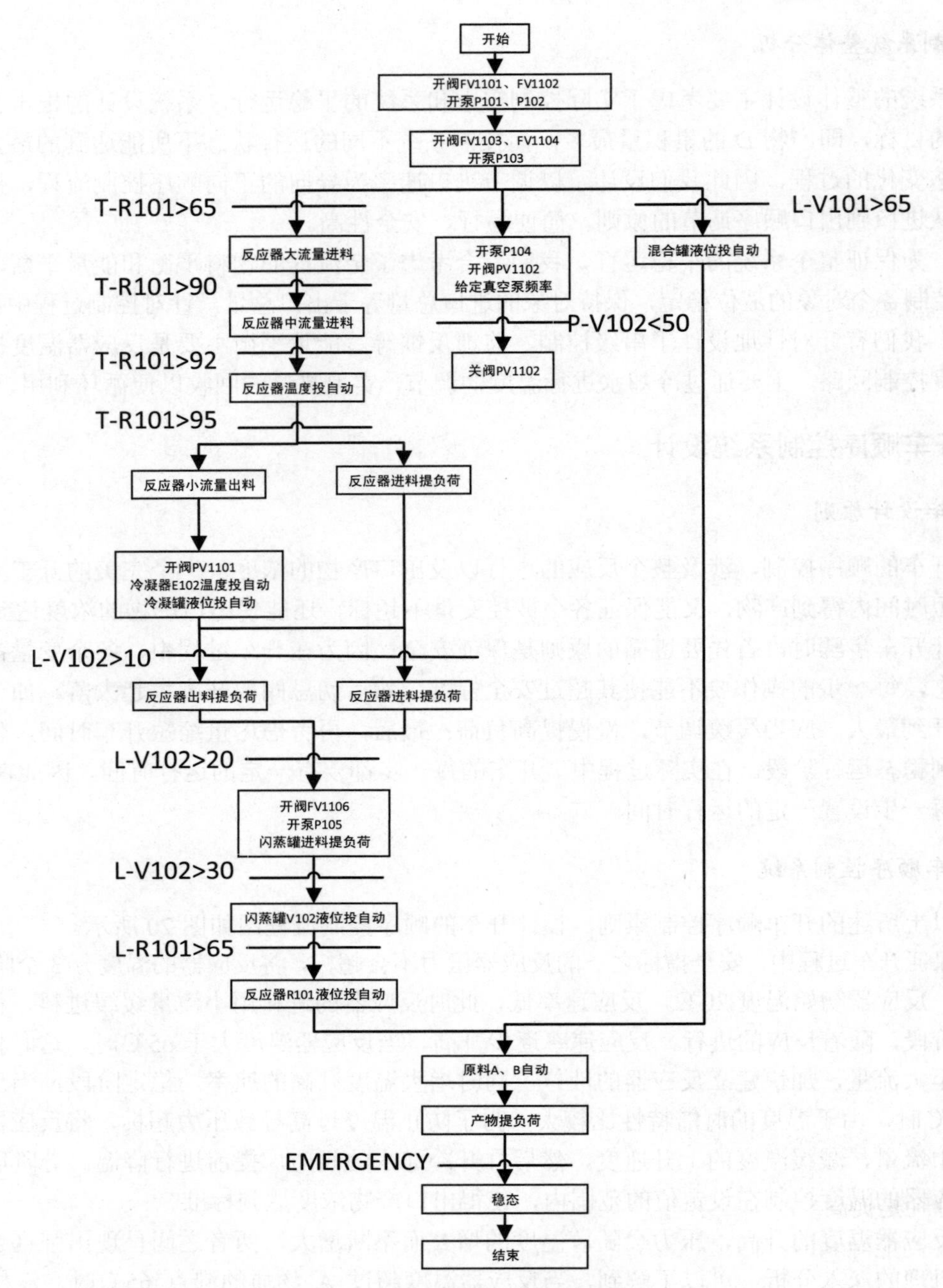

图 20　开车顺序控制流程图

在完成整个开车过程以后，为了追求最大的经济效益，我们以产物中 D 的累积量最高作为优化目标，以整个过程中变量的要求指标和安全指标为约束条件，建立非线性优化问题：

通过对以上非线性优化模型的求解，对整个系统进行卡边操作，找到反应能力与边界条件的最佳匹配，从而取得最好的经济效益。

2.4.5　安全相关系统

1. 安全设计原则

安全是整个系统设计的基础，如果设计好的控制系统不能满足安全的要求，那么即使其控制效果再好，也是枉然。安全设计的原则体现在以下几个方面。

整体性：安全系统的设计要从整个系统的角度来考虑，不能仅仅只考虑某一个环节或者某一个装置，要整个系统“联动”；

易操作性：所设计的安全系统还要便于操作人员操作，易于管理和维护；

有效性：设计的安全系统要对产生的危险是有效的；

实时性：安全系统属于硬实时系统，对于可判断为危险的情况，系统要及时作出响应，所以对于时间的要求特别严格。

2. 安全系统设计

安全系统的工作原理：通过压力变送器检测反应器内气体压力 P，在报警给定器内设置压力上限 135kPa，一旦发现压力越界，报警给定器发出警报，并将混合罐和反应器进料控制改为压力控制，改变其输出开关量的值，以示出现危险。经逻辑运算的判定，如果确实存在较大危险，则改变其输出开关量的值以开始停车过程[3]。

停车过程包含以下几个措施：关闭进料阀，以切断进料；将冷却阀开到最大，加大冷却水流量，以便快速降温；将出料阀开到最大，清空釜内的物料；关闭搅拌器开关；抑制剂阀门打开。该系统与以上各个控制系统是相互独立的，通过选择型开关实施切换。同时也可以采用手动控制，一旦操作人员发现异常情况就可通过手动按钮来采取紧急停车措施（见图 21）。

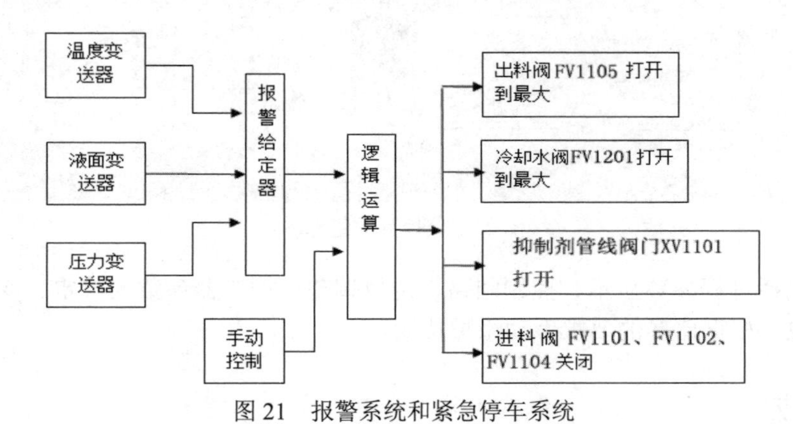

图 21 报警系统和紧急停车系统

2.4.6 系统节能减排考虑

节能降耗是提高经济效益的重要途径之一。生产设备的改进、更新，会提高产品质量和产量，减少能耗，提高能源利用率。所谓节能，是指降低生产过程中现有的能耗。因此，节能包含了两方面的内容：一个是工艺节能，另一个是控制节能。而后者是方案中工作比较集中的地方。我们从实际需要和可能出发来设计控制系统，达到了节能的目的。

1. 工艺节能

所谓工艺节能，就是通过采用合理的工艺设备和合理的操作规程而达到节能的目的。本反应器设计中充分考虑反应热量的回收，降低了产品能耗。一方面，在工艺流程中，利用预热器对冷却水带走的反应热量进行回收；另一方面，由于反应器中加入的 A 物料是过量的，因此，设计了气相 A 冷却回流工艺，将过量的 A 物料进行进一步的回收，提高物料的利用效率，从而达到工艺节能的目的。

2. 控制节能

我们从节能角度出发来进行控制方案的设计，进行能量衡算与物料衡算，找出每个被控变量的最佳设定值，一方面使其能够保证安全开车，并且在连续生产过程中保持稳定状态；另一方面，尽量使得出口产物累积量达到最高。在本反应过程中，反应器升温分为 3 个阶段，从而契合温度对象的特性，可节省大量能源。

2.4.7 系统监控界面设计

利用 WINCC 组态软件绘制工艺流程的监控界面如图 22 所示。

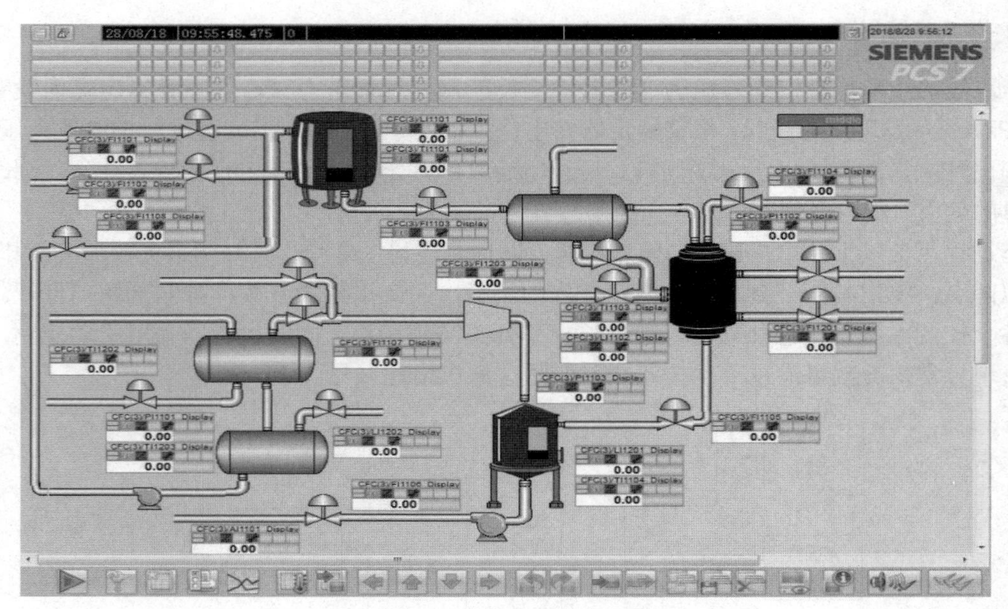

图 22 监控界面组态图

监控界面中包括过程参数显示、控制回路设定值调整、控制器参数的整定、变量历史曲线、报警界面等功能，也可根据比赛的要求手动添加扰动。

2.5 系统组成

2.5.1 系统组成结构

整个系统的结构组成如下，PC 作为上位机运行监控画面，SIMATIC 400 作为控制器，PM125 为仿真设备，模拟工艺流程（见图 23）。

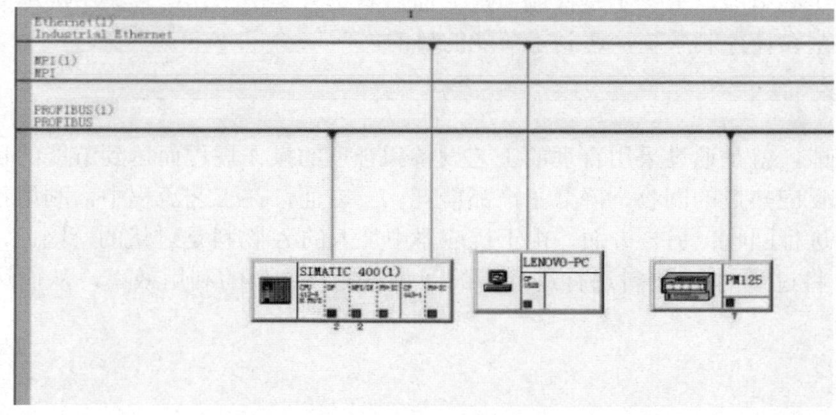

图 23 系统组成结构图

2.5.2 硬件配置（见表 2）

表 2 设备参数一览表

名 称	规 格 型 号	数 量	生 产 厂 家
CPU 模块	6ES7 412-5HK06-0AB0	1	SIEMENS
RACK 支架	6ES7 400-1JA11-0AA0	1	SIEMENS
CP 通信模块	6GK7 443-1EX30-0XE0	1	SIEMENS
PS 电源模块	6ES7 407-0KA02-0AA0	1	SIEMENS
DP 总线接口模块	153-2BA10-0XB0	2	SIEMENS
DO 模块	322-1BF01-0AA0	1	SIEMENS
DI 模块	321-1BH02-0AA0	1	SIEMENS
AI 模块	331-7KF02-0AB0	1	SIEMENS
AO 模块	332-5HD01-0AB0	1	SIEMENS
分布式站点	ET200M	1	SIEMENS
温度变送器	SITRANS TF	2	SIEMENS
压力变送器	SITRANS P COMPAT	2	SIEMENS
液位变送器	SITRANS LC300	4	SIEMENS
电磁流量计	SITRANS FX300	9	SIEMENS

2.5.3 软件配置（见表 3）

表 3 软件配置一览表

软 件 配 置	作 用
PCS7	编写 CFC、SFC 程序，系统硬件组态
WINCC	绘制监控界面
SMPT1000	运行仿真项目工程
MATLAB	数据的拟合、分析、绘图
Auto CAD	绘制电气控制原理图

2.5.4 I/O 信号配置（见表 4）

表 4 I/O 分配表

位 号	说 明	单 位	类 型	地 址
FI1106	产品 D 混合物料流量	kg/s	模拟量输入	IW+0
FI1101	原料 A 流量	kg/s	模拟量输入	IW+2
FI1102	原料 B 流量	kg/s	模拟量输入	IW+4
FI1103	原料混合进料流量	kg/s	模拟量输入	IW+6
FI1104	催化剂 C 流量	kg/s	模拟量输入	IW+8
FI1105	反应生成液流量	kg/s	模拟量输入	IW+10
FI1107	闪蒸罐顶部物料出口流量	kg/s	模拟量输入	IW+12
FI1201	反应器 R101 夹套循环上水流量	kg/s	模拟量输入	IW+14
FI1202	反应器 R101 夹套循环回水至预热器流量	kg/s	模拟量输入	IW+16
FI1203	反应器 R101 夹套循环回水至界区流量	kg/s	模拟量输入	IW+18
LI1101	混合罐 V101 液位	%	模拟量输入	IW+20

（续表）

位　　号	说　　明	单　　位	类　　型	地　　址
LI1102	反应器 R101 液位	%	模拟量输入	IW+22
LI1201	闪蒸罐 V102 液位	%	模拟量输入	IW+24
TI1101	混合罐 V101 温度	℃	模拟量输入	IW+26
TI1103	反应器 R101 温度	℃	模拟量输入	IW+30
TI1104	闪蒸罐 V102 温度	℃	模拟量输入	IW+32
TI1105	反应器 R101 夹套循环回水温度	℃	模拟量输入	IW+34
TI1202	循环物料出冷凝器温度	℃	模拟量输入	IW+38
PI1101	冷凝罐压力	kPa	模拟量输入	IW+40
PI1102	反应器压力	kPa	模拟量输入	IW+42
PI1103	闪蒸罐压力	kPa	模拟量输入	IW+44
FI1108	循环物料流量	kg/s	模拟量输入	IW+46
LI1202	冷凝罐 V103 液位	%	模拟量输入	IW+48
TI1203	冷凝罐 V103 温度	℃	模拟量输入	IW+50
AI1101	产物中产品 D 含量	%	模拟量输入	IW+52
FV1106	闪蒸罐 V102 底部产品 D 管线阀门	—	模拟量输出	QW+0
PV1101	闪蒸罐 V102 顶部循环原料 A 管线阀门	—	模拟量输出	QW+2
FV1101	原料 A 管线阀门	—	模拟量输出	QW+4
FV1102	原料 B 管线阀门	—	模拟量输出	QW+6
FV1103	混合罐 V101 底部混合进料管线阀门	—	模拟量输出	QW+8
FV1104	催化剂 C 管线阀门	—	模拟量输出	QW+10
S1101	变频真空泵频率	—	模拟量输出	QW+12
FV1105	反应器 R101 底部反应生成液管线阀门	—	模拟量输出	QW+14
PV1102	闪蒸罐顶抽真空阀门	—	模拟量输出	QW+16
FV1108	循环物料管线阀门	—	模拟量输出	QW+18
FV1204	冷凝器 E102 冷却水阀门	—	模拟量输出	QW+20
FV1201	反应器 R101 夹套循环上水管线阀门	—	模拟量输出	QW+22
FV1202	反应器 R101 夹套循环回水出口阀门	—	模拟量输出	QW+24
XV1101	抑制剂管线阀门	—	数字量输出	Q+2.1
HS1101	A 进料泵 P101 开关	—	数字量输出	Q+2.5
HS1102	B 进料泵 P102 开关	—	数字量输出	Q+2.6
HS1103	催化剂输送泵 P103 开关	—	数字量输出	Q+2.7
HS1104	真空泵 P104 开关	—	数字量输出	Q+3.0
HS1105	D 输送泵 P105 开关	—	数字量输出	Q+2.2
HS1106	循环泵开关	—	数字量输出	Q+2.0
XV1102	冷凝罐排气阀	—	数字量输出	Q+2.3

2.6 系统连接

2.6.1 系统通信连接

本系统主要由一个工业以太网 PROFINET 和一个 PROFIBUS 网络组成。其中工业以太网由双绞线环网实现，其上挂接操作员站 OS、工程师站 ES、远程办公室；PROFIBUS 网络主站为 S7-400PLC，从站为远程 I/O ET200M 从站。远程 I/O ET200M 从站主要控制物料 A、物料 B 和物料 C 的调节阀、冷却水水入口调节阀以及混合罐、反应器出口调节阀等；读入物料 A、物料 B 和物料 C、冷却水，以及反应物出口的流量值；并负责温度传感器、压力传感器和液位传感器等数据的采集。系统硬件结构及网络层次示意图如图 24 所示。

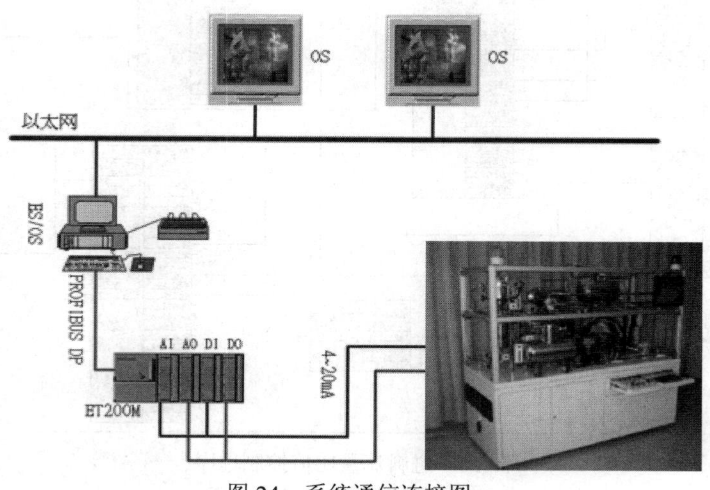

图 24　系统通信连接图

SIMATIC PCS 7 将控制系统的所有组件都集成在一台工控机中，诸如自动化系统（AS）、操作员站（OS）和工程师站（ES），通过 S7-PLC CPU 414 中的两个集成 PROFIBUS-DP 接口，还可链接过程 I/O 以及 SIMATIC ET200 分布式标准 I/O 设备。

2.6.2　控制回路连接

首先进行通信连接测试，在 SCL 中写入上述程序，使得 PM125 模块与 CPU 通信成功，通信程序如图 25 所示。

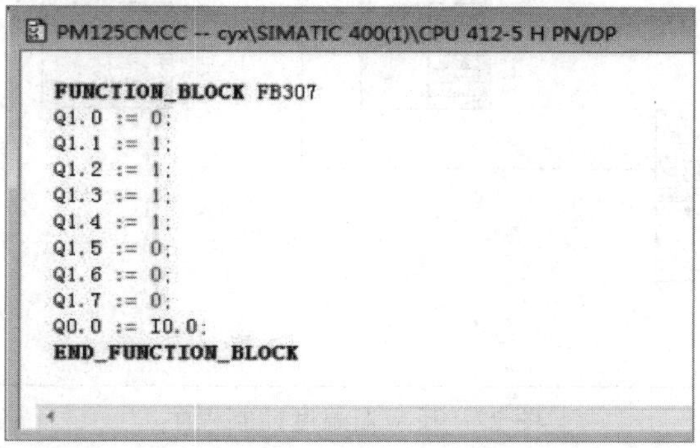

```
PM125CMCC -- cyx\SIMATIC 400(1)\CPU 412-5 H PN/DP

FUNCTION_BLOCK FB307
Q1.0 := 0;
Q1.1 := 1;
Q1.2 := 1;
Q1.3 := 1;
Q1.4 := 1;
Q1.5 := 0;
Q1.6 := 0;
Q1.7 := 0;
Q0.0 := I0.0;
END_FUNCTION_BLOCK
```

图 25　通信程序

控制回路连接包括单独控制回路以及开车控制回路，即由 CFC 和 SFC 共同组成，在 2.4.4 节中已经介绍了开车顺序控制 SFC，此处不再赘述。整个系统中的 CFC 控制回路一共有 8 个，下面举两例进行说明（见图 26 和图 27）。

反应物 A∶B∶C 需满足 9∶3∶1 的配料比例，以反应物 B 为主动量，反应物 A 和催化剂 C 为从动量，分别构成两个比值控制回路，通过 PID 的调节作用，控制相应阀门实现流量的比值控制。

反应器温度控制回路为串级控制，以反应器内部温度为主被控变量，以冷却水流量为副被控变量，以削弱冷却水阀前压力变化等因素导致的扰动，提高系统响应速度。

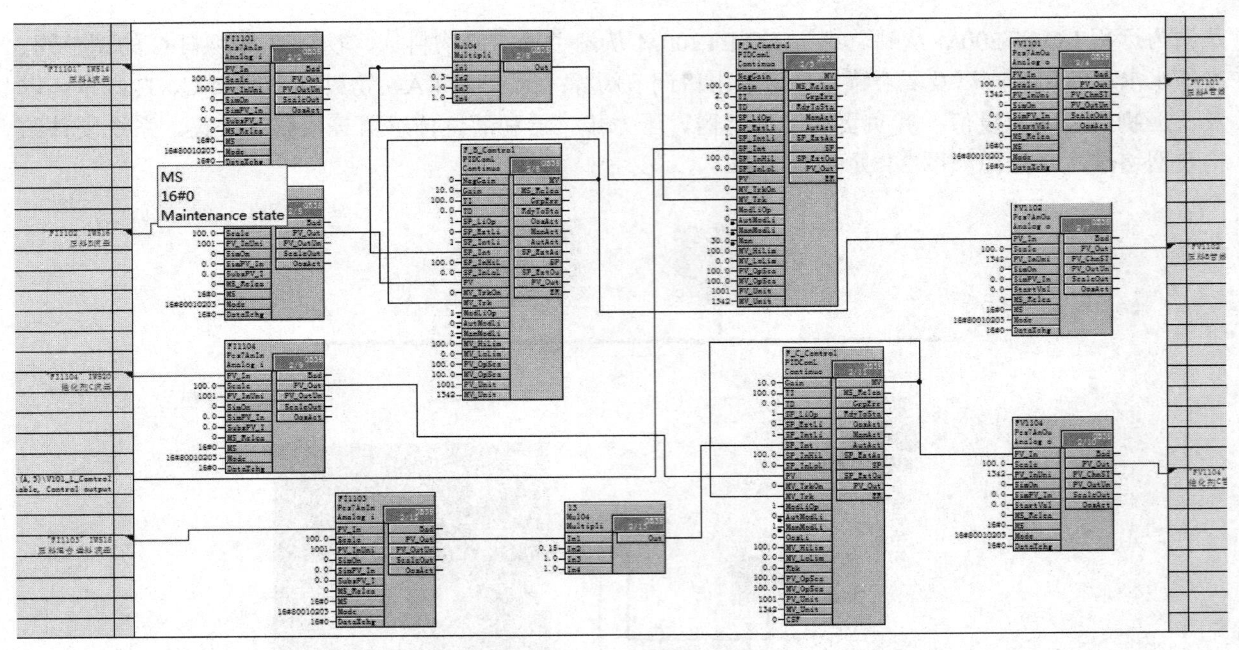

图 26　进料流量比值控制程序

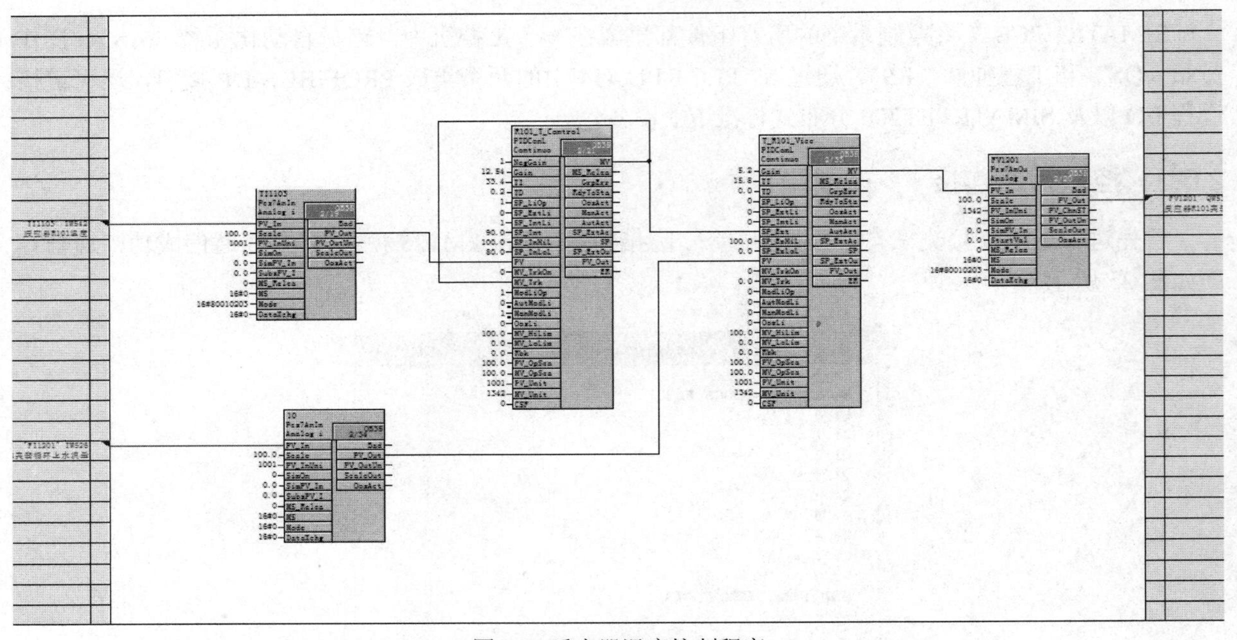

图 27　反应器温度控制程序

2.7　系统投运与调试

接线操作说明如下：

（1）在断电情况下，把 SMPT1000 接线端子的电流端口与 PLC 的模拟量输入模块相连，确保正负极正确，检查无误后接通 PLC 和 SMPT1000 电源。

（2）在断电情况下，把 EM200 连接的 AI 模块设置成二线制电流模式，检查无误后接通 EM200 的电源。

（3）在 PCS7 软件和 SMPT1000 上设置相应参数，下载连接正常后即可正常显示监控 SMPT 数值。

开停车操作说明如下：

（1）实施启动操作之前，操作员需严格检查所有阀门均处于关闭状态，以及待物料 A 和物料 B 是否已经准备就绪。

（2）需要执行启动操作时，操作员只需按下开启按钮，小锅便开始冷态开车。此后，操作员需实时观察操作过程中的各项指标，如有意外工况，应立即采取相应措施。直到开车过程完成，系统进入稳态工作状态。

（3）当需要反应器停止工作时，操作员需按下停止按钮即可。待系统安全停车后，断开电源，即可离开。

（4）在实际生产中，操作人员应定期检查各个执行器、检测变送装置、通信线路等设备是否能正常精确地完成工作。及时发现问题，及时解决，避免造成实际的经济损失。

（5）根据设备实际需要，应定期进行设备的维护和检修工作，保证系统安全、可靠运行。扰动根据相应要求在 WINCC 监控界面中直接修改。

2.8 运行结果分析

运行结果如图 28 所示，500s 之前产物 D 出口阀未打开，被控过程的流量、液位、压力和温度等缓慢建立过程，曲线呈现平滑上升趋势。500s 左右产物 D 出口阀打开，开始出料，混合罐、反应罐以及闪蒸罐的液位出现短暂的锯齿形小波动，很快趋于稳定。与此同时，产物 D 的浓度也在快速增长，从图中可看出 690s 左右产率达到要求的 80%，此时产量开始累积。

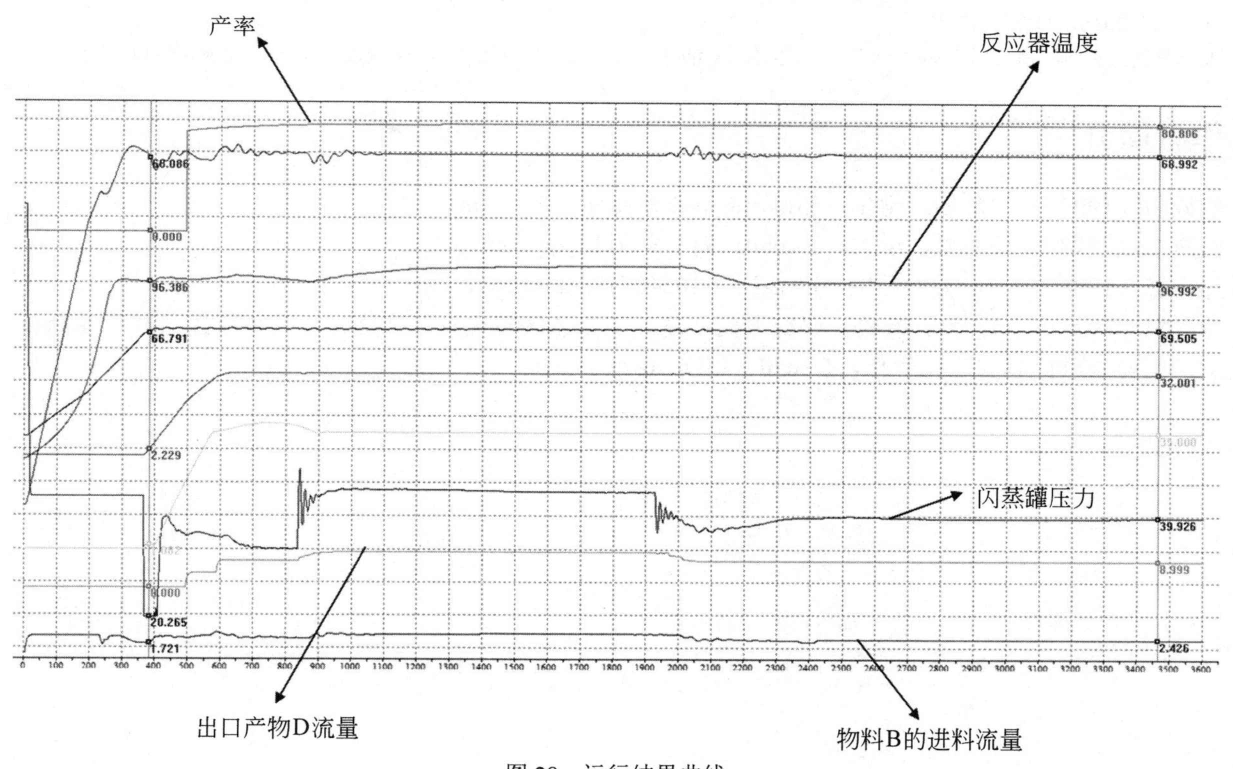

图 28 运行结果曲线

保证产率符合要求的前提下采取卡边操作，以追求最大经济效益，即在满足安全要求的前提下，提升至最大负荷。此时，曲线再次出现短暂波动，考虑到最大负荷状态下，反应器的放热量增多，为减少冷却水的过多使用和保证反应转换速率，同时考虑到反应器压力不能超限，将反应器温度设定值提升至 105℃，闪蒸罐的压力设定值也相应提升。再次达到平衡后，整个系统处于相对稳定状态，曲线平滑。

系统运行到 2000s，进行了初步扰动测试，同时将卡边操作的生产负荷降下来，检验系统的抗干扰能力，结果除了因设定值变化而导致反应器的温度和闪蒸罐的压力需要一段时间调整，其余控制变量均较为稳定，测试结果良好。2400s 后加入甲方要求的扰动测试，从图 28 中可以看出，2400s 后的扰动测试对系统整体运行影响很小，系统依然能够较平稳运行，控制系统的抗扰动性能很好。

2.9 结束语

本方案在半实物仿真平台 SMPT1000 装置上，设计了聚合反应工艺过程控制系统。系统共有 8 个控制回路，进料比值控制、混合罐液位控制、反应器液位控制、反应器温度控制、闪蒸罐液位控制、闪蒸罐压力控制、冷凝器出口温度控制、冷凝灌液位控制。经过仿真结果验证，系统在产品产量、产率要求、系统能耗以及安全要求等方面，达到了很好的控制效果，且综合考虑了安全节能的思想，整个控制系统实现了“稳、准、快、省”的控制目标。

参考文献

[1] 钱琳琳，朱博帆，何毅晨，罗军. 基于 PCS7 的聚合反应器系统控制策略仿真实现[J]，自动化与仪表，2017，32(6): 51-56.

[2] 陈军，易丐，姚群勇，杨婧，蓝筑艺，杨代敏. 基于 PCS7 的搅拌反应釜连续反应控制系统设计[J]，装备制造技术，2016，11(13): 13-17.

[3] 马昕，高东，张贝克. 基于西门子 PCS7BOX 的釜式反应器控制系统[J]，仪器仪表学报，2008，29(4): 1-5.

作者简介

曲振阳（1997— ），男，学生，E-mail：qvzhenyang@163.com。
杨建东（1997— ），男，学生，E-mail：914785931@qq.com。
陈宇鑫（1996— ），男，学生，E-mail：1165405193@qq.com。
薄翠梅（1973— ），女，教授，研究方向：复杂工业系统建模与集成优化，过程监控与故障诊断技术，工业先进控制与动态优化，E-mail：Lj_bcm@163.com。

第三部分

“逻辑控制设计开发”赛项

“逻辑控制设计开发”赛项任务书

1. 赛项任务

根据提供的小型生产线，通过需求分析，完成系统的PLC控制方案设计、人机界面设计、智能网关数据传输显示设计、工业云平台设计并进行系统实施与调试，以达到要求。

2. 项目背景

公司新推出的一条小型生产线刚刚完成组装，你们作为公司的技术人员，请根据相关技术文档完成设备的自动化控制系统编程、调试，以及实现项目要求的产线信息化等各项功能。

3. 生产线工艺描述

某生产线由6个工作站组成，分别是主件供料站、次品分拣站、旋转工作站、方向调整站、产品组装站及产品分拣站，如图1所示。整个生产线完成了一个直动式限位开关的装配过程，该产品的装配示意图如图2所示。该产品由主料件（开关基座）、辅料件1（推杆及弹簧垫片的组合体）以及辅料件2（顶丝）3部分组成。

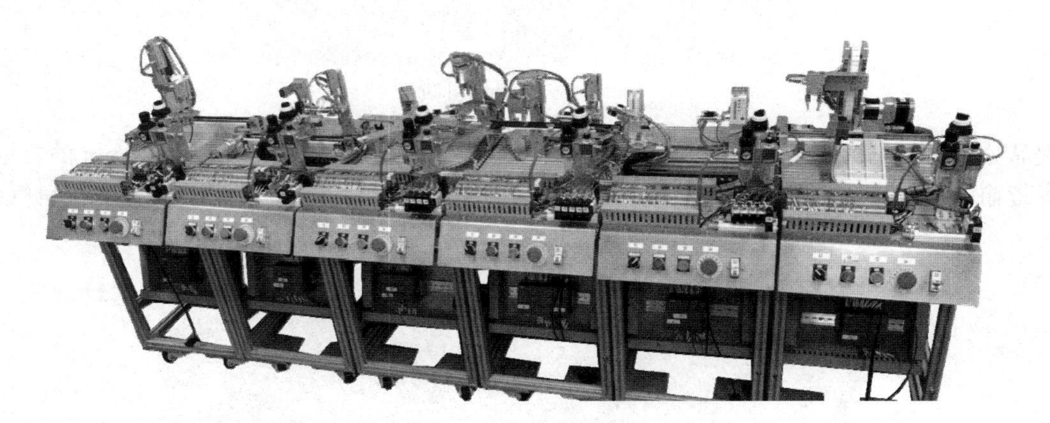

图1　生产线全景图

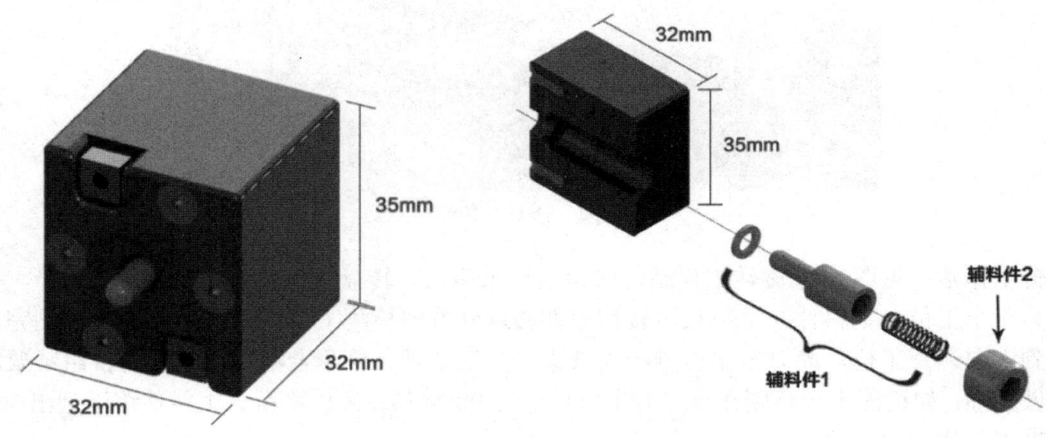

图2　产品装配示意图

1）整个生产线作业流程

主料件从仓库出料，由气爪搬运到高度检测处，通过传感器进行判断是否为合格品；在将不合格品剔除后，合格品随后进入旋转工作站通过判断其位置状态调整 0°或 90°，进入方向调整站，通过判断其位置状态来调整 0°或 180°，使得最终主料件的方向处于符合组装所需的状态，然后在产品组装站将两部分辅料件依次装配到主料件上，完成产品的组装，最后在产品分拣站通过颜色传感器检测将不同的产品分别分拣到相应的物流滑槽中。

2）各个工作站描述

主件供料站（见图 3）：产品组件中的主料件由人工手动上料，经由滑道上料组件抵达上料点，然后由气爪夹取并由同步带输送组件移送到次品分拣站。

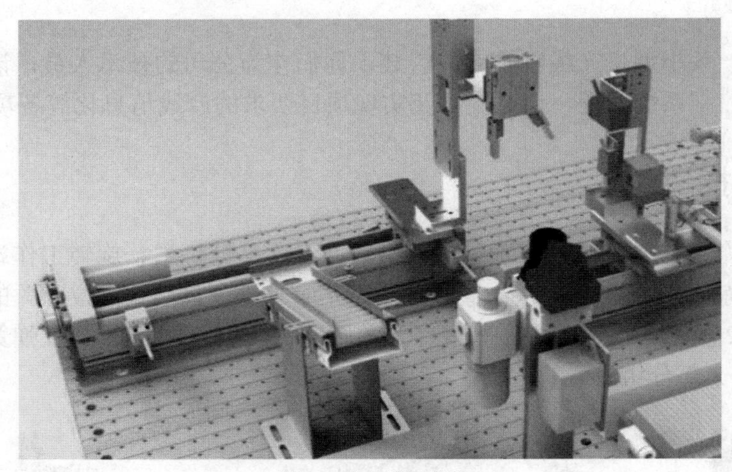

图 3 主料供料站

次品分拣站（见图 4）：运用激光测距仪器检测主料件高度，分拣出高度为 35mm 的合格品，经由同步带输送组件运送到旋转工作站；不合格品（高度不等于 35mm 的主料件）则由排料气缸排出。

图 4 次品分拣站

旋转工作站（见图 5）：旋转工作站由转盘组件来驱动。转盘组件每次转动角度为 60°，每转动一次即为一个工位。主料件在上料点由转盘组件移送到方向检测工位进行方向检测；检测完成后继续移送到方向调整工位，此时根据检测结果来进行分别处理，检测合格（即方向符合组装要求）主料件不做处理，如检测不合格则在这里对主料件进行 90°旋转；最后将所有主料件移送到出料点，并由气缸推出送往方向调整站。

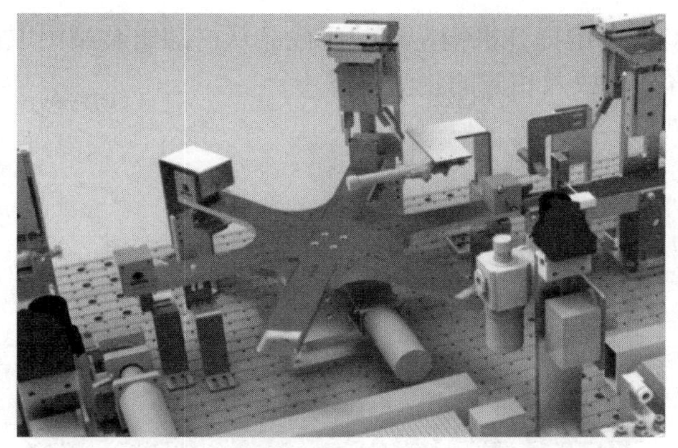

图 5　旋转工作站

方向调整站（见图 6）：主料件由同步带输送组件移动到检测工位，由金属传感器检测其当前位置是否正确，如果不正确，则在方向调整工位对其进行 180°旋转；如果位置正确则不做任何处理。最后所有主料件由气缸推出至产品组装站。

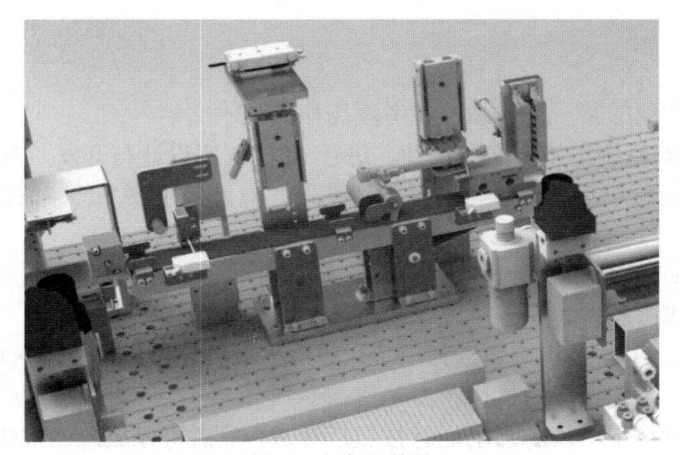

图 6　方向调整站

产品组装站（见图 7）：主料件在入料点由气缸夹紧固定，并由推杆装配组件将辅料件 1 压入主料件。然后由无杆气缸输送组件带动，将成品移送到安装辅料件 2 的位置，利用顶丝装配组件将辅料件 2 旋入主料件中，完成产品的组装。

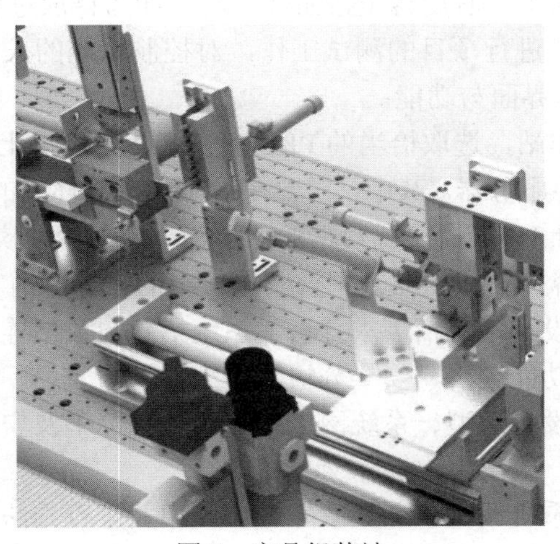

图 7　产品组装站

产品分拣站（见图 8）：利用提升机构，将装配成品从产品组装站中取出，由颜色检测组件进行检测，并根据检测结果将产品放入相应的物流滑槽中。

图 8　产品分拣站

4. 任务说明

参赛队针对抽签分配的某一工作站，参考现场相关技术文档。

（1）完成 PLC 控制系统实施方案的设计，进行 PLC 程序设计与开发，具体功能要求如下：

① 系统包含自动运行、单步运行、回零三种模式；但只有在按下急停按钮后方可进行模式切换/选择；

② 自动运行模式：自动/单步旋钮选择自动，按下自动运行按钮后释放，然后再释放急停按钮，系统进入自动运行模式；

③ 单步运行模式：自动/单步旋钮选择单步，然后再释放急停按钮，进入单步运行模式，即每按下单步运行按钮一次，系统相应的执行一步动作；

④ 回零模式：同时按下单步和自动运行按钮后释放，然后再释放急停按钮，系统进入回零模式，无论此时系统处于何种状态，均需要自动回到初始位置；

⑤ 自动运行指示灯显示：在自动运行模式下其状态为常亮；在回零模式下需设置为以 2Hz 频率闪烁，当运行回到初始位置时，指示灯熄灭。

注：自动运行、单步运行按钮是自复位按钮，当按下按钮的手松开时即为释放过程。急停按钮是自锁式按钮，但按下按钮的手向右旋转至按钮弹起时，即为释放过程。

（2）为配合现场操作人员进行项目的测试工作，对控制系统的人机界面进行设计与开发，实现对 I/O 信号检测、回零等操作界面与功能；

（3）针对本队所选的工作站，选取恰当的 PLC 变量（两个及以上），实现将 PLC 中的数据经由 IOT2040 智能网关上传至本地服务器。其中，需要在 Node-RED 环境的 UI 界面中对传输数据进行显示，同时在本地服务器中设计 UI 页面实现数据的图形化呈现，以及实时动态监视。

（4）结合现场培训的内容，完成工业云平台实施方案的设计，内容包括但不限于：

① 工业云平台的分析与设计，包括需求分析、系统搭建、数据连接、数据应用等；

② 控制系统分析，包括功能分析、安全分析等；

③ 控制系统设计，包括设备选型、系统网络拓扑、紧急停车及安全连锁设计等；

④ 人机界面及功能设计，给出用户操作交互方案；

⑤ 系统实施说明，包括系统调试、主要故障分析及相关排查方法等。

3 “逻辑控制设计开发”赛项工程设计方案(一)

——次品分拣站控制系统设计与开发

参赛选手：吴　振（北京联合大学），于慧慧（北京联合大学），
王强瑞（北京联合大学）
指导教师：任俊杰（北京联合大学）
审　　校：廖晓钟（北京理工大学），许　欣（中国智能制造挑战赛秘书处）

3.1 项目背景

3.1.1 甲方需求

针对一条刚组装好的小型生产线完成设备的自动控制系统设计调试，并实现产线信息化等功能。

3.1.2 生产线组成及工艺流程

生产线由 6 个站组成，分别为主件供料站、次品分拣站、旋转工作站、方向调整站、产品组装站和产品分拣站，如图 1 所示。整个生产线完成一个直动式限位开关的装配，该产品的装配示意图如图 2 所示。该产品由主料件（开关基座）、辅料件 1（推杆及弹簧垫片的组合体）以及辅料件 2（顶丝）三部分组成。

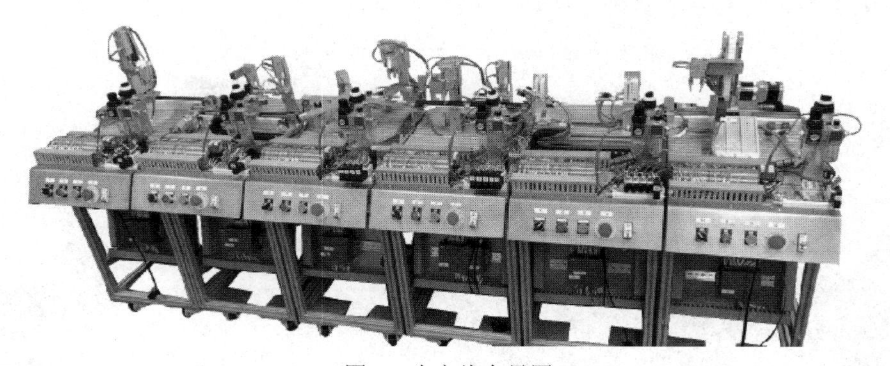

图 1　生产线全景图

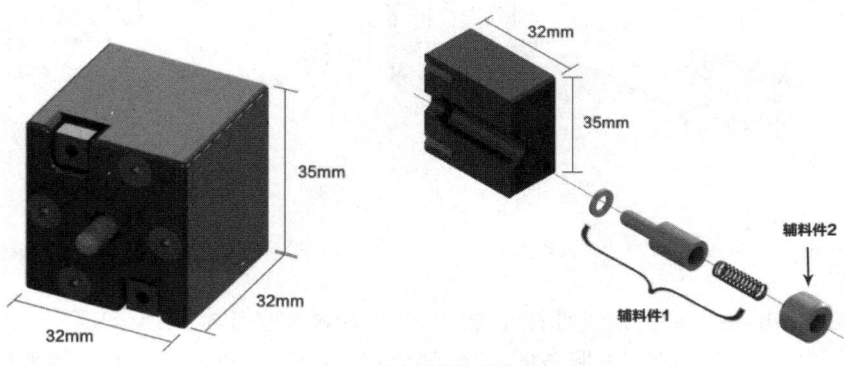

图 2　产品装配示意图

生产线工艺流程：主料件从仓库出料，由气爪搬运到高度检测处，判断是否为合格品；在将不合格品剔除后，合格品随后进入旋转工作站，通过判断其位置状态调整0°或90°，进入方向调整站，通过判断其位置状态来调整0°或180°，使得主料件的方向处于符合组装所需的状态，然后在产品组装站将两部分辅料件一次装配到主料件上，完成产品的组装，最后在产品分拣站通过颜色传感器检测将不同的产品分别分流到相应的物流滑道中。

本次设计主要针对第2个站——次品分拣站，进行工业云平台的分析设计、控制系统的分析设计以及人机界面功能设计，并给出系统实施说明。

3.2 工业云平台的分析与设计

3.2.1 需求分析

工业云平台针对工业现场完成并实现产线信息化，通过MQTT协议将工业现场设备与云服务器相连，并且采集、传输现场设备数据到云端服务器，工程师可以通过网页或工业App获取云服务器中现场设备各个环节的数据和变量等，从而可以及时地监控、分析和处理数据，提高工业生产效率[1]。

针对次品分拣站工业现场，工业云平台能够实时将现场检测信号和现场设备运行状态以及过程中采集到的物料高度、同步传输带运行状态等数据传送到云服务器，然后显示到网页或工业App中。

3.2.2 系统搭建

为实现生产线信息化，需要搭建一个工业云平台，其中包括云服务器、现场各类型设备、IOT2040智能网关、各类客户端等，它们之间依靠MQTT协议进行数据传输；IOT智能网关采集PLC控制器的数据，主动发送到已配置好的云服务器，IOT智能网关也可以从云服务器中获取指令发送给PLC等现场设备；客户端可以通过MQTT协议向服务器订阅相关信息，也可以用HTML网页或工业App实时动态地显示出来。工业云平台的系统搭建如图3所示。

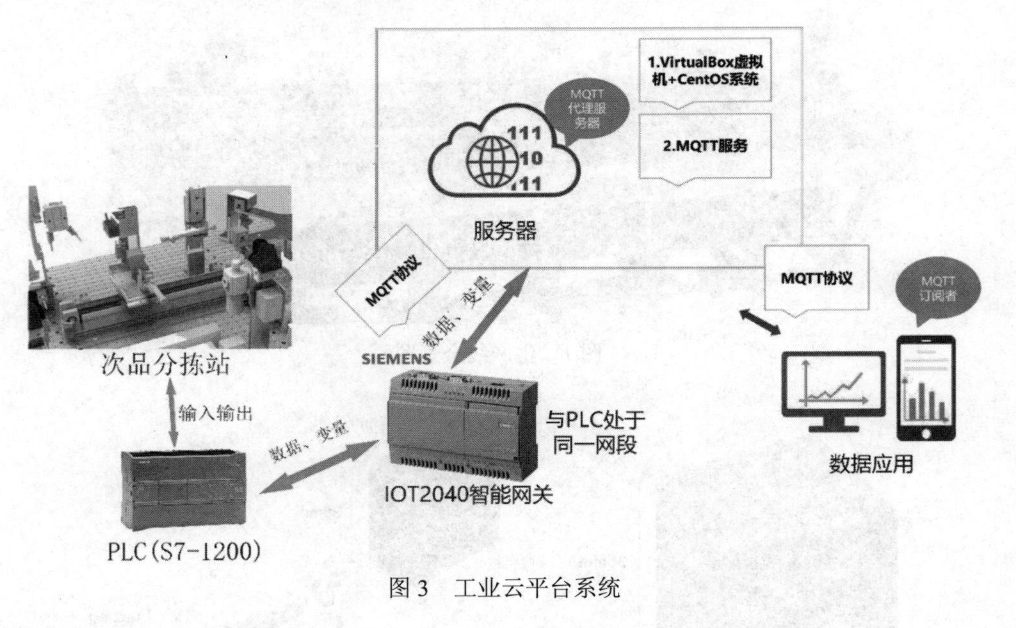

图3 工业云平台系统

3.2.3 数据连接

工业生产线设备的输入输出信号连接至PLC控制器输入输出端子上，PLC与IOT2040中的S7节点通过以太网通信，带有MQTT服务的云服务器连接到S7节点上，云服务器能接收IOT2040智能网关发送的数据，各类客户端也能通过 MQTT 协议向云服务器订阅相应的数据。

3.2.4 数据应用

通过工业云平台可以对次品分拣站进行实时监控，例如，在对应的 HTML 网页或工业 App 上可以实时显示主料件测量高度、输入输出状态等，方便对生产线进行及时调整。对于云服务器接收的数据（例如主料件测量高度等），可以进行大数据处理分析，分析出各个时间段产生次品的数量等。

3.3 控制系统分析

在次品分拣站用激光测距仪检测主料件高度，分拣出高度为 35mm 的合格品，经由同步带输送组件到旋转工作站；不合格品（高度不等于 35mm 的主料件）则由排料气缸排出。次品分拣站如图 4 所示。在这个站上设有控制面板，面板上安装有自动运行/单步运行转换旋钮、自动运行按钮、单步运行按钮和急停按钮。

图 4　次品分拣站

3.3.1 功能分析

系统包含 3 种工作模式：自动运行、单步运行、初始化回零。只能在按下急停按钮后方可进行模式切换或选择。

1. 初始状态回零功能

次品分拣站系统的初始状态为：同步带电机停止、同步带输送组件在搬运初始位置、排料气缸缩回、升降气缸抬起、推料至下一站气缸缩回。

当同时按下自动运行按钮和单步按钮后，再释放急停按钮，系统进入回零模式，此时系统自动回到初始状态。

2. 自动运行功能

自动运行/单步运行旋钮选择自动，按一下自动运行按钮，再释放急停按钮，系统进入自动运行模式。该模式下，按照以下工步自动运行。

上料点检测到有料时，同步带电机正转，同步带将料件从初始位置向右侧位运送，当高度监测点光电开关检测到物料后，同步带电机停止，激光测距传感器对物料高度进行检测。然后同步带电机继续正转，料件继续向右侧位移动，当到达右侧位时，同步带电机停止。根据料件的高度检测结果（等于 35mm 为合格；不等于 35mm 为不合格）进行不同操作。

对合格物料，升降气缸带动推料气缸下行，推料气缸动作推料至下一站，然后升降气缸带动推料气缸上行至上限位；对不合格料件，排料气缸动作将料件排出。待动作完成后，同步带电机反转，同步带输送组件回到搬运初始位置。

3. 单步运行功能

自动运行/单步运行旋钮选择单步，再释放急停按钮，系统进入单步运行模式。该模式下，每按一次单步运行按钮，系统执行一步动作。

3.3.2　系统方块图

次品分拣站的系统方块图如图 5 所示。生产线系统是一个典型的离散类机电一体化系统，下面从能量流、物料流、信息流 3 个方面进行分析。

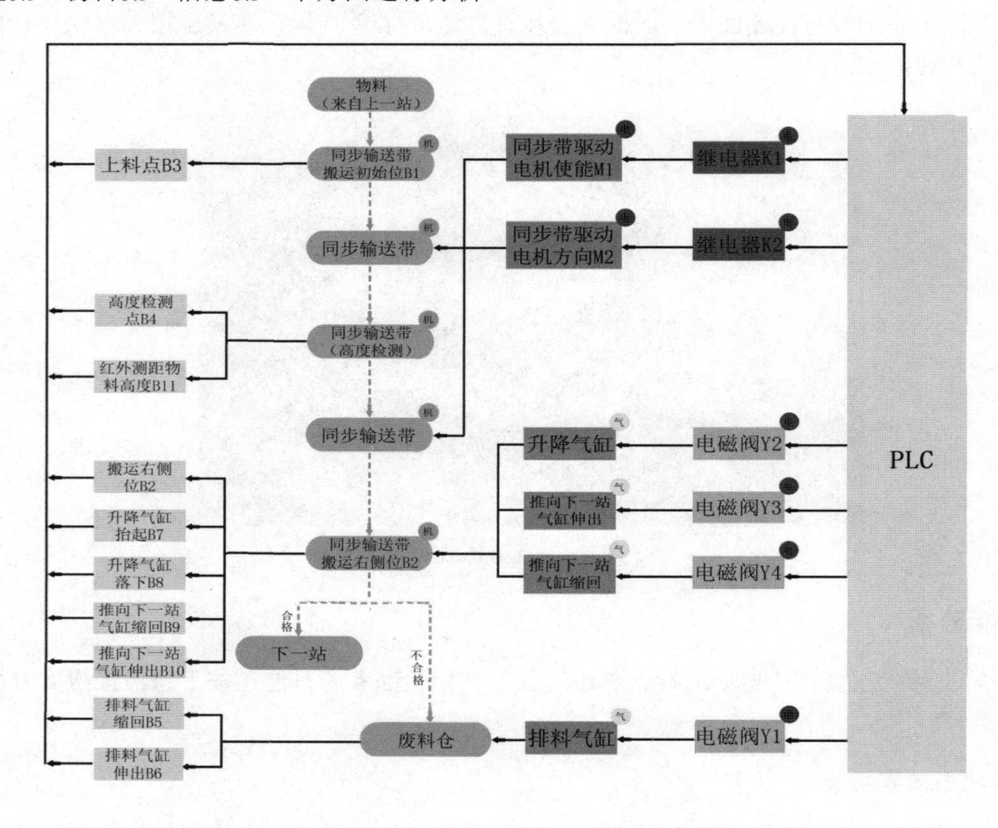

图 5　系统方块图

能量流是指系统中驱动设备所需能量，可以是电能、机械能等，比如同步带电机需要电能，升降气缸用到气动能量；物料流是指被加工物料在系统的不同加工设备间流转，经过一道道工序，最终变为成品的物料流转过程；信息流指的是系统中的信号的流动，比如现场信号经传感器检测输入给控制器，经控制器运算得到输出信号再给执行结构去完成某一动作。

在次品分拣站中，能量流主要是包括驱动同步输送带所需要的机械能、继电器和电磁阀所需要的电能和驱动气缸使其伸出和缩回所需要的气动能；物料流主要是来自上一站的物料由同步输送带运送到物料搬运初始位、高度检测点、搬运右侧位以及送到下一站整个过程的流转；信息流主要是各种检测传感器信号输入给控制器，控制器经过相应处理得到输出信号，再输出给继电器、电磁阀等执行机构的一个过程。

3.3.3 安全分析

在同步运输带上左右两侧各设置一个限位开关，当出现意外情况时强制停止同步带输送组件的运行，从而保护设备免收损坏。

自动运行、单步运行、初始化回零3种工作方式之间需要设置互锁。

在同步输送组件到达右限位之前，升降气缸需处于抬起状态，排料气缸、推向下一站气缸需处于缩回状态，防止运动部件出现损坏。

3.4 控制系统设计

3.4.1 设备选型

对次品分拣站系统的输入输出信号汇总，总共有14个开关量输入、1路模拟量输入，还有7个开关量输出。因此选择一块CPU1214C DC/DC/DC作为控制器，其集成有14点的数字量输入（DI）、2路模拟量输入（AI）和10点的数字量输出（DO）。I/O能够满足系统的需求，并留有一定的裕量，为以后的扩展提供了方便。

3.4.2 系统网络结构

整个生产线采用分布式控制，6个站的网络结构如图6所示。每个站用一个S7-1200控制器实现控制功能。装有博途软件的PC通过PROFINET以太网和控制器通信，PC作为上位操作监控站运行WinCC RT Advanced软件监控生产线系统每一站的运行状态，确保系统的平稳运行。这里主要实现了次品分拣站的控制功能和WinCC上位监控。

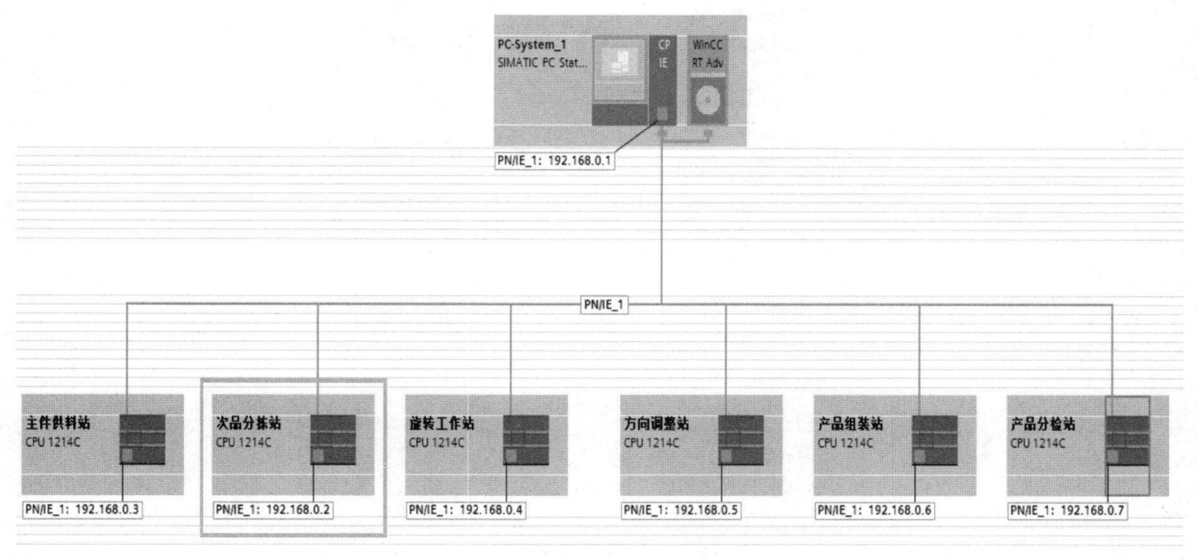

图6 系统网络结构

3.4.3 控制逻辑设计

1. 初始化回零

系统进入正常的自动运行之前需要进行初始化回零，回零状态为：同步带电机停止、同步带输送组件在搬运初始位置、排料气缸缩回、升降气缸升至上限位置、推料至下一站的气缸缩回，初始化回零的流程如图 7 所示。

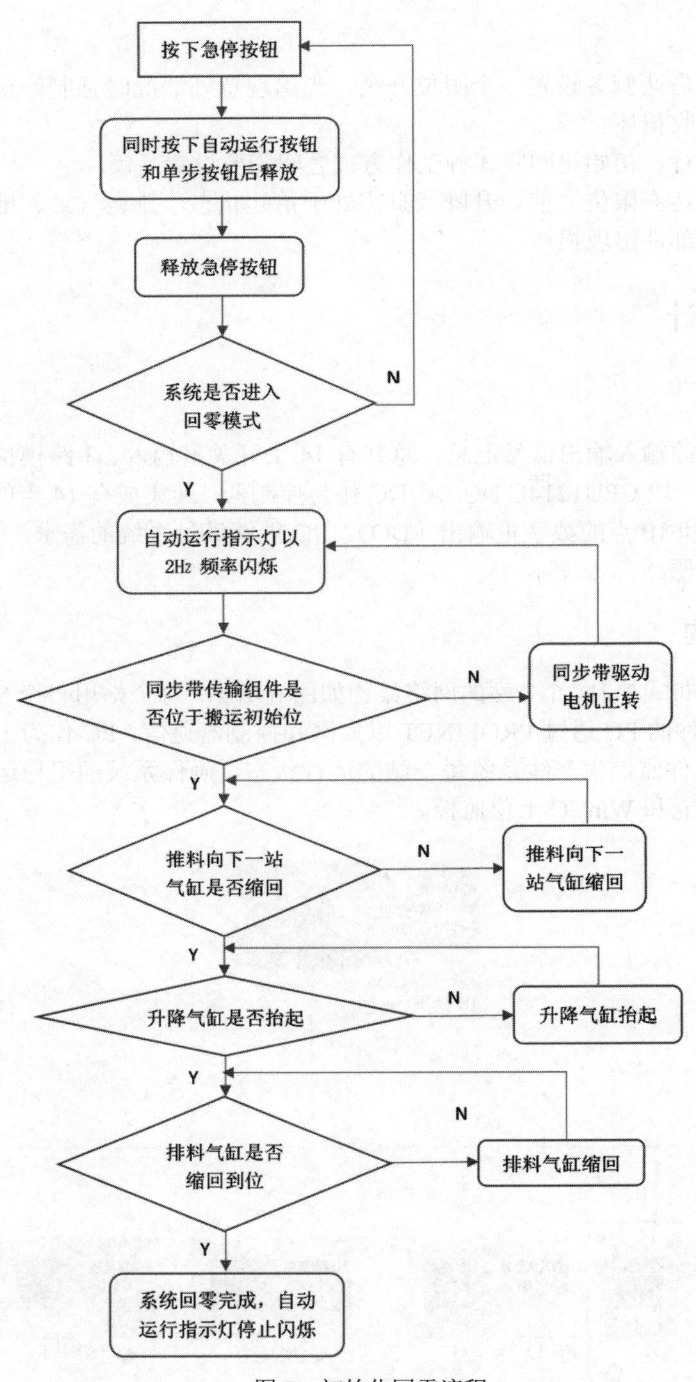

图 7 初始化回零流程

2. 自动运行逻辑

生产线是一个典型的顺序控制系统，将次品分拣站的工作流程分成若干工步，每个工步进行相应的动作，在动作中会触发检测元件，由此进行工步的切换[2]，系统的逻辑功能图如图 8 所示，根据逻辑功能图可以方便地编写出控制程序。

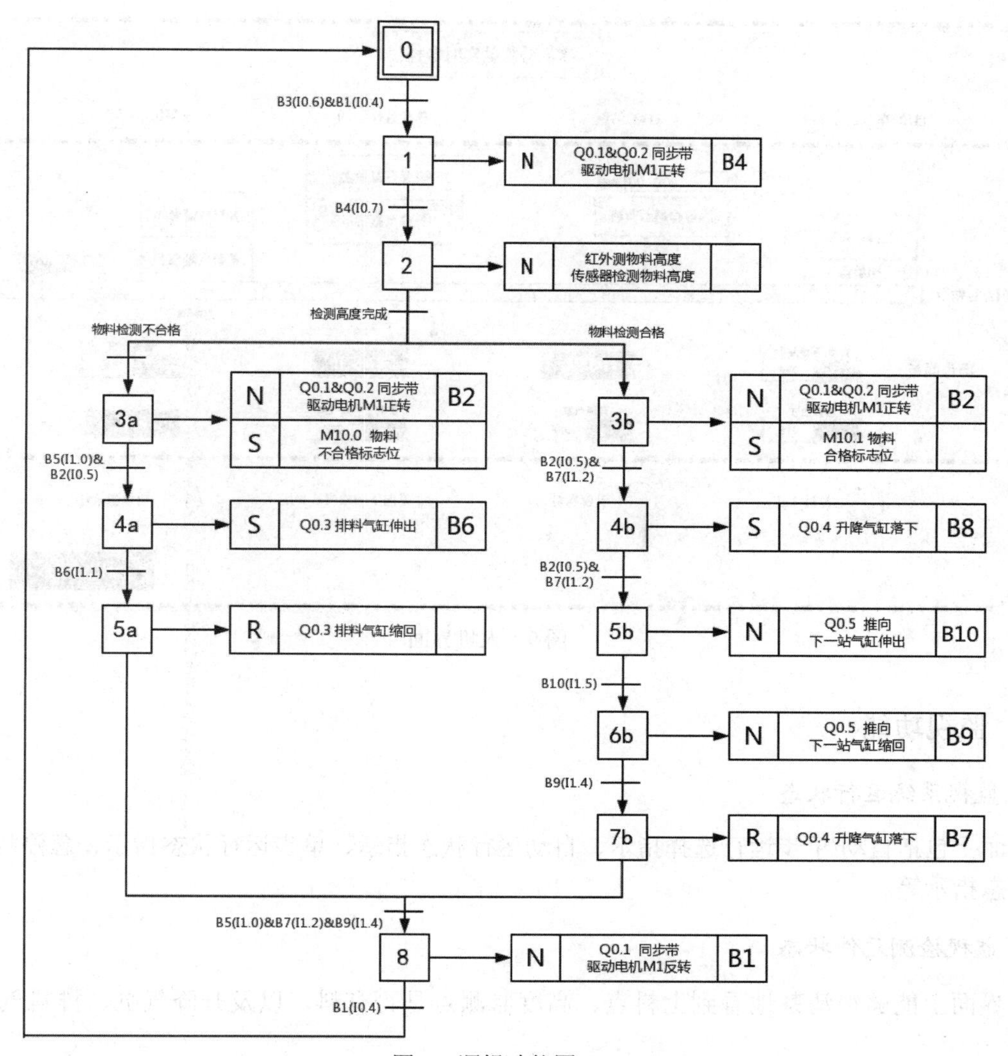

图 8 逻辑功能图

自动运行逻辑由系统的检测元件来实现工步的切换，例如，当物料检测传感器检测到该点有料时，进行工步切换，控制传送带运行，在运行的过程中，物料移动，当物料到达高度检测位置时，触发物料高度检测位置传感器，进行下一工步的切换，工步控制程序使该传送带停止运行，同时进行物料高度检测，记录该检测物料高度是否合格，之后按合格与不合格两种情况分别处理。

3. 单步运行

在自动运行的控制程序基础上，在每个工步切换条件的位置，增加一个单步运行按钮的条件来实现工步的切换。注意在增加条件的时候，应该使用单步运行按钮的上升沿。

4. 急停及安全连锁设计

按下急停按钮所有动作将复位，可结束当前运行的任何模式。同步运输带在运行的时候，排料气缸、推向下一站气缸必须处于缩回状态，升降气缸必须处于抬起状态。

3.5 人机界面设计

采用 WinCC 制作了人机界面，进行次品分拣站的监视和操作，如图 9 所示。

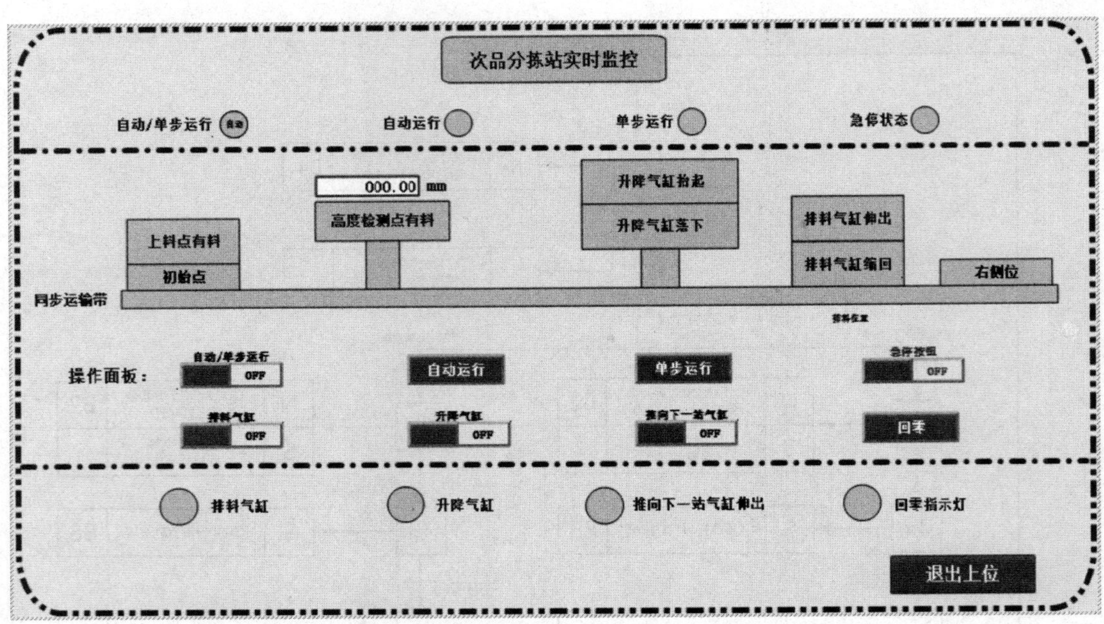

图 9　人机界面

3.5.1　监视功能

1. 监视系统运行状态

界面上包括自动/单步运行选择指示、自动运行状态指示、单步运行状态指示、急停状态指示、回零状态指示等。

2. 监视检测元件状态

在界面上能够很清楚地看到上料点、高度监测点是否有料，以及升降气缸、排料气缸的实时状态。

3. 显示检测的物料高度

在界面上能够显示以毫米（mm）为单位的物料高度。

3.5.2　操作功能

操作功能是通过界面中的操作面板来实现，主要能够实现：进行自动运行与单步运行模式的切换；进行自动运行的启动；单步运行模式下的操作；回零操作；急停操作；单独控制气缸等操作。

3.6　系统实施说明

3.6.1　控制系统调试

1. 装有博途的 PC 与 PLC 控制器的连接

首先，进行 PG/PC 端口的设置，打开电脑控制面板，找到 PC/PG 接口设置，选择应用程序访问点为 CP-TCPIP 方式，为接口分配参数选择带有 TCP/IP 协议的网卡，单击“确定”按钮。

其次，为装有博途的 PC 机与 PLC 控制器设置相同网段的 IP 地址。

再次，测试输入输出点是否连接正确，检测元件有无故障。

最后，下载程序到 PLC 控制器，看能否在线访问。

2. 测试输入传感器和输出执行器

在线访问后，测试次品分拣站各个传感器，记录有物料和无物料时的状态是否正确。

编写简单程序控制继电器和电磁阀，测试并记录同步输送带、正反转继电器的动作以及气缸伸出或缩回动作是否正确。

根据系统逻辑功能图，编写对应的顺序逻辑控制程序。

3. 调试程序

下载控制程序到 PLC 控制器后，转至在线状态，通过监控程序和监控表来进行调试。根据对应现象分析并且找到逻辑出现错误之处，修改错误程序。以下几方面要特别注意：梯形图程序里常开常闭触点是否使用正确、是否在工步之间设置了适当的延时，以便使工步切换更具合理性，并且同一个输出线圈不能多次出现。

对于次品分拣站，分别对回零模式、自动运行模式、单步运行模式进行调试，观察各个触点的状态以及是否进入相应模式。

对上位监控的整体调试，上位在线监控画面如图 10 所示。主要观察监视的信息是否正确显示于画面上，切换开关是否能正常操作。

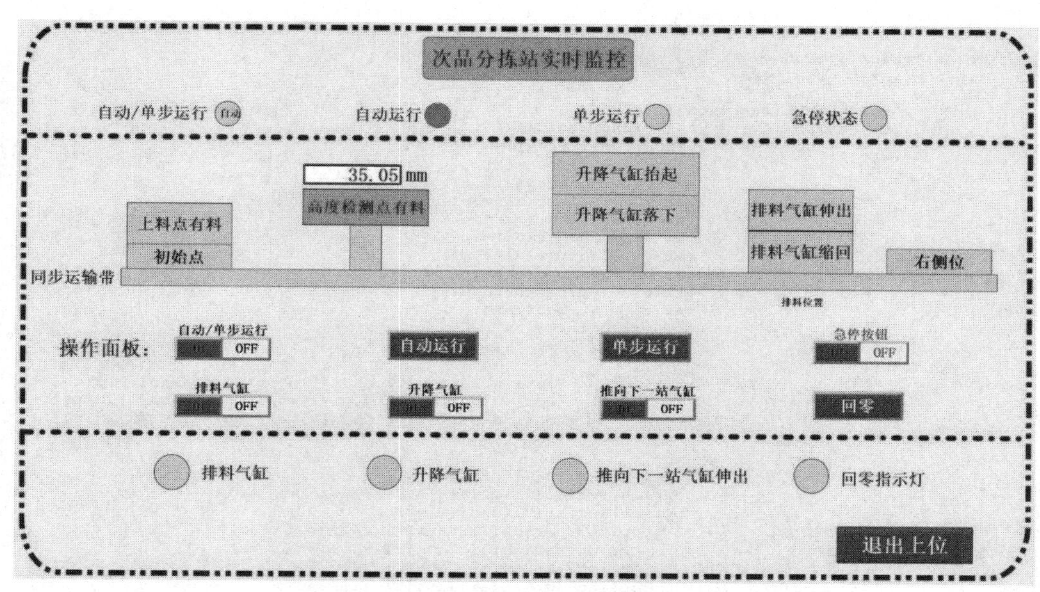

图 10 上位在线监控运行

3.6.2 IOT2040 智能网关调试

1. 智能网关与 PLC 控制器之间的通信连接

先通过交换机连接好 PLC 控制器、IOT2040、本地主机，设置 IP 地址在同一网段下，然后登录云服务器，修改 IP 地址，启用 MQTT 服务，连接上 PLC 和 IOT2040，配置 IOT2040 运行环境。

2. 网页显示数据调试

输入网址，打开 Node-Red 编程，将 S7 节点和 PLC 连接，并设置 MQTT 服务。通过 Debug 输出，用 JSON 解析方式将数据解析并通过 Dashboard 输出，发送的数据在 UI 界面上实现动态显示。运行自定义的 HTML 网页，发送监视的数据，在网页上能够看到动态显示的数据，如图 11 所示。网页中显示了检测的物料高度，用折线图可看到高度数据的变化，还能看到物料高度检测点和上料检测点是否有料。部分 HTML 网页代码如图 12 所示。

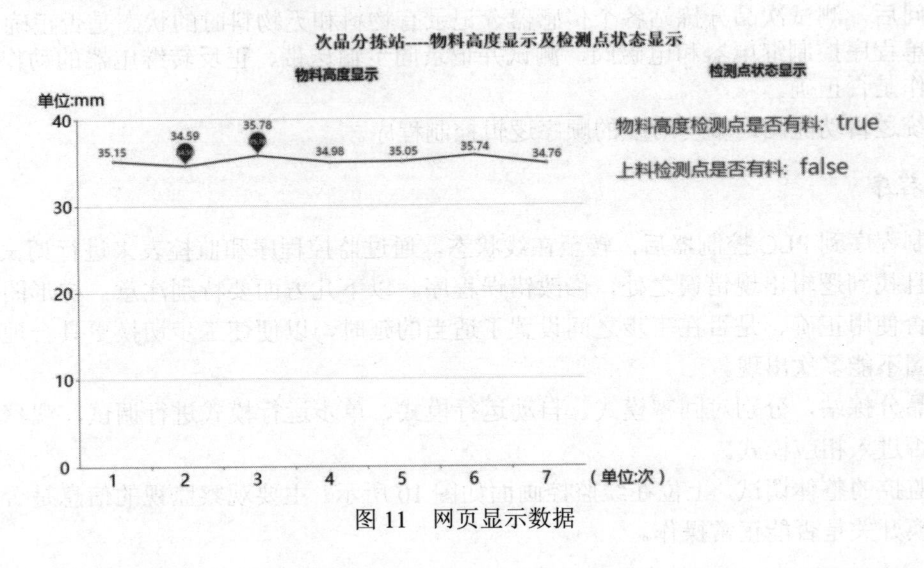

图 11　网页显示数据

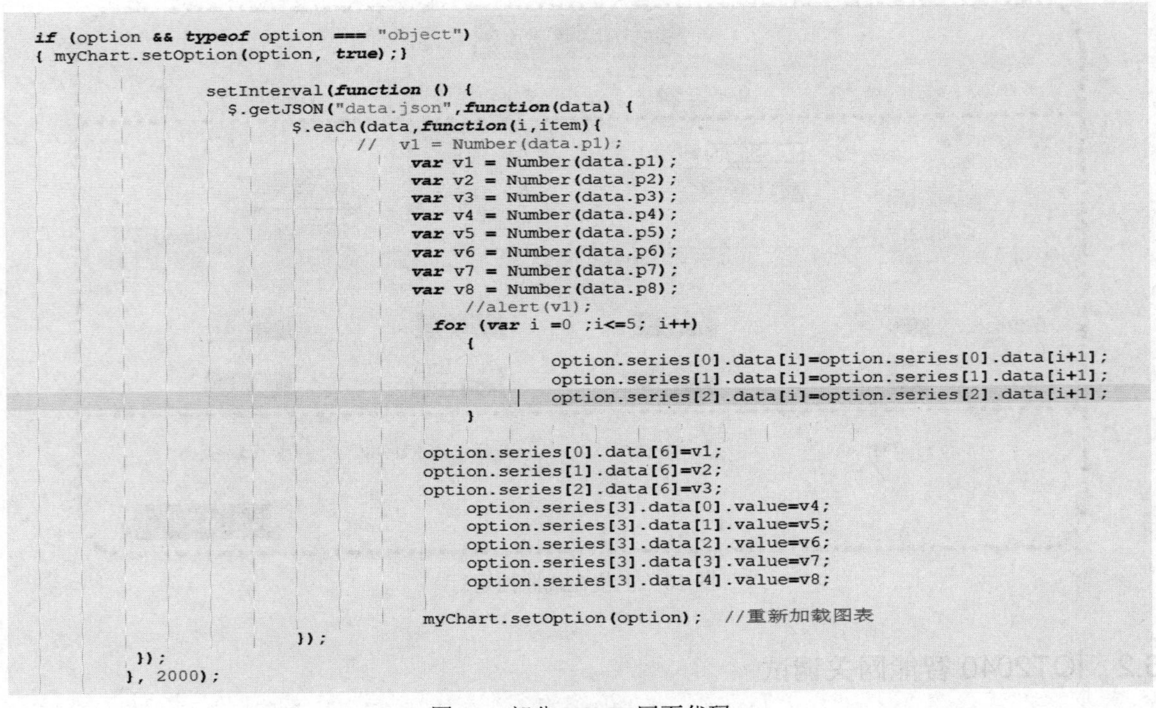

```
if (option && typeof option === "object")
{ myChart.setOption(option, true);}

            setInterval(function () {
              $.getJSON("data.json",function(data) {
                $.each(data,function(i,item){
                    //  v1 = Number(data.p1);
                        var v1 = Number(data.p1);
                        var v2 = Number(data.p2);
                        var v3 = Number(data.p3);
                        var v4 = Number(data.p4);
                        var v5 = Number(data.p5);
                        var v6 = Number(data.p6);
                        var v7 = Number(data.p7);
                        var v8 = Number(data.p8);
                          //alert(v1);
                        for (var i =0 ;i<=5; i++)
                          {
                              option.series[0].data[i]=option.series[0].data[i+1];
                              option.series[1].data[i]=option.series[1].data[i+1];
                              option.series[2].data[i]=option.series[2].data[i+1];
                          }

                        option.series[0].data[6]=v1;
                        option.series[1].data[6]=v2;
                        option.series[2].data[6]=v3;
                          option.series[3].data[0].value=v4;
                          option.series[3].data[1].value=v5;
                          option.series[3].data[2].value=v6;
                          option.series[3].data[3].value=v7;
                          option.series[3].data[4].value=v8;

                        myChart.setOption(option);  //重新加载图表
                });
    });
}, 2000);
```

图 12　部分 HTML 网页代码

3.6.3　故障分析及排查方法

1. 输入没有信号

输入没有信号可能是传感器检测元件的问题或对应输入点接线的问题，观察对应输入点的状态指示灯来排查故障。

2. 输出不动作

若某个输出点输出为ON，但没有对应动作，则考虑对应的执行元件有故障或输出点接线有问题。比如气缸在应该推出时没有推出，要检查供气气压是否达到要求以及是否漏气，排除之后再检查输出接线是否完好。

参考文献

[1] 杨志和. 智能制造云服务平台的设计与实现[J]. 上海电机学院学报，2016，19(6): 338-343.
[2] 黄露. 基于PLC的顺序控制系统的设计方法及实例[J]. 广西民族师范学院学报，2014，31(3): 26-29.

作者简介

吴振（1996— ），男，学生，E-mail：1206135047@qq.com。
于慧慧（1997— ），女，学生，E-mail：2387411123@qq.com。
王强瑞（1997— ），男，学生，E-mail：2585399469@qq.com。
任俊杰（1972— ），女，副教授，研究方向：智能控制及控制网络，E-mail：zdhtjunjie@buu.edu.cn。

4 “逻辑控制设计开发”赛项工程设计方案(二)

——主件供料站控制系统设计与开发

参赛选手：刘晓聪（中山大学南方学院），谢彭冲（中山大学南方学院），
雷茹颖（中山大学南方学院）
指导教师：张 巍（中山大学南方学院）
审 校：廖晓钟（北京理工大学），许 欣（中国智能制造挑战赛秘书处）

4.1 系统概述

随着工业自动化的发展，自动化生产系统成为工业生产中必不可少的部分，传统的工业生产线是以 PLC 为主控，对现场设备进行控制和数据采集的。但随着物联网时代的到来，这种传统的控制方式显然已经不适用。本设计以某小型工业生产线为应用背景，实现主件供料站控制系统编程、监控、工业云平台等各项功能。

4.1.1 工业云需求分析

主件供料站工业云需求。

（1）以生产线的主件供料站为现场设备，建立工业云平台。

（2）能够将工业现场设备的生产数据上传至云服务器。

（3）通过本地主机访问云服务器的网页和 IOT 设备的 UI 界面。

（4）在访问的网页中，至少能够查看两个主件供料站的生产数据。

（5）工业云服务器可靠性高，能稳定运行。

根据需求的分析，本设计具有以下功能：

变量设定。根据需要，访问的网页至少能够查看两个主件供料站的生产数据，本设计在 PLC 中记录了主件供料站的工件搬运次数和自动运行次数。

服务器搭建。相比于 Windows 系统，Linux 系统更加稳定，不容易宕机。因此本设计采用虚拟机+CentOS 系统搭建云服务器。

网页设计。通过本地主机可以访问服务器的网页，网页中以折线图形式记录主件供料站的两个数据，实现数据的可视化。

4.1.2 系统搭建

工业设备采用 S7-1200 的 I/O 进行控制，通过以太网连接 WINCC 进行监控，如图 1 所示。S7-1200 与 IOT2000 连接，将 PLC 中的数据上传到智能网关，智能网关通过 MQTT 协议将数据上传到云服务器中，即可实现本地主机访问 IOT 界面和访问服务器的 HTML 查看工业数据。

考虑 IOT 的特性，IOT 可满足对低功耗、深覆盖、大容量有所要求的低速率业务，对于移动性支持较差，更适合静态业务场景或非连续移动，实时传输业务的场景。可考虑的业务有自主异常报告类型，如烟雾报警探测器、智能电表停电的通知、上行数据极小数据量需求，还有自主周期报告业务类型、网络指令业务类型、软件更新业务。

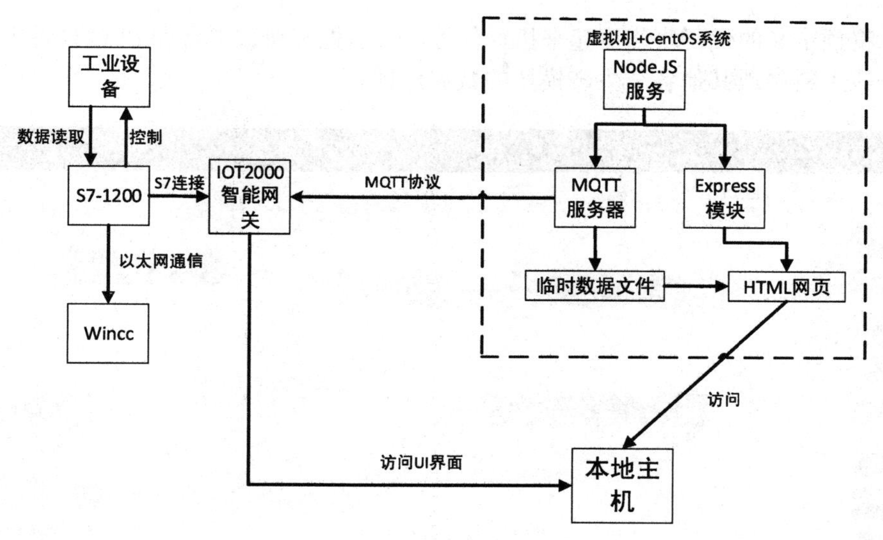

图 1 系统搭建图

综上所述，IOT 是技术演进和市场竞争的综合产物，由于未来的市场一致看好，设备厂家在标准制定过程中曾激烈争夺话语权，但预期达到的特性指标依然基本一致，标志也在加速制定中。IOT 将更加广泛地应用在各大行业，从此开启万物互联的新领域和新时代。

4.1.3 数据连接

要实现工业云平台的数据连接，首先需要搭建 Linux 服务器，安装所需软件，分别为 VirtualBox 和 PuTTY。安装 VirtualBox 虚拟机，指通过软件模拟的具备完整硬件系统功能的，运行在一个完全隔离环境中的完整计算机系统。安装 CentOS7 操作系统，新建一个虚拟机，内存选择 2GB，创建虚拟硬盘，在网络设置的时候，要设置 PC 网络共享，在宿主计算机的网络设置中设置网络共享，在系统中设置静态 IP 地址，使用 VI 编辑器编辑网络配置文件，然后设置动态 IP 地址，重启虚拟机系统，输入 ip addr show 即可查看当前的 IP 地址分配。使用 PuTTY 登入软件使用，将 PC 以太网地址设置与服务器同一 IP 段。在 PuTTY 登录软件的使用时，搭建 CentOS 服务器，安装 MQTT 服务，MQTT 即消息队列遥测传输协议，是 TCP / IP 协议之上，基于发布（Publish）/订阅（Subscribe）模式，机器到机器（M2M）通信，二进制传输的轻量级消息协议。MQTT 是物联网中相当重要的角色，在物联网环境下，大量的设备或传感器需要将很小的数据定期发送出去，并接收外部传回来的数据。这样的数据交换是大量存在的。

另外本方案制作的数据要显示页面，这里将需要采用，HTML 编程，Node.js 编程，Echarts.js 编程。需要的软件有 Nodepad++文本编辑器、WinScp 远程 SFTP 传输软件、PuTTY 终端登录软件，paho 为 MQTT 协议测试工具。

通过以上软件的实施步骤来进行云端和自动化生产线的数据连接，通过服务器可以及时了解观察到各个变量的变化和运行状态。

4.1.4 数据应用

本设计在网页上可以显示这个工业设备的工作状态，及时了解到供料站搬运了多少个供料，其合格与不合格的比例、不同颜色的比例等，从而及时判断当前的数据是否正常，如果不合格品太多，则说明需要分析问题，了解情况。观察是不是生产模块出现了问题，某个数据状态出现错误，或者传感器以及检测模块出现错误，解释分析查出问题原因，以提高生产效率。

如图 2 所示，利用 Node-RED 构建物联网，重点简化代码块的“连接”以执行任务，使用可视化编程方法，将预定义的代码块连接起来执行任务。可以把工业云平台和PLC设备进行连接，及时得到工业生产线上料站或其他各个生产模块的数据反馈。

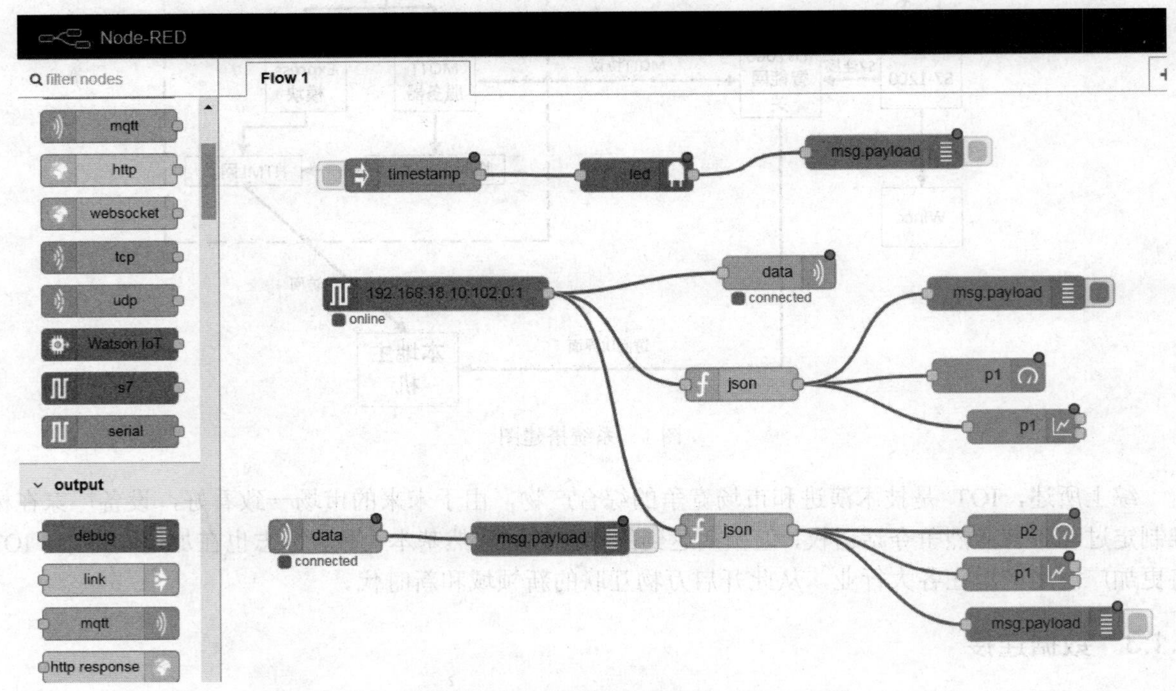

图2 Node RED 程序

如图3所示，及时对本方案设置的两个PLC数据变量进行观察，其中P1和P2分别记录在一定时间尺度内搬运工件个数和自动运行次数。通过将数据图形化，可以更加直观地对工业数据进行实时观察和分析。

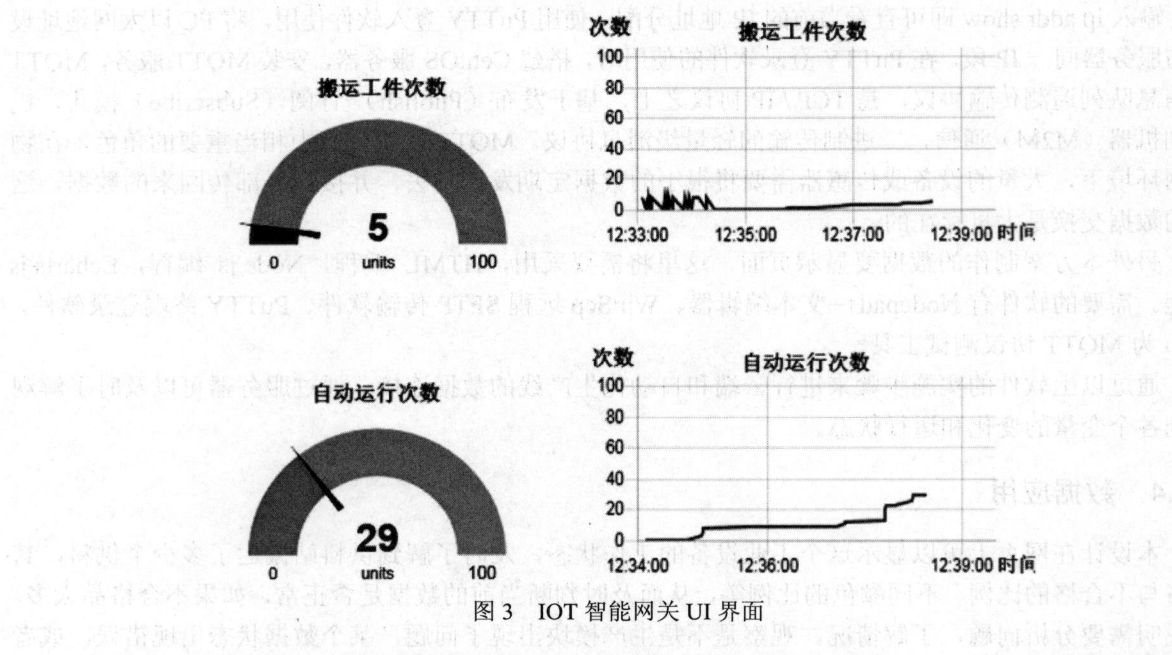

图3 IOT 智能网关 UI 界面

如图4所示，将PLC中P1和P2两个数据通过MQTT协议上传到云端，生产管理人员可通过网页对现场数据进行远程的监视和分析。

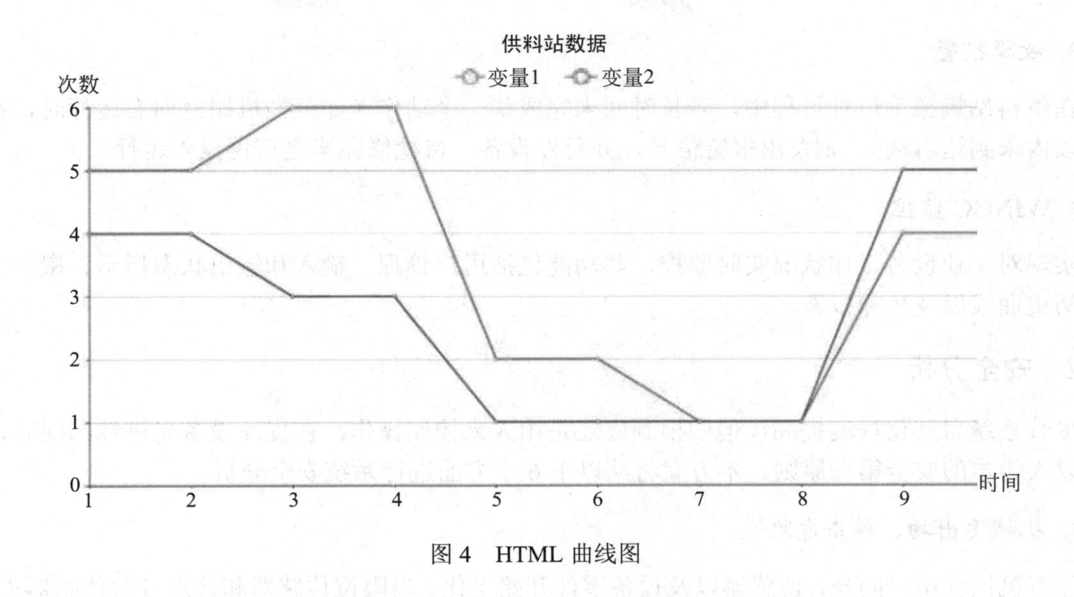

图 4 HTML 曲线图

4.2 控制系统分析和设计

某生产线由 6 个工作站组成，分别是主件供料站、次品分拣站、旋转工作站、方向调整站、产品组装站及产品分拣站，本方案主要基于供料站进行分析和设计。

4.2.1 功能实现

1. 初始化

工业现场设备中，有可能在任何工作状态下进行急停，当再次启动时，控制器不知道本方案的设备在什么位置、处于什么工作状态，这时候需要进行初始化之后再正常操作。

2. 自动模式和单步模式

在 6 个工作台中，均需要设计自动和单步模式切换。当需要执行自动模式时，则需要按下急停按钮之后，将开关打到自动挡，按下自动运行按钮，松开急停，即可进入自动模式。进入自动模式之后，循环完成工艺流程，其工艺流程如图 5 所示。当需要执行单步模式时，则需要按下急停按钮，将开关打到单步档，按下单步模式，松开急停按钮即可。

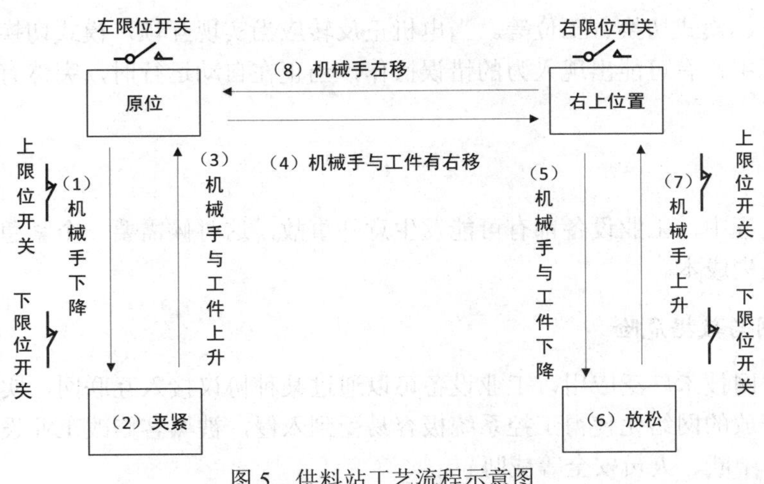

图 5 供料站工艺流程示意图

3. 故障报警

在供料站机械手运行过程中，若长时间未完成某一个动作（如：当机械臂向右运行时，在一个时间段内未到达右端），则发出报警信号，并急停设备。待检修完毕之后再投入运行。

4. WINCC 监控

实现对工业设备工作状况实时监控，其功能包括用户管理、输入和输出状态指示、搬运工件设定、历史曲线以及故障报警。

4.2.2 安全分析

尽管系统自动化程度提高，但归根到底还是由人来控制操作，在提高设备先进性的同时，需要保证以人为本的安全第一原则。本方案将从以下 6 个方面进行系统安全分析。

1. 机械飞出物、撞击危险

随着机械使用时间长，传感器以及设备零件开始老化。当限位传感器和接近开关传感器失效时，控制器无法有效检测气缸和机械臂是否运行到位而造成设备撞击。撞击严重可能导致设备发生断裂、松动、脱落，导致物体坠落或者飞出，对人员造成严重伤害。为了防止传感器失效，应选择优质、寿命长的传感器。并且在程序中应设有保护措施。

2. 引入或卷入危险

在自动化设备中，电机、齿轮之间有可能会将人员的衣物、头发卷入，缠绕住电机，甚至使电机堵转造成更为严重危害，对人员造成伤害。

3. 漏电危险

自动化设备若发生漏电现象，可能会使操作人员触电而受到伤害，为防止触电伤害，设备应定期检测线路，设备外壳接地，防止漏电。

4. 系统误操作危险

在一些没有设置登录权限的人机交互界面中，任何人都可以通过 WINCC 对系统参数进行修改，如：PID 参数被篡改，导致系统不稳定运行而崩溃。

5. 工位与工位之间互锁与联动安全

设备中有电机、模式切换、工位等。当电机正反转应当实现互锁，模式切换时，自动和单步需实现互锁。在工厂中，有可能出现人为的错误操作，当正在自动运行时，突然有人把开关打到单步运行挡。

6. 急停保护

在工业生产过程中，工业设备都有可能发生意外事故，这时候需要一个紧急停止按钮，使设备停止运行，降低损失成本。

7. 工业物联网与数据危险

随着工业物联网技术广泛应用，工业设备可以通过某种协议接入互联网，实现数据采集和信息交互。然而这种开放的网络化使得工控系统极容易受到入侵，被黑客修改工业设备参数，对工业环境造成停机、生产中断、人员安全等威胁。

为了防止上述故障及危险的发生，应设置如下保护：

首先，当设备在运行时，如果长时间未完成某一个动作，则发出紧急停机信号，使设备急停。如：当机械臂下降时，在一定时间内未检测到下降到位，就发出停机信号。

其次，使用软件的方式实现互锁。如：当机械臂正在上限位水平移动时候，机械臂不能有下降动作，实现下降和左行右行互锁。当设备自动运行时，与单步运行实现互锁，若出现误操作，则无效，必须按下急停，停止动作后才能进行模式切换。

再次，可以在 WINCC 中设置登录用户权限和登录密码，操作人员可以通过登录管理人账号对系统进行修改参数，非专业人员也可以通过 WINCC 看到数据，而不能修改系统参数。

最后，针对物联网的病毒攻击，可以将 MQTT 深度包检测防火墙部署在 MQTT 代理服务器前面。对访问 MQTT 服务器的数据包进行深度过滤。可以对 MQTT 通信协议进行加密。防止设备被远程修改参数。导致系统崩溃[1]。

4.2.3 设备选型

1. CPU 选型

控制器采用西门子引领小型化系统的最新产品 S7-1200。S7-1200 控制器使用灵活、功能强大，可用于控制各种各样的设备以满足自动化需求。S7-1200 设计紧凑、组态灵活且具有功能强大的指令集，在各种小中型化工业生产设备中应用，且价格比 S7-300/400 低。

2. 通信方式选型

由于该设备采用模块化设计，一共有 6 个工作台，每个工作台由一个独立 CPU 控制，这就涉及 6 个控制器之间通信。

方案一：PROFIBUS 通信。

PROFIBUS 是一种具有高速低成本，用于设备级控制系统与分散式 I/O 的通信。支持主-从系统，纯主站系统，多主多从混合系统等几种传输方式。主站周期地读取从站的输入信息并周期地向从站发送输出信息，其缺点是总线一般只有一个主站。当多个主站通信时，会导致 DP 的循环周期很长。这样通信的延时有可能导致工业现场设备因通讯而瘫痪，发生工业安全事故。

方案二：工业以太网。

工业以太网是应用于工业控制领域的以太网通信，具有成本低廉、稳定可靠、通信速率高、应用广泛、技术成熟等优点。使用 PROFLNET 的通信标准，可以使任意数量的控制器可以在网络中运行。多个控制器不会影响 IO 的响应时间。

综上所述，选择方案二。

4.2.4 系统组成

系统组成如图 6 所示。

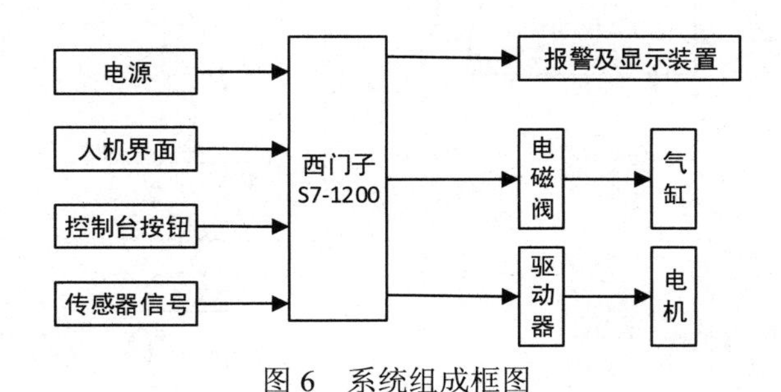

图 6 系统组成框图

4.3 控制逻辑设计

4.3.1 初始化控制逻辑

根据机械臂所处状态可以分为两种情况：当夹紧时，则先将工件运送到最右侧放下后再执行上升和左行动作；当松开时，机械臂没有加持工作，应上升和左行，供料站初始化流程如图 7 所示。

4.3.2 自动/单步/回原位模式切换子程序

当检测到急停按钮按下时，可进入模式的选择，此时设备动作均处于停止运行。当自动按钮和单步按钮同时等于 1 时，回原位标志置 1，自动和单步标志置 0。当急停松开，进入回原位子程序；当自动/单步开关为 1 时，按下自动按钮，则自动标志置 1；当自动/单步开关为 0 时，按下单步按钮，单步标志置 1。模式切换子程序如图 8 所示。

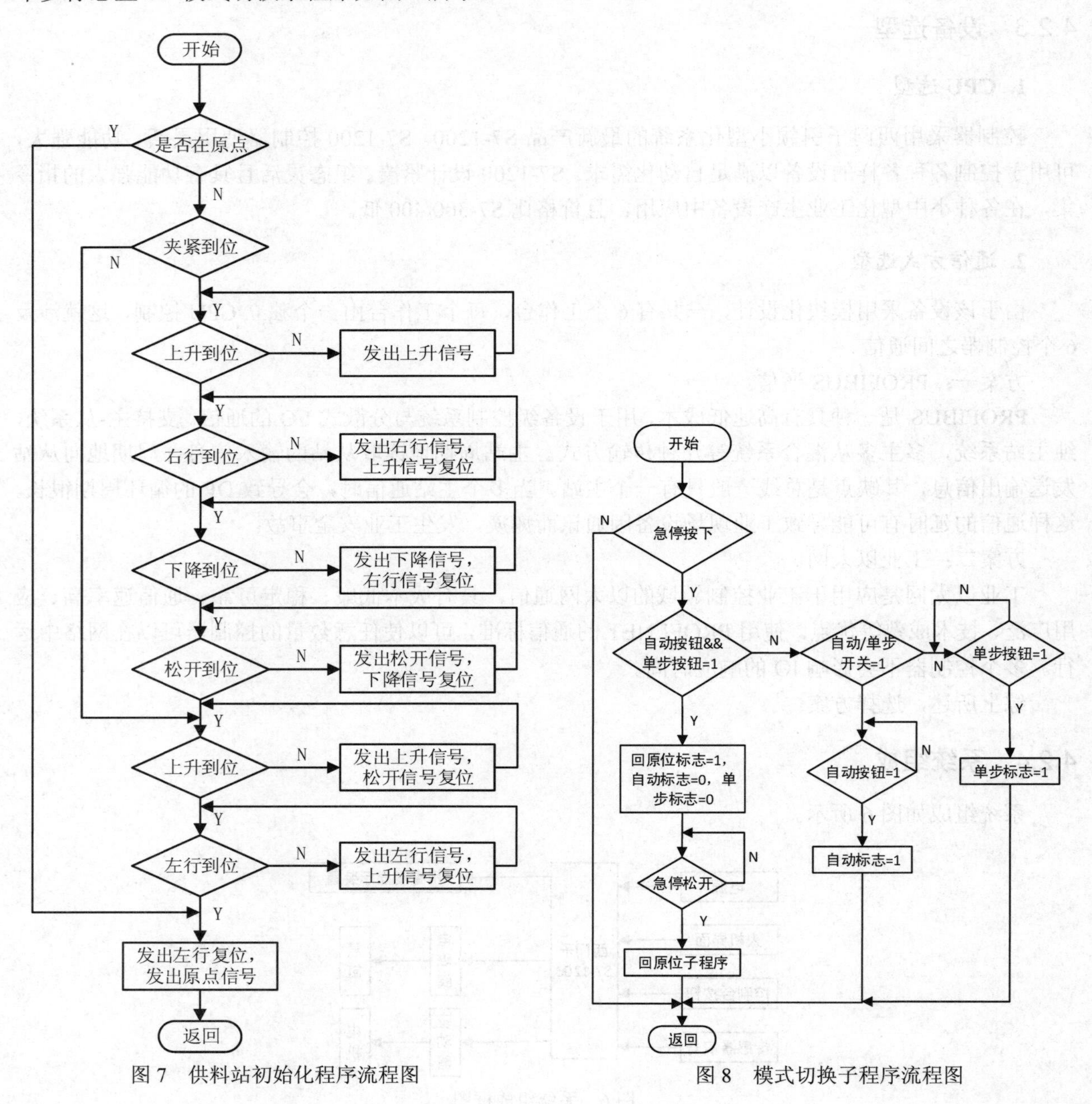

图 7 供料站初始化程序流程图　　图 8 模式切换子程序流程图

4.3.3 自动运行程序

自动运行程序如图 9 所示。

4.4 紧急停车及安全连锁设计

为了提高自动化生产线控制系统的可靠性，确保系统能更安全地运行，必须对系统软件设计必要的紧急停车。

4.4.1 自动停车

当系统某个工作单元运行时，控制器长时间不能检测到位信号时，此时认为设备出现故障，应能实现自动紧急停车。如图 10 所示，以供料工作站为例，当机械臂正在下降时，定时器打开，当长

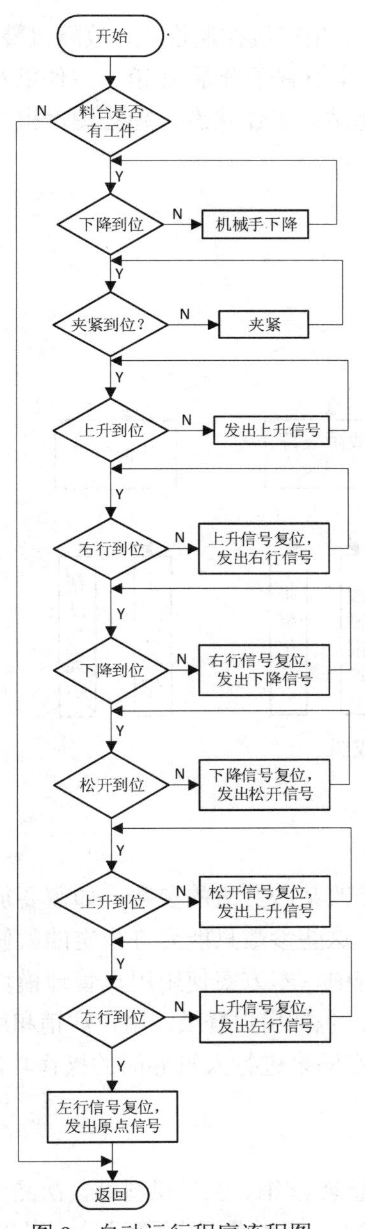

图 9 自动运行程序流程图

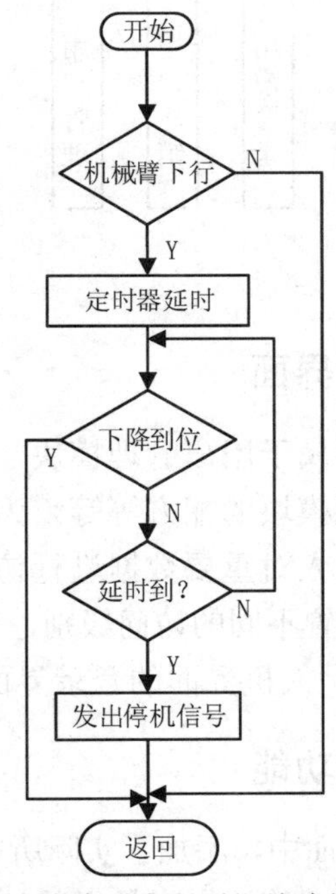

图 10 机械臂下降不到位故障报警

时间未能检测到下降到位时，认为设备出现故障，该故障可能来自传感器、控制器输入点、卡住等，这时需要发出停车信号。

4.4.2 手动停车

设备本身的正常运转和设备之间的运行必须连锁保护，避免误操作。具体实现如下：

（1）自动运行和单步运行之间实现互锁。

（2）电机正反转输出互锁。

（3）回原点和自动运行之间互锁。当设备回到原点时，无法进行下一个周期的自动运行。

（4）按下急停按钮后设备无法启动。

4.5 人机界面及功能设计

对于人机界面要实现的监控功能主要有用户管理模块、生产线控制模块、故障报警处理模块等，如图 11 所示。在本次决赛方案的人机界面操作中，本方案设置了登录/注销、主件供料站、次品分拣站、旋转工作站、方向调整站、产品组装站、产品分拣站、工作状态、趋势图、报警记录、退出等操作功能，具体将在下文中介绍。

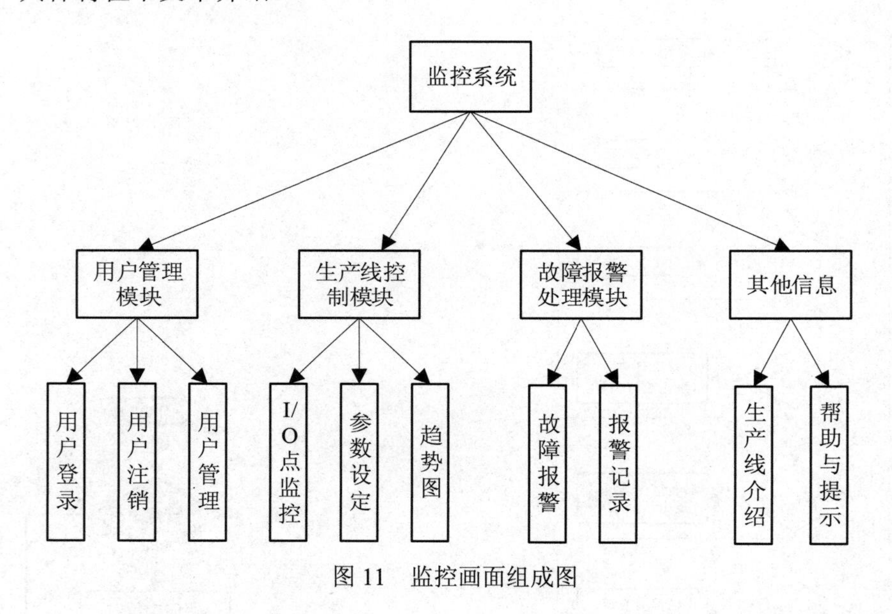

图 11 监控画面组成图

4.5.1 登录界面

登录界面属于用户管理模块，在生产过程中，需要修改某些变量的参数，如需要加工的工件个数，各个系统模块的配方等等。为了生产和数据的安全，这些参数只能允许指定的人修改，禁止没有得到授权的人对重要数据进行访问和操作。在监控系统中，本方案使用用户管理模块对不同用户进行管理，设置不同的访问级别，保证生产和数据的安全，包括用户登录，用户注销和用户视图。如图 12 所示，是人机界面的登录界面，需要登录用户名和密码来进行人机界面的操作功能。

4.5.2 操作功能

在人机界面中，添加了实际所需的各项操作功能，如登录/注销、主件供料站、次品分拣站、旋转工作站、方向调整站、产品组装站、产品分拣站、工作状态、趋势图、报警记录、退出操作功能。

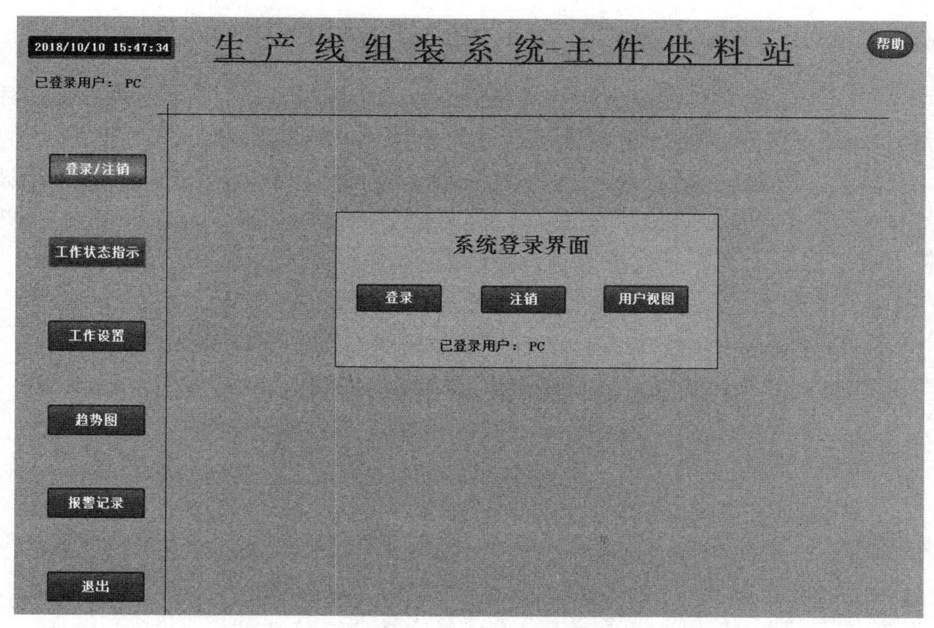

图 12　登录界面

1. 故障报警记录

故障报警处理模块主要用来采集、显示、归档运行信息及由过程数据状态导致的报警信息。这些报警信息是预先组态好的，可以根据设备和工艺要求添加，对预先定义的二进制变量的过程值输入或模拟量的极限值做出故障报警响应。通过报警画面，可以通知技术人员生产过程中发生的故障和错误信息、报警状态、确认状态及故障地点，便于生产线控制系统的维护；画面中还包括报警时间、报警持续时间、报警时登录的用户等信息，便于查找故障原因，对模拟量值的临界状态及早发出警告，避免停机或缩短停机时间。本模块对有些变量值的报警在设备和工艺允许的范围内还设置了适当的延时，避免因短时尖峰值或环境干扰引起系统的误报警。如图 13 所示，为报警系统的人机界面。

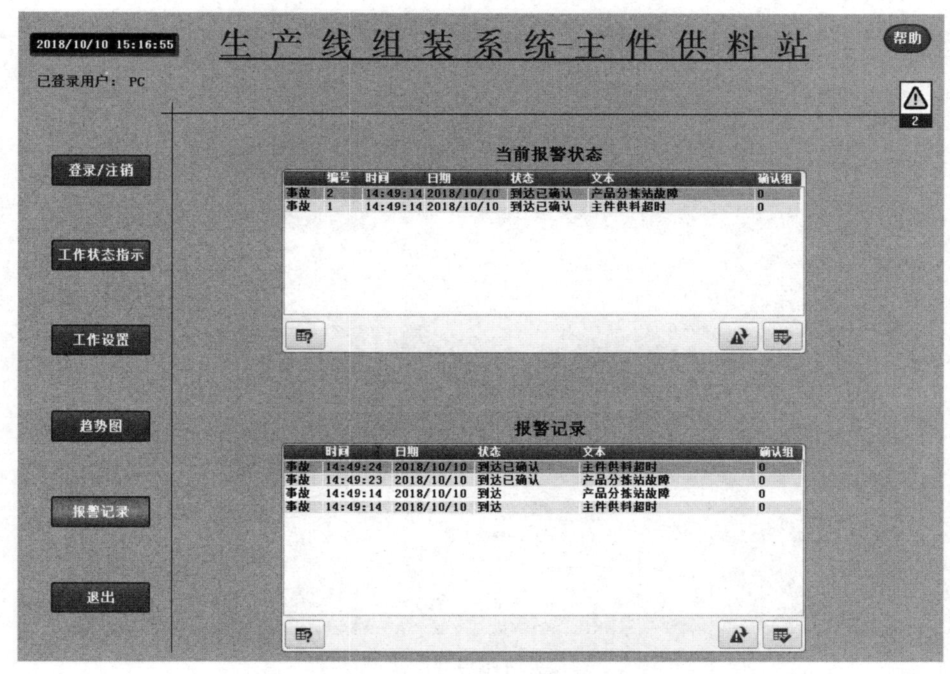

图 13　报警视图

2. 系统状态监控

各个模块站都设置了输入和输出指示，用来更加直观清晰地了解工作状态，这里举例说明了本方案主件供料站的工作状态，包括输入指示和输出指示，如图 14 所示。输入指示包括自动/单步、自动运行、单步运行、回零、急停、搬运初始位、搬运右侧位、上料点有料、升降气缸抬起、升降气缸落下、气爪松开到位和气爪夹紧到位。输出指示则有自动运行指示，同步带驱动电机使能、同步带驱动电机方向。对各个运行状态进行了详细的显示，便于观察。

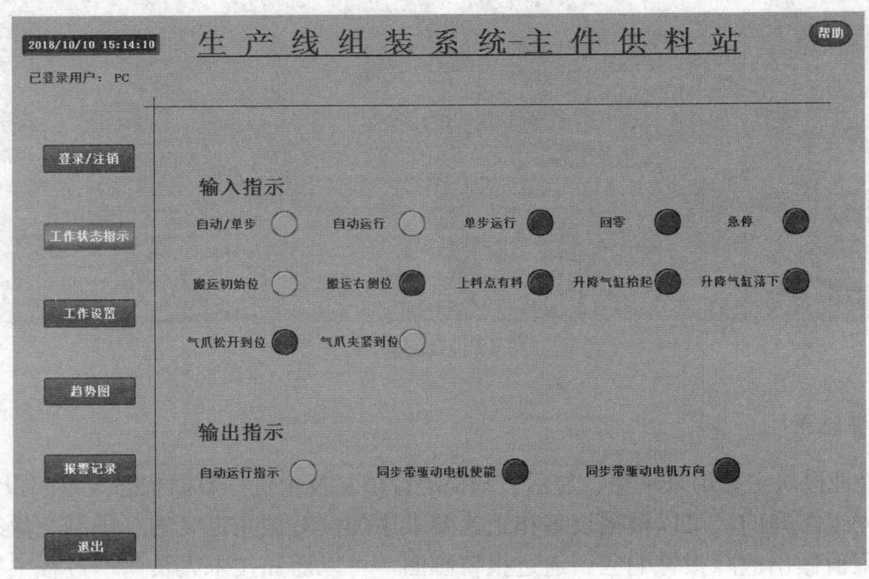

图 14 主料供料站监控

3. 趋势图

在 WINCC 监控画面中还增加了趋势图（见图 15），以便直观了解生产线运行状态及其效率。方便及时了解生产线在生产过程中每小时完成的工件数量、每小时报警次数、每小时不合格的工件数量、每小时完成工件的合格率，及时地对生产线进行了解和调整。

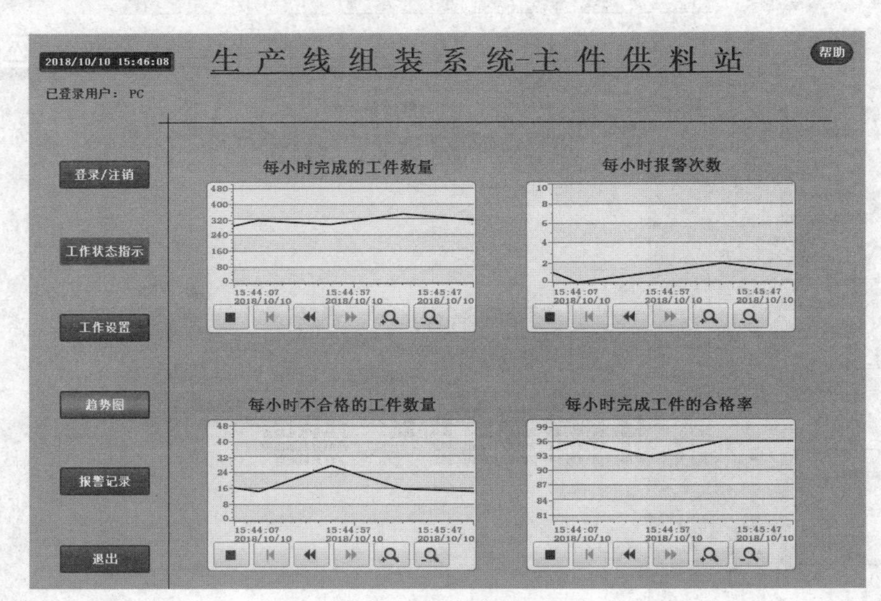

图 15 趋势图

4.6 系统实施说明

4.6.1 系统调试

第一步，分别对 6 个工作站进行回零、单步运行、自动运行模式进行测试，判断它们是否达标。

第二步，进行联机操作，首先确保通信正确，然后到各站点操作面板里选择回零模式，使 6 个工作站都回到初始状态，然后对 6 个工作分别选择单步运行模式或者自动运行模式，确定系统是否达到原定的工作运行。

第三步，继续联机操作，在第二步的基础上，从触摸屏发出指令，测试生产线的装配工件是否能按照设计的动作完成任务。

第四步，添加 IOT2000 进行测试，检查是否能在网页上打开 Node-RED，与 PLC、服务器之间建立 MQTT 协议，然后在 IOT 的 UI 界面以及连接服务器的网页上，检查通信是否成功以及数据的发送与接收。

第五步，在前面的基础上，再人为设置各种故障或状况，检查紧急处理系统、初始化系统能否及时响应，并发出相应的报警或者警告信号。

4.6.2 主要故障分析及相关排查方法

利用输入输出 LED 状态，判断 PLC 控制系统故障并排查：当 PLC 控制系统出现故障停机时，首先应通过 PLC 面板上的输入输出 LED 对 PLC 的输入输出部分接收与发出信号是否正常进行排查。当某一点有信号输入或输出（即该点为 ON）时，对应该点的 LED 发亮。只要充分利用这些 LED 指示灯，就能方便地实现对故障的判断、分析和确认。

1. 输入回路故障检查

当控制系统出现故障时，可先检查 PLC 输入 LED 的显示状态是否和记录一致。即当相应的外设对 PLC 有输入信号（为 ON）时，PLC 对应的输入 LED 是否为亮。为安全起见，可将 PLC 输出端子先进行脱线处理，如检查一致，可排除输入回路。反之则可能是对应的外部设备发生故障，而这一类情况发生较多，大多数 PLC 控制系统故障是由于行程开关错位、检测开关损坏、光控接收器被挡住等，使信号无法正确输入给 PLC。

2. PLC 内部故障检查

输入单元故障。当输入部分外部设备正常，而对应输入设备对 PLC 有输入信号时 PLC 对应 LED 不亮，则为 PLC 输入单元故障（输入回路断路），可将对应输入外设更换至 PLC 空余输入端，并对程序做相应改动，或检查 PLC 输入端子及对应的内部电路。

当输入信号灯全部显示正常，可对 PLC 控制设备进行正常操作，观察输出信号灯显示状态。若输出信号 LED 显示错误，如针对相应的输入信号，应当某点输出为 ON 而 LED 不亮时，则有两种可能：一是程序错误，应检查程序；二是 PLC 主控单元故障，需送修或更换新机。

输出单元故障。若 PLC 输出 LED 正常，而用万用表实测对应输出端为断路（需脱线测量），则可判断 PLC 输出继电器故障。更改接点及对应程序，或可更换同型号输出继电器。

3. 输出回路故障

将输出回路接通负载试运行，若发现对应某一输出，当 PLC 输出为 ON 时，对应负载不工作（如对应的接触器未吸合），则检查对应的输出回路是否存在断路。

4.7 方案设计总结

4.7.1 特点

本设计方案是在传统的PLC控制工业基础上与工业云进行结合，实现数据上传云端，通过访问HTML和IOT200的UI界面可以看到数据的曲线变化。系统设计特点总结如下。

基于S7-1200控制的工业设备具有动作超时限保护，防止因为传感器失效导致的错误动作，一旦超时限，则紧急停车，以保证操作人员安全。

人机界面交互友好，WINCC中有管理员登录功能，使得系统只能由专业人员对设备参数修改，防止非专业人员篡改和误操作。

良好的HTLM和UI界面，可以通过曲线、饼图更加直观形象地观察到数据。通过直观数据可以准确分析和预测。

4.7.2 总结

本方案针对工业云平台的自动化生产线，开发了一套基于PLC、传感器、工业以太网、上位机及工业云平台和编程软件等软硬件平台结合的集散控制系统，该系统满足自动化生产线的工艺要求和控制需求，能有效提高自动化生产线的程度和生产设备的控制水平和效率，进而提高生产线的工作效率和产品质量。本设计的主要工作和取得的成果有：

了解和认识自动化生产线的组成，工艺流程和控制要求，完成生产线控制系统的总体方案设计和验证。

根据生产工艺和设备要求，设计主件供料站系统下位机程序及人机界面监控程序，实现各生产设备的手动运行、自动运行和生产线状态的监控。

建立工业云平台，将工业生产数据上传至云服务器，通过本地主机访问服务器网页。实现对工业现场远程监视。

参考文献

王斌. 工业物联网信息安全防护技术研究[D]. 电子科技大学，2018.

作者简介

刘晓聪（1996—　），男，学生，E-mail：562751176@qq.com。
谢彭冲（1996—　），男，学生，E-mail：172612226qq.com。
雷茹颖（1998—　），女，学生，E-mail：601028812@qq.com。
张巍（1969—　），男，副教授，研究方向：电力电子与电力传动、工厂电气与PLC控制系统研发、新能源发电、微电网控制，E-mail：jhon_sinoy@163.com。

5 “逻辑控制设计开发”赛项工程设计方案（三）
——方向调整站控制系统设计与开发

参赛选手：刘逸铨（长春理工大学光电信息学院），
李　剑（长春理工大学光电信息学院），
王钊琪（长春理工大学光电信息学院）
指导教师：刘　旭（长春理工大学光电信息学院）
审　　校：廖晓钟（北京理工大学），许　欣（中国智能制造挑战赛秘书处）

5.1 设计方案简介

5.1.1 设计背景

本次设计为小型生产线控制系统，根据竞赛提供的技术文档，完成设备的自动化控制系统编程与调试工作，以及实现项目要求的生产线信息化等功能。

该小型生产线由六个工作站组成，分别是主件供料站、次品分拣站、旋转工作站、方向调整站、产品组装站及产品分拣站（本设计文件只针对方向调整站进行设计说明），整条生产线完成一个直动式限位开关的装配过程。

生产线工艺作业流程是：主料件从仓库出料，由气爪搬运到高度检测处，通过传感器进行判断是否为合格品；剔除不合格品后，合格品将进入方向调整站，通过判断其位置状态来调整 0°或 180°，使得最终主料件的方向符合组装所需的状态，然后在产品组装站将两部分辅料件依次装配到主料件上，完成产品的组装，最后在产品分拣站通过颜色传感器检测将不同的产品分别分拣到相应的物流滑槽中。

5.1.2 方向调整站设计说明

方向调整站是生产线作业系统中的第四个加工站，该站要完成的作业加工任务是：主料件由同步带输送组件移动到检测工位，由金属传感器检测其当前位置是否正确，如果不正确，则在方向调整工位对其进行 180°旋转；如果位置正确，则不做任何处理。最后所有主料件将由气缸推出至产品组装站。该站结构图如图 1 所示。

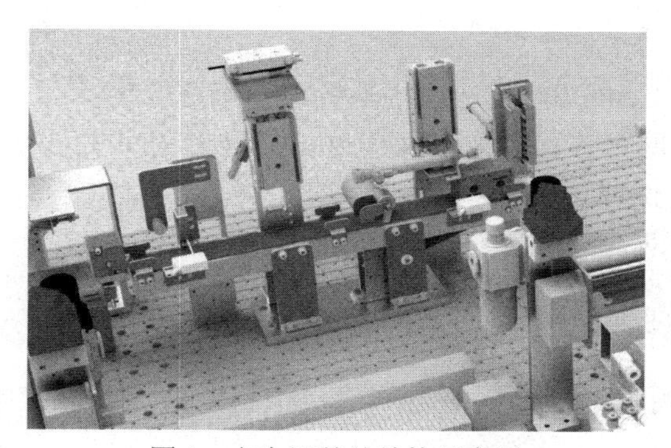

图 1　方向调整站结构示意图

5.2 控制系统设计

5.2.1 设备选型

根据本控制系统的具体要求，选择适当的硬件及服务器，具体型号如表1～表3所示。

表1 硬件列表

规　格	型　号	订 货 号
CPU	1214C DC/DC/DC	6ES7 214-1AG40-0XB0
信号板	DI 4x24VDC	6ES7 221-3BD30-0XB0
物联网网关	IOT 2040	6ES7647-0AA00-1YA2

表2 系统其他硬件列表

名　称	数　量
220V AC 转 24V DC 电源	1个
5口交换机	1个
设备及装置	1套
网线及绝缘线	若干

表3 服务器配置列表

系　统	图 形 界 面	内　存	磁 盘 存 储	CPU	网 络 环 境
CentOS	无	2GB	32GB	单核	以太网

5.2.2 选型理由

1. CPU1214C DC/DC/DC

（1）CPU1214C DC/DC/DC 集成了以太网接口，能够通过以太网与物联网网关通信；
（2）CPU 是晶体管输出，相比较继电器输出更加适合高频工作；
（3）价格较为低廉，且西门子 S1200 系列非常适合中小型设备。

2. 信号板 DI 4x24VDC

提供直流输入点。

3. 物联网网关 IOT 2040

实现物联，选择当前最新版本。

4. 服务器配置

（1）选择无图形界面的 CentOS，构成最小系统，处理速度更快；
（2）需要搭建一个物联网服务器，采用内存 2GB，磁盘空间 32GB；
（3）为减少开销，CPU 选择单核；
（4）服务器服务于物联网，采用以太网和互联网技术。

5.2.3 控制系统功能设计

以 PLC 控制为主体，用户通过云服务器或者上位机辅助控制，使本站正确地完成方向调整的动作。

IOT 网关通过以太网与 CPU 进行通信，使用 MQTT 协议，传输 MQTT 类型的数据，进一步转发给云服务器。在云服务器上通过对收到的数据进行处理及统计，最后显示在前端网页上。在保证连接互联网的情况下，用户能够通过浏览器远程监控本站的各种参数与状态。

另一方面，用户也可以使用现场的上位机来监控本站。上位机上有西门子 WINCC 编辑过的人机交互画面，可以方便而简洁地观察本站的参数和状态，并且可以通过界面上的按钮来控制本站的动作，达到人机友好交互。

5.2.4 控制系统拓扑结构

控制系统拓扑结构示意图如图 2 所示。

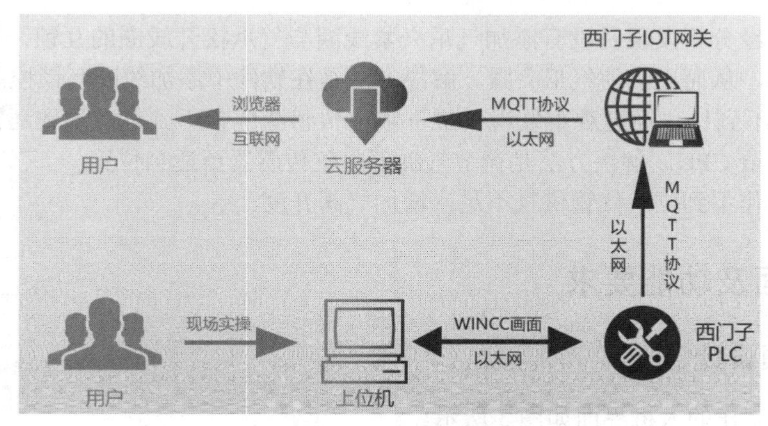

图 2 控制系统拓扑结构图

5.2.5 控制的安全性设计

本站的安全性设计主要考虑到了两点：一是硬件上的紧急停止按钮，二是软件上的互锁功能，用于提高安全系数。

紧急停止按钮（急停）。本站的操作台上设置了一个紧急停止按钮（常闭触点），在出现设备异常时能迅速切断电源。如果设置成常开触点，需要设置在未通电的电路中，这样急停的线路如果出现断路等问题，不会出现明显的状况。在已经断路但是不知道断路的情况下按下急停按钮，急停按钮会因为线路未接通失灵，从而导致设备异常动作不能及时得到控制进而造成无法估量的结果。相反，常闭触点的线路要求是一直通路，在线路出现断路问题时，立即切断设备运行，从而在检修的时候能查到急停线路出现的问题。所以在保证安全的情况下急停按钮设置成常闭触点是最好的选择。

互锁。在对 PLC 编程的时候，使用常闭触点互锁。这样 CPU 在做出一个动作的时候，不会做出与其矛盾的动作，从而达到软保护效果。

5.2.6 控制系统的调试与故障分析

1. 系统调试

对所有传感器进行调试。通过放置工件来测试红外传感器与金属传感器，控制气爪气缸来测试限位传感器，确保传感器没问题时进入下一步调试。

对所有气路控制设备进行调试。PLC 是通过电路控制气阀，气阀再通过气管对气路设备进行控制，对气阀进行通电来观察气路设备动作情况，可检查设备是否正常。

传送带（电机）调试。本控制部分电机不需要反向转动和速度调节，因此只对电机的运行状态进行调试。

程序调试。各个部分调试完成后进行编程，编程后对程序进行调试寻找问题（Bug），模拟各种情况提交 PLC 处理，检查是否符合客观事实。

2. 故障分析

入料处应翻转的物料未检测出翻转。物料需要通过金属传感器来判断物料的位置正反方向，故障发生的原因是金属传感器头与物料距离太远，感测不到信号，解决方法是调整金属传感器位置，往轨道侧旋进适当距离。

物料在轨道中间卡住。出现此状况是因物料翻转时的惯性，导致物料侧偏，没有达到标准加工位置，被轨道中间的挡片卡住。解决方法是调整旋转气缸的气阀，使出气量变小，从而降低旋转力度，减少惯性。

气爪夹不紧。经分析发现是没有添加气爪夹紧线圈与气爪松开线圈的互锁，导致有两个线圈同时接通的情况出现，从而无法使气爪夹紧。解决方法是在软件中添加线圈互锁控制。

1 号气缸下降不到位。经过观察发现气缸下限位传感器位置不到位，导致还没下到目标位置就发送下降到位信号给 CPU。解决方法是调节气缸下限位传感器至适当位置。

气爪气缸都动作不到位。气管供气不足，增加气阀开度。

5.3　人机界面及功能要求

5.3.1　人机界面设计

利用 WINCC 制作的人机界面如图 3 所示。

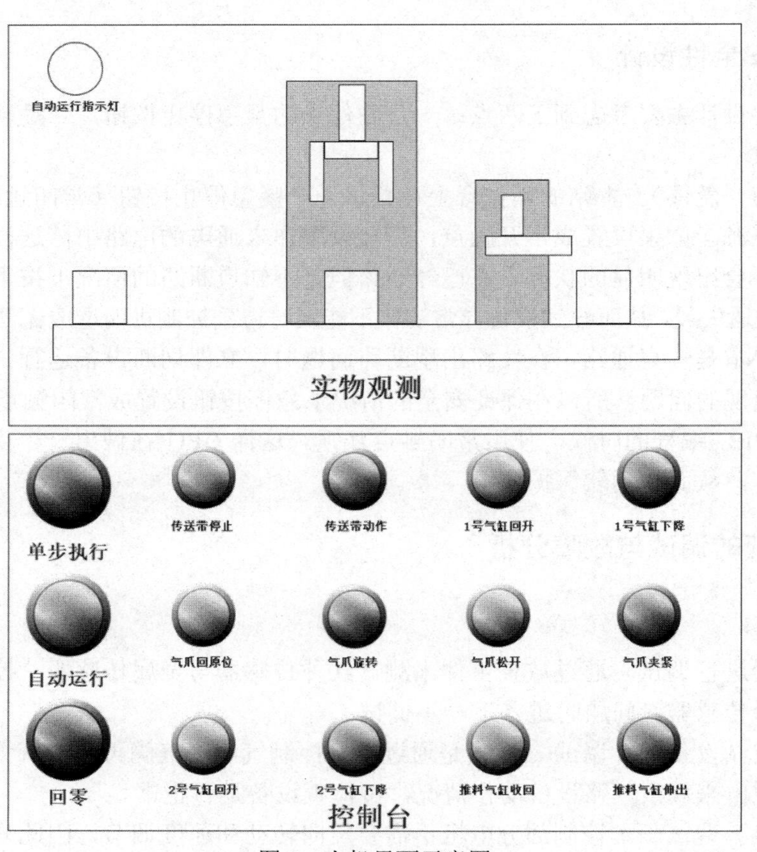

图 3　人机界面示意图

5.3.2 人机界面的功能要求

1. 实物观测部分

1）检测环节

当检测到入料口有料，且不需要方向调整时，人机交互界面入料口处会变成绿色；而需要方向调整时，入料口处会变成黄色，分别如图 4 (a) 和图 4 (b) 所示。

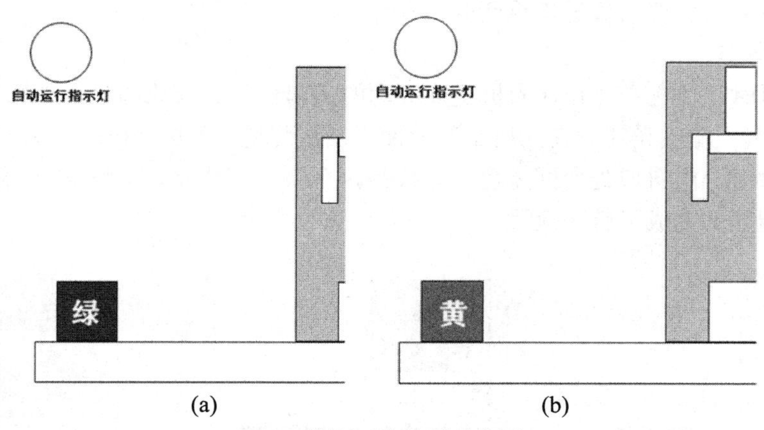

图 4 检测环节界面示意图

2）传送环节

检测完毕之后，传送带会动作，将料块送至旋转换向处。当传送带运转时，人机交互界面传送带处会变成绿色，如图 5 所示。

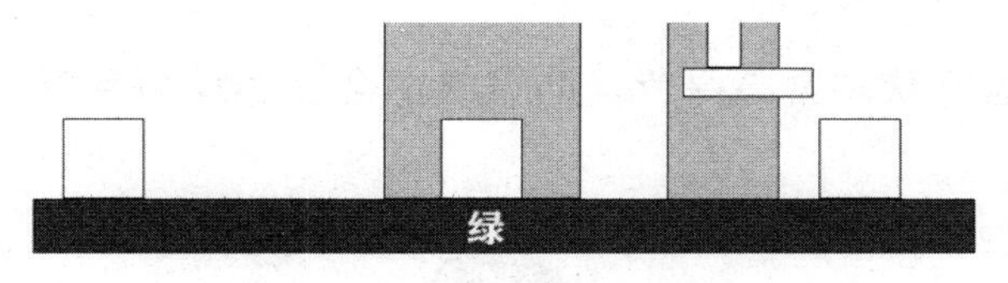

图 5 传送环节界面示意图

3）旋转换向环节

当检测到旋转换向处有料，且不需要方向调整时，人机交互界面旋转点处会变成绿色，传送带继续动作；而需要方向调整时，旋转换向处会变成黄色，传送带停止动作，分别如图 6 (a) 和图 6 (b) 所示。

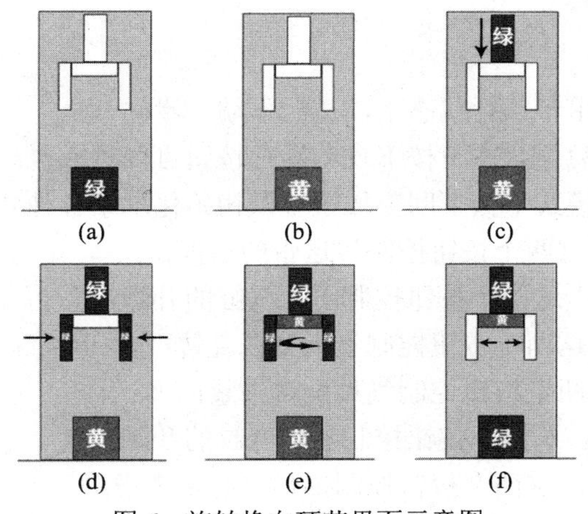

图 6 旋转换向环节界面示意图

方向调整具体步骤是：

第一步，1 号气缸会先落下，人机交互界面 1 号气缸处变成绿色，如图 6 (c) 所示；

第二步，随后气爪会夹紧料块，气爪处变成绿色，如图 6 (d) 所示；

第三步，气爪夹着料块翻转，旋转轴处变成黄色，如图 6 (e) 所示；

第四步，成功翻转后，气爪松开料块，气爪处重新变回无色，在旋转点处的料块会从黄色变成绿色，如图 6 (f) 所示；

第五步，完成方向调整后传送带重新开始动作。

4）出口送料环节

当出料口有料时，传送带停止，人机交互界面的出料口处会变成绿色，如图 7 (a) 所示。当确定出料口有料后，2 号气缸会落下，在人机交互界面里变成绿色，如图 7 (b) 所示；最后推出推料气缸，推料气缸处变成绿色，出料口处变回无色，料块被推至下一工作站，如图 7 (c) 所示。

至此，方向调整站完成了整个流程。

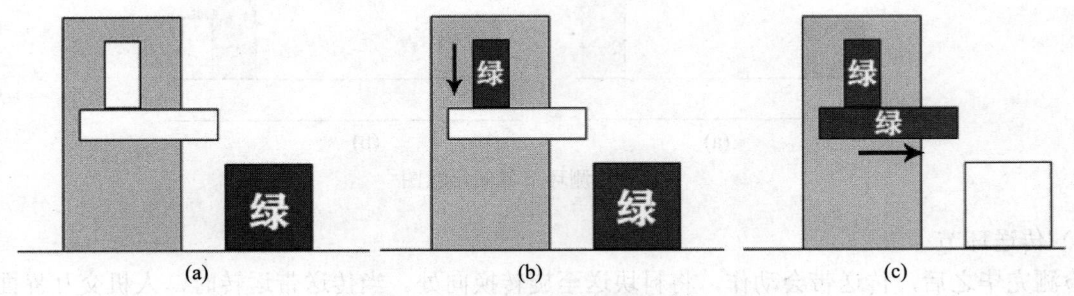

图 7 出口送料环节界面示意图

5）自动运行指示灯

该指示灯会在自动运行状态常亮绿色，回零状态会以 2Hz 频率绿色闪烁，常亮状态如图 8 所示。

图 8 自动运行指示灯

2. 控制台部分

（1）单步执行按钮：在单步执行状态下，按一下动一步；

（2）自动运行按钮：在急停状态下按下自动运行按钮可以进入自动运行模式；

（3）回零按钮：在急停模式下按下回零按钮可以初始化本站各种处理器的状态；

（4）传送带停止/动作：这两个按钮控制传送带的启停；

（5）1 号气缸回升/下降：这两个按钮控制 1 号气缸的升降；

（6）气爪回原位/旋转：这两个按钮控制气爪是否旋转；

（7）气爪松开/夹紧：这两个按钮控制气爪是否夹紧；

（8）2 号气缸回升/下降：这两个按钮控制 2 号气缸的升降；

（9）推料气缸收回/弹出：这两个按钮控制推料气缸是否推出。

5.4 工业云平台的分析与设计

5.4.1 设计简述

“互联网+”这个概念的提出让整个世界发生了翻天覆地的变化。将互联网与工业云平台相融合，便产生了“互联网+工业”生态[1]。本方案的核心就是搭建一个工业云平台，即工业云服务器。CPU 实时传输监控数据到服务器上，再由服务器通过互联网来传播 CPU 发来的数据，达到数据共享、远程控制的效果。

5.4.2 数据连接及应用

1. 数据连接

PLC 与云服务器通过西门子 IOT 网关连接（以太网连接方式），遵循 MQTT 协议，发送 MQTT 数据。在云服务器进行解析与统计分析后，通过前端设计，使用户能便利地使用浏览器监视设备状态。

PLC 与上位机则直接通过以太网通信进行数据控制与处理。

2. 数据应用

上位机：清楚地监视本站的运行状态，并且可以方便地控制本站的各种执行器。

物联网：通过对数据采集的分析与统计，得出最适合每种情况的解决方案，从而可以编写解决方案来提高本站处理各种情况的能动性。

5.4.3 系统搭建

系统框图如图 9 所示。

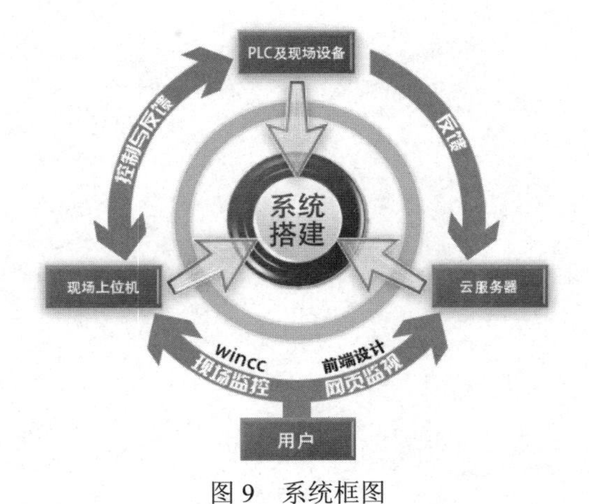

图 9 系统框图

5.5 展望

通过本次设计，已经完成了竞赛对系统设计的全部要求，现在反思还有一些不足之处，如远程只能通过云服务器执行监视，而不能进行控制。所以未来可将从物联网技术方面进一步完善，把物联网控制路径上的单箭头变成双箭头，即图 10 中的圈内部分。不但能实现远程监视，还能实现远程控制，这才将整个云服务器利用到最佳。不仅如此，还可以利用云服务器对数据进行分析与统计，迎合现在的大数据时代，对各种情况下本站的操作方式进行分类优化，达到省时、节能最大化。

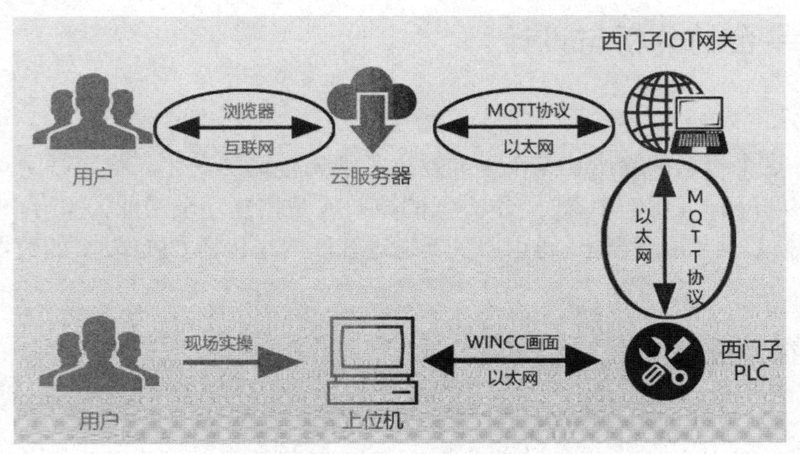

图 10 未来实现的双向控制系统

参考文献

赵兰普，王其富，宋晓辉，宁伟. 工业云：开放、共享、协作的“互联网+工业”生态[M]. 北京：科学出版社，2017.

作者简介

刘逸铨（1997— ），男，学生，E-mail：1900664868@qq.com。
李剑（1996— ），男，学生，E-mail：192328031@qq.com。
王钊琪（1996— ），女，学生，E-mail：1738025974@qq.com。
刘旭（1980— ），男，讲师，研究方向：电机及拖动、电力系统继电保护、PLC 控制系统，E-mail：6549440@qq.com。

第四部分

“运控系统设计开发”赛项

“运控系统设计开发”赛项任务书

1. 赛项任务

根据提供的物料卷绕系统，通过需求分析与对象特性分析，设计卷绕系统控制方案，并进行现场实施、调试等，达到控制目标以及其他要求。

2. 竞赛设备介绍

决赛上机使用的物料卷绕对象作为控制对象其主要组件及其构成如图 1 所示。

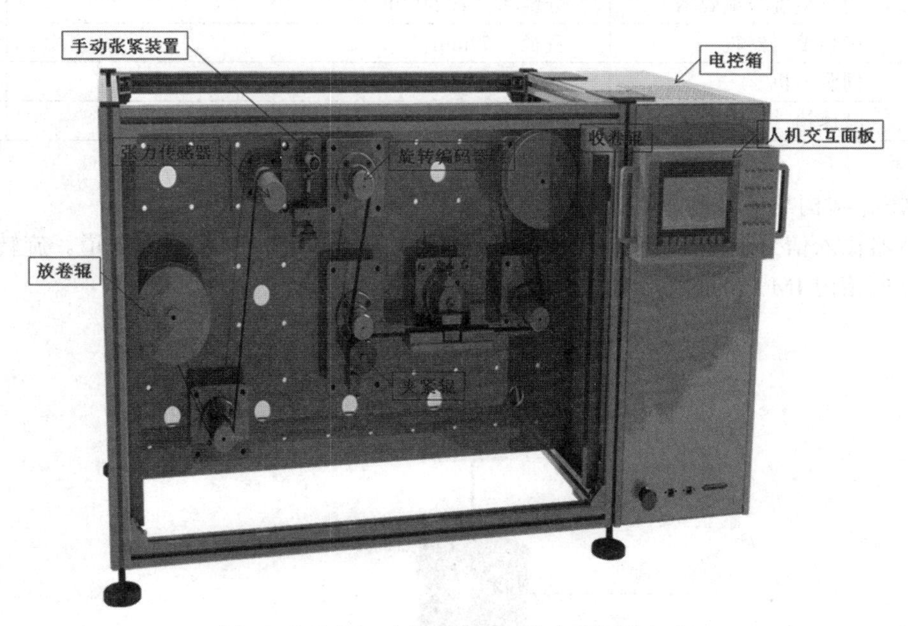

图 1 多功能运动控制实训平台主要组成部分

决赛所使用的设备采用 PROFIBUSDP 通信的方式。控制系统主要设备清单如表 1 所示。

表 1 采用 PROFIBUS 通信的运动控制系统主要设备清单

序 号	名 称	规格/型号	数 量
1	CPU 315T-3 PN/DP	6ES7315-7TJ10-0AB0	1
2	数字信号模块 SM323	6ES7323-1BL00-0AA0	1
3	模拟信号模块 SM334	6ES7331-0CE01-0AA0	1
4	接口模块 IM174	6ES7174-0AA10-0AA0	1
5	控制单元 CU320-2 DP	6SL3040-1MA00-0AA0	1
6	CF 卡	6SL3054-0EG00-1BA0	1
7	整流单元 SLM	6SL3130-6AE15-0AB1	1
8	单轴电机模块	6SL3120-1TE13-0AA3	1
9	双轴电机模块	6SL3120-2TE13-0AA3	1
10	数字信号模块	6SL3055-0AA00-3FA0	1
11	伺服电机	1FK7022-5AK71-1PA3	2

1）人机交互面板

人机交互面板使用的是西门子 KTP 700 BASIC PN（产品订货号：6AV2123-2GB03-0AX0）操作屏，可以通过以太网线实现与 CPU 315T-3 PN/DP 的连接。在操作屏右侧装有 20 个双位置开关，其中的 16 个开关接入至控制单 CU320-2 DP，4 个开关接入至 PLC 的数字量输入模块。

2）主要组件规格参数

物料卷绕对象主要组成部分及规格参数可参考表 2 中的内容。

表 2　物料卷绕对象主要组成部分及规格参数表

序　　号	部件名称/参数名称	部件规格/参数	数　　量
1	收卷辊	最大直径 = 140mm 最小直径 = 76mm	1
2	放卷辊	最大直径 = 140mm 最小直径 = 76mm	1
3	张力传感器	测量范围：0～150N 输出电压：0～10 V（DC）	1
4	增量型旋转编码器	分辨率 = 1024PPR	1
5	旋转编码器辊	直径 = 50mm	1
6	伺服电机	额定转速 = 6000RPM	2
7	减速箱	减速比 = 50∶1	2

3）网络拓扑结构与信号输入接入位置（见图 2）

张力传感器输入信号连接至电控箱内模拟信号模块的第 1 路模拟量输入通道。旋转编码器输入信号连接至电控箱内 IM 174 接口模块的第 4 路编码器输入接口。

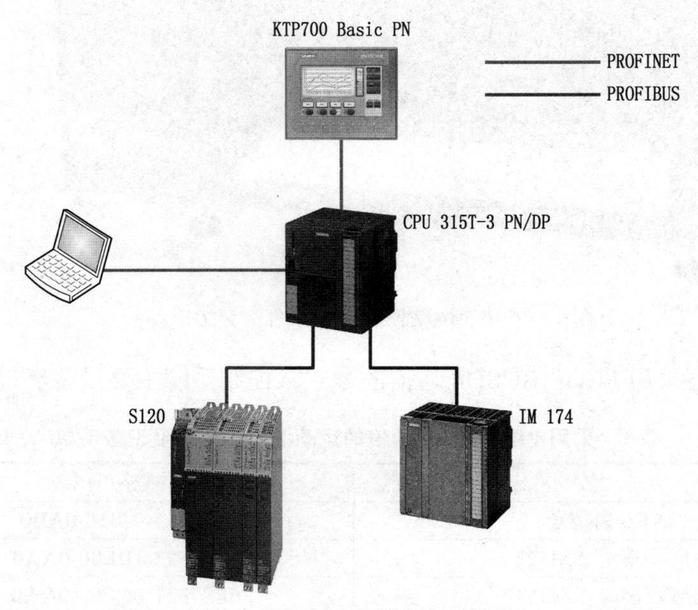

图 2　PROFIBUS 网络拓扑结构

3. 比赛任务

参赛队伍在进行决赛时，须使用决赛比赛设备，对其上物料进行卷绕控制。要求在整个物料卷绕过程中，根据任务要求，保持物料张力和运行速度的恒定。同时，在人机交互面板上的触摸屏内，根据任务要求，实现相关功能。具体要求如下：

（1）实现缠绕系统在物料线速度 ±15m/min 之间无波动、无断带。

（2）触摸屏包含缠绕系统的手自动切换按钮、收放卷电机的手动启停按钮、缠绕系统自动运行启停按钮、缠绕方向切换按钮、收放卷方向显示、电机转速等功能。

（3）在触摸屏内显示卷绕物料的实际张力值和设定张力值，并以趋势图形式显示。

（4）在触摸屏内显示卷绕物料的实际速度和设定速度，并以趋势图形式显示。

（5）在触摸屏内显示收卷和放卷半径，放卷卷径小于 86mm 时报警显示，当放卷卷径小于 81mm 时系统自动停止。

（6）在登录界面进行用户管理。

6 “运控系统设计开发”赛项工程设计方案

——物料卷绕控制系统设计与开发

参赛选手：胡炎炎（阜阳师范学院），于贡雨（阜阳师范学院），
吴　敏（阜阳师范学院）
指导教师：李　震（阜阳师范学院），魏　磊（阜阳师范学院）
审　　校：顾和祥（西门子（中国）有限公司）

6.1 卷绕系统任务分析

物料卷绕系统广泛应用在电缆、纺织、金属加工、造纸等工程领域，卷绕系统的张力和速度的精确控制对于保证产品质量至关重要。本项目基于如图 1 所示的物料卷绕平台开发出对张力和速度达到精准控制的自动控制系统，张力在 0～150N 范围内可调，控制精度 6%，运行过程不能出现物料断裂或损坏情况；速度控制范围 ±15m/min，控制精度 2%。系统应具有友好的人机交互界面，并实时显示速度、张力等关键运行数据，物料卷绕系统实物如图 1 所示，下面简述卷绕系统的工作原理。

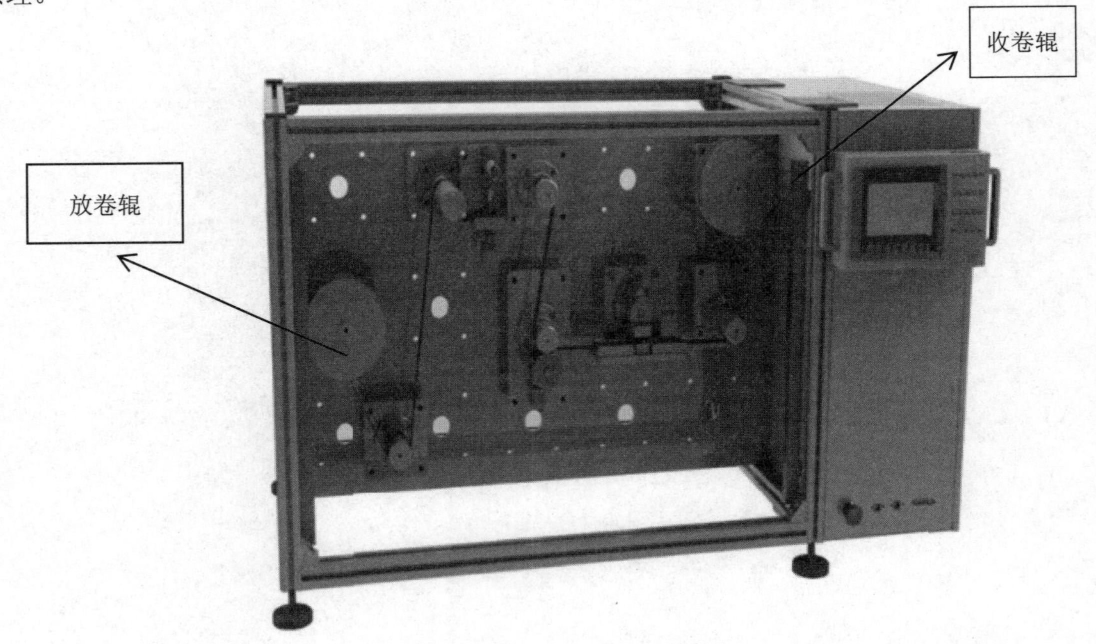

图 1　物料卷绕系统

在图 2 中，通过轴 2 和轴 6 实现物料卷绕方向的变化，轴 2 的变向使得物料与张力传感器接触紧密，轴 6 的变向使得物料与速度传感器接触紧密；轴 4 起到预紧作用，保证张力和速度传感器测量准确；7、8、9 起到导向、剪切和检测的作用。收卷轮 11 正转收卷时，放卷轮 1 将跟随放卷。通过收卷电机和放卷电机的速度，可以控制物料卷绕的线速度以及卷绕张力的大小。（本卷绕任务中不涉及剪切，故不做说明。）

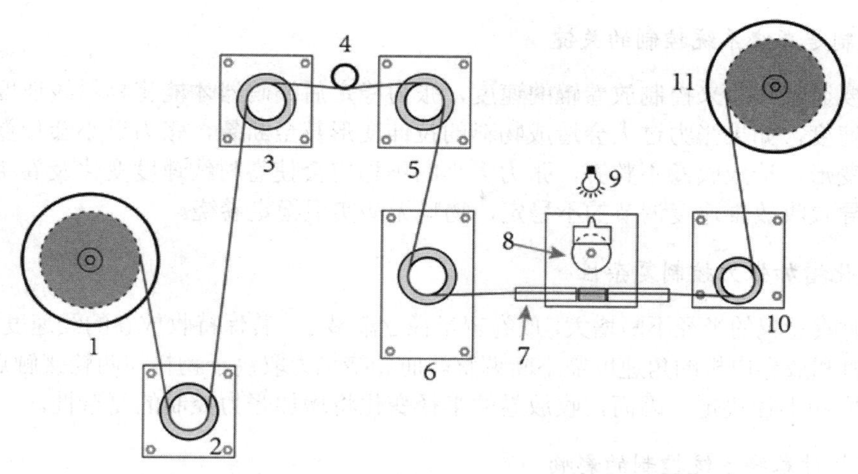

图 2　系统工作原理

1—放卷电机；2—转动轴；3—张力传感器；4—压紧装置；5—旋转编码器；6—转动轴；7—物料位置牵引装置；8—飞剪；9—剪刃检测装置；10—转动轴；11—收卷电机

6.1.1　任务需求分析

该卷绕系统控制的关键在于对张力和速度进行精确控制，同时要辅以友好的人机交互界面。首先来看任务描述：

（1）实现缠绕系统在物料线速度±15 m/min 之间无波动无断带。

（2）触摸屏包含缠绕系统的手自动切换按钮、收放卷电机的手动启停按钮、缠绕系统自动运行的启停按钮、收放卷方向显示、电机转速等功能。

（3）在触摸屏内显示卷绕物料的实际张力值和设定张力值，并以趋势图形式显示。

（4）在触摸屏内显示卷绕物料的实际速度和设定速度，并以趋势图形式显示。

（5）在触摸屏内显示收卷和放卷半径。

（6）在登录界面进行用户管理。

从整体任务需求分析来看，任务主要分成两个大部分：一个是实现物料在稳定误差范围内卷绕，另一个是在人机交互界面有相关数据及能实现功能按钮的显示。

对于物料卷绕部分，应注意触摸屏内是有手自动切换按钮的，所以要求物料卷绕必须有手动和自动两种模式。还应注意的一点是，物料的速度要保持在±15 m/min，这就要求我们随时可以在手动和自动模式下任意切换收放辊的正反转。即在手动模式时，我们可以让收卷辊以设定速度逆时针转动，也可以让放卷辊以设定速度逆时针转动；在自动模式时，可以让物料以设定张力、速度正向缠绕，也可以让物料以设定张力、速度反向缠绕。

对于人机交互界面部分，任务要求的内容可以分为四个方面，即设定物料张力和速度参数、输出物料实际半径、张力和速度参数、物料张力和速度的趋势图以及在登录界面进行用户管理。

6.1.2　控制对象特性分析

我们的控制对象主要是收放辊，在任务中由放卷电机控制张力，收卷电机控制带子的运行速度。张力由张力传感器和张力信号放大器获得，速度由编码器和 IM174 获得。首先需要给收卷辊一个初始角速度拉动物料，张力传感器接收到一定张力后，张力反馈控制放卷辊的速度，使得收放卷辊跟随转动，当张力达到稳定要求后，由外部编码器读取物料的线速度，通过读取的线速度反馈给收卷辊，进而控制收卷辊的速度，最终实现物料稳定卷绕。其中最关键的也是最难的点是张力和速度的控制调节，以下做详细说明。

1. 张力控制是卷绕系统控制的关键

任务中需要通过张力来控制放卷辊的速度，张力稳定后编码器才能将物料线速度反馈给收卷辊以控制收卷辊速度，如果张力过大会造成物料的拉伸变形甚至断裂，张力过小会使卷取的材料层与层之间的应力变形，造成收卷不整齐，张力大小的不稳定会使卷材线速度变化及卷绕的松紧程度不同，这些都会导致收放辊速度调节的不稳定，物料无法实现稳定卷绕。

2. 半径变化增加张力控制复杂性

系统工作时收卷辊的半径不断增大，放卷辊半径逐渐减小，若保持收放卷的线速度恒定，由 $v = \omega r$ 可知，收卷电机和放卷电机的角速度需不断调整。而卷绕张力取决于物料与两轮接触点的线速度，而线速度由角速度和半径决定，因而，收放卷的半径变化将增加张力控制的复杂性。

3. 速度控制对卷绕系统控制的影响

任务中的对放卷轮采用的是直接张力控制，而速度就是调节张力大小的因素，通过速度的快慢，改变张力的值。因此，速度的稳定决定着系统的稳定性和达到稳定状态的时间长短。同时，直径也是通过物料的线速度计算出来的。速度不稳定，将导致直径的波动较大，系统难以调节。

4. 速度控制环节与张力控制环节存在耦合

对物料张力分析可知，两轮接触点的速度差决定张力大小，接触点速度由电机角速度获得，因而，进行张力控制的本质是对电机角速度控制，所以物料线速度环节与张力控制环节存在耦合。

6.2 卷绕系统控制方案设计

6.2.1 卷绕系统张力分析

张力控制系统实质上是一种输入量按照某种可调节的衰减顺序而变化的特殊的随动系统。张力的控制可以说是卷绕系统的核心，要实现良好的张力控制，建立一个数学模型进行分析是必要条件。通常需要假定旋转编码器转动棍上没有滑动摩擦、物料的线速度等于旋转编码器转动辊的线速度。在该卷绕系统中，张力值 T 由张力传感器测量得到一个模拟量，再通过模拟量转换功能块转换成程序所需的数据类型。

6.2.2 系统控制算法

1. 控制算法简介

根据上述控制任务需求分析，在收放卷过程中两轮缠绕半径的不断变化将引起速度和张力变化，使得速度和张力不能稳定在设定值，因而系统需采用闭环控制方式，控制算法选择经典 PID 控制算法。PID 控制器是一种线性控制器，它根据给定值 $Y_d(t)$ 与实际输出值 $Y(t)$ 构成控制偏差：$\Delta Y(t) = Y_d(t) - Y(t)$（$K_p$—比例系数；$T_i$—积分时间常数；$T_D$—微分时间常数），如图 3 所示。

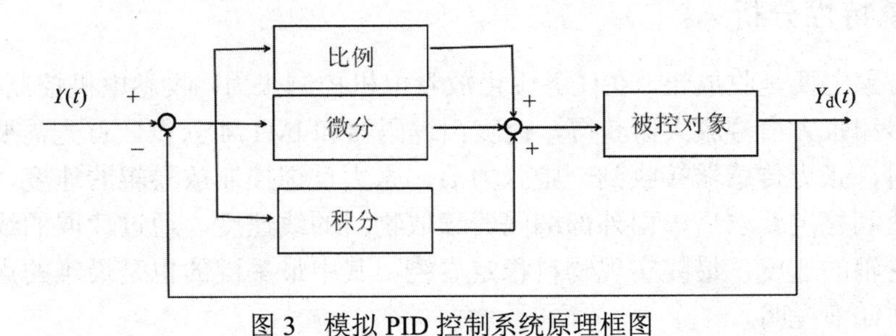

图 3 模拟 PID 控制系统原理框图

在该任务中，我们采用了双 PID 控制法，即张力和速度各用一个 PID 进行调节，但张力 PID 和速度 PID 之间又相互制约，从而快速达到稳定状态。

2. 速度控制

速度采用闭环控制，由 PI 调节器、驱动器 S120、电机、机械装置及速度传感器等组成速度闭环，为了使系统更快地达到稳定状态，我们采取了预置速度的办法，即将设定线速度 V_1 除以卷绕物全部缠绕在一个棍上时的最大半径 R，得到一个最小的角速度 W_1。将该角速度和张力 PID 反馈回来的值相加，作为收卷轮的速度 W。这样让 PID 起微调作用，可以缩短系统的稳定时间。此方法使用时，启动时务必先做加张过程。速度控制框图如图 4 所示。

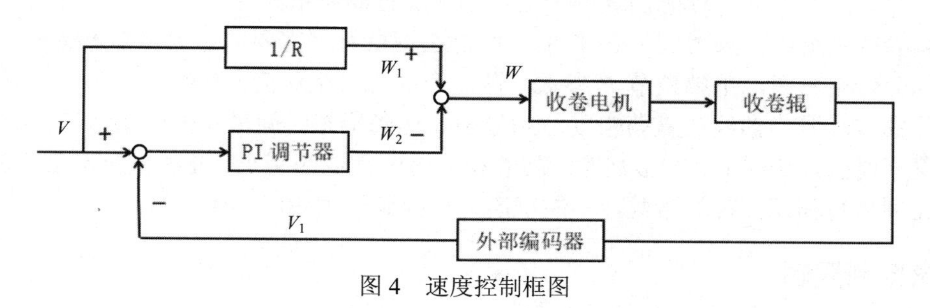

图 4　速度控制框图

图 4 中 V、V_1、R、W、W_1、W_2 分别表示设定速度、实际速度、收卷轮半径、收卷电机角速度、设定线速度除以半径的角速度、PI 调节器反馈角速度。

根据速度给定值 V 和收卷轮半径 R 得到初始角速度，将于 PI 调节器输出之差作为电机设定角速度，因而收卷电机设定角速度为

$$W = W_1 - W_2$$

3. 张力控制

卷绕系统中的张力控制主要分为两大类：一是直接张力控制，二是间接张力控制。因此，对于收卷采取间接张力控制，对放卷采取直接张力控制。在该系统中直接张力控制就是通过改变收卷电机速度来调节张力值的大小。张力控制环节采用 PI 控制器的闭环控制方式，张力 PI 调节器的输出用于控制放卷电机的转速。

在张力控制环节中加张尤其重要，所谓加张，是指使物料张力达到设定的张力范围后（一般为设定张力的 90%～110%）再使收放卷系统开始工作。通常的做法是当卷绕系统启动时先使收卷电机运转，通过张力传感器反馈的张力值判断张力是否达到设定范围，若达到则启动放卷电机和速度 PID。张力控制框图如图 5 所示。

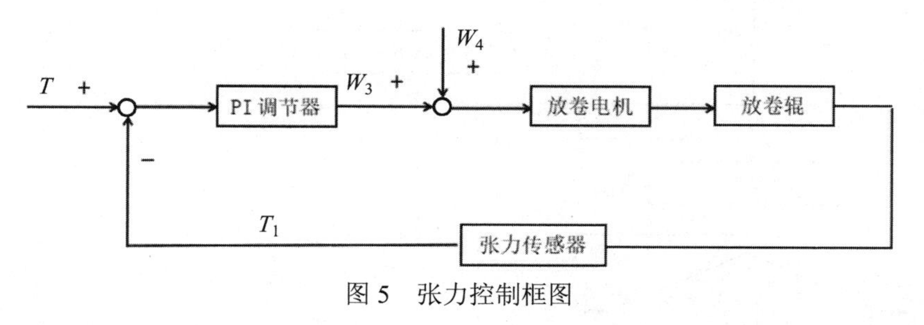

图 5　张力控制框图

T、T_1、W、W_3、W_4 分别为设定张力、实际张力、放卷电机角速度、PI 调节器反馈角速度、设定线速度除以最大半径的角速度。所以由图 5 可得放卷电机角速度值为

$$W = W_3 + W_4$$

4. PID 参数整定方法

经验法的整定 PID 参数口诀说：

参数整定寻最佳，从大到小顺次查；
先是比例后积分，最后再把微分加；
曲线振荡很频繁，比例度盘要放大；
曲线漂浮绕大弯，比例度盘往小扳；
曲线偏离回复慢，积分时间往下降；
曲线波动周期长，积分时间再加长。
理想曲线两个波，调节过程高质量。

在该物料卷绕系统中，只用到了 PI 控制，所以在调试时只需要调节 P 参数和 I 参数即可。在调试时，先将积分作用关闭，单独调节 P 参数，从一个大的（绝对值）P 参数往小调，寻找到能使物料线速度实际曲线和张力曲线的震荡幅度达到最小，达到稳态时间最短的一组参数，此时，再加上积分调节，积分调试方法同上。一般而言，随着积分时间常数的减小，张力的波动会先减小后增大，此时再微调比例系数和积分时间常数，不断试凑，可找到较理想的一组参数。

6.2.3　系统控制逻辑

系统控制逻辑如图 6 所示，系统控制模式分为手动模式和自动模式，首先需要选择手动或自动模式。在手动模式下只能选择点动收卷电机或放卷电机，不可以对收放卷系统进行操作。其中按照

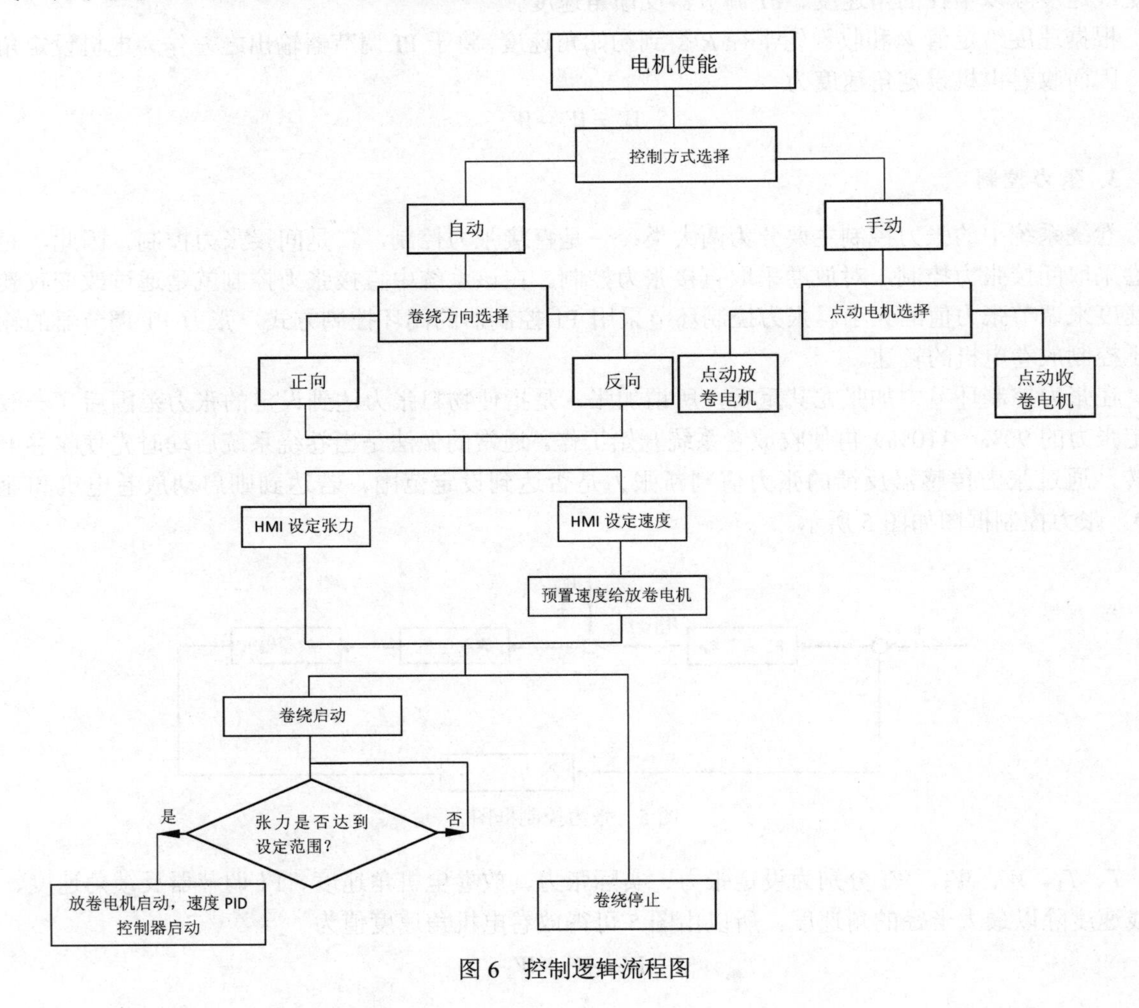

图 6　控制逻辑流程图

任务要求点动收卷电机则收卷辊以恒定的角速度逆时针转动，点动放卷电机则放卷辊以恒定的角速度逆时针转动。

在自动模式可实现正向卷绕和反向卷绕，选定卷绕方式后需要在HMI操作面板上设定物料的卷绕线速度和物料的张力，设定完成后点击卷绕启动，则收卷电机开始运转，张力传感器检测物料张力是否达到预设范围，此时放卷电机还处于停止状态，当张力达到预设范围后，放卷电机和速度PI控制器才开始启动。此时，整个物料卷绕系统才完整地进行工作。

其次，为了增加系统使用安全性，在开启系统时首先进行用户登录，登录成功后进入操控面，在人机操控面板才能进行收放卷系统的操作，若登录失败或不登录，则不能对系统进行任何操作。

6.3 控制系统硬件介绍

6.3.1 硬件拓扑结构图

对运动控制系统来说，整体的运动控制思路应该分为三个部分：控制器、驱动器、电机，由控制器控制驱动使电机执行。我们采用西门子自动化系列产品构建卷绕系统的控制部分，人机交互（HMI）采用的是KTP700的界面，控制器采用的是S7-300的PLC，驱动器采用的是S120驱动器，电机连在S120的单电机模块上，系统结果如图7所示。

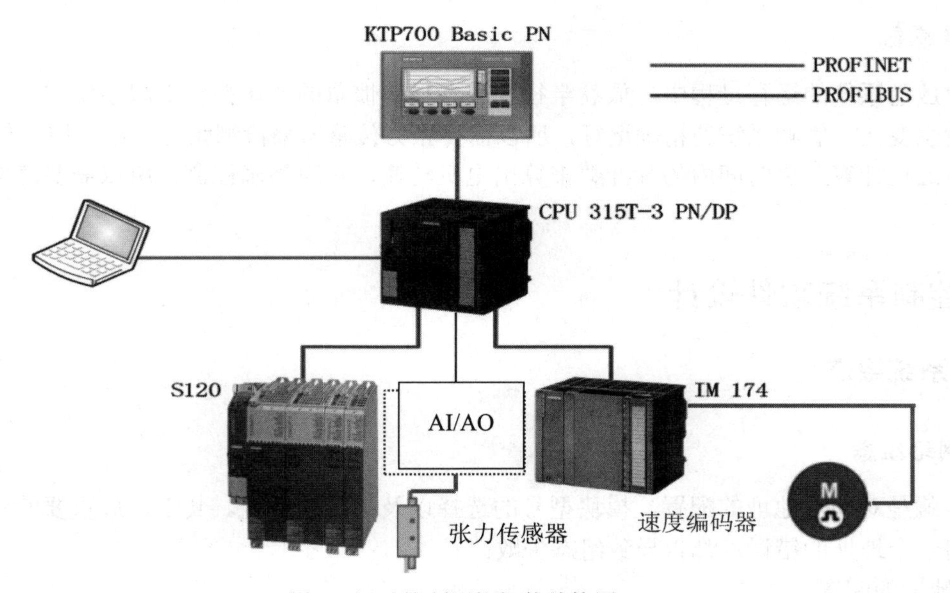

图7　运动控制网络拓扑结构图

人机交互面板的数据通过PROFINET以太网的方式与T-CPU连接，T-CPU中的PLC通过DP总线与S120进行连接，张力传感器是直接接在PLC上的，编码器接在IM174的第四个反馈通道上，T-CPU的数据通过PROFIBUS接口传输到IM174。在通信过程中，IM174接受驱动编码器返回的实际速度，通过PROFIBUS传输给PLC，控制器完成运算后将速度设定通过PROFIBUS通信传输给IM174，然后再通过模拟量通道输出给驱动器。

6.3.2 主要硬件介绍

1. PLC控制器

选择CPU 315T-3 PN/DP的PLC作为控制器，它的功能与高性能CPU 315的功能相同，并具有用于工艺/运动控制附加集成和高性能运动控制功能，用于凸轮切换或起始位置检测等的集成、快速

I/O 使该模块的功能更加完整。其具有 4 点数字量输入和 8 点数字量输出，可用于原点采集(BERO)或快速凸轮开关信号等工艺功能。其中第 1 个内置 MPI/DP 接口可以最多同时建立 32 个与 S7-300/400 或与 PG、PC、OP 的连接，第 3 个集成接口是一个基于以太网 TCP/IP 的 PROFINET 接口，带双端口交换机。它支持下列协议：

- S7 通信用于在 SIMATIC 控制器间进行数据通信；
- PG/OP 通信，用于通过 STEP 7 进行编程、调试和诊断；
- 与 HMI 和 SCADA 连接的 PG/OP 通信；
- 在 PROFINET 上实现开放的 TCP/IP、UDP 和 ISO-on-TCP（RFC1006）通信；
- SIMATIC NET OPC-Server 用于与其他控制器以及 CPU 自带 I/O 设备进行通信。

2. S120 驱动器

S120 具有精确的位置控制功能，采用位置控制，速度控制和电流控制的三个环控制结构，可以实现高动态特性的位置随动控制，因而选择 S120 变频驱动系统来实现系统要求的控制功能是理想的选择。此外，通过 S120 的调试软件 S7-Technology 对其进行调试，使得系统开发更加简便。

S120 驱动系统采用模块化系统设计，由控制单元、整流模块、电机模块组成，系统的性能高，适用于要求苛刻的驱动任务。其中电机就是接在电机模块上的。

3. 传感器

在收放卷系统的运行过程中，放卷半径和放卷材料惯量的变化都会引起系统的不稳定，从而引起张力发生变化，影响系统的精确运行，所以需要张力传感器来检测张力，通过控制稳定张力。

需要通过计算单位时间内的脉冲数来算出电机转速，实现精确控制，所以需要速度传感器来检测速度。

6.4　控制系统软件设计

6.4.1　系统组态

1. 网络组态

组态就是对硬件地址的配置、模块型号的选择以及报文的配置。其中，最重要的就是地址的匹配，任何一个地址的错误，都将导致组态失败。

1）地址的配置

组态时会涉及的地址主要有以下六种。

（1）机架 DP（DRIVE）中 Interface 的地址。

（2）DP（DRIVE）总线 DP-Mastersystem 的地址。

（3）s120 的地址。

（4）s120 中 CU 单元的地址。

（5）HMI 的地址。

（6）PC 的 IP 地址。

前三个地址均都在 s7 的 Hardware 中，第四个在 s120 中 Communication 下进行更改，第五个在博图中进行更改，PC 的地址就是指编程计算机的 IP 地址。而每个地址具体的值并不是固定的，是可以进行人为更改或者分配的，所以在进行组态前需要事先检查这些地址值是多少。对于 PC、s120 和 HMI 来说，除了地址外，还需要对 PG/PC 进行设置。这些配置是组态的基础。

2）硬件配置

硬件配置就是对机器所使用的硬件在 PC 上进行匹配，因为设备是 DP 机器而且使用的是 315T 变频器，所以在创建工作站时创建 SIMATIC T 工作站就可以了。SIMATIC T 工作站机架上的大部分配置（如电源模块等）都是已经配好的，不需要再额外配置，组态时只需要在机架上挂载 AI/AO 和 DI/DO 模块，选择与机器序列号相匹配的挂载即可。同时还需要在 DP 总线上挂载 IM174（因为使用的是 315T 的变频器）。其他的硬件如 s120、SIMATIC 300、PG/PC 等用同样的方法挂载即可。

3）报文配置

报文是控制器和驱动器之间沟通的桥梁，在本次任务中因为会用到虚拟轴，所以我们给虚拟轴选择 105 报文，CU 单元选择自由报文。105 报文是特殊类报文，这类报文事先都已将驱动器和控制器的一些参数进行了关联，而自由报文则可以自己关联需要的参数。

2. 外部编码器和虚拟轴

（1）外部编码器是对卷绕系统的速度进行监控的一种测量器件，是卷绕系统必不可少的，因此将外部编码器作为一个轴配到 s120 中，在配置外部编码器时需要对外部编码器测量轮周长进行设置，一般本系统测量轮的周长为 157mm。

（2）本系统用虚拟轴代替实轴，虚拟轴就是实轴的一个镜像，具有实轴的全部功能。虚拟轴的配置同样需要在 s120 中进行配置。

初始接触系统组态时每完成一部分就需要进行保存编译，以检查是否有错误。

6.4.2 建立通信

（1）如果使用拨码开关对系统进行控制，那么就需要在 FC 块中用 FB450 来建立一个通信，从而对拨码开关的信号进行读取。建完 FB450 后还需要创建一个 DB 数据块，来存放每个开关变量的数据。

（2）在 S120 中还需要将 Transmit direction 页面下的 P2051[0]和 P2051[1]分别关联到 r2089[0]和 r2089[1]（即 PLC 中建立的开关变量的 DB 数据块与 s120 的通信）。

（3）在参数列表中将 P2080[0]～P2080[15]分别关联到需要使用的操控面板中的拨码开关（即 r722）上。但需要注意的是，在创建的 DB 块中前八位和后八位与此处关联的前八位和后八位是正好相反的，假设该 DB 块为 DB10，则对应关系如图 8 所示。图 8 中 DB10.DBX0.0 之类的为 DB 块中变量存储的地址。

P2080[0]	r722.0	DB10.DBX0	r722.8
P2080[1]	r722.1	DB10.DBX0	r722.9
P2080[2]	r722.2	DB10.DBX0	r722.10
P2080[3]	r722.3	DB10.DBX0	r722.11
P2080[4]	r722.4	DB10.DBX0	r722.12
P2080[5]	r722.5	DB10.DBX0	r722.13
P2080[6]	r722.6	DB10.DBX0	r722.14
P2080[7]	r722.7	DB10.DBX0	r722.15
P2080[8]	r722.8	DB10.DBX1	r722.0
P2080[9]	r722.9	DB10.DBX1	r722.1
P2080[10]	r722.10	DB10.DBX1	r722.2
P2080[11]	r722.11	DB10.DBX1	r722.3
P2080[12]	r722.12	DB10.DBX1	r722.4
P2080[13]	r722.13	DB10.DBX1	r722.5

图 8 参数关系对应表

6.4.3 创建用户管理界面

HMI 触摸屏是对系统进行操控和数值输入的一个终端，除了控制程序的编写以外，还需要编写触摸屏程序。编写触摸屏时通常需要先编写一个登录界面，设置用户和登录密码，不同用户对系统有不同的操作权限。HMI 屏的编写只要将其地址和 PG/PC 接口选择正确基本就没有什么问题了。

6.4.4 控制程序设计

编程时第一步创建 OB1 作为主程序，第二步创建时间中断组织块 OB35 将速度 PID 控制块和张力 PID 控制块放在 OB35 中，第三步创建不同的 FC 块，在 FC 块中编写子程序，每一个 FC 块实现一个功能。最后在主程序 OB1 中调用各个 FC 块，如图 9 所示，这样做的目的是便于后期调试和更改。需要注意的是，OB1 只能调用 FC 块，不可调用 OB 块。所以 OB35 不需要在 OB1 中调用。

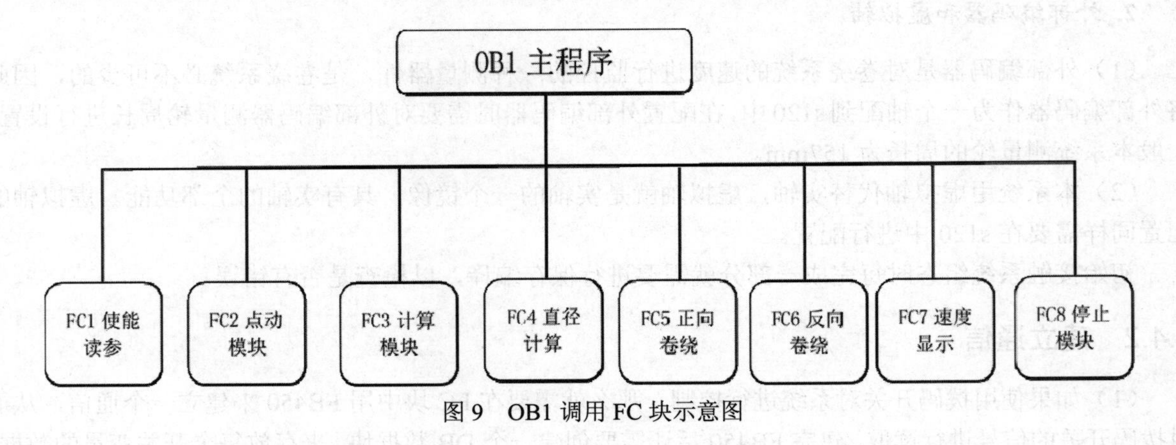

图 9 OB1 调用 FC 块示意图

在正式介绍程序之前，先来介绍一下在张力和速度控制中最核心的 FB41 功能块在本次任务中会用到的最主要的控制端，如图 10 所示。

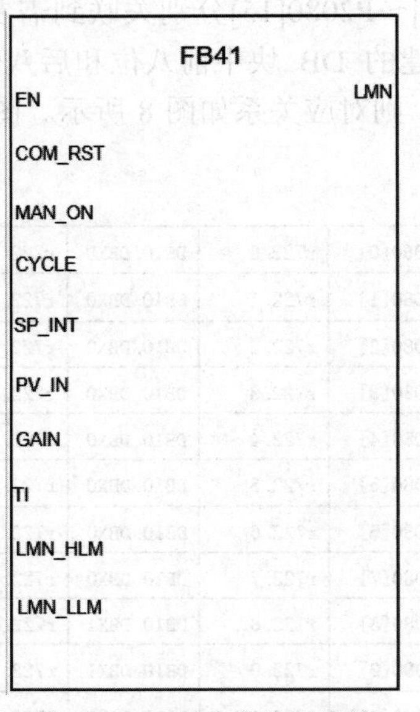

图 10 FB41 功能块引脚图

FB41 块的 EN 为使能端；COM_RST 为复位端，当该端为高电平时，FB41 模块所有数据清零；MAN_ON 为手动值打开端，高电平时中断控制回路，并将手动值设置为调节值，本次任务不用手动模式，一律将该端设为低电平；CYCLE 为采样时间端；SP_INT 为设定值端，用来输入设定张力或者设定的速度，PV_IN 为实际值输入端，用来输入实际测量值。GAIN 为比例系数输入端，TI 为积分时间输入端；LMN_HLM 为调节值上限设置端，LMN_LLM 为调节值下限设置端，LMN 为调节值输出端[1]。

限于篇幅，这里只能对程序的主体部分进行简单介绍。

1. 使能及点动

在梯形图编程中，给电机使能使用 FB401 功能块。使能按钮可以在 HMI 触摸屏上做出，也可以使用控制面板上的拨码开关。但是建议使用单独外接的拨码开关，拨码开关的可靠性要更高，且在调试过程中能更加方便迅速地处理一些突发情况[2]。

在本次任务中，要求能够进行手自动方式切换，在手动模式下使收放卷电机各自在能够进行点动。为了防止误触使手动模式和自动模式进行互锁，在手动方式仅能进行点动，而无法操作卷绕系统。点动使用功能块 FB414 和停止功能块 FB405，控制逻辑如图 11 所示。特别需要注意的是，这种点动为无张力状态下的同向点动，切不可带张点动，以防断带。

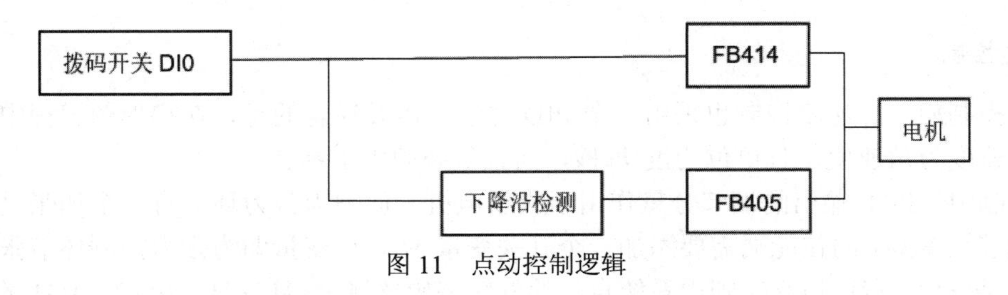

图 11 点动控制逻辑

2. 张力控制

张力控制是卷绕系统的重中之重，张力控制的稳定与否，直接决定着卷绕系统的好坏。在系统设计方案中，我们对放卷轮采取了直接张力控制，收卷轮采取了间接张力控制。

对于张力控制的编程，首先应该在 OB35 中插入一个 FB41 功能块，用来进行张力 PID 调节。将 HMI 触控面板上设定的张力值 T 和张力传感器测量得到的实际张力值 T_1 通过 FB41 进行做偏差得到一个调节值 MD1。

其次再在 CYCLE 端给 FB41 设置一个采样周期，并设置调节值的上下限以及比例系数和积分时间常数，比例系数和积分时间常数需要在测试中不断调整，以确定最佳的组合，具体方法在 PID 参数整定中已有介绍，此处不再赘述。

最后，在 COM_RST 复位端接上两个常开开关，分别为 M_1（HMI 设定线速度改变标识变量，当速度改变时该值为 1）和 M_2（卷绕启停标识，当卷绕停止时该值为 1）。

具体程序设计逻辑如图 12 所示，限于篇幅，图 12 中 FB41 端口未画完整，详细端口可参照本节开头对 FB41 的介绍。

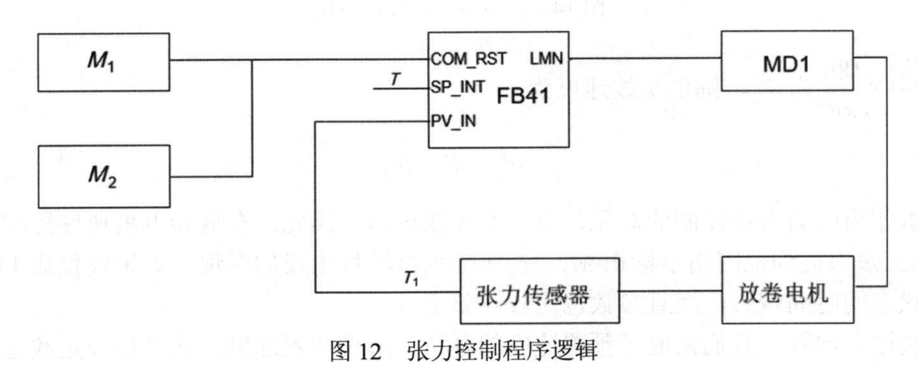

图 12 张力控制程序逻辑

张力控制另一个重点就是加张，也就是说，当判断系统张力是否达到设定范围，若达到则执行下一步程序，若未达到则放卷电机不动，等待张力达到设定值。如图 13 所示，T_1 为张力传感器测量得到的张力实际值，将其通过比较器与我们事先设定的张力范围进行比较，若达到设定的范围值，则使其标识变量 M_3 为 1。然后 M_3 再在其他程序中启动放卷电机和速度 PID，从而达到建张的目的。

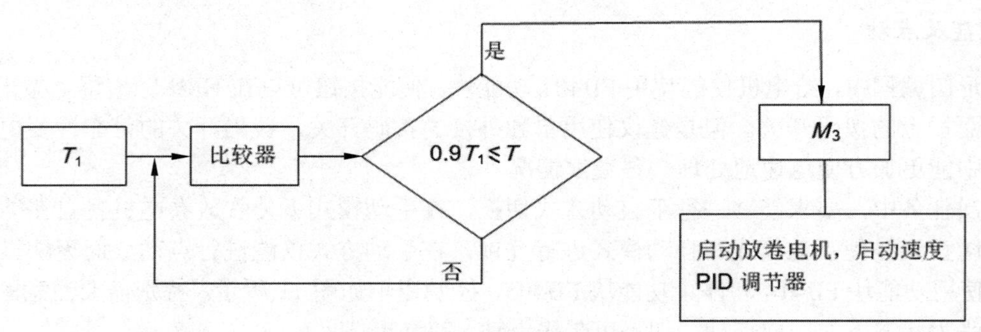

图 13 加张控制逻辑框图

3. 速度控制

与张力控制相仿，速度控制也采用一个 PID 算法。需要注意的是，在梯形图编程中，FB414 块所能使用的速度为角速度，且单位为度/每秒，而且值必须大于零。

速度控制中，PID 输出的调节分量作用于收卷电机，但因为张力环节有一个加张过程，所以在速度 PID 功能块 FB41 的使能端需要添加一个开关变量 M_3，该变量即为张力控制环节张力达到设定范围的标志。物料实际线速度 V_1 则由系统自带的旋转编码器测量得出；M_4 为接在 FB41 的 COM_RST 端用来给速度 PID 复位的标志量（当卷绕停止时该值为 1）；MD2、MD3 均为线速度转化为角速度的过程变量。

由图 14 分析可得出收卷电机的角速度为

$$W_s = \frac{1000|V|}{6} \times \frac{180}{\pi R} + W_1$$

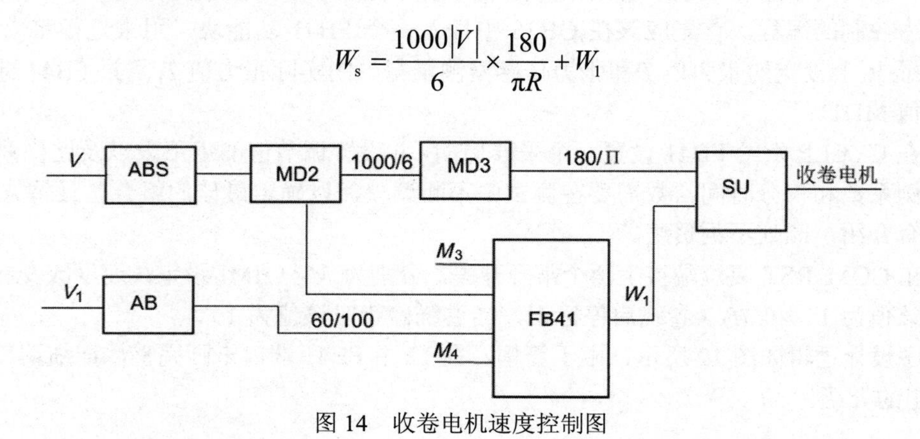

图 14 收卷电机速度控制图

令 $\frac{1000|V|}{6} \times \frac{180}{\pi R}$ 为 W_2，则电机线速度为

$$W_s = W_1 + W_2$$

放卷电机作为张力直接控制的对象，有一个加张过程。因此，在放卷电机速度控制块 FB414 的 Execute 端加上张力达到范围指示标识 M_3。在实际调试过程中我们发现，如果仅仅靠 PID 调节，系统达到稳定状态的时间较长，而且参数也比较难整定。

为了解决这个问题，我们采取了预置速度的办法。所谓预置速度，就是将设定线速度 V 除以卷绕最大半径，得到最小角速度 $W_{\min}$，将该最小角速度与张力 PID 的调节值 MD1 进行相加，便得到了放卷电机的角速度 W_f。这样让 PID 做微调，能够明显改善系统的快速性。

程序控制逻辑如图 15 所示，图中 MD 为线速度处理过程变量。

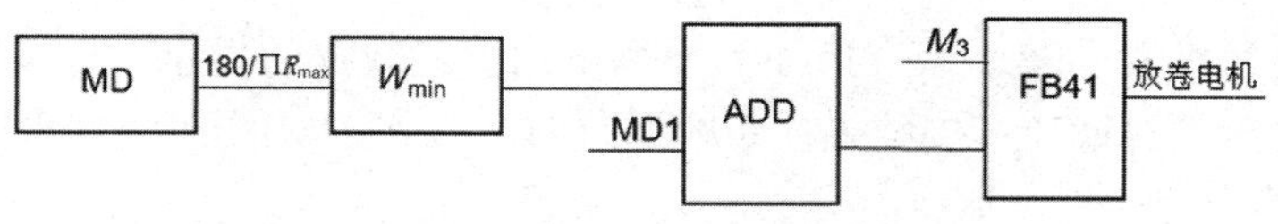

图 15 放卷电机速度控制图

放卷电机角速度为

$$W_f = \frac{W_{\min} \times 180}{\pi R_{\max}} + W_1$$

在速度控制环节，还有一个设定速度改变判断的程序，下图为该程序的实例。图 16 中 MD150 为取过绝对值的设定线速度，MD194 为空变量，M1.0 为设定线速度改变标识。

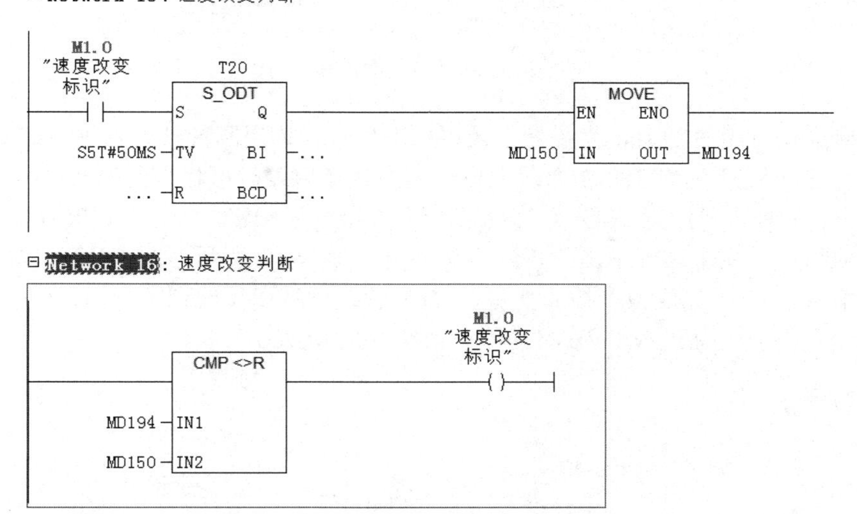

图 16 速度改变判断程序实例

4. 直径计算及显示

在本次任务中需要将收放卷的直径实时地显示在 HMI 触摸屏上，同时直径在收放卷辊的速度计算中还会用到，所以直径计算的准确性关系到系统的稳定性。因此应从直径计算和直径数据的保存显示这两点着手进行编程。

如图 17 所示为半径计算框图，图中 W_0 表示电机的角速度，V_1 表示通过编码器测量得到的物料实时线速度，R 表示通过计算得到的半径。

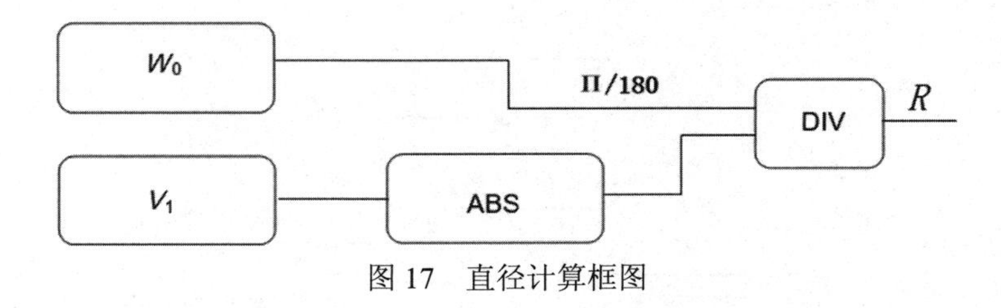

图 17 直径计算框图

由上述分析可得卷绕半径计算公式

$$R=\frac{V}{W_0}$$

卷绕直径计算公式

$$D=2R$$

直径计算只是直径编程的第一步，后面需要解决的直径数据的显示，以及给速度计算程序中的半径进行赋值。上述计算的直径直接结果在系统运行时可以在HMI面板上实时观测，但是当电机停止运转时却无法观测。

因此，解决办法就是在除法块的EN端接一个开关变量，当启动卷绕时给该变量置位为1，卷绕停止时给该变量复位为0。如图18所示，其中MD208为实际线速度V_1的绝对值；MD116为相应卷辊的半径计算值。

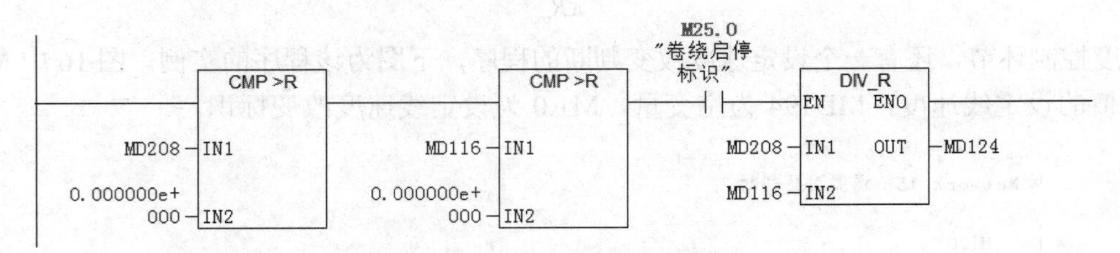

图18　半径数值显示实例

在速度计算时会用到半径的值，为了让半径更加准确，我们用脉冲计时器S_PULSE和MOVE块组成了一个半径更新程序，当在HMI面板上更改速度或者启停时可将当前的实时半径重新传递到速度计算程序中去。但是需要注意的是，这个更新频率不可过于频繁，当过于频繁时反倒会影响PID的调节。所以一般只需在整个过程中更改两到三次即可，如图19所示，图中M_{10}、M_{11}为半径达到一定值时的标志信号，M_1为速度改变标志变量，M_9为卷绕速度正反向判断标识，t为计时时间。当脉冲计时器启动时，将R值通过MOVE移动给一个空变量MD10。

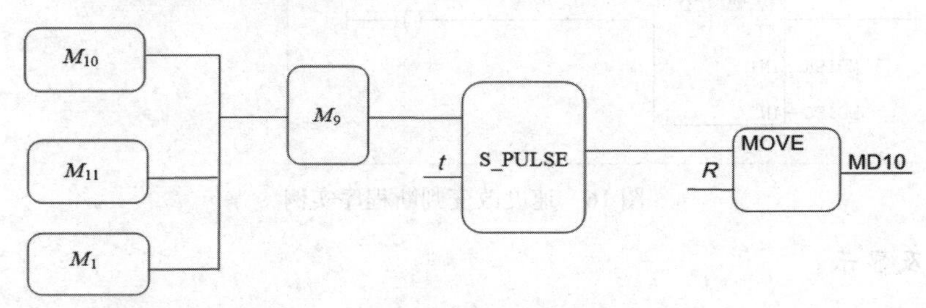

图19　半径赋值

5. HMI操作面板编写

在触摸屏上创建四个画面：在第一个画面作为登录界面，第二个作为登录后的操控页面，第三和第四页面均为观测画面，分别放置张力变化曲线和速度变化曲线，如图20所示。在登录界面可进行用户登录，登录成功才能对系统进行操控。

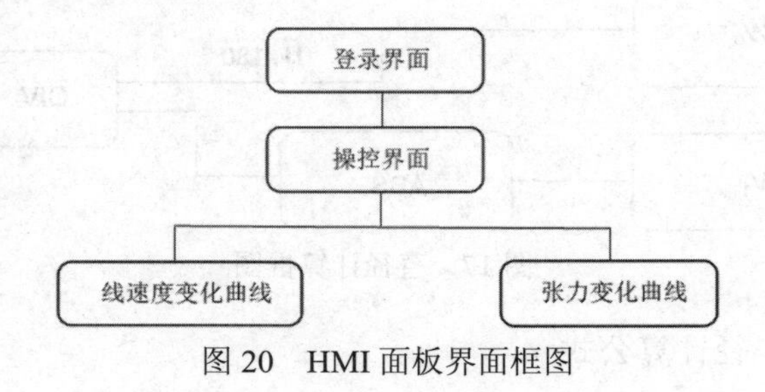

图20　HMI面板界面框图

实际效果图如图 21 和图 22 所示。

图 21　登录界面展示

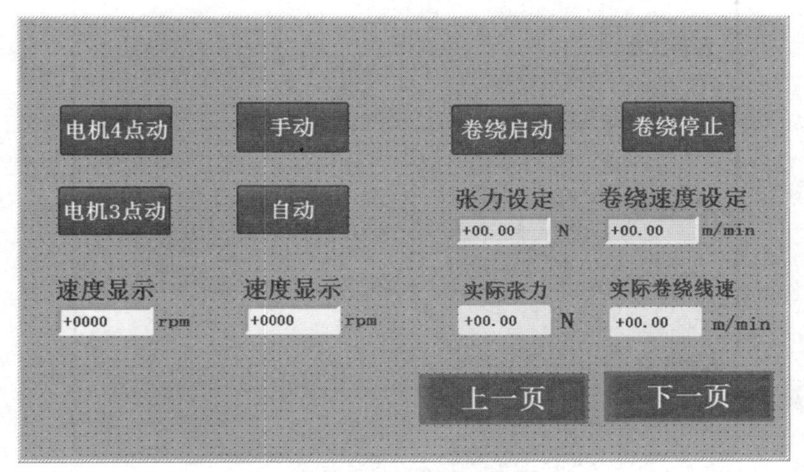

图 22　控制界面展示

6.4.5　系统控制效果

1. PID 参数整定

对速度的控制较容易，下面以张力控制环节的 PI 调节器参数整定为例，说明我们的参数整定的大致过程。

2. 先对比例系数进行整定

图 23 是张力控制 PI 调节器的比例系数变化时，张力变化的曲线，由图可见，随着 K_p 的减小，张力控制环节的稳定性增加。当 K_p 取值为 –1.2 时，可得到较好的张力控制效果。

3. 再对积分时间常数进行整定

根据先比例后积分的 PID 参数整定经验，由于上述比例系数 $K_p = -1.2$ 时控制效果较好，因而在加入积分环节时选择 $K_p = -1.2 \times 0.8 = -0.96$，在 $K_p = -0.96$ 时，积分时间常数选择 3.0、2.0、1.0 时张力控制曲线如图 24 所示。一般而言，随着积分时间常数的减小，张力的波动会先减小后增大，微调比例系数和积分时间常数，不断试凑，可找到较理想的一组参数。

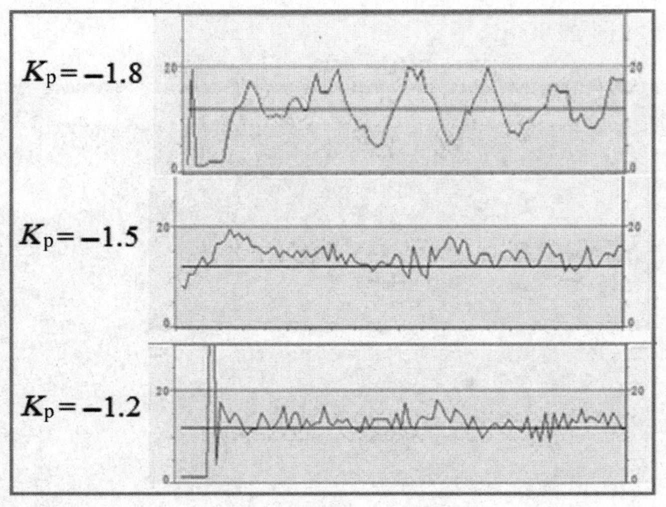

图 23　比例系数整定

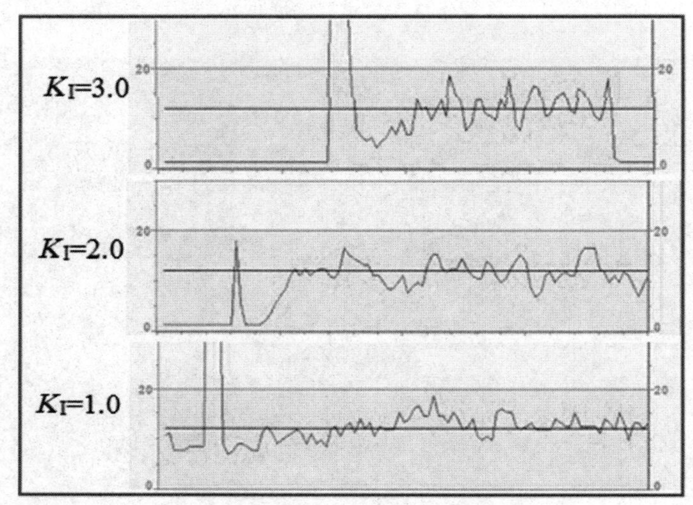

图 24　积分时间常数整定

根据上述参数整定步骤，多次重复试凑，找到 K_p、K_I 系数分别为 –1.1 和 1.2 时可得到较好的张力控制效果，如图 25 和图 26 所示。

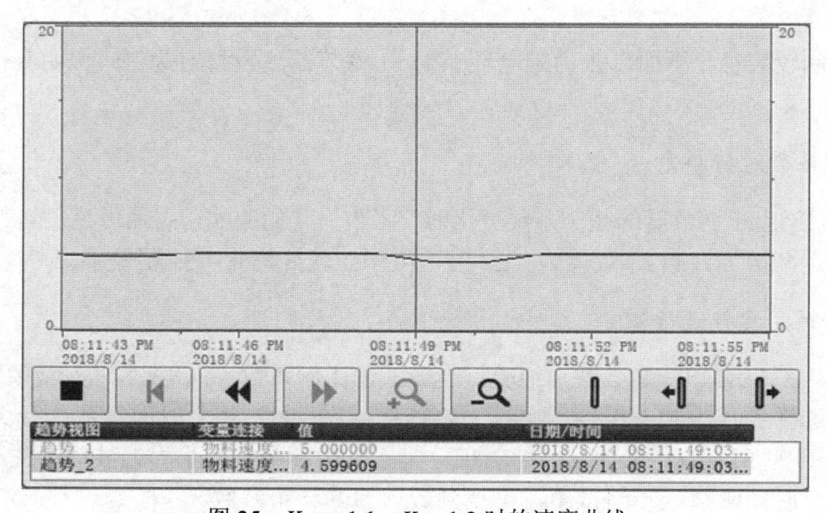

图 25　$K_p = -1.1$、$K_I = 1.2$ 时的速度曲线

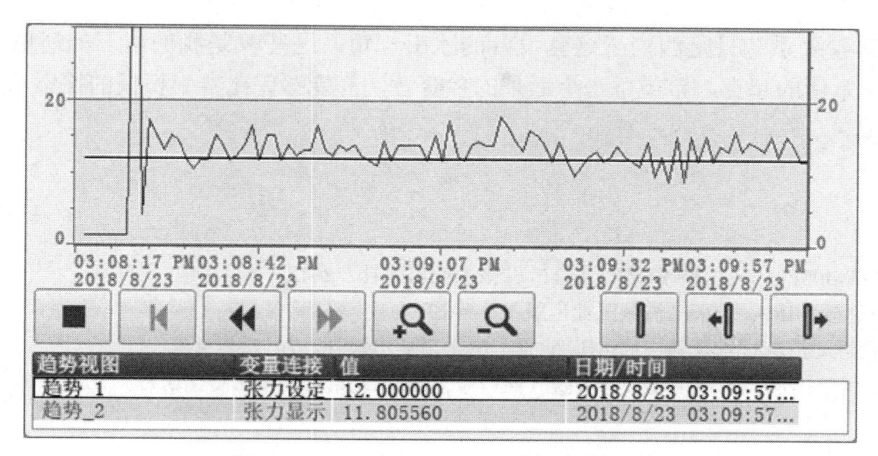

图 26 $K_P=-1.1$、$K_I=1.2$ 时的张力曲线

可见，速度稳态偏差范围在 5%左右，张力稳态误差范围在 20%左右。

收卷辊切点处速度的波动是张力控制环的扰动，在缠绕过程中半径不断增大，速度的波动增加了张力控制的难度。

6.5 系统安全性设计

为保证操作安全性系统设置了光栅保护装置和急停按钮，为了防止系统运行过程中加工物料断裂造成的损失在软件环节采用力矩限制措施，为防止误操作引起安全事故，设置了用户登录限制，具体如下。

6.5.1 光栅保护装置

本次比赛设备的正面具有保护光栅，当光栅感应物体穿过时，将会强制关闭机器，进而保护操作人员的安全[3, 4]。

6.5.2 急停按钮

本次比赛设备具有急停按钮，为红色的蘑菇头按钮，当操作人员发现机器出现故障时即可按下急停按钮，强制关闭机器，防止造成不可挽回的后果。

6.5.3 力矩限制

本次任务为物料卷绕系统，为防止物料被拉变形甚至拉断的现象，我们在工程中添加了力矩限制模块（即 DB437），即两辊的实际力矩大于限定值时收卷辊和放卷辊将被限制。

6.5.4 用户登录

开始操作触摸屏时，需要登录用户，用户登录权限主要有三种：用户管理、监视、操作。对不同用户进行不同的权限设置以确保触摸屏操作的安全可靠。

6.6 参赛感悟

从刚开始接触这个比赛到最终进入决赛历经几个月的时间，这里面有收获的成功、流下的汗水，也有我们发生过的分歧。但无论怎样，收获无疑是巨大的。对于这个比赛我们做得也不是很好，尤其是对于张力的控制，我们只用了 PID 调节，既没有摩擦补偿，也没有张力前馈。而且比赛所接触的基本定位和物料卷绕系统只是西门子这套设备的冰山一角，这些算是我们留下的遗憾。比赛结束不是终点，而是一个新的起点。希望每一个后来的参赛者，都能够在比赛中积极的探索、大胆尝试，最终收获满意的成果。

参考文献

[1] 廖常初. S7-300/400PLC 应用技术[M]. 北京：机械工业出版社，2012.
[2] 崔坚. TIA 博途软件[M]. 北京：机械工业出版社，2012.
[3] 孙培德. 现代运动控制技术及其应用[M]. 北京：电子工业出版社，2012.
[4] 李全利. PLC 运动控制技术应用设计与实践（西门子）[M]. 北京：机械工业出版社，2010.

作者简介

胡炎炎（1997—　），男，学生，E-mail：1781014508@qq.com。
吴敏（1997—　），女，学生，E-mail：2394690432@qq.com。
于贡雨（1998—　），男，学生，E-mail：1634600012@qq.com。
李震（1979—　），男，教师，研究方向：自动控制、PLC、数控系统、智能控制，E-mail：82395215@qq.com。
魏磊（1988—　），男，教师，研究方向：自动控制、PLC、可穿戴式微流控芯片、机电一体化，E-mail：2570998923@qq.com。

第五部分

“工业信息设计开发”赛项

“工业信息设计开发”赛项任务书

1. 赛项任务

根据甲方工厂描述和通信技术需求，通过分析工艺单元、控制中心和生产管理区的距离和各项技术需求设计工厂工业通信方案，包括网络结构设计和设备选型，并通过实施和调试将工厂工业通信系统成功投入运行，达到甲方通信技术需求。

2. 工厂描述

工厂布置示意图如图 1 所示，主要包含生产管理区、控制中心和生产工艺单元 3 个部分。6 个工艺单元按直线排列，每个工艺单元均有一个 PLC，用于控制工艺单元内部生产加工操作，同时与控制中心 PLC 通信。控制中心主要包含工程师站、操作员站和 PLC。控制中心 PLC 用于控制协调各工艺单元之间的生产；在控制中心操作员站上可以监视工厂网络的运行状态，同时操作员站对生产数据进行存储。控制中心、工艺单元及其之间的网络称为生产控制层网络。生产管理区中安装有生产管理系统，与控制中心进行通信。生产管理区的网络称为生产管理层网络。

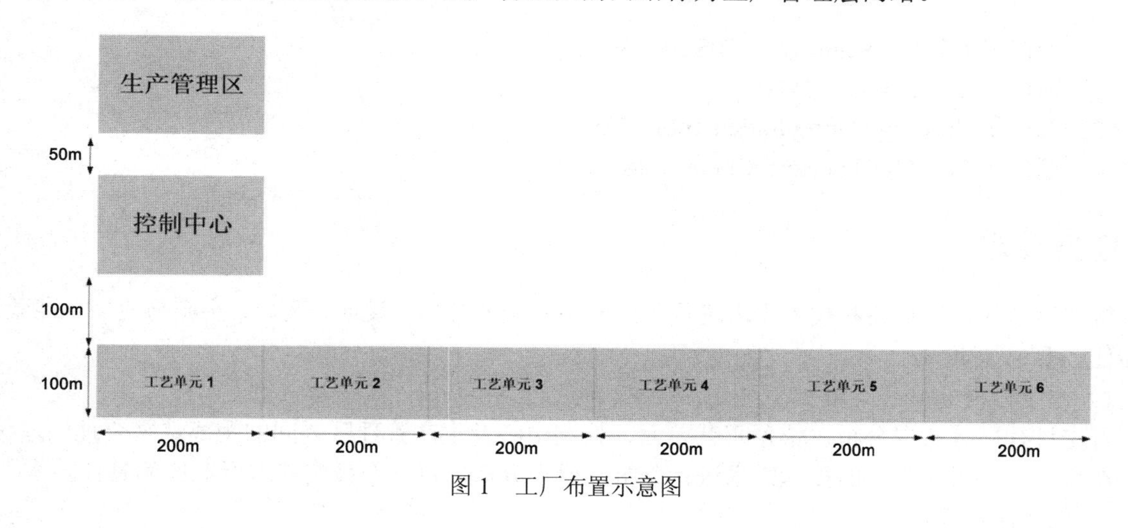

图 1　工厂布置示意图

3. 技术需求

（1）生产管理区、控制中心、生产工艺单元都需要通过网络进行信息交互，考虑整体系统的 IP 规划；

（2）需要考虑工业信息安全，如工厂生产控制层网络与生产管理层网络的安全隔离手段，保护生产控制层网络中 PLC、工程师站等设备不被恶意攻击；

（3）远程维护工作站通过工厂 intranet 与控制中心建立安全可靠连接，要求安全的加密传输数据，必要时对生产控制系统程序进行维护；

（4）需要生产管理系统与控制中心间的加密数据传输；

（5）控制中心的操作员站对所有工艺单元的生产数据归档及显示；

（6）充分考虑工厂网络的冗余度及自愈性，如有线通信冗余、有线与无线互为冗余；

（7）需要避免恶意接入无线网络，并保证数据在无线通信过程中安全可靠地传输；

（8）工艺单元 PLC 与控制中心 PLC 通过工业以太网进行通信，且工艺单元 4～6 相对于工艺单元 1～3 有更高的实时性要求；

（9）在控制中心操作员站中可以监视工厂网络的运行状态，及时发现网络故障。

4. 推荐硬件配置

（1）西门子交换机 SCALANCE XM408-8C（支持路由功能）；

（2）西门子交换机 SCALANCE XB208；

（3）西门子交换机 SCALANCE X208；

（4）西门子无线模块（无线接入点 AP 及客户端）：SCALANCE W774、SCALANCE W734；

（5）西门子无线设备功能卡 K-PLUG；

（6）西门子 PLC S7-1200；

（7）操作面板，配有按钮、指示灯、旋钮及温度传感器和变送器，模拟生产工艺单元的数字量和模拟量数据，与 PLC S7 1200 的 DI、DQ 和 AI 端子连接；

（8）西门子信息安全模块：SCALANCE S615；

（9）200m 覆盖半径的全向天线。

5. 推荐软件配置

（1）西门子 Primary Setup Tool（PST） V4.2；

（2）西门子 TIA Portal V14；

（3）西门子 Security Configuration Tool V5；

（4）西门子 SOFTNETSecurityClient V4。

6. 任务要求

根据甲方的工厂描述和技术需求进行工业网络系统的分析、设计、选型、实施与通信功能验证，具体任务要求如下。

1）系统分析

首先进行厂区布局分析，依据工艺单元、控制中心及生产管理区之间的距离选择合理的通信介质；然后逐一对甲方工厂的技术需求进行分析，要求分析出每一个技术需求所对应的具体技术。

2）网络结构设计

绘制层次清晰的网络结构图，并详细说明设计理由，包括在甲方工厂现有条件下为了满足技术需求采用了什么样的网络架构，使用了哪些工业网络通信技术，使用了哪些工业信息安全技术等。

3）系统设备选型

对交换机、无线接入点、无线客户端、安全模块、控制器等进行选型，同时说明所选设备与满足技术需求的对应关系。

4）系统实施与功能验证

根据交换机、无线设备、安全模块所处的网络层次及功能需求，逐一对其进行功能配置，要求提供配置页面；根据控制器所处的网络层次及功能需求，逐一对其进行硬件组态、网络组态、通信配置和必要的程序编程，要求提供通信配置页面；依据网络设计中的网络端口连接要求，利用工业以太网线缆将交换机、无线设备、安全模块、控制器、工程师站和操作员站进行连接；对甲方的工业通信与信息安全技术需求逐一进行测试，要求提供测试结果及对每一个工业通信与信息安全技术需求测试结果进行说明。

7 “工业信息设计开发”赛项工程设计方案

参赛选手：徐佳乐（北京科技大学），汪　伶（北京科技大学），
王鹏程（北京科技大学）
指导教师：刘　艳（北京科技大学），李江昀（北京科技大学）
审　　校：杨清宇（西安交通大学），
燕英歌（西门子（中国）有限公司）

7.1 系统分析

7.1.1 产区布局分析

1. 厂区布局

工厂布置示意图如图 1 所示，主要包含生产管理区、控制中心与生产工艺单元 3 个部分。6 个工艺单元按直线排列，每个工艺单元均有一个 PLC，用于控制工艺单元内部生产加工操作，同时与控制中心 PLC 通信。控制中心含工程师站、操作员站（监视工厂网络运行状态，同时对生产数据进行存储）和 PLC（协调各工艺单元之间的生产）。网络总体可分为生产管理层和生产控制层两部分，两部分可通过安全模块进行安全可靠的双向通信。控制中心、生产单元及其之间的网络称为生产控制层网络。生产管理区中安装有生产管理系统，与控制中心进行双向通信。

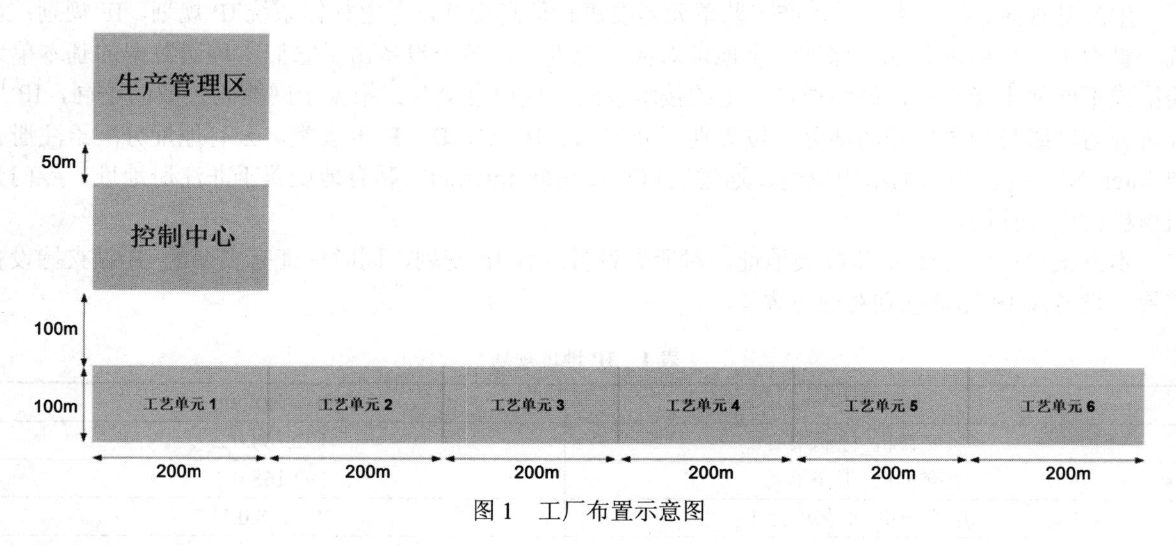

图 1　工厂布置示意图

2. 布局分析

1）工厂宏观组成

生产管理区距离控制中心 50m，控制中心与工艺单元 1 相距 100m，工艺单元总长 1200m，各工艺单元占地长 200m、宽 100m，各工艺单元间互不影响且与控制中心直接通信。生产管理区、控制中心、工艺单元之间分别相隔一定距离，实现物理隔离，从而使功能分区便于生产与管理。同时也

保证了安全性，既可以避免工艺单元出现大的安全故障对控制中心的人员造成危险，又可以及时发现安全故障，对其立即采取相应的安全措施。另外还便于现场设备的检修和维护。

工厂的布局为典型的企业综合自动化控制系统，集成FCS现场控制级、PCS过程控制级、MES生产管理级网络。运用同构网络技术，一网到底，在减少建设投入和维护投入的同时也可实现网络的一致开放性。

2）通信需求

方案设计采用有线通信和无线通信相结合的网络形式。考虑到传输距离和传输可靠性，有线连接采用1000Mb/s多模光纤通信，用于交换机间的级联和交换机到路由器间的点到点链路上。拓展方案中为了使系统有更高的自愈性和减少现场布线的工作量，在控制中心和工艺单元间采用环间冗余构成有线与无线互为冗余的网络，环内通信为有线通信。

PROFIBUS与PROFINET都可作为现场级通信网络的解决方案，PROFIBUS基于RS485串行总线，PROFINET基于工业以太网，两者都使用了精简的堆栈结构，都具有很高的实时性。对于PROFINET来说，基于标准以太网的任何开发都可直接应用在PROFINET网络中，同时世界上基于以太网解决方案的开发者远远多于PROFIBUS开发者，所以PROFINET具有更多的资源。从性能上来看，PROFINET相较PROFIBUS有更高的数据传输带宽，更高字节的用户数据，PROFIBUS数据传输方式为半双工，使用铜和光纤作为通信介质，组态和诊断需要专门的接口模板，而PROFINET传输为全双工，无线可用于额外的介质，可使用标准以太网卡进行组态和诊断。PROFINET囊括了实时以太网、运动控制、分布式自动化、故障安全以及网络安全等热点问题，并且作为跨供应商技术，可以完全兼容工业以太网和现有的现场总线（如PROFIBUS）技术，保护现有投资。因此综合考虑，本方案设计采用PROFINET总线标准。

7.1.2 技术需求分析

1. 网络规划

生产管理区、控制中心、生产工艺单元需要进行信息交互，考虑整体系统IP规划。IP规划：在统一管理下进行地址分配，保证每个地址对应一台设备。各个设备由于它们所传送数据的基本单元的格式不同而不能互通，最终通过一定的技术手段实现信息交互。根据子网掩码位数的不同，IP地址可分为网络号和主机号两部分。按类别可分为A、B、C、D、E五大类。公有地址分配给注册并向Inter NIC提出申请的组织机构，通过它可直接访问Internet。私有地址属于非注册地址，专门为组织机构内部使用。

本方案设计中主要采用C类地址。对所有设备进行IP规划，同时保证有多余的IP以支持设备扩展。设备及IP地址规划对应见表1。

表1 IP地址规划

设 备	IP 地 址
三层交换机_控制中心	192.168.0.2
三层交换机_生产单元	192.168.0.3
二层交换机_工艺单元1	192.168.0.11
二层交换机_工艺单元2	192.168.0.12
二层交换机_工艺单元3	192.168.0.13
二层交换机_工艺单元4	192.168.0.14
二层交换机_工艺单元5	192.168.0.15
二层交换机_工艺单元6	192.168.0.16
二层交换机_控制中心	192.168.0.17

（续表）

设　　备	IP 地 址
无线接入点	192.168.0.18
无线客户端	192.168.0.19
安全模块 S615	192.168.0.101～192.168.0.110
扩展三层交换机	192.168.0.4～192.168.0.10
扩展二层交换机	192.168.0.20～192.168.0.100

2. 防火墙技术

考虑工业信息安全，如工厂生产控制层网络与生产管理层网络的安全隔离手段，保护生产控制层网络中 PLC、工程师站等设备不被恶意攻击，应做到内外网隔离。也就是说，当生产管理层网络要接入生产控制网络时，为保证现场生产控制不受影响，保护其信息安全，需使用一定的技术手段来隔离工厂生产网络和管理层网络来限制管理层网络访问控制网络的权限，同时保护网络和工作站免受第三方的影响与干扰。防火墙是一个建立在内外网边界上的过滤、封锁机制，是安全网络的第一层防护，用来防止不希望或未经授权通信进出被保护的内部网络，通过边界控制强化内部网络的安全策略。防火墙对流经它的网络通信进行扫描，能够过滤掉一些攻击，以免其在目标主机上被执行。

本方案设计在管理层网络和控制层网络之间配置安全模块，通过启用安全模块的防火墙功能实现管理层网络和控制层网络的安全隔离。通过设置相应 IP Rules 进行 IP 过滤实现内部网络可访问外部网络，外部网络只有特定的主机可访问内部网络。考虑到非法者的 IP 伪装等不安全操作，防火墙单一的防护并不能完全满足安全需求。因此，可以采用多层防护的措施，在 IP 地址认证的基础上，增添密码、口令等多层次认证，也可以采用数字水印技术进行更深层次加密。这样一来，多层次的技术手段使得安全性能大幅提升，很好地满足了安全性能。

3. VPN 技术

远程维护工作站通过工厂 Intranet 与控制中心建立安全可靠连接，要求安全的加密传输数据，必要时对生产控制系统程序进行维护。远程维护解决以往维护工程师必须亲临现场才能解决的问题，实现高效率、低成本的服务方式。远程维护工作站和和控制中心之间需建立安全可靠的连接，来保证数据传输的安全性和完整性。维护工程师可以在内网和外网之间建立一条安全稳定的“隧道”，来进行远程访问，通过一定的软件平台来实现 VPN 管理，使用 SOFINET Security Client 软件作为 VPN Client，使用 S615 作为 VPN Server，实现远程控制，远程维护功能。

IPSec 的安全服务支持共享密钥完成认证，支持手工输入密钥。另外，IPSec 协议中还有一个密钥管理协议，称为 Internet 密钥交换协议——IKE，该协议可以动态认证 IPSec 对等体，协商安全服务，并自动生成共享密钥。IPSec 的公钥加密用于身份认证和密钥交换。

IPSec VPN 以其高达 168 位的加密安全性，以及核心技术的普及所带来的成本下降，已经成为构建跨地域 VPN 网络的首选方案。任意两个网络之间，只要建立了 IPSec VPN，就如同在同一个局域网内，可以任意传送资料和访问对方的应用系统。

利用 SOFTNET 安全客户端 PC 软件，可以通过公共网络从 PC/PG 安全地远程访问受安全模块保护的自动化系统。可以使用安全模块和 SOFTNET 安全客户端通过公共网络建立安全隧道，连接两个隧道端点实现两者的安全可靠连接。

西门子提供的 Sinema Remote Connect 远程管理平台，支持以高效安全的方式远程访问分布在全球各地的机器设备。服务工程师和待维护的机器设备分别与 Sinema Remote Connect 远程管理平台建立连接。远程管理平台通过交换证书来验证各个站点的身份，然后才允许对设备进行访问。通过此管理平台就可以对远程系统进行配置、安装、维护、监控与管理，解决以往维护工程师必须亲临现场才能解决的问题。

4. 数据加密技术

需要生产管理系统与控制中心间的加密数据传输。网络信息会借助网络进行传送，黑客会使用非法手段对信息内容进行截取，以实现非法目的，导致公司遭受不可估量的损失。数据加密技术能够确保网络通信的安全性。加密技术则是指在特殊处理信息以后，将其转变成无意义的密文。在接收方面，在接收密文以后，借助某一技术实现向明文的转换。根据特定规律实现密文与明文相互转换与计算的方法通常被称为密钥。

数据加密技术主要类型如下。

链路加密技术：在传输数据信息之前完成加密，并在下一链路中对另外的密钥予以使用并加密，随后进行传输。在数据传输的整个过程中，所经由的各节点与链路都会被解密，此后会重新进行加密，所以通信链路中的数据信息的存在形式始终是密文。

节点加密技术：节点加密技术与链路加密技术存在相似之处，具体指的是节点对于数据的解密与再次加密，要求以通信链路为主要载体，有效保障数据信息的安全。不同于链路加密技术的是，在节点加密中，在经过节点的时候，数据不允许以明文形式呈现出来。而在节点中，设置了安全模块和节点机相互连接，这属于一种密码装置。

端到端加密技术：在端到端加密的时候，数据信息由出发点向接收点传输的时候，始终是通过密文形式呈现出来。是在传输前加密数据信息，而且传输过程不解密，在数据被接收以后，接收人会按照密钥要求解密数据，进而以明文的形式呈现出来。由此可见，数据安全性以及保密性在传输的时候始终受保护。

安全模块 SCALANCE S615 采用 SNMPv3 协议，SNMPv3 支持完全加密的用户验证、加密整个数据流量和访问用户组级别的 MIB 对象控制等安全概念。在管理层网络和控制层网络之间配置 S615 进行加密传输。

5. 数据传输

控制中心的操作员站对所有工艺单元的生产数据归档及显示。

网络监控：控制中心作为整个车间的中心单元，需建立完善的数据库。控制中心进行信息的收集、归档、存储、输出和反馈，对生产过程出现的问题及时报警和后续分析，为在线工序质量控制提供可靠保证。

WinCC 组态技术：控制中心的操作员站对现场工艺单元生产数据进行归档存储，比如生产数量、各控制阀的状态、报警事故等重要信息需进行保存。可以将综合监控服务器的显示屏设置为人机交互界面（HMI），通过组态软件 WinCC 设置界面，可以实时观测到工艺单元生产数据以及其变化趋势，工艺过程的实时视频，当某一生产数据超过安全阈值时，还可以进行报警。

6. 网络冗余

充分考虑工厂网络的冗余度及自愈性。网络冗余：冗余是工业网络的一项保障策略，其目的是减少意外中断，在一条路径出现故障的时候有另外一条路径保证通信畅通。提高整个系统的平均无故障时间（MTBF），缩短平均故障修复时间（MTTR）。

网络拓扑采用环形拓扑结构，6 个生产单元（冗余客户端）和三层交换机（冗余管理器）组成闭合回路，既提高了工厂网络的冗余度和自愈性，又减少了生产单元对控制中心的依赖性。为保证传输效果，抑制干扰，采用光纤传输。6 条生产线，每条 200m，总长度 1200m，采用的 1000Mb/s 多模光纤最远传输距离达 750m。但是为增强设备的可扩展性，可以采用跨接的方式连接各交换机。

连接顺序应为：1-3-5-6-4-2-1。在实际工程中，常采用这种跨接方式来完成多站点、长距离光纤连接。方案的环形结构如图 2 所示。

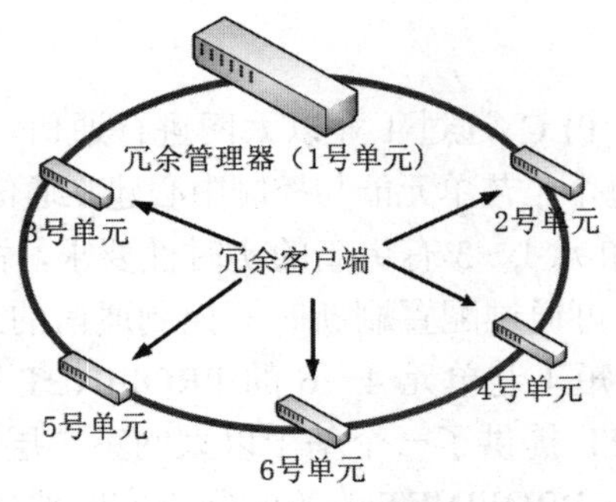

图 2 环网冗余示意图

传统生成树协议 STP 以及快速生成树协议 RSTP 自愈时间分别在 50s 和 2s 左右，无法满足工业控制网络对实时性要求，环网冗余技术将大大降低自愈时间。HRP 高速冗余协议是适用于环型拓扑网络的一种冗余。交换机通过环网端口互连，其中一台交换机组态为冗余管理器 RM。其他交换机为冗余客户端，环中断后重新组态时间最长为 0.3s，所以综合考虑采用 HRP 协议。

7. VLAN

每个工艺单元与控制中心建立 PROFINET 通信。集中控制：各个工艺单元只与控制中心通信，控制中心有高度控制权，保证整个生产过程得以调度，同时为了建立 PROFINET 通信，故将所有工艺单元放在同一 VLAN 下。

VLAN 划分：VLAN（虚拟局域网）将物理网络划分成若干个相互屏蔽的逻辑网络，数据交换甚至广播传输只在一个 VLAN 内发生。只有相同 VLAN 上的节点才能彼此寻址。因此各区域 VLAN 划分对应见表 2。

表 2 设备 VLAN 划分表

设 备	IP 地 址	网 关	所属 VLAN
生产管理系统	10.10.0.10	10.10.0.1	VLAN 100
工程师站服务器	192.168.2.2	192.168.2.1	VLAN 11
操作员站服务器	192.168.2.3	192.168.2.1	VLAN 11
PLC _控制中心	192.168.2.100	192.168.2.1	VLAN 11
PLC _工艺单元 1	192.168.2.11		VLAN 11
PLC _工艺单元 2	192.168.2.12		VLAN 11
PLC _工艺单元 3	192.168.2.13		VLAN 11
PLC _工艺单元 4	192.168.2.14		VLAN 11
PLC _工艺单元 5	192.168.2.15		VLAN 11
PLC _工艺单元 6	192.168.2.16		VLAN 11

8. 无线通信安全

需要避免恶意接入无线网络，并保证数据在无线通信过程中的安全可靠传输。无线信道是一个开放性信道，它在赋予无线用户通信自由的同时也给无线通信网络带来了一些不安全因素，如通信内容易被窃听、通信内容可以被更改和通信双方身份可能被假冒等。因此，无线通信网络必须采用相应的网络技术手段避免恶意接入无线网络，保证数据在无线通信过程中的安全可靠传输。

无线网络安全措施[2]：访问协议控制，用户登录无线产品有多种协议方式，可以禁止一些协议来满足安全要求；更改默认 SSID 名称与禁用 SSID 广播；更改管理员和用户默认密码；启用 MAC

地址过滤功能，只有特定 MAC 地址的无线设备才提供无线网络访问许可；使用验证和加密功能，有线等效私有协议（WEP）和 WiFi 保护访问（WPA）为无线通信提供不同级别的安全保护。

9. 通信实时性

工艺单元 PLC 与控制中心 PLC 通过工业以太网进行通信，且工艺单元 4～6 相对于工艺单元 1～3 有更高的实时性要求。根据每个工艺单元能与控制中心建立通信，对 6 个工艺生产单元划分 VLAN。因为工艺单元 4～6 相对于工艺单元 1～3 有更高的实时性要求，故采用 PROFINET 总线标准，由于 PROFINET 支持实时通信方式，可通过配置刷新时间控制通信的速率，故实现 4～6 相对于 1～3 有更高的实时性也可以通过适当缩短工艺单元 4～6 的 PROFINET 刷新时间来实现。PROFINET 实时通信：对于实时通信，PROFINET 提供了一个基于以太网第二层的优化的实时通信通道，极大地减少了数据在通信栈中的处理时间；PROFINET 的等时同步实时通信可以满足现场级的高速通信需求。在 PROFINET 网络中，所有的网络节点可以通过精确的时钟同步实现同步实时以太网，保证数据传输的及时准确性。因此可以在 STEP7 中设置 PROFINET 刷新时间，缩短工艺单元 4～6 的刷新时间，以确保工艺单元 4～6 具有更高的通信实时性。

10. 网络诊断

在控制中心操作员站中可以监视工厂网络的运行状态，及时发现网络故障：控制中心的操作员站可监视工厂网络的运行状态，及时发现网络故障，为在线工序质量控制提供可靠保证。可靠的 PROFINET 控制，还需要完善的诊断方式，尤其现场设备层对总线状态诊断的需求是必不可少的，总线一旦出现故障，PLC 必须进行保护输出，这样才能保证操作人员和整个系统的安全。PROFINET 集成了 PROFISafe 行规，实现了 IEC61508 中规定的 SIL3 等级的故障安全，保证系统在故障后可自动恢复到安全状态。通过 PROFINET 诊断手段，在用户程序中快速获取总线诊断状态，当出现总线故障时，让 PLC 及时停止输出或进行保护性输出，而且可以在任何与该 PLC 连接的 HMI 或上位机上显示总线的实时状态，方便用户查看故障。

PROFINET 几种主要的诊断方法：通过 IO 设备/控制器上的 LED 灯指示诊断；通过 STEP7 在线诊断；通过用户程序诊断；通过诊断工具诊断（西门子基于 RSE 的支持诊断维护工具 Maintenance station）；通过标准工具诊断（Web 诊断、通过 SNMP 在 HMI 上诊断等）。

7.1.3　技术汇总

技术汇总表如表 3 所示。

表 3　技术汇总表

车间单元	技术需求	技术手段
管理区	管理区与控制中心和工艺单元都要进行信息交互	IP 规划
	需要生产管理系统与控制中心间的加密数据传输	数据加密技术
控制中心	控制层网络与管理层网络的安全隔离	防火墙技术
	远程维护工作站通过工厂 Intranet 与控制中心建立安全可靠的连接，要求安全的加密传输数据	VPN 技术
	控制中心的操作员站对所有工艺单元的生产数据归档及显示	WinCC 组态
	在操作员站中监视工厂网络的运行状态，及时发现网络故障	PROFINET 诊断
工艺单元	充分考虑工厂网络的冗余度及自愈性	高速冗余环网
	需要避免恶意接入无线网络，保证数据在无线通信过程中的安全可靠传输	无线通信安全
	工艺单元 PLC 与控制中心 PLC 通过工业以太网进行通信，且工艺单元 4～6 相对于工艺单元 1～3 有更高的实时性要求	PROFINET 通信

7.2 网络结构分析

7.2.1 工厂网络

为了保证工业系统的可靠运行，对网络进行了适当的层次划分，如图 3 所示，分别为管理区、控制中心和生产工艺单元，通过网络设计实现从管理层到现场层的无缝全集成。

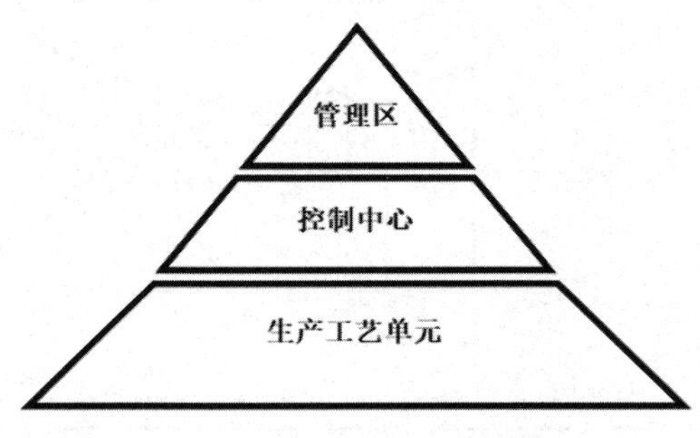

图 3 工厂网络层次结构简图

管理区通信网络用于工厂的上层管理，为工厂提供生产、经营、管理等数据，通过信息化的方式优化工厂的资源，提高工厂的管理水平。

控制中心通信网络介于管理区和生产工艺单元之间。主要解决车间内各个需要协调工作的不同工艺段之间的通信，从通信需求角度看，要求通信网络能够高速传递大量信息数据和少量控制数据，同时具有较强的实时性。

生产工艺单元通信网络处于工业网络系统的最底层，直接连接现场的各种设备，包括 I/O 设备、传感器、变送器、变频与驱动等装置，由于设备的千变万化，因此所使用的通信方式也比较复杂。而且，由于生产工艺单元网络直接连接现场的设备，网络上主要传递的是控制信号，因此对网络的确定性和实时性有很高的要求。

7.2.2 网络结构图

分析该赛题可知，生产线由生产管理区、控制中心、6 个生产工艺单元组成。其中需要进行的通信包括：

- 控制中心 PLC 与各工艺单元之间的通信，用以协调各单元的生产、安排调度；
- 生产管理区与控制中心进行安全通信；
- 工艺生产单元生产数据与控制中心工程师站操作员站服务器之间的通信。

考虑到实际生产中功能与成本并重的理念，我们以运用最少的设备、实现最多的功能为出发点，设计了该工业通信网络的网络结构设计简图，如图 4 所示。

1. 生产管理区

生产管理层中安装有生产管理系统，能够与控制中心进行双向通信。为保证不同网络层管理与控制的方便性和安全性以及整体网络运行的稳定性，所以把生产管理区单独划分成一个 VLAN，通过路由功能使生产管理区与控制中心进行双向通信。

又因为考虑信息安全，保护生产控制层网络中 PLC、工程师站等设备不被恶意攻击，需要将控制中心网络与生产管理层网络实现安全隔离，利用防火墙技术可以实现要求。

安全模块可以有效地保护网络，防止从内部和外部产生的威胁，通过加密的方式阻止数据的监听和篡改。其防火墙技术可以有效地防止无用的数据流量、未经授权的设备进入系统单元。安全模块具有路由功能，在小型网络中就不需要使用专用的路由器就能实现路由通信。

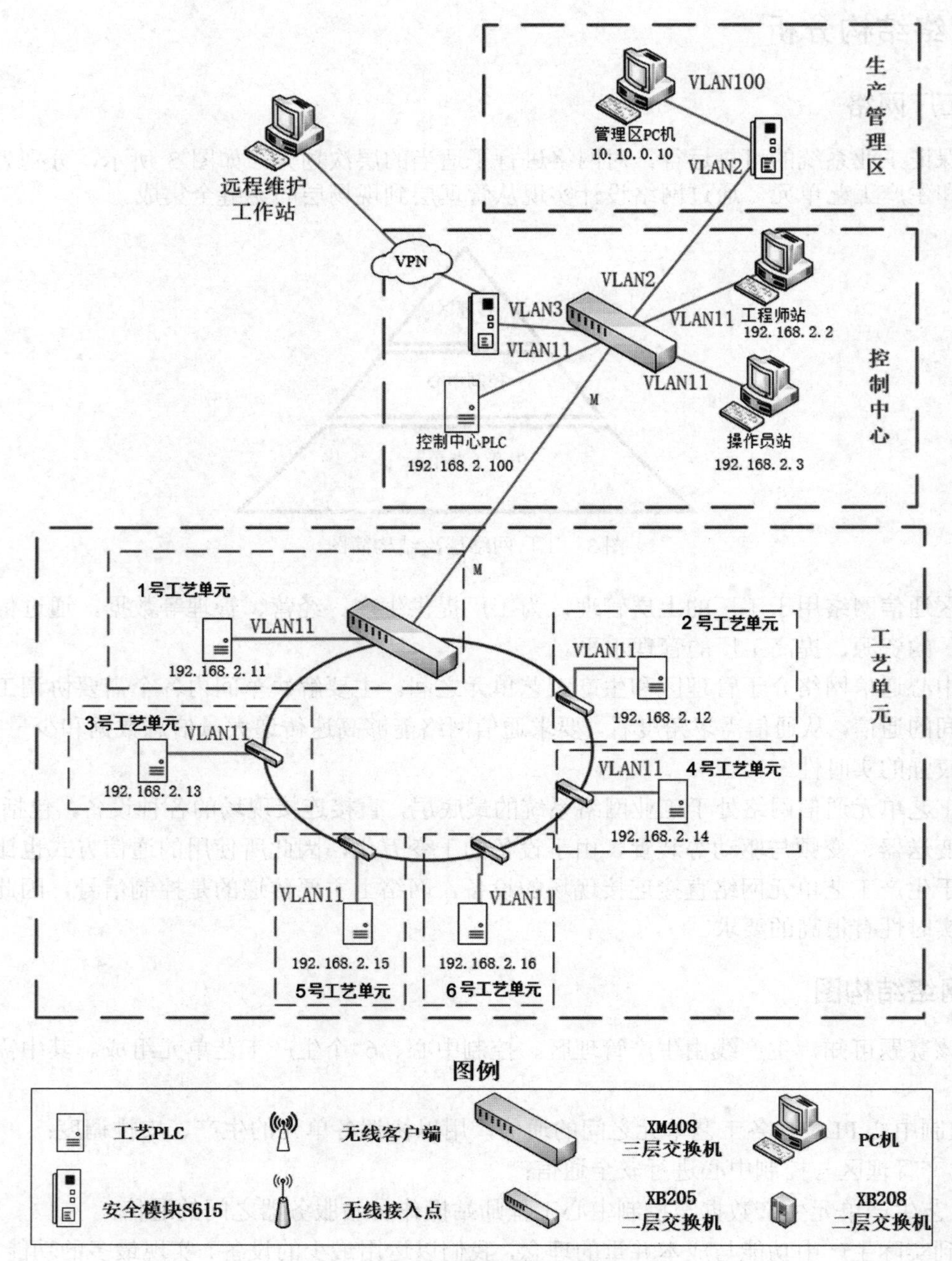

图4 工厂网络层次结构简图

2. 控制中心

控制中心的网络实现主要采用的是基于 VLAN 的虚拟局域网技术。控制中心包含工程师站、操作员站和 PLC，三者之间要进行频繁的通信，故把三者接在 XM408 同一个 VLAN 下，以降低网络负荷。工程师站需要对控制工程项目进行编辑修改、下载上传、采集存储，操作员站需要对生产单元进行监控、数据归类、报警信息提醒等，控制中心 PLC 能协调各工艺单元的生产。控制中心的工程师站、操作员站以及控制中心 PLC 均放在控制中心交换机划分的 VLAN11 下。

3. 工艺单元

生产工艺单元区共有 6 个工艺单元，每个工艺单元主要包含一个 PLC 和一台二层交换机（一号除外)。由于 6 个工艺单元按直线排列，每个工艺单元占地长 200m、宽 100m，总长 1200m，如果采用相邻工艺单元直连的方式，最后一个工艺单元的连线长达 1200m。由于多模光纤在传输距离上的局限性，我们希望尽可能减少两个二层交换机之间的接线长度，所以采用跨接的方式来完成多设备、长距离的连接。工艺单元的连接顺序应为：1-3-5-6-4-2-1。这样连接线缆的最大长度为 400m，避免了长距离传输的干扰，保证了传递信号的质量。

充分考虑了工艺单元网络的冗余度及自愈性后，采用环形跨接的拓扑结构进行连接。环形工业以太网技术是基于以太网发展起来的，继承了以太网速度快成本低的优点，同时为网络上的数据传输提供了一条冗余链路，提高了网络的可用性。HRP 高速冗余协议是适用于环形拓扑网络的一种冗余，环中断后重新组态时间最长为 0.3s，所以采用 HRP 协议具有更快的自愈时间。

将交换机的冗余环口依次进行连接，即构成了环形网络结构。其中一台交换机作为冗余管理器 RM，其余设备作为冗余客户端。冗余管理器 RM 会监控网络状态，当网络中连接线意外断开或交换机发生故障时，它会通过一个替代的路径恢复正常通信。

在工艺单元 PLC 与控制中心 PLC 进行通信时，工艺单元 4～6 相对于工艺单元 1～3 有更高的实时性要求，可通过修改 PROFINET 的刷新时间可以实现。

不同工艺单元通过 VLAN 接入到高速冗余环网，工艺单元和控制中心之间的交换机通过 Trunk 连接。

7.2.3 综合拓展

考虑到工厂由于生产规模的扩大需要变动网络结构，生产规模的扩展有以下变动。

1. 单个工艺单元的扩张

在不扩增工艺单元数量的基础上，增长工艺单元生产线的长度，需考虑多模光纤通信距离。采用的 1000Mb/s 的多模光纤通信支持传输距离为 750m，在原方案设计中采用了 1-3-5-6-4-2-1 的跨接方式，每根光纤的最大连接长度为 400m，仍留有足够的裕量，满足生产线长度增加的技术要求。在这种情况下，网络结构无须变动。

每个二层交换机的 8 个以太网端口仅使用了 3 个，当需要增加每个工艺单元 PLC 等设备数量时，仍然有足够的端口进行扩展。

2. 工艺单元数量的增加

工艺单元由原先的 6 个增加为更多工艺单元，需要增加更多的 VLAN，生产线长度变得更长。各个交换机的冗余端口相连接成高速冗余环网，HRP 高速冗余协议可支持 50 个交换机之间的快速通信。现有的工艺单元仅有 6 个，还有很大的裕量，即便增加工艺单元的数量，只要按照跨接的方式，仍然可以具有较高的冗余度及自愈性。

3. 环间冗余

当控制中心与工艺单元的设备或线缆发生故障时，为了实现快速恢复，保证正常的网络通信和设备的安全生产运行以确保网络的自愈性，采用环间冗余构成有线与无线互为冗余的网络，只要在控制中心添加一个具有 Standby Slave 功能的设备即可以实现（此处采用 XB208），同时也提高控制中心端口的可拓展性。网络示意图如图 5 所示。

此处采用有线与无线构成环件冗余网络，主要是减少了现场铺线的麻烦，提高可实施性，但有线与无线切换的时间可能相对较久。因此在生产实时性要求更高的场合，亦可以采用有线连接。

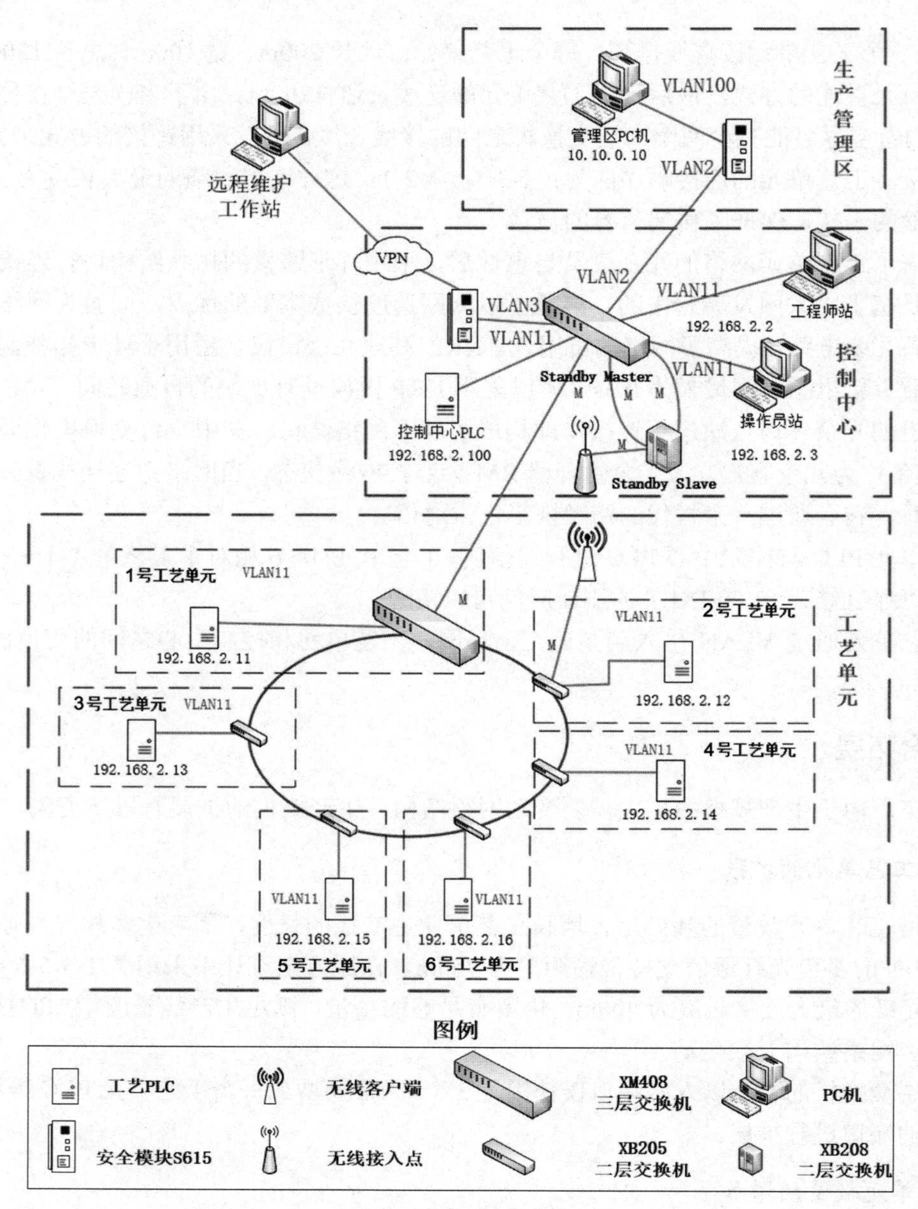

图 5　环间冗余示意图

7.3　工业信息安全解决方案

7.3.1　网络安全策略

为应对网络的可能带来的安全威胁，需要实施一定的网络安全策略，主要从防护、检测、响应、恢复 4 个方面考虑。

- 防护：根据系统已知可能的安全问题采取一些预防措施，如打补丁、访问控制、数据加密、防火墙等，不让攻击者顺利入侵。
- 检测：防护系统并不能阻止所有的入侵事件，攻击者如果穿过防护系统，检测系统就会检测出来，检测入侵者的身份以及攻击源、系统损失等。
- 响应：一旦检测出入侵，响应系统就开始响应，进行事件处理。当系统出现危险时声光电信号同时报警，确保操作人员得知安全问题的出现。

- 恢复：当安全事件发生后，要把系统及时恢复到原来状态甚至比原来更安全的状态，保证同类安全事件不会再次发生。

7.3.2 网络通信安全

1. 防火墙技术[1]

应用状态检测技术，可以在网络正常连接状态下，对存在安全风险的信息进行检测并拦截，且能够与一同连接的数据以及在其基础上建立的连接状态表进行甄别。状态检测技术在实际应用中具有更大的灵活性与安全性，且适用于大部分网络环境，现在已经得到广泛应用。但是如果选择应用此种技术，同样需要注意其在信息记录和检测过程中，会在一定程度上影响网络的稳定性，延迟网络信息的传输，降低网络使用效率。

通过对 IP 地址的注册，来实现对数据信息的有效保护，提高网络通信安全性。网络用户应提前对计算机服务器 IP 地址进行注册，在需要对外部网络进行访问时，系统可以自动将外部网络地址映射过来并有效连接，可以有效避免内部地址被外部不法分子截获。同时，如果外部网络需要申请计算机内部网络访问时，系统也可以提供开放 IP 地址使其正常访问。此种隔离措施在实际应用中，具有简单且安全的特点，被广泛应用到网络通信中。

Access Control List 即访问控制列表，常用来根据事先设定的访问控制规则，过滤某些特定 MAC 地址、IP 地址、协议类型、服务类型的数据包，合法的允许通过，不合法的阻截并丢弃。与其他防火墙技术相比，利用过滤路由器具有效率更高，效果更佳，可以有效保证通信安全。但是包过滤防火技术在实际应用中，对数据地址依赖性比较强，并且对地址辨别效果十分有限，部分情况下会因审查标准差异，将已被授权有效信息拦截在防火墙外面，在一定程度上影响通信信息整体保护效果。

2. VPN 技术

VPN（Virtual Private Network）即虚拟专用网络。目前 VPN 主要采用 4 项技术来保证安全，即隧道技术、加解密技术、密钥管理技术、使用者与设备身份认证技术。VPN 隧道为主要采用的技术，其功能为在公用网络上建立专用网络，进行加密通信。VPN 网关通过对数据包的加密和数据包目标地址的转换实现远程访问，可通过服务器、硬件、软件等多种方式实现，具有广泛的应用前景。在工业信息安全领域，VPN 能够提供远程的对生产网络中控制系统的维护，提供安全加密传输。

3. 无线通信安全

除了前面介绍的无线网络安全措施外，可以在无线通信中使用扩展频谱技术。这样一来，信号可以跨越很宽的频段，数据基带信号的频谱被扩展至几倍甚至几十倍，虽然牺牲了频带带宽，但是功率密度随频谱扩宽而降低，甚至可以将通信信号淹没在自然背景噪声中，同时也可以加载一些虚假信息进去，很好地保证了通信的保密性。

7.3.3 网络安全机制

加密机制：采用密码加密、数字签名等方式加密存放着的数据或流通中的信息。

访问控制：根据用户的身份等信息决定用户的访问权限，如哪些用户可以访问网络系统，可以访问系统的哪些资源。通过设置口令、网络监视等措施让经过认可的、合法的用户访问。

认证交换机制：通过口令、密码、指纹、人脸识别等认证方式使获得认证的用户获得对网络系统的操作权限。

病毒防范：使用网络防病毒软件，对系统进行查毒扫描、检查、隔离和报警，当发现病毒时由网络管理员清除病毒。

7.3.4 工厂安全管理

其中常见工厂安全管理技术包括制定生产安全标准、应用分布控制系统 DCS（对相关装置的温度、流量、转速等数据进行显示和控制，并能够对其相关数据进行远程显示，从而对生产安全运行提供保障）、应用消防给水系统、设置干粉灭火系统、移动式灭火器材以及泡沫灭火系统等，以此对出现的初期火灾实施有效控制，确保工厂生产安全和人员安全。同时工厂也需采取相关措施实现安全教育、经验分享、专家论证、安全检查、HSE 会议（现场安全会议）等的常态化，贯彻“安全第一”的主题，切实抓好安全工作。

7.4 系统设备选型

7.4.1 设备选型详细分析

1. 西门子工业以太网交换机

端口需求：由于接入设备的需要，端口选用 RJ45，选用设备的端口数应大于 5 个。至少两个端口设置为冗余端口构建环网；冗余需求：构筑环网来实现冗余，所有交换机均需要有组成冗余环的功能，且环网中需要至少需要有一台具备环网管理的交换机；VLAN 划分：考虑 PROFINEET 通信，需要对工艺单元进行 VLAN 划分。

二层交换机：SCALANCE X-200 网管型交换机不支持 VLAN 设置功能，故不采用。考虑 XB200 系列、XB208 不含光纤端口。主环网用光纤连接，因此主环网工艺单元选用有光纤接口的 XB205-3 型交换机。

在工艺单元与控制中心之间建立环间冗余时，需要使用具有 Standby Slave 功能的交换机。且此处为无线连接，不需要光纤端口，因此选用支持 Standby 功能的 XB208 构建有线与无线互为冗余。

SCALANCE XB205-3：网管型交换机，带有 5 个 10/100Mb/s RJ45 接口，3 个光纤端口。支持 PROFINET IO 诊断、网络管理、组成冗余环、VLAN、IGMP、RSTP 功能。

SCALANCE XB208：8 个 10/100Mb/s RJ45 端口，支持环网间冗余。

三层交换机：SCALANCE X-300 增强网管型工业以太网交换机不支持 Layer 3 路由功能，故不采用。SCALANCE X-500 核心交换机对于本项目来说功能过于强大，故不采用。因此选用既满足需求又经济合理的 XM400 系列，考虑到需要对光纤环网的管理，故选用了 XM408-8C。

SCALANCE XM408-8C：网管型交换机，8 个 RJ45 接口，8 个 SFP 插槽。支持 PROFINET IO 诊断、冗余管理、RSTP、VLAN、IGMP、路由等功能。

选用三层交换机 SCALANCE XM408-8C 作为控制中心的核心交换机，其与工艺单元中的另一台 XM408-8C 相连，实现与工业现场级网络的连接。和 XB208 构成有线与无线的环间冗余，另外与工程师站、操作员站监控服务器和 PLC 连接，用于监视工厂网络运行状态，对生产数据进行存储，协调各工艺单元之间的生产。控制中心的三层交换机还通过 SCALANCE S615 建立静态路由与工厂管理区网络相连，且实现两级网络的安全隔离。

6 个工艺单元分别进行工艺生产。选用二层交换机 SCALANCE XB205-3 作为每个工艺单元的核心交换机（一号除外），连接 PLC 进行工艺生产。6 个工艺单元通过跨接方式构成环网结构以保证生产网络的冗余度和自愈性。选用三层交换机 SCALANCE XM408-8C 作为工艺单元的冗余管理器，2～6 号工艺单元中的 SCALANCE XB205-3 作为冗余客户端，这 6 台交换机共同构成环形网络。

2. 无线接入点与客户端

接口与防护：无线 AP 端与客户端需配套使用。考虑到客户端环境条件的变化，需采用 IP65 防护等级与 M12 接口；无线通信安全：工艺生产单元 1～3 分别配置一套 AP 端与客户端，选取设备时需考虑到通信的独立性与安全性。

SCALANCE W 系列产品在可靠性、坚固性和安全性表现出众。使用工业无线局域网技术，并对 IEEE 802.11 标准加以延伸，满足工业领域中对确定性响应和冗余性的高要求。此系列产品主要特点如下[2]。

可靠性：借助冗余机制和封包重复法，网络接入点可产生可靠的无线连接，并可耐受工业区域的干扰；

结构坚固，工业适用性提高：产品可用在高达 –20℃～+60℃的温度范围内，或用在含尘/或有水的场合；金属外壳以及耐冲击和抗震保护可使其用于苛刻的工况环境；

数据安全性：丰富的身份验证和数据加密技术；

支持 PROFIsafe，实现故障安全无线通信。

选用 W770 搭配 W730 实现环间冗余功能进行无线通信，且可用 KEY-PLUG W780 iFeatures 激活的 iFeatures 功能来满足拓展需求。

接入点：由于预定的天线安装位置距离生产工艺单元的机柜距离较近，可采用 SCALANCE W774 为接入点安装于机柜内，通过软连接电缆使装置与天线相连。

客户端：考虑到客户端环境条件可能改变，需采用 IP65 防护等级与 M12 接口。故选用 SCALANCE W734 为客户端。客户端与 AP 搭配使用。

天线的选取：独特的天线为 SCALANCE W-700 产品提供可靠的无线连接。无线天线包括全向天线、定向天线和 RCoax 电缆。其中全向天线用于各个方向的大面积无线射频领域；定向天线是指无线电波聚集在一个锥面上，用于大型无线电领域的扇形或广角天线；RCoax 电缆用于复杂的无线覆盖区。

本项目中选用全向天线，考虑到天线直接暴露于生产环境中，需要较高的防护等级，综合考虑选用了全向天线 ANT795-4MA，可选择相应的天线馈线以便于天线安装外接。

3. 控制器

在进行 PLC 系统设计时，首先应确定控制方案，然后再考虑 PLC 工程设计选型。工艺流程的特点和应用要求是设计选型的主要依据。熟悉可编程序控制器、功能表图及有关的编程语言有利于缩短编程时间，因此，工程设计选型和估算时，应详细分析工艺过程的特点、控制要求，根据控制要求，估算输入输出点数、所需存储器容量、确定 PLC 的功能、外部设备特性等，最后选择有较高性能价格比的 PLC 和设计相应的控制系统。

在本项目中，控制器需有以太网接口，选用集成有以太网接口的 S7-1200 系列 CPU。CPU 模块具体型号选择 CPU 1214C DC/DC/DC，S7-1200 设计紧凑、组态灵活且具有功能强大的指令集，同时提供了各种模块和插入式板，以便于扩展 CPU 功能，这些特点的组合使它可以完美解决各种控制问题。CPU 提供一个 PROFINET 端口用于通过 PROFINET 网络通信，具有多种安全功能可用于保护对 CPU 和控制程序的访问。按钮与指示灯面板可通过编程实现数字量的传输与控制，AQ 模块的集成通过旋钮和温度传感器模拟生产。SIMATIC HMI 基本型面板提供了用于执行基本操作员监控任务的触摸屏设备，满足了可视化需求。

4. 信息安全模块

防火墙功能：实现控制网络和管理网络的安全隔离。

VPN 功能：建立远程维护工作站与控制中心的安全可靠连接，实现加密传输数据。

基本安全模块 SCALANCE S602 可用来保护网络，不受数量结构限制；高品质防火墙可对桥接模式和路由模式下基于 IP 和 MAC 的数据传输进行过滤；网络转换（NAPT）；DHCP 服务器。

VPN 安全模块 SCALANCE S612/S613 与 S602 一样，但具有额外的 VPN 功能：数据传输加密、反间谍保护、防止非法操作。S612 可同时保护多达 32 台设备和 64 个 VPN 通道。S613 可同时保护多达 64 台设备和 128 个 VPN 通道。

SCALANCE S615 有 5 个以太网端口，可以通过防火墙或 VPN（IPSec 和 OpenVPN）为各种网络提供保护。借助自动配置接口，S615 可通过 Sinema Remote Connect 远程管理平台轻松进行集成和参数配置，可以让用户方便地管理网络连接，访问分布在不同地点的机器设备。

根据防火墙功能、VPN 功能、远程维护功能的需求综合考虑选用 S615 安全模块。由于 S615 安全模块只有一个外网接口，考虑到防火墙安全隔离和 VPN 远程维护双重需求，因此选用两个 S615 安全模块。

7.4.2　设备选型汇总

选购设备时需综合考虑设备的功能、单价、生命周期、订货周期等因素所选设备对应单价、数量及功能见表 4。此方案设计所需设备总价 178 695 元。

表 4　设备选型汇总表

设备型号	订货号	单价/元	数量	对应功能
SCALANCE XM408-8C	6GK5408-8GR00-2AM2	34557	2	光纤端口、冗余管理、VLAN 功能、路由功能
SCALANCE XB205-3	6GK5205-3BB00-2AB2	10313	5	冗余客户端、光纤端口、VLAN
SCALANCE XB208	6GK5208-0BA00-2AB2	15033	1	冗余功能、VLAN
SCALANCE W774	6GK5774-1FX00-0AA0	14649	1	无线通信
SCALANCE W734	6GK5734-1FX00-0AA0	12128	1	无线通信
SCALANCE S615	6GK5615-0AA00-2AA2	15046	2	VPN、防火墙、数据传输加密
ANT795-4MA	6GK5795-6MP00-0AA0	340	4	2.4/5GHz、IP30、全向天线、3/5dB

1. 安装与维护人员费用预算

根据目前技术人员的薪酬估算。安装与维护人员按 300 元 /（人・天）计，在所有设备、配件就位的情况下，预计此次工程需技术工程师 3 人花费 3～5 天完成。安装费用预计为 3000～4500 元。由于设备可用性较高，平均无故障时间（MTBF）较长。维护可定每季度停产检查一次，进行详细线路更新和设备检修。故每年维护费用估算为 4000 元。

2. 经济性分析

在设备选型上面，保证甲方技术要求与网络安全性是第一位的。在满足以上条件基础上，我们选择合适的设备，避免高端设备用于中低端需求的情况。如在光纤冗余环网的组建中，XB208 不含光纤接口，如需使用需要转接器而需增加故障点与维护量，也增加了安装与后期维护的人工成本。若选用 XM408-8C，则“大材小用”使设备成本大幅提高。因此我们选用了含有光纤端口的 XB205-3，各项功能满足需求，安装维护方便，且成本相对较低。总的来说，所用的设备型号以及数量，都能达到系统性能与成本的平衡。

3. 可用性分析

总可用性 =（1 – 停机时间）/运行时间；设备可用性 = MTBF/（MTBF+MTTR）。其中 MTBF（Mean Time Between Failure）为平均无故障时间，MTTR（Mean Time To Repair）为平均修复时间。

以 XM408-8C 为例，其平均无故障时间（MTBF）为 28 年。由于远程维护功能的加入，技术工程师可以在不亲临现场的情况下了解现场设备的情况，并进行诊断与故障点的定位。又考虑到

C-PLUG 的使用，在有备件的情况下，非技术人员也可以执行更换设备排除故障的操作，完成已被定位故障的快速排除。故平均修复时间（MTTR）可以缩减到几个小时，这里以 6 小时进行计算（其中 28 年=245 280 小时）。

$$设备可用性=\frac{\text{MTBF}}{\text{MTBF+MTTR}}=\frac{245\,280}{6+245\,280}=99.975\%$$

设备可用性非常之高。对于其他设备，由于复杂度较 XM408-8C 低，MTBF 均高于 28 年，故所用设备均具有极高的可用性。

7.5 系统实施说明

7.5.1 现场生产数据采集方法

现场生产数据经传感器采集变为电信号，经 AD 转换变成数字信号，经决策器变换变成各种各样的操作指令控制生产过程的进行。现场生产数据的采集可以帮助系统提升设备利用率，最大限度地压缩辅助工时，对实现工厂生产过程数字化、信息化、智能化有着重要意义。现场生产数据的采集方式多种多样，常用的主要有以下几种方式。

TCP/IP 协议的以太网模式：西门子设备拥有大量方便集成的接口，可以实现实时采集设备程序运行信息、运行状态信息、系统状态信息、报警信息、操作数据等数据。

数据采集卡：通过与生产设备的相关 I/O 点与对应的传感器进行连接，采集相应的加工信息，包括设备运行加工、设备故障等参数。可根据具体需求采用开关量采集卡或模拟量采集卡等。

组态软件采集：组态软件可以帮助操作人员利用软件包中的工具，对软件进行硬件配置、数据、图形等的开发工作。组态软件通过串口或者网口与 PLC 相连，数据采集和处理通过计算机完成，可以将各种曲线进行实时输出。

RFID 方式：又称无线射频识别，可通过无线电信号识别特定目标并读写相关数据，而无须在识别系统与特定目标之间建立机械或光学接触。通过 RFID 来采集人员、物料、设备等的编码、位置、状态信息，类似于条码扫描方式，需要在采集对象上绑定 RFID 芯片。

人工辅助方式：对于很多非自动化设备或某些自动化设备不具备自动信息采集功能的条件下，可以采用手工填表、条码扫描仪、手持终端等模式实现。

7.5.2 网络结构功能实现步骤

1. 工艺单元网络组态

1）配置 XB408-8C

在 Ring 选项卡下：设置 Ring Ports 为 P0.1 和 P0.5；设置 Ring Redundancy Mode 为 HRP Manager；选中 Ring Redundancy 复选框，启动冗余功能，如图 6 所示。

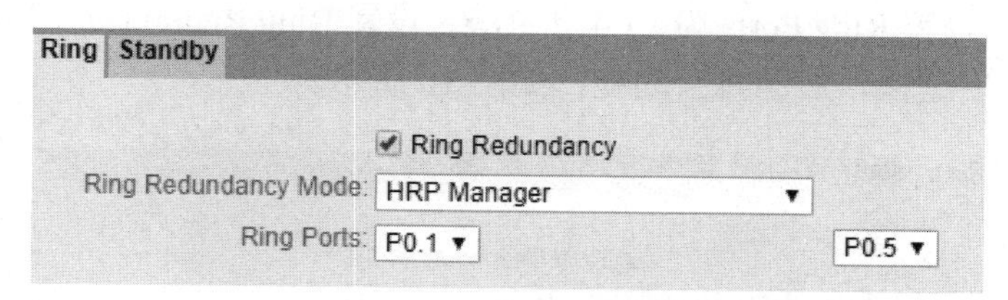

图 6 环网冗余配置

在 General 选项卡下：创建 VLAN11；设置图 7 中的端口 P0.1、P0.2、P0.5 为 Trunk（注：P0.2 是环间冗余端口，P0.1、P0.5 是环网冗余端口），划分 P0.3 为 VLAN11，接工艺单元。

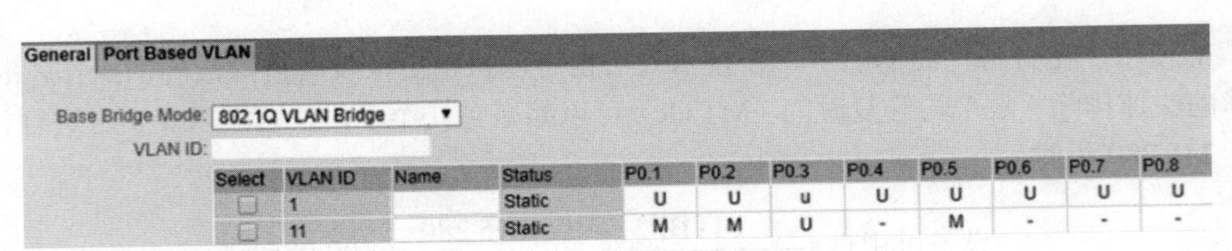

图 7　VLAN 及 Trunk 配置

2）配置 XB205-3

在 Ring 选项卡下：设置 Ring Ports 为 P0.1 和 P0.5；设置 Ring Redundancy Mode 为 HRP Client；选中 Ring Redundancy 复选框，启动冗余功能，如图 8 所示。

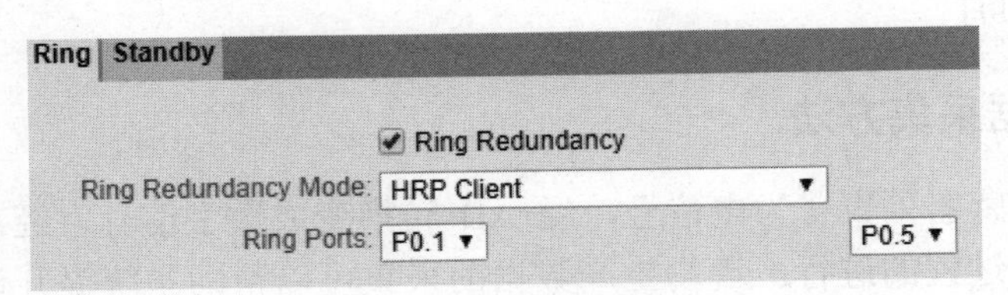

图 8　环网冗余配置

在 General 选项卡下：创建 VLAN11；设置端口 P0.1、P0.2、P0.5 为 Trunk；划分 P0.3 划分为 VLAN11；其他工艺单元的交换机配置同上，P0.3 同划分成 VLAN11，如图 9 所示（注：P0.3 连接工艺单元的 PLC，P0.2 是环间冗余端口，P0.1、P0.5 是环网冗余端口）。

Select	VLAN ID	Name	Status	P0.1	P0.2	P0.3	P0.4	P0.5	P0.6	P0.7	P0.8
☐	1		Static	U	U	u	U	U	U	U	U
☐	11		Static	M	M	U	-	M	-	-	-

图 9　VLAN 及 Trunk 配置

3）AP 组态

WLAN 组态：选择 China，AP 模式，使能 WLAN、5GHz、802.11n，禁用 DFS 和 Outdoor Mode，max. Tx Power 为 18dBm；天线组态：选择 ANT795-4MA；通道配置：选择信道 All Channels；修改 SSID；安全配置：验证方式选择 WPA2-PSK，加密方法 CIPher 选择 AES，设置密钥为 123456。

4）客户端组态

WLAN 组态：选择 China，Client 模式，使能 WLAN、5GHz、802.11 n，禁用 DFS 和 Outdoor Mode，max. Tx Power 为 18dBm；天线组态：选择 ANT795-4MA；通道配置：选中 Select/Deselect all 复选框；Client 配置：MAC Mode 选择 Automatic，修改 SSID 号与上述中 SSID 相同，选中 Enabled。Security 安全配置：验证方式选择 WPA2-PSK，加密方法 CIPher 选择 AES，设置密钥为 123456。

2. 控制中心网络组态

1）配置 XB408-8C

在 Ring 选项卡下：设置 Ring Ports 为 P1.4 和 P1.8；设置 Ring Redundancy Mode 为 HRP Manager；选中 Ring Redundancy 复选框，启动冗余功能，如图 10 所示。

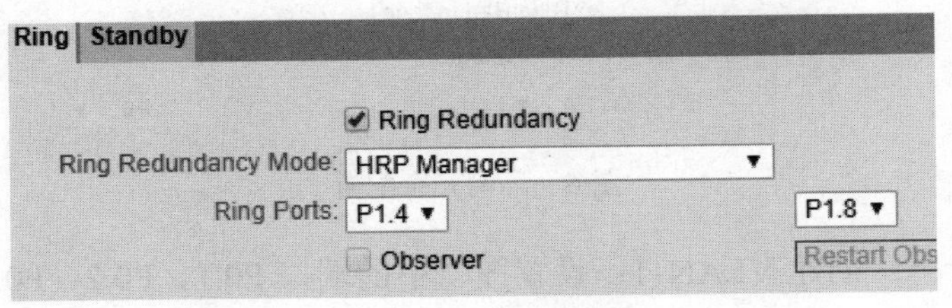

图 10　环网冗余配置

在 Standby 选项卡下：选择 P1.2 作为环间 Standby 端口；设置 Standby Connection Name 为 STBY；选中 Force device to Standby Master 复选框；选中 Standby 复选框，启动 Standby 功能，如图 11 所示（注：单击 SetValues 按钮后，故障灯 F 为红色属正常现象，因为还未连接以太网线缆）。

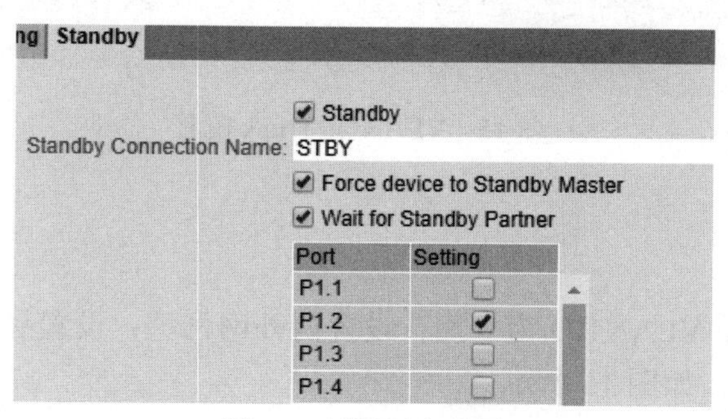

图 11　环间冗余配置

在 General 选项卡下：创建 VLAN2 和 VLAN11；设置端口 P1.2、P1.4、P1.8 为 Trunk，P1.1 为 VLAN2，P1.5、P1.6、P1.7 为 VLAN11，如图 12 所示（注：P1.2 是环间冗余端口；P1.4，P1.8 是环网冗余端口，P1.5、P1.6、P1.7 分别连接工程师站、操作员站、控制中心 PLC，P1.1 接 S615）。

Select	VLAN ID	Name	Status	Transparent	P1.1	P1.2	P1.3	P1.4	P1.5	P1.6	P1.7	P1.8
☐	1		Static	☐	U	U	U	U	U	U	U	U
☐	2		Static	☐	U	M	-	M	-	-	-	M
☐	11		Static	☐	-	M	-	M	U	U	U	M

图 12　VLAN 及 Trunk 配置

配置静态路由：选中 Routing 复选框，启动路由功能；在 Overview 选项卡下，添加 VLAN2 条目，并设置网关为 192.168.2.1，子网掩码为 255.255.255.0；在 Routes 选项卡下，添加静态路由表。Destination Network 为 10.10.0.0，Subnet Mask 为 255.255.255.0，Gateway 为 10.10.0.1。

2）配置 XB208

在 Ring 选项卡下：设置 Ring Ports 为 P0.1 和 P0.5；设置 Ring Redundancy Mode 为 HRP Client；选中 Ring Redundancy 复选框，启动冗余功能，如图 13 所示。

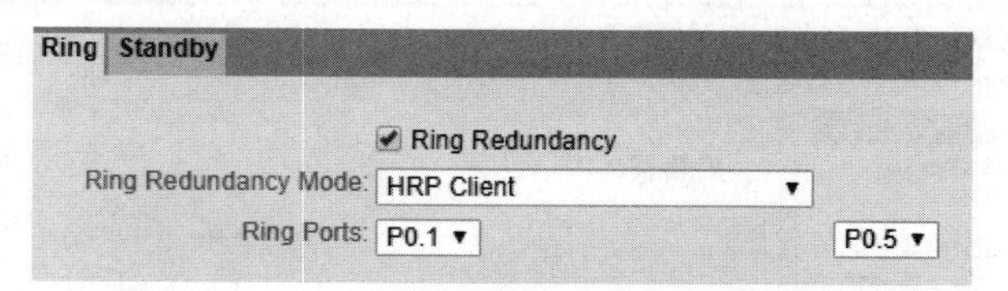

图 13　环网冗余配置

在 Standby 选项卡下：选择 P0.2 作为环间 Standby 端口；设置 Standby Connection Name 为 STBY；选中 Standby 复选框，启动 Standby 功能，如图 14 所示。

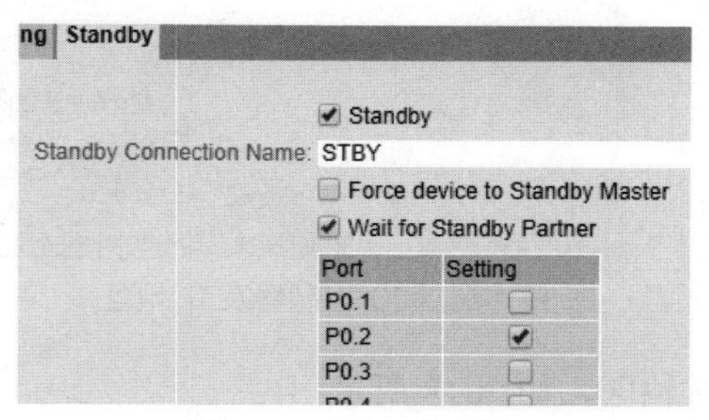

图 14　环间冗余配置

在 General 选项卡下：创建 VLAN11；设置图 15 中的端口 P0.1、P0.2、P0.5 为 Trunk，P0.4 为 VLAN11（注：P0.2 是环间冗余端口；P0.1，P0.5 是环网冗余端口，P0.4 是测试端口）。

Select	VLAN ID	Name	Status	P0.1	P0.2	P0.3	P0.4	P0.5	P0.6	P0.7	P0.8
☐	1		Static	U	U	U	u	U	U	U	U
☐	11		Static	M	M	-	U	M	-	-	-

图 15　VLAN 及 Trunk 配置

3. 安全模块组态

1）防火墙配置

创建 VLAN2 为内网，VLAN100 为外网；设置内外网网关；设置静态路由，添加静态路由表；添加 IPrules，启动防火墙，如图 16 所示。

Select	Interface	TIA Interface	Interface Name	MAC Address	IP Address	Subnet Mask
	vlan1	yes	INT	20-87-56-79-b7-35	192.168.0.9	255.255.255.0
☐	vlan2	-	vlan2	20-87-56-79-b7-35	192.168.2.1	255.255.255.0
☐	vlan100	-	EXT	20-87-56-79-b7-39	10.10.0.1	255.255.0.0

图 16　VLAN 及网关配置

2）VPN 配置

创建项目和安全模块；组态 VPN 组；创建远程访问用户；将组态下载到安全模块并保存 SOFTNET 安全客户端组态；使用 SOFTNET 安全客户机建立隧道；设置访问的权限，输入证书的私钥密码；使用 SINEMA REMOTE CONNECT 管理 VPN，实现远程控制。

4. PROFINET IO 组态

（1）在博图软件中新建项目；

（2）配置 IO 控制器，同时设置 IP 地址，如图 17 所示。

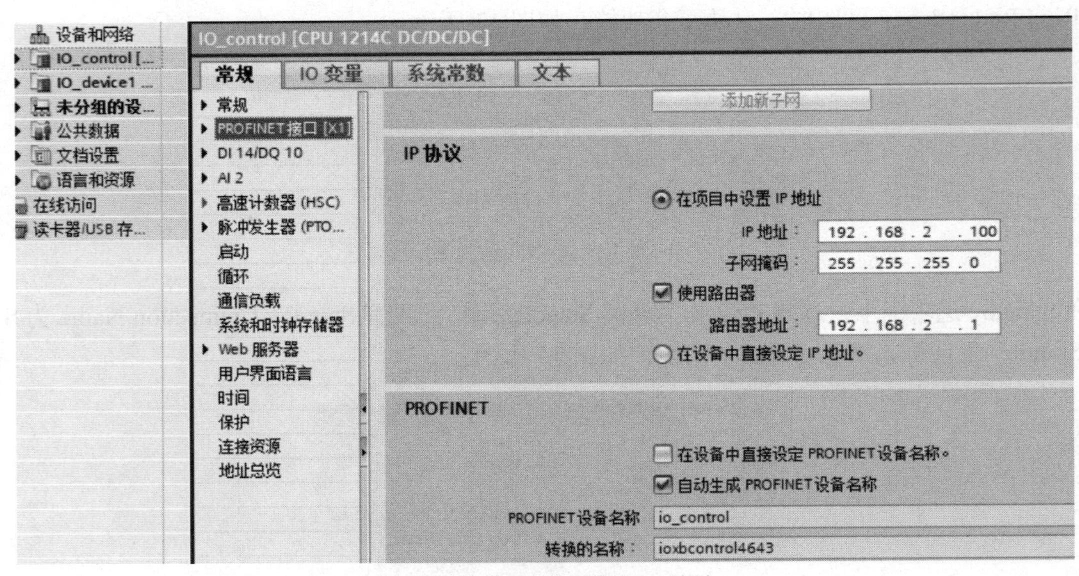

图 17　配置 IO 控制器及 IP 地址

（3）配置 IO 设备，添加传输区，如图 18 所示。

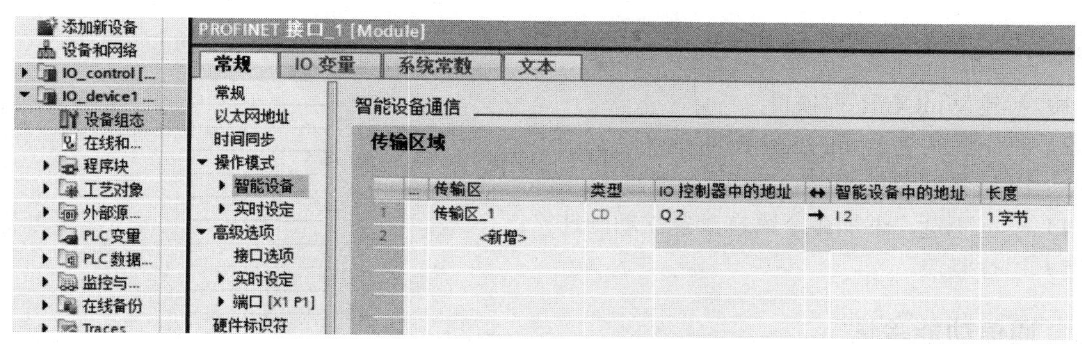

图 18 配置 IO 设备及传输区

（4）将 IO-Controller 和 IO-Device 各自编译下载并运行；

（5）在 IO 控制器的主程序段和 IO 设备的主程序段中，分别单击“全部监视”按钮。结果如图 19 和图 20 所示。

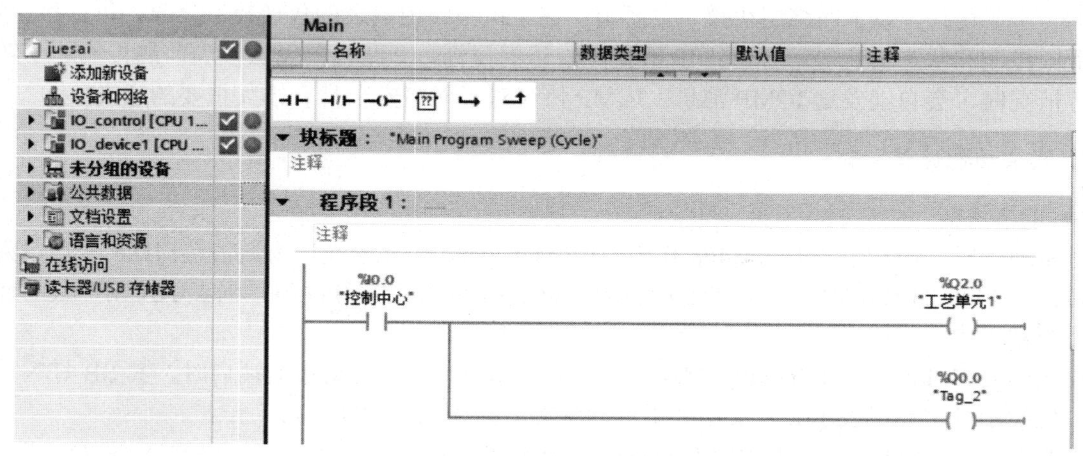

图 19 IO 控制器监控

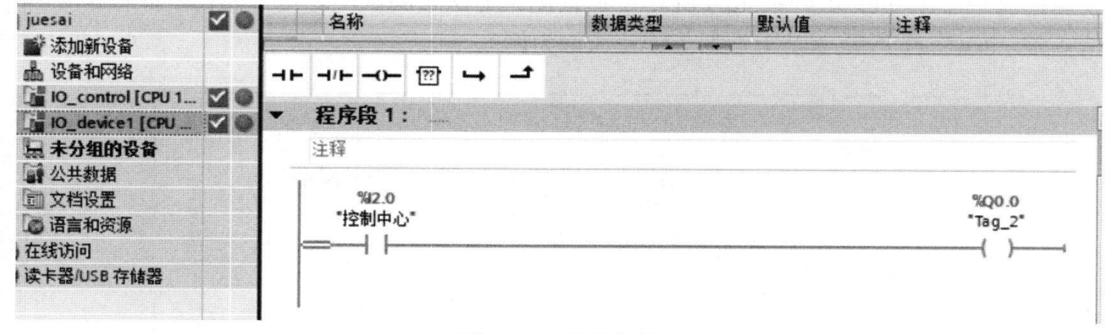

图 20 IO 设备监控

5. 下位控制程序组态

（1）在博图软件中添加 S7-1200 设备及 AQ 信号板；

（2）配置 PROFINET 接口；

（3）添加默认变量表；

（4）添加监控表；

（5）编译、下载、启动 CPU 及转到在线。

6. 上位监控画面组态

（1）新建 WinCC 工程项目；

（2）绘制各工艺单元的工作画面；

（3）添加监控变量等；

（4）设置变量，添加命令语言，建立动画连接；

（5）运行监控。

7.5.3 通信功能验证

利用 ping 命令可以检查网络是否连通，帮助我们分析和判定网络故障。ping 是对一个网址发送测试数据包，看对方网址是否有响应并统计响应时间，以此测试网络。具体方式是：“开始”→“运行”→ cmd，在调出的 DOS 窗口下输入 ping 空格+目标 IP 地址，回车。ping 的过程实际上是 ICMP 协议工作的过程。ICMP 协议是一种面向无连接的协议，用于传输出错报告控制信息，是 TCP/IP 协议族的一个子协议，属于网络层协议，主要用于在主机与路由器之间传递控制信息，包括报告错误、交换受限控制和状态信息等。当遇到 IP 数据无法访问目标、IP 路由器无法按当前的传输速率转发数据包等情况时，会自动发送 ICMP 消息。ICMP 协议对于网络安全具有极其重要的意义。

1. 冗余功能通信验证

1）正常通信

正常通信时，控制中心的 XM408 作为 HRP Manager，当 4 号端口为通信端口，8 号端口为备用端口时，XM408 的 RM 指示灯常亮，4 号端口灯快闪，8 号端口灯慢闪，则表示控制中心的环网冗余功能正常工作。

控制中心 XM408 作为 Standby Master，当 2 号端口为环间冗余通信端口时，其 SB 灯闪动并且端口绿色指示灯常亮，表示 2 号端口处于启动状态，环间冗余功能正常工作。

生产单元的 XM408 作为 HRP Manager，其余交换机作为冗余客户端，XM408 的 RM 指示灯常亮，1 号端口指示灯快闪，5 号端口指示灯慢闪，则表示控制中心的环网冗余功能正常工作。

使用控制中心去 ping 生产单元的 PLC 的通信测试方法来测试链路是否通畅，如果可以 ping 通，则通信正常，如图 21 所示（以 3 号工艺单元通信为例）。

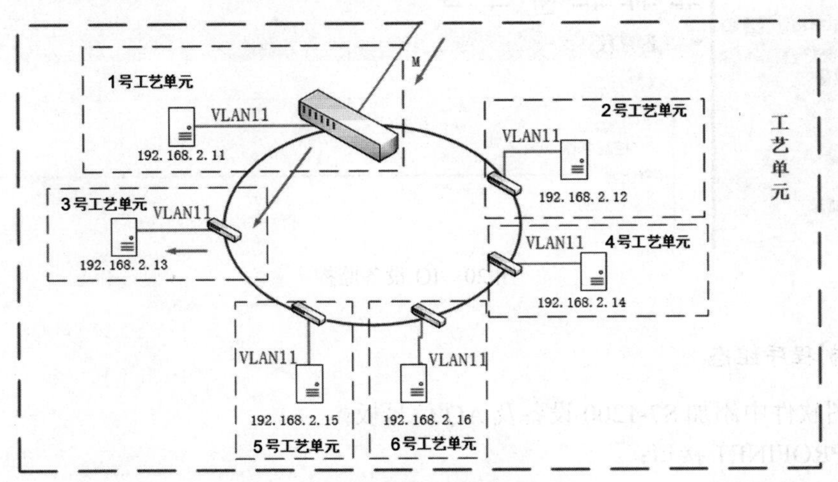

图 21 正常通信示意图

2）故障通信

在控制中心持续 ping 生产单元 1 的 PLC 的 IP 地址，模拟如下通信故障。

当生产单元的环网冗余链路断开时，如图 22 中的①所示，XM408 的 RM 灯变为快闪，环网冗余的原通信端口绿色灯熄灭，原备用端口灯常亮。

当生产单元与控制中心的环间冗余链路断开时，如图 22 中的②所示，控制中心的 XM408 的 SB 常亮，且作为 Standby Slave 的 XB208 的 F 灯变红，环间冗余的 2 号端口上面绿色灯常亮。

当控制中心的环网冗余链路断开时，如图 22 中的③所示，控制中心的 XM408 的 RM 灯变为快闪，环网冗余的原通信端口绿色灯熄灭，原备用端口灯常亮。

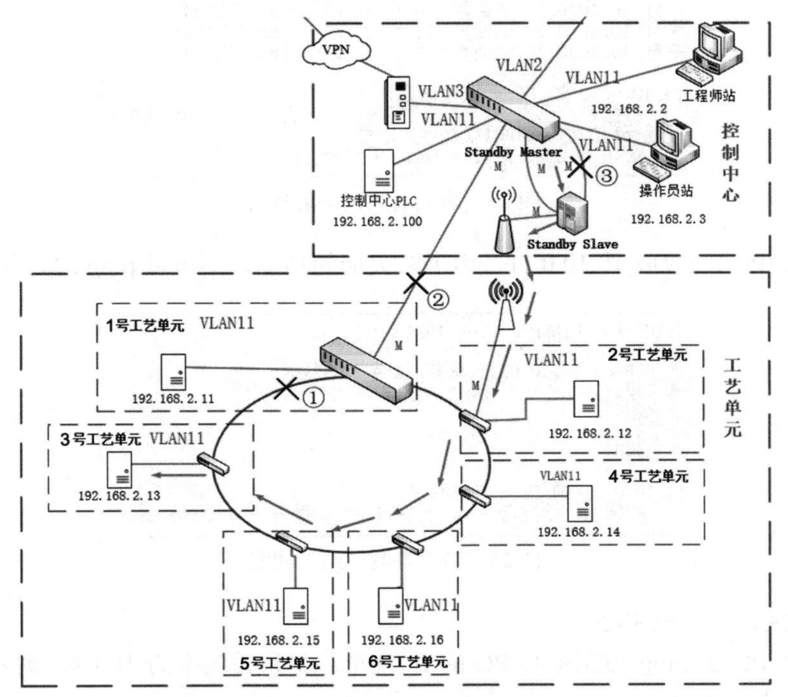

图 22 模拟故障时的示意图

测试结果如图 23 所示。

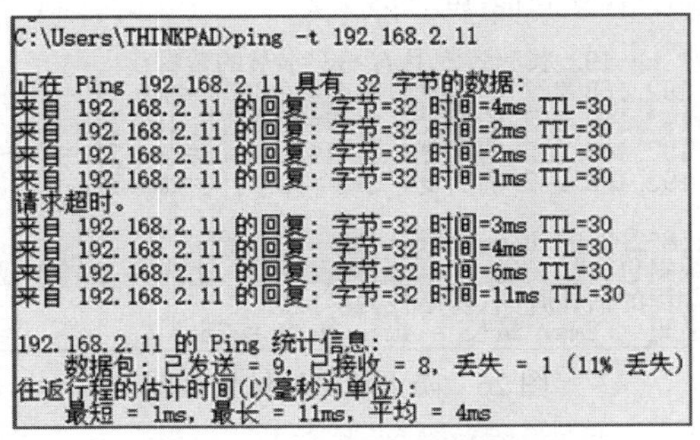

图 23 冗余功能测试结果截图

当生产单元的冗余环网出现断路时，正常通信。

当环间冗余出现断路时，由于采用的是有线与无线互为冗余的方式，有线链路切换到无线链路的过程中，经历了一个“请求超时”的时间，如果采用有线连接，则实时性会增强，则不会出现“请求超时”。

当控制中心的冗余环网出现断路时，正常通信。

上述实验现象表明，当通信网络通信故障时，网络结构自行更新了通信路径，通过冗余协议选择了最优的通信路径。

2. 防火墙功能测试

1）控制中心访问生产管理区

用控制中心的任意 PC 去 ping 外网 PC 的 IP 地址 10.10.0.10，是可以 ping 通的，如图 24 所示。

```
C:\Users\THINKPAD>ping 10.10.0.10

正在 Ping 10.10.0.10 具有 32 字节的数据:
来自 10.10.0.10 的回复: 字节=32 时间=5ms TTL=64
来自 10.10.0.10 的回复: 字节=32 时间=2ms TTL=64
来自 10.10.0.10 的回复: 字节=32 时间=2ms TTL=64
来自 10.10.0.10 的回复: 字节=32 时间=2ms TTL=64

10.10.0.10 的 Ping 统计信息:
    数据包: 已发送 = 4, 已接收 = 4, 丢失 = 0 (0% 丢失),
往返行程的估计时间(以毫秒为单位):
    最短 = 2ms, 最长 = 5ms, 平均 = 2ms
```

图 24　防火墙测试结果截图

把外网 PC 的 IP 地址改成 10.10.0.11，由于防火墙的功能，不可以 ping 通，如图 25 所示。

```
C:\Users\THINKPAD>ping 10.10.0.11

正在 Ping 10.10.0.11 具有 32 字节的数据:
请求超时。
请求超时。
请求超时。
请求超时。

10.10.0.11 的 Ping 统计信息:
    数据包: 已发送 = 4, 已接收 = 0, 丢失 = 4 (100% 丢失)
```

图 25　防火墙测试结果截图

2）生产管理区访问控制中心

用生产管理区 PC 去 ping 控制中心 PC 的 IP 地址。如果丢包率为 100%，则表示 PC 发出的 IP 数据包无法到达控制中心 PC。

用特定管理区 PC 去 ping 控制中心的 PC，是可以 ping 通的，如图 26 所示。

```
C:\Users\汪伶>ping 192.168.2.2

正在 Ping 192.168.2.2 具有 32 字节的数据:
来自 192.168.2.2 的回复: 字节=32 时间=4ms TTL=63
来自 192.168.2.2 的回复: 字节=32 时间=2ms TTL=63
来自 192.168.2.2 的回复: 字节=32 时间=2ms TTL=63
来自 192.168.2.2 的回复: 字节=32 时间=2ms TTL=63

192.168.2.2 的 Ping 统计信息:
    数据包: 已发送 = 4, 已接收 = 4, 丢失 = 0 (0% 丢失),
往返行程的估计时间(以毫秒为单位):
    最短 = 2ms, 最长 = 4ms, 平均 = 2ms
```

图 26　防火墙测试结果截图

修改管理区 PC 为 10.10.0.11 再 ping 控制中心的 PC，丢包率 100%，如图 27 所示。

```
C:\Users\汪伶>ping 192.168.2.2

正在 Ping 192.168.2.2 具有 32 字节的数据:
请求超时。
请求超时。
请求超时。
请求超时。

192.168.2.2 的 Ping 统计信息:
    数据包: 已发送 = 4, 已接收 = 0, 丢失 = 4 (100% 丢失),
```

图 27　防火墙测试结果截图

若满足以上所有实验结果，即只有特定的管理区 PC 能进行访问控制中心，则防火墙功能正常。

参考文献

[1] 杜明明. 网络通信安全及防火墙技术研究[J]. 电子测试，2017，06：1000–8519.
[2] 王德吉，陈智勇，张建勋. 西门子工业网络通信技术详解[M]. 北京：机械工业出版，2012.

作者简介

徐佳乐（1999— ），女，北京科技大学自动化专业 2016 级本科生，荣获第十二届“西门子”杯中国智能制造挑战赛工业信息设计开发赛项华北赛区特等奖，全国总决赛一等奖，E-mail：13263322366@163.com。
汪伶（1997— ），男，北京科技大学自动化专业 2016 级本科生，荣获第十二届“西门子”杯中国智能制造挑战赛工业信息设计开发赛项华北赛区特等奖，全国总决赛一等奖，E-mail：18800130039@163.com。
王鹏程（1996— ），男，北京科技大学自动化专业 2016 级本科生，荣获第十二届“西门子”杯中国智能制造挑战赛工业信息设计开发赛项华北赛区特等奖，全国总决赛一等奖，E-mail：wpc_work@163.com。
刘艳（1975— ），女，助理研究员，博士，研究方向：大数据及机器学习在工业中的应用、先进控制理论在轧钢自动化中的应用、复杂工业过程建模与智能优化控制，E-mail：liuyan@ustb.edu.cn。
李江昀（1977— ），男，副教授，博士，研究方向：人工智能及机器学习在工业过程中的应用，机器视觉，冶金过程控制，E-mail：leejy@ustb.edu.cn。

第六部分

“智能创新研发”赛项

“智能创新研发”赛项任务书

1. 题目背景

工业 4.0、中国制造 2025 需要大量具备商业头脑、进取精神的技术与商业相结合的工程人才。本赛项设立的目的是面向中国制造业急需的产品经理、研发型工程师，培养参赛者的商业意识、创新意识、产品规划、设计与研发能力，激发其去了解和掌握产品研发的流程和管理方法，锻炼其综合运用跨学科知识与技术的能力。

大赛要求参赛团队具备敏锐的市场分析能力、缜密的商业策划能力、创新的技术研发能力以及优秀的产业化能力等。各参赛队伍以创业者的身份提交产品设计方案，全国竞赛组委会组织专家作为投资人的身份考察其方案及选手在商业意识与技术实力方面的能力，决定是否进行“投资”将作为竞赛评判的基本主线。

2. 比赛要求

本次智能创新研发赛项竞赛，要求参赛队在市场需求分析或行业预测中发现商业机会，综合运用所学自动化、机电、信息、管理等知识，设计开发一款能够规模化上市的机器人产品。以机器人的功能及应用领域来划分，选题范围为工业类机器人。应用场景包括：

（1）智能制造生产线、装配线；

（2）数字化工厂巡检、数据采集；

（3）数字化工厂故障排查、危险处理；

（4）数字化工厂人机协作；

（5）其他应用场景。

服务类机器人。应用场景包括：

（1）智慧交通；

（2）智能医疗；

（3）智能餐饮；

（4）智能家居；

（5）智慧物流；

（6）其他场景。

（对于参赛学校评比中选送的特别优秀的方案与作品，也可在以上主题之外自行选题，但必须紧扣智能机器人的主题。）

产品应具备：

（1）良好的市场前景；

（2）可行的商业模式；

（3）核心竞争力应与自动化、信息等技术相关；

（4）能够被大规模生产制造；

（5）创新思想和产品，未见相关报道。

研发所采用软、硬件无品牌和型号限制。参赛队可根据方案设计的技术要求自行选择。

参赛选手需要完成商业计划书和产品的设计（采用 Solid Edge 设计并仿真），内容由参赛队自行发挥，包括但不限于：

（1）从市场角度分析为什么要研发这款创新产品？

（2）从赢利模式角度分析为什么该产品值得投资？

（3）从技术角度分析这款产品为什么能够获得竞争优势？

（4）完成所有技术相关的设计图纸（采用 Solid Edge 设计并仿真）。

（5）完成原型机的初步开发，并演示。

专家组对参赛队提交方案及原型机进行评分的依据包括：

（1）产品的创新性；

（2）自动化技术运用水平；

（3）技术及商业方案的可实现性；

（4）产品的推广价值等。

8 “智能创新研发”赛项工程设计方案(一)

——智能停车服务系统

参赛选手：王　健（皖西学院），王　翼（皖西学院），
王　鹏（皖西学院）
指导教师：卢承领（皖西学院）
审　　校：李　擎（北京科技大学），刘翠玲（北京工商大学）

8.1 产品介绍

截止到2016年年底，我国车辆保有量已达2.9亿辆，停车位缺口5000万个，针对当前停车难、耗时长的问题，本创新设计基于智能硬件、云端和App设计，完成周边及目的地空闲车位的实时查询、信息推送、导航、选定车位预约锁定等功能的综合设计。

本设计以单片机车位检测系统为基础，将当前车位信息上传至云端，实现车位空缺实时查询、精准定位、预约、防盗，做到软件与硬件互补，线上与线下结合。

本设计系统能够实现对接对象全面（涵盖各类商场酒店停车场、小区车位、路边公共车位及私人车位）；数据实时更新，精准定位；功能完备（提供最优车位选项，如车位收费最优、周边停车环境、线上支付）等功能。对当前找车位难，停车难的问题具有重要的实践价值。

设计由硬件与软件两部分组成，以下从这两个方面进行介绍。

8.1.1 硬件介绍

本设计中硬件即智能地锁（见图1），由活动机构、指示灯、蜂鸣器、感应模块和无线发射模块组成，嵌入于车位中前部，有预约、闲置、停车三种状态。当车位处于预约状态时，智能地锁上锁，指示灯蓝灯亮起；闲置状态时，智能地锁未上锁，指示灯绿灯亮起；停车状态时，智能地锁未锁，指示灯红灯亮起，除去螺栓即可打开封盖，实现零件、模块的更换。对于公共车位，将去除活动机构、指示灯与蜂鸣器，增加太阳能模块，仅保留感应模块与无线发射模块，最小化耗电量。

感应模块负责检测当前车位是否有车辆停靠，并通过无线发射模块将当前车位实时状态发送至云服务平台，用户可通过App进行实时查询；活动机构由锁环与卡扣机构组成，锁环通过旋转做上锁（见图2）与解锁动作，卡扣机构负责保持锁环当前状态，以免受外力影响改变当前状态。

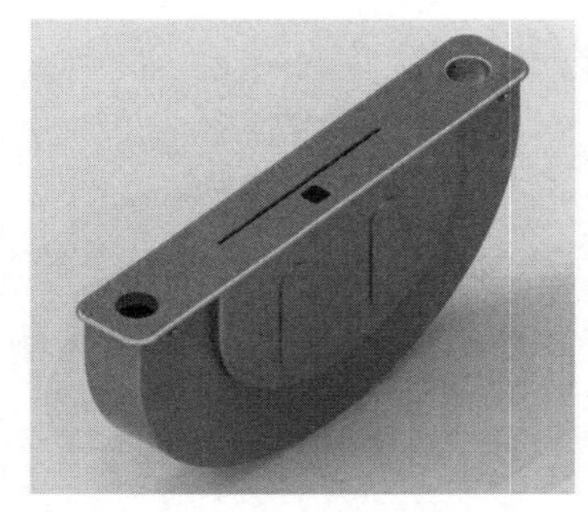

图1　智能地锁外观图

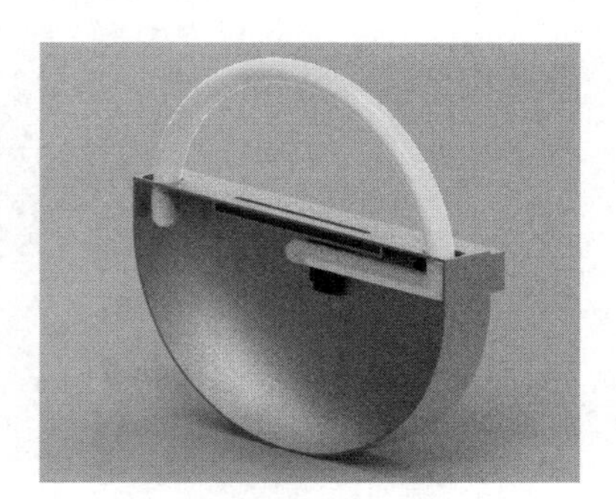

图2　上锁状态图

智能地锁可实现 App 操纵、遥控操纵、射频卡操纵以及智能模式操纵多种操纵途径。其中智能模式为通过判断用户与智能地锁距离进行智能动作的操纵模式，即：用户到达智能地锁相应距离后自行解锁，用户停车入位；用户驾车离开智能地锁相应距离后自行上锁。其中 App、遥控、智能模式操纵适用于私人个体车位，App、射频卡操纵适用于停车场批量车位。

智能地锁嵌入地面，在节省空间的同时强化了自身的防盗性能，内部配有报警模块，在智能地锁受到外力破坏或盗窃时发出声光报警，增加安全系数。

8.1.2　软件介绍

本产品中软件即 App 与云服务平台。

App 的功能以停车服务系统为核心，同时提供汽车周边子服务。停车服务系统，首先车位提供方需向云服务平台提供车位定位、环境（室内/室外）、价格与可停时段等参数，用户根据目的地定位周边车位，并根据相关参数自行选择合适车位，可进行预约提前锁定心仪车位，预约期间计费费用为停车费用 50%，然后用户可进行导航前往指定车位，到达指定车位后发送指令解锁车位停车入位，当用户驾车离开时，App 端进行自助结账，生成订单明细。后台部分截图如图 3 所示，App 部分界面截图如图 4 所示。值得一提的是，不仅传统批量车位提供方可加入进来进行智能化管理与推

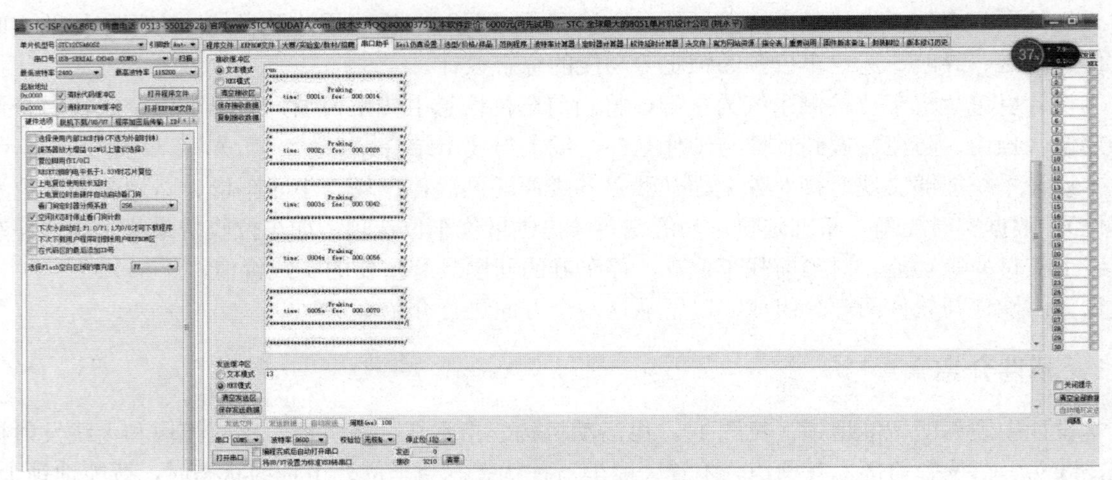

图 3　后台部分界面截图

图 4　App 部分界面截图

广，私人个体车位方也可参与进来，在车位闲置时段内以租赁的形式将车位共享出去，有效利用闲置资源，在获得收益同时也缓解了交通压力。车辆周边子服务包括加油站、洗车店、车辆违章查询、满足停车地点与最终目的地一公里需求的共享单车等功能，打造一个车主便捷生活的生态圈，引入诚信积分以奖惩并行的方式对用户的行为进行规范化管理。

云服务平台储存车位提供方提前录入的相关参数，接收智能地锁发送的状态数据，同时用户可通过 App 端对车位状态进行实时查询，显示车位预约时长与费用、停靠时长与费用、车位状态等参数，同时面向后台管理，对于大数据的处理与存储利用等可供进一步开发使用。

8.2 产品亮点

8.2.1 信息准确，功能实用

云服务平台利用停车位提供方提前录入停车位的数量、位置、价格以及周边设施条件等参数，智能地锁的感应模块和信号模块同时工作，将各车位的具体使用情况上传至云服务平台，云服务平台对数据进行实时更新，再将数据反馈至用户的手机 App 上，用户通过手机 App 选择心仪车位，之后再导航至指定车位。数据准确率可达 90%以上，与市面上现有其他停车服务的人工采集或概率经验估算相比高出太多。

用户在使用 App 查询周边停车位时所得到的信息反馈是实时的，保证了数据的准确性，车位价格、环境等信息详尽，以供用户更好地去选择合适的停车位；预约使得用户不必再担心在高峰期没有合适的停车位，同时增加了闲置停车位的利用率；安全模式、智能模式的出现在给予用户流水化的便捷停车体验的同时，也注重车辆及地锁的安全性能；停车定位提醒的出现，避免用户在不熟悉的停车场或停车位停车时遗忘了具体位置从而耗费时间寻找；线上支付让用户实现停车即走，无须再花费时间缴纳相关费用，方便快捷；私人车位共享使得用户停车位选择余地进一步扩大，同时让用户也成为车位共享获益方；个人诚信账户规范了基本秩序，鼓励了良好的交易；周边服务让用户停车以外的需求也有了良好、便捷的选择。

8.2.2 对接对象广，推广难度低

产品的使用率和普及率对于产品在市场上的发展极其重要，目前市面上的查询车位设计仅着眼于大型批量停车场，而本产品为拓宽用户渠道，提升使用频率，选择将产品的对接对象扩大至企业、社区甚至个人，同时提供汽车周边服务、产品的商家和店铺也作为推广对接对象。通过不同时间点的需求差，尽可能满足同一客户在不同时间的停车需求，丰富用户的选择。

停车位的共享建立在对于闲置停车位资源的利用上，对停车场车位提供方来说，配置智能地锁后几乎是零成本的交易，同时拓宽了停车场的用户来源及数量，也推广了停车场本身；对私人车位提供方来说，也只需要安装智能地锁，在停车位闲置时间租赁出去所获得的收益是零成本的，同时其私人车位拥有了可智能控制的地锁。在控制新型地锁成本的基础上，停车费用的分成对于车位提供方将是一笔很可观的收入。产品的主要成本集中在智能地锁上，而智能地锁的配置完成之后，除了日常运行费用，仅仅局限于智能地锁的维修，在市场规模化之后，维护成本相较于商业盈利几乎可忽略，在盈利有保障的前提下，产品的推广难度会大大降低。同时产品面世之后，团队也将进行一系列的产品推广活动，加速其进入市场进程。

8.2.3 共享经济，互联网+

不仅仅是私人个体车位可以以租赁的形式在闲置时段内将车位租赁出去，一些企业、商家也可将车位共享出去，同时对于自身进行了推广。如早高峰时段办公场所停车需求旺盛，而社区普遍驾

车驶出停车需求单薄，办公场所附近社区可以将闲置车位共享出去，分流高峰旺盛停车需求同时赚取费用；晚高峰则相反，办公场所停车需求单薄而社区停车需求旺盛，可将社区旺盛的停车需求分流至附近的办公场所，互利互惠。

云端对停车资源的统一分配（各车场车位信息共享、错时停车等），并通过数据的双向传输、汇聚、分析，实现对车流数据变化、收费记录变化、收费人员在线状态、设备状态的实时监控，及时向管理人员提供决策性实时数据；线上支付减少现金收费私藏现象，提高停车场运转能力，减少管理方的人力成本，推动停车场无人化管理，最终提升其收入。由此产生的大数据还可进一步进行利用与开发。

8.3 产品设计方案

8.3.1 核心价值

打造一个以便捷的停车服务为核心、同时提供汽车周边子服务的生态圈。

8.3.2 产品功能

1. 车位参数查询详细

通过车位提供方提前登入的车位具体信息，如车位的价格、位于室内还是室外、车位周边环境等，智能地锁的车位状态通过手机 App 实时反馈给用户，数据准确，使得用户在查询周边停车场或停车位时可以进行全方位的比较，从而选择一个合适的车位。

而同时通过市场调研和资料收集，产品计划利用市场占有率 33.0%、准确度也相对于市面上其他同类产品较高的百度地图（见图 5）进行定位、导航，与其合作实现该功能。

图 5 百度地图 logo

2. 预约

为避免高峰期有车位闲置且车主没有寻找到停车位的情况，本产品提供预约功能，根据用户常用停车场或车位进行选择类似停车场或车位推荐到用户手机 App 上，在下班时间前进行推送提醒，在保障用户停车需求的同时利用了闲置车位，也推广了停车场及车位，一举多得。

3. 室内车位指引

室内导航是目前导航市场上还不成熟的领域，用户在涉及室内导航时往往一筹莫展。本产品可针对进行室内车位指引，由停车位提供方提供车位具体参数：所在车位室内共地下几层或几层楼高，车位具体在哪一层哪一区域几号车位（如所在停车场共有地上 3 层，地下 1 层，所选定车位位于地上 2 层 B 区 9 号位），根据相关参数平台自动进行建模，为车主提供大致方位，当车主经导航驶至室内停车区域，可调用模型同时参考室内停车区域指示信号进行寻找车位，最大限度地方便用户的停车过程。App 室内指引界面如图 6 和图 7 所示。

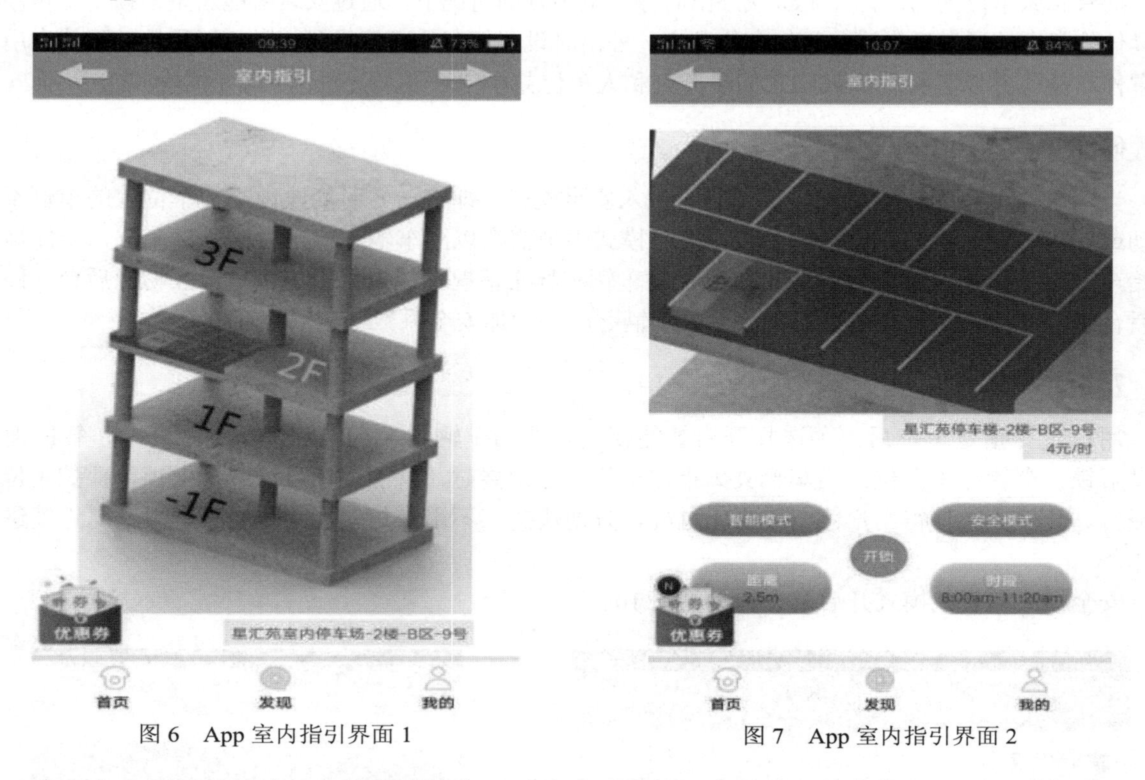

图 6　App 室内指引界面 1　　　　图 7　App 室内指引界面 2

当车主在不熟悉的或较大的室内停车区域停车后可能没有记清具体停车位置，导致取车时耗费时间寻找车辆，这时可通过停车后设置的定位以及时间提醒，避免超时停车以及省下寻找车辆所耗费的时间。

4. 线上支付

如今是线上支付大行其道的时代，对于一个 O2O 产品而言，线上结账是一个加分项也是一个必备功能。停车费用的支付可由网上通过支付宝、微信等进行缴纳，如用户选择开启免密支付或者小额支付，用户甚至无须打开手机 App 就已结账，方便、快捷、省时。微信支付、支付宝线上支付如图 8 所示。

图 8　微信支付、支付宝线上支付

5. 私人车位共享

拥有私家车位的用户，在上班或外出时停车位闲置的情况下，通过安装智能新型地锁，上传停车位具体信息审核通过后也可参与停车位共享，外出时设置停车位可停靠时间段，以租赁的形式利用了闲置停车位，并以各种优惠鼓励人们参与到私人车位共享中来。App 车位共享界面如图 9 所示。

6. 安全模式

当车主停车完毕时，App 端提示是否进入安全模式，即在一定时间段内当前车位上的车辆不会移动或驶离，一旦当前车位上的车辆在安全模式中被盗窃以至车辆位移过大或驶离车位，智能地锁开始声光报警，同时反馈至 App 端提醒车主车辆有异常情况，该报警系统可与社区物业后台、停车场后台进行连接从而更有效地保护车主的车辆财产，增加安全系数与车辆盗窃难度。

7. 智能模式

用户选择指定车位后，可选择开启智能模式，即当车辆驶入指定车位一定距离时，智能地锁自动解锁，车辆停车入位；当车辆驶离指定车位一定距离时，智能地锁自动进行上锁，保护车位免遭侵占。智能模式使得用户停车流水化过程，方便快捷，不用像传统地锁需要车主下车对地锁进行操作。

安全模式和智能模式开启及设置参见图 10。

图 9　App 车位共享界面

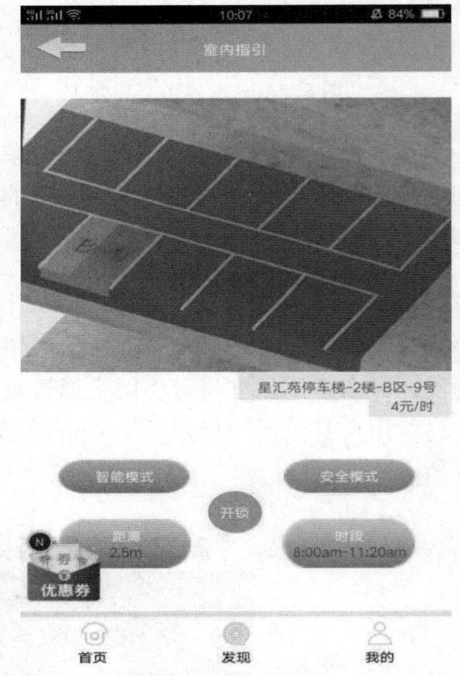

图 10　安全模式和智能模式开启及设置

8. 防水

智能地锁（见图 11）嵌入地面，只有封盖的一端锁环进出口可进入雨水，该进出口处嵌有防水胶套，起到一定防水作用的同时也可以滤掉较大杂物，即使进水，该进出口连接的锁环运动仓为纯机械结构，其电路结构被封在后部控制仓无法进水受到影响，且智能地锁壳体下部有渗水孔（图 12），雨水通过渗水孔渗入地下，无法沉积；运动仓机械结选材为防水防锈材料，加以防水漆，防水防锈能力强，即使锈蚀损坏，零件成本较为低廉，更换便捷。

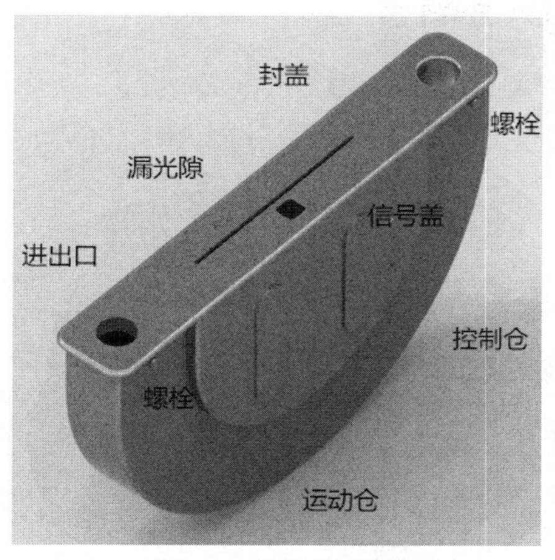

图 11 地锁外观图

图 12 智能地锁渗水孔

9. 控制模式多样化

智能地锁可同时由多种控制模式进行操控动作：App 端、遥控、射频卡以及智能模式。私人个体停车位用户可选择 App、遥控、智能模式；停车场批量停车位可采用 App、射频卡、智能模式。根据不同的场景灵活选择，同时避免了一种控制模式意外失效后无法再对智能地锁进行操控的情况发生。

10. 智能地锁防盗

智能地锁嵌入地面减少其占用空间的同时也提升了智能地锁本身的防盗性能，选择在两孔的侧壁作为封盖螺栓的位置也是考虑到智能地锁本身的防盗问题。当智能地锁上锁时，锁环遮挡住两孔侧壁的四个螺栓，窃贼没有空间对螺栓进行拆除，当车辆停入车位后，锁环已经解锁，智能地锁位于车辆下方且嵌入地面，盗窃难度大，且当地锁受过大的外力触发震动传感器时，智能地锁进行声光报警，同时反馈至 App 端报告地锁有异常情况发生。

11. 防冻

某些地区可能面临着寒冷的天气，易于上冻，锁环进出口一旦被冻住就无法实现锁定的功能，虽然车辆停在车位上时基本不用担心此类问题（因为不会积雪或积水），处于露天情况时，根据积雪厚度，人为设置好防冻模式的参数——运动幅度、定时时间即可。设置参数开启后，锁环将运动至进出口附近再返回保持原本状态，根据设置每隔一定时间运动一次，保证进出口的疏通，不被冻住。

12. 个人诚信账户

引入个人诚信账户，每次超时停车都将支付较高的违约成本，违约停车费用将超过市场价，以示惩戒，且对于多次超时停车或预约失效的用户将实施相应惩罚，情节严重者可以短期或长期甚至永久性取消账户使用权限。根据用户使用车位的各项指标进行个人诚信积分的计算，个人诚信积分低于一定数额后将不能使用车位租赁或使用，个人诚信积分越高者说明其交易记录良好，可给予各类优惠，奖惩并行以维护基本秩序。

13. 周边服务

在给予用户使用停车位过程中的方便以外，手机 App（参见图 13）也会根据使用过的用户满意度、打分高低进行筛选推荐汽车周边服务，如加油站、代驾、汽车 4S 店、洗车店等，同时可导航至用户选择的地点，既推广了商家，也实实在在地方便了用户。

图 13 App 周边服务界面

8.3.3 产品数字化设计

智能地锁运动结构如图 14 和图 15 所示。图 14 为未上锁状态，图 15 为上锁状态。

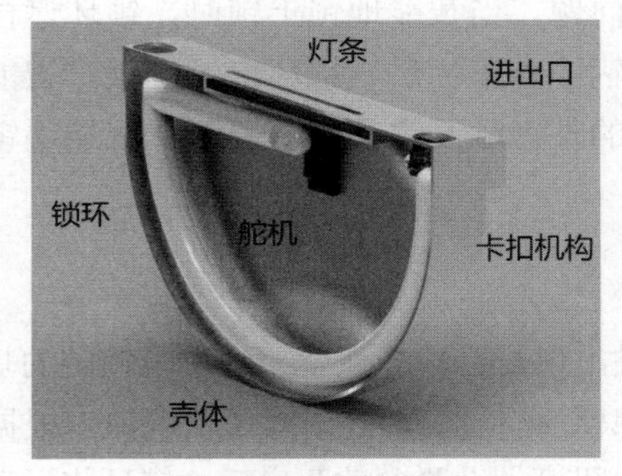

图 14 未上锁状态

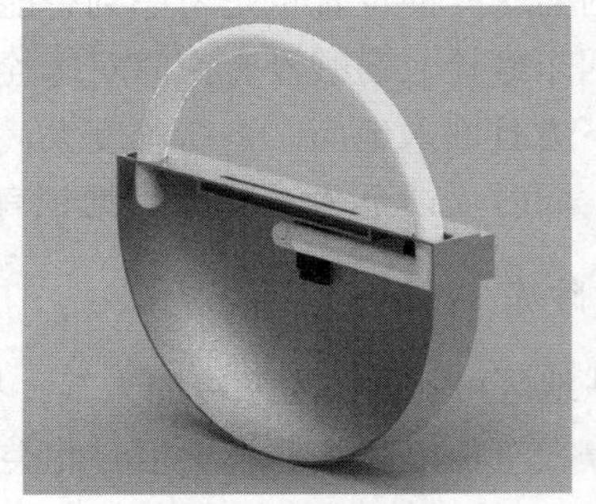
图 15 上锁状态

智能地锁卡扣机构如图 16 所示。
智能地锁整体结构如图 17 所示。

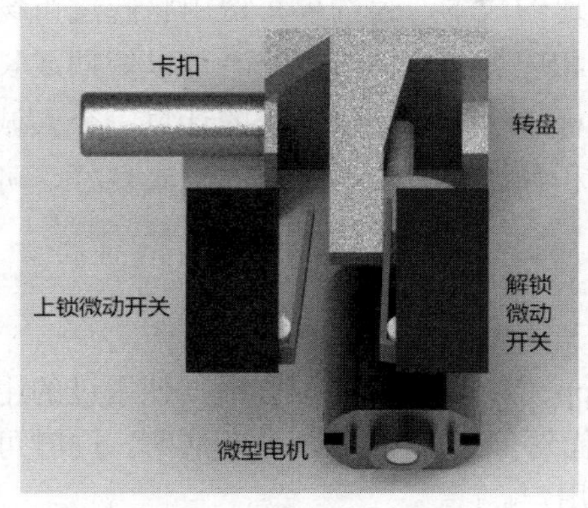

图 16 卡扣机构设计图

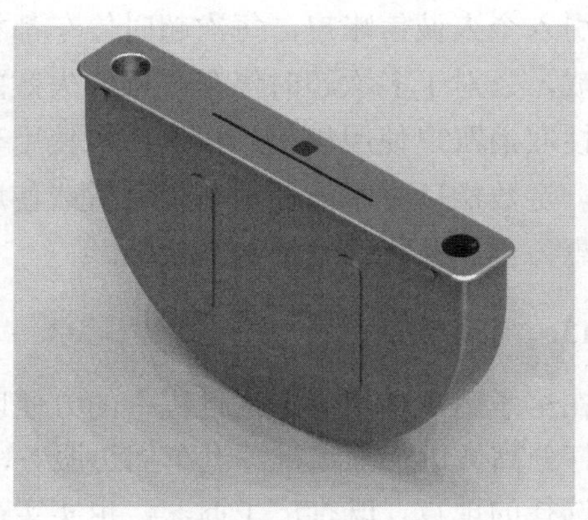
图 17 智能地锁前部视图

App 端功能界面如图 18 所示。

图 18 App 端功能设计界面

模拟后台如图 19 所示。

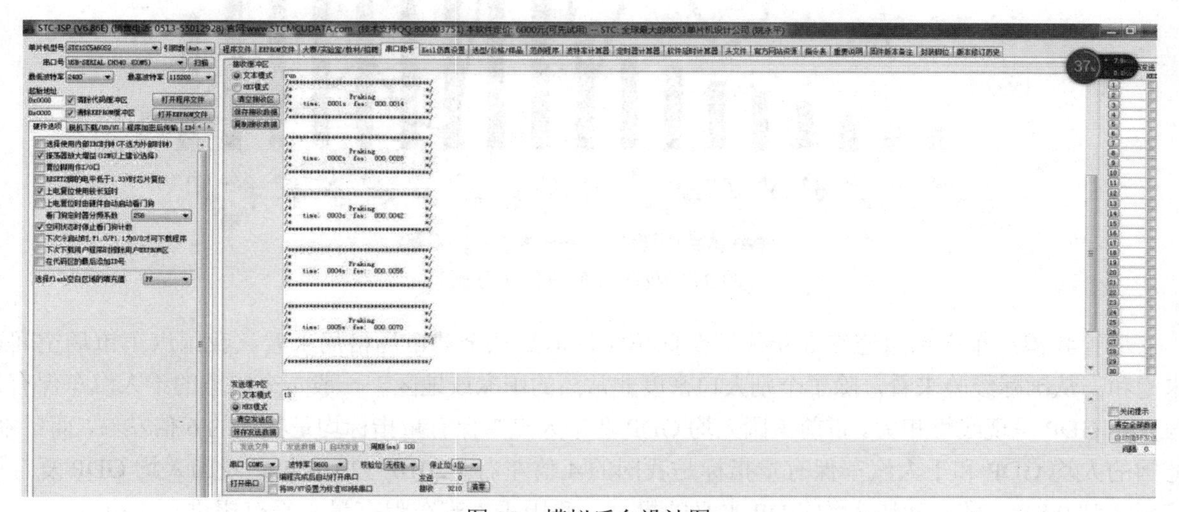

图 19 模拟后台设计图

工作流程图如图 20 所示。

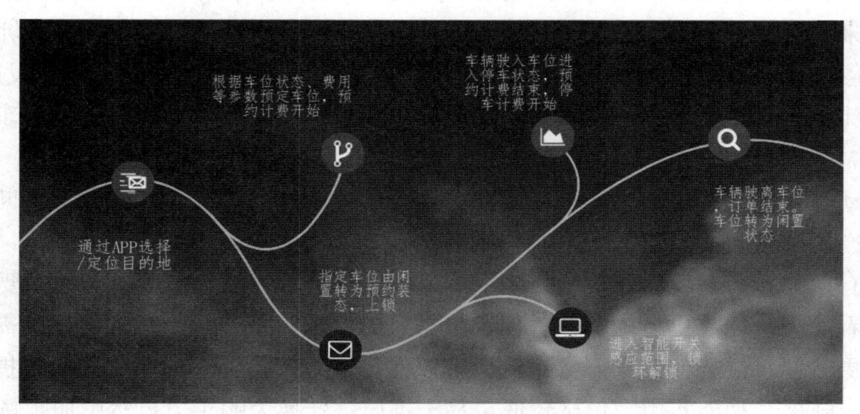

图 20 工作流程图

8.4 商业计划书

8.4.1 市场需求分析

随着我国经济的快速稳定增长，人均家庭汽车拥有量呈快速增长趋势，截止到2016年年底，我国机动车保有量已达2.9亿辆。

与西方发达国家比较，我国汽车产业发展较晚，1980年我国汽车年销量仅20万辆。2009年和2010年我国实行购置税减半等优惠政策，汽车销量再回高速增长，同比增速达到45.5%和32.4%。2009年全年销量1364万辆，我国汽车销量首次跃居全球第一。2011年受购置税优惠政策退出影响，全年销量同比增速仅2.45%。2012—2015年，我国汽车年均销量复合增长率达到8.4%。2016年又是政策年，全年销量2800万辆，同比增长13.95%，参见图21。

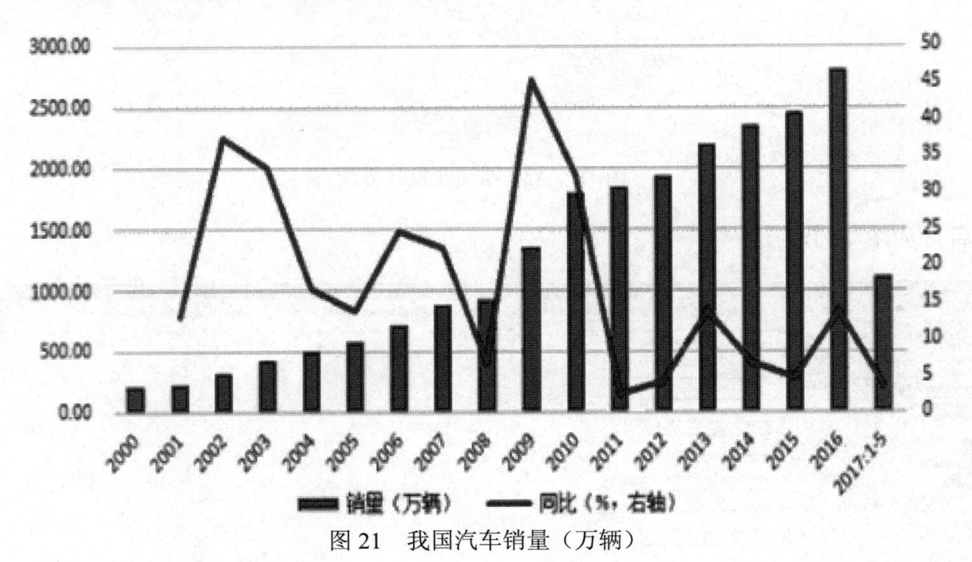

图21 我国汽车销量（万辆）

尽管我国汽车产销量连续8年位居全球第一，但是从全球市场格局来看，我国汽车市场空间远未饱和。从国际经验来看，除了个别人口密度非常高的国家或地区，一般一个国家的千人汽车保有量与人均GDP呈现线性相关。目前美国人均GDP和千人汽车保有量指标均是我国的6倍左右，而日本、德国的人均GDP和千人汽车保有量指标是我国的4倍左右。2010—2016年，我国人均GDP复合增长率达到9.8%。随着我国人均GDP水平的提高，我国千人汽车保有量水平有望进一步提高。

根据国家发改委公布的数据，目前我国大城市小汽车与停车位的平均比例约为1:0.8，中小城市约为1:0.5，与发达国家的1:1.3相比，我国停车位比例严重偏低；车位缺口超过5000万个。从全国主要城市来看，截至2014年年底，北京市停车位缺口量已经超过250万个；深圳、上海、广州、南京等城市的停车位缺口均超过150万个，停车难已经成为困扰一线城市交通规划发展的普遍问题，从停车位缺口比例来看，一些二三线城市停车位缺口问题严重，如海口、青岛的停车位缺口比例分别达到90%、77%。

在我国机动车保有量的持续增长环境下，未来中国停车位的需求量也一定会不断增高，这就与传统车位数量产生了矛盾（见图22）。

机动车保有量的不断增长以及车位的严重短缺问题，正是智能地锁所针对的主要方向。

从表面上看，车主需要更多的车位以便满足自身的停车需求，然而从深层次的需求来看，大量车主需要的是更方便、快捷的停车服务系统。可以在很好地解决停车问题的同时，提供系列服务系统。本产品需求旺盛，功能实用，价格较低，易于推广，转换为购买力自然更加顺畅。

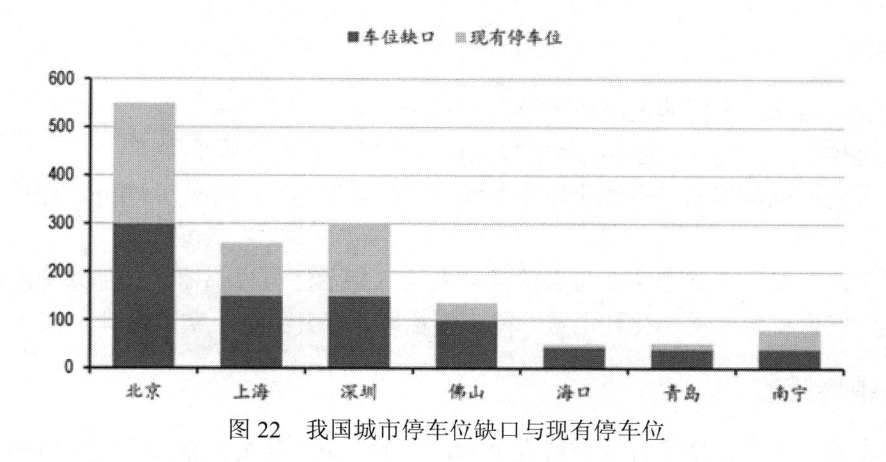

图 22 我国城市停车位缺口与现有停车位

8.4.2 市场场景预测

截止到 2015 年年底，中国的汽车保有量已经超过 1.72 万辆，虽然部分城市出台了限购措施，但每年仍以 1500 万辆左右的净增量增长。北京平均每百户家庭拥有 63 辆私家车，广州、成都等大城市每百户家庭拥有私家车超过 40 辆。美国和日本的每千人汽车保有量分别超过 800 辆、500 辆，巴西和俄罗斯都超过 250 辆，而中国不到 110 辆，长期看还有很大的增长空间。

这样的增长空间必定会伴随着巨大的车位需求。北京的车位缺口高达 50%，缺口数高达 250 万，北上广深的缺口均在 150 万以上。由于每年新增车位数要远小于新增汽车量，停车需求不足以满足汽车快速增长产生的缺口，停车位缺口仍在不断扩大，车多位少已成为城市最为显著的问题之一。截至 2016 年年底，如果按照每辆车匹配 1.3 个停车位的国际通行标准来计算，那么目前国内汽车停车位总需要量约 2.82 亿个。图 23 给出了近年来新增停车位数量及增长数据。

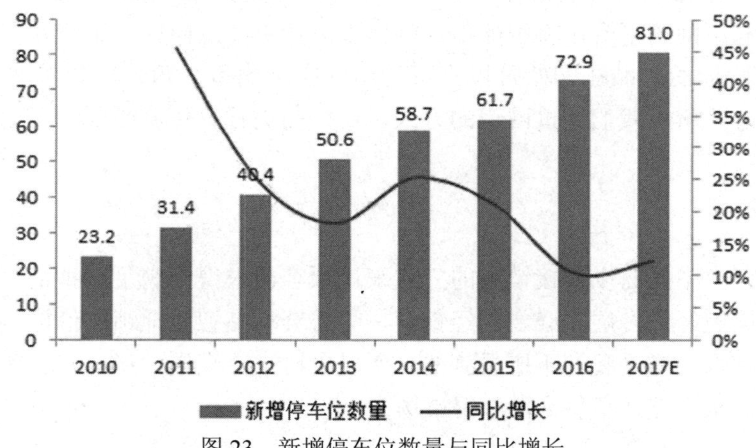

图 23 新增停车位数量与同比增长

在如此迅速的停车位增长过程中，新型的停车服务系统开发是由需求进行推动的。而现如今我国市场上为解决停车难问题及其衍生出的一系列问题，出现了一些面向此领域的产品，但均未解决这一问题，没能得到用户的青睐，甚至为用户所诟病，以至于无法普及，后面会作较详细的分析。

8.4.3 产品定位

1. 目标客户

本产品主要用于解决当下车位紧张的问题。产品的对接对象可以是企业、社区甚至个人，以便解决多种情况下的车位问题，同时提供汽车周边服务、产品的商家和店铺也作为推广对接对象。

2. 产品层次

本产品为智能地锁，不同的使用场合做出相应的调整。

（1）私人个体用户：App、遥控、智能模式操纵适用于私人个体车位。

（2）批量车位：批量车位包括营业性停车场以及企业停车场，可使用 App、遥控、智能模式以及射频卡。

（3）公共车位：对于公共车位，将去除活动机构、指示灯与蜂鸣器，增加太阳能模块，仅保留感应模块与无线发射模块，最小化耗电量。除去螺栓即可打开封盖，实现零件、模块的更换。

8.4.4 产品销售策略

整个市场来看，新产品要在行业获得竞争力，体现价值，让公司获得利润，营销策略显得十分重要。但最重要的还是要有核心理念，我们正立足于这点基本要求，从设计产品到产品投入生产，始终将创新、实用作为成长第一要素，我们深知不创新就无法在市场立足，而且在产品营销时，还有一项十分重要的工作是要透视消费者的需求，掌握了他们的需求，才可以用更加合理的方式，在用户更加看好的情况下很好地把智能地锁推出去，要想让新产品占据市场，第一点就是探究新产品的营销方式能否赶得上企业的核心技术，多数企业对于新产品都不能成功打开市场，原因就是企业用的营销方式与其核心技术不一致，而这正是最容易忽视的。第一，要思考本身能否具有拓宽市场的才能。第二，思考本身的考核系统是否有问题。

1. 网络推广

网址推行、信息公布、行销促成、客人服务与人际关系、网络问卷，因为网络发展异常快捷，从十几年前到现在，已全面融入人们的生活中，而且网上可提供更详细的产品信息，网购广受欢迎，所以我们需要充分利用网购平台，将智能地锁打出去，让更多意向客户了解我们的产品。选择网销的另一个原因是，我们的产品在初始阶段不可能出现在全国每个角落，让消费者自己主动来了解我们的产品较为困难，所以我们通过网销的方式，对产品进行宣传，必要时可通过电视广告来宣传产品。

2. 直销推广

直销即不通过任何中间商以直接销售的方式来让顾客需求得到满足，直销可在竞争时尽可能降低成本，如果销售渠道经过多层不必要的经销商，势必会抬高智能地锁的价格，导致消费者购买压力上升，失去部分市场，这是我们不愿看到的，所以也可进行直销，尽量省去差价，让用户得到一个可以接受的价格，从而提升竞争力，获得市场。

3. 推销

另一个非常重要的市场就是各大商场以及小区等停车位聚集的地方。目前的停车场智能化程度低，很多停车场还处于传统人工收费状态。这就给我们带来了很大的市场，现今大部分停车场并没有采取智能化的停车方式，一是现在市场上现有产品还有许多被诟病的地方；二是推广程度低，且相应的设备价格高昂。在这些场合对于智能地锁需求较大且集中，值得我们着力打开此部分市场。可成立专门的销售团队，不是等待顾客上门而是主动与批量停车场用户沟通推广，建立良好的合作关系。

本产品在推广时除去传统的直销，网络销售之外还可与房产销售方和汽车 4S 店合作，作为彼此亮点互利互惠，合并销售。

8.4.5 产品推广策略

销售团队推广为主，网络宣传销售为辅，有条件的可以与商场及地产商方面代表合作。因为智能地锁主要针对停车位聚集的地方，涉及公共停车场、私人车位两方面。为打破现今的停车模式，让用户接受新型的智能地锁模式，就需要销售团队去深入地介绍，去更好地把产品模式及优点表述出来。

网络推广与销售相结合，因为现今是网络时代，互联网将我们每个人与外界联系起来，提供大量信息，给用户带来详尽的信息。而我们的产品所针对的个体车位用户，可以通过这种方式来了解我们的产品。

8.4.6 SWOT 分析

1. 优势

同时本系统采用 O2O 模式，从线上到线下，软硬件互补，各取所长，优化用户体验。数据精确，感应模块和信号模块同时工作，将车位状态经云服务平台实时更新反馈至用户的手机 App，与现有的概率经验估算有着本质的区别。充分利用闲置车位，以短时租赁的形式共享出去，有效缓解停车难问题。

2. 劣势

智能停车服务虽然使得用户的出行与车辆的安全有了保障，但关于闲置车位共享的理念能否顺利普及仍是一个挑战，虽然这种模式既不会损害自身的利益，同时也会带来收益、缓解交通高峰压力等，但用户仍可能因为种种因素选择不愿加入到共享的行为中来。我们需要加大宣传以及免费试用等方式让用户实地体验到这种模式的共利性以及安全性，同时通过奖惩并行的方式以规范化秩序，提升自身的稳定性与安全性。

3. 机遇

（1）行业政策：2016 年，时隔 37 年重启的中央城市工作会议的一份配套文件发布，勾画了“十三五”乃至更长时间内中国城市发展的“路线图”。文件提出，新建住宅要推广街区制，原则上不再建设封闭住宅小区。已建成的住宅小区和单位大院要逐步打开，实现内部道路公共化，解决交通路网布局问题，促进土地节约利用。这是中央层级文件首次对诟病已久的封闭社区模式“开刀”。在顺应趋势的同时，针对现有需对外来车辆严格登记的社区，当用户驾车需前往该社区内某车位，该用户所需登记信息均已后台生成，与社区物业后台对接更能够实现无人化管理，省去堵塞、耗时，营造智能社区。类似的一系列政策将为私人车位的共享提供很大的方便。

（2）经济环境：随着我国经济的迅速增长，汽车市场的逐渐扩增。私家车数量会稳步增长，与之相对应，车位聚集地（住宅、商场）也会越来越多，但依旧难以满足用户停车需求。

（3）社会环境：我国停车设施建设速度远滞后于汽车保有量增长速度，停车位供给缺口巨大。相比于日益增长的汽车保有量，我国停车位数量严重偏低。我国私家车保有量出现“井喷式”增长，但长期以来，我国对停车场等问题重视不够，历史“欠账”很多，停车位缺口很大。在这样的环境下，市场却依旧缺乏与之相匹配的减缓停车难问题的系统。

4. 威胁

用户对新产品是否愿意尝试，后来的模仿者对产品的冲击。

8.4.7 竞争对手分析

为解决停车难问题及其衍生出的一系列问题，国内市场出现了一些产品，但都未解决这一问题，没能得到用户的青睐，甚至为用户所诟病。

硬件派：有不少产品选择从智能道闸入手，特点是通过对接新型道闸来提供服务，如发布停车场状态、支付。但产品缺乏数据的实时传输，提供的只是车位的数量，并不清楚车位具体是否为闲置状态，很容易发生用户进入停车场后发现没有车位等问题，重复几次用户便很难坚持长期使用这款 App 或者公众号。

软件派：信息收集上分为 UGC（用户生产内容）、自主采集和其他。

UGC：最早由“易趴网”从 2010 年开始做停车 UGC，由用户提供停车场信息并给予奖励，但一直无法发展，目前其“停车地图”服务已关停。究其原因，国内市场对于“共享”参与度较低，数据的准确性和全面性无从保证，使得用户不愿长期使用。

自主采集：占比最高的类比，首推的“慧泊车”“无忧停车”和“停车百事通”，其中起家广州的“慧泊车”已经关停。“无忧停车”和“停车百事通”前者在北京、后者在深圳。“无忧停车”的空车位播报属于经验、概率估算，并非真实的闲置停车位。“停车百事通”定位、价格和空余车位错误率非常高。如果走数据自采，应当保证数据的全面、精准，如该停车场到几点关门、对内还是对外、包月多少钱、什么时候车位处于闲置状态，这些都需要线下一个一个问，线上不会有现成的数据。

其他：深圳的“停哪儿”，选择让车主给保安支付“小费”，然后保安为车主预留车位，可实际上保安由保安公司外派，根本没有权利预留车位和收费，同时也令其他业主难以接受，这样的机制是不现实的，难以持续化和扩大化。

在国外，由泰国曼谷 Anadirekkul 公司发布的在线平台 Parking Duck 第一次实现在线车位共享，人口密集的泰国曼谷有注册车辆 700 万部，但可用停车位只有 40 万个，其运作方式十分简捷，拥有空闲车位的人将自己的信息挂到网上出租，其发布的停车位信息可按照每个月来收费，出租者可选择全天出租或者某个特定时间段，达到资源的充分利用。但同时个人车位的出租受到的限制极大，初期即将目标对接单位限定在拥有批量停车位的企业单位或者居民区，是为了避免租户超时停车时，车位所有者依旧有位可停。另一方面，租户挂出的信息也不一定准确，租户按照信息选择停车却发现并非闲置车位，车位状态信息不准确也是其被诟病的原因之一。

8.4.8 盈利模式

商家在平台上进行商业推广的广告费、硬件售卖的利润、每笔订单的 0.3 元抽成、大数据的利用开发等。本系统所搭配的软硬件都是主要盈利方向。

8.4.9 投资价值

在需求转换为生产力方面，产品本身通过简化结构，在保证质量的前提下压缩了结构成本，且产品仅需低速、低功耗运行，对软件、电源要求不高，整体成本低，使得消费者能够承受；对于个体消费者来说，产品功能设计均从现实生活出发，与生活日常接轨，实际且实用，购买后便捷了生活体验；对于批量车位来说，拓宽了用户渠道，提升了停车效率，同时也推广了自身；整体来说，充分利用了闲置资源，错峰导流，缓解高峰期交通压力，且产生的大数据可进一步进行开发利用；除去传统的直销、网销还可与汽车 4S 店、房产商等合作进行搭配销售，从源头上贴近潜在消费者。

8.4.10 定价策略

价格弹性分析：随着市场需求的增加，可以适当降低地锁的价格。增加 App 端的盈利占总盈利的比值，从而获得更大的推广优势。价格策略导入：在产品推广初步阶段，采用：“弹性定价”依赖客服支付意愿而制定不同的价格，建立市场基本需求，便于产品推广。地区性定价策略：根据不同地区的车位需求情况，在推广初期可采用不同的定价，便于推广后期可逐步统一。与此同时与折扣定价相结合。未来几年产品的价格变化，产品价格基本稳定，服务端获利比例增长。多种价格策略相结合有利于产品的推广，使得利益最大化。

8.5 产品成本及技术说明

8.5.1 产品成本（见表 1）

表 1 成本价目表

产品成本价目表			
名称	单价/元×数目	名称	单价/元×数目
舵机	40×1	距离开关	20×1
LED 灯	0.5×3	限位开关	0.5×2
OLED	4×1	电容电阻等元器件	3×1
芯片	5.2×3	电池	20×1
PCB 板	20×1	减速电机	2×1
蜂鸣器	0.5×1	锁环	10×1
震动传感器	1.5×1	外壳	30×1
总价/元		169.1	

8.5.2 产品技术说明

STC12C5A60S2 单片机作为主控芯片[1, 2]：

```
 1
 2 #include"stc12c5a60s2.h"
 3 #include "codetab.h"
 4 #include "LQ12864.h"
 5 #define uchar unsigned char
 6 #define uint  unsigned int
 7 uchar R_data=0,flag=0,flag1=0,flag2=0,flag3=0,flag4=0,flag5=0;
 8 bit R_flag=0;
 9 uint timer1 = 0;
10 uint timer2=0;
11 uint speed1 = 0,duoji = 0;
12 sbit in1=  P0^0;
13 sbit in2 = P0^1;
14 sbit en1 = P0^2;
15 sbit LED_lan=  P0^4;
16 sbit LED_hong = P0^3;
17 sbit LED_lv = P0^5;
18 sbit bibi = P0^6;
19 sbit yuyue=P0^7;
20 sbit key1=P1^2;
21 sbit key2=P1^3;
22 sbit pwm = P2^7;
23 sbit led = P2^0;
24 sbit CSB = P3^2;
25 sbit key3=P3^4;
26 sbit key4=P3^5;
27 sbit key5=P3^6;
28 sbit key6=P3^7;
29
```

```
89 void Time0_Init()
90 {
91 TMOD = 0x01;
92 IE   = 0x82;
93 TH0  = 0xfe;
94 TL0  = 0x33;    //11.0592MZ??,0.5ms
95    EA = 1;
96   ET0 = 1;
97
98  TR0 = 1;
99 }
100
101 void Time0_Int() interrupt 1
102 {
103 TH0  = 0xfe;
104 TL0  = 0x33;
105
106   timer2++;
107
108   if(timer2>50)
109   {
110     timer2 = 0;
111   }
112
113   if(duoji>50) duoji = 50;
114   if(timer2<duoji) pwm = 1; else pwm = 0;
115 }
```

超声波程序：

```
55 void init()
56 {
57     TMOD=0x01;
58     TL0=0;
59     TH0=0;
60     TR0=0;
61     ET0=1;
62     EA=1;
63
64 }
```

```
111   {
112     TIRG=1;
113       i=4;
114       while(i>0)
115         i--;
116       TIRG=0;
117     TR0=0;
118     TL0=0;
119         TH0=0;
120     flag1=0;
121     Timeout=0;
122      while((ECHO==0)&&((Timeout++)<50000));
123         TR0=1;
124         Timeout=0;
125      while((ECHO==1)&&((Timeout++)<50000));
126         TR0=0;
127       S=(TH0*256+TL0)/58;
128     i=5000;
129       while(i>0)
130         i--;
131      Yes();
132
133     }
```

nrf24l01 部分程序：

```
66 uchar SPI_RW(uchar dat)//写一字节并读出此地址的状态
67 {
68   uchar i;
69   for(i=0;i<8;i++)
70   {
71     SCK=0;
```

```
72         MOSI=(dat & 0x80);
73         dat<<=1;
74         SCK=1;
75         dat|=MISO;
76      }
77      SCK=0;      //拉低时钟保持通信状态
78      return dat;
79    }
80  uchar SPI_RW_Reg(uchar reg,value)//写一字节并读出此地址的状态
81    {
82      uchar status;
83      CSN=0;
84      status=SPI_RW(reg);
85      SPI_RW(value);
86      CSN=1;
87      return status;
88    }
89  uchar SPI_Read(uchar reg)   //读一字节
90  {
91      uchar value;
92      CSN=0;
93      SPI_RW(reg);
94      value=SPI_RW(0);
95      CSN=1;
96      return value;
97  }
```

```
118 void nrf24l01_init()
119 {
120     CE=0;
121     CSN=1;
122     SCK=0;
123     IRQ=1;
124     delayus(15);
125 }
126 void setRX_Mode()
127 {
128     CE=0;
129       SPI_write_Buf(WRITE_REG + RX_ADDR_P0, TX_ADDRESS, TX_ADR_WIDTH); // 写接收地址到0通道
130       SPI_RW_Reg(WRITE_REG + EN_AA, 0x00);       // Enable Auto.Ack:Pipe0
131       SPI_RW_Reg(WRITE_REG + EN_RXADDR, 0x01);  // Enable Pipe0
132       SPI_RW_Reg(WRITE_REG + RF_CH,40);         // Select 工作频段 channel 2.4G
133       SPI_RW_Reg(WRITE_REG + RX_PW_P0, TX_PLOAD_WIDTH); // Select same RX payload width as TX Payload
134       SPI_RW_Reg(WRITE_REG + RF_SETUP, 0x07);    // TX_PWR:0dBm, Datarate:2Mbps, LNA:HCURR
135       SPI_RW_Reg(WRITE_REG + CONFIG, 0x0f);     //IRQ中断响应16位CRC校验，接收模式
136 
137       CE = 1; // Set CE pin high to enable RX device
138     delayus(35);
139 }
140 uchar nRF24L01_RxPacket(uchar *rx_buf)
141 {
142     uchar flag=0;
143     sta=SPI_Read(STATUS); // read register STATUS's value
144     if(RX_DR)       // if receive data ready (RX_DR) interrupt
145     {
146       SPI_Read_Buf(RD_RX_PLOAD,rx_buf,TX_PLOAD_WIDTH);// read receive payload from RX_FIFO buffer
147       flag=1;
148       SPI_RW_Reg(WRITE_REG+STATUS,0xff);//清空状态寄存器
149     }
150     return flag;
151 }
```

Esp8266 部分程序[2]：

```
55  void Uart_Send_Char(uchar dat)
56  {
57  ES = 0;
58  TI = 0;
59  SBUF = dat;
60  while(!TI);
61  TI = 0;
62  ES = 1;
63  }
```

```
64  void Uart_Send_String(uchar *string)
65  {
66      while(*string)
67      {
68        Uart_Send_Char(*string++);
69        Delay_Us(5);
70      }
71      Delay_Ms(1000);
72  }
73  void ESP8266_Send(uchar *puf)
74  {
75    Delay_Ms(20);
76     Uart_Send_String("AT+CLDSENDRAW=9\r\n");
77    Delay_Ms(20);
78     Uart_Send_String(puf);
79  }
80  void ESP8266_Init()
81  {
82  //    Uart_Send_String("AT+CIPMUX=1\r\n");
83  //    Uart_Send_String("AT+CIPSERVER=1,5000\r\n");
84        Uart_Send_String("AT+CLDSTART\r\n");
85  }
```

```
145 void UARTInterrupt(void) interrupt 4
146 {
147   EA=0;
148     if(RI==1)
149     {
150       RI = 0;
151       Receive = SBUF;
152       Receive_table[k++] = Receive;
153       if((Receive_table[k-1] == '\n') || (k == 29))
154       {
155           k = 0;
156       }
157     }
158    EA=1;
159 }
160 void time_0()interrupt 1
161 {
162   uchar num;
163   TH0=(65536-87)/256;
164   TL0=(65536-87)%256;
165   num++;
166   if(num==2)
167   {
168     beef=~beef;
169     num=0;
170   }
171 }
```

主控芯片如图 24 所示，主要由以下几部分组成。

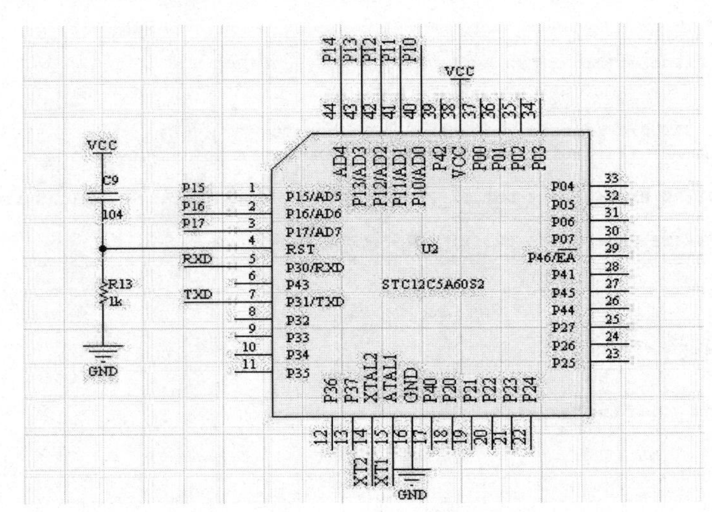

图 24　主控芯片：STC12C5A60S2

（1）增强型 8051 CPU，1T，单时钟/机器周期，指令代码完全兼容传统 8051；

（2）工作电压：STC12C5A60S2 系列工作电压：5.5～3.3V（5V 单片机）；

（3）工作频率范围：0～35MHz，相当于普通 8051 的 0～420MHz；

（4）用户应用程序空间 8KB/16KB/20KB/32KB/40KB/48KB/52KB/60KB/62KB；

（5）片上集成 1280B RAM；

（6）ISP（在系统可编程）/IAP（在应用可编程），无需专用编程器，无需专用仿真器，可通过串口（P3.0/P3.1）直接下载用户程序，数秒即可完成一片；

（7）有 EEPROM 功能（STC12C5A62S2/AD/PWM 无内部 EEPROM）；

（8）时钟源：外部高精度晶体/时钟，内部 R/C 振荡器（温漂为 ±5%～±10%），用户在下载用户程序时，可选择使用内部 R/C 振荡器或外部晶体/时钟，常温下内部 R/C 振荡器频率为：5.0V 单片机为 11～15.5MHz，3.3V 单片机为 8～12MHz，精度要求不高时，可选择使用内部时钟，但因为有制造误差和温漂，以实际测试为准；

（9）共 4 个 16 位定时器：两个与传统 8051 兼容的定时器/计数器，16 位定时器 T0 和 T1，没有定时器 2，但有独立波特率发生器作串行通信的波特率发生器，再加上 2 路 PCA 模块可再实现 2 个 16 位定时器；

（10）2 个时钟输出口，可由 T0 的溢出在 P3.4/T0 输出时钟，可由 T1 的溢出在 P3.5/T1 输出时钟；

（11）外部中断 I/O 口 7 路，传统的下降沿中断或低电平触发中断，并新增支持上升沿中断的 PCA 模块，Power Down 模式可由外部中断唤醒，INT0/P3.2、INT1/P3.3、T0/P3.4、T1/P3.5、RxD/P3.0、CCP0/P1.3（也可通过寄存器设置到 P4.2）、CCP1/P1.4（也可通过寄存器设置到 P4.3）；

（12）工作温度范围：–40℃～+85℃（工业级）/0℃～75℃（商业级）；

（13）封装：PDIP-40，LQFP-44，LQFP-48 I/O 口不够时，可用 2 到 3 根普通 I/O 口线外接 74HC164/165/595（均可级联）来扩展 I/O 口，还可用 A/D 做按键扫描来节省 I/O 口，或用双 CPU，三线通信，还多了串口[3-7]。

典型电路如图 25～图 27 所示。

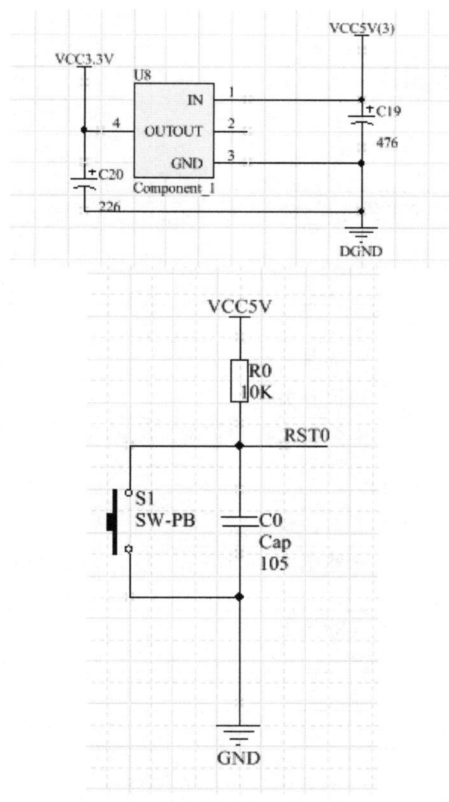

图 25 单片机的复位电路（一）

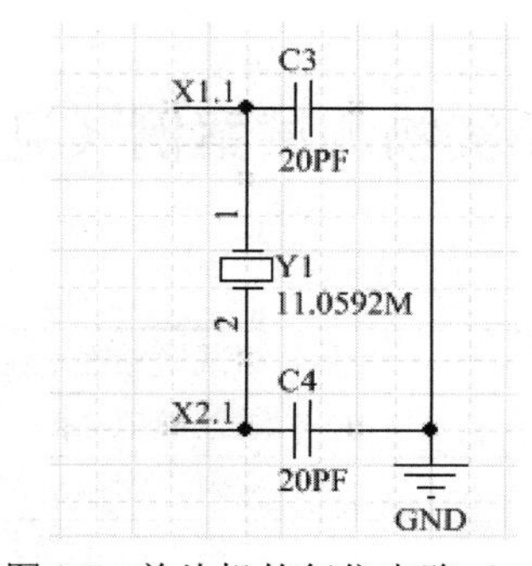

图 26 单片机的复位电路（二）

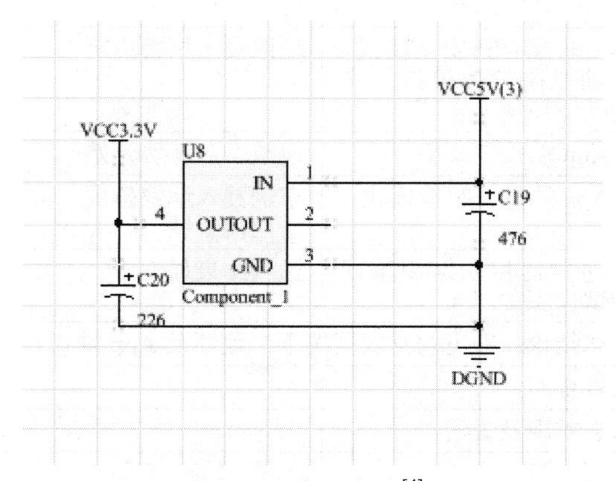

图 27 稳压电路[4]

8.5.3 产品专利保护

其一是努力提高技术水平，在现有专利基础上加强产品技术难度，完善产品技术。其二健全安全管理体系，从内部保护产品安全。其三，已获得专利受法律保护，利用法律武器保护自身知识产权，规划技术标注。

8.6 产品专利（见图 28）

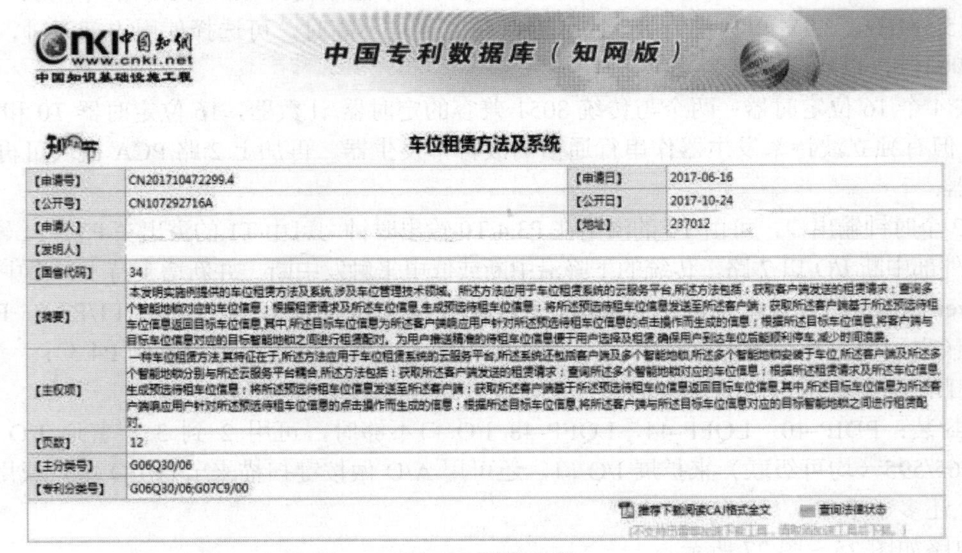
CNKI中国知网 www.cnki.net 中国知识基础设施工程

中国专利数据库（知网版）

车位租赁方法及系统

【申请号】	CN201710472299.4	【申请日】	2017-06-16
【公开号】	CN107292716A	【公开日】	2017-10-24
【申请人】		【地址】	237012
【发明人】			
【国省代码】	34		
【摘要】	本发明实施例提供的车位租赁方法及系统,涉及车位管理技术领域。所述方法应用于车位租赁系统的云服务平台,所述方法包括：获取客户端发送的租赁请求；查询多个智能地锁对应的车位信息；根据租赁请求及所述车位信息,生成预选待租车位信息；将所述预选待租车位信息发送至所述客户端；获取所述客户端基于所述预选待租车位信息返回目标车位信息,其中,所述目标车位信息为所述客户端响应用户针对所述预选待租车位信息的点击操作而生成的信息；根据所述目标车位信息,将客户端与目标车位信息对应的目标智能地锁之间进行租赁配对。为用户推送精准的待租车位信息便于用户选择及租赁,确保用户到达车位后能顺利停车,减少时间浪费。		
【主权项】	一种车位租赁方法,其特征在于,所述方法应用于车位租赁系统的云服务平台,所述系统还包括客户端及多个智能地锁,所述多个智能地锁安装于车位,所述客户端及所述多个智能地锁分别与所述云服务平台耦合,所述方法包括：获取所述客户端发送的租赁请求；查询所述多个智能地锁对应的车位信息；根据所述租赁请求及所述车位信息,生成预选待租车位信息；将所述预选待租车位信息发送至所述客户端；获取所述客户端基于所述预选待租车位信息返回目标车位信息,其中,所述目标车位信息为所述客户端响应用户针对所述预选待租车位信息的点击操作而生成的信息；根据所述目标车位信息,将所述客户端与所述目标车位信息对应的目标智能地锁之间进行租赁配对。		
【页数】	12		
【主分类号】	G06Q30/06		
【专利分类号】	G06Q30/06;G07C9/00		

推荐下载阅读CAJ格式全文　查询法律状态

图 28　系统专利

8.7 产品实物测试案例（见表 2、表 3 和表 4）

表 2　实物测试案例

<table>
<tr><td>测试目的</td><td colspan="3">测试地锁在 App 端的控制结果，安全模式和智能模式能否正常运行</td></tr>
<tr><td>测试方法</td><td colspan="3">通过模拟 App 端及遥控器控制</td></tr>
<tr><td>测试环境</td><td colspan="3">室内，常温环境</td></tr>
<tr><td>正常测试情况</td><td colspan="3">地锁控制正常，安全模式及智能模式运行正常</td></tr>
<tr><td>测试步骤</td><td colspan="2">预期测试结果</td><td>实际测试结果</td></tr>
<tr><td>1. App 端控制地锁</td><td colspan="2">地锁开关正常</td><td>地锁开关正常</td></tr>
<tr><td>2. App 端打开安全模式，手动触碰地锁模拟被强制破坏环境</td><td colspan="2">地锁发出报警声响</td><td>安全模式打开正常，地锁发出报警声响</td></tr>
<tr><td>3. App 端预定车位</td><td colspan="2">模拟后台计费开始</td><td>后台计费开始</td></tr>
<tr><td>4. App 端打开智能模式</td><td colspan="2">车辆驶入地锁范围，地锁自动打开，车辆驶离地锁上锁</td><td>地锁感应车辆正常，打开关闭过程正常</td></tr>
<tr><td>5. 遥控器控制地锁重现测试步骤 1 至 4</td><td colspan="2">预测结果如上</td><td>实际结果正常</td></tr>
<tr><td colspan="4">测试结论：在室内常温情况下，地锁及 App 端正常运行</td></tr>
<tr><td>错误说明</td><td colspan="3">无</td></tr>
<tr><td>错误重现及说明</td><td colspan="3">无</td></tr>
<tr><td>测试人员</td><td>王健 王鹏 王翼</td><td>测试时间</td><td>2018.6.5</td></tr>
</table>

表 3 实物测试案例

测试目的	测试系统在雨水天气的运行情况		
测试方法	通过模拟 App 端控制		
测试环境	露天环境，模拟降雨情况，模拟降水量（1 小时降水量为 2.6～8mm）		
正常测试情况	渗水孔排水正常，地锁控制正常，安全模式及智能模式运行正常		
测试步骤	预期测试结果	实际测试结果	
1. 地锁口倒入模拟水量观察渗水口排水情况	排水正常，地锁内无积水	地锁内无积水	
2. 模拟 App 端控制地锁	地锁开关正常	地锁开关正常	
3. App 端打开安全模式，手动触碰地锁模拟被强制破坏环境	地锁发出报警声响	安全模式打开正常，地锁发出报警声响	
4. App 端预定车位	模拟后台计费开始	后台计费开始	
5. App 端打开智能模式	车辆驶入地锁范围，地锁自动打开，车辆驶离地锁上锁	地锁感应车辆正常，打开关闭过程正常	
测试结论：在雨水情况下，地锁及 App 端正常运行，渗水口排水正常			
错误说明	无		
错误重现及说明	无		
测试人员	王健　王鹏　王翼	测试时间	2018.6.10

表 4 实物测试案例

测试目的	测试地锁在高温情况下的运行情况		
测试方法	App 端及遥控器控制		
测试环境	室外环境，实测温度 38℃		
正常测试情况	地锁控制正常，安全模式及智能模式运行正常		
测试步骤	预期测试结果	实际测试结果	
1. App 端控制地锁	地锁开关正常	地锁开关正常	
2. App 端打开安全模式，手动触碰地锁模拟被强制破坏环境	地锁发出报警声响	安全模式打开正常，地锁发出报警声响	
3. App 端预定车位	模拟后台计费开始	后台计费开始	
4. App 端打开智能模式	车辆驶入地锁范围，地锁自动打开，车辆驶离地锁上锁	地锁感应车辆正常，打开关闭过程正常	
5. 遥控器控制地锁重现测试步骤 1 至 4	预测结果如上	实际结果正常	
测试结论：在室外高温情况下地锁及 App 端正常运行			
错误说明	无		
错误重现及说明	无		
测试人员	王健　王鹏　王翼	测试时间	2018.7.12

参考文献

[1] 谭浩强. C 程序设计[M]. 北京：清华大学出版社，2004.
[2] 关于单片机的介绍 STC12C5A60S2 系列单片机器件手册. [EB/OL]. www.mcu-memory.com.2010.
[3] 段九州. 电源电路实用设计手册[M]. 沈阳：辽宁科学技术出版社，2002.
[4] 汪远道. 单片机系统与实践[M]. 北京：电子工业出版社，2006.
[5] 王华，王立权，韩金华. 电机专用控制器 IM629 的应用研究[J]. 电子器件，2005.28(2)：370-373.
[6] 刘焕成. 工程背景下的单片机原理及系统设计[M]. 2 版. 北京：清华大学出版社，2011.

作者简介

王翼（1998—　）男，学生，E-mail：2078747308@qq.com。
王健（1995—　），男，学生，E-mail：w1781557473j@163.com。
王鹏（1998—　），男，学生，E-mail：1137561714@qq.com。
卢承领（1985—　）男，讲师，研究方向：特种电机及控制，E-mail：85479409@qq.com。
魏相飞（1980—　）男，教授，研究方向：纳米器件及相关材料，E-mail：171071049@qq.com。

9 “智能创新研发”赛项工程设计方案(二)

——海参养殖水下监测器

参赛选手：蔡风伦（烟台大学计算机与控制工程学院），

杨泽慧（烟台大学机电汽车工程学院），

房崇佳（烟台大学计算机与控制工程学院）

指导教师：孟宪辉（烟台大学计算机与控制工程学院），

王林平（烟台大学机电汽车工程学院）

审　　校：李　擎（北京科技大学），刘翠玲（北京工商大学）

9.1 创意背景

9.1.1 创意产生背景

海参（见图 1 和图 2）是一种生活在 2～40m 深海底，在海岸线至 8000m 远的海洋棘皮动物，海参身体构造独特，身上长满肉刺，广泛分布于世界各个海洋之中，以其独特的营养价值受到广大消费者的青睐。一个好的生长环境对海参而言是非常重要的，海参对生长环境的要求也较为苛刻。海参是海生的，所以要求海域没有淡水进注并且波流平稳，适应水温为 0℃～28℃，盐度为 28%～31%的水域。

图 1　鲜海参

图 2　底栖海参

市场上对海参的需求巨大，经过本团队的调查，现实中海参的养殖需耗费巨大的人力物力而且因为海参对生活环境要求苛刻，所以养殖、监测难度高。另外“偷海”问题是海参养殖中的一大难题，此现象每年都给厂家带来很大的损失。所以本团队产生一种想法，能不能制造一种自动的海参养殖监测机器以取代人力来完成庞杂的人工作业。鉴于此，本团队进一步探究、研讨，认为可以设计一款监测海参生长情况和水质环境等于一体的产品，以取代人力来完成庞大繁重的海参养殖监测问题，于是便设计出了这一款海参养殖水下监测器[1]。

9.1.2 目前海参养殖方式介绍

我国的海参养殖产业由于需求极大，近几年发展迅速。下面是我国的主要海参养殖方式包括底播海参、浅海养殖、虾池养殖、大棚养殖、北参南养。管理的工序有换水、充气、投料、控光、控温、观察等操作，当然晚上进行巡海以避免“偷海”现象的发生也是必不可少环节。在渔场，每周潜水员都要进行潜水，到水下观察海参的摄食、生长以及活动情况。同时还要观察水草以及其他水生植物等是否超标。

生长周期长是海参的一大特性，因此就日常管理来说，工作人员就要投入巨大的精力。特别是在日常观察中需要工作人员进行下潜，一方面工作性质危险，另一方面因潜入水下进行人工观察，下潜次数少，观察精确度低，一旦出现海参生病却未及时检查出，则可能造成细菌感染，进而影响大批海参的健康指标，影响渔场的海参质量。

9.2 产品介绍

海参养殖水下监测器（见图 3 和图 4）是一款应用于海参养殖过程中监测海参生长情况和对其生长环境监测的设备，主要适用于底播海参和浅海养殖。

养殖人员可以在显示器上实时观察海参生长情况，海参是否患病等。另外在晚上可开启长时监测模式，监测水下环境。一方面方便对海参的疾病进行预防、及时治疗以及防止偷盗；另一方面，判断是否要进行施肥，清除海星类、木口蝎、鱼、虾等有害生物。同时通过机身携带的传感器模块监测实时的水温、pH、溶氧量、有机肥比例、亚硝酸盐浓度等数据，以便于及时改善海参的生长环境和进行病害的防治与处理[2, 3]。

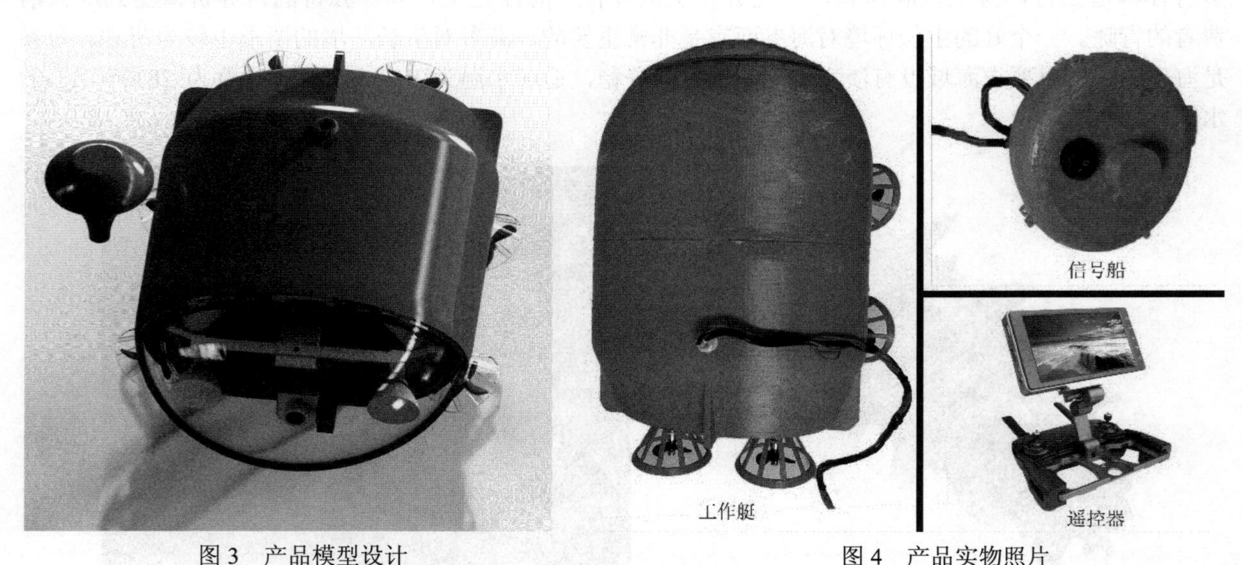

图 3 产品模型设计　　图 4 产品实物照片

9.3 产品亮点

1. 长时续航，实时监测海参生长状况

对于产品的监测模式，本产品设计了两种监测模式：全时自动监测与手动监测。

在全时自动监测模式下，机体与养殖区域通过上方设立的传输杆相连接，利用传输杆进行供电与信号传输，机体与传输杆的连接采用卡扣设计，为避免水花对供电的影响，本产品采取无线充电的方式做到对产品长久提供动力。

在手动监测模式下，通过与产品相搭配的无线遥控器实现对机器的控制，通过遥控器可以实现机器的行进方向与镜头方向的控制，使产品使用更加自由化，能够对特定区域进行全面监测。

该产品前方搭载的高清摄像头，并通过高亮度大灯的补光，使产品在较深的水下也能将海参生长状况、患病状况以及水域情况图像传输到养殖者手中，使养殖者能够更好地安排饲料投喂、疾病预防及水域改善。同时，产品机身搭载温度传感器、溶氧量传感器等一系列传感器，能够实时采集水质数据，并传输到监测屏中，使养殖者能够更好地根据数据，及时对养殖区域的水质情况进行调节。

2. 兼具防盗功能，减少“偷海”现象发生

海参作为一种高端水产品，商业价值极高。因此，有许多不法分子趁机偷取海参，造成海参养殖水域的剧烈环境变化，易使海参发生“自溶”现象，给养殖场带来巨额损失。本产品借助红外相机及光感应模块，当感应到异常光照会触发警报，并进行录像，从而实现防盗功能。

3. 可拓展性强，能与其他渔业设备相结合

该产品所采集的数据为渔业养殖中的底层数据，该数据经过分析后可以通过与其他渔业设备如增氧机、投饵机等相结合，通过宏观调控和精准监测来实现对渔业养殖区域环境的综合调整。促进渔业的发展，提高水产养殖的效率，节省人力，降低成本，打造新型渔业系统。

4. 独特的推进结构、外壳机构设计

产品整体呈流线型，大大减少机体在水中的阻力，节约能源。同时，机体结构小巧，适合多种养殖区域。本产品模型整体外壳结构采用 3D 打印制作而成，尽量减少机体因结构拼接而产生的缝隙，做到最好的防水效果。借助外部的机体防护网能够很好地避免水下缠绕问题的发生，同时能够防止碰撞时对机体产生的较大损害。

为了更好地配合工作人员观察海参，本款产品创新性地设计了以下几处结构：四旋翼推进器和两水平推进器配合使用、长时运行无线充电设备等（此处不多做介绍，后面有专门篇章介绍该产品的独特结构）。

9.4 产品设计方案

9.4.1 产品功能与核心价值

该产品在设计之初的主要功能便是实现对于海参生长发育情况与水质情况的监测，并在此基础上进行了一系列附加功能的开发。

借助机身上搭载的高清摄像头以及无线图像传输系统，实现养殖者在岸上即可实时观测海参的养殖情况，并且，在产品的长时运行模式下，无需人工遥控便能实现对海参生长状况的实时监测。

由于海参对于生长环境要求苛刻，因此养殖者在养殖过程中需要经常性地对养殖区的水质情况进行检测，该产品通过机身搭载的传感器可以实时将水质数据传给养殖者，避免养殖者重复下塘检测。

本产品具有长时续航能力，因此在全时模式下，可以起到监控的作用。海参作为高档海产品，容易发生被偷盗等现象，利用该功能，值班人员能够及时根据情况做出相应措施，可以有效防止偷盗现象发生。

9.4.2 产品数字化设计

本产品的机械结构、模具元件均采用 Solid Edge 制图软件进行设计绘制，并在后期用 Keyshot 对其渲染，使所画 3D 模型图更加接近真实产品，形象美观。

水下机器人的硬件系统由机器外形、能源装置、推进装置、作业系统以及回收系统组成。所以本团队将该产品分为工作艇、信号船和遥控器三个部分分别进行设计。工作艇与信号船之间有脐带线缆连接，脐带线缆用来进行两个部分之间的信号传输，同时承担了水下部分的回收工作（防止工作艇出现故障造成回收不了的情况）。如图5所示，工作艇与信号船采用橙色，一方面橙色能够使该产品更加醒目；另一方面一般的水下生物对橙色有一定的敬畏，使水下的生物不会主动攻击该产品。本团队用线缆连接了工作艇与信号船；从而实现了良好的防水与通信。在实际的生产制造过程中，将采用长玻璃纤维增强聚丙烯复合材料水表壳体，采用注塑工艺技术制成，这样产出来的壳体具有耐高低温、抗冲击、耐蠕变、耐水压、耐水解、不含重金属、使用寿命长、成本低、易加工、环保等特点，符合国家塑料水表壳体材料的行业标准，能够适合大规模工业化生产和广泛推广应用[5]。

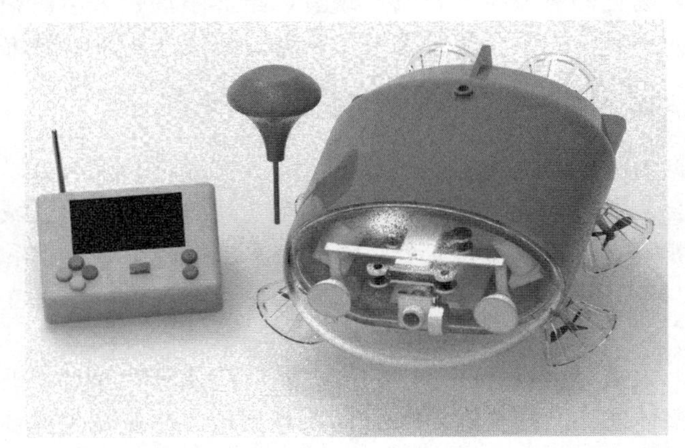

图5 产品整体设计

1. 工作艇

通常，水下的机器人因目的与技术的不同以及对实现功能的要求不同分为流线型和框架式两种。由于本产品是用来观察海参生长状况及周围环境水质的检测，以及将来的其他用途，需要加入的配件部分还有很多，为了合理利用机器，所以采用流线型的设计，如图6和图7所示。

图6 俯视图

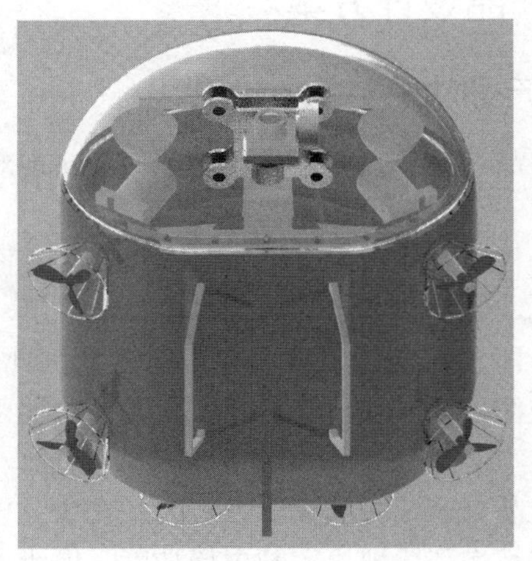

图7 仰视图

流线型结构能够减小行进阻力，在水下能够减少动力的消耗，为了尽可能地减少能源的使用，该产品采用了流线型设计，这样既具有良好的流线型的水动力特性，同时有利于减少对电量的消耗，使其能够在水下尽可能长时间运行。同时，为了使该产品更好地利用其自身优势，该产品的浮力大于重力，利用螺旋桨加速实现下潜，上升时只需降低螺旋桨的速度。

由图 6 和图 7 可以看出，该产品外壳主要有前方透明罩和方艇体组成后的上下壳组成，壳体之间设计了特殊结构。如图 8 和图 9 所示，本产品在接缝处设计了凹凸结合的结构。壳体之间配合橡胶密封条，既保证了壳体整个的稳定，又能够增大该产品的密封性，确保工作艇不会进水。上下壳之间采取卡扣设计，用来连接上下壳，稳定间隙，方便组装，节约成本，图 10 为本产品的卡扣结构。

本产品的结构设计提高了抗压能力，在水下高压强的环境下保护了内部结构及壳体不被破坏。壳体内部也有网格加强筋，主要起保护支撑作用，保护壳体在水下高压强环境下不被破坏。同时能够给予内部的电子元器件很好的支撑作用，最大限度地保护该产品[6]。

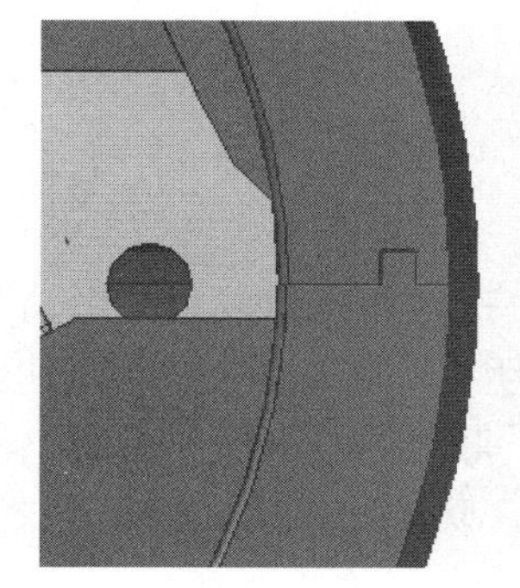
图 8　上下壳连接

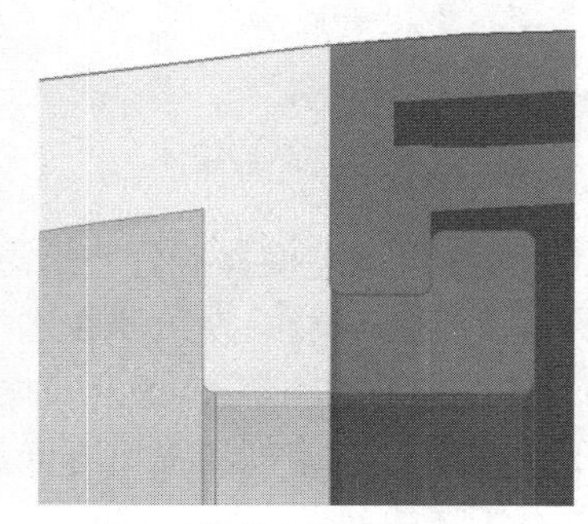
图 9　艇体与前壳连接

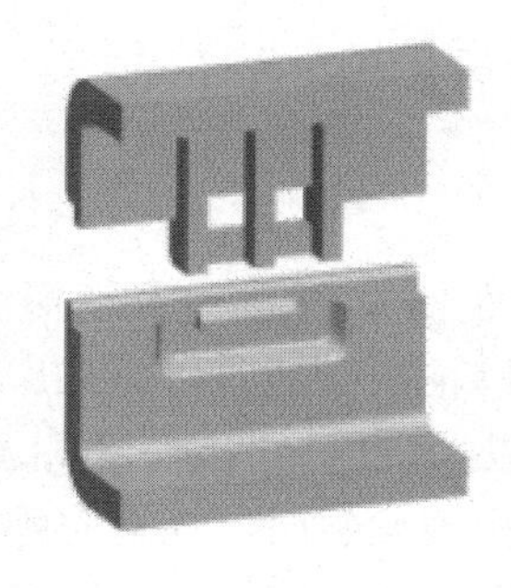
图 10　上下壳内部卡扣

由图 11 和图 12 可以看出，6 个驱动电机、轴系组成了此产品。考虑到实际作业中螺旋桨自转对产品的影响，团队将该产品的相邻两螺旋桨结构设计为正反桨。在布局上为了满足实际应用的需求，采用两水平推进器与四旋翼推进器相结合的布局。在转向问题上，本产品利用差速转弯，具体是利用水平推进器左右马达不同的速度调节来实现。至于如何上升、下潜，就用到了旁边这四个电机，通过单片机实现运动控制。这两种运动方式的结合可以满足水下作业的全部需求。从后视图（见图 13）中能够看出，四旋翼推进器左右两边的分布是与竖直方向呈 30°的夹角，相比于竖直分布，这样的分布能够增加该产品的自由度，通过控制四旋翼推进器来实现设备的上下运动，调节左右两边的推进器转速差来实现设备的左右、斜上方或者斜下方的运动。当左方推进器转速大于右方推进器电机转速时，该产品可实现左上方运动或者左下方运动。控制两水平推进器电机输出转速差来实现设备的前进、后退及左右转弯，当两水平推进器的转向相反时，可实现该设备的原地转向。

图 11 上壳体内部

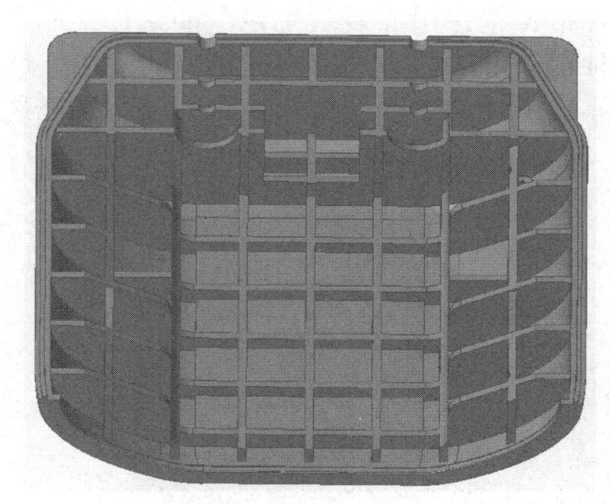
图 12 下壳体内部

在每个外伸螺旋桨周围有保护网罩，防止水下水草的缠绕，保护了外伸螺旋桨的安全，又不影响螺旋桨在水下的正常工作。

为了增大本产品对水下环境的扫描范围以做到更好的监视，本团队给该产品的前方加入电机云

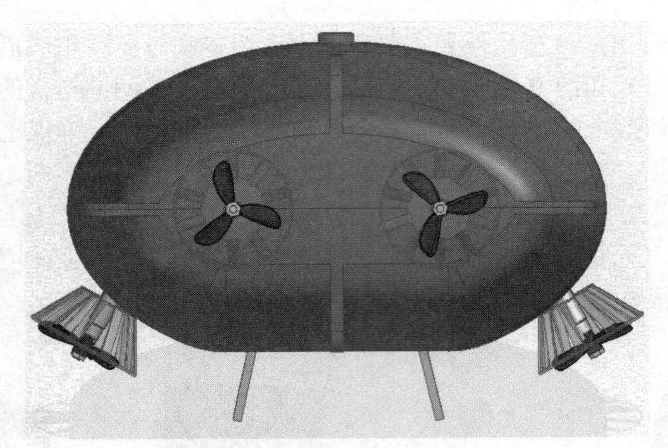

图 13 产品后视图

台（见图 14），上面有高清摄像头和高强度可调亮度探照灯，造型简单，摄像头方向可以自由调节，使得能够拍摄到的范围更加广阔，高强度探照灯能够使机器在水下拥有明亮的环境，配合高清摄像头，所以拍摄更加清晰。电机云台有两个方向的自由度，绕 *X*、*Y* 轴旋转，每个轴心内都安装有电机，当设备出现倾斜时，配合陀螺仪给出相应的云台电机加强反方向的动力，防止相机跟随着监测器倾斜，从而减少了相机因抖动导致拍摄不清晰的问题。

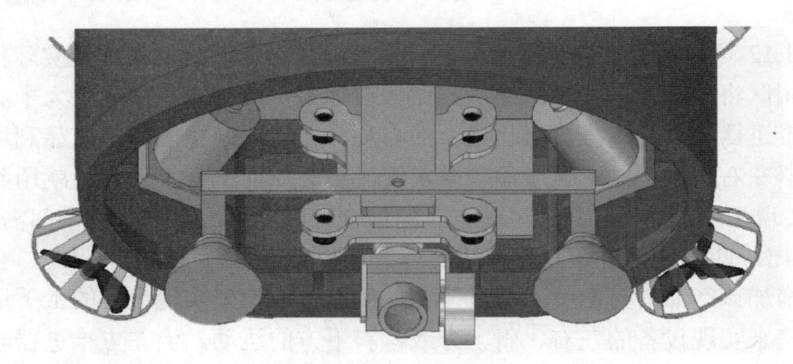

图 14 云台电机

在工作艇下方装有可收回的支撑架，在机器下水时可以将其收回，能够减少水对工作艇的阻力；上岸之后，把框架拉出能够给予该产品支撑作用，能够在水平面放置的时候对该产品有一定的保护作用，这种设计可以减少对桨叶保护壳的磨损，增加了桨叶保护壳的使用寿命，如图 15 所示。

工作艇的内部所用的零件采用左右对称的结构分布，使左右两侧的重量相等，这样设计使其重心在中间，而且方便确定工作艇的重心所在，更好地调整了整个工作艇的重心，如图 16 所示。

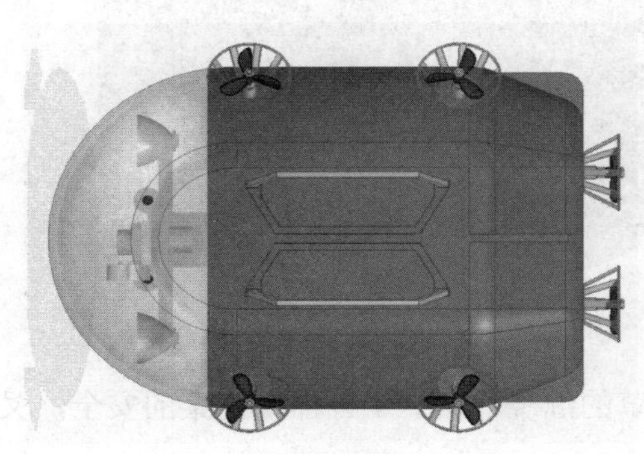

图 15 产品底部视图

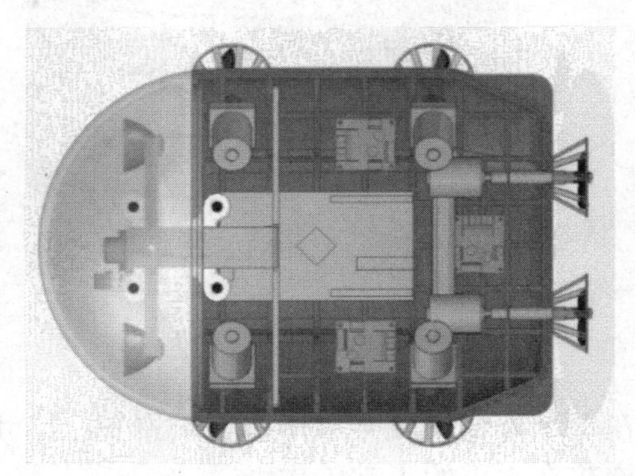

图 16 工作艇内部视图

2. 信号船（见图 17）

该部分整体采用了橙色轻质材料设计，使该产品能够醒目的漂浮在水面，用于水面遥控监测器与水下工作部分的信号传输，是信号传输的中转部分。由于海水带有较多带电粒子，在电磁场中运动，消耗能量，使电磁波在海水中衰减过快，传输距离有限。为避免该影响，采用机体与信号船间为有线连接，天线位于漂浮水面的信号船内的设计。在信号船上有与导轨特定相连的线缆插孔，插上特定的连接线缆，线缆与上方的鱼塘导轨相连接，能够给水下工作艇进行无线充电。

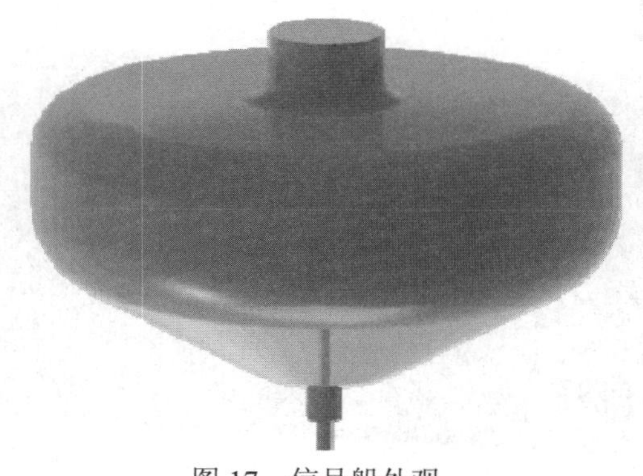

图 17　信号船外观

3. 运行导轨

如图 18 为连接线缆与导轨的连接装配图；从图 19 能够看出鱼塘上面导轨的形状，该导轨是一种特制的柔性钢索导轨，在导轨内部上面有着无线充电模块，在连接线缆上面有无线充电接收模块，当工作艇所剩余的电量不足 20%时，工作艇会去最近的有无线充电模块的导轨区域进行无线充电，电量达到 100%时，工作艇就能够继续进行工作，按照特定的路线继续巡视该地区。我们设计采用 15W 功率的无线充电，充电时间约为两小时，为节省该导轨的造价，无线充电模块只在特定的一段导轨中安装。导轨主要是在设备的长时间运行时所使用，在长时间运行时由导轨提供能源，无线通信提供信号传输（运行导轨是由海上漂浮平台、立柱和固定锚构成，杆子的高度在 0.6 米左右，平台的大小为 $2m^2$，周围有三个锚固定，能够抵抗 5～7 级风浪。在大型养殖场通常会设防浪坝，一般海浪较小）。

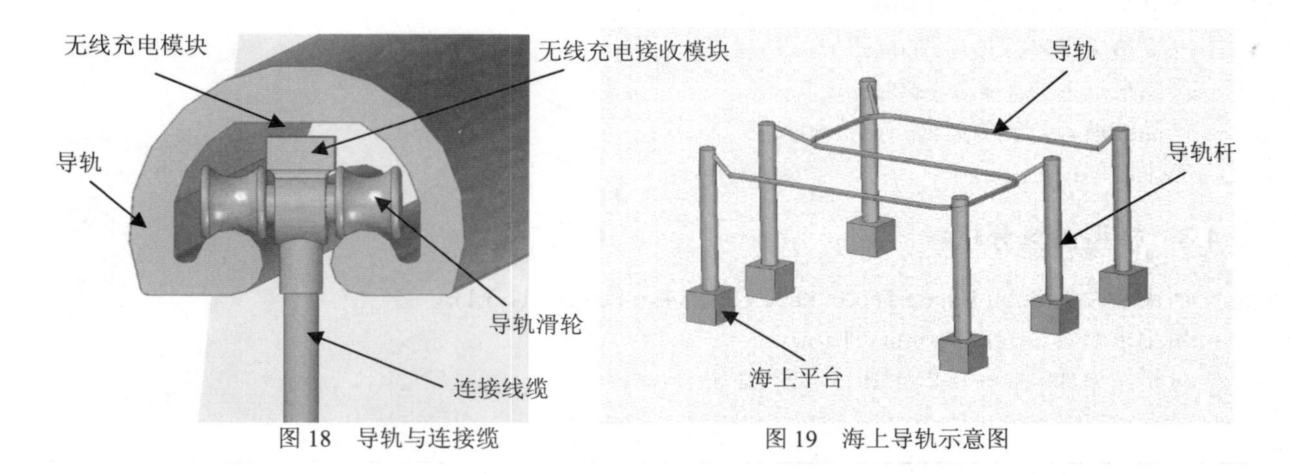

图 18　导轨与连接缆　　图 19　海上导轨示意图

4. 遥控器

图 20 为该产品短时运行的遥控器，其主要有接收天线、显示器、功能按钮和开关组成，用来控制工作艇的运动，观察水下海参活动的具体情况和生长环境的情况。遥控器内部内置存储卡，能够

储存录像，以便于工作人员对海参的养殖情况有彻底的了解。另外，海参养殖的拍摄视频若与有关科研部门结合，科研人员能够根据海参的情况做出相对应的应对措施[7, 8]。

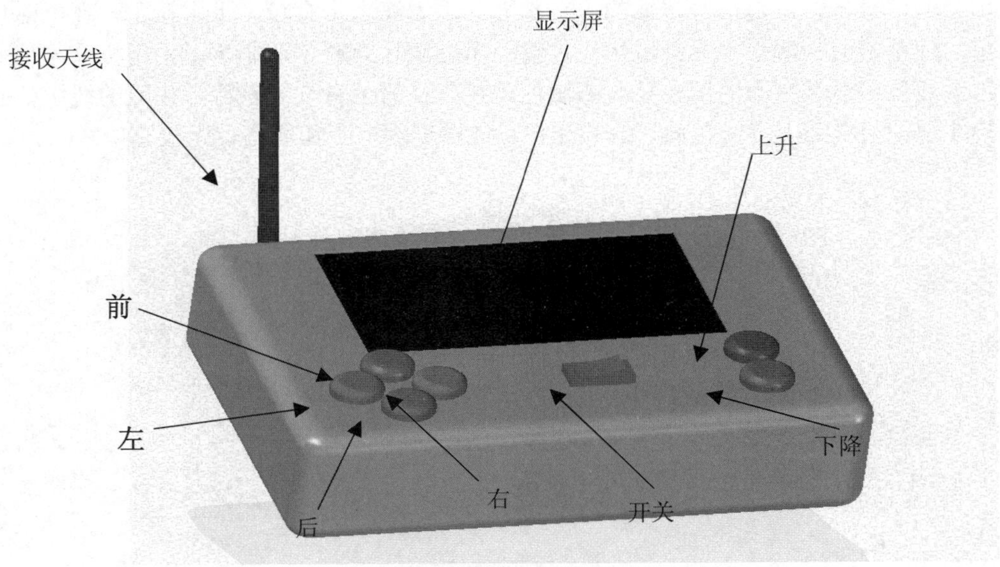

图 20 遥控器

5. 产品相关参数

产品尺寸：390mm × 260mm × 170mm

电源电压：12V

电源电量：4500mA·h

产品质量：10.00kg

可控制摄像头俯仰角度：–45°～+45°

产品最大前进速度：1.50m/s

产品最大上升速度：0.40m/s

产品最大下降速度：0.50m/s

产品最大下潜深度：50.00m

产品最远遥控距离：1.50km

产品续航理论计算时间：45～60min

充电时间：3.5h

9.4.3 模型仿真分析

所用软件是 Solid Edge ST(110.00.00.107 x64) Femap (11.3.1)。

所用求解器是 NX Nastran (11.0)。

分析结果如表 1～表 9 及图 21、图 22 所示。

表 1 研究属性

研究属性	值
研究名称	静态研究
研究类型	线性静态
网格类型	四面体

（续表）

研究属性	值
迭代求解器	开
NX Nastran 几何体检查	仅警告
NX Nastran 命令行	
研究属性	值
NX Nastran 研究选项	
NX Nastran 生成的选项	
NX Nastran 默认选项	
仅曲面结果选项	开

表 2 所研究几何

实体名称	材料	质量	体积	重量
上壳. par:1	ABS 中度冲击塑料（示例）	1.063 kg	1038252.545 mm^3	10419.072 mN
前壳. par:1	ABS 中度冲击塑料（示例）	0.435 kg	424953.025 mm^3	4264.489 mN
下壳. par:1	ABS 中度冲击塑料（示例）	1.108kg	1081687.287mm^3	10854.948mN

表 3 ABS 中度冲击塑料

属性	值
密度	1024.000 kg/m^3
热膨胀系数	0.0001/C
导热系数	0.002 kW/(m·℃)
比热	0.000 J/(kg·℃)
弹性模量	2275.270 MPa
泊松比	0.400
屈服应力	43.437 MPa
极限应力	0.000 MPa
延伸率	0.000

表 4 所加载荷

载荷名称	载荷类型	载荷值	载荷方向	载荷方向选项
压力 1	压力	500 kPa	压力	垂直于面
压力 2	压力	500 kPa	压力	垂直于面
压力 3	压力	500 kPa	压力	垂直于面

表 5 所加约束

约束名称	约束类型	自由度
固定 1	固定	无约束自由度：无

表 6 连接情况

连接器名称	连接器类型	搜索距离	罚值
连接件 1	粘连	0.25 mm	100.00
连接件 2	粘连	0.25 mm	100.00
连接件 3	粘连	0.25 mm	100.00

表 7　划分网格信息

网格类型	四　面　体
已划分网格体的总数	3
单元总数	239 919
节点总数	403 119
目标网格大小（1～10）	3

表 8　Von Mises 应力

结果分量：Von Mises

范　　围	值	X	Y	Z
最小值	0.00555MPa	2.000mm	61.841mm	–52.214mm
最大值	37.8MPa	52.147mm	–13.514mm	–70.000mm

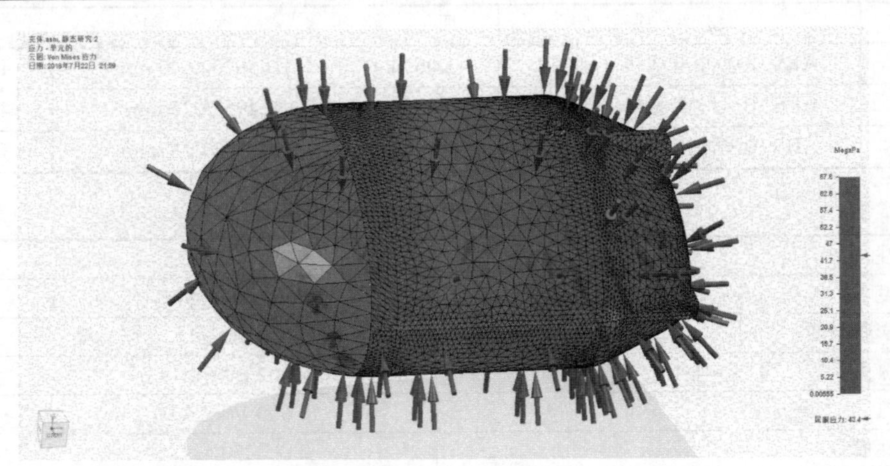

图 21　Von Mises 应力分析

表 9　安全系数结果

结果部件：安全系数

范　　围	值	X	Y	Z
最小值	0.64	52.147mm	–13.514mm	–70.000mm
最大值	1.83e+03	2.000mm	61.841mm	–52.214mm

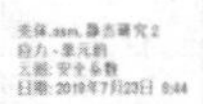

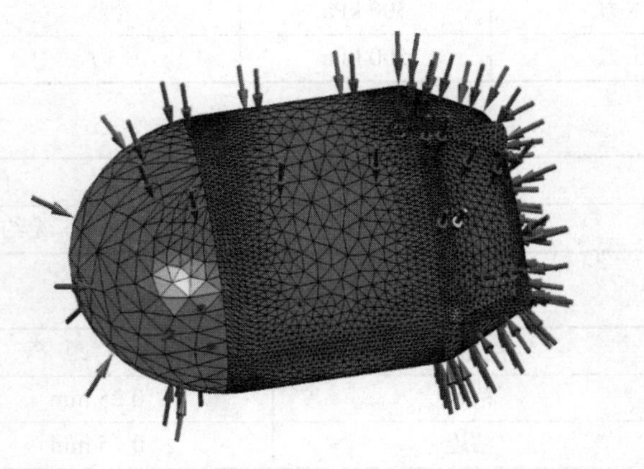

图 22　安全系数分析

9.5 产品使用说明

9.5.1 使用前的准备工作

（1）对机器摄像头部分进行检查，避免异物附着，影响机器的监测效果。

（2）检查产品密封处及壳体是否发生损害。

（3）打开机器电源与遥控器电源，等待系统复位完成，利用遥控器上的显示屏查看机器电量与遥控器电量，若电量不足请及时充电。

（4）模式选择，根据实际作业中的不同需求去设定采用手动模式还是全时自动监测模式。

9.5.2 两种模式下的使用说明

1）手动模式

系统复位完成后，需首先在岸上对各个遥控功能进行测试，确保机器与遥控器之间的通信正常，机器各部分正常工作。下水后应注意机器的剩余电量，避免电量过低导致事故发生。

2）全时自动监测模式

首先将机器的通信浮标与轨道的连接杆相接，若浮标上的 LED 指示灯亮，则代表连接成功，然后按下遥控器上的自动模式按钮，机器将按照对应轨道进行监测。

手动模式使用结束后应及时擦干机器表面的水渍，检查摄像头部分是否存在异物并及时清理干净，检查机器、遥控器剩余电量，若电量不足应及时进行充电。

全时自动监测模式下应对机器进行定时的监测与保养，任何机器在长时使用情况下会存在老化情况，由于该产品运行在水下，环境更加恶劣，因此要经常性的保养，延长其使用寿命。

9.5.3 注意事项

（1）避免机器产生磕碰等现象，以保证机器的防水效果。

（2）机器运行过程中应小心螺旋桨，禁用手触碰运行中的螺旋桨，避免对人体造成损害。

（3）在手动模式下，操作人员要与机器保持一定的安全距离。

（4）若机器长时间不使用应将其断电，并存放在干燥阴凉处。

9.6 商业计划书

9.6.1 市场需求分析

1. 我国海参养殖面积广阔且处于增长趋势

我国的海参养殖有着得天独厚的养殖优势，海参养殖面积广阔并且正处于不断扩大的状态，参见图 23。我国的海岸线广阔，海域面积宽广，对于海参养殖有着天然的优势。且伴随着时间的增长，我国海参的养殖面积近几年也呈不断增长的趋势。当前我国主要的海参养殖地区主要集中在山东、辽宁、福建等地区。

2. 海参养殖周期长

市场中的海参主要分为野生参与养殖参，当前在我国国内产出的海参基本为养殖参，海参的生长周期多为 1～4 年。例如，北参南养和大棚养殖这两种养殖方式的海参生长周期大约为 1 年，近海养殖等方式需要两年左右。目前我国采取的海参养殖方式主要包括如下 4 种。

（1）底播海参：该养殖方式周期较长，养殖中将海参苗撒播至自然海域 0～20m 的自然海域，然后将底播海参介入天然繁育的海参，此方法养殖周期达 4 年以上。

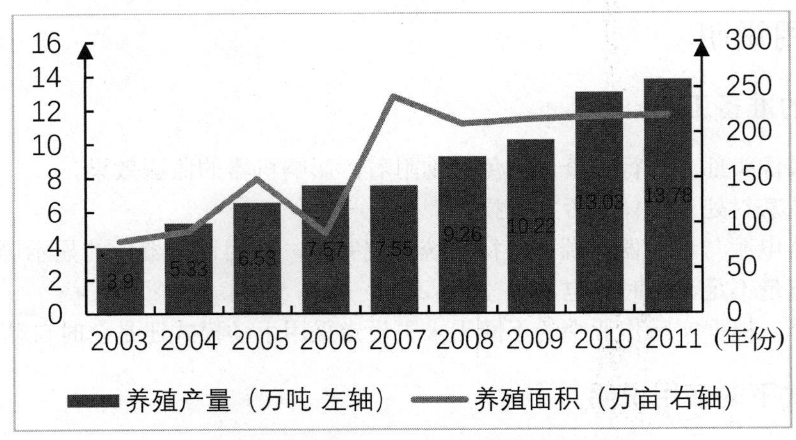

图 23 当前我国海参养殖面积及产量折线图

（2）浅海圈养：指在沿海地区修筑拦水坝进行集中圈养，养殖周期在两年左右，是目前沿海地区的主要养殖方式。

（3）大棚养殖：这种方式是在室内修建一个养殖池对海参进行养殖，通过对室温、水温等外界环境的人工干预，使海参的养殖周期缩短至一年左右。

（4）北参南养：是由于南北方气温的差异，为了使养殖周期缩短，产量增加，将参苗在北方育出，然后运到南方海域进行养殖，此种养殖规模正不断扩大。

无论以上何种类型的养参方式，海参的养殖周期都需要达到一年以上，而要培育出质量与营养价值更高的海参则需要更长的养殖周期，由于海参对于生长环境要求苛刻，因此在养殖周期内需要密切关注海参养殖区域的环境状况。海参养殖的长周期，促使养殖人员在养殖过程中需要投入更多的精力去监测海参的生长发育，使得养殖厂家不得不增加大量的人工费用，提高了生产成本。

3. 海参日常管理

海参对水质要求较高，幼参的生长环境要求水温在 18℃～25℃，溶解氧应大于 3.5mg/L，pH 值在 7.8～8.6，氨态氮小于 0.5mg/L 之间。在海参的养殖过程中，夏季一天中至少要换水 10%，秋季一般一天中需换水 10%～40%以保持水中的溶氧量，一旦出现海水溶氧量不足，需及时更换水来补充氧浓度。

海参的每日巡塘是必不可少的，水温、盐度等值的检测必不可少。通常一周检测一次水的 pH 值和水中的铵态氮指标。实时观察池内的杂物、水草是否超标等，及时打捞池内杂物，清理水草及有害生物，做到海参生长环境的绝对清洁，一般每隔半个月测一次海参的生长情况。同时，要经常派遣潜水员下水检查海参是否患病，如若出现，应及时进行药浴治疗。

对于养殖面积较大的海参养殖渔场则需要更多的人力进行日常的监测，并且由于海参养殖多在自然环境下，海参养殖周期长，因此在外进行巡塘的人员时常会面对恶劣的自然条件。特别是晚上，由于“偷海”现象越来越多发，工作人员还要在水上进行巡逻。这既提高了海参养殖的成本，又存在一定危险。

此外，在海参养殖过程中为防止疾病的发生，需要潜水员经常潜入水中（见图 27）观察海参的生长状况与患病情况以及水草、杂害数量等。长期的潜水工作往往会使潜水员出现听力损害、肺部问题、坏骨症以及视网膜疾病等健康问题。

当今由于海参偷盗获利大，下海一次最少也能偷得几万元的海参，有的甚至可以偷到几十万元的海参。这是一个非常赚钱的行为，所以很多人都为了追求极高的利益，不惜冒生命危险。买高昂的潜水装备深夜偷盗海参。然而一旦偷盗成功，对渔场的损失十分巨大，对于那些海参养殖的商人，海参偷盗行为给渔场每年都带来巨大的损失。不少非法分子在晚上特别是深夜进行偷盗，所以难以监视“偷海”行为，从而进行及时补救，而雇佣人工去进行晚上巡逻又是一笔费用。本产品的应用则可以为养殖厂家解决这一大难题，应用长时监测模式可以在水下一直工作，这样晚上值班人员可以在工作室监视整个渔场，做到对渔场安全的全时把控。

4. 我国渔业养殖向“渔业 4.0”迈进

伴随着当前世界科技的发展，互联网以及物联网的进步，我国基础养殖业正逐步向智能化发展。“十三五”规划纲要（草案）提出，要提升农业技术装备和信息化水平，增强农业与信息技术融合，培育智慧农业，将农业生产提升到一个更高的水平。

当今时代水产养殖发展需要与日俱增，传统养殖方式已经落后，智能化设施的普及势在必行。当前中国的水产养殖领域正在面临着年轻人不愿从事渔业生产，缺乏青壮年劳动力，行业的老龄化等问题。而在国外的水产养殖中，很多地方已经实现了精准化养殖、智能化养殖，一个大型渔场，两个人配合各种硬件设备就可以实现大部分工作。效率高，所需劳动力少，而且大大降低了生产成本，同时水产品的质量也高。因此中国养殖业的智能化发展迫在眉睫，中国势必要跨入“渔业 4.0”阶段。

2016 年 6 月份，在成都举办了“2016 中国智能制造设施渔业创新发展论坛”。在该会议上，组委会发布了“中国智能设施渔业创新联盟”倡议书，倡议中国养殖逐步向智能化、规范化发展。未来智能设备可以集中在 4 个环节发力：循环水智能控制装备、网箱控制装备、水产作业机器人、浮标。随着这 4 个环节的发展，我国的水产养殖终会迈入智能化、精细化的现代养殖业。

9.6.2 市场前景预测

本产品相比于传统的人工水下作业进行播种、监测、采捕等。一方面提升了渔场生产效率、生产成本，另一方面降低了工作人员的劳动强度、安全风险。像海参、鲍鱼、海胆等播增殖型海洋牧场，从播种、监测、采捕都需要大量人力，实际作业中采用的工具也是原始工具，生产效率低，生产成本高。

通过上网查询的资料以及实地走访调查的信息不难分析得出，本产品可以帮助渔民解决海参养殖过程中的监测问题，降低渔场的生产成本，提高整体的生产效率和产品质量，并且推动海洋牧场的工业化发展，以及水产养殖产业的规模化发展。下面将从几个方面具体论述本产品的市场前景。

9.6.3 市场优势

1. 极大地提高生产效率，降低生产成本

在海参的养殖期间对生长情况、水的温度、水中浮游植物、水质以及装置等的监测是至关重要的。在水产养殖过程中，对水下网箱，海参生长情况、生长环境等的监测无疑是一项耗费巨大人力物力的过程。

本产品可实时执行命令，机动性好，可操作性强，经计算得出利用本产品可在 4 小时内完成 100 多亩的海参检查，其他方面的监测能力也是人力无法比拟的。不仅使得渔场的生产效率得到了很大的提升，而且也避免了细菌病毒感染处理不及时而导致的大规模疾病带来的经济损失。所以随着人类海洋活动产业的日趋广泛，水产养殖产业发展的不断提速，未来对于本产品的需求也必将持续上涨。

2. 减少水下作业人力需求，降低劳动强度，安全性高

传统的人工水下作业不仅十分复杂，劳动强度大，人身安全也无法保障，存在人员伤亡风险。本产品操作简易实用，在工业化的海洋牧场中，利用本产品，工作人员仅需借助遥控设备便可进行远程操作和观察。同时相比于人工作业，利用本产品在对水下的海参、鲍鱼等生物进行的全方位实时监测、水质的精准把控等方面有着无法比拟的优势。因此无须调配大量人工下水作业。

应用本产品，可以降低工作人员的劳动强度，减少人力的投入成本；另一方面，水下监测工作都由机器来实现，无需潜水员经常下水，大大降低了人工作业时的安全隐患，提高了安全性。从工业化生产来看，本产品易于让渔场的管理者所接受和使用。下一步在实际作业中应用，实现水产养殖的高效率、低成本、高安全。

水产养殖的规模化发展必须顺应时代潮流，向着自动化的方向发展，传统的人工作业属于劳动密集型弱质产业，势必会被淘汰。而且传统作业中采用的工具也是原始工具，机械化程度低，缺乏现代化。

水产养殖在中国有着很大的市场，规模也极大。2017 年我国水产养殖总产量达 6699.65 万吨，面积 8346.34 千公顷。全国大约有水产养殖场 32 000 个，面积达 1000 万公顷。而在巨大的市场需求下，水产养殖产业的人工作业已经不能满足需求。传统的水产养殖不仅基础设施陈旧、简陋，机械化程度低，而且人工水下作业有困难性、危险性、繁劳性、工作效率低等特点。这就抑制了整个产业的规模化发展，给水产养殖业的进一步发展造成巨大障碍。

相信本产品可以推动渔场的自动化发展，使得工厂提高技术储备，进行技术改造从而扩大再生产。

9.6.4 市场劣势

1. 缺乏市场经验和运营经验

因为团队成立时间较短，所以产品知名度低。开始时，一方面缺乏销售的途径，推广难度大；另一方面，在管理生产、研究市场以及物流方面的专业知识不足。

2. 缺乏资金支持

团队内部在组织、预算、周旋等方面由于资金的缺乏，导致灵活性不足，并且缺少完整的资金链以及成熟的销售渠道。在研发过程中，也由于缺乏资金，进行的实验次数较少，改造次数较少。

3. 缺乏客户资源

团队的人脉关系网还远远不够，客户资源也比较缺乏。一款新产品刚开始投入市场必然缺少知名度和资源，要经历一个从怀疑到应用到接受的过程，在这个过程中，缺少人脉资源是本产品面临的巨大挑战。

9.6.5 市场机会

在我国，海参作为一种高品质的水产生物以其独特的营养、药用价值受到广大消费者的青睐与关注。作为一个年产值超过 200 亿元的产业，海参虽然价格比较高，但消费群体却逐年递增。在如此巨大的市场下，不得不扩大海参的养殖面积来满足人们对海参的需求。所以该产品的问世，无疑可以带动整个海参产业链的发展，弥补生产效率低、人力物力投入大、水下作业安全隐患多、监测问题突出等一系列的问题。除此之外，本团队还具有以下市场机会。

1. 国家政策大力支持

我国是一个科技大国，自改革开放以来，国家对科技创新，自动化产业越来越重视。每年都会下达很多文件鼓励科技创新，同时国家政策对这一方面也是大有偏重。分析近几年的政策，国家不断加大海洋方面的砝码。水产养殖、海洋资源、海参生物等一系列价值极大的项目不断加大扶持力度。

2012年时，国务院在公布的“十二五”我国战略性新兴产业推广、发展规划中就明确指出，在智能制造上，要重点支持类似于本产品的自动化机器发展。同年，科技部也提出要重点研究这一方面的问题。

在《农业部办公厅做好2017年数字农业建设试点项目前期工作的通知》中建立水产养殖农业试点在第四点中有着重强调。在第四点中提及，养殖的机械化、自动化、智能化是以后的一大发展重点。综合管理保障系统在将来要有建设。配置水质检测、品质与药残检测、病害检测等设备以及水产养殖环境遥感检测系统。

2. 产品的核心竞争力强

海参养殖水下监测器一方面结构简单、尺寸小、重量轻、生产成本低，另一方面具有使用方便、耐用、活动范围大、全天24小时可作业、全方位监测等优点。在渔场实现本产品的规模化使用后，在整个行业中的竞争力将会大幅提高。所以本产品有着广泛的市场机会，核心竞争力毋庸置疑。

3. 各大企业、工厂对机器人产业的重视

目前国外智能机器在制造企业中占据国内时占90%以上的份额，水下机器的使用也越来越广泛。我国尚处于开发阶段，但是我国对类似于本产品的自动化机器需求极大。目前各大企业、工厂都加大对以自动化、智能化为主体的机器投入，进一步加快工业创新步伐。

4. 产品的未来拓展性强，利用空间大

当产品实现了水下作业、海参生长环境监测等一系列的工程后，还可以拓展城市管道监测与清理、水下船体油污清洁、浮游生物检测等一系列的工程。不断升级改造，添加新的技术功能，从而可以针对具体情况进行准确定位，大大节省人力、时间和成本。使得本产品顺应时代潮流，走在发展前列，被广大消费者所接受。

9.6.6 市场威胁

1. 来自于传统水产养殖业的威胁

因为本产品是新兴的自动化、智能化机器，并且成本低、效率高，解放了劳动力，所以必会对从事水产养殖水下作业人员的利益造成一定的冲击。可能导致大量水下作业工作者失业，由此一部分水下作业工作者会对本产品有一定的抵触心理，影响在渔场的推行。同时传统观念对新兴产品的理解和接受需要一个过程，在这个过程中，传统观念的冲击也是一个市场推广的威胁。

2. 来自于竞争对手的威胁

近几年，我国潜水娱乐市场出现了水下机器人的身影，渔业上也有听闻。而水产养殖业在水下机器人方面存在巨大的供应需求。我国市场正处于起步阶段，所以不少公司会瞄准这个市场。

3. 存在被模仿抄袭的威胁

本产品是一款新型的自动化设备，在推出市场后，无法保证不被其他机械设备公司模仿制造。本团队会对在产品中应用的特殊技术进行技术专利发明申请与产品整体专利发明申请，保护知识产权。

市场优势、劣势、机会及威胁汇总于表10。

表 10 SWOT 分析

内部环境分析（S.W）	机会（O） 1. 国家政策大力支持 2. 产品的核心竞争力 3. 各大企业，工厂对机器人产业的重视 4. 产品的未来拓展性强，利用空间大	威胁（T） 1. 来自于传统水产养殖业的威胁 2. 来自于竞争对手的威胁 3. 存在被模仿抄袭的威胁
优势（S） 1. 极大地提高效率，降低生产成本 2. 水下作业无需人力，降低劳动强度，安全性高 3. 有利于水产养殖产业规模化发展 4. 本产品性价比高，投入成本低	开展多种销售渠道，抢占市场先机，做好产品宣传；做好产品的售后服务；踊跃响应国家的政策多向一线人员学习	做好产权保护，团队会及时申请专利；使用拉引的市场策略，直接推销为先，然后拉引中间商经销以减少实际中新产品上市时中间商常常因过高估计市场风险而不愿经销的现象
劣势（W） 1. 缺乏市场经验和运营经验 2. 缺乏资金支持 3. 缺乏客户资源	及时主动调查用户的产品使用情况，积极听取用户评价建议并及时记录宝贵建议，完善售后服务；不断进行产品改进，完善现有功能并增加更多功能；积极参与有关的机械产品展销会	实行有效的推拉结合策略提升公司知名度；积极接受业内专家指导批评，以提出更好的技术方案；与知名机械设备中间商合作，借势推广自身品牌

9.6.7 产品定位

本团队的产品目标客户是中大型渔场。中大型渔场对效率的要求比较高，同时有更加新进的思想和创新思维，不会拘泥于传统，这有利于产品的进一步推广。在中大型渔场中利用本产品可以更多地降低生产成本，提高生产效率，培育出更加优良的海参，也让本产品有的放矢，达到利用最大化。

9.6.8 产品定价策略

本产品作为一种新型的水下渔业装备，其市场前景广阔，利润丰厚。目前该产品的研发与实物制作成本在 3000 元左右。由于该产品的工作环境比较特殊，因此需要线下的售后服务以及提供相应的技术支持。

由于全时巡航监测的传输轨道需要根据养殖区域进行铺置，该部分的具体价格需根据养殖者与施工方具体商讨定价。为抢占市场先机，提高产品的知名度与消费者的可接受能力，促进我国渔业的智能化发展，本团队决定将该产品的利润控制在 50%左右，并充分考虑未来的市场发展前景以及养殖者的经济能力，最终将该产品机体定价为 4500 元。

9.6.9 推广策略

1. 网络宣传

将产品的具体工作情况拍成视频发到网上，如空间、论坛、微博等，借助社交平台来进行本产品的推广。在产品推广阶段，广告宣传是一种极好的宣传方式。通过在大型网络购物平台像京东、淘宝、天猫等展览关于本产品的广告，提高本产品被人们了解熟知的概率。通过网络宣传可以迅速扩大本产品的知名度，扩大客户范围，发展市场潜在客户。

2. 线下宣传

1）产品真实使用体验

在中大型渔场安排专门人员进行使用和讲解，客户可以亲身认识和感受到本产品，加强对本产品的认识，提高产品的知名度。同时实地走访调查能更加直接地了解客户的心理、需求以及疑问。可以减少因对产品的了解和认知不到位而造成的客户流失。

2）参加科技产品展览会

我国是一个重视科技创新的国家，每年都会举行很多科技产品展览会。本产品将会积极参加各种科技展览会，增加在科技行业的知名度，也可通过媒介让商家对本产品有更清晰的认识。

9.6.10 销售策略

对于我们的产品，选择一个好的销售策略对其商业成功至关重要。作为一款新型自动化产物。该产品具有以下特点：单位产品价值较大，成交过程中变数较多，周期长，客户有更多时间去进行理性思考。

1. 中大型渔场试点销售

一款产品的好坏只有通过实践才能得到检验，进行试点销售则是向客户讲解本产品与传统人工海参养殖相比具有的特点和功能，并分析本款产品能够给客户公司带来的利益和价值。这是一种非常有效的方法，当客户认识和体验到本产品给海参养殖带来的利益后，则会大大提高产品的采购率。

2. 网络销售

随着网络的普及，在推广本产品时，一方面设计专门网页，便于用户从网络直接了解本产品的信息和使用说明。用户也可以在网站进行留言和咨询相关问题，或提出对本产品的改进想法。另一方面在网购平台设立店铺，方便用户直接从网络对产品进行下单和支付。

3. 代理销售

在销售前期，本团队将会调研有关渔场养殖器械的销售商城，在其中与信誉优良、销售业绩好的商家开展合作。经过一段时间后，开展自己的销售渠道，发展客户资源，建立客户群体，扩大自己市场。

4. 深入分析已成交订单

成交的客户对于本产品销售是一笔宝贵资源。根据这些经验来提升销售能力，也是一种销售策略。每个客户成交的理由都需要进行深入分析，要分析客户选择本产品是基于哪个方面的考虑。成交过程的分析也很重要，对客户们的成交过程分析的越充分，就越清楚在市场中怎么面对不同类型的客户。作为一款新型的水产养殖监测设备的销售与选择，每个客户的成交都不是偶然的。仔细研究每个成交的客户，弄清楚客户是看好了哪些性能指标，在这个成交过程中面临了哪些问题，这些问题又是怎么得到解决的。这对于本产品下一步更好的销售无疑帮助巨大。

9.7 产品技术说明

9.7.1 硬件方案设计

该产品的主控MCU为意法半导体集团研发的STM32F1系列芯片，该芯片具有高性能、低成本、低功耗的特点，在对于本款产品来说，其系统处理能力已远远满足功能要求，因此本产品采用此款芯片。

运动系统有两大部分：一是机器的远程遥控系统，另一个是机器运行系统。远程遥控系统中的无线传输模块本团队采用 NRF24L01 与 PA、LNA 组合以进行远距离数据的发送与接收。同时，利用图传系统将图像在遥控器的显示屏中进行实时显示。机器运行系统的基础为电机驱动模块，利用电机实现机器多方向的自由移动。机器分为手动监测与全时自动监测两种模式，在手动监测模式下，借助无线传输与图像传输实现机器的手动控制。在全时自动监测模式下，通过养殖区域上方搭建的传输轨道实现机器按一定路径的自动行走监测。同时机器将内部电量情况传输给遥控器，用于实时监测机器内部的剩余电量。在遥控器内部设有机器低电量蜂鸣器报警模块，实时报警，避免低电量对机器运行产生影响。

1. 遥控器部分硬件方案设计

如图 24 所示，遥控器的硬件设计由六大模块构成，通过主控 MCU 与各模块间的联系、配合，实现遥控器的远程遥控功能，并实现合理的人机交互过程。

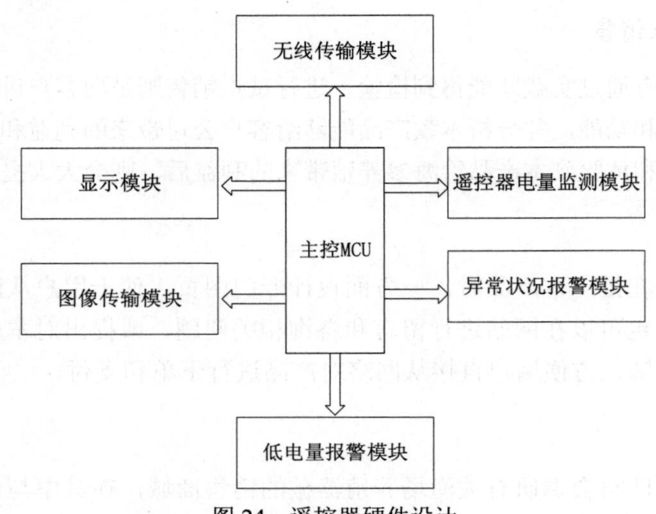

图 24 遥控器硬件设计

2. 机器整体系统框图

如图 25 所示，主控 MCU 获得各传感器信息、遥控信号，实现对机体的控制，借助各模块间的联系，实现机体与遥控器间的信息交换与处理。

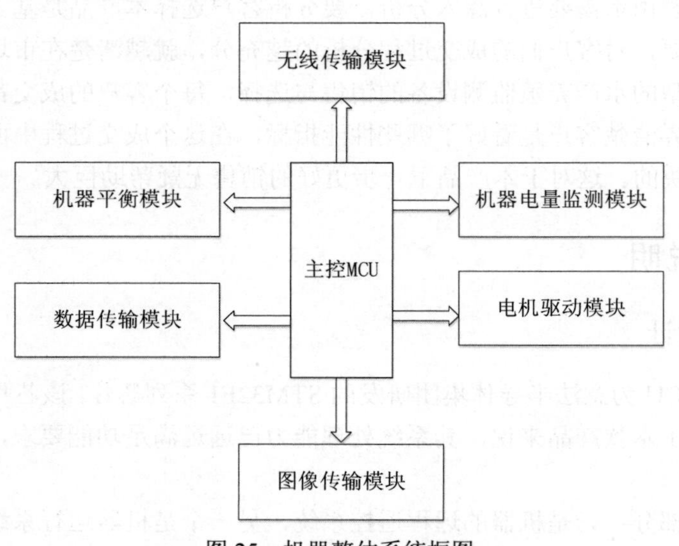

图 25 机器整体系统框图

3. 控制流程图（见图 26）

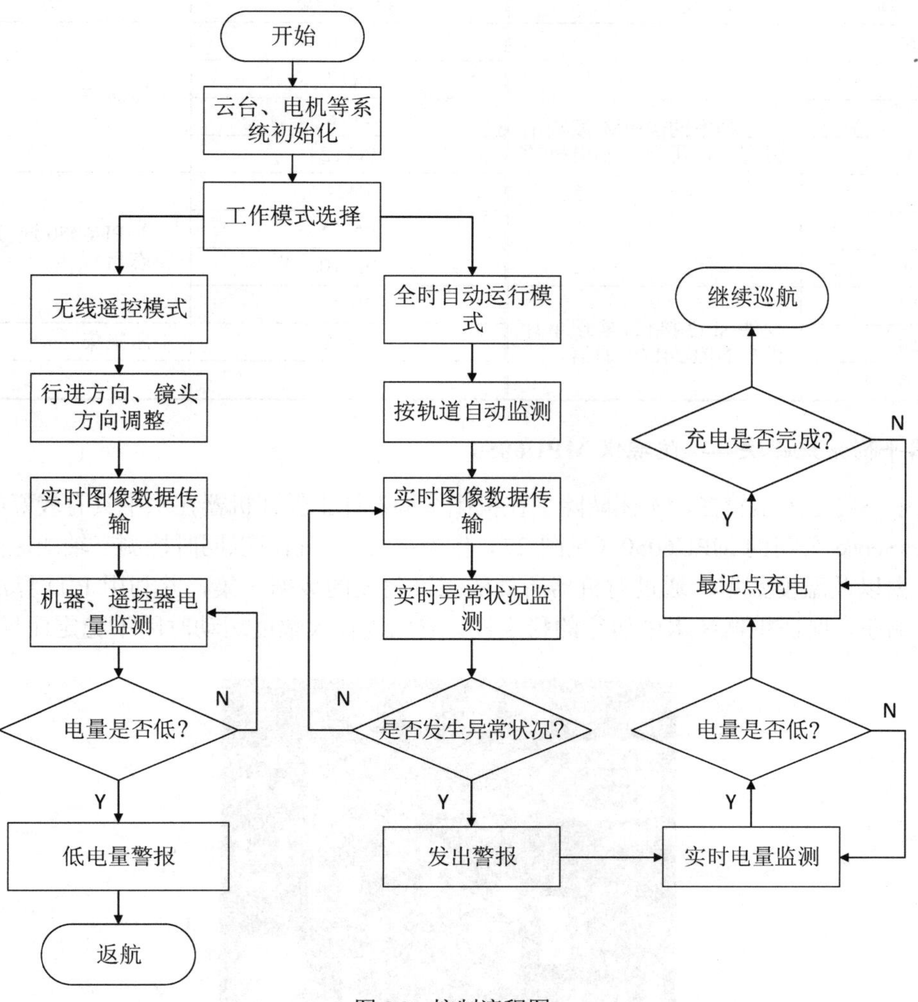

图 26 控制流程图

4. IO 口引脚说明（见表 11 和表 12）

表 11 遥控器 IO 口引脚

IO 口引脚	功　能	IO 口引脚	功　能
PE.8	前进	PB.13	硬件 SPI2 接口，实现单片机与 NRF24L01 通信
PE.9	后退	PB.14	
PE.10	左转	PB.15	
PE.11	右转	PD.3	显示屏显示
PE.12	上浮	PD.4	
PE.13	下潜	PD.5	
PD.8	镜头上升	PD.6	
PD.9	镜头下降	PD.7	
PD.10	自动模式	PG.6	无线通信
PD.11	手动模式	PG.7	
PA.1	电压采集	PG.8	
		PG.12	

表 12 工作艇 IO 口引脚

IO 口引脚	功　能	IO 口引脚	功　能
PA.6	一定频率的 PWM 波输出引脚口，用于控制电机的转速	PG.6	无线通信
PA.7		PG.7	
PB.0		PG.8	
PB.1		PG.12	
PB.6		PA.4	与 MPU6050 连接，获取机器的姿态角
PB.7		PA.15	
PB.9		PB.10	
PB.13	硬件 SPI2 接口，实现单片机与 NRF24L01 通信	PB.11	
PB.14		PA.1	电压采集
PB.15			

5. 机器平衡系统模块——陀螺仪 MPU6050

由于水中不确定因素较多，本团队除了在机械结构设计上保证机器在水中具有较好的稳定性，还采用了 InvenSense 公司的 MPU6050（见图 27）作为主芯片，它可以同时检测三轴加速度、三轴角速度的运动数据以及温度数据。通过对机器所处的三维角度的数据采集，并利用 PID 算法实现对机器姿态的实时纠正，保证机器在水中运行的稳定性，避免进行大幅度运动时因不稳定而导致事故发生。

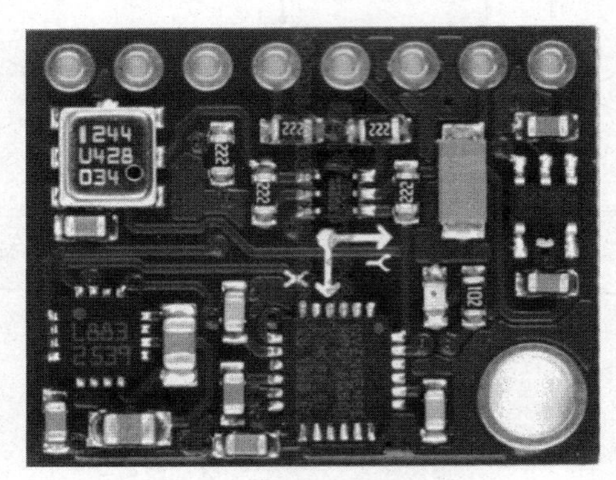

图 27 MPU6050 模块

6. 无线传输模块（见图 28）

无线传输采用 NRF24L01 模块，该模块工作于 2.4～2.5GHz ISM 频段，通过 PA+外接天线具有最高 1.5km 的传输距离，同时支持 250kb/s 和 1Mb/s 的数据传输速率，满足该机器的使用要求。

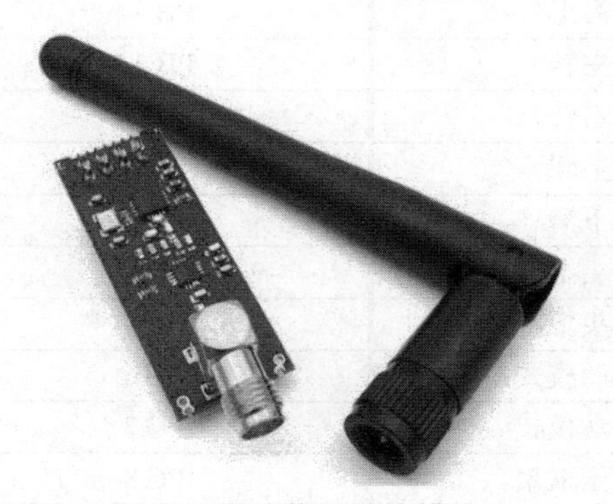

图 28 无线信号传输模块

9.7.2 系统软件方案设计

本产品系统分为三大部分：无线传输系统、图像传输系统及动力系统。通过主控MCU与对应传感器模块和驱动模块实现系统的连接与共同运行。无线传输系统主要包括遥控控制、机体和遥控器间的数据传输两部分，图像传输系统实现将机体摄像头采集的图像信息实时显示在显示屏中，实现对海参生长状况的实时监测。动力系统主要包括实现机体的前进、升降以及摄像头的运动，通过机体内部搭载的电机轴系总成实现动力源的输出。在摄像头部分，本产品利用云台，提升摄像画面的稳定性，提高画面成像质量。

1. 无线传输系统

无线传输系统主要采用NRF24L01模块实现数据传输，同时利用PA+LNA的方式对信号增益，提高信号的传输距离与传输稳定性，除此之外，本产品利用信号延长线实现机体与信号浮标之间的信号传输，避免水介质对于信号传输的影响，同时利用浮标中设计的特殊结构减少信号线对于机器运动的干扰。在信号浮标中本产品增加了高增益天线，以提高信号的接收灵敏度以及信号传输的精确度。

2. 动力系统

机器的动力系统以电机作为主要动力输出源，采用直流电机驱动芯片实现对电机方向以及速度的调节，在转速控制上，本产品利用单片机中定时器的一大功能——产生一定占空比的PWM从而实现电机转速调节。通过给予电机不同的速度，实现机体在水中利用差速进行转弯的过程。同时利用机体内置的MPU6050陀螺仪传感器实时采集机体在水中的姿态，通过特定的PID算法输出偏差量对PWM波进行调整，从而维持机器在下降过程以及水下运动过程的稳定性，避免机器出现倾斜以及翻转的可能性。在摄像头部分，利用无刷电机云台对摄像头进行调整，保证成像质量。

3. 图像传输系统

本产品的图像传输系统由三大部分组成：图像采集、数据传输、图像显示。在图像采集这一部分通过本产品前方搭载的高清摄像头采集海参生长状况以及周围环境情，由于水下较深处光照少环境暗，本产品借助摄像头两侧高照度LED灯，实现补光操作，确保在较深水下图像信息采集的亮度以及较高的细节程度，采用TS832与RC832图传模块，其发射频率为5.8GHz，具有8Mb/s视频带宽、6.5Mb/s音频带宽，能够传输清晰影像，同时在遥控器上安装有高清大屏，能够对采集信息高清显示，达到较好的监测效果。

4. 全时自动监测模式

在全时自动监测模式下，机体通过内部的路径规划以及外部传输导轨实现既定轨道的巡航监测。通过机体内部的AD模块对机体电池电量进行监测，当剩余电量达到一定值时，给机体一定信号，机体会自动在前方最近充电点处进行充电，充电完成后，机器继续进行监测，巡航完成后，进行反向巡航，如此循环，实现全时自动监测功能。

5. 机器平衡系统

本团队在机器内部搭载MPU6050传感器模块，利用内置的DMP模块对传感器所得到的原始数据进行姿态解算，以实时测量机体在水中横滚角、俯仰角、航向角的变化，利用PID控制算法实现对机体姿态角度的控制。

9.7.3 技术竞争力说明

1. 水下四轴推进系统的 PID 控制

PID 及其衍生算法是在工业中利用最多的算法之一，其控制结构图如图 29 所示。当控制系统出现偏差后，比例环节开始起作用，积分环节为偏差的累计过程，通过将累积的误差加到原有系统上以抵消系统造成的静差。微分环节是通过偏差信号的变化趋势来进行超前调节，从而提高系统的快速性。

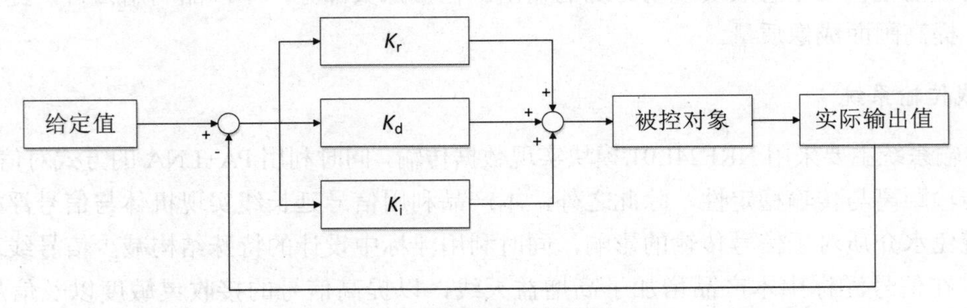

图 29 PID 控制结构图

在此规定输入量为 rin(t)、输出量为 rout(t)、偏差量 err(t)=rin(t)-rout(t)，则 PID 的传递函数为

$$u_{(x)} = k_{\mathrm{p}}\left(\mathrm{err}(t) + \frac{1}{T}\cdot\int \mathrm{err}(t)\mathrm{d}t + T_{\mathrm{D}}\frac{\mathrm{derr}(t)}{\mathrm{d}t}\right)$$

为方便处理器的实现，对 PID 系统离散化后得到

$$u_{(x)} = k_{\mathrm{p}}\left(\mathrm{err}(k) + \frac{T}{T_{\mathrm{i}}}\sum \mathrm{err}(j) + \frac{T_{\mathrm{D}}}{T}(\mathrm{err}(k) - \mathrm{err}(k-1))\right)$$

此时的表述形式为位置型 PID，本团队通过进一步运算得到其增量式表述形式

$$\Delta u(k) = k_{\mathrm{p}}(\mathrm{err}(k) - \mathrm{err}(k-1) + k_{\mathrm{i}}\mathrm{err}(k) + k_{\mathrm{d}}(\mathrm{err}(k) - 2\mathrm{err}(k-1) + \mathrm{err}(k-2))$$

由上面的算式可以看出，增量式的结果和最近三次的偏差有关，因此，本产品的系统稳定性有很大的保障。本团队通过大量查找资料发现 PID 的控制算法实现包括许多种，基于对各种算法的比较以及机器自身的稳定性要求，本团队决定采用抗积分饱和的 PID 控制算法，并通过后期的算法优化使其更适合于本产品的使用环境。本产品在垂直推进采用四推进器的方式，因此在控制方面团队借鉴四旋翼无人机的控制原理，通过对四个电机的控制，完成对机体本身的调整，从而实现机器在水下平稳地上升与下潜。

2. 特殊的电量传输导轨设计

产品全时监测模式的基础是源源不断的电量供应，本团队为尽量减少水对电量传输过程的影响，专门设计了“导轨+无线充电桩”的特殊供电结构系统，并在导轨内部设置了多个无线充电模块。导轨连接结构图如图 30 所示。

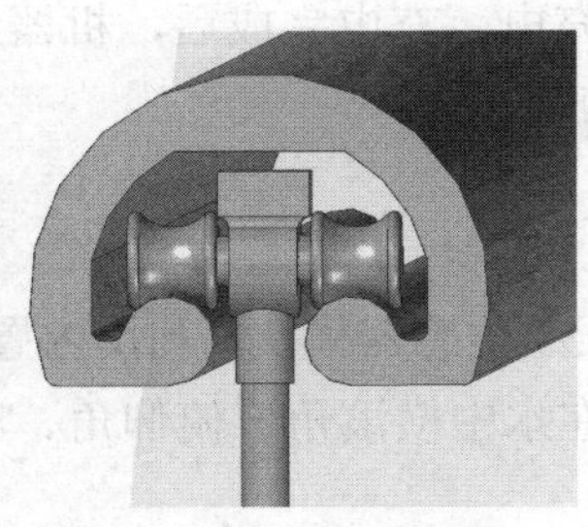

图 30 导轨连接结构图

该机构与机体间能够进行信息通信，当机体电量不足时，机器会自动在前方的最近充电点处停住，并进行充电，一旦电池电量充满，机器就会自动脱离充电，继续前行去进行监测。本产品在充电处采用无线充电的方式，此种方式可以减少水花对充电效率的影响。导轨除进行供电外，还能够对机器的运行路径进行限制，使机器按照既定路径进行监测。相关资料显示，采用电磁感应式无线充电，在充分做好防水措施的情况下，水对充电过程影响较小。

9.7.4 产品成本分析

该产品在设计之初的目的便是为养殖者提供实惠、便利的产品，使产品能够有更高的普及度，从而推动“农业 4.0”下的智能渔业发展。因此在最初方案设定时便对制造成本有一定的要求，根据本团队对市场调研以及养殖者心里价格区间调查，将产品机体成本控制在 3000 元左右，导轨价格需根据具体养殖区域面积来定。其他传感器模块单独定制，因此其他模块的成本未加入整个机器成本（见表 13）中。

表 13 机器成本

序　号	元器件名称	数量/个	总价/元
1	产品外壳	1	1700.00
2	高清摄像头	1	205.00
3	两轴无刷云台	1	338.00
4	STM32 核心控制器	2	100.00
5	MPU6050 模块	1	58.00
6	NRF24L01+PA+LNA	2	34.40
7	防水无刷电机	6	300.00
8	轴系总成	6	120.00
9	三叶型高速全浸螺旋桨	6	36.00
10	信号传输线	2	30.00
总价格/元	2921.40		

9.7.5 产品制造要点

（1）生产时，内部零部件统一订购。

（2）流水线工作方式，提高生产效率。

（3）采用优质密封圈，提高防水性能。设立查验工序，对产品进行检验，对部分产品做抽样，检测其防水性能。

参考文献

[1] 田晓萍. 河北渔业[J]. 2010，08.

[2] 朱大奇. 水下机器人故障诊断与容错技术[M]. 北京：国防工业出版社，2012.

[3] 于东祥. 海参健康养殖技术[M]. 北京：中国海洋出版社，2010.

[4] 徐立有. 控制工程基础[M]. 成都：电子科技大学出版社，2017.

[5] 赵艳珍. 海参高效养殖关键技术[M]. 北京：金盾出版社，2017.

[6] 蒋新松. 水下机器人[M]. 沈阳：辽宁科学技术出版社，2000.

[7] 徐永东，李可闻. 我国海参产业现状分析[J]. 渔业信息与战略，2013-5[2095-3666(2013) 02-0117-06].

[8] 李国勇，何小刚. 杨丽娟. 过程控制系统[M]. 北京：电子工业出版社，2009.

作者简介

蔡风伦（1997— ），男，学生，E_mail：1418221472@qq.com。
杨泽慧（1997— ），男，学生，E-mail：949534518@qq.com。
房崇佳（1998— ），男，学生，E-mail：2126344820@qq.com。
孟宪辉（1963— ），女，高级实验师，研究方向：工业自动化，机电产品创新设计，本科创新人才培养。E-mail：860320032@qq.com。
王林平（1963— ），男，博士，副教授，研究方向：机械创新设计，大学生科技竞赛，离散制造业生产调度，制造业管理信息化。E-mail：qutinwlp@163.com。

10 “智能创新研发”赛项工程设计方案(三)

——智能复核分拣机械手设计与开发

参赛选手：孙志超（天津工业大学），申华裕（天津工业大学），
汪文宇（天津工业大学）
指导教师：刘国华（天津工业大学）
审　　校：李　擎（北京科技大学），刘翠玲（北京工商大学）

10.1 产品介绍

目前我国成捆棒材的复核计数工段的技术水平非常落后，普遍采用手工点支复核计数方式，受到成捆棒材形态复杂多变、工人生理和心理等因素影响，复核错误造成的计数误差影响十分突出。人工复核计数与棒材全连轧制高效的生产率不配套，成为棒材厂的生产瓶颈。

本产品为一种智能复核分拣机械手，通过机器视觉系统采集成捆棒材端面图像，并进行图像处理和图像分析，实现自动计数并确定成捆棒材的支数信息，进而通过 PLC 控制智能复核分拣机械手，完成在线自动复核分拣，能极大地提高劳动生产率、减轻工人劳动强度、提高生产线自动化程度、降低复核计数误差、提高经济效益。

10.2 产品创意

本产品具有以下特点：整合成捆棒材的搬运和放置分拣动作，实现了复核分拣机构的一体化，使结构紧凑，动作顺畅，提高生产效率；采用图像识别和处理技术，实现了对特定检测区域内对象的识别、检测和计数；对复核分拣机械手能够实现准确控制，提高了复核分拣精度； 提高了成捆棒材复核计数和分拣的效率，降低了工人的劳动强度。

10.3 产品设计方案

10.3.1 产品功能与核心价值

本产品具备的功能为：视频信号获取、视频图像信息处理、成捆棒材计数、复核分拣位置确定、分拣机械手放置传送成捆棒材等。成捆棒材智能复核分拣机械手可以对成捆棒材进行图像处理和图像分析，实现自动计数及对成捆棒材的支数是否合格进行判断，进而通过 PLC 控制分拣机械手，完成自动分拣，能极大地提高劳动生产率、减轻工人强度、提高生产线自动化程度、降低成捆复核计数误差、提高经济效益。

10.3.2 产品数字化设计

产品结构均由 Solid Edge 建模而成，Solid Edge 以其同步建模的特点，打破了传统建模软件的思维，兼具自下而上和自上而下的建模方式，建模方式融合了参数化、基于历史记录的顺序建模的优势，摒弃了其缺点。在同步建模技术中，去除了顺序建模中基于历史的概念，所有特征都在同一

层，修改其中某一特征时，与之相关的特征一起发生了变化，而不相关的特征则保持不变。同步技术真正的核心在于尺寸约束和拓扑约束的求解，从而高效地实现对零件模型和装配模型的设计变更，真正实现参数化设计。

三维实体通过投影原理，向水平、铅垂、侧垂平面投影，形成能够清楚地表达内部结构较为简单的零件形体特征和几何尺寸的正三视图。目前，工程图仍然是默认的指导产品设计和制造的唯一法定和通用技术文档，在今后一段时间内，仍然无法取代。但三维设计的趋势已经显而易见，三维实体可视化程度高，共享性好，尤其是在设计的后处理阶段，比如逆向工程、虚拟装配、CNC 制造等，具有二维设计无法比拟的优势[1]。

1. 生产线组成

整个智能复核分拣机械手生产线由生产线平台、分拣机械手、操作柜、工业相机、工控机等组成，如图 1 所示。

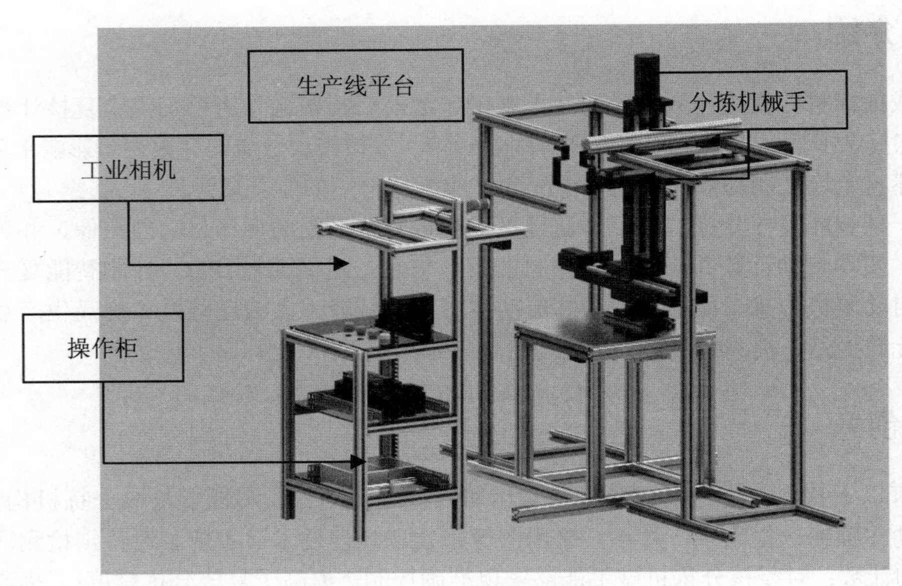

图 1　系统生产线组成

2. 智能复核分拣机械手组成

分拣机械手主要由丝杠滑台（丝杠滑台是由步进电机带动滚珠丝杠转动，滚珠螺母与直线导轨的滑块固定，滚珠丝杠的转动就转化为滚珠螺母的直线运动）、步进电机、RV 型涡轮涡杆减速器（旋转自由度所在的旋转主轴与减速器的输出孔配合）等组成，具有 X、Y、Z 平面和 360°回转这四个自由度。将多个机构整合在一起，形成了组合式分拣机械手，如图 2 所示。

3. 搬运机搬运机构和放置机构整合设计

搬运机构和放置机构主要由 X、Y、Z 三个方向的丝杠模组以及底部可 360°旋转的 RV 型涡轮涡杆减速器组成。搬运和放置的动作主要依靠三个丝杠模组以及 RV 型涡轮涡杆减速器的配合来完成，从而使成捆棒材可以自动完成复核计数及分拣。

PLC 接收启动按钮给的信号，然后步进电机启动并相互配合动作，动作依据 PLC 的脉冲数，丝杠滑台 Z 带动丝杠滑台 X 上升适当距离，将丝杠滑台 X 调整到可以托举成捆棒材的高度；然后丝杠滑台 Y 带动丝杠滑台 X 和丝杠滑台 Z 到达指定位置，即成捆棒材的正下方，丝杠滑台 Y 停止运动；然后丝杠滑台 Z 带动丝杠滑台 X 再上升适当的距离，使得成捆棒材被丝杠滑台 X 上装的 V 型支架卡

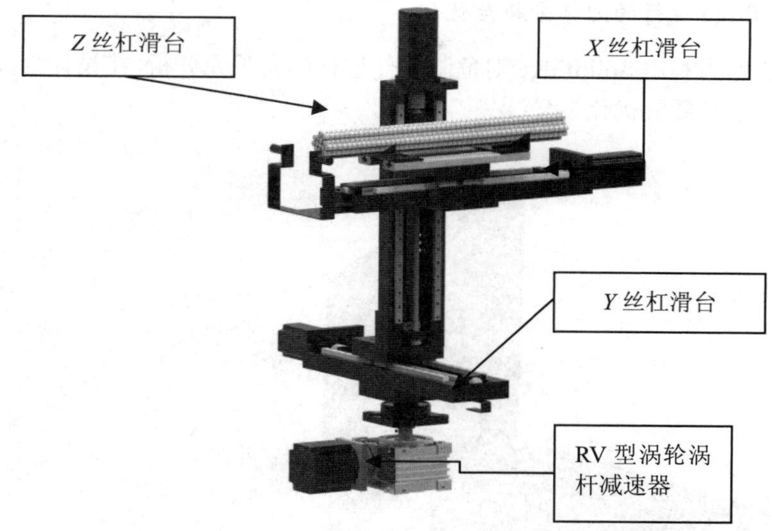

图 2　分拣机械手

住并托举起来；托举起来的同时丝杠滑台 Y 开始带动丝杠滑台 X 和丝杠滑台 Z 向着相机方向移动，丝杠滑台 Y 移动的同时丝杠滑台 X 开始移动调整距离（由装在丝杠滑台 X 上的水平对射传感器控制，从而保证成捆棒材端面可以在定焦相机的焦距）；最后由通过上位机识别处理相机拍摄的成捆棒材端面来判断是否与预设支数一致，从而实现对成捆棒材的复核计数，并由底部的 RV 型涡轮涡杆减速器通过旋转适当角度来确定成捆棒材的摆放位置（放置时的动作同样由丝杠滑台 X、丝杠滑台 Y 和丝杠滑台 Z 互相配合来完成整个动作）。

由于使用了旋转自由度和三个平动自由度，相当于 RPPP 型机器人，在保留较大灵活性的基础上可以同时有较大的负载以及刚性，同时体积也不会太大。使其在复核分拣计数时能占用较小的空间并且可以在托举成捆棒材时能有更好的负载能力及稳定性，同时可以灵活地搬运和放置成捆棒材。分拣机械手与棒材放置架如图 3 所示。

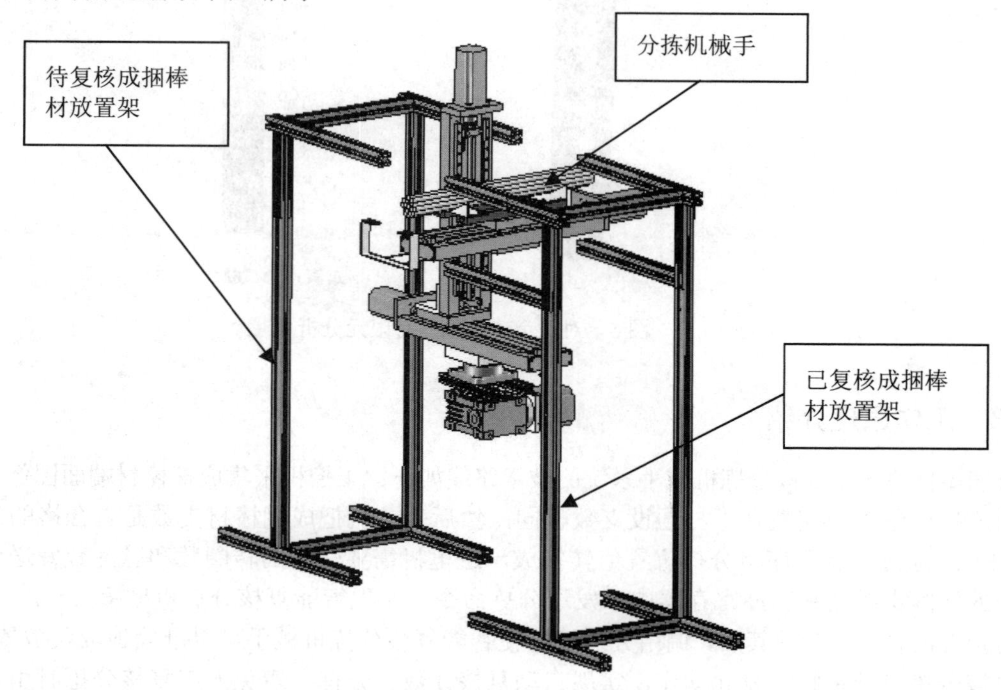

图 3　分拣机械手与棒材放置架

4. 利用 SolidEdge 进行的力学分析与优化

如图 4 和图 5 即为利用 SolidEdge 对危险工件进行的有限元分析，在设计阶段利用该过程的力学分析对零件结构做了必要的优化。

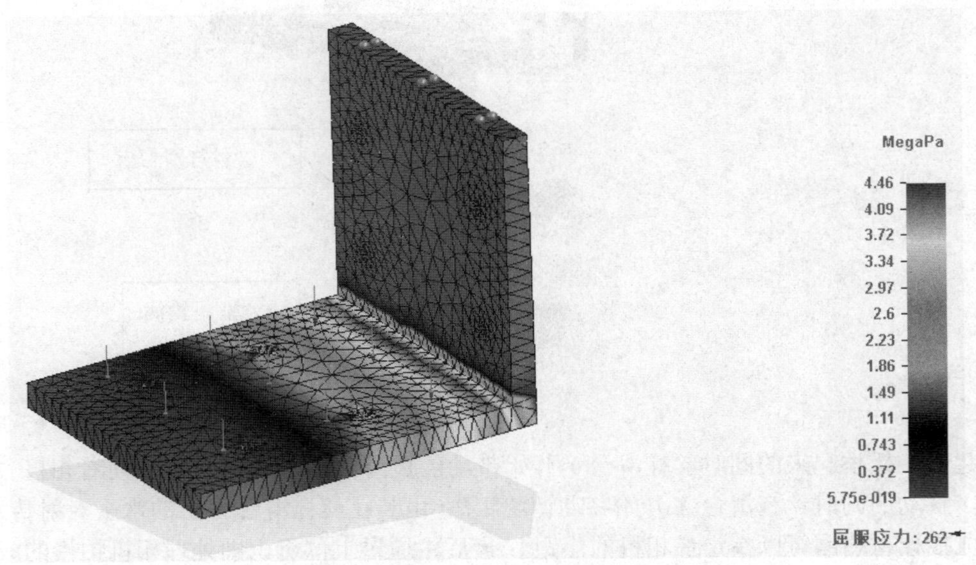

图 4　对一个连接板的有限元分析

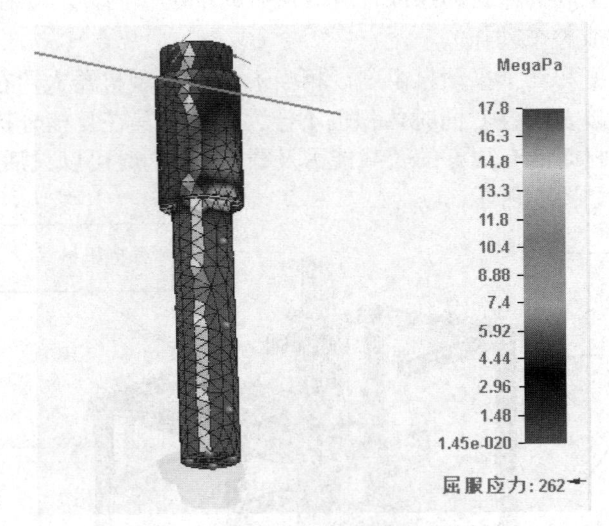

图 5　对一个连接轴的有限元分析

10.3.3　工作原理介绍

成捆棒材的智能复核分拣机械手系统的技术路线如下：工控机采集成捆棒材端面图像并计数，判断当前成捆棒包含数支数是否与预设支数相同，然后工控机把成捆棒材支数是否合格的信息传送给 PLC，PLC 通过预置程序将分拣位置值转换成步进电机需要转动的转圈数和脉冲数发送到步进驱动器对应的转圈寄存器和脉冲寄存器中，发送分拣命令，实现智能复核分拣机械手 X、Y、Z 三个方向及旋转角度的精确定位；其后，调用分拣策略使智能复核分拣机械手可以准确抓取及放置成捆棒材。智能复核分拣机械手将重复此动作，实现自动复核计数、分拣，避免人工复核分拣时由于不确定性因素导致的复核分拣不精确。

在机械电气控制装置中通过 PLC 技术的应用，则能够使得该电气控制装置的控制效果以及计算能力得到有效提升，并促进我国的电气行业得到更进一步的发展[2]。

1. 图像处理流程

主要流程如下：成捆棒材端面图像的采集、处理及自动复核计数。如图 6 所示，本项目采用面阵相机，实时采集智能复核分拣机械手从生产线上抓取的成捆棒材端面图像，并进行图像处理，以完成成捆棒材的精确复核计数，然后按照判断结果产生分拣信号。智能复核分拣机械手图像处理流程如图 7 所示。

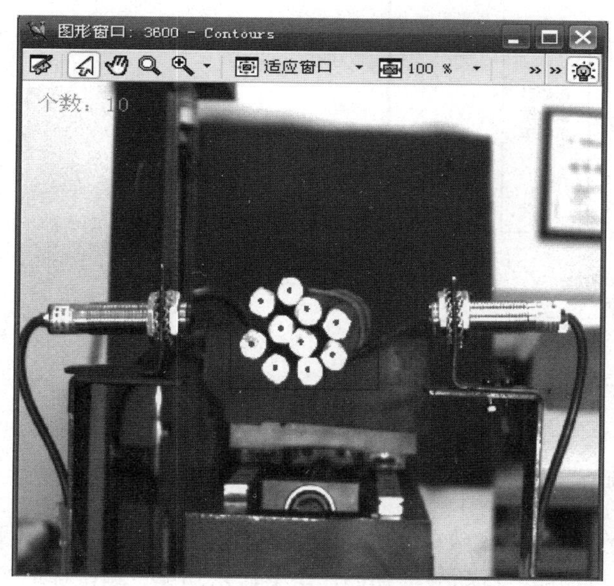

图 6　灰度识别及形态学处理

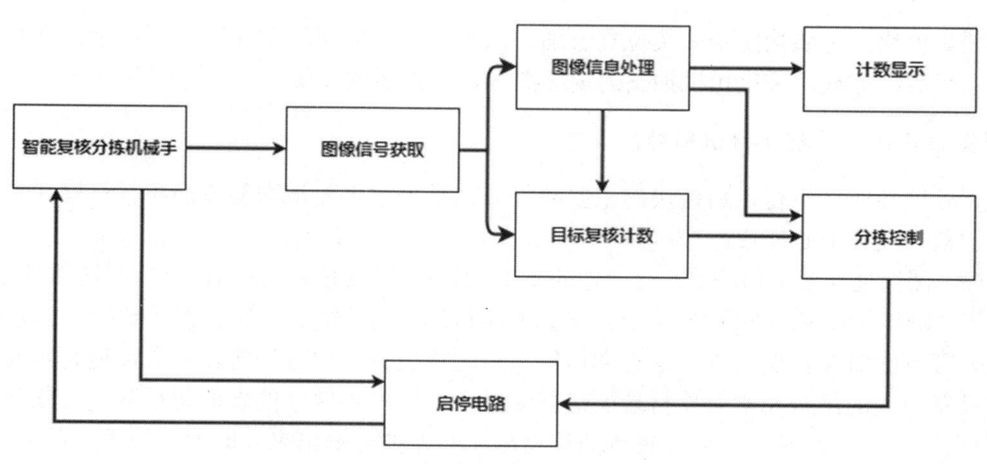

图 7　图像处理流程图

2. 控制工作原理

智能复核分拣机械手系统控制流程图如图 8 所示，包括计数装置和复核分拣机械手。

自动计数装置通过工业相机采集成捆棒材端面图像，进行定支复核计数，产生分拣信号。智能复核分拣机械手位于前后两道工序中间，并置于单独机架，由步进电机驱动，包括机体、回转机构、平动机构，用来根据分拣信号对成捆棒材复核分拣。

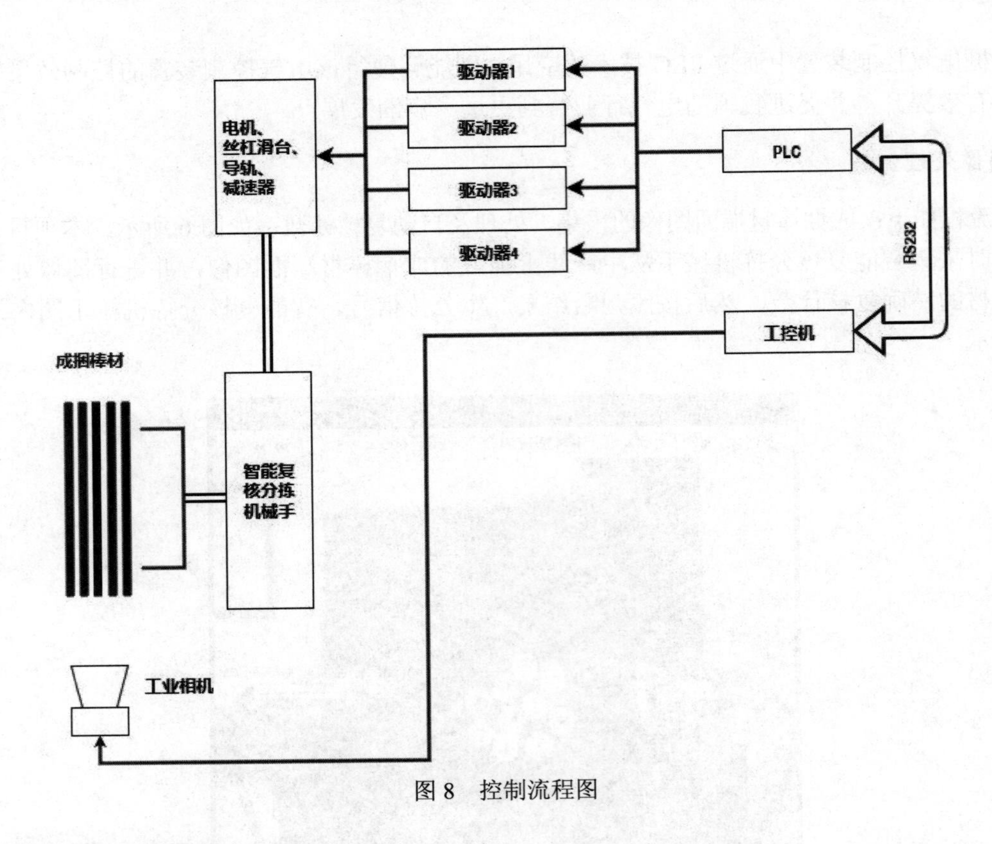

图 8 控制流程图

10.3.4 实物功能与测试

智能复核分拣机械手系统可以大致分为如下五个功能：图像采集功能、图像预处理和成捆棒材识别功能、成捆棒材复核计数功能、自动分拣功能、结果显示功能。测试环境为光源稳定的实验室环境。

1. 图像采集功能

图像采集模块的主要功能是采集位置合适、清晰、实时的现场图像，供图像预处理和成捆棒材识别模块进行后续处理。采集相机拍摄的现场图像，为以后的图像处理做好准备。

2. 图像预处理和成捆棒材识别功能

图像预处理和成捆棒材识别模块的主要功能分别是分割出要识别的成捆棒材目标和最终识别出成捆棒材的数目及其中心位置。

为了提高图像处理效率和满足实时处理的要求，系统采用 LED 光源对成捆棒材端面进行照明，然后利用阈值分割得到棒材端面区域，对分割得到的棒材目标用数学形态学法进行棒材中心定位及计数。

视觉处理方面对棒材端面进行形态学运算，通过逐级分割的方法将棒材端面进行定支计数。即首先通过设置较大的结构元素对棒材端面进行腐蚀，此时粘连较轻的端面将被分割出来（即将面积较小的部分计数）；但此时仍有粘连较重的棒材端面不能被分割出来（即面积较大一些），将面积比较大的部分筛选出来进行处理，通过设置较小的结构元素再次进行腐蚀，此时可以进一步将棒材端面分割出来；最后通过设置更小的结构元素，进一步对棒材端面进行腐蚀，此时便可以将棒材端面彻底分割出来。

3. 成捆棒材复核计数功能

成捆棒材计数模块的主要功能就是对棒材进行复核计数，为了提高成捆棒材复核计数的实时性，成捆棒材复核计数系统不再考虑棒材的外在特性，而是把所有识别出来的棒材抽象成质点来处理。目前采用的 BASLER 8MM 定焦黑白相机，computar 30 万像素镜头，由于场地大小限制，但是在 40cm 的距离内可以准确识别出 30 根左右的棒材，此时棒材端面已经基本填满整个视场范围，但仍可准确识别棒材支数。所以只要场地够大，换一个像素更高的镜头，然后将镜头与棒材端面的距离加大，就可以检测出更多的棒材了。

4. 自动分拣功能

该模块根据当前计数值和设定的每捆棒材根数控制智能复核分拣机械手动作。当复核计数值未达到指定支数时，协调丝杠及旋转自由度，将其放置在不合格成捆棒材的指定位置；当计数值达到指定支数时，协调丝杠及旋转自由度，将其放置在合格成捆棒材的指定位置。

5. 结果显示功能

该模块实时显示系统运行时复核计数和复核分拣状态。复核计数状态即为对当前帧图像中成捆棒材中的支数计数。分拣状态包括当前成捆棒材的支数合格与否。

6. 实际测试过程

（1）按下上电按钮，PLC 及驱动器以及电机等上电（此时，由于启动按钮未触发，此时智能复核分拣机械手整体处于静止状态）。

（2）按下检测/暂停按钮，PLC 会执行预置程序的检测动作：即智能复核分拣机械手从初始位置开始运动，进而托举成捆棒材到达检测位置，此时通过上位机软件对成捆棒材端面进行拍照及预设值设置，作为之后棒材端面处理的依据。注：由于 PLC 端口数量限制，此处采用按钮复用，因为上位机预设初值只需在上电的第一个运动周期内设置，所以检测按钮也只在上电的第一个运动周期内有用，此后此按钮将激活第二功能，即只作为暂停按钮使用。

（3）启动软件，依次点击启动、点击拍照、点击拍照、画 AI、右击结束画 AI、设置阈值与腐蚀半径、点击确定、点击退出、设置棒材型号、选定矩形框、右击确定、点击确定，点击开始检测。

（4）按运行按钮（机械手托举成捆棒材按合格与否将其分层放置，完成此动作后返回初始位置等待）。

（5）试运行结束，再次按下启动按钮，智能复核分钢机械手将一直做循环往复的运动。

（6）运行结束，按暂停按钮，机器完成当前周期后自动停止，依次关机即可。

7. 系统技术参数（见表 1）

表 1 系统主要技术参数

名　　称	规　　格
功率	1500W
工作电压	AC220V
每小时最多分拣捆数	设计要求：200 捆，原型机：50 捆
复核计数规格	Φ8～Φ14
计数误差	Φ10 以上的棒材计数误差小于 ±0.1% Φ10 以下的棒材计数误差小于 ±0.2%
复核计数设定范围	5～200 根/捆
使用环境温度	–30℃～60℃
X 丝杠电机最大转速	800r/min
Y 丝杠电机最大转速	800r/min
Z 丝杠电机最大转速	800r/min
涡轮涡杆减速器输入电机最大转速	500r/min

10.3.5 产品使用说明

1. 产品用途

智能复核分拣机械手系统传送中的成捆棒材端面图像，并进行图像处理和图像分析，实现自动复核计数及确定成捆棒材的支数信息，进而通过 PLC 控制智能复核分拣机械手，完成在线自动分拣，从而极大地提高劳动生产率、减轻工人劳动强度、提高生产线自动化程度、降低复核计数误差、提高经济效益。

2. 产品工作过程

通过摄像头获取到达拍照位置的成捆棒材端面视频图像，通过视觉检测和分析处理对成捆棒材进行识别、处理、计数、复核，当预置支数与复核计数支数吻合时，控制启停电路使智能复核分拣机械手主动完成分拣。具体分为如下几步：

（1）工控机发出分拣信号，分拣机械手从初始位置到达托举成捆棒料的位置并准备进行复核计数分拣流程。

（2）托举成捆棒料到达摄像头焦距范围内，摄像头从成捆棒材端部获取棒材数字图像，并截取有效部分，在工控机中经过机器视觉技术处理，得到各个棒材中心位置。程序识别棒材中心并计数。

（3）计数过程中实时显示计数值。随着成捆棒材移动通过监视窗口，显示当前捆中棒料支数。

（4）检测棒料支数是否合格后，工控机通过计算得到复核分拣支数并同时准备进行分拣。

（5）工控机给步进驱动器发送分拣命令，实现智能复核分拣机械手在 X、Y、Z 方向上以及旋转角度的精确定位。待一切由工控机发出的命令执行完且位置返回值正确以后，智能复核分拣机械手到达指定位置，然后进行成捆棒料的放置，完成整个过程。

（6）工控机发出分拣完成信号，分拣机械手回到托举成捆棒料的位置并准备进行下一次的复核计数分拣流程。

3. 产品使用流程

该产品分为几个工作状态：启动状态、检测位设置初值、自动计数状态、自动分拣状态和退出状态。系统画面如图 9 所示。

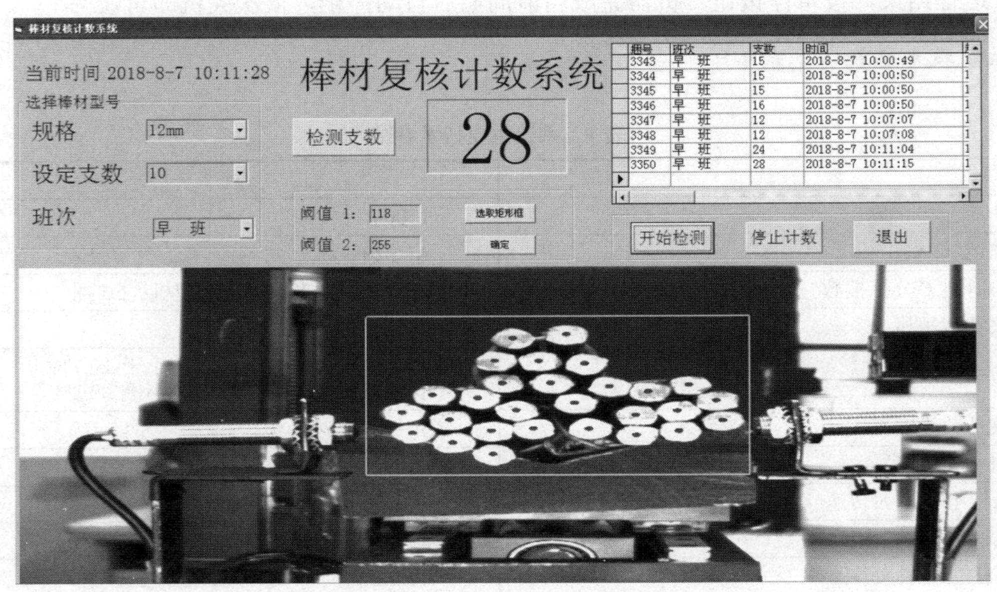

图 9　智能复核分拣机械手系统工作界面

（1）启动。启动软件系统后，系统开始初始化，自动调入有关参数。此工作完成后直接进入手动计数状态。

（2）检测位设置初值。检测位位置时，系统现场显示屏仅显示监视画面，可以通过主控制柜鼠标选择当前棒材型号（规格、每捆支数），可以调节阈值。按下现场控制柜上的启动按钮后，对当前图像处理结果进行分拣，完成一个运行周期后回到初始位停止。

（3）自动复核计数。检测位设置初值并完成一个运行周期回到初始位置停止后，再次按下启动按钮，进入自动复核计数状态，自动检测监视窗口的成捆棒材，并进行计数。在现场显示屏上的画面窗口中，会将标定视场范围内的成捆棒材识别出来，同时在已计数的棒材上标注红点。当计数值设定初始值一致时，智能复核分拣机械手将成捆棒材放置在合格成捆棒材的对应位置；当计数值设定初始值不一致时，智能复核分拣机械手将成捆棒材放置在不合格成捆棒材的对应位置。

（4）自动分拣。系统根据图像识别处理后进行的判断，由 PLC 对步进电机驱动器控制传送信号，步进电机驱动器进一步控制步进电机实现智能复核分拣机械手精确定位，然后工控机调用分拣策略控制分拣机械手的分拣。

（5）退出。在主控制柜用鼠标单击退出时，保留必要的参数后，系统退出运行。

10.3.6 产品实物图（见图 10、图 11 和图 12）

图 10 智能复核分拣机械手系统整体组成

图 11 智能复核分拣机械手系统机械部分

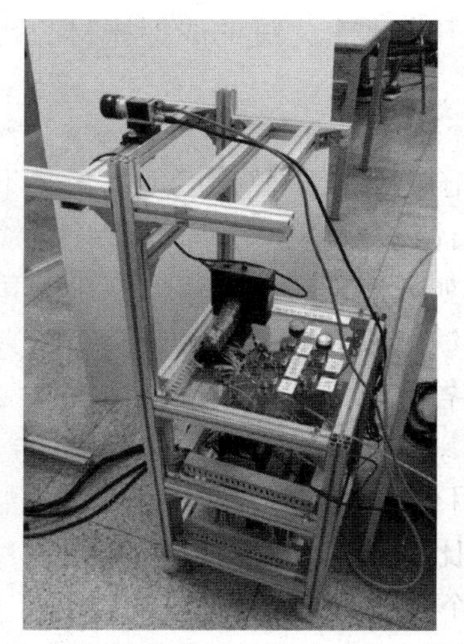

图 12 智能复核分拣机械手系统电控部分

10.4 商业计划书

10.4.1 市场需求分析

1. 市场现状

我国的棒材生产主要采用全连续和半连续式轧制生产，全连续轧制采用先进的调速控制技术，实现了轧机之间速度的完美匹配，生产能力大大提高。然而成捆棒材复核工段的技术水平却非常落后，普遍采用手工点支分拣方式（如图 13 所示），受到成捆棒材性态复杂多变、工人生理和心理等因素影响，复核分拣错误造成的计数误差影响十分突出。人工复核分拣与棒材全连轧制高效生产率不配套，成为棒材厂的生产瓶颈。因此，为了减轻工人的劳动强度、降低复核计数误差、提高生产线自动化程度，成捆棒材生产的自动复核计数分拣成为钢厂生产实践中迫切需要解决的重要课题之一。

图 13 手动复核分拣

2. 现存问题

到目前为止，成捆棒材的复核计数分拣仍然是困扰棒材生产企业的难题。目前仅国内而言就有为数众多的棒材生产企业，主要依靠人工来完成棒材的复核计数分拣，然而人工长时间的目测复核计数会引起眼睛疲劳，进而产生较大的误差。在人工成本不断提高的当今社会，如此低端的检测复核计数手段不仅造成劳动人员的极大浪费，而且会极大地增加企业的生产成本、降低市场竞争力。因此，研究开发一套先进的成捆棒材的智能复核分拣机械手系统是一个极为迫切需要解决的问题。

3. 市场需求

目前国内的大小轧钢厂可以说是不计其数，比较大型的有上海宝钢集团公司、首钢总公司（集团）、鞍山钢铁集团公司、武汉钢铁（集团）公司、唐山钢铁集团有限责任公司等等。仅天津就有知名企业，如天津天铁冶金集团有限公司、天津钢管集团有限公司、天津天钢集团有限公司、天津荣程联合钢铁集团有限公司、天津市恒兴钢业有限公司、天津中吉重工机械技术有限公司等。临近天津的河北省也有知名的钢铁生产企业 20 余家，其他省份也遍布着各类型的大小钢厂[3]。

据国家统计局数据，2018 年 1～7 月份，全国固定资产投资（不含农户）同比增长 5.5%，增速比 1～6 月份回落 0.5 个百分点。其中制造业投资增长 7.3%，增速提高 0.5 个百分点；全国房地产开发投资同比增长 10.2%，增速比 1～6 月份提高 0.5 个百分点。其中房屋新开工面积增长 14.4%，增速提高 2.6 个百分点；7 月份，规模以上工业增加值同比增长 6.0%，与 6 月份增速持平。其中通用设备制造业、专用设备制造业、汽车制造业、电气机械和器材制造业、计算机通信和其他电子设备制造业以及电力热力生产和供应业分别增长 6.9%、11.2%、6.3%、5.7%、13.5%和 8.8%。从总体情况看，国民经济继续保持总体平稳、稳中向好的态势，主要用钢行业保持增长，钢材需求相对平稳[3]。

成捆棒材的智能复核分拣机械手系统的开发是由市场的需求引导而产生的，它的出现可以在很大程度上满足目前以棒材生产为主的企业的自动化检测复核计数和分拣的要求，解决其检测复核计数成本高、分拣精度低的问题，从而填补市场的空白。本产品的出现可以将过多的劳动力从重复简单的计数检测任务中解脱出来，从而在一定程度上提高企业的竞争力。

10.4.2 市场前景预测

1. 市场状况及竞争情况分析

目前仅国内而言大多数棒材生产企业在生产中主要依靠人工来完成棒材的点支复核计数分拣，大大影响了生产效率，为了降低企业的劳动力成本和提高生产效率，市场上陆续出现了复核计数产品，但是已经研究完成一整套智能复核分拣机械手系统的企业寥寥无几。市场上棒材计数工作现场见图 14。

图 14 棒材计数现场

基于提高企业生产效率及生产自动化程度的要求，分拣与复核计数的高度结合产品在市场上有着极大的需求。因此，开发成捆棒材的智能复核分拣机械手系统有较大的市场空间。

2. 公司产品市场情况分析

与市场同类产品相比，我公司的成捆棒材的智能复核分拣机械手系统创新性地利用了图像处理方法解决了成捆棒材识别、复核计数的难题；生产线使用 PLC 进行控制，整个系统设计简洁、紧凑，具有精度高、速度快的优势。此外公司产品性能优越，性价比高；市场营销手段多样化。因此，在目前市场竞争环境下，公司产品的生存空间较大，市场占有率会逐步提高。

3. 产品风险分析

（1）技术风险。随着国际检测技术的不断发展，新工艺、新方法日新月异。但是随着我们对于风险的预测与监控，不断调整产品实现其更新换代，从而跟上技术的大潮。

（2）市场风险。市场产品销售量与价格为项目运行效益的较大风险。由于产品的附加值较高，预计从事本行业的研究和生产单位会有所增加。然而产品处于市场快速增长期，目前也没有替代产品出现，随着我们不断地进行市场监控，发现潜在的竞争对手，进而改变策略，实现人无我有、人有我优，以此保住本产品的市场占有率。

综合上述分析，得出本产品成捆棒材的智能复核分拣机械手系统的 SWOT 分析，如表 2 所示。

表 2 SWOT 分析

内部分析 外部分析	优势 S 1. 具有自主知识产权的技术支持； 2. 积极上进的团队，很强的组织学习能力，丰富的经验	劣势 W 缺乏具有竞争力的有形资产，组织资产
机会 O 1. 市场需求增长强劲，可迅速扩张； 2. 市场进入壁垒降低； 3. 目前市场占有率不高	SO 战略 做好产品的研发改进工作，以最短的开发周期满足客户需求	WO 战略 1. 建立高质量的控制体系，完善信息管理系统； 2. 发展忠诚的客户群； 3. 建立良好的企业形象
威胁 T 1. 新的强大竞争对手； 2. 替代品抢占公司销售额； 3. 客户谈判能力较高； 4. 容易受到经济萧条的冲击	ST 战略 细分商品市场，确定属于我们的切入点，迅速占领市场	WT 战略 1. 找寻合作伙伴，弥补自身不足； 2. 扩大市场范围，推向全球市场

10.4.3 产品定位

1. 产品市场定位

据世界钢铁协会发布的 2016 年全球钢铁生产统计数据，如图 15 所示。其中中国大陆 2016 年粗钢产量约 8.08 亿吨，占全球粗钢产量的 49%。

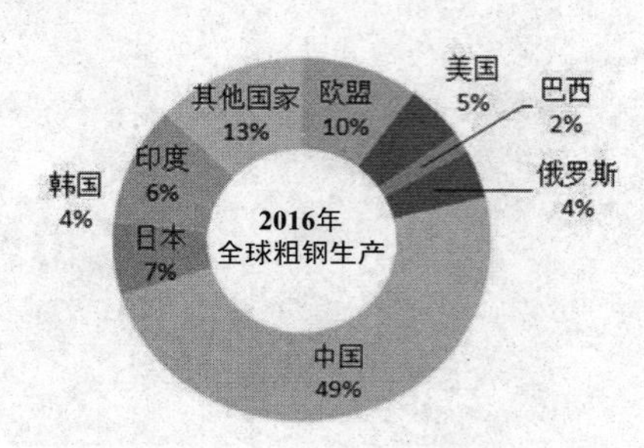

图 15 全球主要国家钢铁产量占比

尽管全国市场容量很大，但是由于我们的产品刚刚进入市场，品牌认知程度不高且公司资金有限，所以初期主要将市场定位集中在天津、河北、山东等地区，然后根据具体销量和收益情况逐步向外扩展。天津、河北、山东等地区钢产品生产量如表 3 所示；目标市场内钢产量所占全国钢产量百分比如图 16 所示。

表 3 天津、河北、山东等地区钢产品生产量

省份	天津	河北	山东
产量/吨	22 895 300	188 496 319	61 198 410

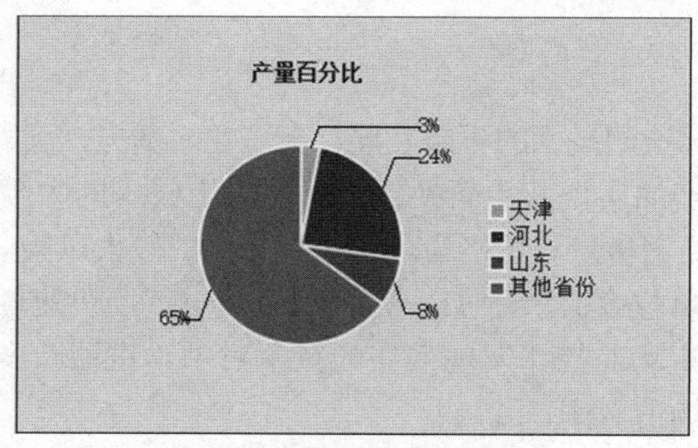

图 16 目标市场钢产量所占全国百分比

可以看出，天津、河北、山东等地区钢产量的总和在全国范围内占到了一定的比重，市场容量可以得到很好的保证；同时三个地区的地理位置跨度相对较小，我们可以在一片区域内快速提高产品的认知程度，并且可以在销售过程中节省运输成本，有利于企业初期的快速发展。

2. 产品定位

经过市场考察和分析，我们将目标客户定为天津、河北、山东等目标市场区域内生产棒材类钢材的各大钢厂。将公司的产品形象定位于力求用简单、可靠、快速、准确、实用的方法解决目前成捆棒材复核计数分拣存在的问题。实现用机器视觉的方法代替繁重的人力劳动，降低了劳动者的劳动强度并且降低企业的生产成本。首先是通过将这款智能复核分拣机械手系统在一定范围内的目标客户群体中推销出去，然后依托技术优势注册公司。其次是寻找产品投资方，利用资金支持进一步完善产品以及进一步开发相关产品。最后形成有一系列配套相关产品及相关技术的科技公司，并利用这些技术与产品更好地服务企业，服务社会。

10.4.4 产品定价策略

本项目成捆棒材的智能复核分拣机械手系统虽然功能强大，但是产品定价非常亲民。随着市场化程度的不断加深，各类型的产品进入市场都会面临严酷的考验，各种产品竞争的不仅仅是产品的质量，价格的竞争也非常重要。我们公司的产品力求在同类型产品中做到价格最低。为了实现这一目标，首先从实用的角度出发，优化了产品的设计，在保证产品使用性能的前提下最大限度地简化产品，由此减少了浪费，降低了成本。其次，在销售过程中省去了各种中间环节，直接面对各个棒材生产厂家和企业，由此中间环节的各种费用也被砍掉。具体成本及价格如表 4 所示。

表 4 产品成本及价格

<table>
<tr><td>用户：各大钢铁生产企业</td><td colspan="2">产品定价：42 000 元</td><td>预计年销售量：40 台</td></tr>
<tr><td colspan="2">本系统成本</td><td colspan="2">30 000 元</td></tr>
<tr><td colspan="2">租金一年</td><td colspan="2">50 000 元</td></tr>
<tr><td colspan="2">工人一年工资（三人计算）</td><td colspan="2">120 000 元</td></tr>
<tr><td colspan="2">其他</td><td colspan="2">45 000 元</td></tr>
</table>

初期按商品单位总成本 40%为商品的加成率来作为定价标准，即

$$30\,000 \times (1 + 40\%) = 42\,000\ (\text{元})$$

以一年为运作周期，则年利润分析为

$$(42\,000 - 30\,000) \times 40 - 50\,000 - 120\,000 - 45\,000 = 265\,000\ (\text{元})$$

虽然初期的年利润偏低，但是我们会逐渐提高公司产品的认知程度、树立良好的公司形象、不断优化产品和积极发展客户以增加年销售量，整体经济收益将会逐年提高。

10.4.5 产品销售策略

（1）这款产品销售对象比较明确和集中，我们采用直销和网络营销并行的方式作为公司的产品销售策略。直销直接面对客户，减少了仓储面积，没有经销商和相应的库存带来的额外成本，因而可以保证公司和客户的利益，加快成长步伐。对于新产品，企业可以在销售过程中第一时间得到反馈，及时调整，改进产品。按照客户需求量生产制造，大大加速了资金周转速度，降低了成本，实现价格优势。据统计，直销产品比同类产品价格低 15%～20%。网络营销拓宽销售市场，也可以让客户第一时间了解到产品的信息，能很方便地与客户进行沟通。

（2）开放购买方式，用户购买产品可以分期付款：首次付款 30%可购置产品，使用后可以再付款 50%，一年后再付余下的 20%。对于本项目产品在功能上是否可以满足自己企业的自动化生产要求有所顾虑和资金不足的客户将会考虑选择这种方式购买此产品，这样会进一步扩大产品销量。同时，公司也将根据市场行情，及时调整销售策略，以适应整个行业的变化。

10.4.6 产品推广策略

在产品出售初期，为了使本款产品在最大程度上接近顾客、接近企业，我们使用了线上线下的推广策略。首先注册并建立自己的产品网站与公司网站，通过互联网推广产品。例如通过百度推广、阿里巴巴推广等，这些渠道可以使本产品很快地接近顾客，但是网络推广有一定的局限性，由于互联网的虚拟性以及网络产品的抽象性，顾客很难全面且具体地了解本产品。然后我们还要进行线下推广，来弥补线上推广的不足。例如，举行产品推广会，邀请各大棒材生产企业的技术人员和相关负责人员到现场观摩公司产品的强大功能，同时向对方详尽介绍产品的相关技术参数，让对方了解到我们的产品完全可以与其不同的生产要求相适应。

通过线上公司网站客服人员对咨询信息的采集反馈和线下（例如产品推广会上）与各钢厂工作人员的直接交流中得到的反映，发现对产品感兴趣的客户，技术人员还将带着本产品进到客户企业直接进行推广介绍，根据该企业棒材生产线的实际情况进一步介绍本产品的性能优势。届时除企业的负责人外，普通员工也可以直观接触到这款产品，了解其性能上的优势（降低企业员工的劳动强度），以产生深入人心的效果。

10.5 产品技术说明

10.5.1 核心技术实现解析

1. 程序流程图（见图 17）

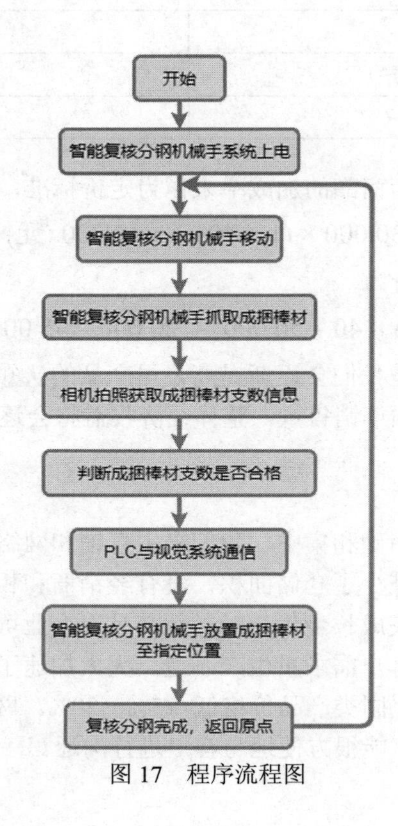

图 17 程序流程图

2. 时序图

电气系统是通过 PLC 控制器与基于 Halcon 和 VB 组合的视觉系统控制的。其基本过程是：当启动信号触发时，*Z* 丝杠滑台升至指定高度，然后 *Y* 丝杠滑台带动 *X* 和 *Z* 丝杠滑台平移至指定位置，*Z* 丝杠滑台上升一小段距离，将成捆棒材托举起来，*Y* 丝杠滑台带动 *X* 和 *Z* 丝杠滑台至相机拍照位置处；然后 *X* 丝杠滑台微调，使成捆棒材端面可以在相机焦距之内（具体由对射型传感器进行焦距位置确定）；相机拍照，拍照后相机对采集的图片进行识别，找到棒材端面的中心点并计数。若成捆棒材的数量达到预设的值则进行比较，经过判断后，首先 RV 型涡轮涡杆减速器旋转一定角度（具体旋转角度由光电式传感器控制），如果成捆棒材支数与预设值相同，*Z* 丝杠滑台升至合格成捆棒材放置高度；不相同时，则降至不合格成捆棒材放置高度；之后 *Y* 丝杠滑台移动至放置架位置，*Z* 丝杠滑台下降一小段距离，将复核过的成捆棒材放在置物架上，然后 *Y* 丝杠后退一定距离完成放置动作并退出，结束当前流程动作。当动作全部完成时会触发原点返回开关，复核分拣机械手返回初始位置并进行下一轮分拣。系统时序图如图 18 所示。

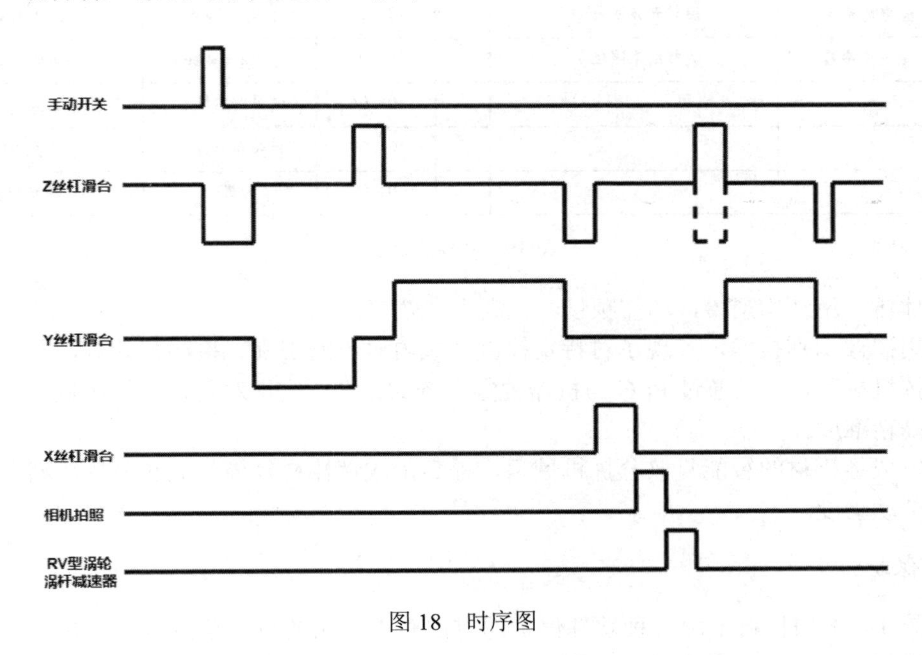

图 18　时序图

3. 电气原理图

成捆棒材的智能复核分拣机械手系统采用 CP1H 控制器，控制器有 24 个数字量输入和 16 个数字量输出，需要用到 9 个输入和 14 个输出。

4. 系统 I/O 表

系统的输入端口包括编码器采集数据的输入，对射传感器的输入、光电开关的输入、开始瞬停及原点返回按钮的输入。系统的输出端口有触发相机拍照，工作指示灯，*X*、*Y*、*Z* 丝杠滑台和旋转自由度的步进电机控制及控制驱动器开关的继电器等，具体见图 19。除此之外，PLC 与计算机通过串口进行数据的通信。

10.5.2　技术竞争力说明

1. 产品优势

（1）整合抓取和放置成捆棒材的分拣动作，开发一种新型复核分拣机械手系统，实现了复核分

输入			输出		
0.00	启动按钮	机器启动工作	100.00	步进1（脉冲）	步进电机1脉冲控制
0.01	停止按钮	机器停止工作	100.01	步进2（脉冲）	步进电机2脉冲控制
0.02	复位按钮	机器复位	100.02	步进1（方向）	步进电机1方向控制
0.06	限位开关1	水平滑台原点	100.03	步进2（方向）	步进电机2方向控制
0.07	限位开关2	水平滑台极限信号	100.04	步进3（脉冲）	步进电机3脉冲控制
0.08	限位开关3	抬升滑台原点	100.05	步进3（方向）	步进电机3方向控制
0.09	限位开关4	抬升滑台极限信号	100.06	步进4（脉冲）	步进电机4脉冲控制
0.10	限位开关5	调焦滑台原点	100.07	步进4（方向）	步进电机4方向控制
0.11	限位开关6	调焦滑台极限信号	101.00	步进1（使能）	步进电机1驱动器使能
1.09	光电传感器1	对射传感器	101.01	步进2（使能）	步进电机2驱动器使能
1.10	光电传感器2	旋转开始限位	101.02	步进3（使能）	步进电机3驱动器使能
1.11	光电传感器3	旋转结束限位	101.03	步进4（使能）	步进电机4驱动器使能
			101.04	电源指示灯	机器上电指示
			101.05	拍照指示灯	相机拍照提示
			101.06	相机	触发相机拍照

图19 系统I/O表

拣机构的一体化，使结构紧凑，动作顺畅，提高生产效率；

（2）利用图像识别技术，实现了对特定检测区域内对象的识别、检测和计数，开发成捆棒材的智能复核分拣机械手，并且通过PLC与机器视觉系统的结合，实现对复核分拣机械手的准确复核分拣控制，提高精准度；

（3）开发成捆棒材的智能复核分拣机械手，提高了成捆棒材复核计数和分拣的精度和效率，降低了工人的劳动强度。

2. 产品保护

保护措施1：本项目将采用一种软件保护的方法对本公司的机密信息进行保护，通过提取用户的机器码（如BIOS序列号、硬盘系列号或网卡序列号）来对软件进行加密，机器码是由用户计算机的硬件信息计算所得，与机器的硬件特征相关，一台机器上的注册码无法在另一台机器上使用，这样可以有效地防止散播注册码的行为。通过一套行之有效的机制使得软件生产者保有注册生成的机密，用户无法根据注册码推断出软件的加密信息，实现对本公司产品信息的保护。

保护措施2：为了保证公司自主研发的这款产品不被竞争对手模仿和抄袭，公司采用知识产权保护和建立品牌管理体系双管齐下的方法来保证公司的利益。我公司开发的成捆棒材智能复核分拣机械手系统申请了相关专利。另外，公司还将构建一套品牌管理体系保证自己的市场优势：产品开发符合客户需求同时在服务上构建良好的公司形象。当我们围绕自主开发能力这一主题构建一整套品牌管理体系时，对方很难模仿我们的产品，也很难仅仅以价格优势侵夺我们的市场。当然内部管理体系的改善也很重要，直接关系到我们的发展潜力。

10.5.3 产品成本分析

成捆棒材智能复核分拣机械手系统主要由以下几部分组成，大部分零部件选型及价格如表5所示。

表 5 零部件选型及价格

序 号	产品元件型号	单价/元	数 量	金额/元
1	步进电机（J-6018HB5401）	250	4	1000
2	丝杠滑台（套装）	450	3	1350
3	步进电机驱动器（DM542）	200	4	800
4	小型继电器	20	7	140
5	各种传感器	30	3	90
6	直流电源	100	3	300
7	相机及配套光源（BASLER aca1300）	6000	1	6000
8	PLC	2300	1	2300
9	机械本体（自主研发）	3000	1	3000
10	工控机	5000	1	5000
11	总价/元	19180		

10.5.4 面向市场的分析

德国“工业 4.0”概念的提出令全球制造业迈向一个崭新的时代，并将深深改变人们的生活及生产方式。“中国制造 2025”的提出，说明我国已开始加入到这场全球制造业革命的大潮中[4]。“工业 4.0”作为德国国家高科技发展战略之一，面向的是未来很长一段时间的工业发展趋势，它把灵活、个性化定制等特征放在显著重要的位置是不无道理的。相信人类第 4 次工业革命，中国工业、中国制造、中国智慧必将是参与者和引领者[5]!

全球的商业环境都在发生着改变，随着网络化的进一步加速，世界上不管是新一代的人群还是老一代的人群，人们都开始希望有更多个性化的主张，更加愿意表达自己个性化的观点，更加关注自己个性化的需求。微信、微博这样的自媒体形式使得更多的人可以去彰显自己的个性。对于实物产品的个性化趋势也在不断增强，虽然未来不可能做到所有产品完全个性化，但是个性化趋势的确不可改变。个性化定制还可以提高用户的忠诚度[6]。

为什么要个性化？顾客对产品的要求日趋多样化，而且会不断改变。谁更能满足顾客需求，谁就更能获得订单。“工业 4.0”就是要借助现代科学技术，以极其灵活的制造过程，缩短交货周期，降低库存，从而以较低的成本满足顾客个性化的需求[7]。

就市场而言，我们研发的系统是极具前景的，可以进行大规模生产。

我们所研发的成捆棒材智能复核分拣机械手系统主要分为复核分拣机械手和视觉传输、PLC 控制、VB 程序这几部分。智能复核分拣机械手结构简单，安装方便，厂家可以根据自己的条件要求来进行机械结构上的安装或改动，实现机械方面的个性化。

程序方面，厂家可以根据自己厂房的实际要求进行修改，程序中可以修改成捆棒材供给速度，成捆棒材分离速度，成捆棒材复核计数也可以实现定支定量复核分离，同时可依据厂房实际情况对放置和抓取时的旋转角度及相应 X、Y、Z 三个方向的进给量进行自定义调整。

参考文献

[1] 何杨博, 赵勇, 杨建鸣. 基于 SolidEdge 的三视图三维重建方法研究[J]. 计算机技术与发展，2018，28(09)：147-150.

[2] 钱海军, 姜苏苏. PLC 技术在机械电气控制装置中的应用[J]. 电子世界，2018，(18)：187-187+189.

[3] 中国钢铁工业协会财务资产部，冶金价格信息中心. 7 月国内市场钢材价格继续小幅回升 后期仍将呈小幅波动走势[J]. 冶金管理，2018，(08)：17-21.

[4] 杨丰瑜, 于佳静.“工业 4.0”对中国制造业的影响探讨现代[J]. 商贸工业，2018，39(36)：1-2.

[5] 邱建卫. 德国工业 4.0 对中国制造的启示[J]. 中国橡胶，2018，34(10)，37-39.
[6] 陶金泽亚, 吴凤羽. 工业 4.0 背景下的个性化定制探讨[J]. 改革与开放，2015，(21)，17-18.
[7] 张海平. 关于工业革命 4.0 的见闻与思考[J]. 液压气动与密封，2017，37(07)：1-3.

作者简介

孙志超（1997— ），男，学生，E-mail：1615674054@ qq.com。
申华裕（1997— ），男，学生，E-mail：1972193414@ qq.com。
汪文宇（1997— ），男，学生，E-mail：1429873026@ qq.com。
刘国华（1969— ），男，副教授，研究方向：智能控制及机器视觉，E-mail：guohualiumail@163.com。

11 “智能创新研发”赛项工程设计方案(四)

——硬币分拣计数机

参赛选手：胡林翔（辽宁科技大学），郑子健（辽宁科技大学），
乔奇川（辽宁科技大学）
指导教师：李东华（辽宁科技大学），高明昕（辽宁科技大学）
审　　校：李　擎（北京科技大学），刘翠玲（北京工商大学）

11.1 产品介绍

11.1.1 引言

在现行流通的人民币券别中，面额为一元的人民币无疑是流通中使用频率最高的一种，这一点从一元券的发行量和残损率均可以说明。为减少发行成本，人民银行自发行第三套人民币开始推出了一元面额的流通硬币，已经成为发行量数最多、流通量最大的券种[1]。以菊花一元硬币为例，保守流通量在130亿枚以上，一角硬币、五角硬币流通量不低于150亿枚[2]。

随着我国经济的迅速发展，货币使用局面呈现出多态性，网络电子支付、银行卡支付与货币实物支付三分天下[3]，即便如此，许多日常生活场景中的小额度支付基本处于实物货币支付状态[4]，所以货币流通量没有实质性减少。一元、五角和一角硬币通常作为小面值券种，人们经常使用，尤其是一元券种，将在很长的一段时期内是主要流通券种。

我国已经实行“小额货币硬币化”政策，硬币的投放量会越来越大。伴随着我国老龄化进程加剧，老龄人口的日常消费券种应该以小额货币为主，尤其是一元硬币。硬币虽然使用方便，但是对银行和公交公司等需要处理大量硬币的单位的工作人员来说，缺少硬币的整点装备，硬币的分拣、整点花费的时间和人力比整点同等金额的纸币要多[1]。大量硬币的分类、计数等整理工作，目前在基层多数仍旧由人工完成，工作量大且效率较低。如图1所示，工作人员正在对硬币做分拣计数工作，可以看出工作量之大、工作之枯燥。大型的硬币清分机有其技术和使用环境的局限性，少有针对终端应用场合，多为大型机器，且价格高。图1中的某类大型硬币清分机由于其价格高昂不适合在分散的基层采用。小型高效的硬币清分计数装置应该是解决相对分散又需对大量硬币整点处理的最佳解决方案。

图1　人工分拣情景和某类大型硬币清分机

11.1.2 硬币分拣计数机用途、核心价值及功能介绍

本设计介绍的硬币分拣计数装置就是为了解决硬币整点面临的难题而研发的一款自动化智能产品，图 2 为产品外观与设计图纸。

图 2 Solidworks 设计界面与产品原型机外观图

1. 用途与核心价值

开发硬币分拣计数机的目的就是为了满足基层环境对硬币进行清分计数的需求。产品的核心价值就在于利用产品实现人工替代，使人从繁重低效的作业状态中解放出来，实现金融机具自动化小型化，做细做好金融机具细分市场。

2. 功能介绍

硬币分拣计数机具有小型化、便携化、高效准确的特点；适合中小型银行网点、公交公司、大型商场、游乐设备等硬币流通较大的硬币集合场合。硬币分拣计数机可实现对硬币进行自动分类、收集与计数，所有工作指令均可通过触摸屏发出；触摸屏可以显示当前筛分硬币数量以及总金额，操作简单，并且具有记忆存储功能，结果通过触摸屏予以显示，直观清晰。

本产品外部尺寸为 740mm×308mm×438mm，便于搬运与运输，便于摆放，人机界面简洁，便于学习和操作。

本产品样机已经在公交公司、银行、小型超市等环境进行功能验证，经测试具有很高的稳定性、准确性，完全可以满足使用需求，具备量产的技术条件。

11.2 产品设计方案及工作原理

11.2.1 产品创意

本作品的创意灵感源自实际应用环境。在对某硬币清分整点现场参观后，有了直观的印象，觉得应该可以开发出某种机械装置来代替人工劳作。于是就开始了项目的构思、设计和研发工作。

历经两年多时间，对硬币按照面值分类的核心机构的工作原理进行了三次立意构思设计，制作了基于三种硬币面值分类原理的三台样机，本文介绍是其中一种：基于斜面的硬币旋转拾取方法。这种硬币拾取方式能够使硬币很规矩地被旋转上料装置拾取且不会出现重叠现象；硬币被拾取后，在离心力的约束下随着拾取转盘一同旋转被送入落料轨道；在落料轨道下落过程中，由于不同面值硬币直径不同，在轨道的不同点设置一个具有引导功能的挡片，使不同直径的硬币在轨道位置不同实现强制分离，被剔除出轨道，落入收集器里面，实现不同面值的硬币清分。在落入硬币收集装置的过程中，通过红外线技术传感器实现计数。

这种硬币清分原理已经申请，发明专利。

11.2.2 产品数字化设计

在硬币清分与计数原理确定好之后，就通过具体设计、出图审核、工艺拟定与加工制作、装配调试等环节的规范的工程全流程方式实现了样机制作，并对样机进行了测试，在测试基础上进行了调整与重新验证。

在产品的制作按照数字化设计、数字化生产的方式进行，充分利用学校自有的数字生产条件予以实现。

图纸设计使用开源 Solid Edge 软件以及正版 Solid Works 软件完成。样机的设计与制作，主要考虑学校自有的加工方式：金属激光切割、非金属激光切割、3D 打印、多轴加工中心和数控车床等装备的支持能力。

图纸设计采用模块化思维，整机由各功能构建组装、整合至形成功能总装体。

11.2.3 机械装置结构简介

机械结构主要包括传输送料装置、硬币分离轨道、硬币收集装置、转盘上料装置和电控集成部分。基本工作原理是：混合的硬币被置入料仓内，在转动的传输送料带的带动下，分批落入转盘上料装置，旋转式硬币拾取转盘拾取硬币后带动其一同旋转，在离心力的作用下被甩入硬币分离轨道，实现硬币的清分。传送带采用脉冲节拍方式旋转、转盘连续运行；传送带、倾斜放置的旋转拾取盘、导轨的传动方式主要为同步齿形带传动。前后之间有时序逻辑关系，通过电控软硬件实现自动控制。图 3 是产品具体的机械结构示意图。

1. 传送带进币送料装置

图 4 为传送带进币送料装置结构渲染图。传送带进币送料装置的工作原理是：通过敞口漏斗作为料仓连续接收大量硬币，并且定量地将硬币送入下一环节。传送带锥形敞口漏斗下方承接传送平带，通过同步带减速传动，使电机驱动传送带，电机转速由电控部分控制。传送带内部装有金属板，确保传送带的稳定传送。

图 3 产品基本结构示意图

1—传输送料装置；2—硬币分离轨道；3—硬币收集装置；4—转盘上料装置；5—电控集成部分

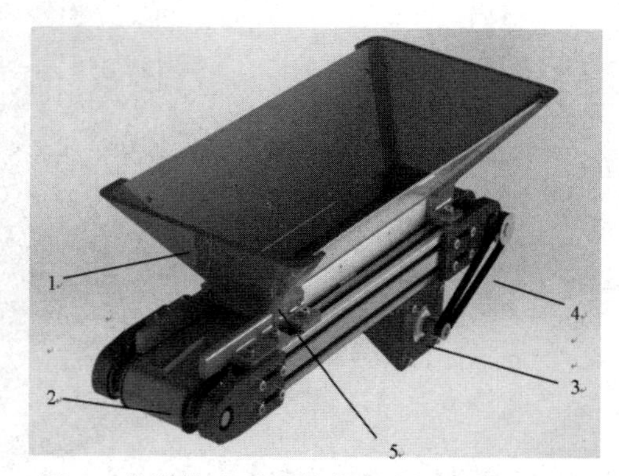

图 4 传送带进币送料装置内部结构渲染图

1—锥形敞口漏斗；2—传送平带；3—电机；4—同步带；5—金属板

2. 转盘上料装置

转盘上料装置，接收传送带连续送入的硬币，依靠转盘上的齿片将硬币送入下一轨道，硬币由各种随机的姿态转为倚靠轨道的统一立式姿态。

转盘通过轴承固定在机架上，通过同步带减速传动，使电机驱动转盘；电机转速由电控部分控制。图 5 转盘上料装置局部爆炸图说明了各部件之间的连接关系。

3. 硬币分离轨道

图 6 是硬币分离轨道单个模块渲染图。硬币分离轨道，接收转盘上料送入的硬币，硬币在重力的作用下沿轨道下滑，根据硬币直径的不同，通过轨道侧方对应高度差的挡片，使硬币在相应位置离开轨道。当硬币离开轨道时，经过红外线计数传感器实现计数，计数信号反馈给控制部分。

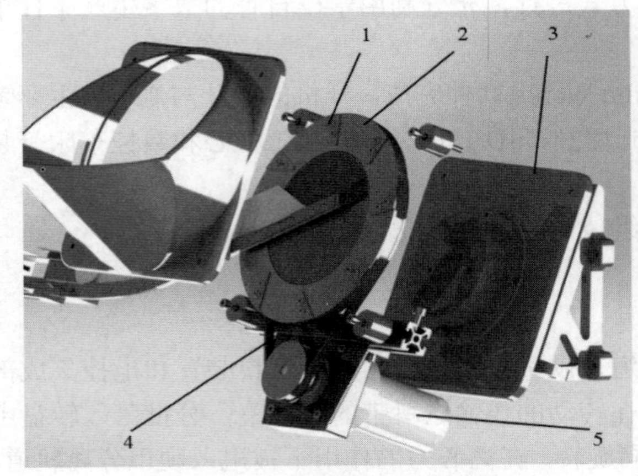

图 5　转盘上料装置局部爆炸图
1—齿片；2—转盘；3—机架；4—同步齿带；5—电机

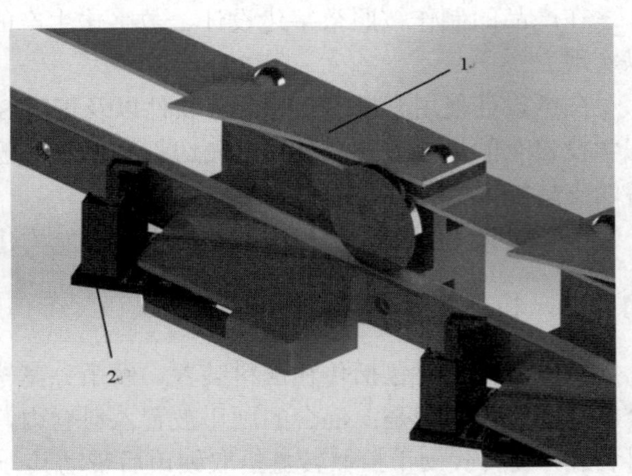

图 6　硬币分离轨道单个模块渲染图
1—挡片；2—红外线计数传感器

4. 硬币收集装置

图 7 是硬币收集装置图。硬币收集装置，接收从硬币分离轨道掉落的硬币，并且在所有清分工作结束后，将收集盒送出机器。收集架通过导轨固定在机架，通过同步带传动，使步进电机驱动收集架。电机由电控部分控制。

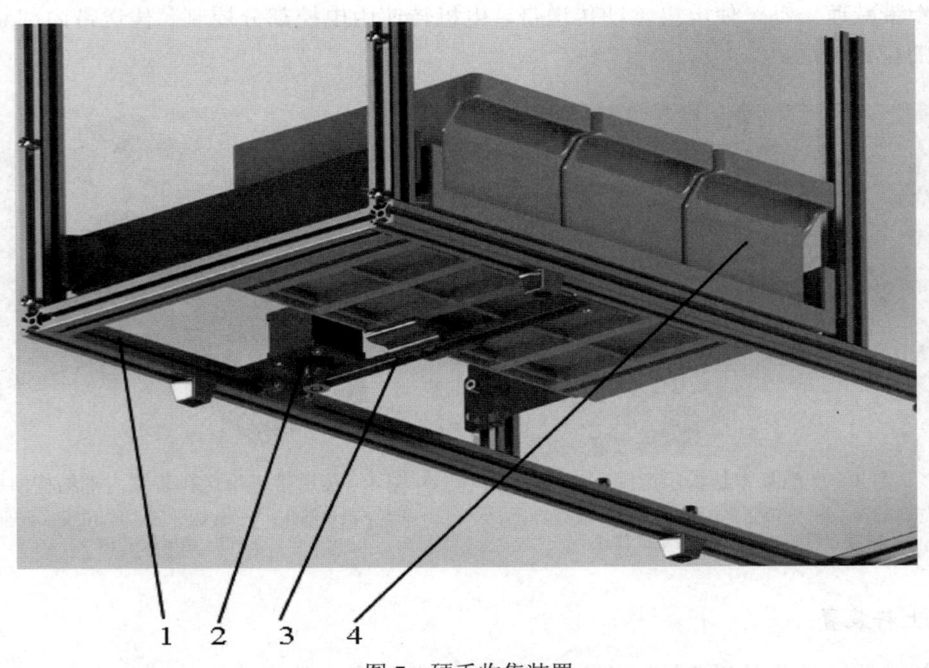

图 7　硬币收集装置
1—导轨；2—电机；3—同步带；4—收集架

在图纸设计阶段，以上四个模块分别设计，相应原型机模块同时制作验证，修正运行中发现的设计问题、零件干涉、计算错误等，最后整合优化图纸。

11.2.4 电气控制部分设计说明

1. 控制系统介绍

在电控装置方面，主要功能是获得硬币数量情况，控制传送带运行、上料转盘运行以及收集盒的收放，另外通过触摸屏显示系统状况以及接收命令。

在具体控制方式上，硬币数量通过计数传感器获得，传送带和转盘通过直流电机控制，收集盒通过步进电机控制，触摸屏使用串口屏与单片机通信。

主要硬件选型如表 1 所示。为了减少开发周期和难度，硬件上优先选择现有功能模块。使用搭载 ARM 主控芯片的 AVR 单片机 Arduino UNO 开发板作为主控板，传感器主要为红外线对射计数传感器，主要执行硬件为两个 775 直流减速电机，输出输入设备为 HMI 串口屏，电源为 24V 开关电源。实际接线中，所有电路控制模块通过合理布置被集成到一块电路板中，防止受到信号干扰，以便于观察工作状态以及维护检查。图 8 是电路硬件接线图。

表 1 主要硬件选型

编 号	模 块 名 称	输 入 电 压
1	24V 开关电源	220V AC
2	24V10A 直流电机调速板	24V
3	775 减速电机 24V	24V
4	XL6009 DC-DC 调压模块	5～32V
5	12V 继电器模块	12V
6	USART TJC4832T0.35-011R HMI 串口屏	5V
7	LM393 对射式红外计数传感器 曹兴光耦合模块	5V
8	A4988 步进电机驱动器	12V

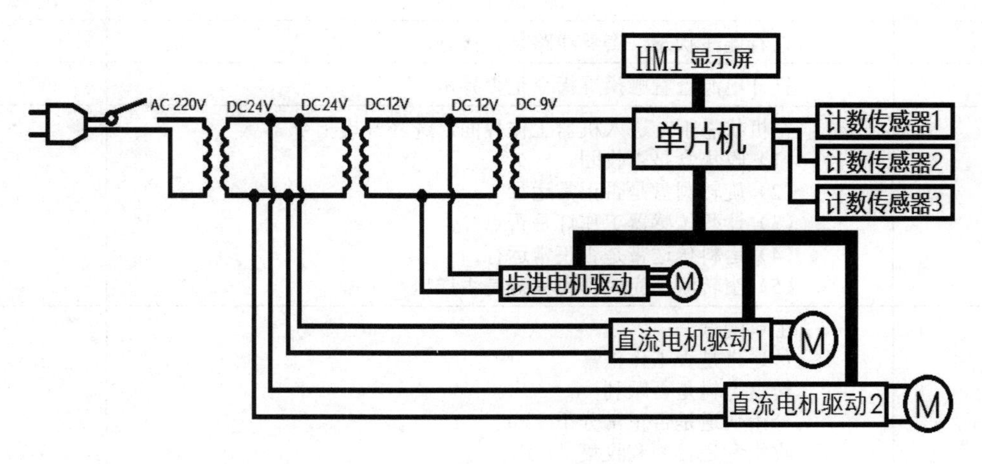

图 8 电路硬件接线简图

2. 设备工作流程

设备工作经过四个阶段：传送带送料、转盘上料、轨道分料、收集盒收集，在顺序执行的基础上，通过计数传感器的中断信号反馈，判断所处的工作阶段并做出相应调整。通过不同计数器的差值，计算出硬币数量。这种控制方式的优点在于对硬件结构要求低。图 9 和图 10 是控制流程逻辑以及原型机调试状态。

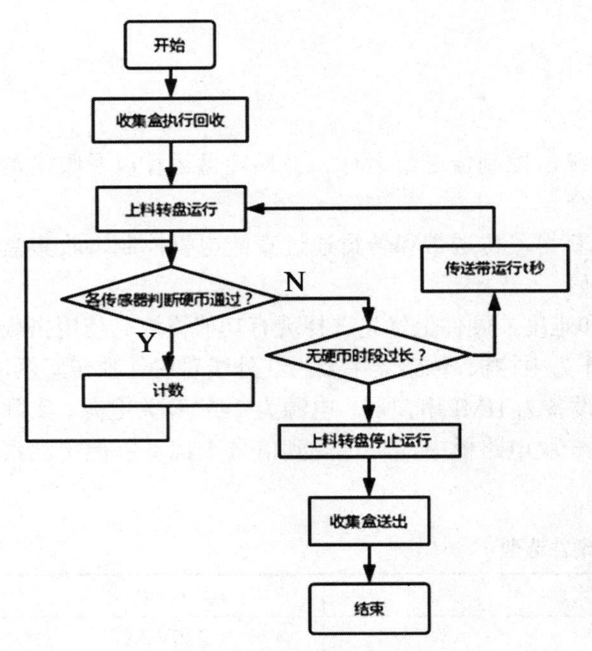

图 9　设备工作基本流程图

图 10　原型机调试状态

3. 功能测试

在实际测试环节遇到诸如硬币卡在传送带出口、转盘上料输送量过大、分币导轨斜度不足、分币导轨出口对硬币轨迹阻碍过大、收集盒位置与硬币落点范围偏差较大等问题，通过多次修改调整予以解决。功能测试表如表 2 所示。

表 2　功能测试表

测 试 编 号	测 试 内 容	测 试 情 况
1	查看连线状态，查看线路是否接好	
2	打开电源查看触摸屏指令是否异常	
3	空机状态下，进入机器工作界面，选择开启指令。 （1）收集盒是否收回。 （2）旋转圆盘是否正常运行。 （3）计数传感器工作灯是否点亮。 （4）运料传送带是否正常运行。 （5）空转流程完成，收集盒是否送出	
4	上料测试 传送带是否工作正常 转盘上料是否顺利 分币轨道是否正常分币 收集盒是否顺利收集	

11.2.5　用户体验设计及产品使用说明

本产品使用触摸屏实现人机交互，所有功能通过触摸操作即可实现，操作便捷。

进入开发者模式后可单独对每一个模块功能进行调试控制。

图 11 是人机界面首页，图 12 是功能表界面，图 13 是开发者模式登录界面，图 14 是硬币分类清单管理界面。这些都是便于设备管理与运行维护的必要的底层软件资源。

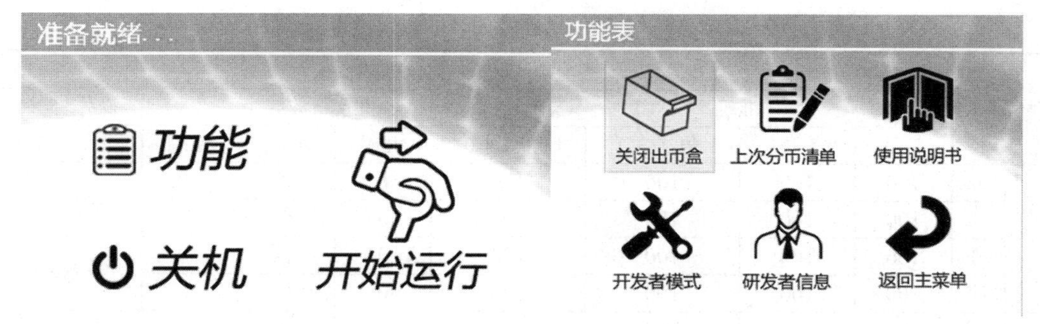

图 11　界面首页　　图 12　功能表界面

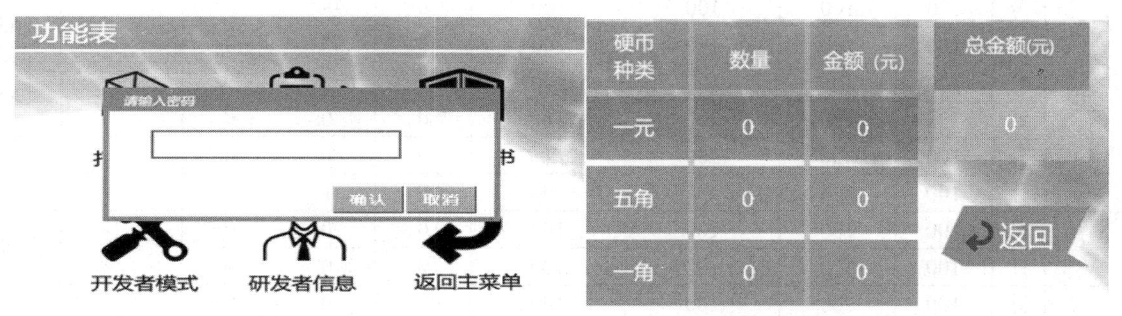

图 13　开发者模式登录界面　　图 14　硬币分类清单管理界面

11.2.6　产品样机测试

1. 测试环境的选择

基于产品设计定位，选择的测试环境包括银行网点、公交公司、小型超市三类具有代表性的潜在应用场景。测试分为轻度使用、中度使用和重度使用三种。轻度使用是指断续短时间的分散使用，1 小时内使用时间少于 20 分钟；重度使用是指 1 小时连续不中断；中度使用是指工作时长在 1 小时以内使用时间超过 30 分钟。本产品样机不属于工程机，所以没有进行不间断全天运行试验。而且进行测试的目的是验证核心功能而非性能测试。具体测试数据如表 3 所示。需要说明的是，由于硬币一定会被清分整点到某一收集器中，所以测试分为清分准确率和计数准确率两个指标，一旦清分错误只按照币值单一计入，不重复统计。表 3 是三种测试环境下的测试结果，因故障中断的重新开始，不计入准确率统计数据。

2. 测试结果与分析

由测试数据可以看出，清分和计数出现问题都是在重度使用情况下，集中在 1 角（小）和 1 角（大）两种币值的硬币身上。通过对各种因素分析，产生清分和计数错误的原因主要集中在如下几个方面。

（1）硬币清洁完好，但清分不准：原因是设备连续运行，产生振动，设备自身振动频率与硬币运行中的振动叠加，同时一角硬币，无论大小都比较轻，所以对于振动比较敏感。

（2）硬币表面污渍：产生粘连阻滞，阻碍了后续硬币的运行。

（3）一角（小）运行距离长、自身重量轻，最容易产生运行错误；在计数时，由于速度过快造成计数偏差。

（4）机械故障出现 2 次：一次是因为螺栓紧固松动造成部件位移，产生阻滞；一次是出仓盒未自动弹出，原因是异物阻滞。

（5）电气故障也出现 2 次：都是接线松动造成的，原因应该是由于振动造成螺纹紧固松动。

表 3　各种使用环境的功能测试结果

测试环境			测试内容与结果								
			准确率（%）				故障数（个）			操作性（5 分制）	
			1 元	5 角	1 角（大）	1 角（小）	机械	电气	控制	评价（5 分最好）	
公交公司	轻	分	100	100	100	100	0	0	0	功能	5
		计	100	100	100	100	0	0	0		
	中	分	100	100	100	100	0	0	0	准确率	4.9
		计	100	100	100	100	0	0	0		
	重	分	100	100	**99.8**	**99.8**	0	0	0	使用性	5
		计	100	100	100	**99.7**	**1**	0	0		
银行网点	轻	分	100	100	100	100	0	00	0	功能	4.6
		计	100	100	100	100	0	0	0		
	中	分	100	100	100	100	0	0	0	准确率	4.9
		计	100	100	100	100	0	0	0		
	重	分	100	100	100	**99.9**	0	0	0	使用性	5
		计	100	100	100	100	0	**1**	0		
小型商超	轻	分	100	100	100	100	0	0	0	功能	5
		计	100	100	100	100	0	0	0		
	中	分	100	100	100	100	0	0	0	准确率	5
		计	100	100	100	100	0	0	0		
	重	分	100	100	100	**99.7**	0	0	0	使用性	5
		计	100	100	100	**99.8**	**1**	**1**	0		

3. 改进与调整

根据上述数据的分析，可以看到，在核心的清分和计数功能上没有出现问题，故障和清分以及计数不准都可以通过技术手段予以解决。可对样机的清分轨道进行修正。

（1）增加了清分轨道的倾斜角度同时加大了挡片的尺寸：确保硬币运行稳定又能够有效被剔除出轨道。

（2）增加整机底盘的配重，以较小振动和修正振动频率。

（3）适当降低了清分轨道的垂直落差，控制硬币下落速度，保证计数器准确计。

（4）适当降低了硬币清分拾取盘的旋转速度，降低硬币进入清分轨道的初速度，进行硬币速度控制。

4. 对核心设计和核心功能的支持

通过上述修正后，样机的运行就处于相对稳定状态。测试数据支持了设计之初对核心功能的理解和判断。参与测试的用户积极的反馈意见与建议也为进一步完善产品性能和功能提供了现实依据，扩大了课题组成员的思路和技术视野。总之，测试为商业化生产或工程机生产提供了强有力的数据支持。

11.3 商业计划书

11.3.1 市场需求分析

1. 小额硬币的使用前景

小额货币硬币化是指一元以内的小面额货币以硬币为主。主要目的是为了盘活现有硬币的使用率，从而提高人民币使用整洁度。

小面额货币硬币化是完善中国货币流通体制、与国际货币流通体系接轨的客观需要。而且硬币具有使用寿命长，后续成本低，整理清点容易，磨损小等优点。在正常流通的情况下，同为一元面额的硬币和纸币20年投入使用的综合成本之比约为1:15，而且20年后金属仍可收回重铸，由此可看出该政策意义之大。

为了提高硬币使用率，央行组织北京地区29家中资商业银行启动了第一批硬币兑换机的布放工作，下一步将会在超市、地铁等更多便民的地方投放，方便市民兑换。

在国内多个省份，早前均已出现硬币兑换机。早在1992年，央行就正式在辽宁、上海、深圳、浙江和江苏五个省市实施此政策，对一些场合实施硬币的单一投放。上海自1996年后，小面额货币投放基本以硬币为主，现已达到了纸币零投放的水平。在2001年，央行又在江苏、浙江、上海、广州、深圳、山东开展了小面额货币硬币化的试验。2013年12月，央行表示，计划推出兑换网络，以助推小额货币硬币化。一元以内的小面额货币将以硬币为主。

2. 大量硬币的处理现状

现如今在开展了小面额货币硬币化的同时，对硬币的处理工作还远远没有发展起来，比如硬币的回收和大量硬币的处理问题还没有得到实质性的解决。

硬币的投放量远大于硬币的回收量，而大量硬币的处理工作更是公交公司、大型超市、游乐场等场所的一大难题。而随着小额货币硬币化的继续开展，我们生活中的硬币的流通量会更大，不仅大型商场、车站等场所，甚至中小型个人商贩每天都会接收到大量的硬币。这时候，就需要一种可以对硬币进行分拣计数的机器来为我们处理难题，我们的产品就是针对这一问题而设计的，是为了解决硬币整点客观上存在的人力成本和时间消耗过大的现实问题。

为了开发本产品，课题组成员到市级银行分行、银行网点、小型超市和公交公司进行多次调研走访，了解硬币整点的现状和客观需求，以便开发设计的设备具有较强的市场适应能力，能够满足市场的真正需求而不是闭门造车。

11.3.2 市场前景预测

1. 产品的优势与劣势（strengths and weakness）分析

本产品进入市场的主要威胁是现有的分拣计数机，与现有硬币分拣计数机相比，我们的产品具有如下特点。

产品的优势：

（1）体积小——产品外观尺寸为740mm×308mm×438mm，便于携带搬运，不需要专设安放地点；

（2）价格低——由于属于小型化智能装备，机械设计精巧，价格相对较低；

（3）清分准确率高，稳定性高——清分效率高、运行平稳，噪声水平低；

（4）智能程度高——人机交互界面简洁，通过人机友好型交互界面实现设备的功能操作，操作指令清晰简单，易学易会。

产品的劣势：样机的功能受到外观尺寸的限制，功能相对单一，功能扩展是下一步研发的改进方向。

2. 产品的机会与威胁（opportunity and threats）分析

产品的机会：国家正在开展“小面额货币硬币化”行动，市场的硬币流通量会加大；硬币分拣整点产品的短缺；还有细分市场的准确定位，都为这一产品提供了广阔的市场空间。

产品的威胁：现有的硬币分拣研发企业的专职科研力量，是我们无法匹敌的，课题组更多在技术的原始创新上寻求突破。

3. SWOT 图表分析（表 4）

表 4　SWOT 图表分析

硬币分拣计数机 SWOT 图表分析	优势（Strengths） （1）体积小。 （2）价格低。 （3）操作简单，直接上手。 （4）智能程度高	劣势（Weakness） 功能简单
机会（Opportunity） （1）国家正在开展“小面额货币硬币化”行动，市场的硬币流通量会加大。 （2）硬币分拣产品的短缺	OS 策略 把握机会，利用优势。 快速打入市场并广泛宣传占领市场	OW 策略 回避劣势，把握机会。 先行进入市场，改进产品，消除劣势
威胁（Threats） 现有的硬币分拣计数装置	TS 策略 降低威胁，发挥优势。 快速抢占市场，同时大力宣传确定市场地位	TW 策略 暂避策略。 暂时不进入市场，改进产品，同时等待入市机会

4. 目标客户定位

目标客户定位可分为两步：

第一步，先将目标客户定位为公共交通公司、大中型商场超市和汽车、火车站等小额货币流量巨大的场所，占领市场。

第二步，开发出更小型、价格更低的产品，面向更小型的超市等场所销售。

11.3.3　产品定价策略

1. 产品定价策略选择

通过分析几种产品定价策略并根据产品的现实状况，决定选用撇脂定价策略法，此方法有如下优点：

（1）本产品有足够的购买者，即使把价格定得很高，市场需求也不会大量减少。

（2）高价使需求减少，但不致抵消高价所带来的利益。

（3）在高价情况下，仍然独家经营，无竞争者。

2. 定价原则

（1）定价目标选择。

因为目前市场此类小型硬币分拣计数机的稀缺，故起初竞争力不大，可能也没有市场。此方法可以短期获取高额利润并保持企业正常运转，还能开拓新市场。

（2）占领目标市场。

前期可以加大宣传，利用消费者对新产品的好奇，尽可能建立合作关系。待本产品销售一段时间后，会有同类产品进行竞争，以先期获得的超额利润为后盾，调低价格，从而扩大销售，占领市场，击败竞争对手。

（3）定价。

用成本加成定价法定价（单位产品销售价格=单位产品总成本÷（1－税率－利润率））。

（4）价格调整。

可采用降价及提价策略。

① 降价策略：

- 在购买时赠送样品和优惠券，实行有奖销售；
- 在购买过程中允许顾客分期付款；
- 在购买后免费或优惠送货上门、技术培训、维修咨询。

② 提价策略：

- 采用间接提价，把提价的不利因素减到最低程度，在不影响销量和利润的同时，还能被潜在消费者普遍接受。
- 帮助顾客寻找节约途径，以减少顾客不满，维护企业形象，提高消费者信心，刺激消费者的需求和购买行为。

11.3.4 产品定价方案

经过成本分析、市场分析，本产品生产成本约为2000元/台（详见11.4.7），研发成本约为1000元，推广宣传预算成本20 000元，销售成本约100元/台。市场需求状态为急需，利润空间约为2000元/台（通过竞争对手产品价格分析计算），即定价最大值为5100元。产品价格最小值为3500元，计算方法为（300+100+500+100）×106%（研发成本和宣传成本均按100台出货量均摊）。

产品推广前期取利润空间的30%进行定价，得出价格为3980元。

产品成功打入市场后，可逐步提高定价至利润空间最大值5100元。

11.3.5 产品销售策略

首先以直销的方式销售，此销售策略一方面可以让顾客体验到热情服务并能扩大企业影响力，另一方面可以面对面和顾客交流直接了解顾客的想法，方便改进和提高企业销售能力。

然后待企业初步稳定并打入市场后加上网络营销的方法，加强了以一对一为基础的顾客与直销人员之间的互动，此方法更容易实现营销者和顾客之间的交流，可在实现完备的售后服务的同时进一步扩大市场并获得更多的客户。

11.3.6 产品推广策略

1. 推广对象调查

本产品所属市场为货币整理市场，所面对的主要客户群体为需要对大量硬币进行整理的交通行业以及大型商场、游乐场等。因此，产品推广的对象为国内的交通行业和销售企业。

2012年底市场货币流通量是2.4万亿元，至2017年11月底，市场货币流通量已达4.23万亿元。在将近五年的时间，市场货币流通量增长了近80%。而硬币大概占其中的37%，也就是1.6万亿元左右。硬币在货币流通中占有很大的比例。

2. 推广手段分析

比较成功的推广手段有上门推销、网络推广、传单宣传、多媒体广告等，大致可分为两大类：宣传和推销。

（1）上门推销：该手段成功的最著名案例是日用品生产企业安利。其优点为信息传达率高，影响力大；缺点则为消耗了公司声誉，效率低。

（2）网络推广：随着网络技术发展，网络宣传的力度日益增加，网络宣传有覆盖面广泛，传播快的特点。

（3）多媒体广告：该手段包括电视传媒、电台传媒、报纸杂志，具有高效、针对性强的特点，能够快速将信息传达给推广对象。

3. 推广方案

新产品的推广需要极高的传播速度和强大的宣传力度，同时，作为一款针对客户群体较为固定的产品，硬币分拣计数机应采用一种针对性强的宣传方式，因此，在产品推广前期，公司主要采用网络推广和报纸杂志广告的方式。

当产品确定市场地位后，当采用电视传媒和力度更大的网络推广。

11.4 产品设计与部分零部件选型简单说明

11.4.1 技术竞争力说明

在产品推出时，必定会有更多商家关注硬币处理市场。为稳定客户，提高竞争力。在产品技术方面，我们采用以下两种方法对产品进行分档，制作出更加简单优惠的产品。

制作出只拥有筛选功能或只拥有计数功能的产品，来满足不同客户的不同需求。研发出功能更加强大的产品。

增加包装功能，使得客户体验更加方便。

11.4.2 直流电机选型

1. 计算负载

直流电机计算负载的数学模型受力分析图如图 15 所示。

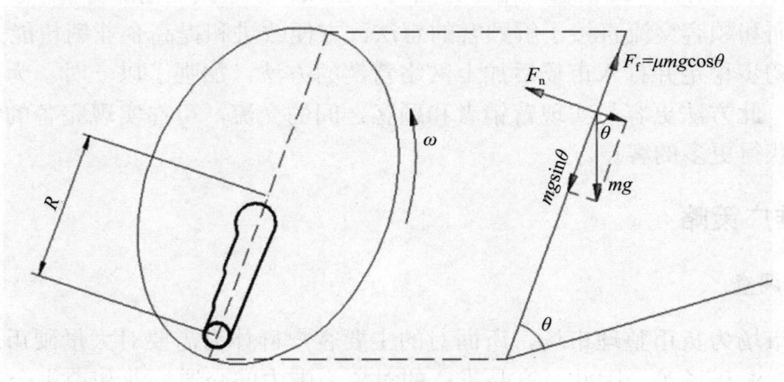

图 15 数学模型受力分析图

ω——分币盘转动角速度；

θ——分币盘与水平面夹角；

R——硬币在分币盘中的最大旋转半径；

m——硬币的质量；

n——分币盘上锥形导槽的数量；

T——分币盘的旋转周期；

ω_{max}——硬币恰好不能被分币盘捞取时分币盘的角速度。

受力分析得

$$mg\sin\theta-\mu mg\cos\theta=m\omega^2/R \tag{1}$$

$$\omega=\sqrt{R(g\sin\theta-\mu g\cos\theta)} \tag{2}$$

$\mu\to 0$ 时，$\omega=\sqrt{Rg\sin\theta}$。

同时，$\omega < \omega_{\max}, \theta < \theta_{\max}$，

$$N = \frac{n}{T} = \frac{n\omega}{2\pi} \tag{3}$$

$$N = \frac{n\sqrt{Rg\sin\theta}}{2\pi} \tag{4}$$

应增大 n、R、θ，且使得 $\omega < \sqrt{Rg\sin\theta}$ 与 $\omega < \omega_{\max}$ 成立。

综上考虑 N 的估计值为 8。

考虑损耗 $T_F = \frac{T_f}{J\eta}$，η 为机械总效率。

传动机构的转矩损失为 $\Delta T = \frac{T_f}{J\eta} - \frac{T_f}{J}$。

2. 计算电机转矩

$$T_M - T_L = \frac{GD^2}{4g} \frac{\mathrm{d}\left(\frac{2\pi n}{50}\right)}{\mathrm{d}t} = \frac{GD^2}{375} \frac{\mathrm{d}n}{\mathrm{d}t} \tag{5}$$

电机 1 要求达到额定转矩 $T_n = 40$ N·cm，转速 200r/min，从零到最大转速加速时间为 1s，$GD^2 =$ 1000N·cm^2。

$$T_{M1} - T_L = \frac{GD^2}{4g} \frac{\mathrm{d}\left(\frac{2\pi n}{50}\right)}{\mathrm{d}t} = \frac{GD^2}{375} \frac{\mathrm{d}n}{\mathrm{d}t} \tag{6}$$

3. 选择电机

型号：60GA775。

电压：DC 24V。

额定电流：3A。

负载转矩：82N·cm。

电机单重：0.5kg。

11.4.3 步进电机的驱动

依据电控设计，驱动芯片为 A4988（图 16 和图 17），电机为 42 步进电机。

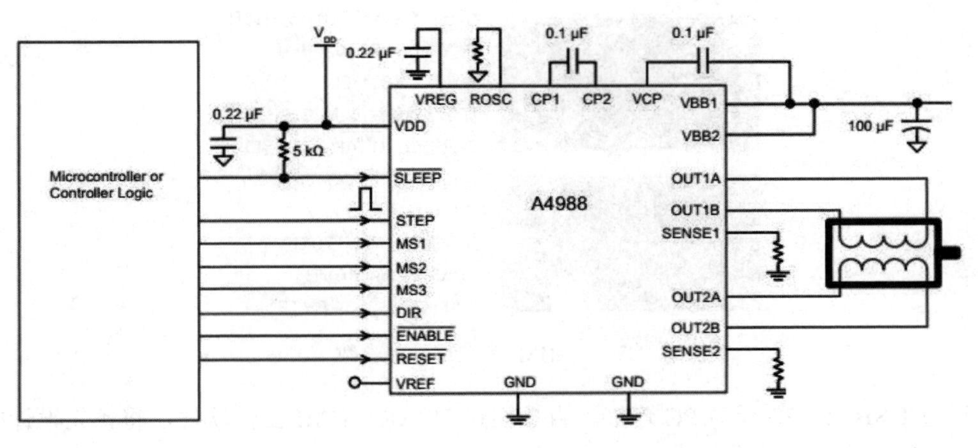

图 16 A4988 接线

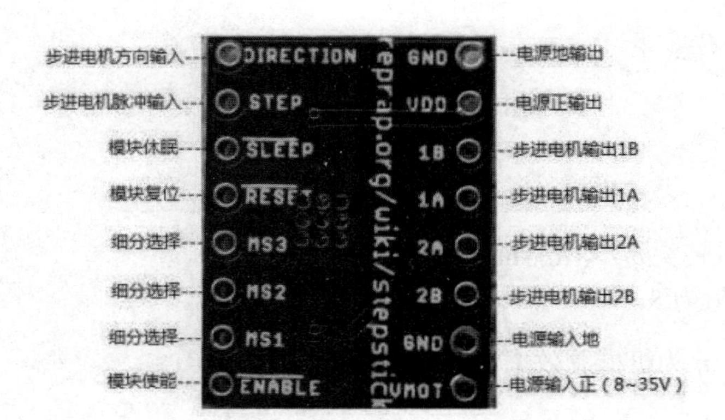

图 17 驱动芯片引脚注释

A4988 是一款带转换器和过流保护的 DMOS 微步进电机驱动器，它用于操作双极步进电机，在步进模式，输出驱动的能力 35V 和 ±2A。转换器是 A4988 易于实施的关键。只要在 STEP 引脚输入一个脉冲，即可驱动电动机产生微步。无须进行相位顺序表、高频率控制行或复杂的界面编程。A4988 界面非常适合复杂的微处理器不可用或过载的应用。

42 步进电机的需要较大功率，无法由单片机直接驱动，因此需要外接较大功率电源以及驱动板控制。驱动细分设置为 64 细分，根据所需负载大小调节驱动电流。

A4988 驱动最大电流计算公式

$$I\_\mathrm{TripMax} = \mathrm{Vref} / (8 \times \mathrm{Rs}) \tag{7}$$

例如，Rs 为 R100，我们需要最大 1.5A 的驱动电流，Vref 参考电压就需要调节到 1.2V。

因驱动电流较大会导致驱动板发热严重，所以实际接线中还应给 A4988 芯片加装散热片，防止驱动板被烧毁。

11.4.4 串口屏的应用

选用 USART HMI 智能串口屏，这种显示屏自带 GUI，供电就可以使用，可通过串口通信对控件上的参数进行修改，还有一些特定的指令可实现一些功能操作，任何有串口通信功能的单片机都可以带得动，即便它是彩屏，也无需单片机去驱动。该类型串口屏集成 TF 卡接口、双向 I/O 口、通信接口，支持 TTL、RS-232、RS-485、CAN 通信接口，产品结构可自定制。USART HMI 串口屏通过串口指令控制，拥有自带的编译器。HMI 串口屏性能参数参见图 18。

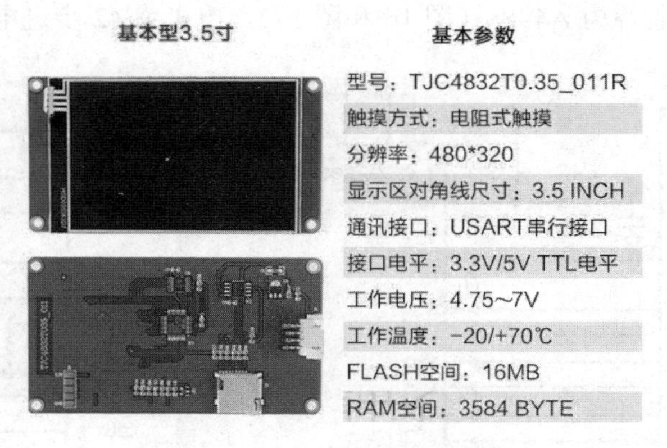

图 18 HMI 串口屏性能参数

HMI 通过 USB 转 232 板与 PC 连接，直接通过 USART HMI 上位软件，将预先设计好的 UI 界面导入，设定菜单分级与触摸区域，定义字符串指令。

单片机通过 TTL 接口并使用字符串指令与 HMI 串口屏通信，上电即可使用。

单片机与串口屏之间通过 ICSP 接口连接；软件上，人机界面的制作全部由上位机软件完成，单片机只需要通过串口与串口屏交互字符串指令即可，即通过互相发送接收特定格式的字符串就可以实现两个设备的通信[5]，参见图 19。

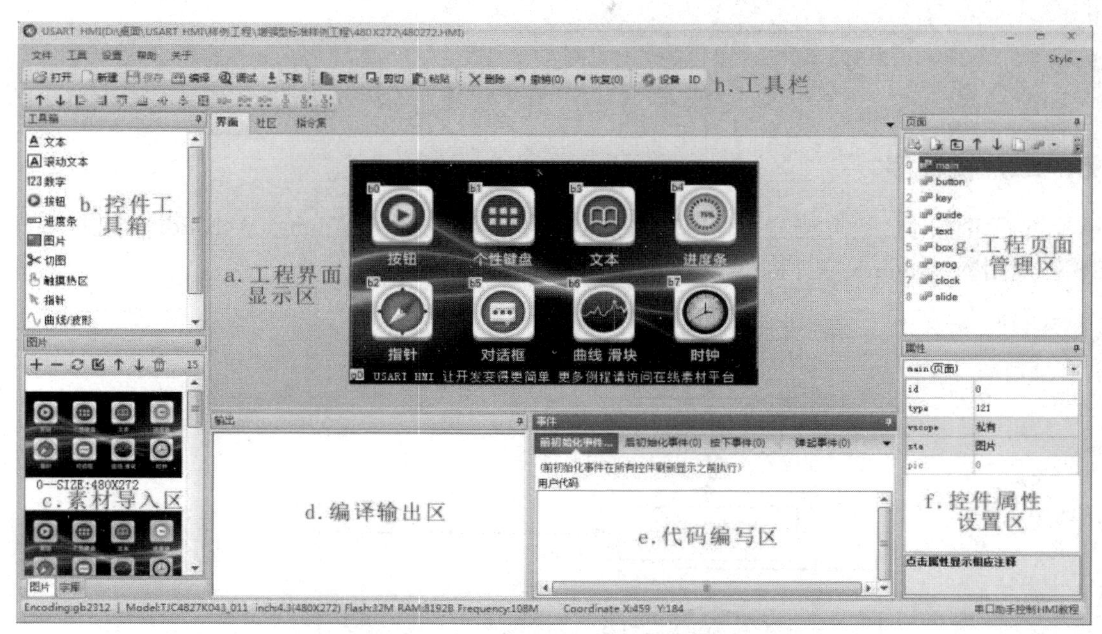

图 19 USART HMI 上位机软件界面

依据串口屏的接口性能（表 5），定义出通信协议如下。

表 5 HMI 串口屏接口性能

参　　数	测 试 条 件	最小值	典型值	最大值	单位
串口波特率	标准	2400	9600	115200	b/s
串口输出电平（TXD）	输出 1，Iout = 1mA	3.0	3.2	—	V
	输出 0，Iout = –1mA	—	0.1	0.2	V
串口输入电平（RXD）	输出 1，Iout = 1mA	2.0	3.3	5.0	V
	输出 0，Iout = –1mA	–0.7	0.0	1.3	V
接口电平	3.3V/5V TTL 电平（非 232 电平）				
通信模式	8,1,None				
用户接口方式	4Pin_2.54mm 带锁扣				

```
void setup() {
  // put your setup code here, to run once:
  Serial.begin(9600);
}
void loop() {
  // put your main code here, to run repeatedly:
Serial.write("j0.val=200");      //指令
Serial.write(0XFF);
Serial.write(0XFF);
```

```
Serial.write(0XFF);            //结束符
delay(4000);
Serial.write("j0.val=10");     //指令
Serial.write(0XFF);
Serial.write(0XFF);
Serial.write(0XFF);            //结束符
delay(4000);
```

11.4.5 单片机程序

单片机程序使用C语言编写，使用官方的IDE编程环境以及Arduino Web Editor进行编译，通过USB线烧写入Arduino单片机[6]。程序流程图见图20。

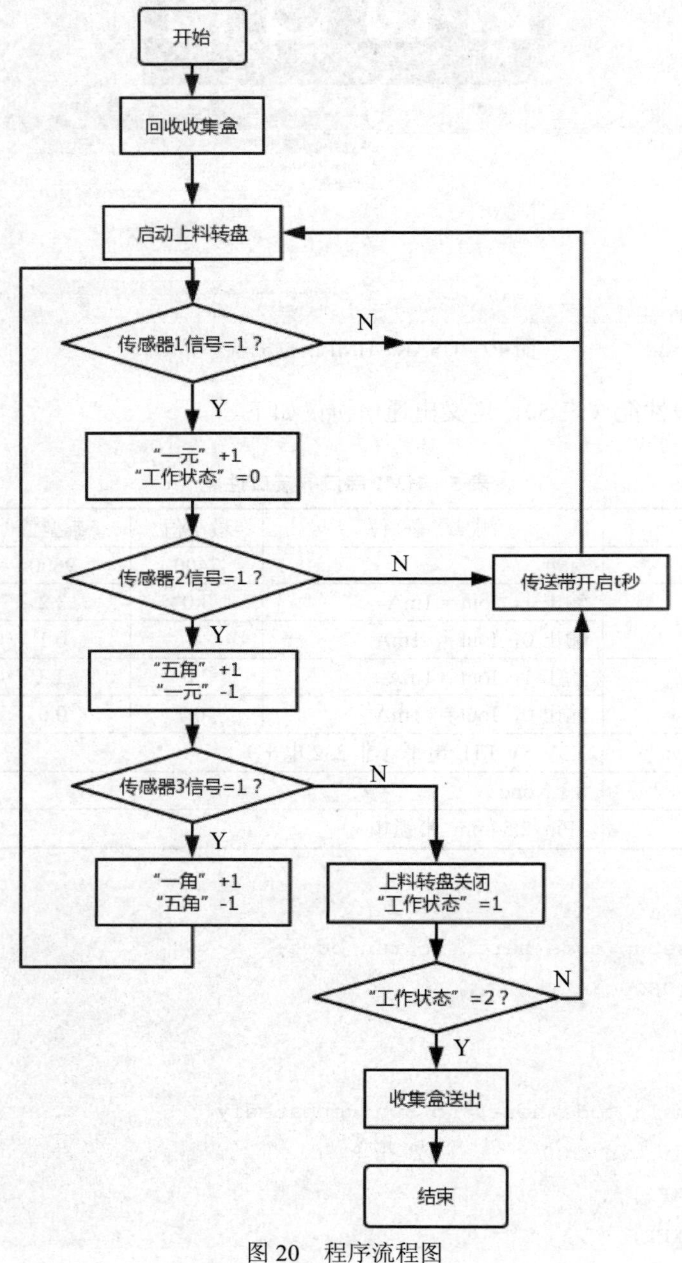

图20 程序流程图

11.4.6 单片机引脚的功能（见表 6）

表 6 单片机引脚定义

单片机引脚号	引脚的功能
2	蜂鸣器
11	上料电机
12	转盘电机
A3	出币盒限位开关
A2	一元硬币计数传感器
A0	五角硬币计数传感器
A1	一角硬币计数传感器
4	关机继电器
7	步进电机使能
6	步进电机脉冲
5	步进电机方向

源程序略。

11.4.7 产品性能参数与指标（见表 7）

表 7 技术参数表

项　　目	参　　数
最大外形尺寸	740mm×308mm×438mm
最大功率	50W
输入电源	交流 220V/50Hz
处理币种	人民币硬币
硬币处理最高速度	10pc/s
一次最大硬币装入量	15kg
收集盒总储量	2000pc
重量	15kg
分拣种类	3 种
与电脑通信方式	RS232 串口通信、USB 通信
显示方式	中文液晶显示
操作方式	触摸屏操作
环境	0℃～40℃
湿度	20%～75%

11.4.8 产品成本分析（见表 8）

表 8 成本分析表

属　性 名　　称	数量	单位	单价/元	总额/元
不锈钢板材（加工制作）	1	个	195	195
降压稳压模块	2	个	17	34
对射光电传感器	4	个	20	80
304 不锈钢抽屉轨道	1	组	7.5	7.5

（续表）

属性 名称	数量	单位	单价/元	总额/元
2GT 同步轮（40 齿、内径 10mm）	2	个	9	18
2GT 同步轮（60 齿、内径 8mm）	1	个	14	14
2GT 同步轮（20 齿、内径 8mm）	1	个	5	5
闭环同步带（302mm）	2	m	5	10
闭环同步带（500mm）	1	m	8	8
电源开关	1	个	5	5
USART HMI 智能串口屏	1	个	100	100
UNO R3 开发板	1	个	20	20
电子开关控制板	1	个	10	10
继电器	3	个	10	30
单面覆铜板	2	张	10	20
稳压电源模块板	2	个	10	20
输送带橡胶	4	m	10	40
深沟球轴承	4	个	5	20
24V 减速电机	2	个	100	200
10A 直流调速器	2	个	20	40
24V、10A 电源	1	个	108	108
万向旋转轨道	1	个	40	40
2020 工业铝材（黑色）	10	米	15	150
2020 工业铝材角槽	40	个	3	120
亚克力板（黑色）	1	m^2	500	500
总价/元				1794.5

11.5 活动收获

通过参加此次西门子杯中国智能制造挑战赛智能创新研发赛项，收获到了很多宝贵的经验与知识。通过这次比赛，第一次不是以学生的身份而是以公司技术总监的身份参与，充分体会到了在开发一个项目时所要解决的技术问题是方方面面的，既要考虑到自动化控制系统的灵活性，又要考虑到机械结构部分的实用性。要想将产品做好、做精，就需要有将机械、电气与控制技术结合在一起的工程实施经验和能力；还需要不断地完善方案，不断地尝试、改进设计；还要一次又一次地进行整体组装与调试以及性能与功能测试，直至使产品能达到当初设计需求和满足市场需求，被市场接受。在这个过程中，既要保持精益求精的不懈追求、要注重团队的协力合作，还要考虑产品的性价比，所以综合能力锻炼是本次参赛最大的收获。

在参赛样机制作过程中，团队成员充分认识到了机械与电气相互结合的重要性。机械结构的创新和稳固性是一个可靠产品的基础，而完整的自动化控制方案则可以提高工业生产的效率、稳定性和安全性。因此，作为当代大学生，不应只是单纯地掌握本专业的核心知识，更需要跨专业的交叉与融合，作为团队成员，相互了解、相互学习、互相借鉴更是保证课题顺利推进的先决条件。

同时，在方案的提出过程中，团队成员深刻地了解了一件值得投资的产品所需具备的一系列条件，包括良好的市场前景、准确的市场定位、广阔的市场空间以及产品本身的特殊优势和核心价值。而且，产品设计方案的提出需要对产品本身所处的环境和自身条件做出严谨的数据调查分析，这样才能创造出一款真正能够打入市场，乃至最后统治市场的好产品。作为未来的新时代工程师，不仅应熟练掌握专业知识，也应懂得对产品进行市场价值分析。

整个工程从最初的方案制定、选材采购、制作调试到最后的产品改进、方案提出经历了数月时间。再实施方案的过程中，遇到了许多困难和挑战，在团队成员的努力与配合下，最终完成了参赛产品的设计和制作。这次的参赛经历使团队成员受益匪浅，动手能力、团队合作意识等都是基础性的，提高主要体现在对一项真实工程项目实施的全生命周期的认识和把控上。通过参赛，团队成员不但有了数字化设计和数字化制造的工艺经验和认知，还锻炼了组装调试和工程样机的测试能力，对于实施工程项目有了更清晰的认知。

参考文献

[1] 王康. 一元硬币缘何在海南省流通市场难觅踪影[J]. 海南金融. 2004.12.
[2] 菊花一元硬币的发行量. 硬币收藏快讯. 2018.9.6.
[3] 中国人民银行支付结算司官网载文. 互联网时代的支付变革[J]. www.pbc.gov.cn，2015.4.23.
[4] 华经情报网. 2018 年中国货币供应及货币政策分析[J]，2018.10.13.
[5] 杨佩璐. Arduino 入门很简单[M]. 北京：清华大学出版社，2015.
[6] An Trevennor. AVR 单片机实践 Arduino 方法[M]. 北京：机械工业出版社，2014.

作者简介

胡林翔（1995— ），男，学生，E-mail：boli16@foxmail.com。
郑子健（1995— ），男，学生，E-mail：2511123210@qq.com。
乔奇川（1996— ），男，学生，E-mail：2430721417@qq.com。
李东华（1972— ），男，讲师，研究方向：先进制造技术，E-mail：493308176@qq.com。
高明昕（1985— ），男，讲师，研究方向：智能装备研发、机械设计及理论，E-mail：gaoming31@163.com。

第七部分

“企业命题”赛项

“企业命题”赛项任务书

1. 题目背景

“中国制造 2025”是在新的国际国内环境下，我国立足于国际产业变革大势，做出的全面提升中国制造业发展质量和水平的重大战略部署，根本目标是使中国迈入世界制造强国的行列。在实现这一目标的过程中，制造业的转型升级势在必行。然而目前国内制造企业在智能化、信息化、数字化、自动化等方面仍然面临较多的困难与问题，尤其是技术研发人才短缺等。本赛项从企业的真实需求出发，由企业给出生产中亟待解决的问题，参赛者根据具体需求进行问题解析、方案设计以及设备研发等，一方面帮助企业解决实际问题，另一方面培养、提高参赛者解决实际工程问题的能力。

本赛项面向自动化、机电一体化、电子等专业背景的参赛者，以团队为单位组队参赛。要求参赛团队具备扎实的理论功底和娴熟的开发能力，在选定的主题中，遵循工业产品研发规律，严格按照相关工业标准和流程，开发出满足企业需求、性能优异、质量可靠、功能创新的产品。

2. 比赛要求

2.1 比赛题目

本赛项竞赛题目来源于 3 家典型制造业企业：企业 A 为广州健力食品机械有限公司、企业 B 为浙江德清久胜车业有限公司、企业 C 为北京中恒复印集团。每个企业根据自身情况，提出了相关题目。参赛队伍自由选择要完成的题目。待选题目简介如下：

1. 企业 A 的题目

1）粉丝厂粉丝自动抓取、称重、成型设备研发

企业面临的难题：解冻后粉丝的分拣、称重、成型工序基本都是通过人工进行，一条生产线需要配备 10 名甚至以上的工人，对于产品的质量、生产效率都有不小的影响。

具体功能要求如下：粉丝的自动抓取。对提供的解冻后的粉丝，实现粉丝的抓取，进入称重环节；粉丝的自动称重。实现抓取粉丝的自动称重，并能够根据要求的重量（如 60 克）进行分拣，放入到盒中；粉丝自动成型。针对盒中的粉丝，在入盒之前或入盒之后实现粉丝的自动成型。

2）粉丝厂自动水分检测设备研发

企业面临的难题：产品生产的干燥环节采用热风进行加热的方式，目前没有合适的方法来检测产品整体（包括外表、内部）的水分含量，需要实现产品水分的检测。产品水分会严重影响产品的质量（水分过大会导致产品发霉）。目前采用方式是为避免产品内部水分含量高于要求，将干燥后的产品进行一段时间的放置。严重影响生产效率与产品质量。

具体功能要求如下：

（1）实现粉丝产品表面、内部的水分含量的有效检测。

（2）对于水分检测结果有一定的输出或提示机制，如不合格产品自动报警等。

2. 企业 B 的题目

企业面临的难题：目前年产 200 万台自行车，人工成本越来越多，希望进行自动化产线升级。目前是 600～700 人实现 200 万台产量，他们希望能达到 100～200 人实现 200 万台的产量。

具体功能要求如下（任选一个功能完成）：

（1）自动贴标装置。目前的贴标是由人工进行，设计一套自动贴标的装置，实现自动或者辅助人进行贴标的操作。

（2）针对组装的某一道工序或某几道工序设计自动化设备或辅助设备，进行防呆设计，提高产品质量与生产效率。

3. 企业 C 的题目

企业面临的难题：生产线的包装环节涵盖操作（包括覆膜、上堵头、折盒、装盒、封口、贴标签等）都是通过人工实现，生产效率低，不能满足业务需求。同时产品品种多、批量小，且包装流程存在一定差异。

具体要求：针对生产中搓纸轮包装环节，实现包装过程的自动化。

2.2 具体要求

参赛队伍需完成以下内容：

1. 方案设计

硬件设备的功能描述，包括用途描述及预设的使用场景描述（使用人员技术要求水平、关键用例与异常用例等）；

硬件设备的功能设计，预期性能指标，以及采用的整体技术平台或方案；

核心功能的实现方案，关键电路及代码解析等，请自行发挥；

测试方案，包括测试环境描述、关键功能测试用例及可靠性测试等。

2. 设备开发

包括电路等硬件和相关的软件等，实现完整的硬件装置，并通过自行设计的测试环境完成设备调试。

3. 评价依据

评审将在以下几个方面展开评价。

功能：首先，硬件所实现功能应能够满足题目的要求。其次，鼓励在硬件功能设计方面进行创新，使其最大限度地符合实际应用的需求。与智能创新研发赛项包括的产品市场领域的创新不同，本赛项鼓励的创新是在技术层面，即设计、实现方面的创新。

性能：参赛队伍根据题目要求，需明确提出相关的性能指标，并设计完整、可信的测试体系进行验证。初赛时验证所需的工具、环境需参赛队伍自行准备，但需明确清晰地描述测试原理、方法和结论。

可靠性：针对工业领域应用的设置，参赛队伍应明确地描述在可靠性方面的考虑与设计，并设计可靠性测试，验证其设计。可靠性除无故障运行性能外，还包括对环境的适应能力，如防水、防尘、防震等。

难度：针对所采用的芯片、平台等基础，判断实现过程中的技术难度。

成熟度：成熟度评价的设立是为了引导参赛队员在开发过程中形成较强的工程意识，所研发的产品不仅要实现功能和指标，同时还要考虑：面对未来功能升级所应具备的灵活性；生产品控过程中的可测试能力；用户使用过程中的可操作性等，包括防呆设计；防电磁、静电等环境因素能力等。

12 “企业命题”赛项工程设计方案(一)

——电容法粉丝水分非接触无损检测系统

参赛选手：顾晨亮（武汉理工大学），钱　浩（武汉理工大学），

王　阳（武汉理工大学）

指导教师：张清勇（武汉理工大学），夏慧雯（武汉理工大学）

审　　校：乔铁柱（太原理工大学），

牟昌华（北京七星华创电子股份有限公司）

12.1 项目背景与总体方案选择

12.1.1 企业面临的问题

粉丝生产厂家在粉丝产品的干燥环节主要使用的是热风加热的方式，目前还没有合适的方法来检测产品整体（包括外表、内部）的水分含量。而产品的水分含量会严重影响产品的质量（水分过大会导致产品发霉）。现阶段大部分工厂为避免产品内部水分含量过高采用的方式是将干燥后的产品进行一段时间的放置。这种方式既不能保证所有粉丝的水分含量符合标准，也会严重影响生产效率。

12.1.2 食品水分检测发展现状

经过查阅大量文献及实地厂家调研之后了解到，粉丝水分检测现在在国内以及全世界还处于一个空白的阶段。另外，据广州健力食品机械有限公司的何仕斌总工程师说，现在采用的普遍方法是经验丰富的工人手摸眼看，凭据经验来判断粉丝水分是不是符合要求，而且为了减少工人的失误率，再将干燥后的产品进行一段时间的放置。这样的人工检测方法不仅效率低，而且严重影响产品质量。

虽然粉丝检测还处于一个空白的阶段，但是对粮食谷物水分检测，已经有了多种方案，下面对这几种主要方案进行简单介绍[1-3]。

1. 卡尔·费休法

卡尔·费休法是非水溶液中氧化还原滴定法之一，主要用于测试微量水分。其原理是：碘将二氧化硫氧化为三氧化硫时需要一定量的水参加反应，从碘的消耗量即可计算出水分含量。此方法需要很多的试剂来完成试验，并只能测量含水率在1%以上的水分样品。用这种方法测量后，食品将无法再食用。

2. 传统的烘干减重法

恒温烘箱由恒温调节器或导电表控制，绝缘良好，整个烘箱内各部分温度均匀一致，并使烘箱平台上保持规定的温度。烘箱内还装有可移动的、多孔的铁丝架及一支精确的温度计，待烘箱预热后，把样品盒放入（样品需预先粉碎）：干燥箱内放入干燥剂，以便使样品迅速冷却至大约恒重为止。为了更精确，应多次进行试验。这种方法精度较高，但检测时间长，高温测量后食品将无法再食用。

3. 电阻法水分测定

电阻法亦称电导法，是利用粮食物料中含水量不同和导电率不同的原理测量粮食水分的方法。电阻法有两种应用形式，即直流电阻法和交流电阻法。粮食中含水分越高，其导电性越大。此方法要求把食品破碎，否则所测水分只能简单地反映物料的表面水分。电阻法有结构简单、价格低廉、测定方便等特点，但是要接触食品，且食品破碎后无法再食用。

4. 电容法水分测定

电容法是根据不同含水量的粮食其介电常数不同的原理来检测粮食水分。其优点是结构相对简单、价格便宜；缺点是受温度影响大，且无法在线检测高水分冷冻粮食（如玉米的水分）。电容法测量水分时根据传感器结构形式不同分为两种，即量筒或量杯取样传感器和平板式电容传感器。电容法测量物料含水率的成本低，有灵敏度高、结构简单以及不需破碎物料等优点；缺点是影响测量精度的因素较多，其中温度及季节性等因素是影响其测量精度的重要因素。

5. 中子法水分测定

中子法水分测试仪是根据水分子里的氢原子对高速中子的减速原理制成的，是一种较先进的在线水分测试仪。此方法精度高，但是成本极高。

6. 核磁共振法水分测定

在一定条件下，来源于原子核自旋重新取向的结果是，物质在某一确定的频率上吸收电磁场的能量与该共振频率与原子核的性质以及作用到物质上的外磁场强度大小有关。改变磁场强度大小可以得到核磁共振的频谱，并能测出在试样中的某种原子核。吸收能量的多少与试样中所含其他质子的物质有关，并可以按照能量吸收的强度来判断物质的湿度，此方法精度高，但是成本极高。

7. 在线测量声学方法水分测量

粮食籽粒的弹性和振动特性取决于粮食含水量。当粮食籽粒碰撞物体表面而产生振动、发出声音时，不同水分的籽粒在流动过程中碰撞物体表面时产生的声压级不同。采用声学信号处理方法，对流动谷物碰撞噪声信号进行频谱分析和数据处理，建立声乐和谷物含水率之间的数学模型，以统计谷物流动碰撞噪声声压与谷物水分之间的线性关系为基础，来测定谷物水分。此方法精度高，但是成本极高，且算法复杂。

8. 红外线法水分测定

由于物质含水量的不同，对特定波长辐射的吸收能量也不同，只要测得吸光度便能完成含水率的测定。具体方法有反射法、透射法、反射透射复合法。此方法精度较高，但要用到光谱分析仪，成本极高。

9. 微波法水分测定

水与粮食的介电常数相比特别高，而且在超高频范围内存在介电损耗最大值。微波法就是利用超高频能量通过样品产生能量损耗的变化计算出水分值。此方法精度较高，但要用到微波元器件与分析仪，成本极高。

12.1.3 粉丝水分检测方案选定

根据企业的要求，检测过程中不能接触与损坏粉丝，不能接触是避免消费者吃到不干净的粉丝，不能有损检测是因为避免企业成本增加，而卡尔·费休法、烘干减重法、电阻法均要接触或损坏粉丝。另外，企业比较看重成本与实用性，而中子法、核磁共振法、红外线法、微波法、在线测量声学方法成本较高，方法复杂。综合来看，电容法成本低，灵敏度高、结构简单、不需要接触与破坏物料，虽然其受温度等其他因素的影响较大，但是在企业设备所处的特定环境下，很多影响因素已经天然被避免了，或者可以通过一定的简单方法去避免，来保证检测系统相对检测精度较高的效果[4]。

12.2 总体方案设计

12.2.1 电容法测粉丝水分的原理[5,6]

本设计中所使用的圆弧极板可等效为平行极板，且有效地减小了极板的边缘效应，其电容量 C_0 与真空介电常数 ε_0、极板间介质的相对介电常数 ε_r、极板的有效面积 A 以及两板间的距离 d 有关，即

$$C_0=\frac{\varepsilon_0\varepsilon_r A}{d} \tag{1}$$

介电常数反映物质在外电场作用下，引起电荷分布和聚集发生变化的电荷分离或极化现象。由于分子水的极性，在电场作用下会反转，因而介电常数远大于其他物质。常见物质介电常数如表 1 所示。

表 1 常见物质介电常数

材 料	介电常数	材 料	介电常数	材 料	介电常数
ABS 颗粒	1.5～2.5	环氧树脂	2.5～6.0	氯化钾	4.6
丙酮	19.5～20	乙醇	24	PVC 粉末	1.4
丙烯酸树脂	2.7～6.0	面粉	2.5～3.0	稻米	3～8
工业酒精	16～31	飞灰	1.5～1.7	生橡胶	2.1～2.7
铝粉	1.6～1.8	原料玻璃	2.0～2.5	砂	3～5
硫酸铝	6	谷物	3～8	皂粉	1.2～1.5
沥青	2.5～3.2	砂糖	1.5～2.2	亚硫酸钠	5
苯，液体	2.3	重油	2.6～3.0	淀粉	2～5
碳酸钙	1.8～2.0	液态乙烷	5.8～6.3	糖	3
氯化钙	11.8	盐酸	4～12	硫酸	84
硫酸钙	5.6	氧化铁	14.2	甲苯，液体	2.0～2.4
二氧化碳	1.6	液氮	1.4	尿烷	6.5～7.1
水泥	1.5～2.1	煤油	2.8	植物油	2.5～3.5
氯水	2	矿物油	2.1	玉米废渣	2.3～2.6
煤粉	1.2～1.8	尼龙	4～5	小麦粉	2.2～2.6
咖啡粉	2.4～2.6	油漆	5～8	水	48～80
焦炭	1.1～2.2	PE（聚乙烯）颗粒	1.5	PP（聚丙烯）颗粒	1.5～1.8

由广州健力食品机械有限公司提供的信息可知，粉丝以马铃薯淀粉及其他淀粉为原料。由表 1 可知，水的介电常数为 48～80，而淀粉的介电常数为 2～5，水的介电常数远远大于淀粉，即水的含量变化相对淀粉来说引起电容值的变化要大很多。

由于水的介电常数远远大于淀粉，即水的含量变化对于电容值的变化是主要变化因素，若其他因素（温度、体积等）不变，设水的含量变化引起的极板间介质的相对介电常数变化为$\Delta\varepsilon_r$，则变化后的电容值为

$$C_1 = \frac{\varepsilon_0(\varepsilon_r + \Delta\varepsilon_r)A}{d} \tag{2}$$

变化后的电容值与原电容差值为

$$\Delta C = C_1 - C_0 = \frac{\varepsilon_0 \Delta\varepsilon_r A}{d} \tag{3}$$

将（2）式与（3）式联立，进而可得

$$\frac{\Delta C}{C} = \frac{\Delta\varepsilon_r}{\varepsilon_r} \tag{4}$$

所以，电容值相对变化$\frac{\Delta C}{C}$与粮食相对介电常数的相对变化之间$\frac{\Delta\varepsilon_r}{\varepsilon_r}$呈线性关系。可以通过测量电容值的变化求得粮食介电常数的变化。介电常数ε随被测介质水分变化而改变，进而可以通过测量传感器输出电容C的变化间接得到介质水分含量。

12.2.2 电容芯片测量电容的原理

PCAP02 是基于时间测量原理，利用相对时间关系从而获得电容相对值的一种引申时间测量，使用的电路为 RC 充放电电路。

其测量步骤为

（1）参考电容充电到一高电平；

（2）参考电容放电到一低电平；

（3）被测电容充电到同一高电平；

（4）被测电容放电到同一低电平；

（5）计算两个放电时间比值，根据参考电容计算被测电容的值。

测量整个过程分成两部分：充电和放电，我们只要考虑放电过程，根据 RC 放电公式：

$$v_t = v_u \times \mathrm{e}^{-\frac{t}{RC}} \tag{5}$$

可以将电容值关系转成时间关系。

最终的v_t电压是相同的门限电压，则

$$v_t = v_u \times \mathrm{e}^{-\frac{t_1}{RC_r}} = v_u \times \mathrm{e}^{-\frac{t_2}{RCm}} \tag{6}$$

式（6）中C_r是已知的电容，t_1是已知电容从电压v_u放电到v_t的时间，C_m是待测的电容，t_2是待测电容从电压v_u放电到v_t的时间。可将式（6）化简为

$$\frac{t_1}{t_2} = \frac{c_r}{c_m} \tag{7}$$

则可得求待测电容的公式

$$C_m = C_r \times \frac{t_2}{t_1} \tag{8}$$

12.2.3 系统总体设计

系统总体设计采用 STM32F407 作为主控制器。用基于 Pacp02 芯片的电容数据采集电路采集粉丝电容采集容器的电容，然后将电容数值通过串口传输给主控制器，主控制器经过滤波后计算得出粉丝电容采集容器的电容，同时，主控制器控制 TFT 显示触摸屏的人机交互界面与用户进行人机交互，并进行与标准件粉丝的电容对比，判断粉丝是否合格，若不合格，控制声光报警进行不合格报警。系统总体设计框图如图 1 所示。

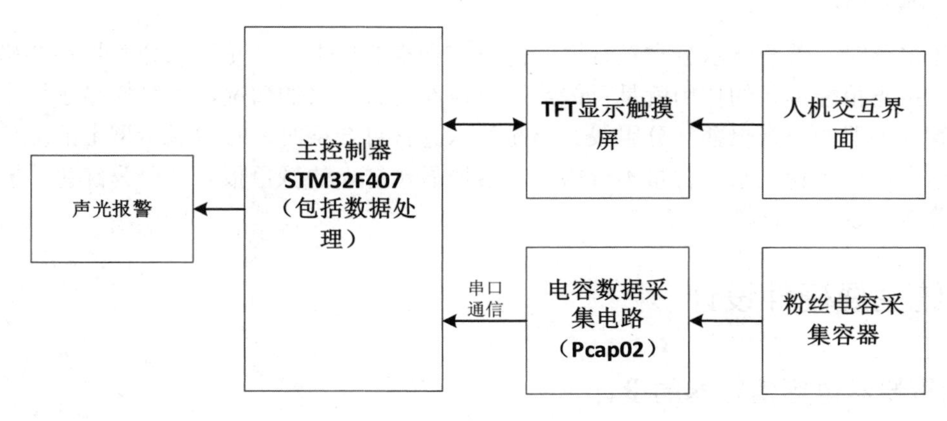

图 1 系统总体设计框图

该系统一共由 6 部分组成，分别为主控制器单元、电容采集单元、数据处理单元、人机交互单元、通信单元以及声光报警单元。系统经实验测试，可以实现人机交互以及粉丝水分检测以及报警。

1. 主控制器单元

主控制器在本系统中是用来控制人机交互单元，与电容采集单元进行通信，进行电容数据滤波采集、电容数据处理、控制声光报警单元的硬件实施条件，本系统选用 STM32F407 作为系统的主控制器。

2. 电容采集单元

因为粉丝的电容变化相对来说并不是特别大，所以电容采集在本系统中起到非常重要的作用，需要一个精度高、灵敏度好、稳定性强的电容采集单元来采集粉丝的电容。采集单元分为粉丝电容采集容器与电容数据采集电路两部分。

3. 数据处理单元

数据处理单元主要是主控制器用来处理波动的电容数据采集电路采集的电容数值所使用的滤波算法。

本数据处理单元选用滑动平均滤波法，此方法是把连续取得的 N 个采样值看成一个队列，队列的长度固定为 N，每次采样到一个新数据放入队尾，并扔掉原来队首的一个数据（先进先出原则），把队列中的 N 个数据进行算术平均运算，获得新的滤波结果。

4. 人机交互单元

为了大大降低本方案所设计的粉丝水分检测系统的使用复杂度，本系统利用主控制器 STM32F407 与 4.3 英寸 TFT 电容触摸屏设计了一套人机交互程序来提供完整的人际交互操作界面，使得粉丝水分的检测只需要点击一次按钮即可完成，并且能够用手动输入标准值与用标准件设置标准值两种方法来设置粉丝电容标准值。基于嵌入式的 TFT 电容触摸屏交互界面，使得该系统具有较强的可操作性以及稳定性。

5. 通信单元

本系统的通信单元能够将检测数据以及检测结果发送给主控制器 STM32F407，从而控制 STM32F407 来完成人机交互粉丝电容（即水分含量）数据的显示与报警。

6. 声光报警单元

检测粉丝水分时，若粉丝水分含量合格，需要有合格的反馈；若粉丝水分含量不合格，需要有不合格报警。声光报警单元的作用就是反馈给用户粉丝是否合格的情况，由触摸显示屏上的颜色报警部分与有源蜂鸣器的声音报警部分组成。当粉丝水分含量合格时，触摸显示屏上的颜色报警部分为绿色，表示合格。当粉丝水分含量不合格时，触摸显示屏上的颜色报警部分为红色，同时有源蜂鸣器响起报警声，表示不合格。

12.3 系统主要硬件设计

12.3.1 测量粉丝电容值容器的设计

最初，准备用平行极板设计，后来了解到平行极板具有比较明显的边缘效应，会影响电容的测量，后来方案改变为圆弧极板。为了提高传感器的灵敏度，还可满足以下条件：

（1）电极厚度小。由于传感器的体积有限，电极本身除具有一定的抗氧化性外，其厚度应充分小，以削弱边缘效应，最好采用镀金层作为电极。

（2）几何对称。两筒状电极的内外圆度应一致、同轴，以保证良好的梯度均匀性。

（3）介质损耗小。由于筒状电极应具有一定的刚度，因此内外电极用衬套加固是十分必要的。但衬套本身应具有较低的介质损耗，即高频性能要好，通常采用聚四氟乙烯。

由于经费限制与条件限制，在尽量满足以上条件的前提下，在实验室做的样机的电容测量容器如图 2 所示。

图 2 容器正面图

如图 2 所示的容器由聚丙烯制成，介质损耗较小，直径为 12cm，而粉丝的直径为 11cm，较好地容纳了粉丝。同时为了满足企业要求的无接触检测，将厚度为 0.065mm 的铜箔电极贴在了容器外表面两端，同时满足了几何对称性，在有限的条件下较好地满足了上述提高灵敏度的条件。

12.3.2 电容测量电路设计

PACP02 芯片除具有灵敏度高、抗干扰能力强、测量精度高等优点外，由于 Pcap02 芯片具备以下缺点：

（1）自带处理器缺乏广泛的支持；

（2）目前使用暂时需要二次编程或者灌入标准程序；

所以在本方案中，电路板配备 STM32F030F4 芯片对 PCAP02 进行编程和配置，以及定时采集 Pcap02 的数据并上传，方便了数据的传输与采集。设计的电路图如图 3 所示。

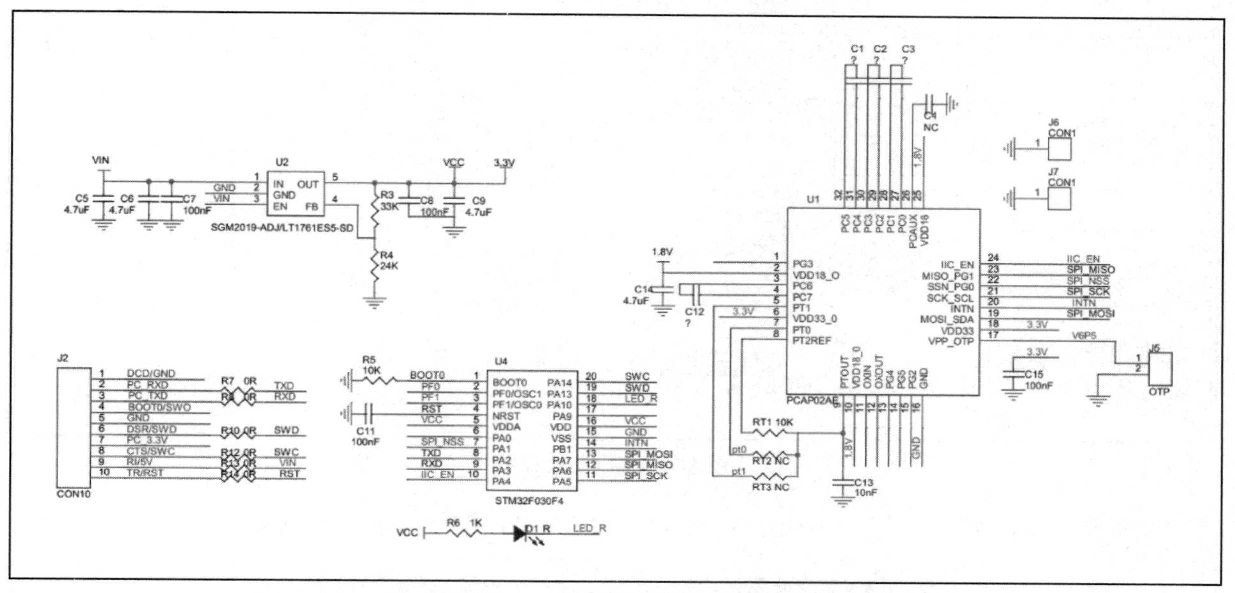

图 3 电容测量电路设计图

实际做出来的电路板如图 4 所示。

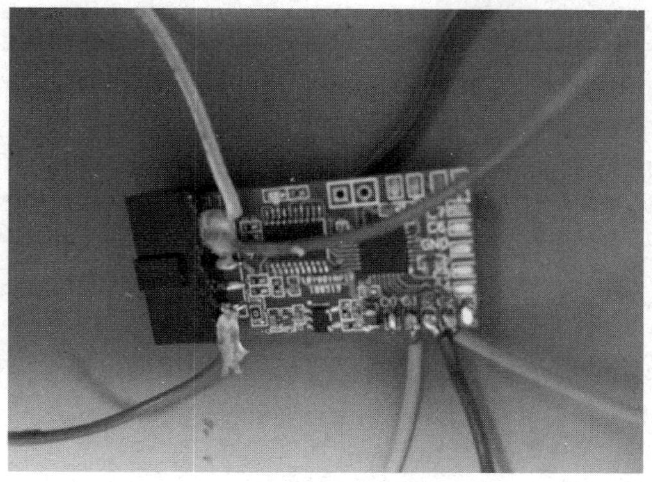

图 4 电容测量模块实物图

12.3.3 主控单片机及报警电路设计

主控单片机选用 STM32F407，并加入有源蜂鸣器作为设备，同时，为了人机交互的便利性，加入与 4.3 英寸 TFTLCD 触摸屏的接口，配备了 4.3 英寸 TFTLCD 触摸屏，设计电路图如图 5 所示。

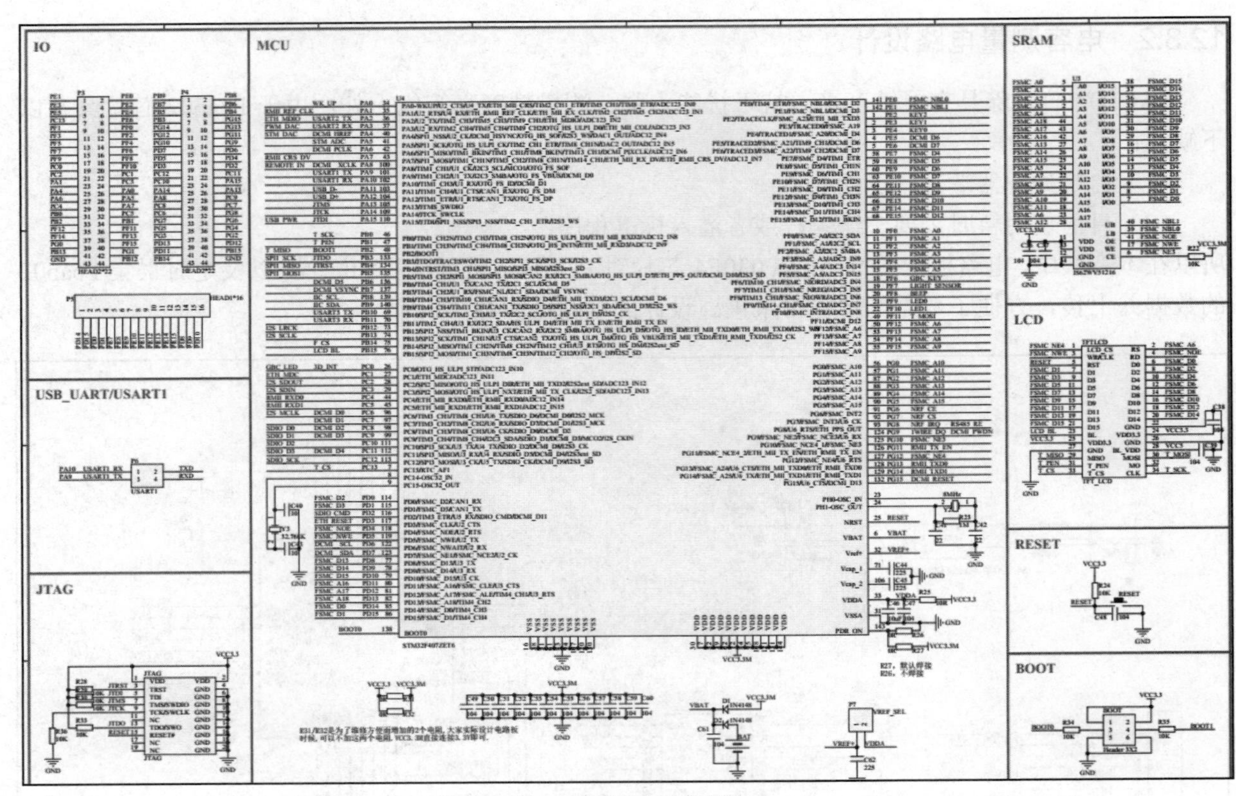

图 5 主控电路设计图

受条件限制，实际测试使用的主控电路是成品 STM32F407 开发板，实物图如图 6 所示。

图 6 主控电路实物图

12.4 系统主要软件设计

12.4.1 电脑上位机曲线显示软件

为了方便测试，使数据一目了然，特地设计了电脑上位机曲线显示软件。此软件可以使电容测量电路通过串口将实时测得的电容数据用曲线的方式显示在电脑屏幕上，方便调试，且可以直接观察出粉丝水分与电容的关系。设计的上位机软件界面与曲线图如图 7 所示。

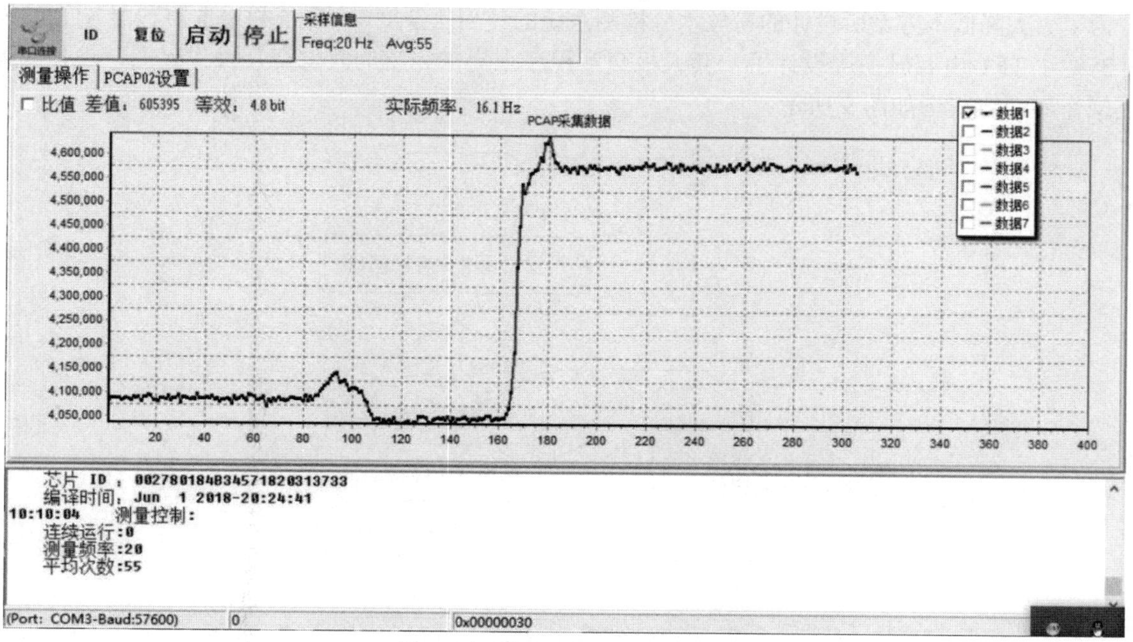

图 7　上位机软件界面与曲线图

12.4.2　数据滤波处理算法设计

由图 7 也可以看出，相对平稳的区域也不可避免地有少许数据的波动，所以设计一个可靠的数据滤波算法是必要的。经算法方案对比，选择了滑动平均滤波算法作为电容数据采集的滤波算法。

算法原理为：把连续取得的 N 个采样值看成一个队列，队列的长度固定为 N，每次采样到一个新数据放入队尾，并扔掉原来队首的一个数据（先进先出原则），把队列中的 N 个数据进行算术平均运算，获得新的滤波结果。

在电容数据采集中，把连续取得的 10 个电容数据看成一个队列，队列的长度固定为 10，每次采样到一个新数据放入队尾，并扔掉原来队首的一个数据（先进先出原则），对队列中的 10 个数据进行算术平均运算，获得新的滤波结果。算法框图如图 8 所示。

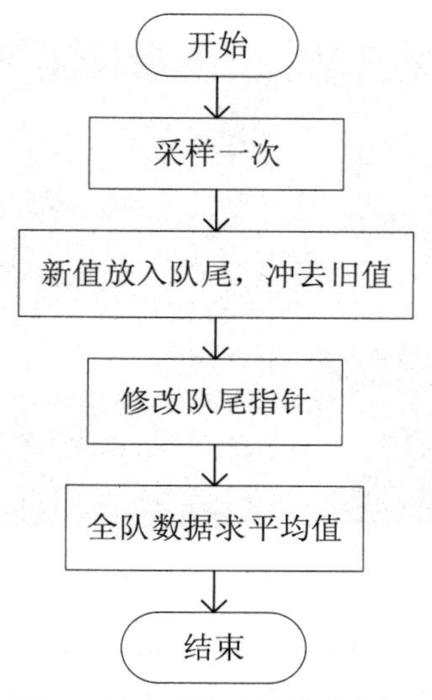

图 8　滑动平均滤波算法框图

12.4.3 人机交互界面设计

为了大大降低本方案所设计的粉丝水分检测系统的使用复杂度，本系统利用主控制器 STM32F407 与 4.3 英寸 TFT 电容触摸屏设计了一套人机交互程序来提供完整的人机交互操作界面，设计的人机交互操作界面流程图如图 9 所示。

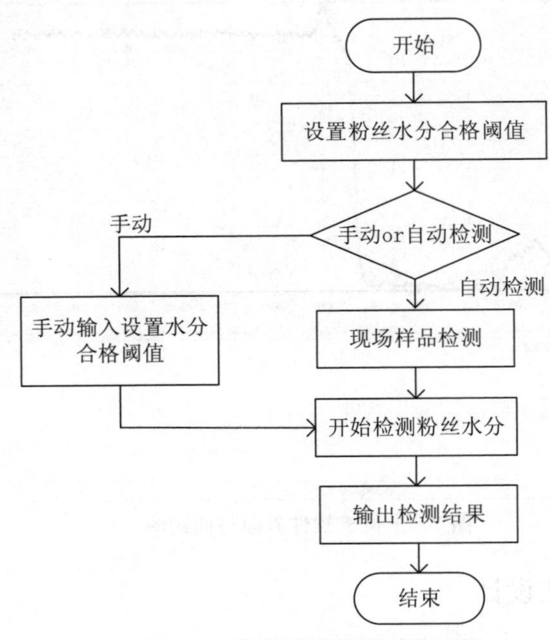

图 9 人机交互操作界面流程图

下面将详细解释图 9。首先，进入主菜单，设定设置湿度合格指标时，可以选择手动设置或自动设置粉丝水分合格阈值。若选择了手动设置粉丝水分合格阈值，则要用界面中的数字键盘输入合格的阈值；若选择了自动设置粉丝水分合格阈值，则要用水分合格的标准件放入粉丝电容感测容器中去设置粉丝水分含量合格阈值（实物图如图 10 所示）。当粉丝水分合格阈值设置完毕时，可以开始检测粉丝水分，当粉丝水分含量合格时，触摸显示屏上的颜色报警部分为绿色，表示合格。当粉丝水分含量不合格时，触摸显示屏上的颜色报警部分为红色，同时有源蜂鸣器响起报警声，表示粉丝水分含量不合格（实物图如图 11 所示）。

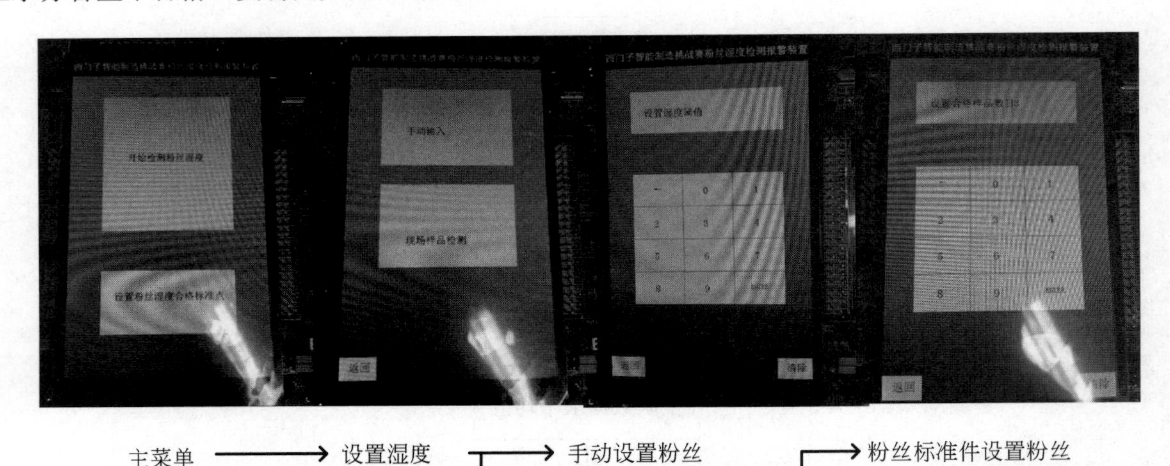

主菜单 → 设置湿度合格指标 → 手动设置粉丝水分含量合格阈值 → 粉丝标准件设置粉丝水分含量不合格阈值

图 10 设置粉丝水分含量合格阈值

主菜单 → 检测粉丝水分 → 粉丝水分含量合格实物图 → 粉丝水分含量不合格实物图

图 11　检测粉丝水分实物图

12.5　试验测试及结果分析

12.5.1　测试条件与仪器

测试环境：室内，25℃室温，时间为早、中、晚均有。

测试仪器：量程为 3kg，精度为 0.5g 的电子秤一个，加湿器一个，电子温度计一个，空气湿度测试器一个，小太阳加热器一台。

测试物品：购买的由健力公司设备生产的今麦郎方便粉丝标准件（60g 左右），蒸馏水。测试条件与仪器实物图如图 12 所示。

图 12　测试条件与仪器实物图

12.5.2　测试方案

由公司提供与查阅资料已知的信息：干燥前的粉丝为 130g 左右，干燥后的粉丝为 60g 左右，粉丝电容值受温度影响较大。另外，由于空气中也有水分，还要排除空气湿度的干扰，并且，还要测试出装置检测粉丝水分的速度。所以根据以上信息。我们基于控制变量法设计了以下 4 种测试实验。

实验一，空气湿度相同的条件下，在同一温度下，先尽可能干燥标准件，再取不同质量的干燥后的标准件（将标准件切片），测试其电容值。

实验二，空气湿度相同的条件下，在同一温度下，将同一个标准件用加湿器均匀加湿到不同的水分含量，测量其电容值，并换标准件测试多次。

实验三，空气湿度相同的条件下，在不同的温度条件下，将同一个标准件用加湿器均匀加湿到不同的水分含量，测量其电容值，并换标准件测试多次。

实验四，在同一温度下，在不同的空气湿度条件下，同一个标准件用加湿器均匀加湿到不同的水分含量，测量其电容值，并换标准件测试多次。

测试过程实物图如图13与图14所示。

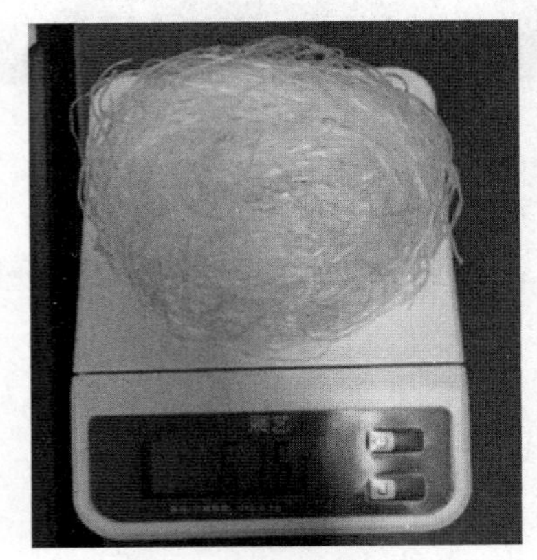

图13　测试实物图1

图14　测试实物图2

1. 测试实验一

由设计原理部分可知，粉丝主要含量为淀粉，而淀粉的介电常数较小，对电容值的影响很小。在干燥粉丝时，湿粉丝的净含量（即湿粉丝中除去水的成分）可能有微小的差距。本测试方案是为了证明有不同质量（差距较小）的干粉丝（即淀粉质量不同）对粉丝含水电容值的影响很小，可忽略不计。实验步骤如下。

步骤1，取标准件，尽可能的干燥而不破坏标准件。

步骤2，将干燥后的标准件取不同质量的切片，称重。

步骤3，将不同质量的切片放入电容测量容器中测量电容多次，取平均值，并记录实验数据。

2. 测试实验二

粉丝电容值与水分含量有着单调递增的关系，即水分含量越大，粉丝电容值越大。测试实验一已经证明有不同质量（差距较小）的干粉丝（即淀粉质量不同）对粉丝含水电容值的影响很小，可忽略不计。本测试是为了验证在其他条件不变的情况下，粉丝水分含量是不是真的与电容值有明显的单调递增关系。实验步骤如下。

步骤1，取一个标准件先称重，然后会用加湿器均匀加湿不同的时间，再用电子秤称重，放入电容测量容器中测量电容多次，取平均值，并记录实验数据。

步骤2，换多个标准件重复步骤1，放入电容测量容器中测量电容多次，取平均值，并记录实验数据。

3. 测试实验三

查阅资料可知，粉丝电容值受温度影响较大，而企业中的环境温度在同一时间段内温度变化量极小。本测试是为了验证在温度变化不大时，粉丝电容值是否随温度的微小变化可忽略不计。实验步骤如下。

步骤 1，将环境温度用小太阳加热到一定温度（用电子温度计测量），将同一标准件放入电容测量容器中测量电容多次，取平均值，并记录实验数据。

步骤 2，将环境温度用小太阳加热到与步骤 1 不同（差距较小）的温度（用电子温度计测量），将同一标准件放入电容测量容器中测量电容，并记录实验数据。

步骤 3，更换标准件，重复步骤 1 与步骤 2，将环境温度加热到不同的温度（用电子温度计测量），放入电容测量容器中测量电容多次，取平均值，并记录实验数据。

4. 测试实验四

在实验中，影响粉丝电容值的其实还有容器内的空气湿度，因为空气中也含微量的水分。本测试是为了验证空气湿度对粉丝电容的影响是否可忽略不计。实验步骤如下。

步骤 1，将环境湿度用加湿器加湿到相同的湿度（用空气湿度传感器测量），将同一标准件放入电容测量容器中测量电容多次，取平均值，并记录实验数据。

步骤 2，将环境湿度用加湿器加湿与步骤 1 不同的湿度（用空气湿度传感器测量），将同一标准件放入电容测量容器中测量电容多次，取平均值，并记录实验数据。

步骤 3，更换标准件，重复步骤 1 和步骤 2，将环境湿度用加湿器加湿不同的湿度（用空气湿度传感器测量），放入电容测量容器中测量电容多次，取平均值，并记录实验数据。

12.5.3 测试结果与分析

1. 测试实验一数据与分析

实验数据如表 2 所示。

表 2 测试实验一数据

切 片 代 号	切片质量（g）	平均相对电容值（单位为 5×10^{-7}pF）
1	65	4 000 006
2	64	3 999 665
3	63	3 999 458
4	62	3 999 246
5	61	3 999 177
6	60	3 998 984
7	59	3 998 624
8	58	3 998 468
9	57	3 998 125

经过实验，我们测试得标准件一般在 61～63g，而在表 2 中，在其他条件不变的情况下，扩大了实验范围到 57～65g。由表 2 可知，在扩大的质量范围内，相对电容值的变化最多只有 2000，而在 61～63g，相对电容值的变化最多只有 281，而湿度不同的粉丝相对电容值差距最少是 100 000 的数据量级，所以实验可以证明有不同质量（差距较小）的干粉丝（即淀粉质量不同）对粉丝含水电容值的影响很小，可忽略不计。

2. 测试实验二数据与分析

实验数据如表 3 所示（相对电容值单位为 5×10^{-7}pF）。

表 3　测试实验二数据

质量加湿（g）和平均相对容量	未加湿	第一次加湿	第二次加湿	第三次加湿
1	60.5	62.5	64.5	66.5
	3 999 177	4 105 309	4 214 248	4 330 998
2	61	63	65	67
	3 999 456	4 103 317	4 215 234	4 330 869
3	60.5	62.5	64.5	66.5
	3 999 317	4 103 643	4 211 250	4 334 722
4	61.5	63.5	65.5	67.5
	3 999 671	4 107 778	4 211 854	4 332 811

由表 3 可知，在其他条件不变的情况下，每次加湿，粉丝多 2g 水，含水量大约增加 1.5%，在每次只增加 1.5%的水分的情况下，电容值增加大约 100 000，所以实验可以证明在其他条件不变的情况下，粉丝水分含量确实与电容值有明显单调递增关系。

3. 测试实验三数据与分析

实验数据如表 4 所示（相对电容值单位为 5×10^{-7}pF）。

表 4　测试实验三数据

平均相对电容值	15℃	20℃	25℃	30℃
1	3 999 025	4 000 030	4 000 500	4 000 730
2	3 999 486	3 999 547	4 000 087	4 000 437
3	3 999 322	3 999 595	4 000 413	4 000 496
4	3 999 270	3 999 691	3 999 823	4 000 113

由表 4 可知，在其他条件不变的情况下，每次将环境温度升高 5℃，粉丝多 2g 水，含水量大约增加 1.5%，在每次只增加 1.5%的水分的情况下，电容值的变化只有几百，和水分变化造成电容值变化达到 100 000 相比，可以忽略不计。所以实验可以证明在其他条件不变的情况下，温度变化不大时，粉丝电容值随温度的微小变化可忽略不计。

4. 测试实验四数据与分析

实验数据如表 5 所示（相对电容值单位为 5×10^{-7}pF）。

表 5　测试实验四数据

平均相对电容值	空气湿度 30（RH）	空气湿度 40（RH）	空气湿度 50（RH）	空气湿度 60（RH）
1	3 999 125	3 999 851	3 999 972	3 999 867
2	3 999 127	3 999 749	4 000 022	3 999 924
3	3 999 198	3 999 826	4 000 063	3 999 971
4	3 999 261	4 000 016	4 000 081	3 999 997

由表 5 可知，在其他条件不变的情况下，每次将环境空气湿度升高 10RH，粉电容值的变化最多有几百，和水分变化造成相对电容值变化达到 100 000 相比，可以忽略不计。所以实验可以证明在其他条件不变的情况下，空气湿度对粉丝电容的影响可忽略不计。

12.5.4 实验结果总结

对四个实验结果进行总结，可以得到以下结论。

（1）有不同质量（差距较小）的干粉丝（即淀粉质量不同）对粉丝含水电容值的影响很小，可忽略不计。

（2）在其他条件不变的情况下，粉丝水分含量确实与电容值有明显单调递增关系。

（3）在其他条件不变的情况下，温度变化不大时，粉丝电容值随温度的微小变化可忽略不计。

（4）在其他条件不变的情况下，空气湿度对粉丝电容的影响可忽略不计。

最终可得出结论：在误差允许的情况下，本系统可很好地运用在粉丝水分检测与报警。

12.6 设备成本及工业化设计方案

12.6.1 设备成本

开发过程中，电容测量容器加上铜箔，大概 8 元，电容测量电路成本大概 50 元，TFT 触摸屏加上主控电路板成本大概 200 元，所以硬件成本为不到 260 元，成本非常低，符合性价比高的原则。

12.6.2 工业化设计

1. 实际生产过程中的水分检测方案

在实际生产过程中，由企业提供的信息，每班（8 小时）产量为 3000kg（从干燥机出产品算起 8 小时的产量），按每个粉块 60g 计算，班产约 50 000 个粉块，则平均每 0.576s 产出一个粉块。而本系统的粉丝水分检测速度，经实际测试，刚放入容器的粉丝，只需要 50ms，数值就能够稳定，就能测出其电容值。所以可以在粉丝传送带两端放置两个平行圆弧极板，当粉丝从传送带经过时，就可以测得其电容值，从而转化为水分报警。

2. 智能报警方案

本样机现在的粉丝不合格报警只能说明粉丝水分含量现在不合格，而没有说明怎样才能令粉丝合格。若加入智能报警，则要进行大量实地测试，在得到大量数据以后，报警时就可以说明，粉丝大致还要干燥多久才能合格。

12.7 项目未来展望

12.7.1 工控机

在成本允许的情况下，可以考虑将嵌入式系统换为成本更高，但是更稳定、性能更好的工控机。

通俗地说，工控机就是专门为工业现场而设计的计算机，而工业现场一般具有强烈的震动，灰尘特别多，另有很高的电磁场力干扰等特点，且一般工厂均是连续作业（即一年中一般没有休息）。因此，工控机与普通计算机相比必须具有以下特点。

（1）机箱采用钢结构，有较高的防磁、防尘、防冲击的能力。

（2）机箱内有专用底板，底板上有 PCI 和 ISA 插槽。

（3）机箱内有专门电源，电源有较强的抗干扰能力。

（4）要求具有连续长时间工作能力。

（5）般采用便于安装的标准机箱。

工控机与普通计算机一样，具有良好的扩展性，根据需要满足扩展内存、硬盘等需求。

12.7.2 电容层析成像技术

电容层析成像技术（Electrical Capacitance Tomography，ECT）是较早发展起来的一种 PT（Process Tomography）技术，它具有成本低廉、速度快、非侵入性、适用范围广和安全性能佳等优点，是目前最为广泛研究的一种 PT 技术，在两相流介质分布成像，气液（油气）、气固两相流离散相浓度测量和流型辨识，燃烧火焰成像，气固流化床三维成像等领域都有初步的应用。ECT 系统主要由多极板电容传感器、电容数据采集系统和图像重建计算机三部分组成。

若应用到本系统中，则把两端的平行圆弧形极板替换为多极板（多探头），并根据不同探头在不同位置采集的电容数据建立一个二维电容层析图像，使用图像处理算法进行滤波处理，再用分类算法进行图像分类，区分出粉丝在不同位置的水分范围。

12.7.3 自适应滤波

针对采集的电容数据有一定的波动的情况，本系统现在使用的数据滤波算法为滑动平均滤波法，虽然能达到一定的效果，但是在效果上还有提升的空间。项目未来计划采用自适应滤波来处理数据的波动。

自适应滤波是近年以来发展起来的一种最佳滤波方法。它是在维纳滤波、卡尔曼滤波等线性滤波基础上发展起来的一种最佳滤波方法。由于它具有更强的适应性和更优的滤波性能。从而在工程实际中，尤其在信息处理技术中得到了广泛的应用。自适应滤波存在于信号处理、控制、图像处理等许多不同领域，它是一种智能的、更有针对性的滤波方法，通常用于去噪。

12.7.4 加入隶属度函数对粉丝湿度评级

隶属度属于模糊评价函数里的概念：模糊综合评价是对受多种因素影响的事物做出全面评价的一种十分有效的多因素决策方法，其特点是评价结果不是绝对地肯定或否定，而是以一个模糊集合来表示。

隶属度函数计算后得到的是当前粉丝属于不同湿度等级的概率，产生一个随机数，该随机数落入的区间等级作为粉丝的湿度等级，并判断是否为合格件；根据不同湿度等级对粉丝进行分类回流。

模糊概念的引入避开了由于选取的参考电容的误差带来的干扰，同时能有效降低因为数据波动造成的误判。

12.7.5 项目的普适性迁移

目前设计的本系统只适用于粉丝的水分检测。依据相同的设计原理，本系统还可迁移到检测其他物质的水分，比如方便面、饺子、汤圆、面条等。所要做的工作包括进行大量实验，进而在系统里添加新的功能等。

参考文献

[1] 郭文川，赵志翔，杨沉陈. 基于介电特性的小杂粮含水率检测仪设计与试验[J]. 农业机械学报，2013，44(5)：188-193.

[2] 刘志壮，吕贵勇. 基于电容法的稻谷含水率检测[J]. 农业机械学报，2013，44(7)：179-182.

[3] 郭文川，朱新华. 国外农产品及食品介电特性测量技术及应用[J]. 农业工程学报，2009，25(2)：308-312.
[4] 鹤付翔，张利凤，郭文川. 电容式粮食含水率测量仪的设计[J]. 农机化研究，2011，33(11)：131-134.
[5] 郭文川，王婧，刘驰. 基于介电特性的薏米含水率检测方法[J]. 农业机械学报，2012，43(3)：113-117.

作者简介

顾晨亮（1995— ），男，学生，E-mail：759080710@qq.com。
钱浩（1995— ），男，学生，E-mail：m13961881504@163.com。
王阳（1996— ），男，学生，E-mail：394001610@qq.com。
夏慧雯（1992— ），女，实验员，研究方向：电工电子实验教学与研究，Email：674562685@qq.com。
张清勇（1984— ），女，副教授，研究方向：智能交通与多目标优化，Email：qyzhang@whut.edu.cn。

13 “企业命题”赛项工程设计方案(二)

——搓纸轮自动包装机的设计

参赛选手：李 泽（太原科技大学），温志宏（太原科技大学），
张 兴（太原科技大学）
指导教师：何秋生（太原科技大学），赵志诚（太原科技大学）
审 校：乔铁柱（太原理工大学），
牟昌华（北京七星华创电子股份有限公司）

13.1 产品研制的背景和必要性

随着电子技术的不断发展，以电子技术为基础的 OA 设备已成为企业日常办公设备，替代了传统办公设备。我国 OA 设备行业兴起于 20 世纪 90 年代中后期，伴随着经济的蓬勃发展和办公自动化程度的不断提高，我国 OA 设备市场得到了快速发展，目前已经成为全球自动化办公设备的生产大国。

目前全球喷墨打印机和激光打印机的保有量总计已达到约 5.6 亿台，而每年打印机设备的出货量仍保持在 1 亿台以上，这意味着全球打印机保有量仍呈增长趋势，但因打印机设备寿命较长，消费者往往需要定期更换打印机耗材。搓纸轮作为打印机耗材之一，尽管其耐用性好、使用寿命较长，但随着打印设备产量的增长，搓纸轮的市场需求也是一个客观的数字。

然而，由于目前打印机品牌众多，不同品牌打印机所使用的搓纸轮规格均不同，搓纸轮生产行业存在产品品种多、多为小批量生产且包装流程不同等特点，自动化实现较为复杂，包装环节现基本由人工完成（包装现场如图 1 所示）。人工包装使得生产效率低、包装精度误差大，不能满足高精度的业务要求。因此，为了提高生产效率、降低人工成本，工业上亟须一种高精度的搓纸轮智能包装设备，用来代替人工包装，实现搓纸轮的包装自动化。

图 1 搓纸轮人工包装环节

13.2 产品需要解决的工艺和实现功能

13.2.1 工艺要求

1. 问题概述

在搓纸轮包装过程中因搓纸轮品种多样，且多为小批量包装等原因，一直采用人工进行产品包装，生产效率低，同时搓纸轮产品品种多、批量小，且包装流程存在一定差异，生产效率和包装精度难以满足生产需要。搓纸轮包装流程主要包括三个环节：贴标环节（包装袋和包装箱贴标）、装袋环节（搓纸轮装袋）和装箱环节，其中包装袋与箱体贴标技术已经成熟，搓纸轮装袋和定量封装流程相似，因此本产品主要针对单个搓纸轮包装入袋进行设计，具体问题包括：

（1）因搓纸轮形状、材料的特殊性导致装袋过程难以用常规的装袋方法实现。如何实现搓纸轮自动包装。

（2）搓纸轮包装完成后封口环节须将袋口翻折两折后打钉，如何实现“两折装订”自动封装。

（3）包装袋包装之前须完成贴标，如何与现有的贴标机生产线无缝对接。

2. 设计要求

根据实际生产及包装要求，本产品所选用的搓纸轮形状为半圆形，规格为 30mm × 30mm × 20mm，包装袋规格为 90mm × 130mm，搓纸轮实物如图 2 所示。设计要求为：

（1）将图中的搓纸轮装入尺寸为 90mm × 130mm 的包装袋中；

（2）搓纸轮装入包装袋后，需要对包装袋袋口进行 10mm 长度的对折；

（3）对折完成后，需在对折处进行订书针装订，装订位置需与包装袋中线对称；

（4）现人工包装速度大约为 6 个/分钟，鉴于设备现处于原型机设计开发阶段，因此，原型机测试包装速度应不小于 3 个/分钟。

(a) 纸轮正视图

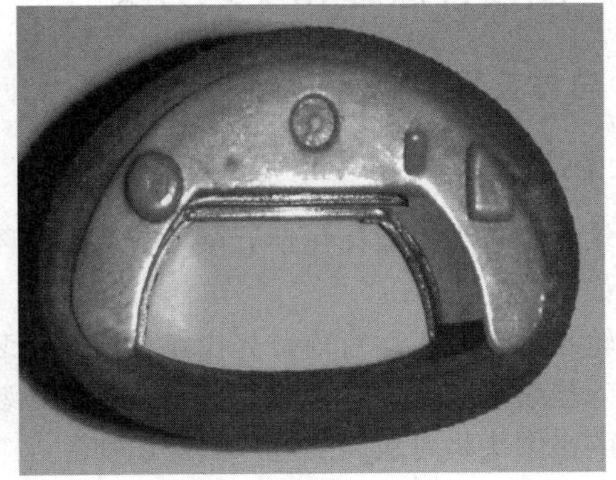

(b) 纸轮侧视图

图 2　搓纸轮形状

13.2.2 功能描述

搓纸轮自动包装机主要包括给料、取袋、递袋、装袋、装订五个环节，通过对步进电机、小型舵机、多维机械手、气动系统等的控制，实现搓纸轮的自动包装，并且能与现有生产线进行无缝对接，替代现存的人工包装环节，提高生产效率，降低人工成本，系统功能方框图如图 3 所示。首先，实际所需包装搓纸轮品种多样，但大小差异不大，为保证设备对包装不同规格搓纸轮的兼容性，采用要求规格的包装袋进行包装。然后，给料环节的功能主要是将搓纸轮定向排序并平稳输送直到装入包装袋中，同样为满足搓纸轮多样性，形状差异明显的搓纸轮可以通过修改传送装置参数实现。

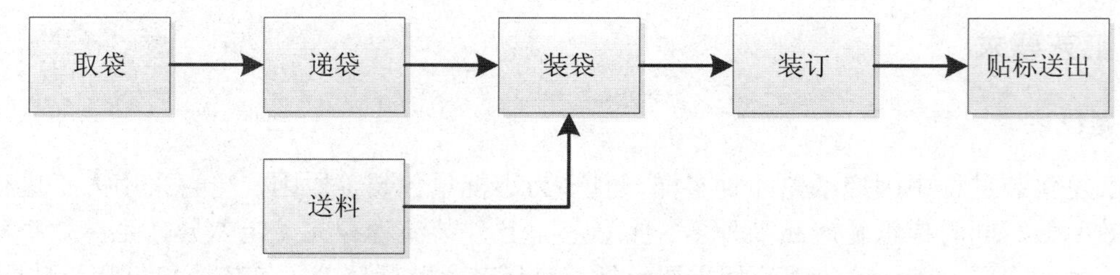

图3 系统功能方框图

搓纸轮自动包装机实际操作流程为：

（1）搓纸轮包装装置运转前先由贴标机对包装袋完成贴标，然后由末端装有真空吸盘组的多维机械臂将包装袋递送给递袋机械手。

（2）装置运行开始时，系统通过控制取袋机械臂开始取袋、接着控制递袋机械手将包装袋传送给装袋机械手并由开袋吸盘打开袋口。

（3）在机械手抓取包装袋并打开包装袋袋口的同时，控制搓纸轮传送装置，将搓纸轮排序平稳输送至包装线，待第一个搓纸轮到达掉落工位触发光电传感器，待接收到“工件允许掉落信号”时，将搓纸轮装入包装袋中。（说明：系统运行时，要求将不低于包装数量110%的搓纸轮放置在搓纸轮传送装置上的搓纸轮料仓中）。

（4）当装袋完成后，由装袋机械手对距边缘10mm宽的袋口进行360°折叠，并通过控制装订电机控制装订机完成对袋口的装订。

（5）装订完成之后由皮带将包装成品输送至定量封袋工作区，以便进行下一步定量封装、装箱工作。

13.3 产品设计原理和实现方案

13.3.1 总体方案设计

1. 方案设计

搓纸轮自动包装机设计包括五个环节：取袋环节、递袋环节、装袋环节、给料环节、装订环节。具体过程如下：

搓纸轮自动包装机运行前，先由贴标机对包装袋进行贴标，贴标完成的包装袋沿着贴标机流水线统一落入包装袋收纳盒。包装袋收纳盒中的包装袋位置不一，为保证包装机后续包装的准确，收纳盒上方的摄像头将对包装袋进行图像识别。

取袋环节负责将贴标机与包装机无缝衔接；安装气动吸盘的取袋机械臂从包装袋收纳盒中吸取包装袋。取袋机械臂根据图像识别数据旋转气动吸盘来改变包装袋的吸取位置，保证包装袋位置的准确；而后取袋机械臂将包装袋传送到递袋环节区域。

递袋环节负责将包装袋从取袋机械臂中递送到装袋环节；递袋机械手夹持取袋机械臂中的包装袋，后由递袋机械手旋转90°将包装袋传送到装袋环节区域，并将包装袋从水平状态转换成竖直状态。

装袋环节负责将搓纸轮装入包装袋并实现包装袋口的翻折；装袋机械手从递袋机械手中取过包装袋，装袋机械手随装袋平台下移将包装袋传送到至开袋区域，开袋区域通过气动吸盘打开包装袋，等待搓纸轮掉落。搓纸轮掉落包装袋后开袋吸盘脱离包装袋，装袋机械手将袋口合并，通过360°旋转完成袋口翻折，并随着装袋平台上移至装订环节区域。

给料环节负责将搓纸轮从搓纸轮料仓分离并送入装袋环节中打开的包装袋口；搓纸轮传输盘通

过旋转提供离心力将搓纸轮从料仓分离出来，待装袋环节将包装袋口打开后给料环节将分离出的搓纸轮投入包装袋口。

装订环节负责将包装好的包装袋进行装订；装袋平台上移同时装订平台下移，翻折后的袋口随之进入装订机装订口完成装订。装订完成后装订平台上移且装袋平台下移，装袋平台下移过程中装袋机械手松开包装袋，包装完成的搓纸轮掉落在斜坡传送带输送至定量封袋工作区。

根据系统要求和需要实现的功能，控制系统应具有工作可靠性高、控制灵活性高、经济性、易用性等特点，因此系统采用 PLC 和单片机组合控制的方式，有利于提升包装效率，其中送料环节采用单片机控制，其余环节采用 PLC 控制，两种 CPU 通过简单的 IO 完成通信，系统所采用的方案结构框图如图 4 所示。

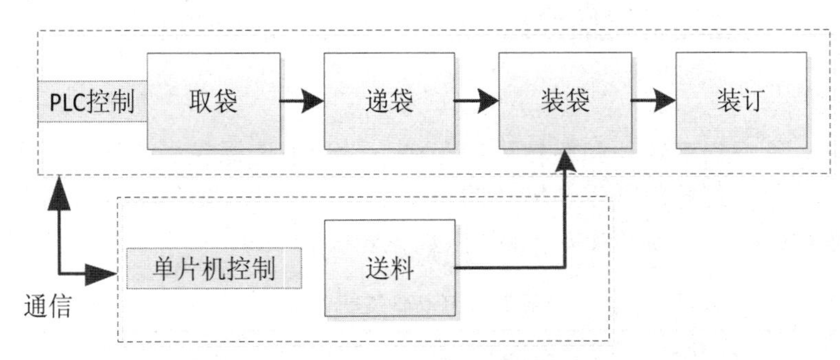

图 4　系统方案结构框图

各个环节的动作主要有取袋机械臂的动作、递袋机械手的动作、装袋机械手的动作、打折袋口的动作、装订机的动作、搓纸轮传输盘的动作等，这几大动作都应该设定相应的保护措施，系统中对相应动作主要采用限位的方式进行保护。因此系统中主要包括 PLC、电动机、舵机、继电器、接触器、驱动器、单片机系统等，在程序设计时应有动作程序，同时还应有安全保护程序，以及 PLC 与单片机系统的通信程序[1]。

另外经过决赛专家评委的指导，取袋环节为在原先产品基础上重新设计，受限于答辩时间，产品原型机并未实际运用，在此仅提出新取袋环节的大致构想，并自证其可行性。

2. 系统主要硬件选型

1）PLC 的选型

由总体方案可知，控制系统的输入输出信号不多，考虑团队能熟练使用西门子 S7-200 型 PLC 控制器，有着丰富的经验，且学校有完备的 S7-200 型 PLC 控制器设备，本次设计选用西门子 S7-200 系列的 224XP 以及 IO 扩展模块 EM223。

2）单片机的选型

考虑到送料环节需控制简单、节省成本以及并行执行以提高效率，选择了由 ATMEL 公司生产的 8 位 ATmega328P，它具有速度快、存储空间大、保密性好、开发程序简单、内部资源多等特点。

3）电源模块选型

通过对系统的粗略估计，整个系统功率消耗主要包括递袋机械手、装袋机械手以及装袋传输盘的电机消耗，功率不会超过 100W，为了保证系统运行的稳定性和可靠性，电压模块选用中国沪工集团生产的型号为 S-100-24 的电源，该开关电源输出电压为 DC24V，输出电流可以达到 4.5A。同时为了安全起见，系统选用两个开关电源。

4）电机的选型

考虑到包装机中需要的五个操作环节，因此根据每个环节的特点，在包装环节中使用 42 型步进电机、57 型步进电机两种步进电机。所选用的步进电机参数如表 1 和表 2 所示。

表 1 42 型步进电机参数

型　号	42BYGH40-1704A	机身高/mm	40
扭矩/N·m	0.45	电流/A	1.7
轴径/mm	5mm	轴承长/mm	23

表 2 57 型步进电机参数

型　号	57BYGH301 混合式步进电机		
扭矩/N·m	0.45	电流/A	1.7
步距角/°	1.8	相电流/A	3
静力矩/N·m	1.2	相电压/V	3.6
尺寸/mm	57 × 57 × 56	轴承/mm	8

5）舵机的选型

在系统设计中，考虑到有转动和旋转环节存在，设计中选择舵机实现机械手或者其他部件的转动和旋转动作，同时考虑到各部分需要转动的角度不同，因此根据每个部件转动角度的不同选择了两种舵机，分别是 MG995 和 MG996R，具体参数见表 3 和表 4。

表 3 MG995 舵机参数

舵 机 类 型	模拟舵机	工作电压/V	3～7.2	转动角/(°)	0～360
反应转速/RM^{-1}	53～62	工作电流/mA	100	产品重量/g	5
工作扭矩/$kg·cm^{-1}$	13	产品尺寸/mm	40.7 × 19.7 × 42.9	操作速度/s/60°	0.17s/60°(4.8V) 0.13s/60°(6.0V)

表 4 MG996R 舵机参数

舵 机 类 型	模拟舵机	工作电压/V	4.8～7.2	工作扭矩/kg/cm	9.4kg/cm(4.8V) 11kg/cm(6V)
反应转速/RM^{-1}	53～62	工作电流/A	100	操作速度/s/60°	0.17s/60°(4.8V) 0.13s/60°(6.0V)
转动角度/(°)	0～90	产品重量/g	55	产品尺寸/mm	40.7 × 19.7 × 42.9

MG996R 舵机实际上是 MG995 的升级版，两者基本相同，两种舵机的实物图如图 5 所示。

(a) MG995 舵机实物图

(b) MG996R 实物图

图 5 舵机实物图

6）其他设备的选型

为了保证包装袋不受破坏，包装机取袋、开袋操作中计划采用吸盘吸取的方式，因此需要旋转吸盘大小和空气压缩机等其他器件，下面介绍这些器件的选择。

（1）真空吸盘。

众所周知，吸盘直径越大、内部空间越大，吸力越大，因塑料为柔性材料，吸力过大包装袋容易变形，为了满足需要，选定食品包装专用真空吸盘进行测试，购得直径 12mm、20mm、37mm 和

40mm 的真空吸盘进行测试，经过对比直径 32mm 的真空吸盘满足需要。故选择相应的吸盘，其参数见表 5。

表 5　真空吸盘参数

型　　号	DL32US-S7UM	材　　质	硅　　胶
硬度/HB	50~55	吸盘直径尺寸/mm	32
理论吸吊力/N	32.3~40.2		

（2）空气压缩机参数。

本产品使用两组 6 个真空吸盘，空压机所产生的空气压力和储气容量须满足吸袋开袋需要。通过计算排空吸盘内的空气体积，以及管路及真空元器件的容积，确定空压机的工作压力；确定总排气量之后乘以经验值 0.2 确定储气容量，最终确定空压机，其参数见表 6。

表 6　空气压缩机参数

型　　号	Z-550-24L	最高适用压力/MPa	0.8
功率/W	550	转速/$r\cdot min^{-1}$	1440
容积/L	24	重量/kg	20

（3）真空发生器。

在选定空气压缩机和吸盘后，根据吸盘的数量、管道计算耗气量来选型：①真空度；②是真空抽气量；③是压缩空气消耗量。这里选择真空发生器参数见表 7。

表 7　真空发生器参数

型　　号	EV-15HS	使 用 流 体	空　　气
使用温度范围/℃	0～60	使用压力范围/MPa	0.1～0.6

（4）铝制机械手。

考虑到机械手重量不能太重，而且机械手体积能适应包装袋的宽度，这里选择铝制的机械手，其参数见表 8。

表 8　铝制机械手参数

材　　质	铝　合　金	重量/g	68
长度/mm	110	最大张口宽度/mm	55

（5）订书机。

考虑到对包装袋的装订工作比较简单，这里选择得力 0488 型电动订书机，实物图见图 6。

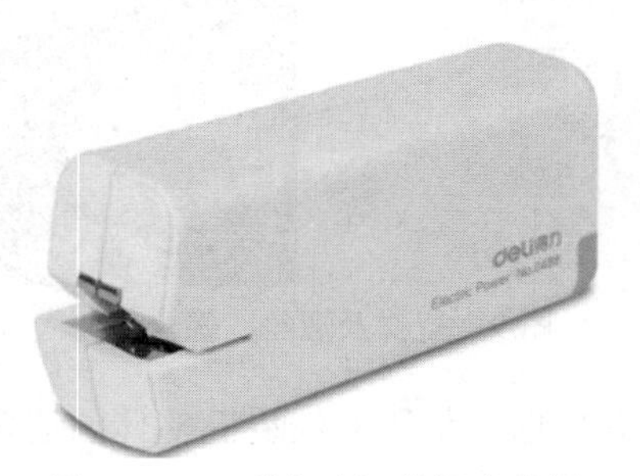

图 6　0488 型电动订书机实物图

搓纸轮自动包装机由 2 个西门子 S7-200 型 PLC 控制器（型号为 224 XP）、4 个 42 型步进电机、3 个 57 型步进电机、3 个真空发生器、2 个机械手、1 个自动订书机、1 个光电感应开关、1 个传输盘机构以及 1 个 6 维机械臂等构成，通过使用型材、丝杠、光轴等机械部件进行系统框架搭建。3D 仿真图如图 7 所示，原型机实物图如图 8 所示。

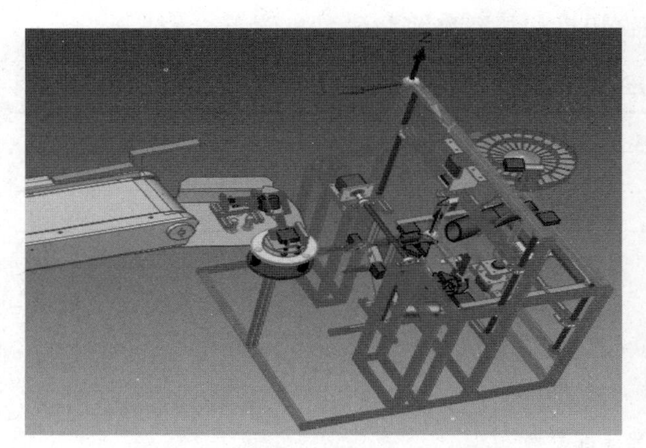

图 7 搓纸轮自动包装机 3D 仿真图

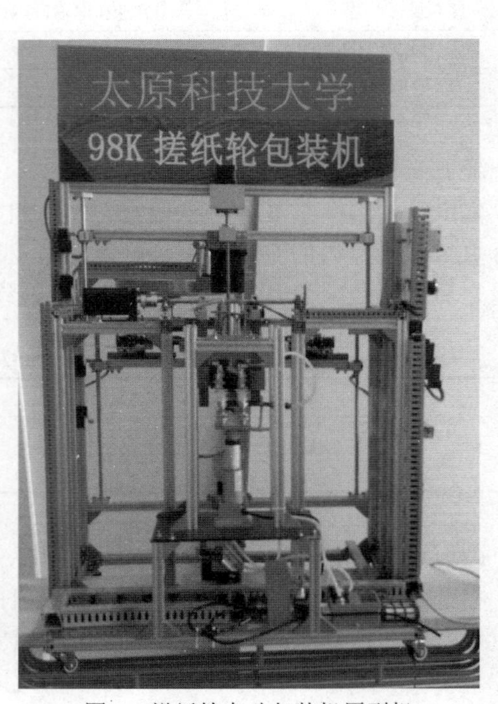

图 8 搓纸轮自动包装机原型机

13.3.2 机械部分设计

为了满足自动包装搓纸轮的功能，此次设计的搓纸轮自动包装机应由取袋（包装袋）环节、递袋环节、给料（搓纸轮）环节、装袋环节和装订环节的机械结构组成。每部分的机械设计都是基于实现自动包装功能进行的。

1. 包装机机身材料的选取

考虑到安装调整的便利性以及包装机整体结构的稳定性，这里选取苏芮欧标 2020 铝型材作为包装机整体机身的材料。该型材可以利用加厚角码、T 型螺丝、螺栓等配件进行固定，而且方便拆卸组装操作。所选取的型材及配件实物图如图 9 所示。

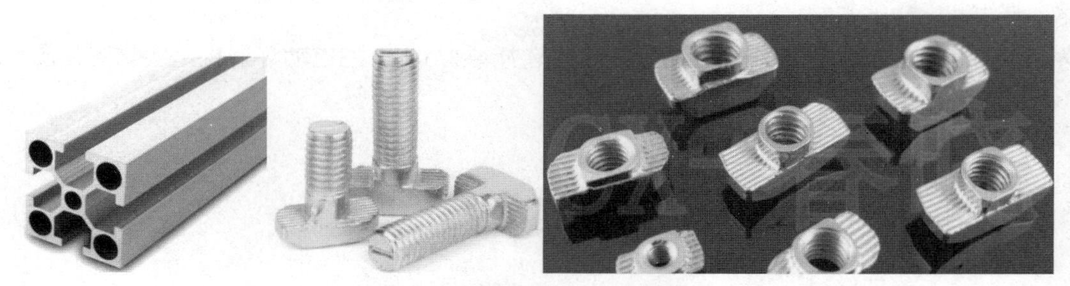

图 9 型材及螺丝、螺栓配件

此外，该型材加工方便，安装方便，有利于包装机整体的运输和安装调试，价格便宜，有利于降低整体包装机的价格。

2. 取袋环节

取袋环节的主要功能是从包装袋收纳盘（位于在贴标机传送带后端，接收已贴标的包装袋装置）上抓取已完成贴标的包装袋，并将包装袋按照要求送给递袋机械手。取袋环节3D仿真图如图10所示。其中1表示摄像头，2表示装有吸盘的机械臂，3表示贴标机的传送带，4表示包装袋收纳盒。

取袋环节的原理：

（1）包装袋收纳盒接收来自贴标机传送带传过来的包装袋；

（2）设备处理系统通过摄像头采集包装袋位置图像，并判断包装袋位置是否有旋转偏移现象，如果有旋转偏移现象，系统通过调整装有吸盘机械臂的角度，以确保吸盘按照设计好的角度吸取包装袋；

（3）通过控制装有吸盘机械臂的运动，吸取包装袋；

（4）吸盘吸住包装袋，通过控制机械臂动作将包装袋传递给递袋机械手，完成取袋工作。

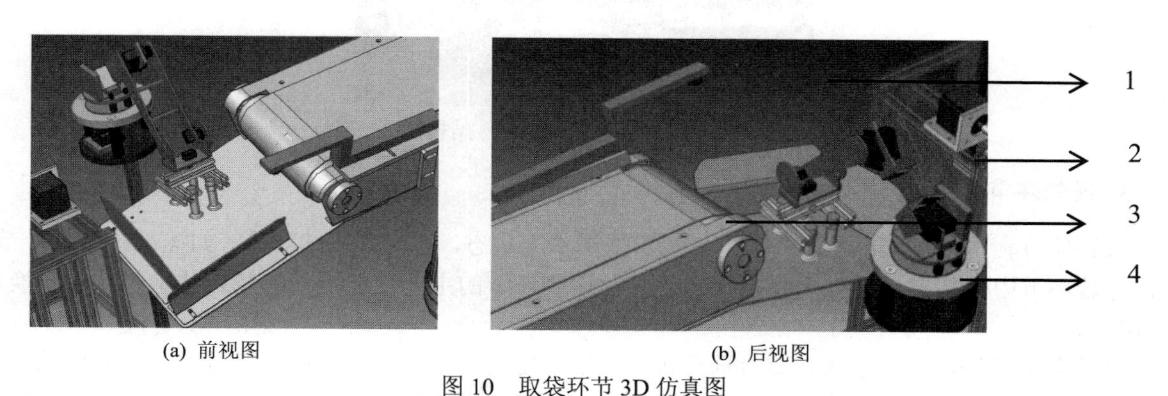

(a) 前视图　　(b) 后视图

图10　取袋环节3D仿真图

1—表示摄像头；2—表示装有吸盘的机械臂；3—表示贴标机的传送带；4—表示包装袋收纳盒

根据目前选用包装袋的大小（$90\text{mm}\times130\text{mm}$），也为了能够适应更大的包装袋，这里设计的包装袋收纳盘为$150\text{mm}\times300\text{mm}$。当贴好标的包装袋从传送带滑落到包装袋收纳盘中时，可能出现旋转偏移现象，如图11所示，假设旋转偏移角度为θ，那么包装袋上边沿会偏移水平高度为h，根据包装袋宽度，由公式(1)可以确定偏移高度的大小为

$$h = 90\times\sin\theta \tag{1}$$

因此，根据允许的最大水平偏移量h，就可以确定允许的最大偏移角度，当θ在允许范围内时，可以不做处理；如果超出最大允许范围，就需要通过控制吸盘机械臂矫正偏移角度，确保能准确定位吸取包装袋。

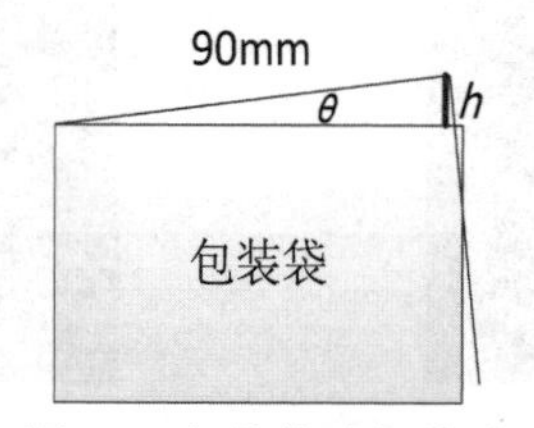

图11　包装袋选择偏移

本环节首先利用收纳盒顶部摄像头检测包装袋掉落在收纳盒中后的水平偏移角度及旋转偏移角度，然后发送给控制器，通过控制末端装有吸盘组的机械臂吸取已贴标的包装袋，并送到递袋环节工作区域[2]。

取袋吸盘组通过3D打印件连接在机械臂上，为了保证顺利平稳地吸取包装袋，吸盘组尺寸通过模拟实验最终选定。真空吸盘组设计为 4 个吸盘构成。4 个吸盘间距过小，真空发生器停止工作无法保证包装袋水平，影响递袋机械手夹持包装袋的稳定性；间距过大，包装袋中部区域将下沉，当递袋机械手张开，真空发生器停止工作后包装袋可能会掉落。因此针对此次方案选用的包装袋大小，调试真空吸盘组吸取面积为 625mm^2。即，4 个吸盘分布在长方形的 4 个顶点，长方形的边长选择为 80mm 和 65mm，实际设计的吸盘机械结构如图 12 所示。

图 12　包装袋仓和吸盘机械结构图

3. 递袋环节

取袋环节利用吸盘取出包装袋后，包装袋处于水平状态，考虑到后续环节，如搓纸轮装袋环节、装订包装环节中包装袋最好处于垂直状态，因此递袋环节的主要功能是将包装袋从水平状态转换成竖直状态。

为了实现包装袋由水平状态转为垂直状态，这里使用机械手（下称递袋机械手）完成该功能，具体实施由电机驱动递袋机械手逆时针旋转 90°。考虑到包装袋的宽度为 90mm，同时还需要给后续装订机械手留出一定的安全操作间距，因此这里调整递袋机械手的宽度为 60mm。

考虑到机械手抓取包装袋时可能会出现破坏包装袋或者包装袋脱落的可能性，因此递袋机械手抓袋的部位还通过增加橡胶垫做了防滑和防破坏处理，以保证安全实现递袋操作。递袋环节模拟图如图 13 所示，递袋环节实物图如图 14 所示。

图 13　递袋环节模拟图

图 14　递袋环节实物图

4. 给料环节

该原型机包装对象为搓纸轮，而搓纸轮种类多样且规格各异，如图 15 所示。市面上的大部分搓纸轮形状多为圆柱形或扁圆形，企业所包装的搓纸轮品种多样且单次包装量小，并非单种搓纸轮大批量包装。圆柱形搓纸轮相比较扁圆形搓纸轮更容易控制使其从料仓中分离，并且针对圆柱形物料有很多种供料方法，稍加调试即可满足需要，因此本产品针对形状相对复杂，暂时无成熟供料方案的扁圆形搓纸轮进行设计，如图 16 所示。

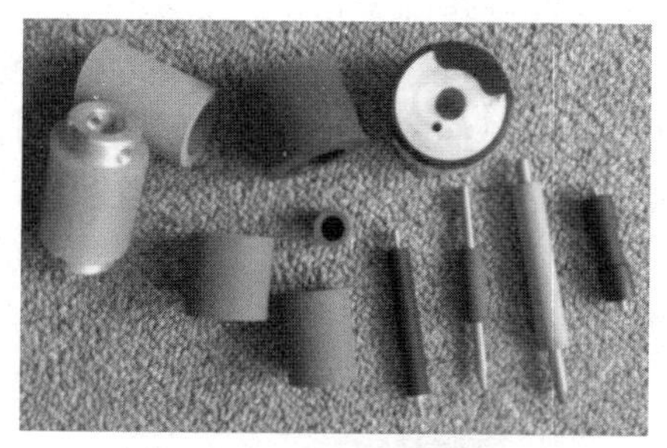

图 15 搓纸轮种类及形状

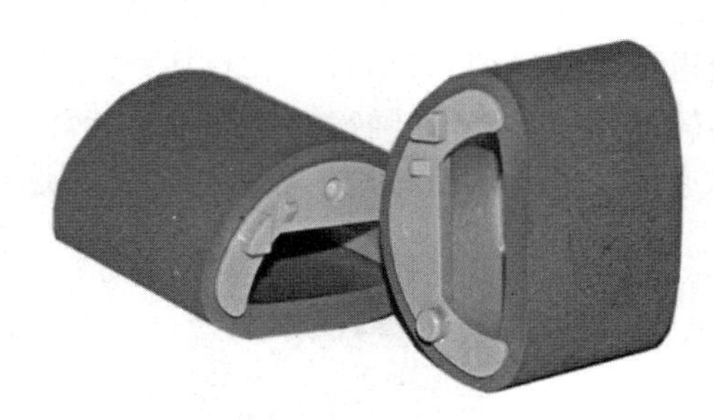

图 16 扁圆形搓纸轮

该搓纸轮的尺寸为 30mm × 30mm × 20mm，给料环节的功能就是将搓纸轮能够送入到指定位置。根据搓纸轮具有形状特殊、大小不一致、中间为空的特性，给料环节设计为三部分，包括搓纸轮传输盘、搓纸轮投送臂、进料伸缩轨道。搓纸轮传输盘负责将搓纸轮从料仓分离，传递至托送区域，待进料伸缩轨道伸缩至包装袋口，投送臂将单个搓纸轮投送至伸缩轨道，使其滑行至包装袋，从而完成给料[3]。下面详述每部分的设计情况。

1）搓纸轮传输盘

搓纸轮传输盘设计为圆形运动盘和固定分离轨道构成，因单次包装搓纸轮数量较小，因此搓纸轮传输盘设计为单层。考虑到扁圆形搓纸轮形状特殊且搓纸轮表面粗糙特性，决定采用圆形运动盘旋转提供的离心力带动搓纸轮从物料仓分离。为保证设备的稳定性和可靠性，运动盘旋转转速不宜过高，同样须避免搓纸轮在运动盘中心处所受离心力不足，无法从料仓分离，因此在运动盘中心设计圆锥形突起，使搓纸轮无法在运动盘中部长时间停留，从而保证搓纸轮随着运动盘旋转快速沿分离轨道出仓。

固定分离轨道为涡状轨道，在设计轨道间距时，须保证轨道宽度只能容纳单个搓纸轮，避免多个搓纸轮并排出仓。同样在设计轨道高度时，亦须避免多个搓纸轮堆叠出仓。而当搓纸轮站立运动时为镂空中心，会对光电开关检测信号时造成误差。因此搓纸轮在分离轨道出仓时须保证躺下运动，在轨道顶部加装挡板，当搓纸轮站立或堆叠，通过挡板阻挡避免搓纸轮堆叠，并使搓纸轮躺下，保证光电开关检测的稳定性。通过设置多道挡板提高其可靠性。根据搓纸轮的尺寸，设计轨道高度为 25mm，轨道间距为 38mm。

在运动盘底部及固定分离轨道侧壁定距设置突起，通过减少搓纸轮与运动盘和轨道接触受到的摩擦力，加快搓纸轮出仓速度，保证包装袋张开且搓纸轮掉落命令到达前搓纸轮已出仓，提高稳定性和可靠性。若突起高度过高、间距过大，将阻碍搓纸轮出仓，甚至导致搓纸轮卡转。经测试，突起高度设置为 1mm，间距设置为 30mm，既可以保证提供所需摩擦力，又避免搓纸轮卡转。搓纸轮传输盘图如图 17 所示。

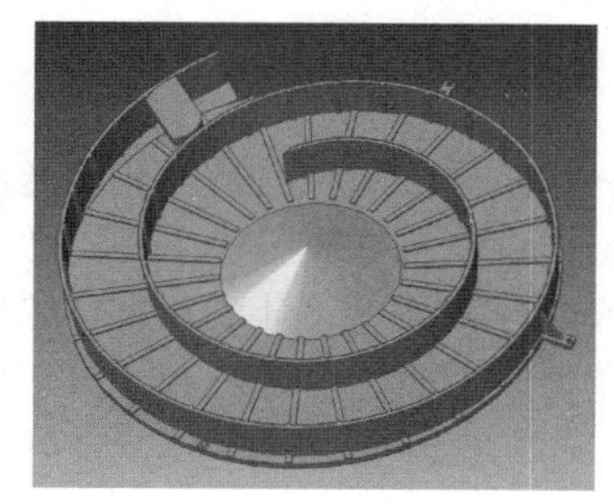

(a) 模型图

(b) 实物图

图 17 搓纸轮传输盘模型图

2）搓纸轮投送臂

搓纸轮投送臂安装在搓纸轮传输盘出口，当搓纸轮沿轨道进入投送臂仓，光电开关检测到信号，搓纸轮传送盘停止转动，得到投送指令后，由舵机控制投送臂旋转固定角度，将搓纸轮脱离搓纸轮传输盘投送至伸缩轨道入口。搓纸轮投送臂如图 18 所示。投送臂的长度根据光电开关的长度（69mm）和需要旋转的角度（45°）确定，搓纸轮投送臂倾斜角度为 45°时搓纸轮能够顺利滑下同时滑落高度也能满足要求，因此这里搓纸轮投送臂的长度选择为 110mm。

(a) 模型图

(b) 实物图

图 18 搓纸轮投送臂

搓纸轮从料仓分离沿着固定轨道进入投送臂仓，须保证投送臂仓一次容纳单个搓纸轮，且搓纸轮完全入臂仓，这样使得投送臂投送过程中避免搓纸轮和固定轨道碰撞，从而影响投送稳定性。根据搓纸轮尺寸以及固定轨道的形状，确定投送臂仓尺寸为 40mm × 23mm × 35mm，即截面积为梯形的一个空间，保证能够而且只能放一个搓纸轮。当投送臂仓内光电开关感应到搓纸轮之后传送盘停止转动，同样加装光电开关时应尽可能贴近臂仓内部，使搓纸轮能稳定的完全入仓。搓纸轮投送臂安装位置模拟图如图 19 所示。

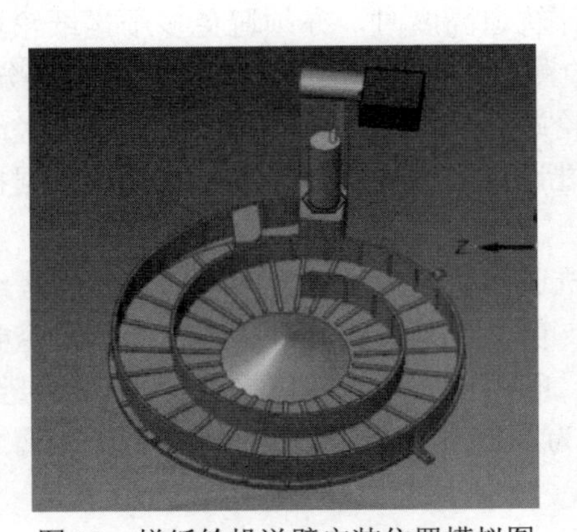

图 19 搓纸轮投送臂安装位置模拟图

3）进料伸缩轨道

为了保证搓纸轮能够百分之百进入包装袋，本产品在搓纸轮投送臂将搓纸轮投送出去后，设计了进料伸缩轨道，保证搓纸轮能够沿着轨道顺利入袋，但是考虑到递袋机械手的旋转、装订环节订书机的移动以及装袋机械手的移动都需要空间，因此方案将进料轨道设计成具有伸缩性的轨道，在需要投送搓纸轮时，轨道伸长至包装袋口内，搓纸轮掉落成功后轨道收缩离开袋口，保证不影响设备下一步动作执行。

进料伸缩轨道为往复式直线运动，通过简单的连杆结构便可实现。如图 20 所示为进料伸缩轨道模拟图。连杆机构不易磨损，且形状简单易加工，容易获得较高的精度。进料轨道连杆机构由两根连杆构成，连杆之间通过转动副衔接，由舵机控制一根连杆旋转带动另一根连杆进行直线运动，实现进料轨道的伸缩。连杆的长度及安装位置须保证伸缩轨道能最高效率地完成伸缩。

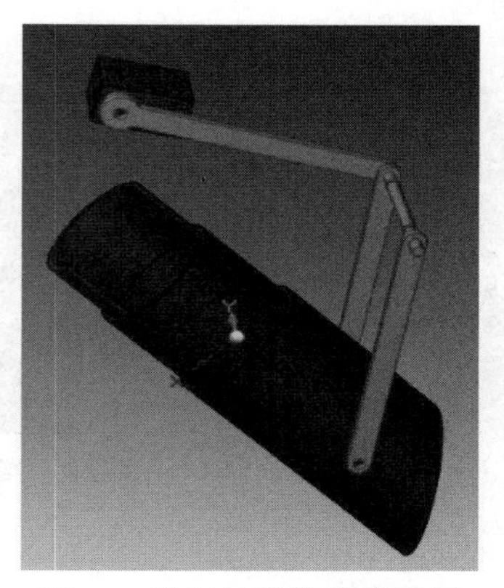

图 20 进料伸缩轨道模拟图

进料伸缩轨道就地取材采用常见的易拉罐进行设计，轨道入口设计为弧形口，保证投送臂百分百将搓纸轮投送进轨道，防止其掉落。轨道出口设计为斜槽，使其能顺利进入袋口且保证搓纸轮中途不掉落。因搓纸轮掉落将对包装袋造成冲击力，从而影响机械手夹持包装袋的位置，为了减少冲击力对包装袋的影响，伸缩轨道口设置了缓冲装置，如图 21 所示。进料伸缩轨道安装模拟图如图 22 所示。

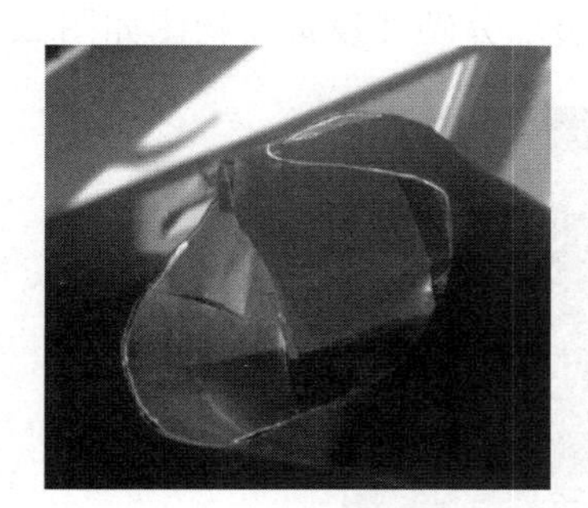

图 21 伸缩轨道口缓冲装置图

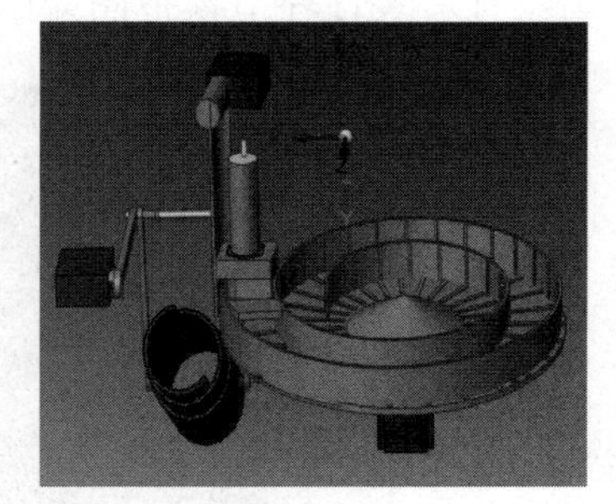

图 22 进料伸缩轨道安装模拟图

5. 装袋环节

为了实现顺利装袋，方案中设计了主要由装袋机械手和开袋吸盘组成的装袋环节。装袋环节的主要功能是装袋机械手从递袋机械手中取过包装袋并利用开袋吸盘完成开袋，装袋完成后将包装袋口翻折两次，最后送至装订区域。装袋环节模拟图如图 23 所示。

该环节中装袋机械手首先将包装袋从递袋机械手中取过来，为保证递袋机械手传递包装袋时将包装袋完全竖直，设置的开袋吸盘须低于包装袋的最低处，开袋吸盘过高将阻挡包装袋竖直，无法进入开袋吸盘装置中心。装袋机械手代替递袋机械手夹持包装袋后需要下行至开袋吸盘区域完成开袋动作。同时开袋动作时包装袋两侧也需要向内运动，给开袋动作留出空间。装袋完成后装袋机械手将袋口翻折一圈，完成企业要求的袋口对折。因此装袋环节中装袋机械手为三轴机械手，需完成张合、上下、左右、旋转四组动作[4]。

装袋机械手选用两轴机械手，完成张合、旋转两组动作。原型机中由电动机械手代替气动机械手。由平台带动装袋机械手完成上下移动，此平台可选用气缸驱动，可以保证平台上下运动的效率且运作稳定。因资金有限，本产品原型机采用丝杠装置代替气缸完成平台的上下移动。平台上通过安装滑轨，由齿轮齿条联动完成装袋机械手的收缩拉直动作。开袋吸盘装置也由齿轮齿条联动完成开袋和闭袋动作。为了能够顺利将袋口开袋到足够放入搓纸轮的大小，这里选用了直径为 40mm 的塑制真空吸盘，安装在包装机上的塑制开袋吸盘如图 24 所示。由于包装机取袋环节中取袋吸盘需要的气压为 0.7MPa，而这里开袋吸盘所需要的气压为 0.5MPa，为了使用同一个气压泵，这里选用气动快速节流阀 SL8-02 实现气压转换[5]。

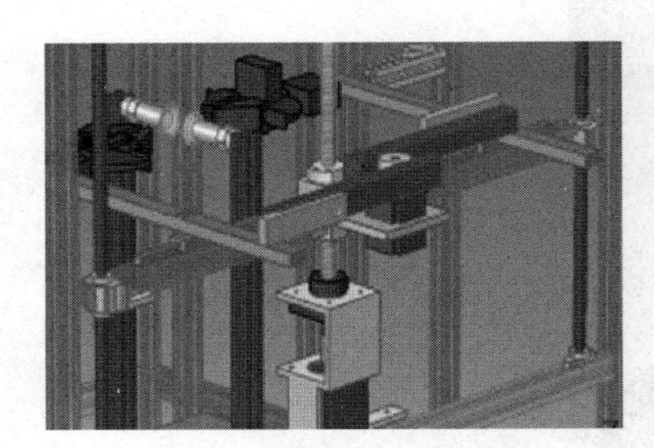

图 23 装袋环节模拟图

图 24 安装在包装机上的塑制开袋吸盘图

6. 装订环节

为了完成企业的要求，需要将包装好的包装袋袋口对折并装订，因此设计了装订环节。

装订环节的主要功能是对包装袋完成打钉动作。为了避免递袋机械手运动时与订书机发生碰撞，安装订书机时，需要将订书机最低处设置在递袋机械手之上。当装袋机械手完成装料、对折袋口后由平台带动装袋机械手上行至订书机位置。为了缩短打钉等待时间，对订书机也加装平台，原型机中平台上下行也采用丝杆代替气缸驱动，两平台相向运动，提高打钉效率。当完成打钉后，订书机平台上行至初始位置。装订环节模拟图如图 25 所示，封装部分硬件设备实物图如图 26 所示。

图 25 装订环节模拟图

因原型机下方有开袋环节的电机齿轮结构，为避免干扰开袋电机运行，设计一条斜坡传送带。装订结束后，装袋机械手将装订完成的包装袋下移脱离装订机之后机械手松开，装订完毕的包装袋将掉至下方的斜坡传送带，以便进行下一步的定量装袋工作。斜坡传送带 3D 模拟图见图 27。

图 26 装订部分硬件设备实物图

图 27 斜坡传送带 3D 模拟图

7. 机械部分设计小结

本节总结了包装机设计过程中所涉及的机械部分的设计方案，其中机械部分涉及多个环节的机械设计、各个环节之间机械部分相连环节的设计、每个环节中每部分的机械连接设计，此外在每部分中，为了各部分链接的稳定性和可靠性，所有链接部分都尽可能用 3D 打印机打印链接器件，保证连接的可靠性和系统运行的稳定性。本产品原型机实物图见图 8。

13.3.3 电路部分设计

为了实现包装机自动包装，包装机设计中需要用到多个电机以及多个舵机以完成相应的动作，而且设计中需要 PLC 和单片机处理器，完成相应的控制功能。下面详细描述各部分电路的设计方案。

1. 系统整体电路设计

在系统主要硬件选型中已经给出了系统所选择的 CPU，这里根据所选择的 CPU 和系统所需要完成的功能，设计系统的主要控制电路框图如图 28 所示。其中主 PLC（即 PLC1）主要负责各个电机的驱动，从 PLC（即 PLC2）主要负责递袋机械手舵机的控制、订书机控制电路和装袋机械手对折包装袋舵机控制电路的控制，单片机主要负责送料环节（给料环节）中舵机的控制，以及配合主 PLC 完成装袋的工作。

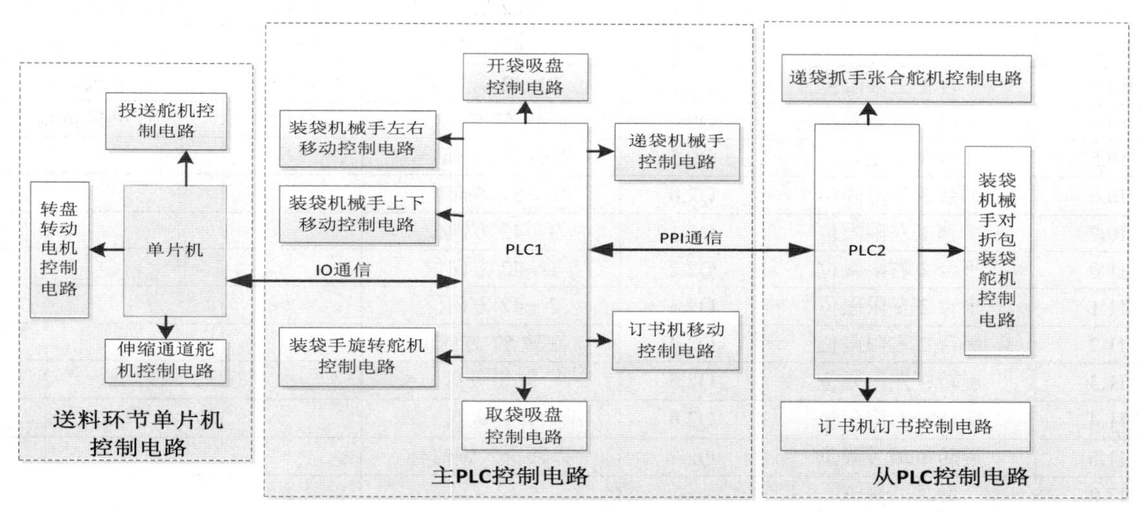

图 28 系统的主要控制电路框图

系统中选用两个开关电源作为所有环节需要的直流电压的输入电源，对于小于 24V 的电压，系统采用对应的降压模块进行降压处理。根据系统的功能需求、性价比以及实验室现有控制器，系统采用了两个 224XP，同时增加了一个扩展模块 EM223，从 IO 口数量上能满足包装机的需求，每个 PLC 处理器 IO 口功能分配如表 9 所示。

2. 取袋环节设计

本产品设计取袋原理是：首先传送带将已贴标的包装袋送入收纳盒后，控制器通过置于收纳盒顶部摄像头采集的图像信息，计算包装袋的偏移量；然后控制器控制械臂移动到包装袋上方，气动系统开始工作，吸盘吸取包装袋；最后机械臂将吸取的包装袋送到递袋环节工作区域[6]。

1）机械臂动作部分

根据所选用的包装袋的尺寸（尺寸为 90mm × 130mm），当递袋机械手抓取包装袋时，包装袋两端垂直偏移量相差在 2mm 以内，可忽略对后续装订环节的影响。如图 29 所示，当包装袋两端垂直

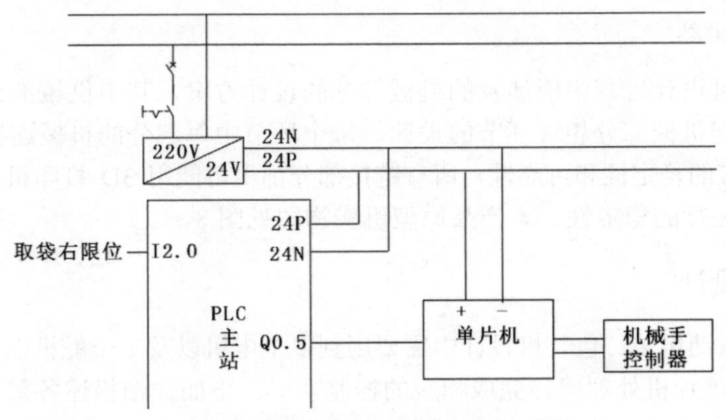

图 29 机械臂动作部分电路控制图

表 9 **PLC 的 IO 分配**

系统输入		输出			
		主机输出		从机输出	
IO	功能	IO	功能	IO	功能
I0.0	系统复位	Q0.0	1～57 信号位	Q0.0	装袋机械手信号
I0.1	开始	Q0.1	3～42 信号位	Q0.1	取袋机械手信号
I0.2	停止	Q0.2	1～42 信号位	Q0.2	订书机 COM 端
I0.3	平台 1 上限限位	Q0.3	2～42 信号位	Q0.3	订书机正端
I0.4	平台 1 下限限位	Q0.4	旋转 57 信号位	Q0.4	订书机负端
I0.5	平台 3 上限限位	Q0.5	机械手工作信号		
I0.6	平台 3 下限限位	Q2.0	1～57 方向位		
I0.7	平台 1 左限限位	Q2.1	3～42 方向位		
I1.0	平台 1 右限限位	Q2.2	1～42 方向位		
I1.1	平台 2 左限限位	Q2.3	2～42 方向位		
I1.2	平台 2 右限限位	Q2.4	旋转 57 方向位		
I1.3	旋转杆左限限位	Q2.5	取袋吸盘		
I1.4	旋转杆右限限位	Q2.6	开袋吸盘		
I1.5	旋转机械手限位	Q2.7	搓纸轮入袋信号		
I2.0	取袋右限位				
I2.1	搓纸轮确认装入袋				

偏移量为相差 2mm 时，由公式（2）计算出包装袋整体旋转偏移角度 θ 为 1.27°

$$\theta = \csc\left(2/9\right)^{\circ} \tag{2}$$

因此，当检测到包装袋旋转偏移角度小于等于 1.27°时，真空吸盘组不需要转动角度，只需要进行水平偏移量矫正，再吸取包装袋并进行递送；当检测到包装袋偏移量大于 1.27°时，需要控制器控制吸盘组舵机旋转相应角度，并进行水平偏移量矫正，再吸取包装袋并进行递送[7]。

另外，通过摄像头采集的信息也可检测收纳盒中是否有包装袋，当检测到没有包装袋时，通知贴标机贴标并将贴好标的包装袋传送到包装袋收纳盒。为了防止收纳盒出现包装袋溢出现象，系统会自动控制贴标机和包装设备协调运行。

2）真空吸盘动作部分

本环节的“吸袋动作”由气泵、电磁阀、真空发生器及真空吸盘的相互配合完成。首先，由电磁阀控制气泵产生的高速压缩气体流经真空发生器，并在其喷管出口产生一定真空度。然后，由喷管处连接的塑制吸盘完成对包装袋的吸取，实现“吸袋动作”。该部分电路控制图如图 30 所示，由于电磁阀的控制电压为 220V，为保护控制电路安全，故采用中间继电器和固态继电器的串接控制实现对电磁阀的控制。当 PLC 主控制器的输出端口 Q2.6 输出高电平时，中间继电器 3 开始工作，接通固态继电器 1 的控制电压，固态继电器 1 开始工作，然后接通电磁阀的控制电压，电磁阀开始工作[8]。

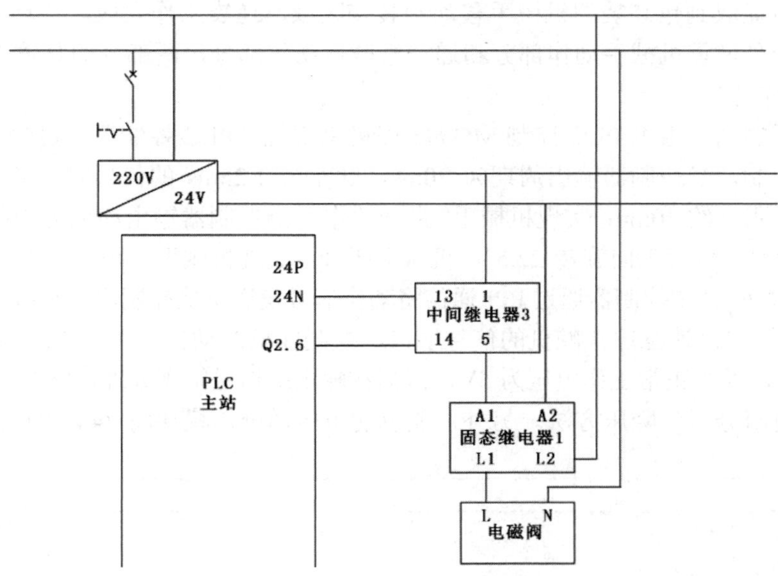

图 30 真空吸盘部分电路控制图

取袋环节图像处理由单片机 ATmega328P 控制，程序流程图如图 31 所示。

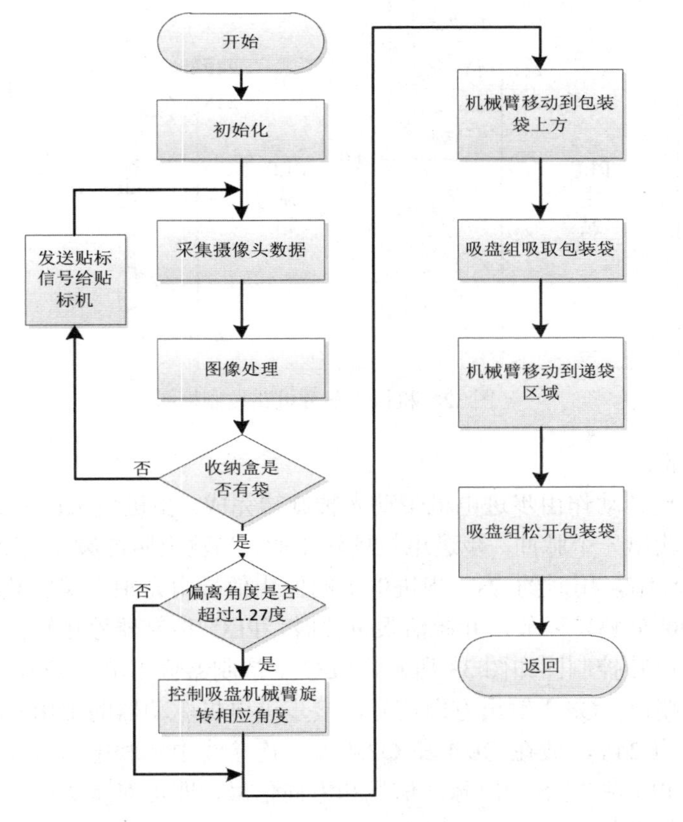

图 31 取袋环节程序流程图

3. 递袋环节设计

本环节的实现功能是通过控制步进电机的转动，使递袋机械手臂转动一定角度实现递袋。具体步骤为：首先由取袋吸盘将包装袋从贴标机传送带取出并放置在指定区域；然后步进电机将递袋机械臂旋转移动到指定区域，并由递袋机械手抓取包装袋，同时，取袋吸盘放开包装袋；最后由步进电机控制机械臂将抓取到包装袋的机械手移动到装袋区域，递袋工作完成。该环节主要有两部分动作需要控制，分别是递袋机械手动作部分和递袋机械臂动作部分，两部分的具体操作如下。

1）机械手动作部分

本环节机械手的动作由主 PLC 控制 MG995 舵机来实现。PLC 控制器通过输出 PWM 脉宽调制信号对舵机进行控制，当控制器输出周期为 20ms、脉宽为 1.25ms 的信号时，舵机相对零位置反向旋转 22.5°，机械手张开约 40mm，实现机械手“张开动作”；当控制器输出周期为 20ms、脉宽为 1.75ms 的信号时，舵机相对零位置正向旋转 22.5°，机械手闭合，实现机械手“闭合动作”。该部分电路控制图如图 32 所示，由 PLC 主控制器通过 PPI 通信将动作信号发送至从控制器，然后，由 PLC 从控制器的输出端口 Q0.0 输出高速脉冲至舵机的信号端口，控制舵机的动作。由于 PLC 控制器输出的高电平信号电压为 24V，舵机正常工作电压为 5V，故需在输出端口做降压处理，将输出电压降为 5V，本产品设计采用“电阻分压”降压方法。另外，舵机的电压由降压模块将 24V 电压降为 5V 后提供。

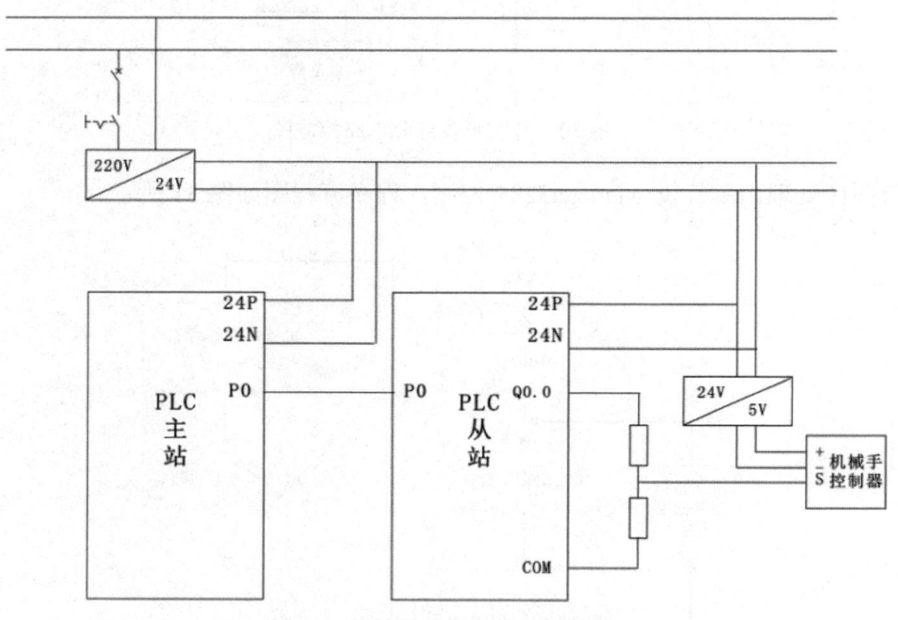

图 32　机械手部分电路控制框图

2）机械臂动作部分

本环节机械臂的旋转动作由步进电机带动光轴旋转完成。步进电机由 PLC 主控制器输出高速脉冲信号进行控制，每输出一个脉冲，步进电机旋转 1.8°。当输出脉冲频率为 25Hz 时，机械臂从取袋环节旋转 90°至装袋环节，用时约 2s。步进电机的停止信号由光轴一端安装的限位器输出，当机械臂从取袋环节旋转 90°至装袋环节，并激活限位器时，PLC 控制器停止输出高速脉冲信号，步进电机停止动作。该部分电路控制图如图 33 所示，PLC 主控制器输出端口 Q0.4 输出脉冲信号，接步进电机驱动器的 CLK+端口；Q2.4 输出方向信号，接步进电机驱动器的 DIR+端口。由于 PLC 控制器输出高电平信号电压为 24V，故在 Q0.4 和 Q2.4 端口连接线中串联电阻以保护驱动电路，串联电阻约为 2kΩ。通过控制 PLC 控制器输出脉冲信号和方向信号，即可对步进电机进行速度调节和方向调节，完成机械臂的旋转动作。

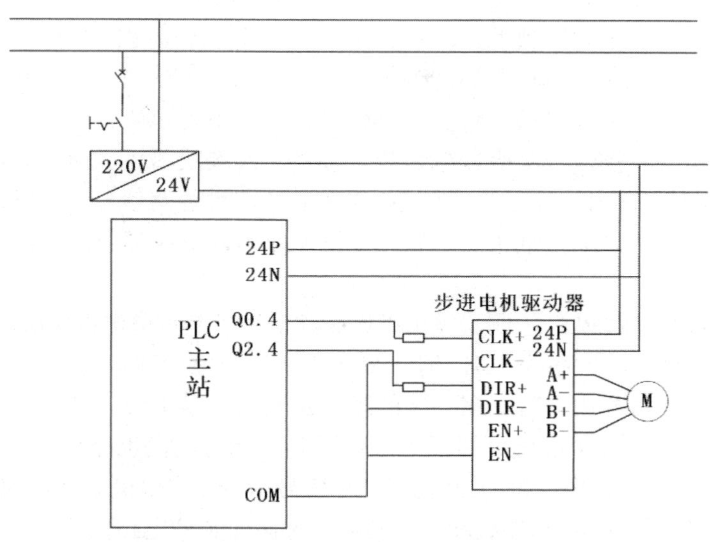

图 33 机械臂部分电路控制框图

在递袋环节中，依据电机的参数选择 TB6560 步进电机驱动器驱动电机运行，步进电机驱动器的参数见表 10。

表 10 TB6560 步进电机驱动器参数

供电电压/V	8～35	驱动电流范围/A	0.3~3
最大细分数	16	电流挡位	14
电流分辨率/A	0.2	外形尺寸/mm	75 × 51 × 35

递袋环节程序流程图如图 34 所示。

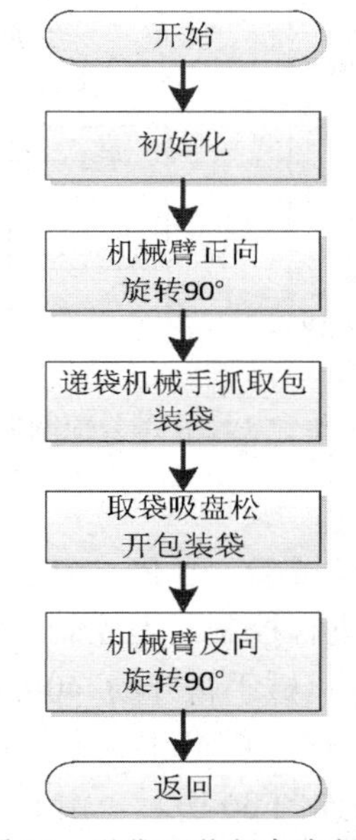

图 34 递袋环节程序流程图

4. 装袋环节设计

考虑到装袋过程比较复杂，因此装袋环节由两个处理器协助处理，包装袋部分由 PLC 控制实现，搓纸轮运动部分由单片机控制实现。下面先介绍 PLC 控制部分的系统设计。

本环节实现的功能是通过对机械手、真空吸盘以及搓纸轮传输盘的控制实现装袋。具体步骤为：首先，递袋机械手将包装袋从取袋环节递送到装袋环节，同时平台 1（即装袋机械手操作平台，以下同）上移至指定区域，由装袋机械手代替夹持包装袋，并下行至工作区域；然后，吸盘机械臂夹紧，并由控制器发出信号，控制吸盘吸取包装袋。接着，装袋机械手夹紧一定幅度，为张袋提供足够空间；最后，吸盘机械臂张开，完成张袋任务，并发出“工件掉落信号”，给料环节收到信号后，传送一个搓纸轮到包装袋中，完成搓纸轮的装袋。详细操作由以下四部分操作组成，具体为：

1）平台 1 动作部分

本环节中平台 1 的动作由 PLC 控制器发出高速脉冲信号控制步进电机完成。每输出一个脉冲，步进电机旋转 1.8°。当输出脉冲频率为 10Hz 时，平台 1 从递袋位置移动约 150mm 至装袋位置，用时约 3.5s。步进电机的停止信号由平台一端安装的限位器输出，当平台 1 下行并激活下限位器时，步进电机停止动作；并且当平台 1 上移并激活上限位器时，步进电机也停止动作。该部分控制电路图如图 35 所示，PLC 主控制器输出端口 Q0.0 输出脉冲信号，接步进电机驱动器的 CLK+端口；Q2.0 输出方向信号，接步进电机驱动器的 DIR+端口。同样，为保证驱动电路安全，在控制器的脉冲信号输出端口和方向信号输出端口均串接约 2kΩ 电阻。通过控制 PLC 控制器输出脉冲信号和方向信号，即可实现平台 1 的上下动作及速度调节。

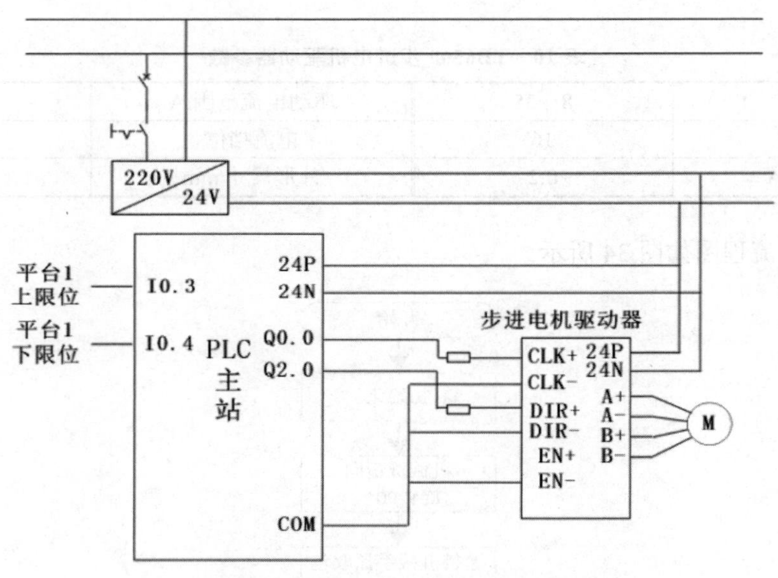

图 35　平台 1 动作部分控制电路图

2）装袋机械手动作部分

本环节中装袋机械手的动作同递袋机械手，由 PLC 从控制器对小型舵机的控制实现。PLC 控制器通过输出 PWM 脉宽调制信号对舵机进行控制，当控制器输出周期为 20ms、脉宽为 1.25ms 的信号时，舵机相对零位置反向旋转 22.5°，机械手张开约 40mm，实现机械手“张开动作”；当控制器输出周期为 20ms、脉宽为 1.75ms 的信号时，舵机相对零位置正向旋转 22.5°，机械手闭合，实现机械手“闭合动作”。该部分电路控制框图如图 36 所示，由 PLC 主控制器通过 PPI 通信将动作信号发送至从控制器，然后，由 PLC 从控制器的输出端口 Q0.1 输出高速脉冲至舵机的信号端口，控制舵机的动作。同样，舵机的电压由降压模块将 24V 电压降为 5V 后提供。

3）吸盘机械臂动作部分

本环节吸盘机械臂的张合动作由步进电机带动齿条反向动作完成。步进电机由 PLC 主控制器输出脉冲信号进行控制，每输出一个脉冲，步进电机旋转 1.8°。当控制器输出脉冲频率为 50Hz 时，经

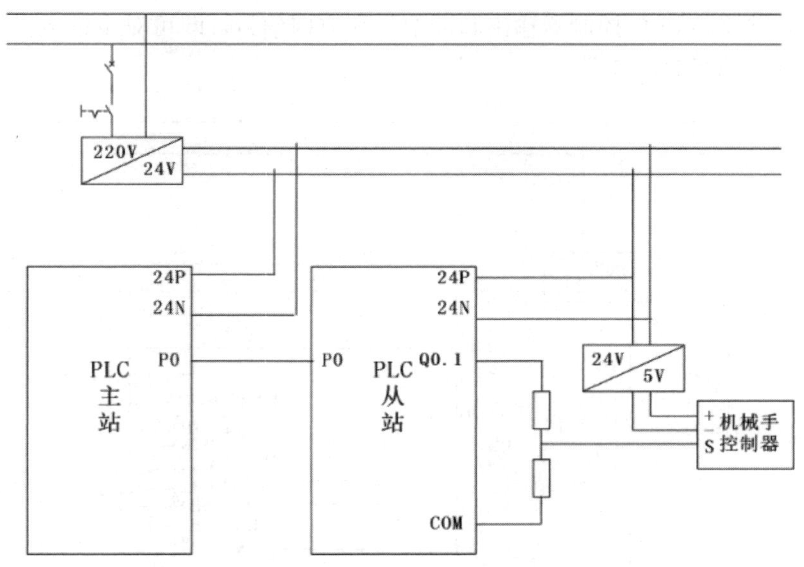

图 36　装袋机械手动作部分控制电路图

由步进电机驱动器 8 细分后，机械臂单个张合动作幅度约 60mm，步进电机旋转角度约 270°，用时约 4s。步进电机的停止信号由机械臂两端安装的限位器输出，当吸盘机械臂张开约 60mm，并激活限位器时，PLC 停止输出脉冲信号，步进电机停止动作。该部分电路控制控制框图如图 37 所示，PLC 主控制器输出端口 Q0.3 输出脉冲信号，接步进电机的 CLK+端口；Q2.3 输出方向信号，接步进电机驱动器的 DIR+端口。同旋转机械臂的控制，为保护驱动电路，也需在控制器与驱动器连接端口间串联阻值约 2kΩ 的电阻。通过控制 PLC 控制器输出脉冲信号和方向信号，即可对步进电机进行速度调节和方向调节，完成机械臂的张合动作。

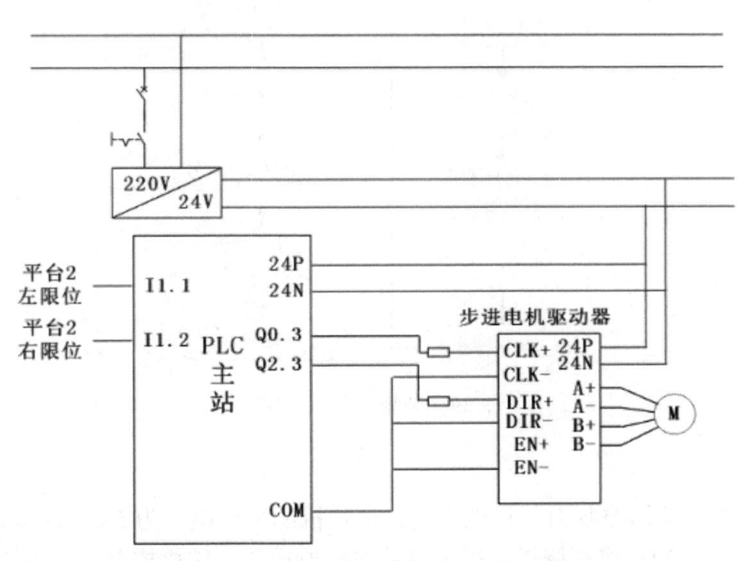

图 37　吸盘机械臂动作部分电路控制框图

4）张袋机械臂动作部分

本环节张袋机械臂的机械结构和吸盘机械臂相同，当控制器输出脉冲频率为 50Hz 时，经由步进电机驱动器 8 细分后，机械臂单个张合动作幅度约 40mm，步进电机旋转角度约 180°，用时约 2.5s。机械臂的停止信号也由安装在机械臂两端的限位器输出，当吸盘机械臂张开约 40mm，并激活限位器时，PLC 停止输出脉冲信号，步进电机停止动作。该部分电路控制控制框图如图 38 所示，同张袋机械臂的控制，通过控制 PLC 控制器输出脉冲信号和方向信号，即可对步进电机进行速度调节和方向调节，完成机械臂的张合动作[9]。

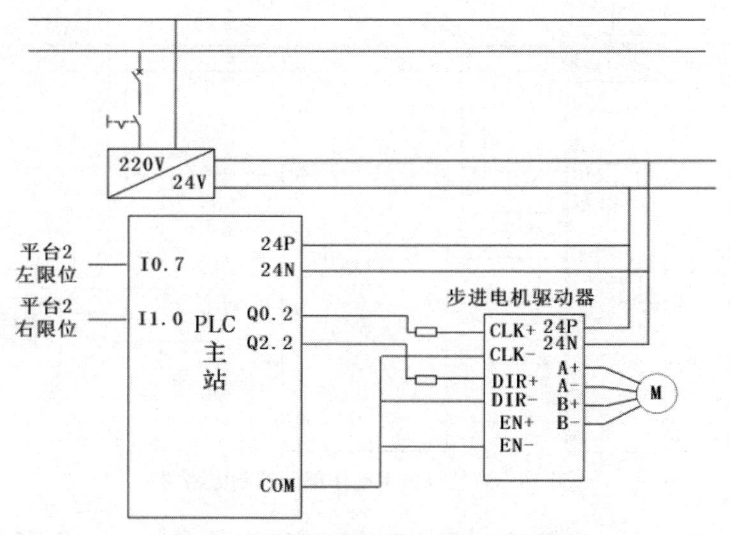

图 38 装袋机械臂动作部分控制电路图

装袋环节程序流程图如图 39 所示。

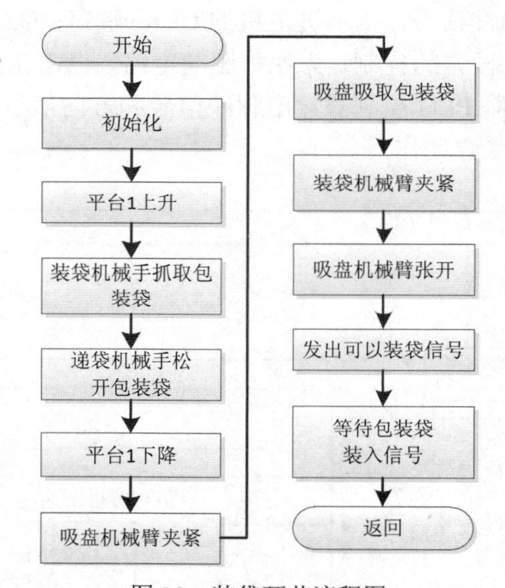

图 39 装袋环节流程图

5. 给料环节设计

装袋环节中搓纸轮的运动控制由单片机实现，单片机的工作电压为 5V，这里采用由 LM2596S 组成的降压电路对系统电压 24V 进行降压，以供单片机控制电路、舵机控制电路使用，该降压电路的输入电压范围为 15～24V，输出电压范围为 1.23～37V，输出电流最大能达到 3A，精度 4%。单片机控制系统电路如图 40 所示，其中图 40（a）是降压模块电路图，图 40（b）是单片机控制电路图。

单片机控制部分的工作原理是：首先单片机通过 D10 端口输出控制转动盘转动信号，控制转动电机转动以带动料仓中的搓纸轮能够转动到投送臂仓；当投送臂仓通过光电开关检测到仓中有搓纸轮时，同时根据从端口 PC5 接收到的 PLC 袋口是否张开的信息判断是否投送，如果没有接收到袋口已经张开的信息，那么通过端口 D10 控制转动盘停止转动；如果从 PC5 接收到来自 PLC 的袋口已

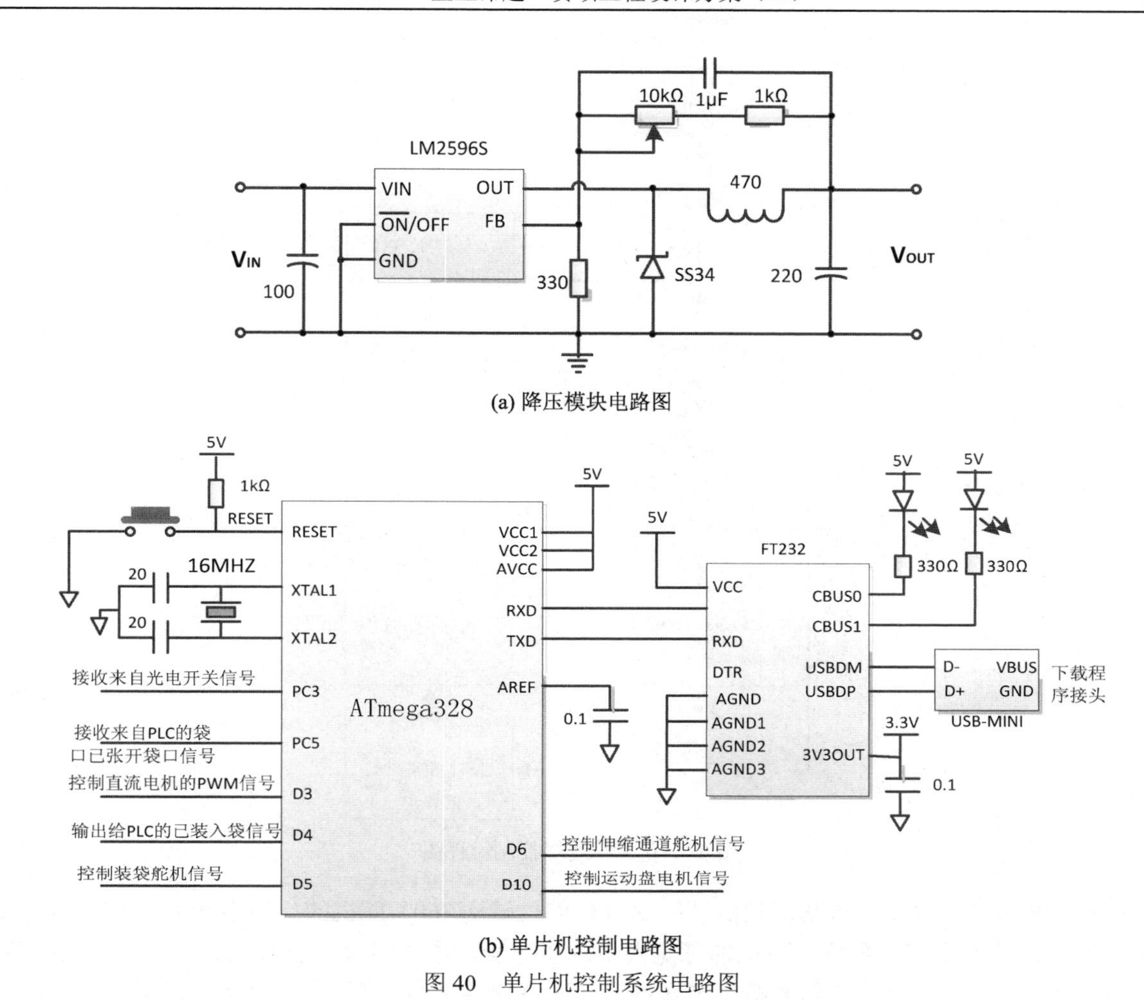

(a) 降压模块电路图

(b) 单片机控制电路图

图 40　单片机控制系统电路图

经张开，那么单片机将从 D5 口输出控制伸缩通道舵机信号，伸开进料伸缩轨道，使轨道最低端伸到包装袋口，延长 0.5 秒后通过 D5 端口控制装袋舵机转动，带动搓纸轮投送臂将投送臂仓中的搓纸轮投送到进料伸缩轨道；接着控制伸缩轨道收回，同时通过 D4 端口发送给 PLC 一个已经装入包装袋的信号，一次装袋工作完成[10]。

单片机程序控制流程图如图 41 所示。

6. 装订环节设计

装订环节实现的功能是将已经装入搓纸轮的包装袋袋口打折 360°并用订书机装订袋口。本产品设计通过控制装订机械手和电动订书机实现搓纸轮包装袋封装。具体步骤为：首先，当搓纸轮掉落到包装袋后，发出“确认掉落信号”，PLC 接收到确认掉落信号后，PLC 控制取袋吸盘松开包装袋，装袋机械手机械臂水平拉伸运动拉直包装袋，并在激活两端限位器后机械手停止移动；其次，机械手在 360°舵机的带动下开始旋转，PLC 主控制器通过对 360°舵机的速度和旋转时间控制，实现包装袋的“两折封装”过程；然后，平台 1 上升，同时平台 3（即安装订书机的平台，以下同）带动订书机下降，当封装好的包装袋准确进入订书机装订区域后，发出“装订信号”，订书机工作，将封装好的包装袋进行装订，实现包装袋的装订过程。最后，平台 1 下降，同时平台 3 上升，当平台 1 下限位激活时，装袋机械手松开包装袋，并且机械臂张开，将装订好的工件掉落到传送带上，送往下一工位。该环节主要由两部分动作组成，详细操作如下：

1）机械手旋转动作部分

本环节装袋机械手旋转动作由 PLC 控制器通过继电器控制旋转舵机控制模块上电，进而控制旋

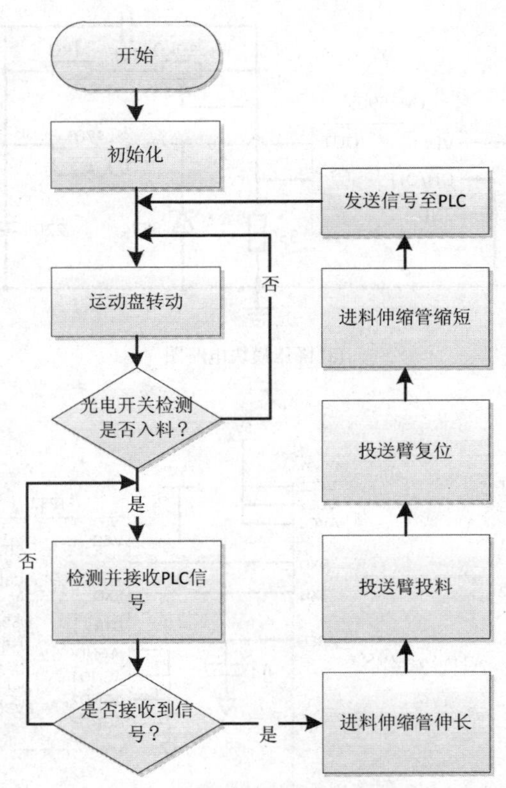

图 41　单片机程序控制流程图

转舵机控制模块输出 PWM 脉宽调制信号控制 360°舵机转动 360°。舵机的启停由 PLC 主控制器控制，旋转速度由旋转舵机控制模块上集成的脉宽调节旋钮控制，通过限位器的激活命令，实现机械手的 360°精准旋转，即当放置在旋转机械手末端的旋转限位器连续激活两次时，PLC 控制器输出停止命令，360°机械手停止旋转。机械手旋转动作部分电路控制框图如图 42 所示，PLC 主控制器输出端口 Q2.7 连接中间继电器 3 的 14 端口，当 Q2.7 输出高电平时，中间继电器 3 工作，旋转舵机控制模块上电，并输出 PWM 脉宽调制信号对机械手进行控制。

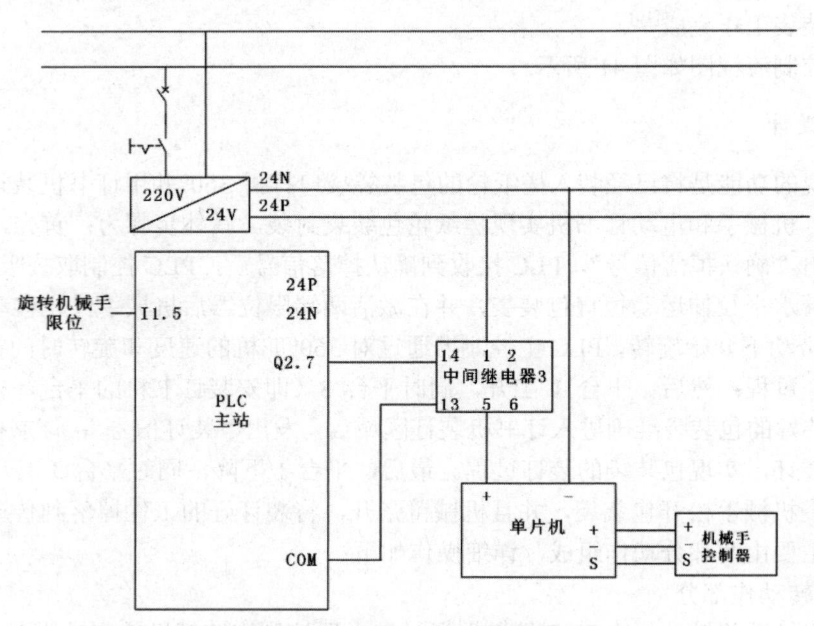

图 42　机械手旋转动作部分控制电路图

2）电动订书机动作部分

本环节包装袋的装订工作由电动订书机完成，电动订书机由 PLC 控制器控制其打钉动作，并由丝杠螺母联动其进入工作区域，完成装订工作后离开工作区域。电动订书机电路图如图 43 所示。当公共端（1 端口）先与常闭端（3 端口）接通，再与常开端（2 端口）接通时，订书机完成一次打钉工作。订书机动作部分控制电路图如图 44 所示。

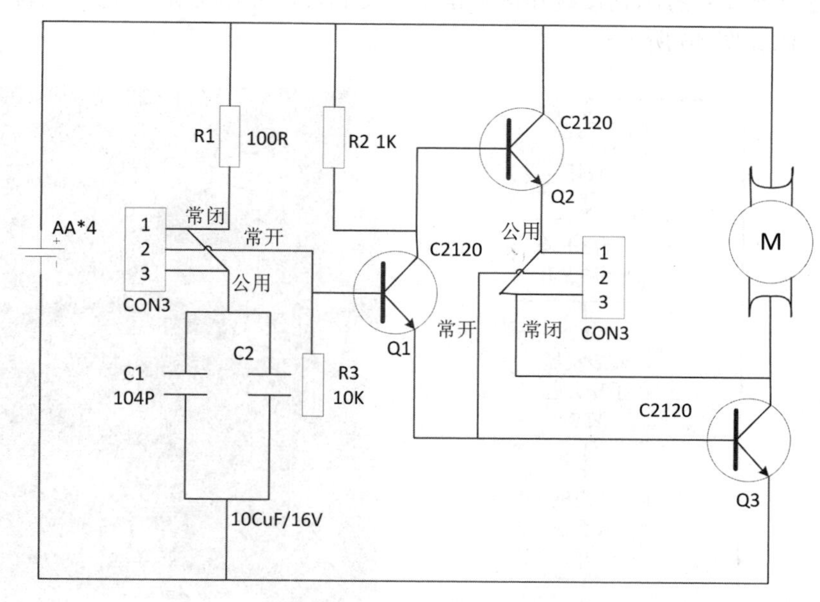

图 43　电动订书机电路图

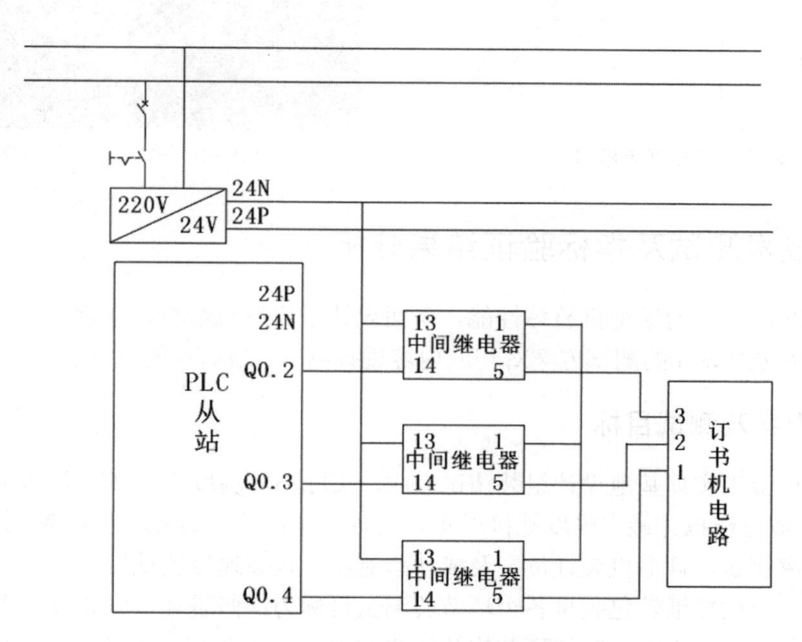

图 44　订书机动作部分电路控制框图

PLC 从控制器的输出端口 Q0.2、Q0.3、Q0.4 分别连接继电器 4、继电器 5、继电器 6 的 13 端口，当 Q0.2 和 Q0.4 端口输出高电平时，订书机电路的 1、3 引脚接通，当 Q0.3 和 Q0.4 端口输出高电平时，订书机电路的 2、3 引脚接通。通过控制端口高电平输出时间和输出顺序，实现订书机的打钉工作。

装订环节控制流程图如图 45 所示。

7. 系统主电路布局

在设计了包装机各环节电路后，根据电气设计规范，利用型材，搭建了相应的电路，并在包装机一侧从上到下安排了电源开关、复位按键、处理器、继电器、接线端子等，并在周围放置线槽，所有连线都放置在线槽中；考虑到接线和排查错误的便利性，所有线端都装有写着标号的电线套管。系统的主电路接线图如图 46 所示。

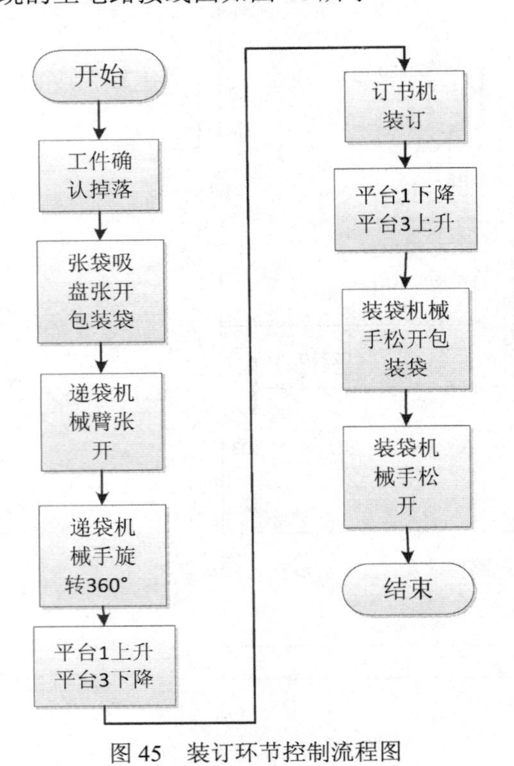

图 45 装订环节控制流程图

图 46 系统的主电路接线图

13.4 产品技术测试及指标验证结果分析

为了准确判断所设计的原型机整体性能，下面设计了原型机给料、递袋、装袋、装订四个环节的测试方案，并按照所设计的测试方案对相应内容进行测试，最后对测试结果进行了整体分析说明。

13.4.1 测试内容及测试目标

包装机在本校金工实训基地设计组装调试完成，实际环境温度为 37℃、湿度为 42%、环境噪声为 60dB，测试环境已模拟并最大限度地接近实际设备工作环境。测试内容主要包括机械手抓袋位置测试、开袋成功率测试、订书机装订位置及成功率测试、包装速度测试等。

本次设计的全自动搓纸轮包装机各个环节的测试目标为：张袋环节张袋成功率不小于 95%；机械手抓袋位置误差不大于 10%；装订环节旋转位置准确率不低于 95%（旋转误差不大于 2.8%，即误差不大于 10°）；装订环节成功装订率不小于 95%。因决赛最终答辩前提出更为可行的取袋环节设计，原先的取袋环节已不再适用，原先取袋环节测试内容将不再赘述，改动后的取袋环节测试将于赛后进行。

包装机整体性能的测试目标包括：整体包装速度不小于每分钟 2 个，包装机整体在振动环境、不同温度环境下的运行可靠性。

13.4.2 包装袋规格调试及性能测试

1. 调试过程

鉴于企业需包装的搓纸轮品种多样、大小各异，为了满足多种搓纸轮的使用，选取包装袋时应尽量满足各类搓纸轮的包装。通过查询各类打印机品牌的搓纸轮的尺寸信息，结合开袋机械手夹持包装袋的尺寸（根据企业对包装袋两折装订后尺寸的要求，单只机械手夹持尺寸为 8～15mm），最终选取 90mm × 130mm、100mm × 150mm 两种规格的包装袋进行测试，优先保证包装袋装订后的尺寸要求及搓纸轮准确掉落和开袋之后做到最小，经过反复测试，确定 90mm × 130mm 规格的包装袋能满足各类所查搓纸轮的包装要求。

2. 性能测试

通过采用不同尺寸的包装袋进行包装测试，从包装袋大小和包装袋效果等方面选取最佳尺寸的包装袋。具体测试方法：

（1）功能测试主要是通过选取不同尺寸的包装袋满足包装搓纸轮的要求；

（2）成本测试主要是选取最佳尺寸的包装袋，尽可能地为企业节约成本；

（3）效率测试主要是利用不同包装袋大小判断包装效率。

测试工具：原型机、搓纸轮。

3. 测试结果

通过对规格为 90mm × 130mm 包装袋进行包装不同规格的搓纸轮，能满足包装要求的测试精度达 98%，符合要求。

13.4.3 递袋环节调试及性能测试

1. 递袋环节调试

递袋环节主要调试递袋机械手从取袋环节移动至装袋环节时，期间不发生移位掉落。结合设计规范要求，递袋机械手夹持包装袋位置应该是距离包装袋上边线 10～15mm 为宜。递袋环节主要是对递袋机械手抓取 90mm × 130mm 规格包装袋位置调试，调试次数为 20 次。调试结果如表 11 所示。从表中可以递袋机械手抓取位置误差小，基本能够准确实现递袋操作。

表 11 递袋机械手抓袋位置误差测试结果

距上边线位置/mm	1～10	10～15	15～30
夹持次数/次	0	20	0
准确率/%	100		

2. 性能测试

（1）功能测试：测试递袋机械手能否完成递袋操作。

（2）性能测试：完成 100 次递袋动作，确定递袋机械手抓取位置准确率。

（3）可靠性测试：在包装袋出现挤压、皱纹等现象时，完成 100 次递袋操作，确定递袋机械手抓取位置的可靠性。

测试工具：平整的新包装袋 100 个，出现不同程度皱纹的包装袋 100 个。

3. 测试结果

本次测试对包装袋进行 100 次递袋操作，测试结果见表 12。测试结果说明，递袋操作的成功率达到99%，递袋机械手具备递袋操作的功能，递袋操作满足设计要求。

表12　机械手抓袋位置误差测试结果

距上边线位置/mm	小于10	10～15	大于15
夹持次数/次	0	100	0
准确率/%	100		

13.4.4　装袋环节调试及性能测试

1. 装袋环节调试

该环节主要调试装袋机械手在替代递袋机械手夹持包装袋时，夹持位置是否符合要求，即夹持距离为10mm，误差不大于10%，夹持位置距离包装袋侧边线10～20mm、举例包装袋上边线7～10mm。该调试环节通过调节机械手位置，来调试装袋机械手从递袋机械手抓取规格为90mm×130mm的包装袋，调试次数为20次。调试结果如表13所示。通过调试结果，调整机械手初始位置和初始角度，调整限位开关的位置，以确保实现装袋操作。

表13　装袋机械手抓袋位置误差测试结果

夹持次数/次	0	20	0
准确率/%	100		
距上边线位置/mm	小于7	7～10	大于10
夹持次数/次	4	15	1
准确率/%	75		

2. 性能测试

（1）功能测试：测试装袋机械手能否完成装袋抓取操作。

（2）性能测试：完成100次装袋动作，确定装袋机械手抓取位置准确率。

（3）可靠性测试：在递袋机械手抓取位置没有出现误差（在要求范围内）和出现误差（误差小于10%）时，装袋机械手完成100次装袋操作，确定装袋机械手抓取位置的准确性。

测试工具：平整的新包装袋100个，出现不同程度皱纹的包装袋100个。

3. 测试结果

通过对新的包装袋（平整且没有任何皱纹）和旧的包装袋（有不同程度皱纹的包装袋）分别进行100次装袋操作，测试结果见表14。测试结果说明，装袋机械手具备装袋操作的功能，且当包装袋平整、没有任何皱纹、递袋机械手抓取位置准确率达到100%时，装袋机械手抓取位置距离侧边线准确率达到100%，距离上边线准确率达99%；如果包装袋有不同程度的皱纹、递袋机械手抓取位置准确率为98%时，装袋机械手抓取位置距离侧边线的准确率为96%，距离上边线的准确率为95%。测

表14　装袋机械手抓袋位置误差测试结果

包装袋类型	包装袋为新，平整无皱纹			包装袋有皱纹		
距侧边线位置/mm	小于10	10～20	大于20	小于10	10～20	大于20
夹持次数/次	0	100	0	3	96	1
准确率/%	100			96		
距上边线位置/mm	小于7	7～10	大于10	小于7	7～10	大于10
夹持次数/次数	1	99	0	3	95	2
准确率/%	99			95		

试结果还说明，当递袋机械手抓取位置出现误差时，装袋机械手的抓取位置会累积误差，导致装袋机械手装袋准确率下降，但是只要递袋机械手抓取位置准确率满足设计要求，递袋机械手抓取位置就能满足设计要求，说明装袋可靠性满足要求。

13.4.5 开袋环节调试及性能测试

1. 开袋气压调试

开袋气压调试主要是调试开袋需要的气压大小，以保证张袋机械臂能带动真空开袋吸盘打开袋口。经过反复试验得出，空压机输出气压在 0.3～0.5MPa 时，开袋成功率较大，为保证开袋成功率在 95%以上，且开袋后包装袋形变不影响后续给料环节的正常运行，本环节对 90mm × 130mm 规格包装袋分别在输出气压约为 0.3MPa、0.4MPa、0.5MPa 进行开袋调试，调试次数分别为 20 次。调试环境为：空压机输出气压保持在 0.3MPa、0.4MPa、0.5MPa 左右。调试结果见表 15。因此包装机开袋吸盘气压选择为 0.5MPa。

表 15 开袋成功率测试结果

气泵输出气压/MPa	开袋合格次数/次	开袋不合格次数/次数	开袋合格率/%
0.3	10	10	50
0.4	15	5	75
0.5	20	0	100

2. 性能测试

（1）功能测试：测试开袋吸盘能否完成开袋操作。

（2）性能测试：通过完成 100 次开袋动作，确定开袋吸盘打开袋口的合格率。

（3）可靠性测试：① 在开袋吸盘气压为 0.5MPa、0.5MPa±0.02MPa 和 0.5MPa±0.05MPa 时，开袋吸盘打开包装袋的合格率，确定气压波动对开袋的影响情况；② 在装袋机械手抓取位置出现误差（误差范围 10%）时，确定抓取位置误差对开袋的影响情况。

3. 测试结果

1）测试气压波动对开袋合格率的影响

在开袋吸盘气压为 0.5MPa、0.5MPa ± 0.02MPa 和 0.5MPa ± 0.05MPa 时，通过对新的包装袋（平整且没有任何皱纹）进行 100 次开袋测试，测试结果见表 16。

表 16 有气压波动时开袋合格率测试结果

气泵输出气压/MPa	开袋合格次数/次	开袋不合格次数/次	开袋合格率/%
0.5	100	0	100
0.5±0.02	100	0	100
0.5±0.05	99	1	99

表 4-6 说明，开袋吸盘中的气压只要在 0.5MPa±0.05MPa 范围内，开袋吸盘就能成功打开包装袋袋口，具备开袋功能，而且开袋合格率不小于 99%。

2）测试装袋机械手抓取位置出现误差时对开袋合格率的影响

在开袋吸盘气压为 0.5MPa 时，当装袋机械手抓取位置距离侧边线和距离上边线的准确率分别为 100%和 100%、95%和 95%、100%和 95%以及 95%和 100%，分别进行 100 次测试，测试结果见表 17。

表 17 装袋机械手抓取位置出现误差时开袋合格率测试结果

抓取位置误差/%	开袋合格次数/次	开袋不合格次数/次	开袋合格率/%
100%和 100%	100	0	100%
95%和 95%	97	3	97%
100%和 95%	98	2	98%
95%和 100%	99	1	99%

测试结果说明，装袋机械手抓取位置出现误差时会对开袋合格率有一定的影响，但是影响不大，能满足开袋合格要求。

13.4.6 装订环节旋转位置调试及性能测试

1. 装订环节旋转位置准确性测试

在装订操作前，根据企业要求，需要对袋口对折处理，因此这部分的调试主要是调试装订环节装袋机械手臂转动角度的准确性，即装袋机械手臂需要旋转 360°使包装袋袋口转动两折，误差不超过 2.8%，即误差不超过 10°。

因此该测试环节对 90mm × 130mm 规格包装袋进行装订环节旋转位置准确性进行测试。

2. 测试结果

当初始角度为 0°时，控制装袋机械手臂转动角度测试 100 次，测试结果见表 18。从表中可以看出，虽然有一定的误差，但是结果能满足要求。

表 18 装订环节旋转位置测试结果

包装袋规格/mm	小于 350°/次	350°～370°/次	大于 370°/次	准确率/%
90*130	3	96	1	96%

13.4.7 装订环节性能测试

装订环节主要对 90mm × 130mm 规格包装袋进行打钉成功率测试，测试包装袋在张袋机械手上的位置相同，即距包装袋侧边线 10mm、距包装袋上边线 8mm，这样既满足企业对装订的位置要求，又能最大限度地发挥原型机的功能；装订环节平台移动速度、移动距离也都基本保持不变。

1. 性能测试

（1）功能测试：测试能否完成装订操作。

（2）性能测试：通过完成 100 次装订操作，确定装订操作的成功率。

（3）可靠性测试：① 在装袋机械手臂转动角度的满足 360°±10°情况下，通过 100 次的装订操作，判断装订的可靠性；② 在装袋机械手臂转动角度的大于 370°同时小于 380°或者小于 350°同时大于 340°的情况下，通过 100 次的装订操作，判断装袋机械手臂转动角度的误差对装订可靠性的影响；③ 在装袋机械手臂转动不同步时对装订可靠性的影响。

2. 测试结果

1）装袋机械手臂转动 360°的情况下的装订成功率测试

包装袋规格 90mm × 130mm，装订 100 次，测试结果见表 19。

2）装袋机械手臂转动角度在 350°~ 370°时装订成功率测试

包装袋规格 90mm × 130mm，装订 100 次，测试结果见表 20。

表 19 转动 360° 装订成功率测试结果

旋转角度/°	装订成功次数/次	装订失败次数/次	装订成功率/%
360	100	0	100

表 20 转动 350°～370° 时装订成功率测试结果

旋转角度/°	装订成功次数/次	装订失败次数/次	装订成功率/%
350～370	99	1	99

3）装袋机械手臂转动角度在 340°～350°和 370°～380°范围内时装订成功率测试

包装袋规格 90mm × 130mm，装订 100 次，其中装袋机械手臂转动角度大于 370°同时小于 380°和小于 350°同时大于 340°各 50 次，测试结果见表 21。

表 21 转动角度偏差大时装订成功率测试结果

旋转角度/°	装订成功次数/次	装订失败次数/次	装订成功率/%
340～350	49	1	98
370～380	48	2	96

4）装袋机械手臂转动不同步时（误差在 10°范围内）装订成功率测试

包装袋规格 90mm × 130mm，装订 100 次，其中装袋机械手臂左手臂旋转 355°，右手臂旋转 365°时，测试结果见表 22。

表 22 转动角度不同步时装订成功率测试结果

旋转角度/°	装订成功次数/次	装订失败次数/次	装订成功率/%
左手臂旋转 355° 右手臂旋转 365°	94	6	94

由表 20～表 23 可以看出，只要装袋机械手左右手臂旋转同步情况下，旋转角度误差在 20°范围内，就可以实现装订操作，如果装袋机械手左右手臂旋转不同步的情况下，出现 10°的扭曲，那么装订成功率会迅速下降。但是整体装订测试结果满足要求。

13.4.8 测试结果分析

测试数据显示，在最大限度地模拟设备实际工作环境的情况下，本产品原型机已通过包装袋规格测试、开袋成功率测试、递袋环节位置测试以及装订环节打钉成功率测试，未通过装袋环节位置测试和装订环节旋转位置测试。

通过对原型机的分析可得，原型机使用的型材材料在固定状态下可能会出现螺丝松动导致出现包装失败的情况；另外在机械手抓取位置还需继续做防滑处理，在包装袋移动过程中存在滑落现象，并且包装袋在递袋环节向装袋环节移动过程中，存在误差累积问题，这也是导致装袋环节位置测试未通过的主要原因；另外，在装订环节中，由于未做旋转回零处理，所以也存在误差累积问题。改进方法为：

（1）在机械手抓取位置粘贴防滑膜，增大摩擦系数。

（2）调整原型机机械手位置，确保位置的准确性。

为了提高控制的精度，系统硬件可以采用可输出多路高速脉冲信号的定位模块。

通过以上数据分析可知，设计的包装机通过测试，满足设计要求。

13.5 产品创新性及关键技术

本产品搓纸轮自动包装设备填补了搓纸轮自动包装行业的空白，替代现存的人工包装环节，提高了生产效率，降低了人工成本。产品创新性主要体现如下。

（1）给料环节因搓纸轮形状、材料的特殊性，市面暂无可行搓纸轮供料方案，本产品通过圆形运动盘旋转所提供的离心力将搓纸轮沿固定分离轨道分离出仓，并在运动盘底面及固定分离轨道侧壁定距设置突起，利用线接触减少搓纸轮与运动盘和轨道内壁接触受到的摩擦力，加快搓纸轮出仓速度。

（2）首次实现“两折装订”包装法的自动化方法，装袋机械手夹持包装袋袋口旋转 360°完成袋口翻折，翻折同时装订机下移缩短装订时间，此方法节省成本，且保证其可靠性。

（3）引入机器视觉技术，通过对包装袋所贴标签进行图像处理确定包装袋偏移角度，取袋机械臂旋转取袋吸盘组矫正包装袋位置，保证后续包装进行。实现了包装机与现有贴标机生产线的无缝对接，减少了中间的人为干预，提升了整个系统的自动化水平。

13.6 产品未来展望

13.6.1 系统扩展性

考虑到搓纸轮品种多样，装搓纸轮的袋子大小不一等原因，在设计自动装袋系统时，从机械结构到程序开发，充分考虑了系统对不同品种的搓纸轮的适应情况。另外，为了提高系统整体的自动化程度，保证系统与其他工位的无缝衔接，本团队设计了另外一套取袋机构，实现包装机与贴标机的完美配合，进一步提高系统的工作效率。

1. 机械结构的扩展性

为了适应不同尺寸的搓纸轮，从取袋吸盘组、递袋机械手、装袋机械手以及搓纸轮传输盘和料仓等多个机械部件上都做了充分考虑，系统所设计的机械部件能够适应包装袋的尺寸大小范围为 80mm × 120mm～140mm × 130mm，这样通过简单更换相应部件或者调整限位开关的位置就可以适应不同尺寸和形状的搓纸轮包装。

图 47 是开袋吸盘，开袋吸盘的直径（根据企业对包装袋两折装订后尺寸的要求，单只机械手夹持尺寸为 8~15mm，开袋吸盘经过测试选取直径为 32mm）。

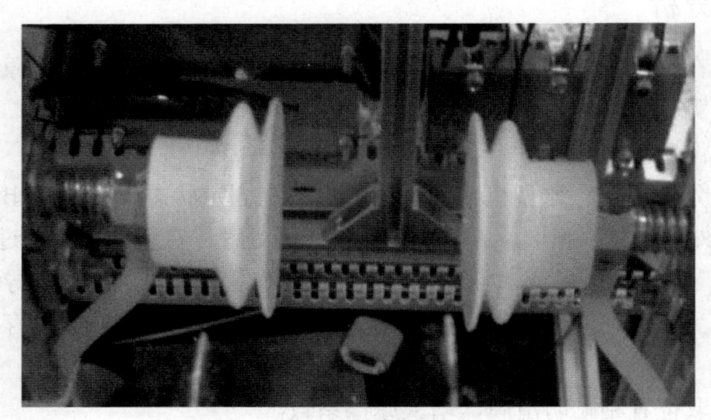

图 47 开袋吸盘

图 48 是递袋机械手结构图，为了适应不同宽度的包装袋，可以通过调节轴上两个取袋机械手的宽度完成。

图 48 递袋机械手结构图

图 49 是装袋机械手结构图，为了适应不同宽度的包装袋，装袋机械手的宽度也可以通过调节推杆两端的限位开关来适应不同大小的包装袋。

图 49 装袋机械手结构图

图 50 是搓纸轮传输盘。传输盘采用了运动盘和固定分离轨道设计方式，其中图中下半部分为运动盘，由步进电机带动转动，上半部分固定连接在系统本体上，作为分离轨道，控制搓纸轮的运动轨道，使搓纸轮能够按照轨道送到指定位置，考虑到搓纸轮品种多、形状不同、摩擦系数大等特点，运动盘和轨道中每隔相同的距离都设计了条形条纹，运动盘中心还设计了圆锥形坡道，以保证不同形状的搓纸轮都能落在轨道边上，同时在轨道上面还设计了挡板，以便半圆形搓纸轮能够躺倒。

图 50 搓纸轮传输盘

2. 系统程序的扩展性

为了提高包装效率，系统设计时让取袋和递袋作为一个环节，备料作为一个环节，包装及装订作为一个环节，在程序设计时，三个环节可以并行操作。此外为了未来系统功能升级和规模扩展需要，本次设计中处理器采用了两个 S7-200（CPU 型号为 224 XP）和一个数字量扩展模块 EX223，并采用 PPI 通信方式，对于下一步系统升级和规模升级提供了较大的空间。

此外，在单片机控制系统中，目前只应用了单片机的 7 个 IO 口，而所采用的单片机集成了多个 10 位的 AD 转换和 6 个 PWM 通道，为后续硬件扩展提供了可能。

13.6.2 包装机经济性

考虑到搓纸轮包装机实现的功能，设计搓纸轮包装机时充分考虑到了搓纸轮包装机所需要硬件成本和设计搓纸轮包装机的综合成本。

1. 包装机器件成本

从器件成本角度考虑，S7-200 系列 224XP CPU 价格大概在 1500 元，S7-300 系列 CPU315-2DP 价格大概在 6000 元，S7-400 系列 412-2P CPU 价格大概在 2 万元，而西门子 S7-1200 CPU 1215C 的价格大概在 2400 元，因此，如果再考虑电源模块、IO 扩展模块以及底座（300 系列和 400 系列需要）等配件，包装机所需要的元件在整体上价格都随之增多。采用 S7-200 系列 CPU 以及相应的扩展模块所需要的所有成本不超过 9000 元（包括单片机控制系统的成本），包装机整体成本较低。适合小批量、多类型搓纸轮的包装机设计。

方案中设计了带有摄像头的图像处理系统，处理器使用系统中控制搓纸轮的单片机，该单片机具有价格便宜、能够简单植入系统等特点。因此增加的系统硬件成本约有几百元。

2. 包装机综合成本

搓纸轮自动包装机的综合成本是指包括搓纸轮包装机生产成本、搓纸轮包装机研发成本和搓纸轮包装机维护成本等在内的各种生产要素的总和。在搓纸轮自动包装机设计过程中，主要考虑了搓纸轮包装机的生产成本、搓纸轮包装机的研发成本和搓纸轮包装机整体的维护成本。具体如下。

1）包装机的生产成本

本次设计的搓纸轮自动包装机采用的所有硬件成本不超过 9000 元，采用比较结实的型材材料设计了包装机的主体框架，生产成本适合多种类型、多种尺寸的搓纸轮的包装机械设备需求。

2）包装机的研发成本

本次设计的搓纸轮自动包装机采用了相对简单的处理器，其开发环境易于上手，系统硬件集成比较适中，整套包装机的研发过程包括机械结构设计及搭建过程，所用时间差别不大，但是包装机程序设计包括了 PLC 程序的开发和单片机程序的开发，由于系统中采用了多种不同的控制方式和控制方法，而且涉及主从 PLC 之间的通信、PLC 与单片机之间通信等，开发有一定的难度，需要采用一定的集成和开发技术，因此程序开发过程和调试过程所占用的时间成本相对多一些。因此本包装机的整体研发成本处于中上水平。

3）包装机的维护成本

由于包装机程序设计过程中设计了防呆程序，而且硬件多数都是模块化集成设计，操作简单，机械结构设计简单，因此在后续维护过程中成本较低。

13.6.3 包装机的可靠性

搓纸轮包装机的整个设计过程中都体现了可靠性，具体措施如下。

（1）所有接线都按照工程规范通过线槽布线，所有线的接头都用定制的打印标识套管标识，方便维护人员可靠地操作。

（2）所有需要定制的小型接插件都用3D打印机打印，保证连接可靠。

（3）在包装机设计过程中，所有可能出现超限的环节、操作等都采用了限位开关、上限操作等对包装机操作进行了限制，确保包装机运行过程中不出现问题。

（4）功能测试方案时，对包装机每一部分都做了多次、多种情况下不同的测试，以确保功能实现且满足指标要求。

（5）在设计过程中，由于电机及电路会出现发热现象，导致部分3D打印的接插件熔化，因此在因发热而导致接插件机械性能变坏的位置，都采用了502以及刚性的接插件对其进行了加固处理。

（6）在电路模块安装及线路连接位置都采用的防静电线圈或垫片做了绝缘处理，避免因静电或电磁干扰导致电气部分出现问题。

综上所述，在包装机设计过程中全面考虑了包装机的可靠性，使得本包装机符合设计要求，满足包装机的性能指标要求。

13.6.4 包装机的易用性

本次设计的搓纸轮包装机，包括了从进料、取袋、递袋，张袋、装料、打折及装订等步骤，整个步骤全程全自动化操作，设备相对比较成熟。

操作人员只需要关注搓纸轮料仓、包装袋料仓是否有料即可，中间的操作不用考虑，如果遇到包装出现问题，则整个系统会继续运行，出现包装问题的包装袋也会输出，可以由人工观察并排除，因此对于操作维护人员来说，无须培训，可以直接上手，操作简单可靠。

13.7 总结

本产品设计基于西门子S7-200型PLC和ATmega328P单片机控制的搓纸轮自动包装机，通过对步进电机、机械手、气动系统等的控制，从取袋、递袋、张袋、给料、装订五个环节展开，实现对单个搓纸轮的包装工作，解决企业目前面临的人工包装、效率低下等问题。目前，本产品已基本实现自动包装过程，但会继续努力研发，朝着更高效、更节约、更智能的方向努力。通过本次方案的设计，不仅让我们团队更加团结，配合更加默契，让我们有机会更深入学习有关PLC的知识，增强了我们的动手能力。在以后的时间里，我们也会继续对我们团队设计的包装机进行改进，这不仅对企业的发展有重要的意义，对社会的进步也有着重要的意义。

参考文献

[1] 杨志刚，钱俊磊. 西门子S7-200系列PLC与单片机之间的自由口通信[J]. 华北理工大学学报（自然科学版），2005，27(4)：77-80.
[2] 聂彤. 多机械手气动系统的设计方法[J]. 液压与气动，2001，(3)：13-15.
[3] 王雷，李明，杨成刚等. 工业送料机构设计、建模与PLC控制[J]. 重庆理工大学学报，2015，29(7)：24-28.
[4] 刘少丽. 浅谈工业机械手设计[J]. 机电工程技术，2011，(7)：45-46.
[5] 胡家富. 液压、气动系统应用技术[M]. 北京：中国电力出版社，2011.
[6] 刘晓. 基于图像处理的包装袋快速定位方法研究[D]. 山东科技大学，2015.
[7] 周继惠，李敏，曹青松. 基于机器视觉的颗粒物包装袋识别与摆正系统[J]. 测控技术，2016，35(12)：131-134.
[8] 付志泉. 真空包装机气动系统的PLC控制[J]. 机床电器，2000，(1)：26-27.
[9] 卢国华，欧阳三泰. 基于PLC控制的气动系统及故障检修[J]. 液压气动与密封，2011，31(7)：47-50.
[10] 王敏.基于单片机SMT元器件自动加料系统的设计[J]. 山东工业技术，2016，(1)：6.

作者简介

李泽（1994—　），男，学生，E-mail：1558081666@ qq.com。
温志宏（1995—　），男，学生，E-mail：383017028@ qq.com。
张兴（1996—　），男，学生，E-mail：1174130849@ qq.com。
何秋生（1974—　），男，副教授，研究方向：智能控制及机器视觉，E-mail：heqs2008@126.com。
赵志诚（1970—　），男，教授，研究方向：控制理论及应用研究，E-mail：zhzhich@126.com。

14 “企业命题”赛项工程设计方案(三)
——粉丝分离称重一体机

参赛选手：李现勇（烟台大学），杜纪功（烟台大学），
董兴华（烟台大学）
指导教师：王林平（烟台大学），孟宪辉（烟台大学）
审 校：乔铁柱（太原理工大学），
牟昌华（北京七星华创电子股份有限公司）

14.1 产品研制需求

我们团队选择的企业命题赛项，是广州健力食品机械有限公司根据自身情况提出的粉丝自动抓取、称重、成型设备研发课题，题目来源于该企业的一条即食薯类粉丝的生产线，为了提高产品的质量、生产效率，降低人工成本，需要对该生产线进行升级改造。企业需要解决的难题是：解冻后粉丝的分拣、称重、成型工序基本都是通过人工进行，一条生产线需要配备 10 名甚至更多的工人，对于产品质量、生产效率都有不小的影响。

企业命题赛项是 2018 年新设立的，目标是从企业真实需求出发，由企业给出生产中亟待解决的问题，参赛者根据具体需求进行问题解析、方案设计以及设备研发等，一方面帮助企业解决实际问题，另一方面培养、提高参赛者解决实际工程问题的能力。要求参赛团队在选定的主题中，遵循工业产品研发规律，严格按照相关工业标准和流程，开发出满足企业需求的产品。

广州健力食品机械有限公司，针对国内外市场，设计、制造和销售非标准的米粉、粉丝机械化、自动化生产线，开发即食河粉、即食米粉、即食红薯粉、保鲜米粉、波纹米粉、米排粉、通心粉、直条米粉等数十种米粉粉丝生产线，市场占有率 60%以上。

14.1.1 粉丝需求现状及发展趋势

粉丝是利用植物淀粉制成的线状食品，其制作和食用在我国有悠久的历史，北魏贾思勰所著《齐民要术》中就有记载，因其优良的感官品质和多样的食用方法，深受人们喜爱。因为大范围和长时间的发展变化，传统粉丝种类繁多，名称也不尽相同，例如粉丝和粉条可能是不同地区对同一类食品的称呼。

虽然历史悠久，但作为用开水冲泡食用的小包装即食产品是在 20 世纪 80 年代才步入市场的。近年来即食粉丝的发展速度很快，每年都以两位数字增长，原来零散的小企业生产方式已开始朝着规模化和现代化方向发展，其发展势头有增无减。过去生产的粉丝食用品质差，烹调值低，营养成分不平衡，包装粗糙，携带不方便，商品价值不高，属于低档次产品，现在生产的粉丝产品正向高档型、营养型、方便型和精包装的方向发展。[1]

14.1.2 粉丝生产设备与技术

粉丝生产工艺是经长期改进而成，包括多个工序和相应的生产要求，机械化生产线由多种设备组成，一般还需要一定数量的工人上线操作。同一产量的生产线，其技术含量和设备内容相差很大，

根据用户不同的要求不同，一条生产线的设备投资，可以是几十万元，也可能要数百万元。国外都是较大型的生产企业规模化生产即食红薯粉丝，近几年来争先后从健力公司引进连续生产和低温老化的新工艺和设备，使其设备、技术水平和生产卫生水平总体来说都高于我国同类企业，原因是国际市场对产品的质量有更高的要求。

粉丝生产技术，有几个关键问题：挤丝、老化和粉条分离。采用大型挤丝设备，可以节能和节省操作人员，生产线的设备排列更为合理；采用低温老化之后，可以缩短老化时间，便于实现连续生产；用冷冻老化技术能很好地解决粉丝的分离问题。上述新技术和新设备的采用，有利于扩大生产和提高效益，也减少了人为因素对质量的影响，能保持较稳定的产品质量。但是，采用上述新技术和设备，需要较大的投资，只有较大规模的企业才有可能承受。

14.1.3　粉丝生产成本

随着粉丝每年的产量不断增加，生产粉丝所需要的成本也在不断增加，而粉丝原材料种植标准的提高也促进了粉丝原材料种植成本的提高。国内优质粉丝原材料的种植成本逐年在上升，加之国人对食品安全的意识也在提高，这促使工厂对粉丝的食品监督力度加大，这些原因都进一步导致了成本的增加。目前这种成本上升的趋势还在继续。

近年来受总体经济增长放缓、粉丝市场供给等因素的综合影响，粉丝市场销售额度的增长也在放缓。所以降低人工成本成为降低粉丝生产成本的一个关键点。针对我国粉丝产量和生产成本都在增长的情况下，在粉丝的自动分离、称重和成型环节降低成本并提高市场竞争力将会是未来粉丝行业发展的大趋势。

14.1.4　粉丝生产的主要流程

目前工厂中主要的生产流程包括：原料+辅料→加水搅拌→泵送→储浆→分送浆料→自熟挤丝→自动连续预老化→自动切断→小车输送→冷冻老化→解冻→洗粉→滤水输送→手工定量入盒→连续自动干燥→储备→包装→成品。详细流程如下：

原料与辅料通过螺旋提升机运送到振动筛，振动筛除淀粉中的杂质，然后物料进入卧式搅拌器，同时定量水箱中的水也加入搅拌器，开始进行搅拌。搅拌成糊状的物料通过泵输送到储浆罐。储浆罐中的物料被输送进入挤丝机（如图 1 所示）。挤丝机通过摩擦生热及蒸汽辅助加热方式熟化物料，然后挤出。

挤成丝的物料进入预老化机（如图 2 所示）进行老化处理。主要作用是让糊化状态的粉丝，在一定温度、湿度状态下，经过一定的时间逐渐老化。

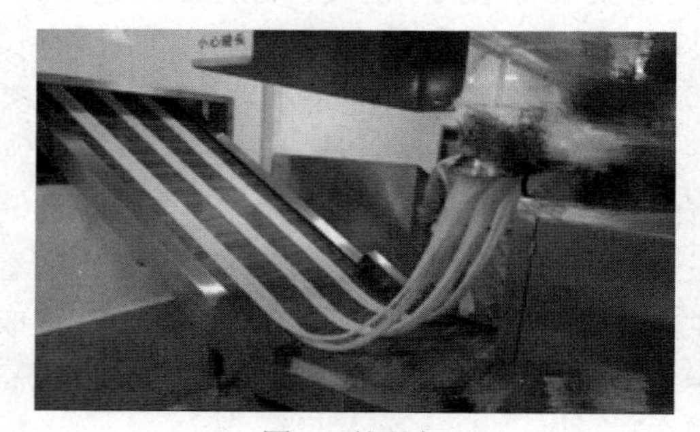

图 1　挤丝机

图 2　预老化机

预老化的物料从预老化机出来后，进入切断机（如图 3 所示），切成一定的规格大小。

工人将切成一定规格的物料放到运输架上，推入冷库进行冷冻老化。冷冻完毕的物料呈冰块状，被送入上粉机与洗粉机进行解冻。

解冻完毕的粉丝，需要进入干燥机进行干燥。在进入干燥机之前，需要人工进行分拣、称重并放入干燥盒中。即需要工人抓取粉丝，放入铁盆中，拿到电子秤上进行称重，每一份需要达到一定的重量（比如60克），如图4所示。

图3 切断机

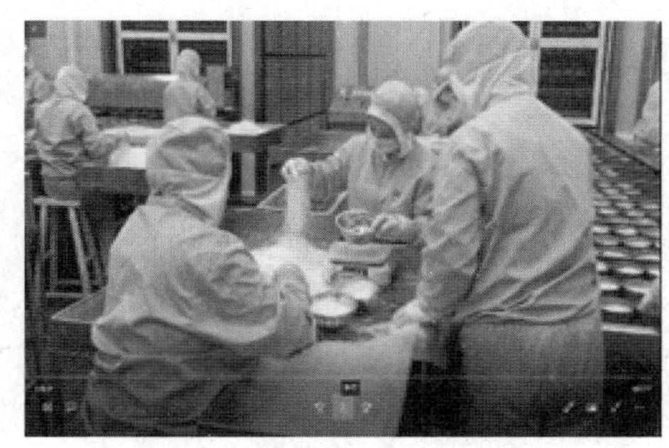
图4 粉丝手工抓取和称重

粉丝放入到铁盆中称重完成后，再由员工把粉丝拿出，放入干燥盒中。

在进入干燥机之前，也会采用气动整形（如图5所示），对盒中粉丝进行再一次整形，如图6所示。

图5 气动整形

图6 鸟巢状粉丝

解冻后粉丝的分拣、称重、成型工序基本都是通过人工进行，一条生产线需要配备10名甚至以上的工人，对于产品的质量、生产效率都有不小的影响。

目前都是靠人工将粉丝分离称重，并没有可以将粉丝自动称重的设备。目前从事粉丝后期加工的工作人员平均年龄比较大，并没有太多的年轻人会选择从事于这项工作。他们每日的工资大概在100 元左右，工作量也比较大。粉丝后期加工工艺的工作周期也十分长，其原材料常年都有，所以可以常年生产，这一工作在一年中几乎没有真空期。

粉丝后期加工工作是一项比较枯燥且技术含量很低的工作，而且工资较低，所以一般只有年龄较大者从事此项工作。可以预见，在未来愿意从事粉丝后期加工的人越来越少，而现在的工作者随着未来年龄增大工作效率会降低，而且退休者越来越多，导致粉丝后期加工这项工作出现人员空缺和包装效率下降，所以使用自动化设备替代人工的分离称重工作是未来的趋势。

14.2 产品研制的必要性

1. 成本

随着粉丝每年的产量不断增加，生产粉丝所需要的成本也在不断增加，加之国人对食品安全的意识也在提高，这促使工厂对粉丝的食品监督力度加大，这些原因都进一步导致了成本的增加。目前这种成本上升的趋势还在继续。

2. 市场

近年来受总体经济增长放缓，粉丝市场供给等因素的综合影响，粉丝市场销售额度也在放缓。

3. 人工

如何解决人工成本成为降低粉丝生产成本的一个关键点。

4. 卫生

粉丝生产的众多环节造成人跟粉丝接触的次数比较多，使得粉丝的卫生程度下降。未来生产的大方向是尽可能减少人工，不单单为了成本着想，同样也是提高了粉丝的生产质量。

5. 安全

实现生产的自动化可以大幅度避免人与机器的接触，防止出现偶然状况，提升了粉丝生产的安全性。

综合上述五点因素，针对我国粉丝产量和生产成本都在增长的情况，在粉丝的自动分离、称重和成型环节降低成本以提高市场竞争力将会是未来粉丝行业发展的一大趋势。

14.3 产品需要解决的工艺问题

1. 粉丝的分离

解冻后的粉丝经过解冻之后被放在分拣台上，需要人工从中抓取适量的粉丝放在称重盘中称重，由于粉丝形状的不确定性以及含水量不完全相同导致抓取不能一次性完成，这样就需要多次抓取来实现（如图 4 和图 7 所示）。

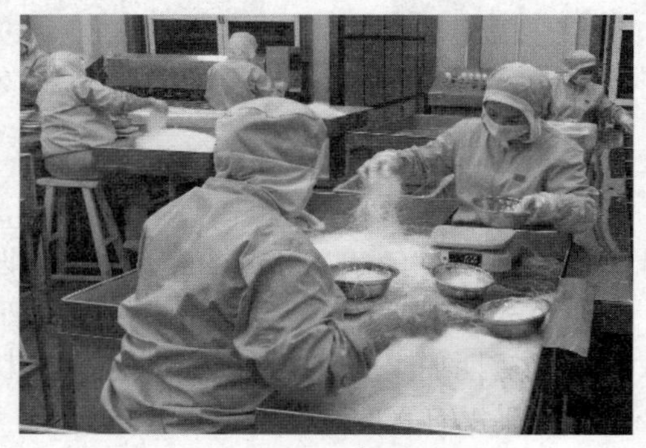

图 7 粉丝位于分拣台

2. 粉丝的称重

粉丝分拣完成后，人工将之放在称重盒中，人工观察显示屏的示数是否达到要求，这样会导致眼睛的疲劳，因为疲劳还会导致看错数目，出现粉丝称量错误。粉丝由人手中快速放入称重盘中，此时的粉丝具有相对比较快的速度，这样导致称重时粉丝不稳定，出现称重错误的问题。考虑到人工成本，将步骤实现自动化会更加节省成本。

3. 粉丝对接干燥机

称重完成的粉丝会连同称重盘一起被放置在分拣台的一侧，这时候需要另一名工人从称重盘中抓出粉丝放入一旁转动着的干燥盒中（如图 8 所示），之后干燥盒会随着转动的传送带前进进入下一道工序（气动成型）。

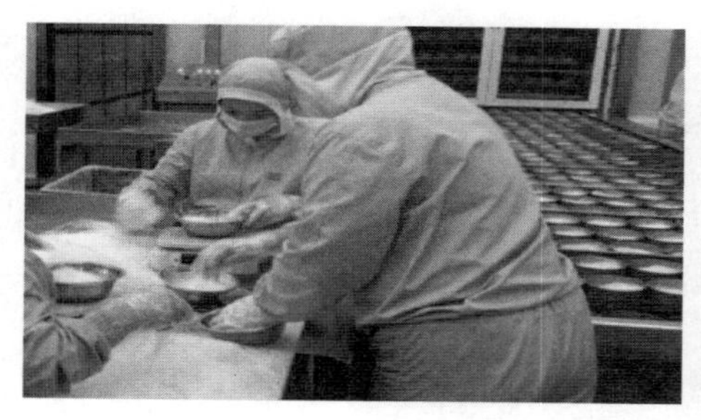

图 8　人工粉丝抓取进入干燥盒

14.4　产品实现的功能

1. 粉丝分离功能

粉丝经过导流系统，经由导流棍、导流滑道的分离，将粉丝初步分离（导流滑道后面的小型吹风机可以防止粉丝滞留在导流滑道上）。分离系统中的三级漏斗进行粉丝最后的分离，实现了粉丝的小份化并且保证了分离的稳定性。

2. 粉丝称重功能

三级漏斗控制，上面的内侧漏斗通过时间来控制，将粉丝小份化，中间的外侧漏斗通过上面的压敏传感器控制，暂定当重量达到目标质量的 1/3 时开合一次；最下面的称重漏斗也是通过压敏传感器进行控制，当达到目标质量时开合一次。具有快速打开闭合功能的内侧漏斗可以把粉丝小份化，使之便于称重，两个都具有独立称重功能的外侧漏斗和称重漏斗使称重更加准确，实现粉丝的静态称重，以保证称重的准确性。

3. 粉丝对接干燥机功能

分离称重完成后，称重漏斗出来的粉丝会进入送粉盒中，然后送粉盒会在轨道上先向下运动至干燥机上部，送粉盒旁边的扫描装置检测到有空盒时，送粉盒会打开，扫描装置关闭，然后里面的粉丝会下落进入干燥机中的盒中，进行下一步的成型。打开后的粉丝盒会立即闭合。只有当它重新再装入粉丝运动至下部时，扫描装置重新工作，才能输送打开粉丝盒的命令。

14.5　I 代机原理设计

研制工作主要分两个阶段：第一阶段主要进行原理设计，通过原理验证机（即下面的 I 代机）的设计、制作和测试达到这一目的。第二阶段主要是样机设计，通过样机（即下面的Ⅱ代机）的设计、制作、试验达到目的。

14.5.1　机器介绍

如图 9 所示为粉丝分离称重一体机的 I 代机工艺流程图，全机由上料系统、上盒系统、称重系统、截断系统组成，这四大部分拼装成整机方便安装，而且极大地减小了机器的占地面积。这四大系统分别负责不同的粉丝后期加工工作，拼装后使用控制器对五个部分进行整体控制，使各部分可以更好地衔接起来，来进行完整的粉丝后期加工。

粉丝先经上料系统，从槽口出来的时候将粉丝初步梳理好，经由传送带传递到斜面进入分离系统，粉丝沿斜面慢速下滑，下滑到斜面下端口的时候会自然下落到称重盒，进入称重系统，当粉丝重量达到预订质量时，斜面下端口的截断系统会阻挡粉丝沿斜面的下滑，与此同时称重系统中的推

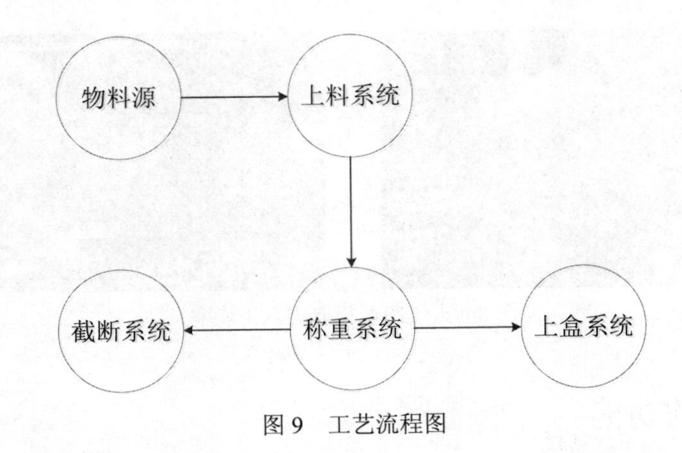

图 9 工艺流程图

杆会推动满载的称重盒推入下一条传送带，使之进入粉丝烘干成型部分，进而与实现成型自动化的工厂对接。与此同时被推走的称重盒会从上盒系统中的以补充，也是通过推杆将待称重盒推送到称重位置，此时截断系统再允许粉丝沿斜面下滑，进而往复实现以上功能。

14.5.2 使用特点

本产品一般用于大型工厂流水线作业，可以帮助工厂实现粉丝分离称重一体化。本产品仅需要一位工作人员操作，方式简单，并且此设备的挖掘潜力比较大，可以在一台机器设置多条流水线，可以替代更多的人同时工作，生产效率大大提高，节省生产成本。使工厂在减少了生产成本的前提下又提升了工作效率，可以帮助工厂开拓粉丝市场，在当今市场竞争激烈的情况下，站稳脚步[2]。

14.5.3 工作原理

1. 控制原理

当接通电源按下开始按钮后，该设备会进行初始化操作，使各系统装置回到最初位置，即进行复位操作。初始化完成后会对我们所需要的粉丝重量进行确认，如果需要修改，那么会先进行修改；如果不需要修改，则该机器开始启动[3]。机器启动后上料装置直接开始运行并通过分离装置对粉丝进行分离，当上料装置中的粉丝不足时会发出报警提示工人加料。分离后的粉丝会落入待称盒中，当待称盒下方的压敏传感器检测值达到预设值时会输出信号使截断装置对粉丝进行截断操作，同时下方电机会带动推杆工作推出下一个待称盒来代替已经盛装完毕的盒子。同时该设备的上盒装置会在待称盒被推走时进行上盒工作，当套筒中的盒子不足时也会发出报警提示工人加盒，如图 10～图 12 所示。

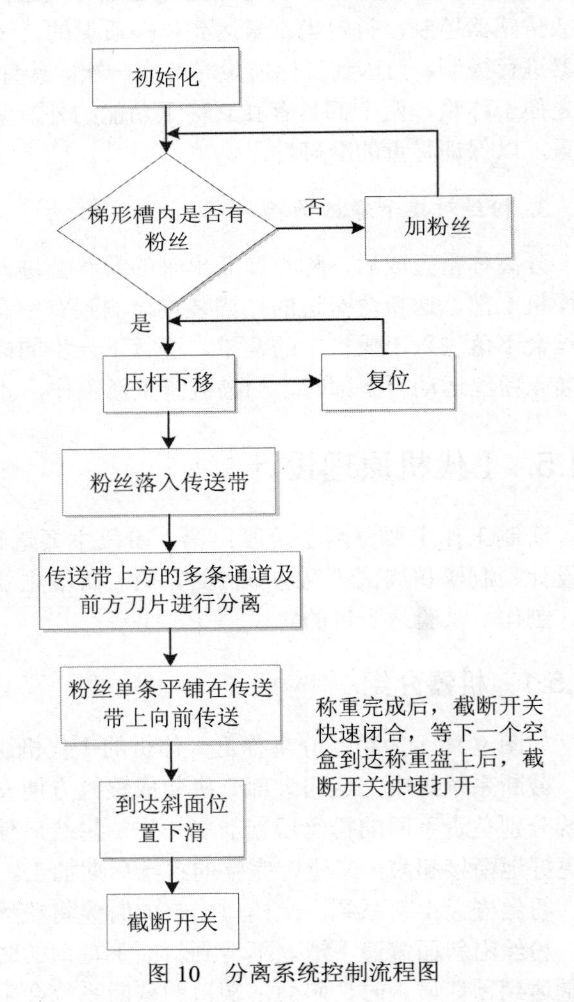

图 10 分离系统控制流程图

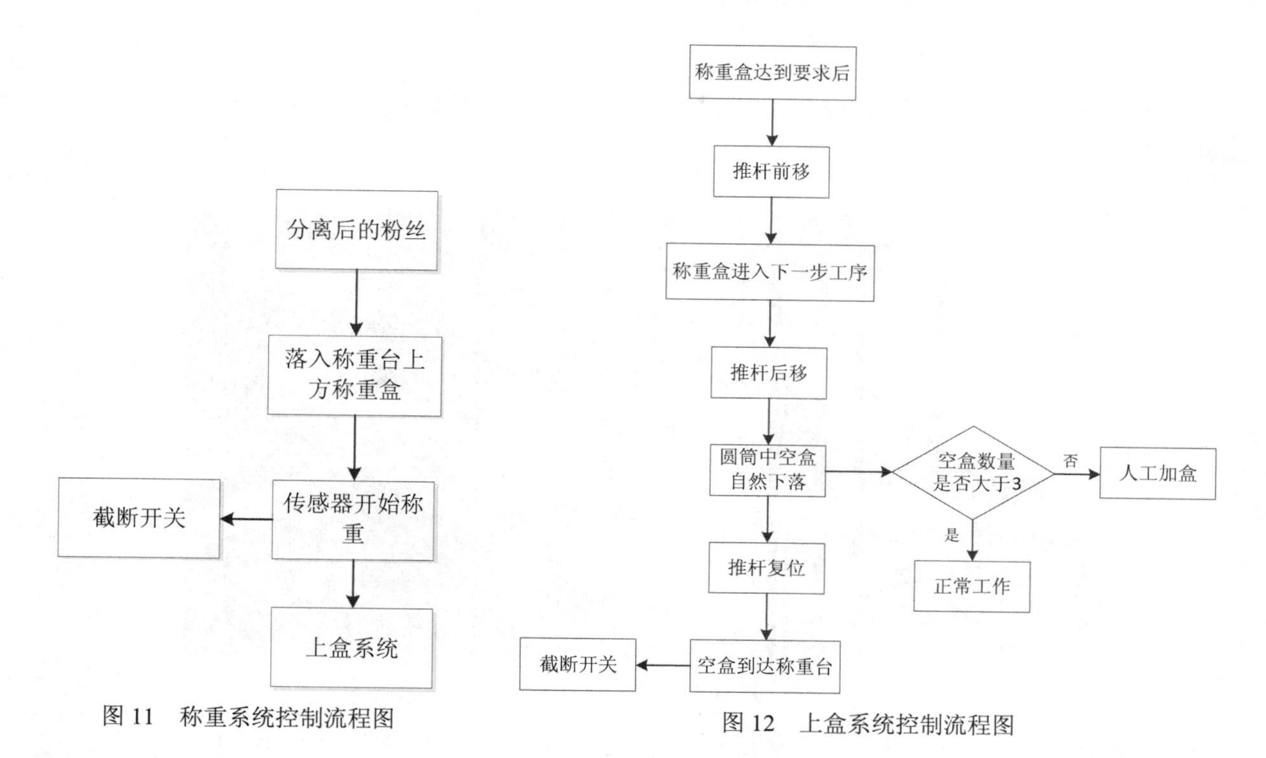

图 11　称重系统控制流程图　　　　图 12　上盒系统控制流程图

2. 机构组成原理

如图 13 是 I 代机 Solidworks 建模的整体装配图。

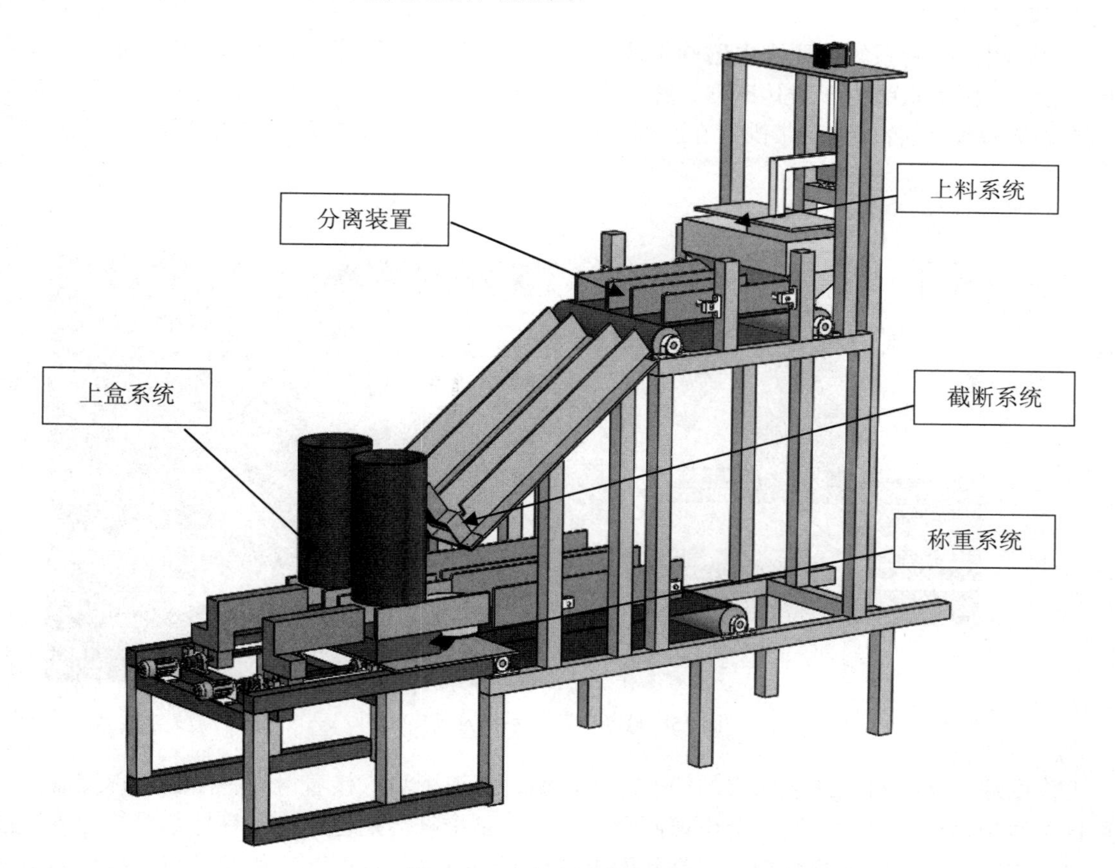

图 13　I 代机整体装配图

1）上料

机构介绍：上料系统（如图 14 所示）由上料槽、传送带、分流装置（把粉丝均匀分开传送）等部件组成。

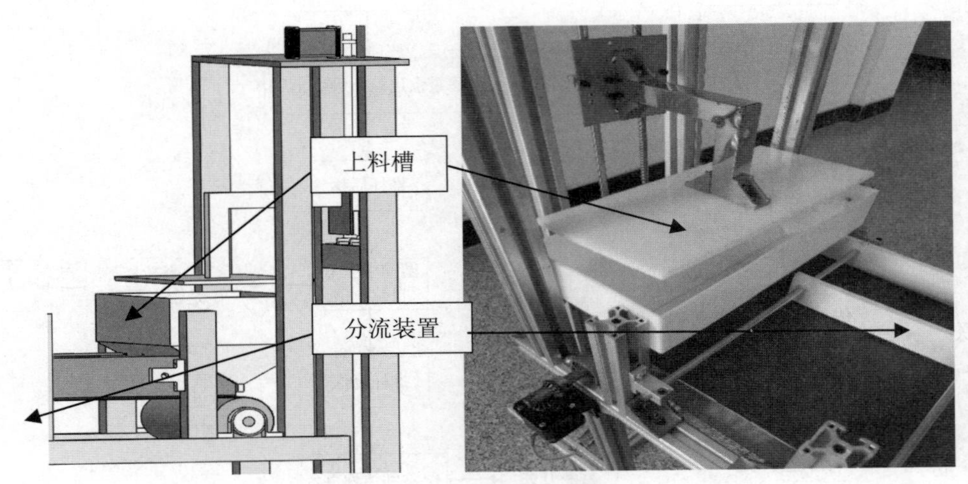

图 14　上料装置及其对应实物图

工作原理：粉丝先进入上料槽，然后上料槽上面的压力装置将粉丝从定型槽口压出来，成一定厚度、宽度流入传送带，分流装置一是将粉丝均匀分开，二是将防止粉丝流出传送带，保证了粉丝传送的准确性。

2）截断、称重

结构介绍：截断系统主要由电磁阀组成，用木板固定在斜面上。电磁阀下方装有刀片，可以快速上下运动。称重系统由压敏传感器、称重盒、斜面板、电推挡板等主要部件组成。斜面板经过测试，斜度成 57°较适合。传送带固定在斜面下端正下方，称重盒下面是压敏传感器，如图 15 所示。

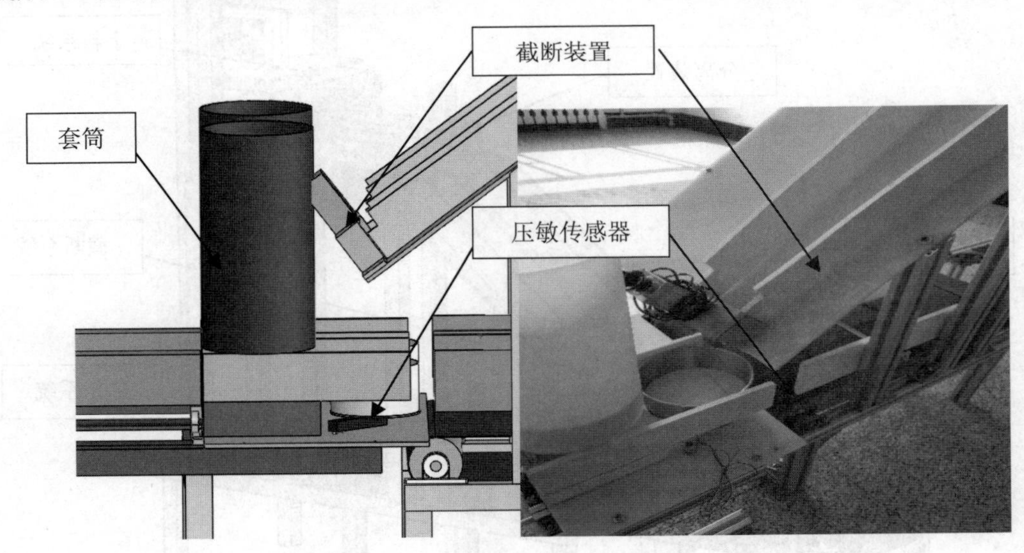

图 15　截断、称重系统及其实物图

工作原理：从上料系统运送来的粉丝进入斜面，缓速下滑，接着滑离斜面进入称重盒，在盒中堆积直到达到目标重量时，这时会出现两个运动：一是推杆会把已经达到目标重量的称重盒推入传送带中，进行下一步的成型处理；二是斜面上的截断装置会下行截断粉丝并且阻止粉丝的下落，当新的称重盒进入称重时截断装置会上行，进而让粉丝继续下落。

3）上盒

结构介绍：上盒系统（如图 16 所示）由套筒、推杆机构、架板等部件组成，推杆机构中有自行设计的推杆，推杆固定在丝杠导轨装置上，通过电机控制行程。

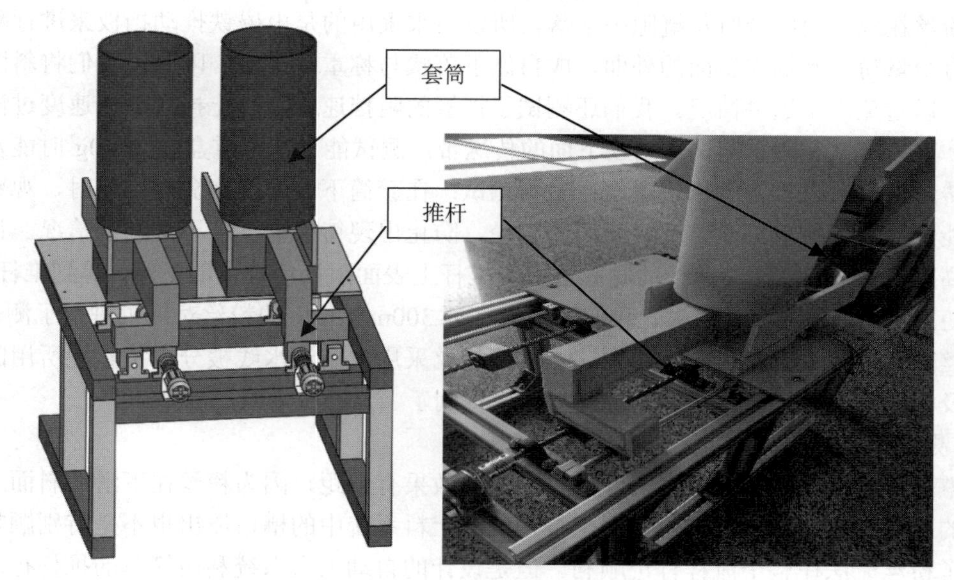

图 16 上盒系统及其实物图

工作原理：当称重过程中达到目标重量时，推杆会推动架板上的待称盒，靠待称盒将已经满载的称重盒推到传送带上去（架板两侧安有挡板，防止待称盒和称重盒偏离轨迹）。当待称盒被推走时，推杆会挡住套筒上面的盒子，当推杆返回时，不再挡住套筒，所以套筒上的盒子会自然下落进入原先待称盒的位置。就是这样，进而进行周而复始的运动。

3. 原理设计测试

1）测试准备

前期，按照粉丝规格购买粉丝（如图 17 所示），按照材料要求买称重盒，自行研发上料盒系统，准备亚克力板当作斜面。

图 17 粉丝

2）测试过程

上料系统测试：我们对上料系统中槽口出丝速率和传送带运输速率进行了测试。首先启动传送带，将粉丝随意放入上料槽里，通过调整槽口的横截面积来控制粉丝的出丝率（同时观察是否有槽口堵塞现象），调整传送带的传送速率，保证传送带的传送速率跟槽口的出丝率一致。分离功能测试：分离功能一开始采用的是双开门机构来控制粉丝的下落，后来实验证明双开门机构会在中间留有缝隙导致粉丝在双开门闭合时从缝隙中下落。所以后来采用的是电磁铁推动挡板来进行阻挡，实验时发现会有少量粉丝被挡在斜面的外面，成自然下落状与称重盒接触，因此，我们将斜面的高度提升一部分，以避免产生这种情况。我们还测试了挡板的阻挡速度，防止挡板阻挡速度过慢产生漏粉丝的现象。上盒测试和称重测试：启动下面的传送带，测试能否在称重盒达到 60g 时能及时推动称重盒进入传送带，改进推杆的推进速度；上盒测试：在套筒下面的待称盒被推走时，观察套筒里面的待称盒能否顺利下落。同时，改进套筒的直径，防止出现待称盒下落不顺利的情况。调整架套筒的架板的高度，使得推杆在向前推的时候可以用推杆上表面阻挡待称盒的下落，等到推杆后退的时候，待称盒随之下落。产品整体测试：我们选用一部分 300mm 长度的粉丝对样机进行了测试，测试内容是将粉丝随意地放入上料槽中，观察这一部分粉丝采用单条流水线被分离称重完所用的时间，计算效率以及称重盒中粉丝重量的误差。同时，也得到了上盒系统上盒的效率。

3）测试结果

对整套流程进行验证，发现实际效果与预期效果有差距，因为粉丝在下滑的斜面上毕竟还是有摩擦力的，以及粉丝的相互摩擦作用使得粉丝从上料系统中的槽口流出也不是特别顺畅，这两点原因导致了粉丝无法在整个流程行进顺利。但是设计的自动上盒系统利用简单的推杆行进及其复位动作实现了自动上盒，避免了人一个一个地拾取待称盒，节省了人工，提高了提取待称盒的效率；称重系统可以及时将达到目标质量的称重盒推走进入下一个工序。

经过与工厂专业人员的交流，得知目前工厂还缺少一种可以将称重盒完成的粉丝直接运送到工作中的干燥机上，又结合制作 I 代机经验，我们又研发出了 II 代机作为样机设计。

14.6 II 代机样机设计

如图 18 所示为粉丝分离称重成型一体机的 II 代机工艺流程图，综合 I 代机出现的问题，我们将上部分的分离装置着重进行了改进，将粉丝的分离通过导流系统和分离称重系统来实现，最后通过送粉系统实现与工厂的对接。

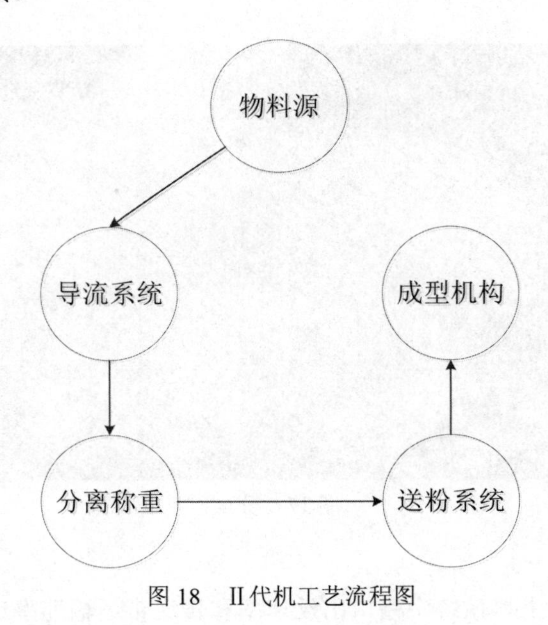

图 18 II 代机工艺流程图

粉丝先进入导流系统上方的漏斗，然后进入导流系统，圆盘转动将粉丝分散开。然后进入下方的分离称重系统。分离称重系统共由三级漏斗组成，上方的内侧漏斗一秒打开一次，将粉丝小份化，中间的外侧漏斗通过贴在下侧内壁的扩散硅压力传感器来实现独立称重，当粉丝重量达到目标质量（暂定 20g）打开下落，下方的称重漏斗同样是通过扩散硅压力传感器控制当粉丝达到目标质量（暂定 60g）打开下落，进入下方的称重盒，与此同时，校检反馈系统中的推杆会推动满载的称重盒推入传送带，使之进入粉丝的烘干成型部分，进而与实现成型自动化的工厂对接。与此同时，被推走的称重盒会从上盒系统中得以补充，也是通过推杆将待称重盒推送到称重位置，进而往复实现以上功能。

1. 机械原理介绍

如图 19 是 Solidworks 整体建模装配图。

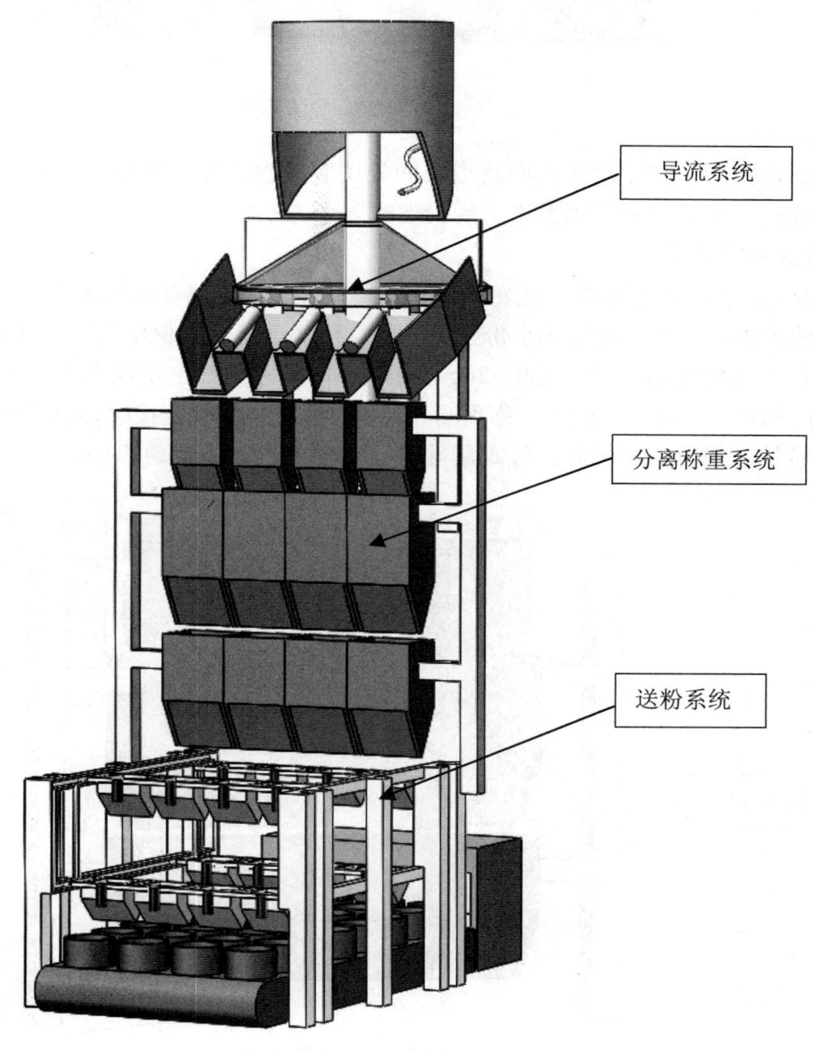

图 19　整体建模装配图

1）导流系统

结构介绍：主要包括转动圆盘、导流滑道和导流辊，如图 20 所示。

工作原理：粉丝通过上方圆筒加入粉丝，粉丝经由半圆式滑轨滑落进入下方的转动圆盘，圆盘的左右转动使粉丝分散并下滑进入导流滑道中，相邻两个导流滑道上方安装有导流辊，导流辊的转

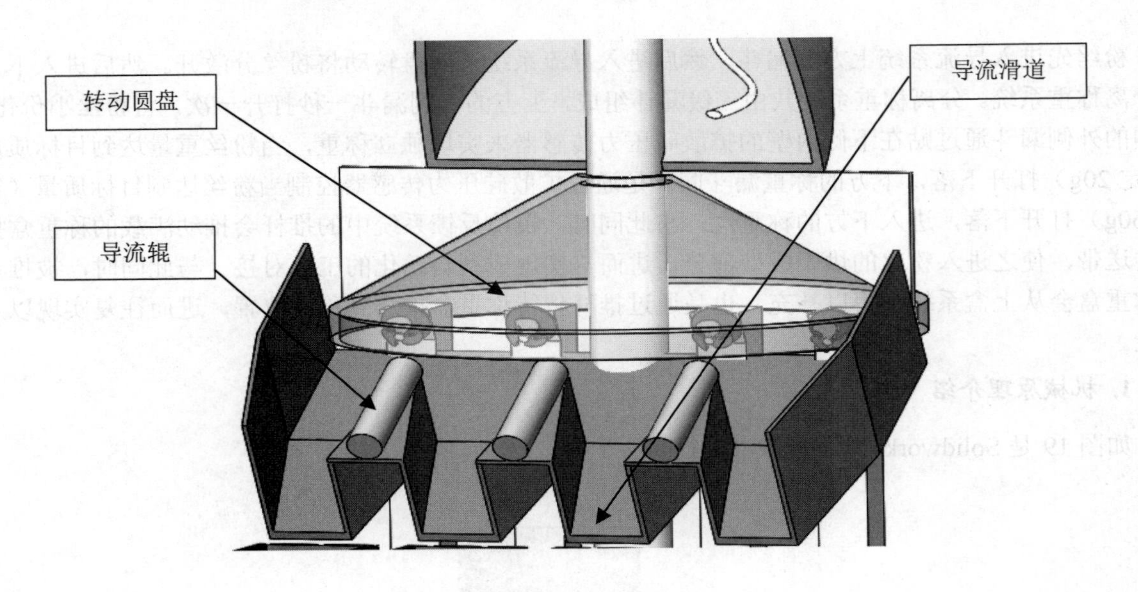

图 20 导流系统

动方向与圆盘相同，防止粉丝在两滑道中间处堵塞，也更加方便粉丝下滑。在每一个滑道后面还安装有吹风装置，能够将下落到滑道上的粉丝吹入下方的漏斗中。

2）分离称重系统

结构介绍：由导流滑道滑下的粉丝进入内侧漏斗，内侧漏斗按照规定的时间（暂定每隔 1 秒）打开闭合，剪短粉丝，使之成为一小份一小份的，依次下落至外侧漏斗。外侧漏斗具有独立称重能力，当落下的粉丝达到所需质量（暂定 20g）时，外侧漏斗打开，粉丝下落至称重漏斗中，并控制在此时间内内侧漏斗不能打开。同样，称重漏斗具有独立称重能力，按照要求设定相应值（暂定 60g）。称重漏斗中粉丝达到所需质量时，称重漏斗打开，粉丝进入下一道工序，如图 21 所示。

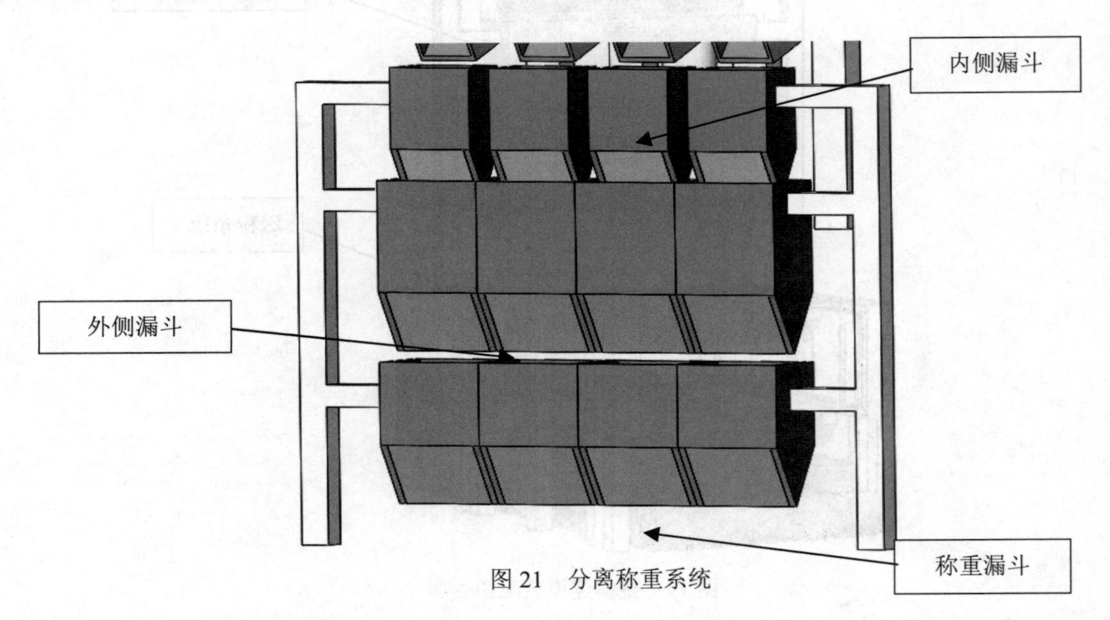

图 21 分离称重系统

工作原理：具有快速打开闭合功能的内侧漏斗可以把粉丝小份化，使之便于称重，两个都具有独立称重功能的外侧漏斗和称重漏斗使称重更加准确[4]。

3）送粉系统

从Ⅱ代机称重出来后的粉丝要进入干燥机，但是工厂里面干燥机中的盒子是固定的，所以无法使用我们的上盒系统中的称重盒，还需要大量人工。因此我们设计出了Ⅱ代机与工厂干燥机衔接的环节——送粉系统（如图 22 所示）。从Ⅱ代机称重漏斗出来的粉丝会进入送粉盒中，然后送粉盒会在轨道上先向下运动至干燥机上部，送粉盒旁边的扫描装置检测到有空盒时，送粉盒会打开，扫描装置关闭，然后里面的粉丝会下落进入干燥机中的盒中，进行下一步的成型。打开后的粉丝盒会立即闭合。只有当它重新再装入粉丝运动至下部时，扫描装置才重新工作，才能输送打开粉丝盒的命令。轨道上流水线条数，可以具体调节，在保证准确度的情况下提高效率。

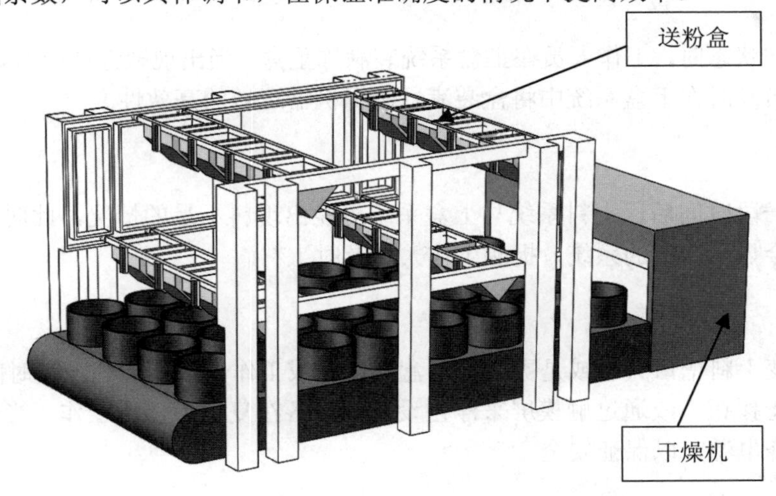

图 22　送粉系统

2. 控制原理

机器启动后导流装置直接开始运行对放入的粉丝进行导流处理，并通过分离装置对粉丝进行分步分离，内侧漏斗会先将粉丝分离成质量很轻的粉丝团，然后待粉丝团质量达到所需粉丝质量的三分之一时会再次被外侧漏斗分离进入最后的称重漏斗，称重漏斗中的粉丝达到所需质量及送粉盒到位后，漏斗打开，粉丝进入送粉盒，进入下一步工序。

14.7　产品说明

14.7.1　产品调试

本产品可以用于工厂流水线作业，产品可根据粉丝的厚度长度进行调试来运行。请工厂在使用前先进行尺寸调试。

设备规格设定：本机器生产流水线成两排同时运行，后期可根据工厂需求将流水线扩大，设置成多排运行，效率还能提高。还可以根据工厂对不同种类粉丝的要求进行调整，不同粉丝有不同的厚度，可以通过调整上料槽口的宽度来进行修改，使机器可以达到一个恒定的生产率。初期我们预定称重粉丝的重量是 60g，这个也可以根据工厂的需求进行调整（需要注意的一点是，如若粉丝的质量发生改变，称重盒的规格也需要重新定制）。还需人员进行调试，对下面传送带上的挡板宽度进行调整。

14.7.2　使用说明

本产品为自动化设备，操作过程简易。工作步骤如下：

1. 设备准备

在启动设备之前，检查机器状况，确保设备所有工作单元良好，确保开关复位，保证工作安全。

检查确保没有问题后，接通电源。

2. 在设备启动前

在上料系统内预先加入一些粉丝，可使设备启动后快速进入工作模式，而且将减少缺料的情况。之后可按下设备启动按钮或通过触摸屏启动设备，设备进入工作状态。

3. 工作状态

设备进入工作状态时，工作人员在上盒系统装满称重盒。当出现缺盒情况时，设备会发出报警，此时需要工作人员及时在上盒系统中将盒装满，确保机器运转的高效性。

4. 缺料提醒

当机器工作一段时间后，上料系统与上盒系统可能出现料不足的情况，此时会出现报警提示，并且触摸屏上将会显示缺料的系统，提醒工作人员及时上料。

5. 设备停止

当设备需改变上料槽口大小或是更改称重盒规格时或工作人员要离开一段时间时，设备需停止，工作人员按下停止按钮，或通过触摸屏来停止设备，设备在复位后停止工作。当一天工作完成时，将设备停止并断开电源，以保证安全。

6. 定期检查

根据设备的工作时常定期对设备进行检查有无损坏情况，尤其是推杆系统与分离系统，需定期检查设备运转的流畅性。

14.7.3 注意事项

当设备因异常状况停止工作并发出报警时，请先按下急停按钮，并断开电源，之后联系技术人员解决。设备工作时，工作人员最好是在上盒系统与上料系统中间，注意不要与设备近距离接触，以免发生危险。所有与设备直接接触的动作都应在设备停止后进行。注意设备的日常养护，及时清理设备上的尘土，防止设备过快老化。

14.7.4 技术竞争力说明

本产品通过采用上料装置、分离截断装置、称重上盒装置将粉丝后期的加工工艺结合起来，极大地提高了粉丝生产的效率。

我们研发的粉丝分离称重一体机，将依据设计方案对产品的某些结构申请发明专利和实用新型专利，并对产品整体申请专利产品，依靠正常的市场机制和政府管制，对专利产品进行保护；另一方面，还会加强对技术的保密措施并提高内部人员的防范措施，对产品专利进行保护。

14.7.5 产品成本分析

根据成本核算，考虑到效率，可以将两条流水线扩展成四条流水线或者是更多条流水线。下面为一台两条流水线同时工作进行运输的设备（标准型），制作成本大约为 2 万元人民币，因为本产品实际只有一条流水线，但可根据工厂需求定制，假设为一台四条流水线的设备，所以成本大约为 4 万元，加之产品研发和架构设计以及售后服务等，根据以上定价思路，我们将标准型产品定价为 48 888 元，其他型号将根据产品具体情况进行定价。表 1 列出了生产一台标准型的全自动粉丝分离称重一体机制作成本。

表 1 产品元器件清单及价格

序 号	元器件名称	数 量	总价/元
1	步进电机	2	600
2	直流减速电机	2	100
3	3D 套筒 300	1	300
4	3D 上料槽	1	300
5	亚克力板	1	100
6	3D 推杆	1	400
7	SIMATIC S7-1200	1	1600
8	模拟量拓展 SM1223	2	1800
9	SIMATIC HMI 触摸屏	1	2000
10	编码器	1	165
12	丝杠导轨套装	2	400
13	PVC		200
14	产品框架型材	若干	1500
15	限位开关	若干	100
16	线槽	若干	50
17	齿轮	若干	150
18	联轴器	若干	300
19	传送带	2	200
20	传送带滚轴	4	400
21	轴承座	若干	100
22	24V 电源	3	600
23	包胶电线导线	若干	500
24	红外对管	2	60
25	压力传感器	6	120
26	电器铁	1	90
27	研发制作成本		5000
	总计		17 245

14.7.6 生产制造要点

（1）待装盒采用铸造工艺，并在铸造完成后，对铸件进行表面形状检测、表面质量检验、内在质量检验以及质量的综合鉴定。

（2）粉丝分离装置由多种部件组成，可对每种部件采用不同的加工方式，可采用铸造加支撑辊，其他部件采用机械加工方式。

（3）本产品需根据用户需求来定制产品规格，成立产品设计小组，根据用户需求来设计产品每个部分所使用的部件数量和部件的规格，并选用合适型号的电机等。

（4）为了保证工件的行为公差，采用三坐标测量仪对部分工件进行检测。

（5）使用流水线的装配方式，对产品进行装配。

（6）设立检验车间，对每台产品的每个部分分别进行检验测试，之后并进行整体检验测试，保证产品合格。

14.8 产品创新点及关键技术

1. 新型导流系统的采用

本产品上半部分使用较大开口的圆筒装置，有效防止粉丝在入口处堵塞，在圆筒内部采用类似衣服甩干机的装置，使粉丝分散开来落到圆筒下方的转动圆盘中。在机器下方，采用左右旋转的转盘及导流辊，有效解决粉丝分配不均的问题。导流辊的使用可以防止粉丝卡在下方相邻的导流滑道中，使粉丝准确进入导流滑道中，有效解决粉丝堵塞问题。在导流滑道后方，本产品设有独立的吹风机构，防止粉丝停留在导流滑道中，使粉丝顺利进入内侧漏斗。该结构的使用，可以解决人工分离粉丝劳动强度大、效率低的问题，如图 20 所示。

2. 多级漏斗的采用

采用三个不同功能的漏斗，粉丝首先从上一步工序进入内侧漏斗，内侧漏斗实现小份分离作用，使粉丝小份进入外侧漏斗。外侧漏斗进行初步称重、分份的功能，它的称重质量暂设为目标质量的三分之一，初步称重完成的粉丝会进入最后的称重漏斗。称重漏斗具有最后称重的功能，进行最后目标质量的准确称重。此称重结构可以解决人工称重处于动态称重、称重前后多次抓取、人为读数错误以及粉丝粘连在称重盒上造成粉丝损耗的问题，如图 21 所示。

3. 送粉系统的采用

这是一种类似垂直式停车场的结构，包括两根可以旋转的杆，两杆之间固定有一直向上送粉盒，等到送粉盒上行到初始位置时，称重好的粉丝会进入送粉盒中，然后送粉盒会在轨道上先向下运动至干燥机上部，送粉盒旁边的扫描装置打开，检测到干燥机上干燥盒为空盒时，送粉盒会快速打开，同时扫描装置关闭，然后里面的粉丝会下落进入干燥机中的盒中，进行下一步的成型。打开后的粉丝盒会立即闭合。两杆继续运动，回到初始位置，它重新再装入粉丝运动至下部时，扫描装置重新工作，才能输送打开粉丝盒的命令。轨道上送粉盒的条数，可以具体调节，达到一种平衡，在保证准确度的情况下提高效率。

送粉系统是产品的亮点。它通过重复上述工作，能够实现把称重完的粉丝直接送入干燥盒中，省去了中间人工抓取的步骤。它也解决了多个称重漏斗因不能同时到达目标重量而直接对接干燥机的问题，如图 22 所示。

14.9 产品推广

14.9.1 市场前景的预测

1. 自身优势

工作效率高：我们的产品可同时进行多条流水线作业，效率大幅度提高，一台设备可以顶替多人进行工作，且不会出现人工包装随时间增加而导致的效率变低以及规格不统一的问题。

安全可靠：整台设备操作简单，只需工作人员通过触摸屏控制设备的启停，设备自动统计称重盒数，且在发生故障时自动报警，并自动切断电源或者通过操作人员按下急停按钮，安全性能高。

生产成本低：本产品将粉丝后期加工分离。称重步骤集中在一起，还可实现与工厂的对接，可有效降低生产成本，并且占地面积相比于之前也要减少许多。

创新：该产品完全是自主研发，并没有类似的原型产品，分离系统与称重系统的创新性较强。该产品可全自动化分离称重粉丝，为工厂扩大市场提供了有利的机会。

2. 自身劣势

适用性有待提高：因为本产品的原型产品是按照某种规格的粉丝来制作的，所以设备还无法适应市场所有规格的粉丝或者是丝状类物品。但是我们的设备还在不断改进以适应市场上更多规格的粉丝生产要求。

部分功能未实现：目前该设备没有粉丝的自动成型功能，研发之初，因为工厂里有自动成型功能，所以我们打算将该设备与工厂的自动成型功能交接起来。下一步需要完善这些功能来达到更高的自动化水准。

3. 外部机遇

我国粉丝产业对自动化要求越来越高：近10年来，我国粉丝产业发展速度较快，总体供需均衡，从技术升级，功能性市场建设等多个方面来判断，我国粉丝产业已进入调整、优化、提升的新阶段，已进入由传统产业向现代产业，由世界粉丝生产大国向粉丝产业强国转型的阶段。我国的规模化粉丝生产已经开始上路，现在全国各大粉丝生产厂开始采用新的模式，使用机械、设备以减少人工，降低成本，提高质量，提高商品市场竞争力。机械的大量使用是我国粉丝产业的大趋势。

市场上暂无相关产品投入使用：根据本公司调查，目前市面上并没有类似设备，所以暂时不存在市场竞争对象，我们的产品将会拥有广阔的市场。

4. 外部威胁

新产品上市接受度较低：该产品作为一款从未在市场出现过的新型设备，在被采纳接收过程中可能会遭到种种质疑，因此必须通过完善设备以及合理宣传来进行应对。

存在被模仿抄袭的风险：本产品是一款新型的自动化设备，在推向市场后，无法保证不被其他机械设备公司模仿制造。我们会对在产品中应用的特殊技术进行技术专利发明申请与产品整体专利发明申请，保护知识产权。

14.9.2 产品推广策略

1. 参加大小型的农业机械产品展览会

由于本产品具有很强的针对性，所以参加机械产品相关的大小型展览会可以更直接地面对产品的适用人群，也能更方便省力地迅速扩大产品的认知程度，让相关的厂家企业了解到我们的产品，在展览会上演示工作过程，让更多的客户了解本款产品的外形结构、操作方式、完成效果及注意事项，让客户更直观地感受到产品优势，更细致地了解我们的产品。从而获得更大的知名度，并对在展览会上达成购买协议的客户给予一定的优惠政策。

2. 网络宣传

在粉丝销售相关的论坛、产业网站（如中国粉丝产业网）等进行广告宣传。

购买部分搜索关键字（如“粉丝分离称重成型一体化”等）。

在相关的微信公众号上发布公司产品的信息广告。

3. 传统媒体

在粉丝产业、机械或者其他相关类型的杂志报纸上，刊登公司的产品信息。在与粉丝产业相关的广播、电视频道和粉丝产区的地方电视台、广播台投放广告。

14.9.3 产品定位

1. 目标客户定位

我们产品的目标客户是大型粉丝生产加工厂家。他们需要比较高效率的流水线来完成大量的粉丝生产制作，而我们的粉丝分离称重成型一体机可以满足这种需求。如果使用人工进行包装会比较费时费力，且成本较高，而我们的设备可在减少人工成本的同时高效地完成包装工作，还可以向安全性要求较高的厂家进行推广。

2. 产品层次定位

我们的粉丝分离称重成型一体机主要面向即食类粉丝，所以对粉丝的品质要求较高。同样，也是占市场份额较大的散装粉丝却没有包装的必要，所以我们的粉丝分离称重成型一体机定位在优质粉丝的后期加工设备，这是遵循粉丝市场发展趋势的层次定位。

3. 产品定价策略

本产品需根据客户需求进行定制，是非量产的机械设备，因此制定此款产品售价的标准为：纯利润大概为成本的 100%～150%。目的是让购买的厂家有一个良好的体验以及完善的售后服务，这都需要产品能够长时间使用且比较稳定，而不是频繁更换产品。因此提出以上定价策略。

参考文献

[1] 陈安焱，张志明，宋军. 我国粉条生产的现状及发展对策[J]. 2007.
[2] 吕英波，张莹. SOLIDWORKS 2016 完全实战技术手册[M]. 北京：清华大学出版社，2016.
[3] 中国食品机械设备网. http://www.foodjx.com/company_news/detail/196821.html.
[4] 廖常初. S7-1200 编程及应用. 3 版[M]. 北京：机械工业出版社，2009.

作者简介

李现勇（1997— ），男，学生，E-mail：1098350788@qq.com。
杜纪功（1998— ），男，学生，E-mail：1125610704@qq.com。
董兴华（1998— ），男，学生，E-mail：1393671356@qq.com。
王林平（1963— ），男，副教授，研究方向：机械创新设计，大学生科技竞赛，离散制造业生产调度，制造业管理信息化，E-mail：qutinwlp@163.com。
孟宪辉（1963— ），女，高级实验师，研究方向：工业自动化，机电产品创新设计，本科创新人才培养，E-mail：860320032@ qq.com。

15 “企业命题”赛项工程设计方案(四)

——浙江德清久胜自行车智能贴标自动化生产线

参赛选手：刘长春（上海第二工业大学），武　洋（上海第二工业大学）

指导教师：何　成（上海第二工业大学）

审　　校：乔铁柱（太原理工大学），

牟昌华（北京七星华创电子股份有限公司）

15.1 产品研制背景和必要性

机器是为减轻人们工作强度、增加效率而生产出来的工具，而要实现自动化不仅要考虑实际生产和需求因素，还要考虑许多人体力学、结构、力学等诸多因素，只有考虑到了这几点，设计出来的设备才是可以用于实际生产加工的设备。在介绍自行车自动贴标生产线的意义前，要先介绍自动化以及它所涉及的工业 3.0、工业 4.0 的概念。

自动化是指机器设备、系统在生产过程、管理过程中，按照人的要求或者意愿，经过自动判断、检测、信息处理、分析判断、操作及控制生产设备，实现预期目标的过程。自动化技术广泛应用于各行各业，包括工业、农业、科学研究、医疗、服务、交通运输和军事等方面。自动化技术不仅把人从繁重的体力劳动、脑力劳动以及恶劣、危险的工作环境中解放出来，而且能扩展人的器官功能，增强人类认识世界和改造世界的能力，极大地提高劳动生产率。自动化技术是一个国家乃至一个民族生产力量和科学技术力量的显著标志。而对于一个企业来讲，生产线的自动化程度就代表着这个企业的发展潜力以及这个企业的现代化程度[1]。

而现在涉及自动化技术就不得不去讨论一个问题，那就是工业 4.0。有人说：“工业 4.0 将是整个中国时代性的革命”，有人会说：“到底什么是工业 4.0 呢？”，其实工业 4.0 = “互联网+制造业”，也就是大家平时都喜欢提起的一个词——智能制造，而在美国则称为“工业互联网”。其实，这些概念都跟我们的企业，甚至与我们的生活息息相关[2]。

随着工业革命的继续进行，以及智能制造的地位进一步提高，许多企业希望可以跟上时代的步伐，纷纷希望改革自己的设备。企业希望通过这种方式减轻操作工的劳动强度、减少劳动成本，但是可以提高企业生产效益，让该企业在同等行业里面更具创造性和生命力！

工业机器人是近代自动控制领域中出现的一项新技术，并已成为现代机械制造生产系统中的一个重要组成部分，这种新技术很快，逐渐成为一门新兴的学科——机械手工程。机械手涉及力学、机械学、电器液压技术、自动控制技术、传感器技术和计算机技术等科学领域，是一门跨学科的综合技术[3]。

工业机械手是近几十年发展起来的一种高科技自动生产设备，工业机械手也是工业工业机器人的一个重要分支。其特点是可以通过编程来完成各种预期的作业，在构造和性能上兼有人的功能及其各自的优点，尤其体现在人的智能和适应性方面。机械手作业的准确性和完成作业的能力，在国民经济领域有着广泛的发展空间[4]。

机械手是工业自动控制领域中经常遇到的一种控制对象。机械手可以完成许多工作，如搬物、装配、切割、喷染等等，应用非常广泛。在现代工业中，生产过程中的自动化已成为突出的主题。

工业机械手人性能不断提高（高速度、高精度、高可靠性、便于操作和维修），而单价不断下降。机械结构向模块化、可重构化发展。例如关节模块中的伺服电机、减速机、检测系统三位一体化，有关节模块、连杆模块用重组方式构造机器人整机，国内已有模块化装配机器人产品问世。工业机器人控制系统向基于 PC 的开放型控制器方向发展，便于标准化、网络化。器件集成度提高，控制柜日渐小巧，且采用模块化结构，大大提高了系统的可靠性、易操作性和可维修性。机器人中的传感器作用日益重要，除采用传统的位置、速度、加速度等传感器外，装配、焊接机器人还应用了视觉、力觉等传感器，而遥控机器人则采用视觉、声觉、力觉、触觉等多传感器的融合技术来进行环境建模及决策控制。多传感器融合配置技术在产品中已有成熟应用。虚拟现实技术在机器人中的应用已从仿真、预演发展到用于过程控制，如使遥控机器人操作者置身于远端作业环境中的感觉来操纵机器人。当代要控机器人系统的发展特点不是追求全自治系统，而是致力于操作者与机器人的人机交互控制，即遥控加局部自主系统构成完整的监控操作系统，使智能机器人走出实验室进入实用化阶段。美国发射到火星上的“索杰纳”机器人就是这种系统成功应用的最著名实例。机器人化机械开始兴起。从 1994 年美国开发出“虚拟轴机床”以来，这种新型装置已成为国际研究热点之一，纷纷探索开拓其实际应用的领域[6]。

15.2　产品需要解决的工艺和实现的功能

根据企业目前的生产模式，我们提出了一种新的自动化贴标工艺，浙江德清久胜自行车智能贴标自动化生产线平面布局图如图 1 所示。

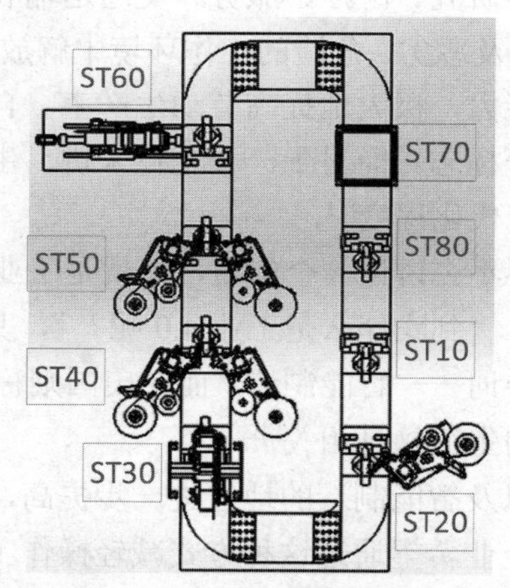

图 1　浙江德清久胜自行车智能贴标自动化生产线平面布局图

其中贴标检测工位采用三个基恩士 IV 系列 OCR 光学字符识别摄像头，用于检测 7 处贴标位置的标签是否贴上以及所贴标签位置是否符合要求，符合要求的产品将在 ST80 工位显示屏上显示出此车架贴标合格，否则显示为此车架贴标不合格，工作人员将其当作次品处理并进行返工。每一站的相应位置都会装有接近开关，当固定有车架的托盘抵达接近开关位置时，对应的贴标机动作进行贴标，在贴标过程中托盘随着传送带继续前行，从而达到出标贴标一步完成的目的[7]。

考虑到成本以及生产过程的可靠性与可监控性，每一站均配有显示屏，可独立操作该工位的启动、停止以及相应的数据监控，但是所采用品牌为维纶显示屏。考虑到生产节拍的问题，将 ST40-上管左右侧面贴标工位和 ST50-下管左右侧面贴标工位采取左右面同时进行的方式，即只需用两个工位的成本和时间就可完成原本所需四个工位的成本和时间所完成的任务。

15.3 产品设计原理和实现方案

15.3.1 产品功能与核心价值

1. 产品功能的选择

1）自行车架运载方式

将传统的吊挂式自行车架运载方式改为传送带运输的方式，主要是为了保证自行车架运输过程中的安全性，同时也可以让操作人员清晰地看到车架运载到哪一个工位而不用抬头去看。同时，传送带运送过程中的稳定性问题也被考虑在内，因而设计出专用的托盘，自行车架的两个后叉片与托盘上的固定装置相连起到固定作用，自行车架的五通部位通过托盘上的两根支架进行固定，两根支架一端连接在托盘上，另一端勾在五通部位内部，确保托盘运动过程中支架固定不动。

2）出标、贴标方式

自行车智能贴标自动化生产线摒弃了原先的先出标再贴标的方法，采用了出标与贴标同时进行的过程。即传送带运输托盘到出标口位置时出标装置出标，而且出来的标也贴在了车架上，当传送带运输托盘经过出标装置后，标签随着传送的运动也贴在了车架上。

3）工位 ST40、ST50 左右开弓进行贴标

为了节约车架上管、下管左右侧贴标的时间，采取左右侧同时开弓的方式。即贴上管标签时，左右侧标签同时贴好；贴下管标签时，左右侧标签页同时贴好。这个功能极大程度地加快了生产节拍，提高了生产效率。

4）图像识别智能检测贴标是否合格

为了保证所贴标签及其位置的正确性，保证产品的合格率，采用图像识别智能检测贴标的方式。如果出现贴标不合格则报警，两个人工工位的显示屏会显示出相应的贴标位置的报警信息，以便及时下料出不合格品，进行相关处理，同时也可以便于技术人员分析哪个工位出了问题。

5）可视化生产过程监控（显示屏）

采用维纶显示屏来搭建可视化生产过程监控，在检测工位发出不合格品报警后，显示屏上的生产总数会加 1，同时不合格品数也会加 1，最核心的功能是，能显示出具体是哪一个位置贴标不合格，以便技术人员检查哪一个工位的贴标设备出了问题，及时给出解决方案，减少不合格品出现率，将不合格品扼杀在摇篮里，以免出现大批量不合格品的情况，达到精良生产的目的[8]。

6）以机器代替人力，降低人工成本

原先年产 200 万台自行车，需要 600～700 人实现。采用智能自行车贴标自动化生产线后，将大大减少工人数量以及工人的工作量，大部分的工作将由机器替代完成。

7）触摸开关

触摸开关安装于 ST10 人工上料工位和 ST80 人工下料工位，在 ST10 人工上料工位中，当操作人员将车架完全放置在托盘上后，轻触触摸开关，才会将工位阻挡气缸放行，从而使带有车架的托盘流入下一工位。同样，在 ST80 人工下料工位中，当操作人员将车架完全从托盘上移下后，轻触触摸开关，空托盘才会放行到 ST10 人工上料站，这就进一步保证了操作人员的人身安全。

8）更换贴标卷纸时使用的可拆卸楼梯

为了便于更换贴标卷纸，设计了跨越传送带的“弓”型楼梯，便于操作人员进行更换贴标卷纸。但是，如果考虑到传送带正常运行时会对楼梯进行碰撞，因而每次更换贴标卷纸后都要搬运楼梯，这样既费时也费力。因而，设计出一种两端楼梯固定，中间过道是可拆卸的“弓”型楼梯，这样每次进行更换贴标卷纸时，只需装卸中间的过道即可，方便省力。

2. 产品的核心价值

按每名工人一个月3500元工资计算，一人一年4.2万元，按原先600名工人计算，600减去16为584，即可以省下 $584 \times 4.2 = 2452.8$ 万元的人工成本。本产品能为自行车车架贴标这一环节省下2452.8万元的人工成本，同时还能大大提高生产效率，并有效防止不合格品的出现。能够通过检测结果将故障范围缩小到具体的某一台贴标设备上，从而免去了长时间的故障排查以及整个生产线停止生产的时间。

15.3.2 产品数字化设计（外观设计）

自行车智能贴标自动化生产线俯视图如图2所示，自行车智能贴标自动化生产线后视图如图3所示，自行车智能贴标自动化生产线前视图如图4所示。该自行车智能贴标自动化生产线长度为5.0m，宽度为1.5m，工作台面高度为0.8m，便于工人上下料（自行车车架），托载并固定每个自行车架的托盘长宽为 $0.35\text{m} \times 0.35\text{m}$，托盘放置在环形的皮带传输线上。自行车智能贴标自动化生产线共分为8个工作站，其中人工工位为ST10上料（自行车架）工位和ST80下料（自行车架）工位，ST80下料工位提供合格成品下料和次品下料功能；剩余6个工作站均为自动化工位，分别为ST20-上管上表面贴标工位、ST30-头管表面贴标工位、ST40-上管左右侧面贴标工位、ST50-下管左右侧面贴标工位、ST60-立管表面贴标工位、ST70-贴标检测工位。

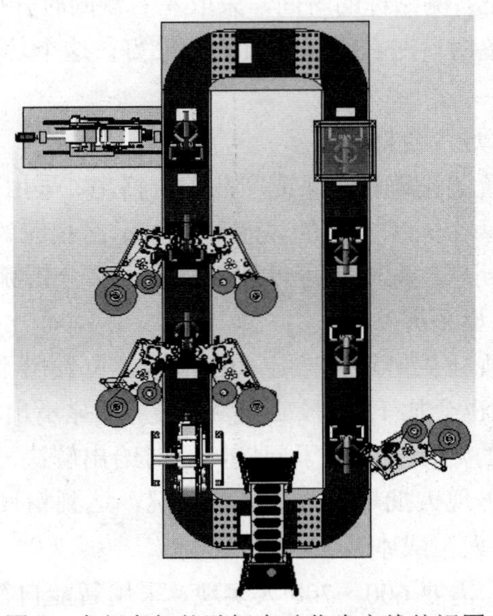

图2 自行车智能贴标自动化生产线俯视图

图3 自行车智能贴标自动化生产线后视图

图 4　自行车智能贴标自动化生产线前视图

15.3.3　核心用户用例与工作原理介绍

1. 使用该产品的关键场景

如图 5 所示为使用场景的工作流程图，该生产线主要用于自行车架自动化贴标行业。首先，人工将车架放置在托盘上，固定到位后，流入自动化生产线，经历上管上表面贴标、头管表面贴标、上管左右侧贴标、下管左右侧贴标、立管表面贴标、贴标位置检测后，将合格品和不合格品下料至指定区域，这就是自行车架自动化贴标生产线的生产过程。

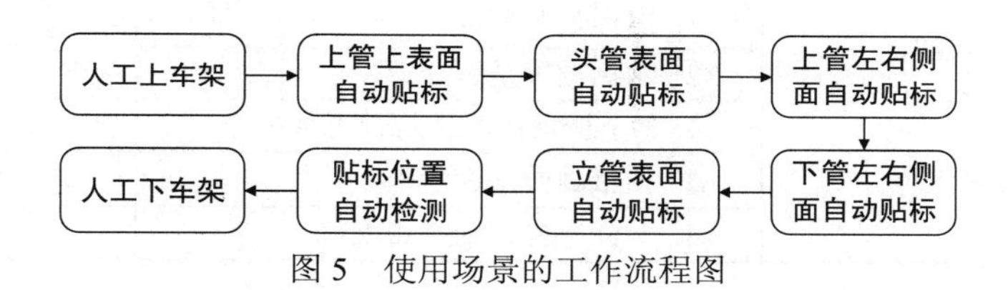

图 5　使用场景的工作流程图

2. 提升用户竞争力

使用智能贴标自动化生产线，如图 6 所示，一年一条智能贴标自动化生产线在仅需 4 名工人的情况下，就能完成 50.6 万台自行车架的贴标工作量，因而仅需 4 条这样的智能贴标自动化生产线同时工作，即在工人数量为 16 名的情况下，就能完成一年 200 万台车架贴标量产的任务，极大地提高了生产效率，同时所用员工人数仅为原先的 1/30，按每名工人一个月 5000 元工资计算，一人一年 6 万元，按原先 600 名工人计算，600 减去 16 为 584，即可以省下 584×6=3504 万元的人工成本，极大地减少了人工成本。与此同时，配有触摸按钮，只有在工人完全放入或取出车架后，按下触摸按钮才会将托盘上的车架传送至下一工位，极大程度地保障了工人的人身安全。同时具有很高的自动化程度，能够实现自动生产自动检测，贴标故障自动报警的功能，达到了生产过程的可监控化，符合“智能制造 2025”的发展观念，更符合“工业 4.0”的发展观念。最终，我们的产品还有配套升级服务，对智能贴标自动化生产线实行优化改进，这也是我们的核心竞争力所在。

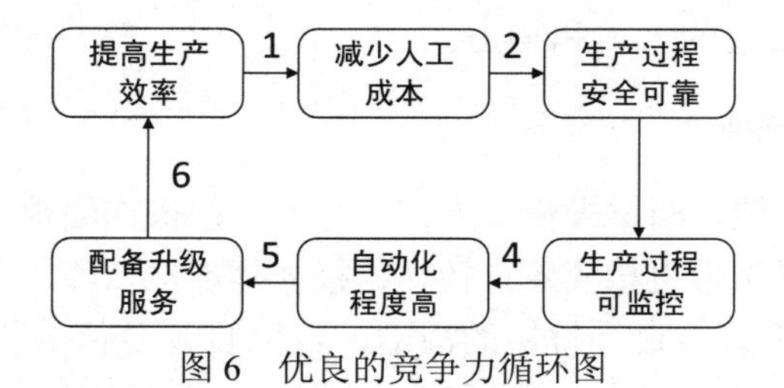

图 6　优良的竞争力循环图

15.4 产品技术测试及指标验证结果分析

15.4.1 功能测试

现场测试的点检表如表1所示，先检查气源和电源的稳定性，如各个工位的气压是否在正常工作范围内，是否存在气压偏大或者偏小的情况，在检验气压是否稳定，良好的气源是保证出标和贴标正常可靠工作的关键；随后检查电源是否稳定、电压是否存在波动等情况。

表1 测试方案点检表

测 试 工 位	测 试 功 能	测试结果（Yes/No）
气源、电源稳定性检查	1. 检查各工位气源气压	
	2. 检查各工位电源电压	
ST20 上管上表面自动贴标工位	1. 出标是否到位	
	2. 贴标位置是否合适	
ST30 头管表面自动贴标工位	1. 出标是否到位	
	2. 贴标位置是否合适	
ST40 上管左右侧面自动贴标工位	1. 出标是否到位	
	2. 贴标位置是否合适	
ST50 下管左右侧面自动贴标工位	1. 出标是否到位	
	2. 贴标位置是否合适	
ST60 立管表面自动贴标工位	1. 出标是否到位	
	2. 贴标位置是否合适	
ST70 贴标位置自动检测工位	1. 3个视觉传感器是否正常工作	
	2. 拍摄画面是否清晰	
	3. 贴标位置识别是否准确	

然后检查 ST20-ST70 各工位出标是否到位，如不到位则调整出标口的方向，使之正常出标；再检查各工位贴标位置是否合适，如不合适，则调节出标速度以及传送带的传送速度，使之相对运动的速度能够满足理想的贴标位置。

15.4.2 用户体验设计或产品使用说明

1. 自动/手动切换

对于产线操作工人来说，有手动和自动运行方式两种，一般情况下选择自动运行模式，两位操作工人只需负责上料和下料即可，其余生产过程均为自动化完成[9]。

2. 贴标不合格自动识别检测

对于贴标位置不合格的车架，能够自动识别检测出来，从而免去人工检测，减轻了工人的工作量，做到了以人为本。同时提高了生产效率，让残次品第一时间被发现，以免流入下一生产工序，造成资源重复浪费，耗费不必要的人力和物力。

3. 故障急停、复位、回原点

对于产线有紧急情况的事情，两位操作工人在自身面前的操作面板上可以迅速按下急停按钮，产线所有设备立即停止工作，传送带也相应停止转动，极大程度地保障了产线工作人员的生命安全。同时，对于一些轻微的、产线工人能自行解决的故障，可以自行复位消除故障报警，对设备进行回原点操作，产线所有设备将回到初始状态，按下启动按钮后，即可恢复正常工作。

4. 设备检修时的单步功能

在设备进行检修时，为了便于机修人员尽快找出故障所在，便于设备调试的验证，开发了单步功能，即手动按一次该按钮，设备动作一步，每按一次动作一次直至找出设备故障所在。同时，也可以用于设备调试好后，验证每一个动作的实现程度。

15.4.3 核心技术实现解析

1. ST10 人工上料工位

ST10 站程序流程图、I/O 列表、程序分别如图 7～图 9 所示，程序启动后先判定是否属于“回原点”“复位”“急停”的状态，如果属于“回原点”“复位”的状态，则三色灯变为黄色；如果属于“急停”的状态三色灯变为红色并且所有设备停止运行。如果上述情况均没有，则三色灯为绿色正常运行状态，同时判定预停阻挡是否到位，如果到位且操作人员放置好车架后，轻触触摸按钮，即可将车架放行至下一工位。

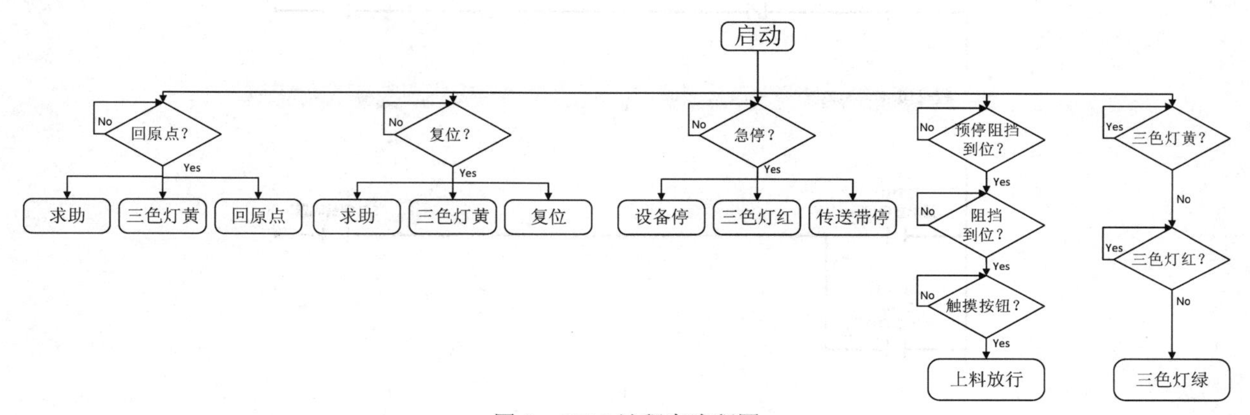

图 7 ST10 站程序流程图

ST10人工上料_变量表

		名称	数据类型	地址	保持	可从 ...	从 H...	在 H...	监控
1		ST10_要料	Bool	%I0.0	☐	☑	☑	☑	
2		ST10_维修/求助	Bool	%I0.1	☐	☑	☑	☑	
3		ST10_输送线启动	Bool	%I0.2	☐	☑	☑	☑	
4		ST10_故障复位	Bool	%I0.3	☐	☑	☑	☑	
5		ST10_输送线急停	Bool	%I0.4	☐	☑	☑	☑	
6		ST10_工位阻挡到位	Bool	%I0.5	☐	☑	☑	☑	
7		ST10_触摸按钮	Bool	%I0.6	☐	☑	☑	☑	
8		ST10_后积满	Bool	%I0.7	☐	☑	☑	☑	
9		ST10_要料动作	Bool	%Q0.0	☐	☑	☑	☑	
10		ST10_工位阻挡气缸放行	Bool	%Q0.2	☐	☑	☑	☑	
11		ST10_音乐盒CH1	Bool	%Q0.3	☐	☑	☑	☑	
12		ST10_音乐盒CH2	Bool	%Q0.4	☐	☑	☑	☑	
13		ST10_维修/求助动作	Bool	%Q0.5	☐	☑	☑	☑	
14		ST10_三色灯红	Bool	%Q0.6	☐	☑	☑	☑	
15		ST10_三色灯黄	Bool	%Q0.7	☐	☑	☑	☑	
16		ST10_三色灯绿	Bool	%Q1.0	☐	☑	☑	☑	
17		ST10_蜂鸣器	Bool	%Q1.1	☐	☑	☑	☑	
18		ST10_工位阻挡气缸阻挡	Bool	%Q0.1	☐	☑	☑	☑	

图 8 ST10 站 I/O 列表

2. ST20 上管上表面自动贴标工位

ST20 站程序流程图、I/O 列表、程序分别如图 10～图 12 所示，其中，程序段 1～5 的功能与 ST10 站程序段 1～5 的功能类似，程序启动后先判定是否属于“回原点”“复位”“急停”的状态，如果属于“回原点”“复位”的状态，则三色灯变为黄色；如果属于“急停”的状态，则三色灯变为红色并且所有设备停止运行。如果上述情况均没有，则三色灯为绿色正常运行状态。同时判定预停阻挡是

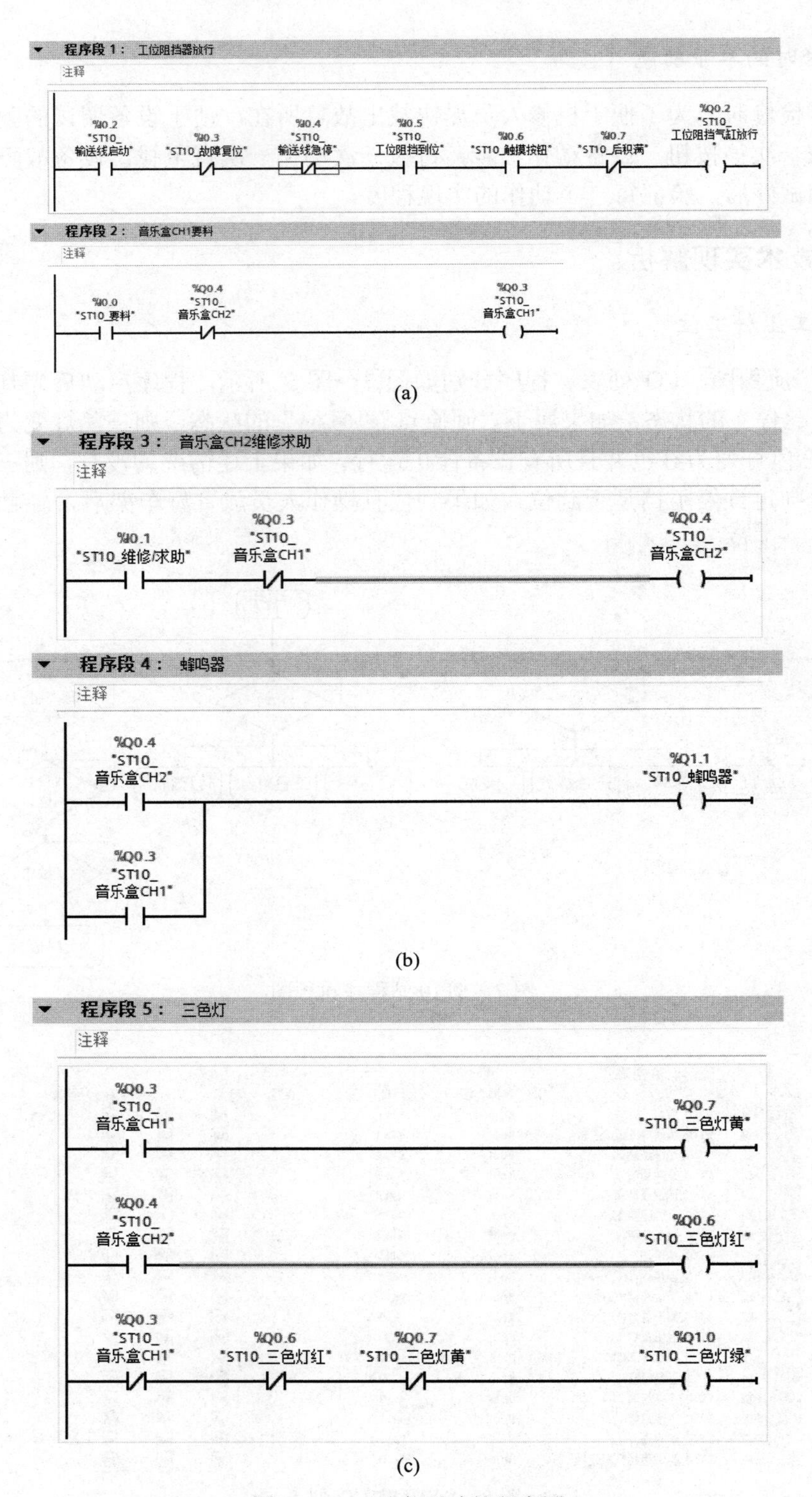

(a)

(b)

(c)

图 9　ST10 站主要功能程序图

否到位，防止撞上前一工位的托盘（由于检测工位托盘需要静止进行图像拍摄，所以主要防止撞上检测工位的托盘），随后通过接近开关判定是否有金属车架流过，如果感应到有金属车架流过，则发出上管上表面出标信号 I1.7，从而上管上表面贴标机进行贴标工作；如果未感应到金属车架流过则贴标机不动作。贴标的时候托盘也随着传送带运动，托盘在经过贴标机的过程中，就已经在进行贴标工作。

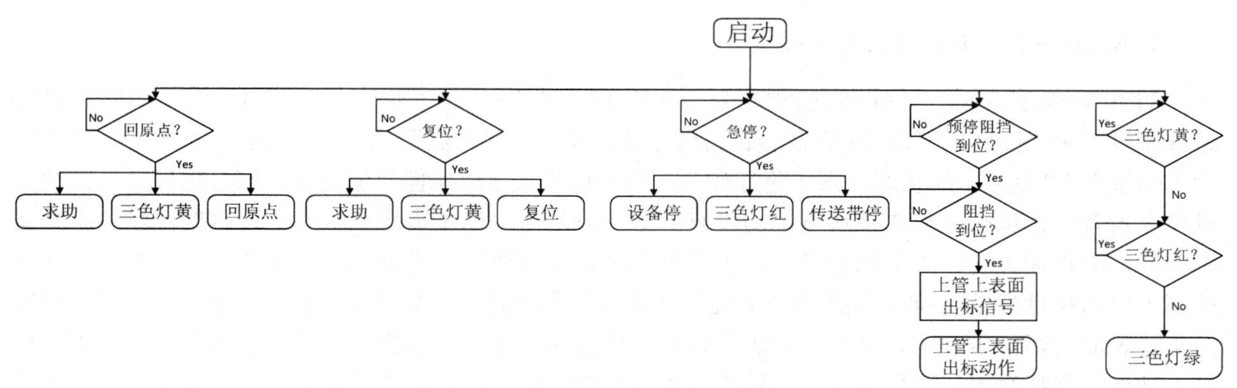

图 10　ST20 站程序流程图

ST20上管上表面自动贴标_变量表

	名称	数据类型	地址	保持	可从 ...	从 H...	在 H...
1	ST20_运行	Bool	%I1.0	☐	☑	☑	☑
2	ST20_回原点	Bool	%I1.1	☐	☑	☑	☑
3	ST20_复位	Bool	%I1.2	☐	☑	☑	☑
4	ST20_暂停/单步	Bool	%I1.3	☐	☑	☑	☑
5	ST20_急停	Bool	%I1.4	☐	☑	☑	☑
6	ST20_预停阻挡到位	Bool	%I1.5	☐	☑	☑	☑
7	ST20_工位阻挡到位	Bool	%I1.6	☐	☑	☑	☑
8	ST20_上管上表面出标信号	Bool	%I1.7	☐	☑	☑	☑
9	ST20_工位预停阻挡气缸阻挡	Bool	%Q1.2	☐	☑	☑	☑
10	ST20_工位预停阻挡气缸放行	Bool	%Q1.3	☐	☑	☑	☑
11	ST20_工位阻挡气缸阻挡	Bool	%Q1.4	☐	☑	☑	☑
12	ST20_工位阻挡气缸放行	Bool	%Q1.5	☐	☑	☑	☑
13	ST20_维修/求助	Bool	%Q1.6	☐	☑	☑	☑
14	ST20_三色灯红	Bool	%Q1.7	☐	☑	☑	☑
15	ST20_三色灯黄	Bool	%Q2.0	☐	☑	☑	☑
16	ST20_三色灯绿	Bool	%Q2.1	☐	☑	☑	☑
17	ST20_蜂鸣器	Bool	%Q2.2	☐	☑	☑	☑
18	ST20_上管上表面出标动作	Bool	%Q2.3	☐	☑	☑	☑
19	ST20_暂停/单步信号	Bool	%M0.0	☐	☑	☑	☑

图 11　ST20 站 I/O 列表

程序段 1：工位阻挡器放行
程序段 2：音乐盒CH1要料
程序段 3：音乐盒CH2维修求助
程序段 4：蜂鸣器
程序段 5：三色灯
程序段 6：上管上表面贴标
注释

%M0.0 "ST20_暂停/单步信号"　%I1.0 "ST20_运行"　%I1.7 "ST20_上管上表面出标信号"　%I1.2 "ST20_复位"　%I1.4 "ST20_急停"　%Q2.3 "ST20_上管上表面出标动作"
%I1.3 "ST20_暂停/单步"

(a)

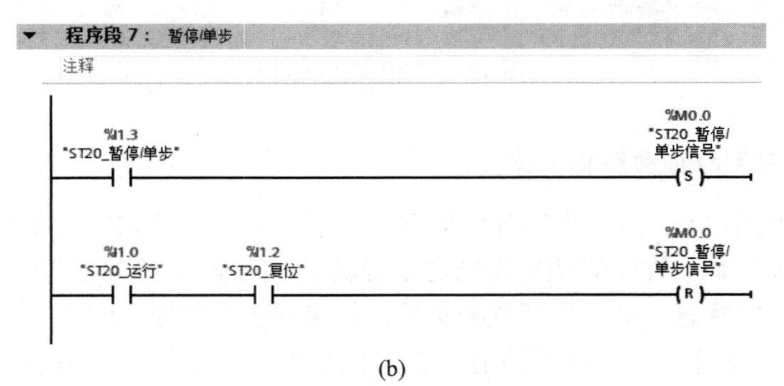

(b)

图 12　ST20 站主要功能程序图

3. ST30 头管表面自动贴标工位

ST30 站程序流程图、I/O 列表、程序分别如图 13～图 15 所示，其中，程序段 1～5 的功能与 ST10 站程序段 1～5 的功能类似，程序启动后先判定是否属于“回原点”“复位”“急停”的状态，如果属于“回原点”“复位”的状态，则三色灯变为黄色；如果属于“急停”的状态，则三色灯变为红色并且所有设备停止运行。如果上述情况均没有，则三色灯为绿色正常运行状态。同时判定预停阻挡是否到位，防止撞上前一工位的托盘（由于检测工位托盘需要静止进行图像拍摄，所以主要防止撞上检测工位的托盘），随后通过接近开关判定是否有金属车架流过，如果感应到有金属车架流过，则发出头管表面出标信号 I2.7，从而头管表面贴标机进行贴标工作；如果未感应到金属车架流过则贴标机不动作。当托盘流经贴标机时，贴标工作也同时在完成，在托盘流过贴标机后，标签已经贴在了车架上管上表面。

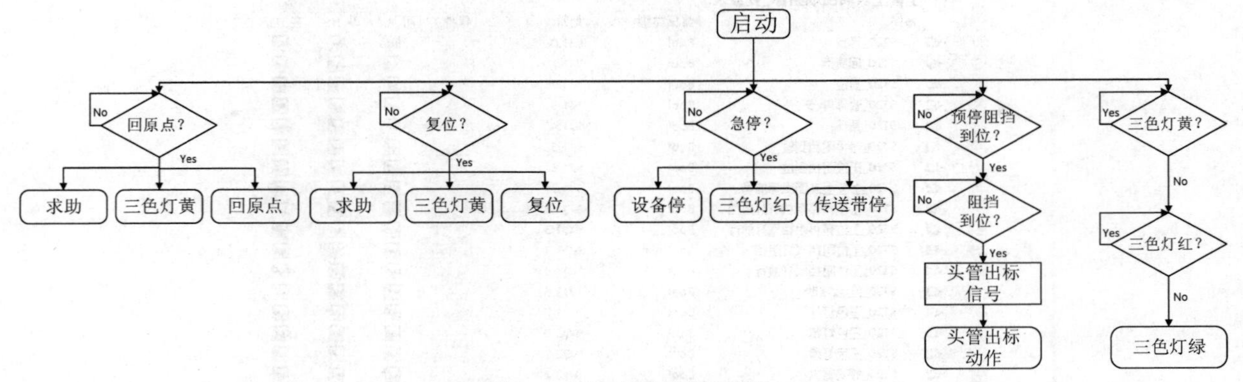

图 13 ST30 站程序流程图

ST30头管表面自动贴标_变量表

	名称	数据类型	地址	保持	可从 ...	从 H...	在 H...
1	ST30_运行	Bool	%I2.0	☐	☑	☑	☑
2	ST30_回原点	Bool	%I2.1	☐	☑	☑	☑
3	ST30_复位	Bool	%I2.2	☐	☑	☑	☑
4	ST30_暂停/单步	Bool	%I2.3	☐	☑	☑	☑
5	ST30_急停	Bool	%I2.4	☐	☑	☑	☑
6	ST30_预停阻挡到位	Bool	%I2.5	☐	☑	☑	☑
7	ST30_工位阻挡到位	Bool	%I2.6	☐	☑	☑	☑
8	ST30_头管表面出标信号	Bool	%I2.7	☐	☑	☑	☑
9	ST30_工位阻挡气缸放行	Bool	%Q2.4	☐	☑	☑	☑
10	ST30_工位阻挡气缸阻挡	Bool	%Q2.5	☐	☑	☑	☑
11	ST30_预停阻挡气缸放行	Bool	%Q2.6	☐	☑	☑	☑
12	ST30_预停阻挡气缸阻挡	Bool	%Q2.7	☐	☑	☑	☑
13	ST30_维修/求助	Bool	%Q3.0	☐	☑	☑	☑
14	ST30_三色灯红	Bool	%Q3.1	☐	☑	☑	☑
15	ST30_三色灯黄	Bool	%Q3.2	☐	☑	☑	☑
16	ST30_三色灯绿	Bool	%Q3.3	☐	☑	☑	☑
17	ST30_蜂鸣器	Bool	%Q3.4	☐	☑	☑	☑
18	ST30_头管表面出标动作	Bool	%Q3.5	☐	☑	☑	☑
19	ST30_暂停/单步信号	Bool	%M0.1	☐	☑	☑	☑

图 14 ST30 站 I/O 列表

4. ST40 上管左右侧面自动贴标工位

ST40 站程序流程图、I/O 列表、程序分别如图 16～图 18 所示，其中，程序段 1～5 的功能与 ST10 站程序段 1～5 的功能类似，程序启动后先判定是否属于“回原点”“复位”“急停”的状态，如果属于“回原点”“复位”的状态；则三色灯变为黄色；如果属于“急停”的状态，则三色灯变为红色并且所有设备停止运行。如果上述情况均没有，则三色灯为绿色正常运行状态。同时判定预停阻挡是否到位，防止撞上前一工位的托盘（由于检测工位托盘需要静止进行图像拍摄，所以主要防止撞上

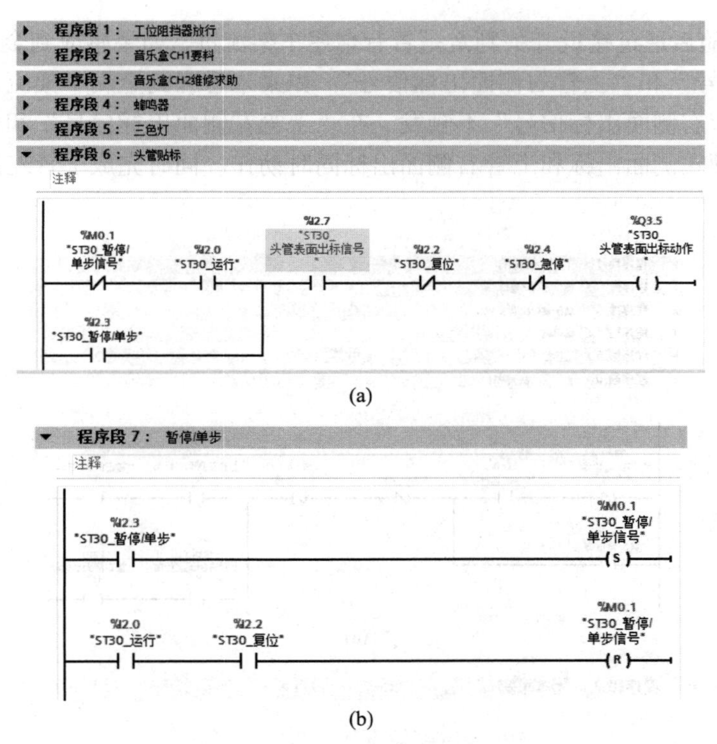

图 15　ST30 站主要功能程序图

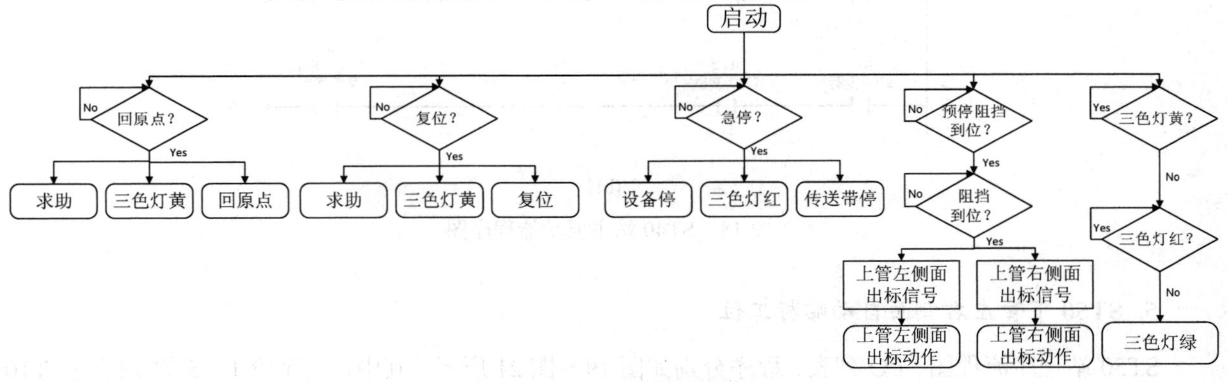

图 16　ST40 站程序流程图

ST40上管左右侧面自动贴标_变量表

	名称	数据类型	地址	保持	可从 ...	从 H...	在 H...
1	ST40_运行	Bool	%I3.0	☐	☑	☑	☑
2	ST40_回原点	Bool	%I3.1	☐	☑	☑	☑
3	ST40_复位	Bool	%I3.2	☐	☑	☑	☑
4	ST40_暂停/单步	Bool	%I3.3	☐	☑	☑	☑
5	ST40_急停	Bool	%I3.4	☐	☑	☑	☑
6	ST40_预停阻挡到位	Bool	%I3.5	☐	☑	☑	☑
7	ST40_工位阻挡到位	Bool	%I3.6	☐	☑	☑	☑
8	ST40_上管左侧面出标信号	Bool	%I3.7	☐	☑	☑	☑
9	ST40_上管右侧面出标信号	Bool	%I4.0	☐	☑	☑	☑
10	ST40_工位阻挡气缸放行	Bool	%Q3.6	☐	☑	☑	☑
11	ST40_工位阻挡气缸阻挡	Bool	%Q3.7	☐	☑	☑	☑
12	ST40_预停阻挡气缸放行	Bool	%Q4.0	☐	☑	☑	☑
13	ST40_预停阻挡气缸阻挡	Bool	%Q4.1	☐	☑	☑	☑
14	ST40_维修/求助	Bool	%Q4.2	☐	☑	☑	☑
15	ST40_三色灯红	Bool	%Q4.3	☐	☑	☑	☑
16	ST40_三色灯黄	Bool	%Q4.4	☐	☑	☑	☑
17	ST40_三色灯绿	Bool	%Q4.5	☐	☑	☑	☑
18	ST40_蜂鸣器	Bool	%Q4.6	☐	☑	☑	☑
19	ST40_上管左侧面出标动作	Bool	%Q4.7	☐	☑	☑	☑
20	ST40_上管右侧面出标动作	Bool	%Q5.0	☐	☑	☑	☑
21	ST40_暂停/单步信号	Bool	%M0.2	☐	☑	☑	☑

图 17　ST40 站 I/O 列表

检测工位的托盘），随后通过接近开关判定是否有金属车架流过，如果感应到金属车架流过，则触发“上管左侧面出标信号”和“上管右侧面出标信号”；如果未感应到金属车架流过，则“上管左侧面出标信号”和“上管右侧面出标信号”不触发。在“上管左侧面出标信号”和“上管右侧面出标信号”触发后，则上管左侧面出标和上管右侧面出标同时动作，同时完成上管左侧面和上管右侧面贴标的工作。

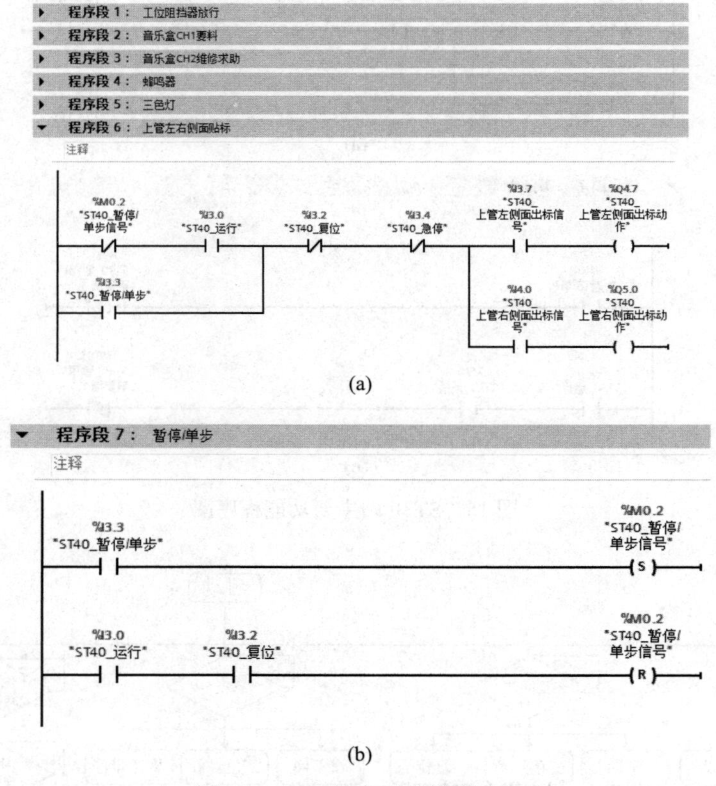

图 18　ST40 站主要功能程序图

5. ST50 下管左右侧面自动贴标工位

ST50 站程序流程图、I/O 列表、程序分别如图 19～图 21 所示，其中，程序段 1～5 的功能与 ST10 站程序段 1～5 的功能类似，程序启动后先判定是否属于“回原点”“复位”“急停”的状态，如果属于“回原点”“复位”的状态；则三色灯变为黄色；如果属于“急停”的状态，则三色灯变为红色并

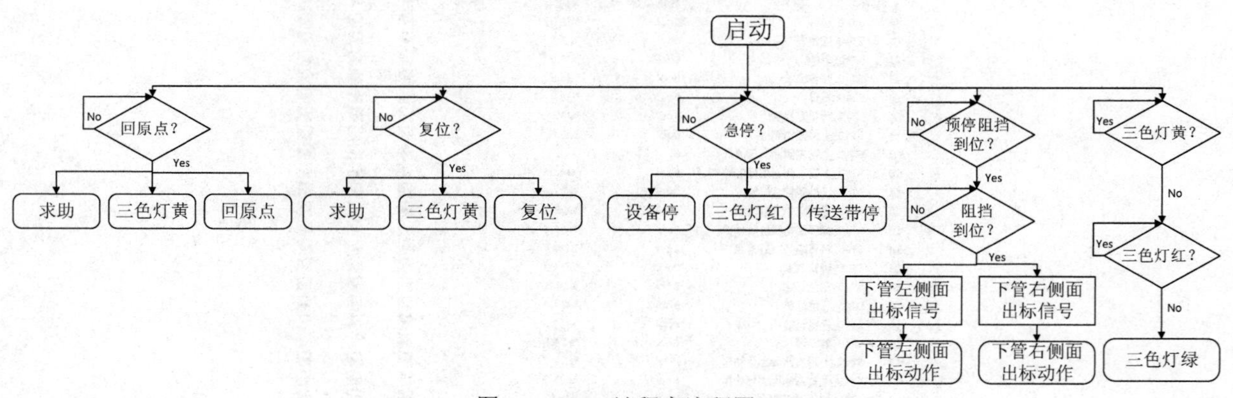

图 19　ST50 站程序流程图

ST50下管左右侧面自动贴标_变量表

	名称	数据类型	地址	保持	可从...	从H...	在H...
1	ST50_运行	Bool	%I4.1	☐	☑	☑	☑
2	ST50_回原点	Bool	%I4.2	☐	☑	☑	☑
3	ST50_复位	Bool	%I4.3	☐	☑	☑	☑
4	ST50_暂停/单步	Bool	%I4.4	☐	☑	☑	☑
5	ST50_急停	Bool	%I4.5	☐	☑	☑	☑
6	ST50_预停阻挡到位	Bool	%I4.6	☐	☑	☑	☑
7	ST50_工位阻挡到位	Bool	%I4.7	☐	☑	☑	☑
8	ST50_下管左侧面出标信号	Bool	%I5.0	☐	☑	☑	☑
9	ST50_下管右侧面出标信号	Bool	%I5.1	☐	☑	☑	☑
10	ST50_工位阻挡气缸放行	Bool	%Q5.1	☐	☑	☑	☑
11	ST50_工位阻挡气缸阻挡	Bool	%Q5.2	☐	☑	☑	☑
12	ST50_预停阻挡气缸放行	Bool	%Q5.3	☐	☑	☑	☑
13	ST50_预停阻挡气缸阻挡	Bool	%Q5.4	☐	☑	☑	☑
14	ST50_维修/求助	Bool	%Q5.5	☐	☑	☑	☑
15	ST50_三色灯红	Bool	%Q5.6	☐	☑	☑	☑
16	ST50_三色灯黄	Bool	%Q5.7	☐	☑	☑	☑
17	ST50_三色灯绿	Bool	%Q6.0	☐	☑	☑	☑
18	ST50_蜂鸣器	Bool	%Q6.1	☐	☑	☑	☑
19	ST50_下管左侧面出标动作	Bool	%Q6.2	☐	☑	☑	☑
20	ST50_下管右侧面出标动作	Bool	%Q6.3	☐	☑	☑	☑

图 20　ST50 站 I/O 列表

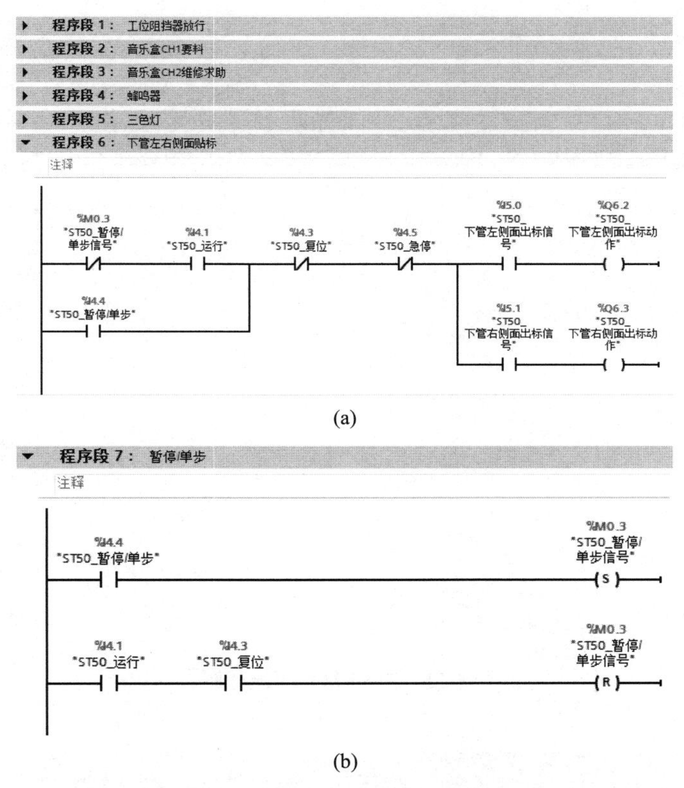

图 21　ST50 站主要功能程序图

且所有设备停止运行。如果上述情况均没有，则三色灯为绿色正常运行状态。同时判定预停阻挡是否到位，防止撞上前一工位的托盘（由于检测工位托盘需要静止进行图像拍摄，所以主要防止撞上检测工位的托盘），随后通过接近开关判定是否有金属车架流过，如果感应到金属车架流过，则触发“下管左侧面出标信号”和“下管右侧面出标信号”；如果未感应到金属车架流过，则“下管左侧面出标信号”和“下管右侧面出标信号”不触发。在“下管左侧面出标信号”和“下管右侧面出标信号”触发后，则下管左侧面出标和下管右侧面出标同时动作，同时完成下管左侧面和下管右侧面贴标的工作。

6. ST60 立管表面自动贴标工位

ST60 站程序流程图、I/O 列表、程序分别如图 22～图 24 所示，其中，程序段 1～5 的功能与 ST10

站程序段 1～5 的功能类似，程序启动后先判定是否属于“回原点”“复位”“急停”的状态，如果属于“回原点”“复位”的状态，则三色灯变为黄色；如果属于“急停”的状态，则三色灯变为红色并且所有设备停止运行。如果上述情况均没有，则三色灯为绿色正常运行状态。同时判定预停阻挡是否到位，防止撞上前一工位的托盘（由于检测工位托盘需要静止进行图像拍摄，所以主要防止撞上检测工位的托盘），随后通过接近开关判定是否有金属车架流过，如果感应到金属车架流过，则触发“立管气缸伸出信号”；如果未感应到金属车架流过，则“立管气缸伸出信号”不触发。在“立管气缸伸出信号”触发后，则立管气缸伸出动作，将贴标机出标口移载至立管贴标位置。随后触发“立管表面贴标动作”，贴标完成后触发“立管气缸缩回信号”，立管气缸进行缩回动作，缩回到位后工位阻挡放行。如果需要实现单步或者暂停功能，只需按住暂停/单步键即可，需要什么时候停止，松开暂停/单步键即可暂停。

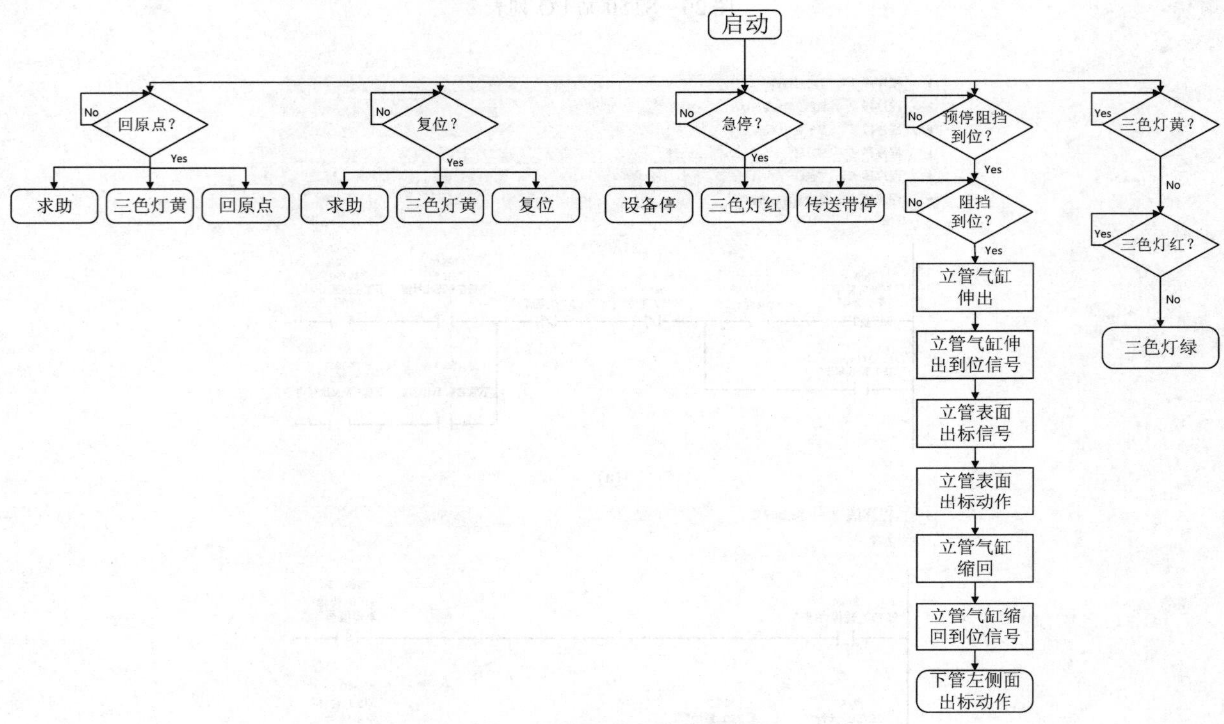

图 22　ST60 站程序流程图

ST60立管表面自动贴标_变量表

		名称	数据类型	地址	保持	可从 ...	从 H...	在 H...
1	◀	ST60_运行	Bool	%I5.2	☐	☑	☑	☑
2	◀	ST60_回原点	Bool	%I5.3	☐	☑	☑	☑
3	◀	ST60_复位	Bool	%I5.4	☐	☑	☑	☑
4	◀	ST60_暂停/单步	Bool	%I5.5	☐	☑	☑	☑
5	◀	ST60_急停	Bool	%I5.6	☐	☑	☑	☑
6	◀	ST60_预停阻挡到位	Bool	%I5.7	☐	☑	☑	☑
7	◀	ST60_工位阻挡到位	Bool	%I6.0	☐	☑	☑	☑
8	◀	ST60_立管气缸伸出信号	Bool	%I6.1	☐	☑	☑	☑
9	◀	ST60_立管气缸缩回信号	Bool	%I6.2	☐	☑	☑	☑
10	◀	ST60_立管表面出标信号	Bool	%I6.3	☐	☑	☑	☑
11	◀	ST60_工位阻挡气缸放行	Bool	%Q6.4	☐	☑	☑	☑
12	◀	ST60_工位阻挡气缸阻挡	Bool	%Q6.5	☐	☑	☑	☑
13	◀	ST60_预停阻挡气缸放行	Bool	%Q6.6	☐	☑	☑	☑
14	◀	ST60_预停阻挡气缸阻挡	Bool	%Q6.7	☐	☑	☑	☑
15	◀	ST60_维修/求助	Bool	%Q7.0	☐	☑	☑	☑
16	◀	ST60_三色灯红	Bool	%Q7.1	☐	☑	☑	☑
17	◀	ST60_三色灯黄	Bool	%Q7.2	☐	☑	☑	☑
18	◀	ST60_三色灯绿	Bool	%Q7.3	☐	☑	☑	☑
19	◀	ST60_蜂鸣器	Bool	%Q7.4	☐	☑	☑	☑
20	◀	ST60_立管表面贴标气缸伸出	Bool	%Q7.5	☐	☑	☑	☑
21	◀	ST60_立管表面贴标气缸缩回	Bool	%Q7.6	☐	☑	☑	☑
22	◀	ST60_立管表面贴标动作	Bool	%Q7.7	☐	☑	☑	☑
23	◀	ST60_暂停/单步信号	Bool	%M0.4	☐	☑	☑	☑

图 23　ST60 站 I/O 列表

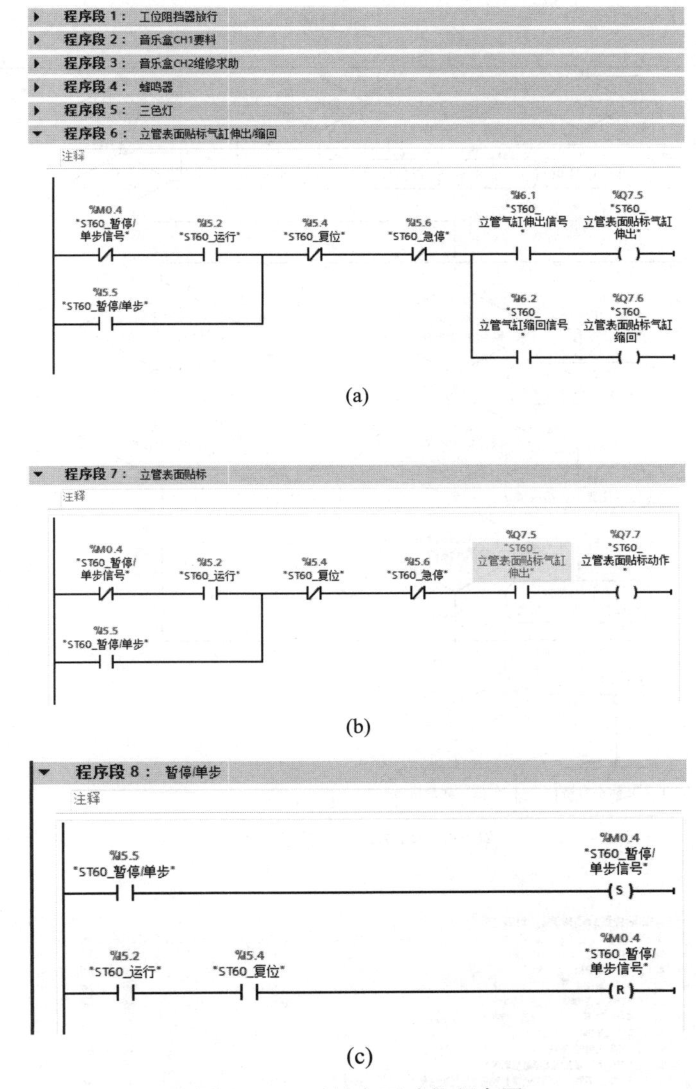

图 24 ST60 站主要功能程序图

7. ST70 贴标位置自动检测工位

ST70 站程序流程图、I/O 列表、程序分别如图 25～图 27 所示，其中，程序段 1～5 的功能与 ST10 站程序段 1～5 的功能类似，程序启动后先判定是否属于“回原点”“复位”“急停”的状态，如果属于“回原点”“复位”的状态，则三色灯变为黄色；如果属于“急停”的状态，则三色灯变为红色并且所有设备停止运行。如果上述情况均没有，则三色灯为绿色正常运行状态。同时判定预停阻挡是否到位，防止撞上前一工位的托盘（由于检测工位托盘需要静止进行图像拍摄，所以主要防止撞上检测工位的托盘），随后通过接近开关判定是否有金属车架流过，如果感应到金属车架流过，则触发“上下管右侧面及上管上侧面摄像检测信号”“头管及立管贴标摄像检测信号”“上下管左侧面摄像检测信号”，相应位置的三个图像识别传感器进行拍照摄像动作，并且触发“拍照光源”信号，进行拍照补偿。随后根据“影像判定 NG 结果”将不合格贴标位置进行归类：上管右表面贴标位置不合格、上管左表面贴标位置不合格、下管右表面贴标位置不合格、下管左表面贴标位置不合格、上管上表面贴标位置不合格、头管表面贴标位置不合格以及立管表面贴标位置不合格。并将相应不合格贴标位置进行计数，不合格计数结果反馈到 HMI 触摸屏上，对哪一个工位贴标异常较多可以一目了然，然后对症下药，对异常工位进行检修处理，以免出现更多的不合格品[10]。

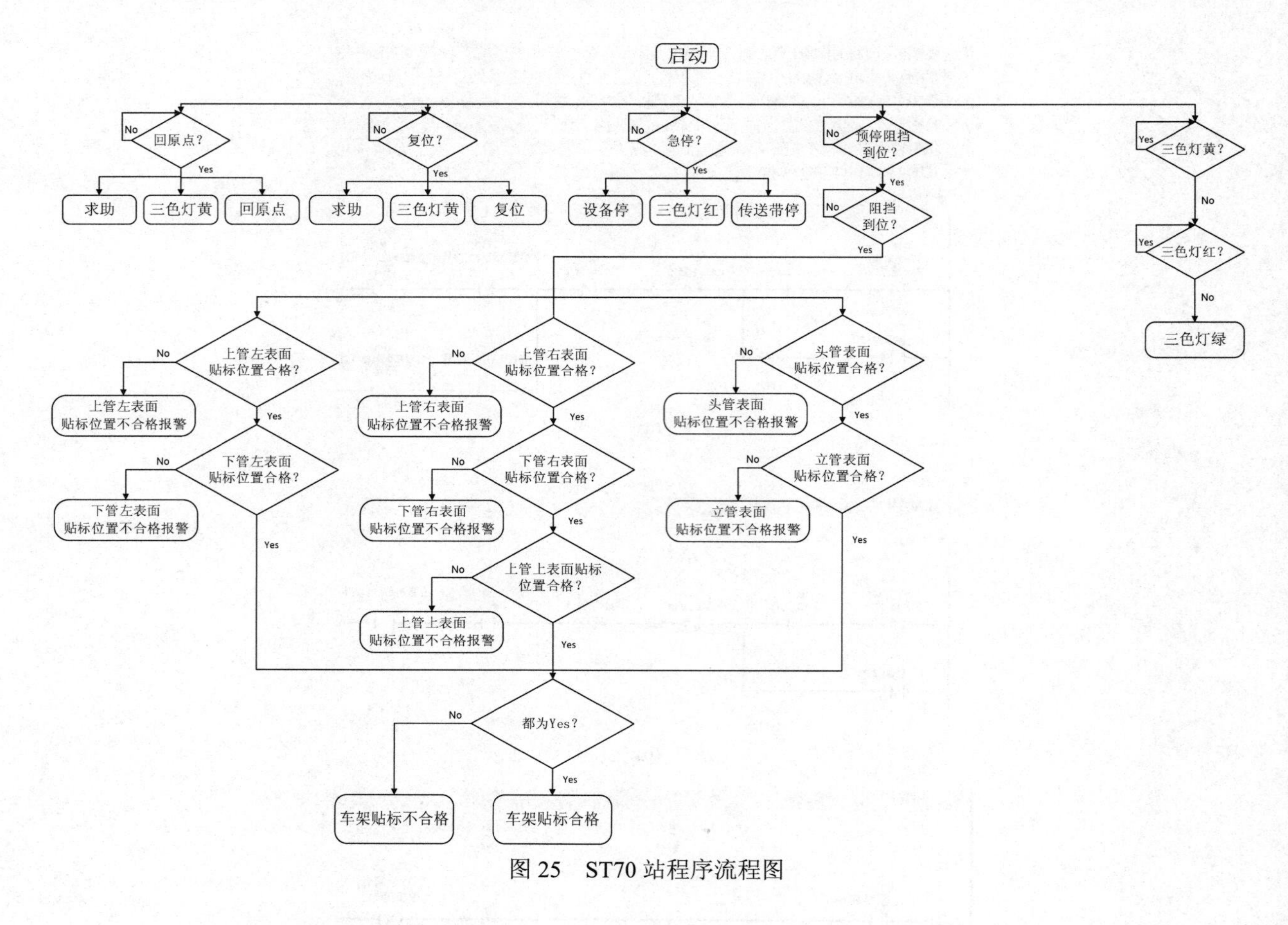

图 25　ST70 站程序流程图

ST70贴标位置自动检测_变量表

	名称	数据类型	地址	保持	可从 ...	从 H...	在 H...
1	ST70_运行	Bool	%I6.4	☐	☑	☑	☑
2	ST70_回原点	Bool	%I6.5	☐	☑	☑	☑
3	ST70_复位	Bool	%I6.6	☐	☑	☑	☑
4	ST70_暂停/单步	Bool	%I6.7	☐	☑	☑	☑
5	ST70_急停	Bool	%I7.0	☐	☑	☑	☑
6	ST70_预停阻挡到位	Bool	%I7.1	☐	☑	☑	☑
7	ST70_工位阻挡到位	Bool	%I7.2	☐	☑	☑	☑
8	ST70_上下管左侧面摄像检测信号	Bool	%I7.3	☐	☑	☑	☑
9	ST70_上下管右侧面及上管上侧面摄像检测信号	Bool	%I7.4	☐	☑	☑	☑
10	ST70_头管及立管贴标摄像检测信号	Bool	%I7.5	☐	☑	☑	☑
11	ST70_工位阻挡气缸放行	Bool	%Q8.0	☐	☑	☑	☑
12	ST70_工位阻挡气缸阻挡	Bool	%Q8.1	☐	☑	☑	☑
13	ST70_预停阻挡气缸放行	Bool	%Q8.2	☐	☑	☑	☑
14	ST70_预停阻挡气缸阻挡	Bool	%Q8.3	☐	☑	☑	☑
15	ST70_维修/求助	Bool	%Q8.4	☐	☑	☑	☑
16	ST70_三色灯红	Bool	%Q8.5	☐	☑	☑	☑
17	ST70_三色灯黄	Bool	%Q8.6	☐	☑	☑	☑
18	ST70_三色灯绿	Bool	%Q8.7	☐	☑	☑	☑
19	ST70_蜂鸣器	Bool	%Q9.0	☐	☑	☑	☑
20	ST70_上下管左侧面摄像头拍摄动作	Bool	%Q9.1	☐	☑	☑	☑
21	ST70_上下管右侧面及上管上侧面摄像头拍摄动作	Bool	%Q9.2	☐	☑	☑	☑
22	ST70_头管及立管贴标摄像头拍摄动作	Bool	%Q9.3	☐	☑	☑	☑
23	ST70_暂停/单步信号	Bool	%M0.5	☐	☑	☑	☑
24	ST70_拍照光源	Bool	%Q10.5	☐	☑	☑	☑
25	ST70_影像判定结果NG	Bool	%I8.7	☐	☑	☑	☑

图 26　ST70 站 I/O 列表

8. ST80 人工下料工位

ST80 站程序流程图、I/O 列表、程序分别如图 28～图 30 所示，其中，程序段 1～5 的功能与 ST10 站程序段 1～5 的功能类似，程序启动后先判定是否属于“回原点”“复位”“急停”的状态，如果属于“回原点”“复位”的状态，则三色灯变为黄色；如果属于“急停”的状态，则三色灯变为红色并且所有设备停止运行。如果上述情况均没有，则三色灯为绿色正常运行状态。同时判定预停阻挡是否到位，防止撞上前一工位的托盘。在操作人员取下成品或者不合格品车架后，轻触触摸按钮，空托盘才会流入下一工位。

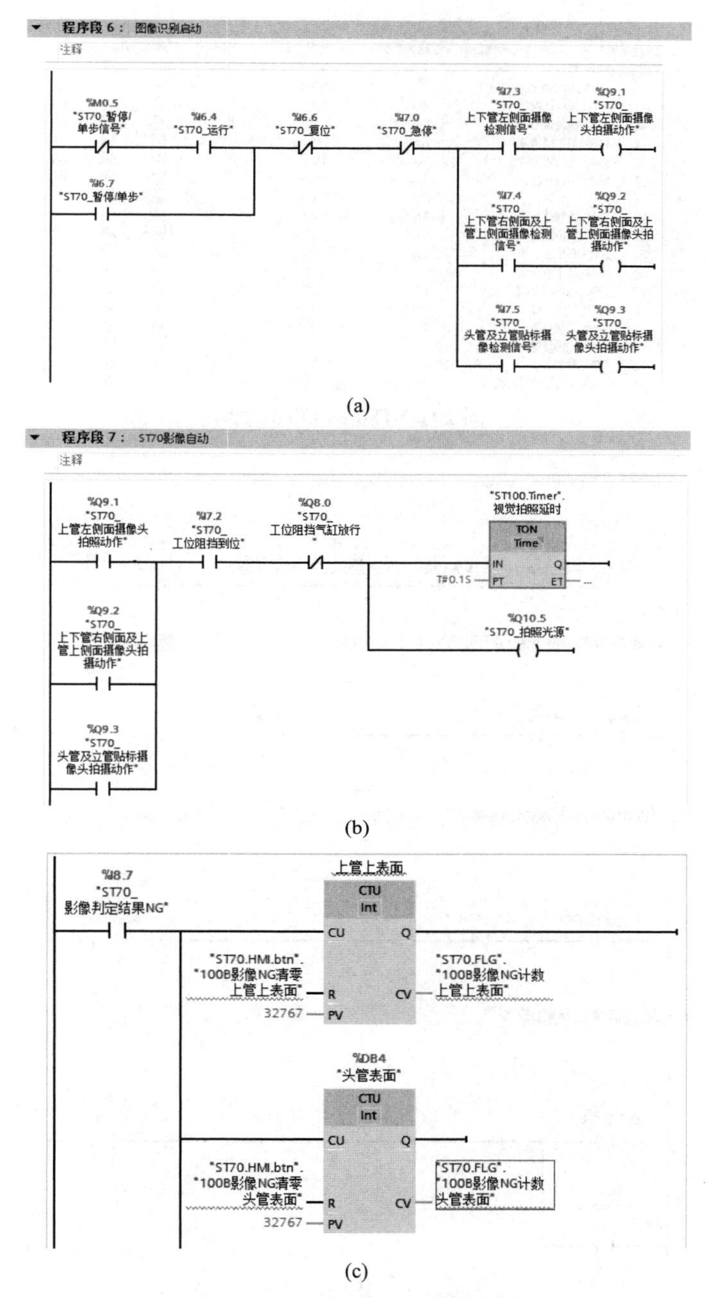

图 27 ST70 站主要功能程序图

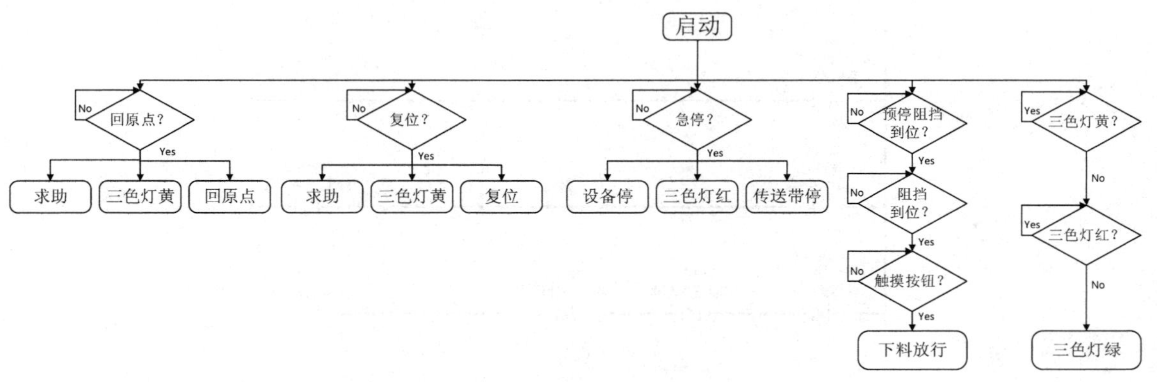

图 28 ST80 站程序流程图

ST80人工下料_变量表

	名称	数据类型	地址	保持	可从...	从H...	在H...
1	ST80_要料	Bool	%I7.6	☐	☑	☑	☑
2	ST80_维修/求助	Bool	%I7.7	☐	☑	☑	☑
3	ST80_输送线启动	Bool	%I8.0	☐	☑	☑	☑
4	ST80_故障复位	Bool	%I8.1	☐	☑	☑	☑
5	ST80_输送线急停	Bool	%I8.2	☐	☑	☑	☑
6	ST80_工位阻挡到位	Bool	%I8.3	☐	☑	☑	☑
7	ST80_触摸按钮	Bool	%I8.4	☐	☑	☑	☑
8	ST80_后积满	Bool	%I8.5	☐	☑	☑	☑
9	ST80_要料动作	Bool	%I8.6	☐	☑	☑	☑
10	ST80_工位阻挡气缸放行	Bool	%Q9.4	☐	☑	☑	☑
11	ST80_音乐盒CH1	Bool	%Q9.5	☐	☑	☑	☑
12	ST80_音乐盒CH2	Bool	%Q9.6	☐	☑	☑	☑
13	ST80_维修/求助动作	Bool	%Q9.7	☐	☑	☑	☑
14	ST80_三色灯红	Bool	%Q10.0	☐	☑	☑	☑
15	ST80_三色灯黄	Bool	%Q10.1	☐	☑	☑	☑
16	ST80_三色灯绿	Bool	%Q10.2	☐	☑	☑	☑
17	ST80_蜂鸣器	Bool	%Q10.3	☐	☑	☑	☑
18	ST80_工位阻挡气缸阻挡	Bool	%Q10.4	☐	☑	☑	☑

图 29 ST80 站 I/O 列表

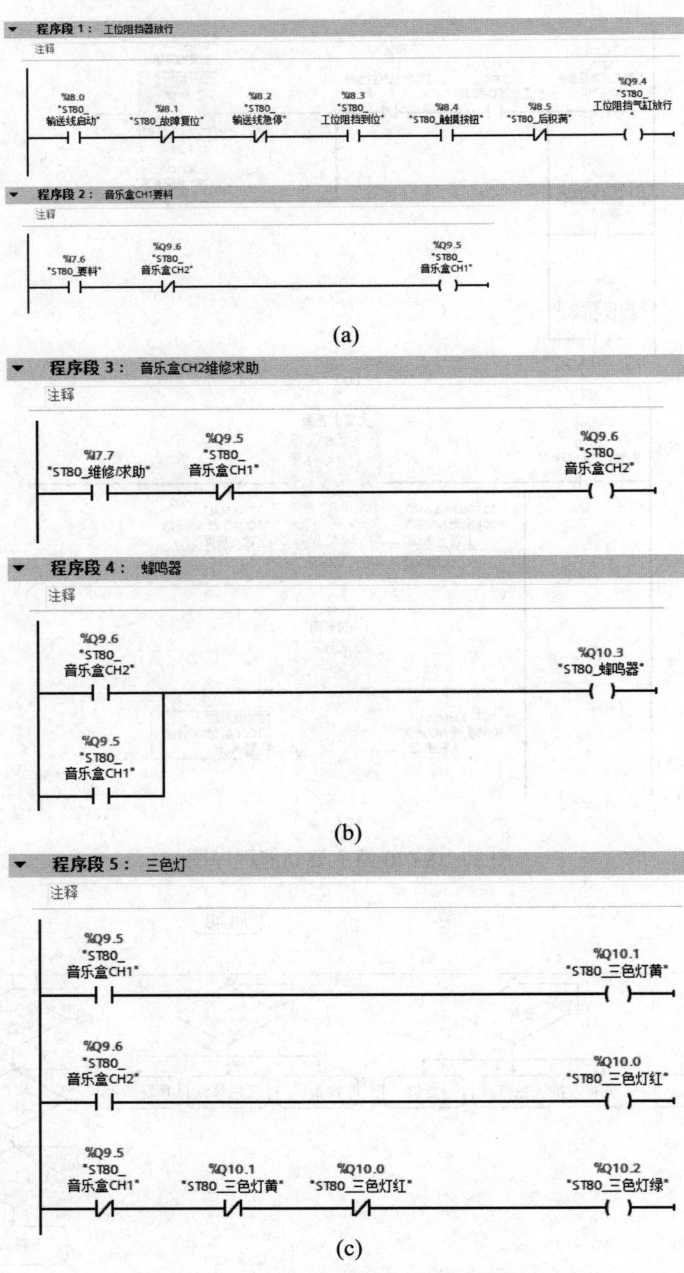

图 30 ST80 站主要功能程序图

15.4.4 技术竞争力说明

具体内容见 15.3.1 节。

15.4.5 产品成本分析

产品成本分析见表 2。

表 2 产品成本分析表

产品成本分析表（产品部件清单以及成本价格）				
序　号	部 件 名 称	型　号	数　量	合计价格/万元
1	西门子 PLC	CPU1515-2 PN	1 台	2.0
2	阻挡气缸	SMC-RSDQA32-15TL (1.0MPa)	8 个	0.0304
3	预阻挡气缸	SMC-RSDQA32-15TL (1.0MPa)	8 个	0.0304
4	电磁阀 1	SMC	16 个	0.432
5	滑轨	HIWIN/上银	2 根	0.1845
6	伸出气缸	FESTO DSBC-32-160-PA-N3	1 个	0.0888
7	电磁阀 2	FESTO 533342K	1 个	0.050
8	接近开关	SICK 1040763	6 个	0.0576
9	贴标机	KASTEK（头管、上管上、上管左右、下管左右、立管）	7 台	21.0
10	图像识别传感器	基恩士—IV 系列	3 个	0.8888
11	图像识别采集控制器	基恩士—IV 系列	1 台	2.3
12	车架固定托盘	米思米	12 个	6.0
13	传送带电机	150W	2 台	0.092
14	皮带线	铭成/MINSEN	15m	0.65
15	暂停/单步+急停按钮盒	KZX-0825	8 个	0.096
16	复位+回原点+运行按钮盒	KZX-0825	8 个	0.096
17	维纶触摸屏	MT8101iE	8 个	1.6
18	三色灯+蜂鸣器	LED 工作灯	8 个	0.08
19	型材架	50100B：底座 20m+装置外框 76m	约 100m	1.4
20	有机玻璃板	0.8m × 0.8m	25.6m^2	0.668
21	电线	德力西 4 平方	100m	0.0399
22	电线	德力西 2.5 平方	100m	0.0339
23	断路器	GSH201AC-C63/0.03	1 个	0.0146
24	端子接线排	UK 接线端子排	3 排	0.003
25	继电保护装置	施耐德	2 个	0.08
26	电源指示灯	AD16-22D	3 个	0.003
27	触摸开关	邦纳 OTBVP6	2 个	0.075
	合计总价/万元	37.9168	叁拾柒万玖仟壹佰陆拾捌元整	

15.4.6 生产制造要点

（1）每日开班前根据点检表上电压、电流、气压等参数要求进行设备检查，有异常数据的及时提出、及时处理；

（2）贴标机的出标口一定要对准对应车架的位置，这样贴标效果才能达到理想要求；

（3）由于接近开关可靠量程 1cm 范围以内，所以接近开关要尽可能靠近车架，从而能够准确判别出托盘上有无车架；

（4）图像传感器的识别区域可以运用 CV-X Series Terminal-Software Ver.3.2 软件进行编辑，以及车架所贴标签的轮廓也可以用此软件编辑，因而如果产品升级改造，只需改变标签轮廓即可，该图像识别检测工位仍能正常工作，免去了设备投资费用；

（5）HMI 屏幕上的不合格数据以及车架贴标总数可以清零，在进行重新统计时，只需长按 10s 清零按钮即可；

（6）由于托盘起到固定车架的作用，需要对托盘进行定期检查，如果发现松动等异常情况，立即撤下该托盘，以避免在传送带运输过程中对人身和设备的安全隐患。

15.5 产品创新点及关键技术

15.5.1 自行车架运载方式

从原先的吊挂式运载生产线改变为托盘皮带式运载生产线，一方面可以保证生产操作的工人安全性，吊挂式运载生产线所悬挂的车架容易发生脱落从而导致不必要的安全事故发生，而托盘皮带式运载生产线有良好的固定方式，如图 31 所示，自行车架的两个后叉片与托盘上的固定装置相连起到固定作用，自行车架的五通部位通过托盘上的两根支架进行固定，两根支架一端连接在托盘上，另一端勾在五通部位内部，确保托盘运动过程中支架固定不动；另一方面，托盘皮带式运载生产线可以提供良好的视野，产线任何地方有异常或者故障均可清晰地看到，而不用抬头看悬挂的自行车架哪一个出了问题。

15.5.2 出标、贴标方式

自行车智能贴标自动化生产线摒弃了原先的先出标再贴标的方法，采用了出标与贴标同时进行的过程。贴标机出标口有一定弧度，能够正好和车架表面贴合，出标口的位置与将要贴标的位置高度一致，同时出标的位置配有毛刷，如图 32 所示。

图 31 托盘皮带式运载生产线

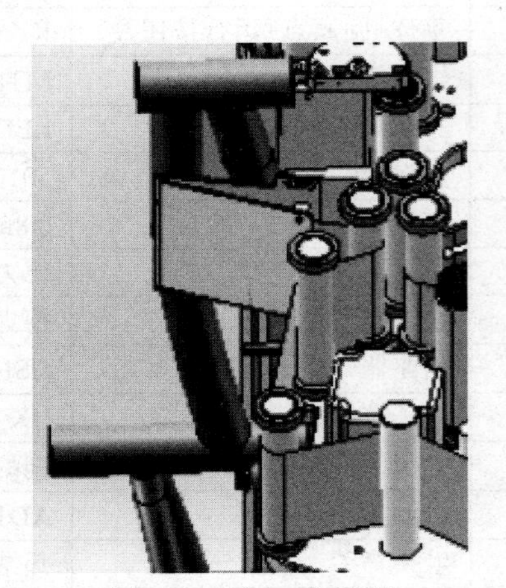

图 32 出标口位置图

15.5.3 工位 ST40、ST50 左右开弓进行贴标

ST40、ST50 工位采取左右开弓的贴标方式进行贴标，如图 33 和图 34 所示。当托盘运载车架通过接近开关后，左右侧贴标机同时工作，在左右侧出标的过程中，托盘运载车架仍在运动，在这个运动过程中，左右侧标签恰好能贴在车架左右侧面，并且毛刷抚平后标签能够很好地贴合在车架左右侧面。这样只需用两个工位的成本和时间就可完成原本所需四个工位的成本和时间所完成的任务。

图 33 ST40 上管左右侧贴标

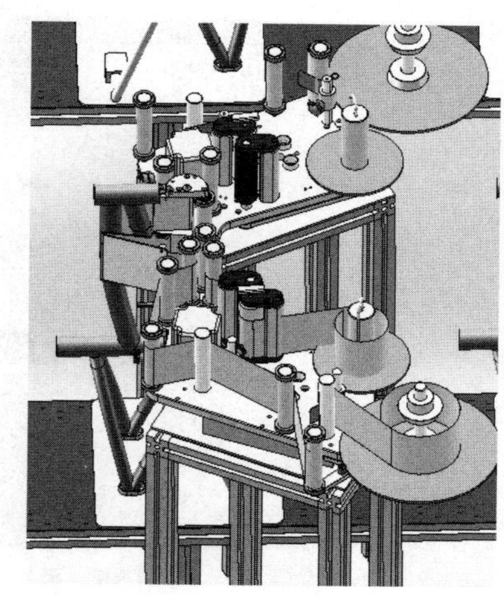

图 34 ST50 下管左右侧贴标

15.5.4 图像识别智能检测贴标

自行车智能贴标自动化生产线将图像识别智能检测功能运用到贴标检测上，三个图像识别摄像头分别识别上管和下管的左表面、上管和下管的右表面以及上管上表面、头管和立管表面三处区域（见图 35）。首先识别该区域内是否有标签，如果没有标签；则直接认定为不合格品；如果有标签，则进行标签位置的正确性判定；如果所贴位置正确则判定为合格品，否则判定为不合格品。

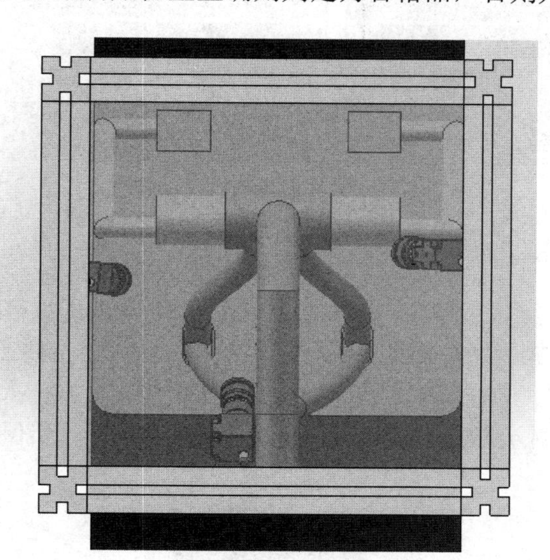

图 35 图像识别智能检测工位

15.5.5 可视化生产过程监控（显示屏）

为了节约成本，使用维纶显示屏，如图 36 所示为可视化生产过程监控界面，可以直观看出当前贴标自行车架的总数，以及贴标检测工位检测出的合格贴标数和不合格贴标数，让产线生产管理人员能一目了然地看到当前的生产进度。如图 37 所示为不合格品缺陷位置监控图，通过该界面监控可以让产线管理人员对贴标不合格的位置一目了然，同时也便于让技术人员去检查不合格贴标位置的贴标工位，检查机器是否有故障或者贴标装置出标问题等，对产线的精良、优化生产起到了极大的促进作用，同时也能避免缺陷品流入到下一个生产环节，减少物力、财力以及人力的损失，达到智能化生产的目的。

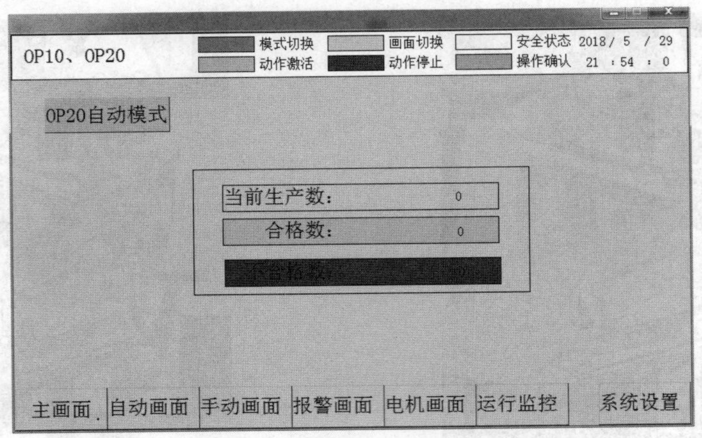

图 36 可视化生产过程监控——维纶显示屏

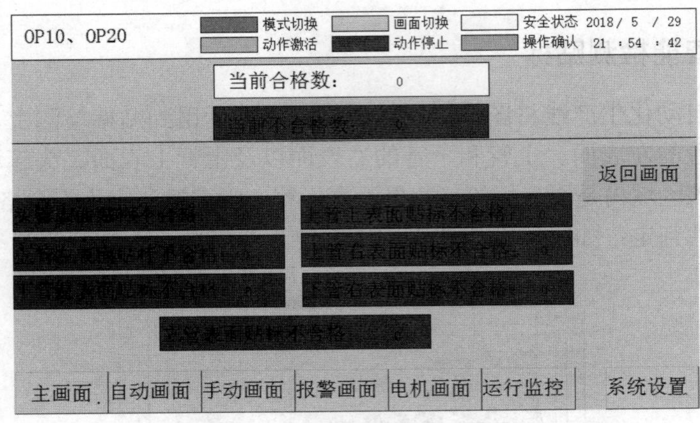

图 37 不合格品缺陷位置监控

15.5.6 触摸开关

触摸开关如图 38 所示，安装于 ST10 人工上料工位和 ST80 人工下料工位，在 ST10 人工上料工位中，当操作人员将车架完全放置好在托盘上后，轻触触摸开关，才会将工位阻挡气缸放行，从而将带有车架的托盘流入下一工位。同样，在 ST80 人工下料工位中，当操作人员将车架完全从托盘上移下后，轻触触摸开关，空托盘才会放行到 ST10 人工上料站，这样进一步保证了操作人员的人身安全。

图 38 触摸开关

15.6 产品未来展望

总体来讲，自行车车架自动贴标生产线的设计以及电气系统的设计都比较符合企业工艺要求的，它实现了车架各部分的贴标工序。并且，整个生产线的总体体积也不是很大，可以实现减小占地空间的目的。

从贴标生产线的各个组成部分来讲，各个部分的结构也比较可靠和耐用，并且稳定性很高，可以适应大批量的贴标和处理。究其原因，主要还是设备本身选用的材料和装置都比较好，而且还有很大一部分是采购国外的品牌，在质量方面和性能方面都有了质的提升。而且，在机加工时，就严格控制和把握加工精度和表面处理的方式，让其硬度和强度达到预期的结果，保障装配的精度，这样的处理方式，可以最大限度地提高和保障每个站的各方面的性能。

在贴标生产线的总布局上面，也是满足了该工作站的设备要求。并且，对于定位和限位的零件都对其进行了必要表面热处理，而且受力比较严重还做了静态受力下的有限元分析，对于变形比较严重的地方，进行必要的加强和紧固。对于电路和气路系统供给和控制，在产线前期的机械设计环节也早就计算好了。

对于防错部分的机械，也着重进行了分析和设计。考虑到机架的便利性和日后维修的方便性，把机架设计分为三部分，采用螺钉连接，减少了总体机加工和维修的难度。防错的传感器应考虑检测的准确程度更高和稳定性更好。

从上面的总结来看，贴标生产线对于车架贴标要求都能实现，而且满足了公司的安全要求电气、机械方面的规范。

参考文献

[1] 陈艳. 可编程控制器技术与应用[M]. 北京：清华大学出版社，2013.
[2] 成大先. 机械设计手册[M]. 5 版. 北京：机械工业出版社，2010.
[3] 王振臣，齐占庆. 机床电气控制技术. 5 版. 北京：机械工业出版社，2012.
[4] 孙桓，陈作模，葛文杰. 机械原理[M]. 7 版. 北京：高等教育出版社，2006.
[5] 唐增宝，常建娥. 机械设计课程设计[M]. 3 版. 武汉：华中科技大学出版社，2006.
[6] 郁龙贵，乔世民. 机械制造基础[M]. 北京：清华大学出版社，2009.
[7] 蒲良贵，纪名刚. 机械设计[M]. 8 版. 北京：高等教育出版社，2006.
[8] 邓星钟. 机电传动控制[M]. 4 版. 武汉：华中科技大学出版社，2007.
[9] 葛常清，刘平. 现代工程图学[M]. 南京：河海大学出版社，2008.
[10] 荀雨静. 振动故障诊断与分析(J). 设备管理与维修. 2004.5.

作者简介

刘长春（1995— ），男，学生，E-mail:651979759@qq.com。
武洋（1992— ），男，学生，E-mail:422363599@qq.com。
何成（1976— ），男，副教授，研究方向：故障预测与健康管理，智能装配机器人，E-mail：hecheng@sspu.edu.cn。

第八部分

“PLM 产线规划”赛项

“PLM 产线规划”赛项任务书

1. 赛题背景

本赛项以制造业中某工厂的升级改造为背景，参赛队以乙方的角色参与到升级改造过程中，完成 PLM（Product Lifecycle Management，产品生命周期管理）中某些环节的任务，包括但不限于零件规划与验证、装配规划与验证、机器人与自动化规划、工厂设计与优化、质量生产管理以及制造流程管理等。该赛项的目的是培养熟悉产品生命周期管理概念，包括规划、开发、制造、生产以及技术支持，熟练掌握产品生命周期管理相关软件的使用，并具备一定创新能力的人才。

2. 比赛题目

本赛项竞赛题目来源于企业的真实需求，并由企业命题。2018 年 PLM 产线规划赛项赛题为某自行车厂焊接流程的自动化设计。

企业面临的难题：由于目前焊接流程自动化程度较低，且部分实现了自动化的部分也没有有效地连接起来，为了提高生产效率、提高产品质量，因此需要针对焊接流程进行设计、改造。

生产过程主要包含三大部分：焊接，焊接车架；喷涂，喷绘颜色；组装，将零件组装起来成为成品。其中喷涂工序基本实现了自动化作业，焊接与组装环节大量依靠人工进行。自行车架各部分组成及名称如图 1 所示。

图 1　自行车车架

车架后三角焊接流程如下。

工序 1：中管与上叉焊接；工序 2：上叉与勾爪焊接（左侧）；工序 3：下叉与勾爪焊接（左侧）；工序 4：中管与下叉焊接；工序 5：上叉与勾爪焊接（右侧）；工序 6：下叉与勾爪焊接（右侧）。

针对车架后三角焊接生产流程，进行焊接生产线的设计，形成焊接岛（焊接工位），采用西门子 Process Simulate 软件实现车架焊接过程的验证，并进行仿真测试。具体要求：针对自行车车架后三角焊接流程，进行工艺流程设计；对上述流程采用 Process Simulate 建立焊接的三维生产线布局；对工序 1、工序 2 采用 Process Simulate 软件进行焊接动作设计、仿真。

焊接流程中用到的待加工车架模型由大赛官方统一提供。需要用到的机器人、操作工作台、工装等需要参赛选手自行选用或设计（上述资源的三维数模需要在 CAD 软件中完成）。

参赛队伍需完成并提供以下内容：

方案设计。功能描述，包括整条焊接生产线的生产流程、各个工位的功能等；功能设计，预期性能指标，以及采用的整体技术平台或方案；核心功能的实现方案；仿真方案。

方案实现。采用西门子 Process Simulate 软件对方案进行实现与仿真。参赛需要提交设计方案文档、用 Process Simulate 软件制作的焊接仿真视频。

16 “PLM 产线规划”赛项工程设计方案(一)

——自行车车架自动化焊接工艺流程设计

参赛选手：肖开僖（西南科技大学），唐德阳（西南科技大学），
何伯榆（西南科技大学）
指导教师：聂诗良（西南科技大学）
审　　校：石炳坤（西门子（中国）有限公司），
苏　育（中国智能制造挑战赛秘书处）

16.1 项目概况

由于共享单车的兴起，自行车生产行业在国内正处在急速发展阶段，更多人机交融的构想和自动化设备正逐渐应用到该领域中；截至 2017 年，中国自行车年产量超过 9000 万辆[1]。随着国家科技战略的调整，制造业正处于转型升级阶段，产品数量、质量、科技含量都将进一步提升。目前，国外在自行车焊接领域处于领先地位，以德国 Canyon 自行车品牌为例，车架焊机、喷涂基本实现全自动化无人或少人照料生产，建立了较为完善的工厂全生命周期解决方案。

国内大部分自行车生产厂家，焊接生产线生产效率低，操作繁复，主要以人工操作为主，很难做到生产流程的自动化和智能化。目前，在实际焊接生产线上，主要分为手动和半自动焊接。手动焊接是直接通过工装定位点焊后，人工在流水线上进行手动弧焊，焊接效率较低并且质量不稳定；半自动焊接生产线是目前国内很多自行车厂家普遍采用的一种自动化升级改造生产线，但其中工装夹具的设计较为单一，自动化程度相对较低，通常在人工上料后，单台焊接机器人进行逐点定位焊接，焊接完成后，手动取下焊接成品，再重复进行操作，焊接流程较为复杂，焊接操作难度较大。

应用工业自动化仿真软件进行自行车焊接生产线的设计和仿真，能够在焊接生产线的工位布局、设备安排、成本控制、产量预估等方面发挥重要的作用，对提高自行车生产线的效率，提升生产线的设计水平都有十分重要的意义。

16.2 项目需求

16.2.1 设计任务

1. 本项目总体任务

根据要求，通过设计，实现某自行车厂的自行车车架的全自动化生产，主要包括组装、焊接等生产过程。

2. 本项目的具体任务

根据要求，通过设计，实现自行车车架拼装成型与后三角架焊接工艺过程全自动化，图 1 为待产车架的成品结构图。

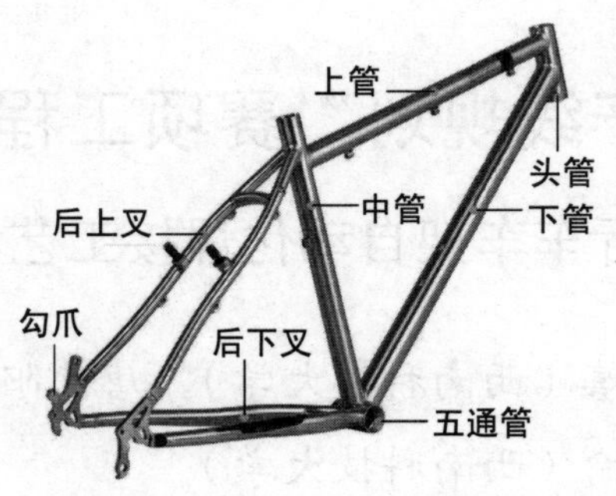

图 1　待产自行车车架

针对车架后三角焊接生产流程，进行自动化焊接生产线的设计，形成焊接岛（焊接工位），采用西门子 Process Simulate 软件实现车架焊接过程的验证，并进行仿真测试。具体要求如下：

针对自行车车架后三角焊接流程，进行工艺流程设计；

对上述流程采用 Process Simulate 建立焊接的三维生产线布局；

至少对人工焊接工艺过程中的工序 1、工序 2 采用 Process Simulate 软件进行焊接动作设计、仿真。

16.2.2　设计功能及指标

焊接过程全自动化，且保证焊接质量，总体上较人工焊接质量要好。

自动化焊接效率大大高于人工焊接效率，小时产量至少提高 50%。

实现产品质量检测的自动化及焊接流程自动化反馈控制，便于进行 PLM 智能化管理，使产品生产质量、生产效率不断提高。

通过生产线的合理设计和设备选型，使生产设备具有自诊断、自维护等功能，从而保障生产的安全性、稳定性和可靠性。

生产线合格产品要求焊缝均匀美观，呈均匀鱼鳞状，无表面或内部焊接缺陷（如裂纹、断焊、缺焊等）。要求焊缝缺陷指标在经验范围内，焊缝缺陷指标主要有：焊缝气泡率、咬边率、变形率、硬化及疲劳强度；焊接后车架无变形，成品车架整型与设计图纸公差小，无须进行车架校正；车架震动特性符合自行车应用场景力学测试要求。

焊接气源连续供应时间在 30 天以上；

规模年产量为单位工位 20 万辆以上。

16.3　生产线工艺设计

16.3.1　焊接工艺概述

根据项目附件提供的工人焊接视频以及赛题要求，其焊接位置标注如图 2 所示。

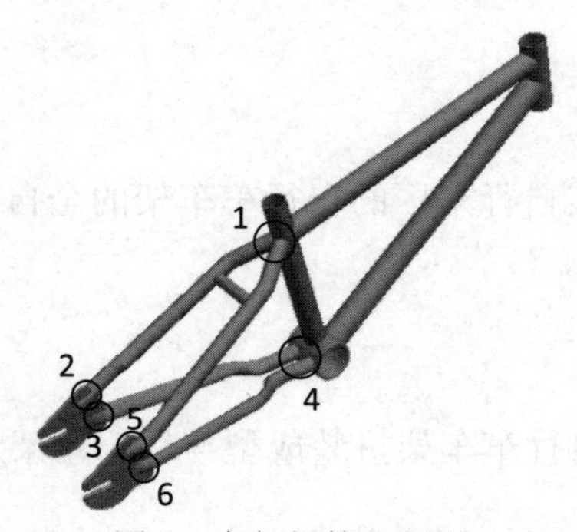

图 2　车架焊接位置图

车架焊接的具体流程关系到机器人焊接动作顺序的设计。车架后三角人工焊接流程可以分为如下 6 个步骤：

步骤 1，中管与上叉焊接；

步骤 2，上叉与勾爪焊接（左侧）；

步骤 3，下叉与勾爪焊接（左侧）；

步骤 4，中管与下叉焊接；

步骤 5，上叉与勾爪焊接（右侧）；

步骤 6，下叉与勾爪焊接（右侧）。

由于焊缝曲线不规整，在自行车焊接领域采取气体保护焊接技术较为常见，以弧焊方式逐个位置进行焊接。并且，在实际焊接时，必须严格规划焊枪路径，必须对焊接路径及工艺进行拆分和调节，以达到焊接的最优化[2]。

根据车架给定设计图纸和三维模型，从空间结构路径进行分析可得，在上叉、下叉与中管的连接焊缝具有相似性，其空间曲线呈双椭圆相交型，称为环缝；而上叉、下叉与勾爪连接焊缝具有相似性，其空间曲线呈多维矩形线条称为直线缝。综上，焊缝包括直缝、环缝两种不同类型，环缝中又包含曲线缝，针对不同的焊缝采取不同的焊接方案，如图 3 所示。

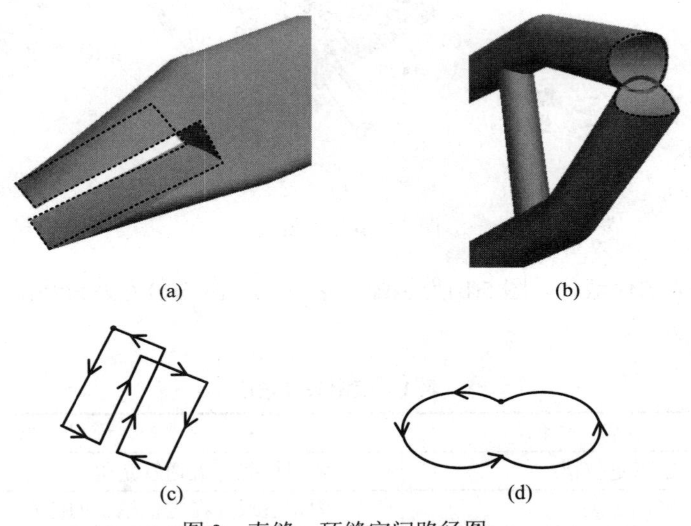

图 3　直缝、环缝空间路径图

由图 3 可知，图 3(a) 为上叉、下叉与勾爪连接焊缝，图 3(b) 为上叉、下叉与中管的连接焊缝，图 3(c) 为直线缝路径，图 3(d) 为环缝路径；环缝为空间曲线呈一定的对称性，在焊接工艺上可以采取对半焊接方式，通过与变位机配合实现工件的无死角焊接，根据焊缝类型的不同所采取的焊接策略和控制指标也会不同。

16.3.2　自动化焊接工艺流程设计

1. 生产线流程设计

生产线的基本流程设计需符合自行车车架在焊接过程中经历的基本加工工序，从原料散件到焊接成品的工艺流程设计如图 4 所示。

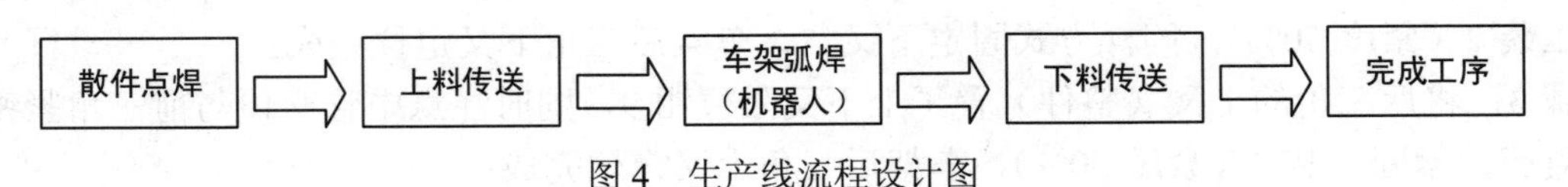

图 4　生产线流程设计图

散件焊接：散件为自行车三角架的零部件（包括前三角、上叉、下叉、勾爪），采用装配工装夹具将自行车散件固定于夹具，人工或电焊机器完成点焊工序，使自行车车架的精准固定。

上料传送：由于车架物料上架前姿态各异且自动限位有一定的难度，所以采取人工装夹的方式，以保证夹具的准确定位。机械传送装置将自行车车架运送至焊接工位，采用机械臂辅助上料。

车架弧焊：变位机采用自动夹紧装置，配合焊接机器人完成各个焊缝的弧焊焊接。

上料传送：采用机械臂辅助下料，按照焊接质量分批分质传送下料。

2. 车架组装及点焊工艺设计

1）装配夹具

在进行整车弧焊工艺前，自行车需由散件组装成整件，并进行适当的点焊固定，自行车散件需按照一定的工艺流程进行工装固定组装，组装的装配夹具需自行设计，保证工件的精确定位和一定力学受力要求，若前三角为整件，则针对后三角的零件组装进行装配夹具设计。设计夹具保证定位精准、装配可靠、生产效率高、劳动强度低，如图 5 所示。

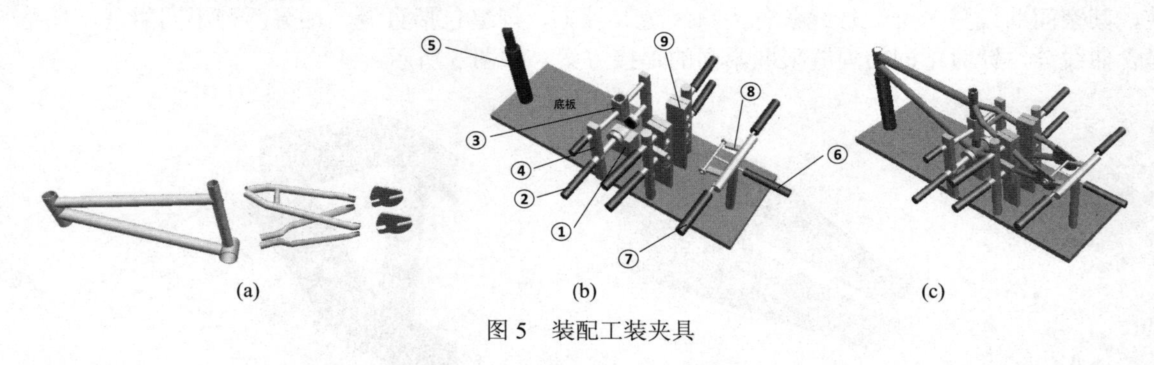

图 5　装配工装夹具

图 5(a)为装配车架部件散件，图 5(b)为装配工装夹具，图 5(c)为夹具装配成型图，工装夹具各部分名称及说明如表 1 所示。

表 1　装配夹具说明

序　号	名　称	说　明
①	U 形定位槽	弧形槽确保五通管定位
②	紧固工装	固定五通管在定位槽上的位置
③	U 形限位槽	限定中管，消除左右作用力，确保中管垂直定位
④	定位支架	辅助定位支架
⑤	定位支柱	限定前三角位置
⑥	勾爪紧固工装	紧固左右勾爪与上下叉的连接，考虑力学特性
⑦	勾爪限位工装	固定限位楔，考虑勾爪精确定位
⑧	条形限位楔	限定勾爪，消除上下作用力，确保勾爪定位
⑨	上下叉限位钳	U 形管状限定，确保上下叉定位

2）装配工艺流程

步骤 1，将前三角的整件部分置于定位支柱 5、U 形限位槽 3 与 U 形定位槽 1 中，并拧紧紧固工装 2，车架前三角定位完成；

步骤 2，将后三角的下叉左置于上下叉限位钳 9，同时注意与五通管交口紧密贴合，并拧紧对应的紧固工装 2（紧度 50%），同样方式固定下叉右，车架后三角下叉定位完成；

步骤 3，将后三角的上叉（整件）置于上下叉限位钳 9，同时注意中管交口与前三角紧密贴合，并拧紧对应的紧固工装 2（紧度 50%），车架后三角上叉定位完成；

步骤 4，将后三角的左右勾爪至于上下叉安装缺口，注意交口紧密贴合，操作紧固勾爪紧固工装 6，勾爪限位工装 7（紧度 100%），车架后三角勾爪定位完成，该步骤十分关键，关系到车架整形的精确定位和稳定性；

步骤 5，拧紧车架上下叉紧固工装（紧度 100%），车架整形装配完成。

3）点焊工艺指标

一般地，若车架材质为 Q235（或 Q345）型钢材，根据自行车架给定设计图，可知五通管外径为 56.50mm，内径为 51.50mm，计算焊接管材厚度为 2.5mm，如图 6 所示。

拟采用点焊机极性点焊焊接，焊接的工艺参数要求有电极压力、焊接电流、焊接时间、电极直径；点焊焊枪的结构如图 7 所示。

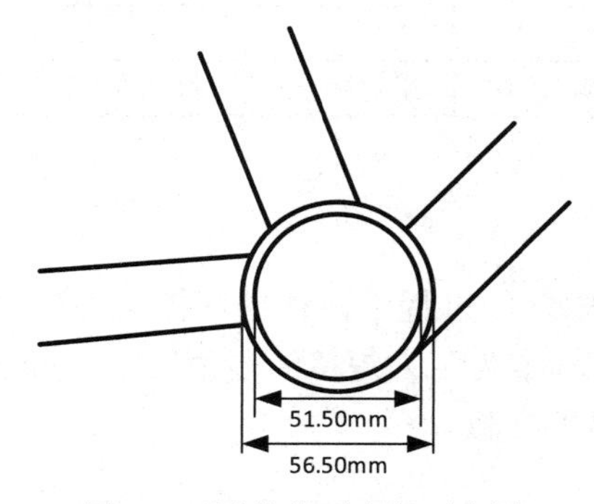

图 6　五通管截面直径示意图

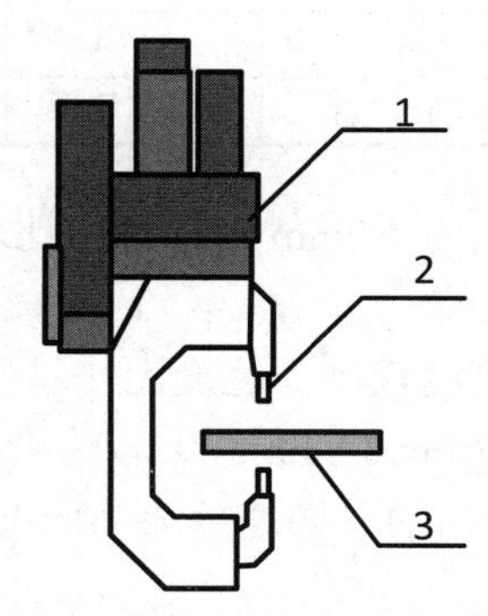

图 7　点焊焊枪结构图

图 7 中 1 为焊枪头，用于与机器人或其他装置连接，内置安装法兰和电气接头，2 为焊接电极，3 为焊接材料。已知管材厚度为 2.5mm，可参照点焊工艺参数配置标准，确定点焊工艺参数如下：

电极压力 5.8kN，焊接电流 15kA，焊接时间 0.4s，电极直径 8mm。

4）点焊设计

点焊工艺流程设计，结合车架焊接部位以及实际工作情况进行点焊流程和焊接焊点规划。包括：预压、通电、加热、锻压。

点焊焊点：对自行车焊缝长度进行测量计算，基本尺寸依据为赛题附件车间装配尺寸图。对车架形成的 3 种焊缝进行长度测量计算。

直线缝：上叉 280mm，下叉 288mm；环缝：下叉 138mm，上叉 92mm；弧缝：上叉左右勾爪连接处 23mm。得出焊缝总长度：280 + 288 + 138 + 92 + 23 = 821mm，考虑 10～20mm 为 1 个焊点进行焊接，可得需焊接 41～82 个焊点。

点焊方式：考虑到点焊位置特殊，工装夹具结构等情况，考虑采用机器人焊接或人工焊接方式，焊接完成需检测车架变形度，保证组装焊接后成型车架的标准化，以提高后续弧焊焊接的精度和质量。

3. 车架弧焊工艺设计

1）弧焊焊接顺序

依据手动焊接顺序，对弧焊的焊接顺序做如下调整：

步骤 1：中管与上叉焊接；步骤 2：上叉与勾爪焊接（左侧），下叉与勾爪焊接（左侧）；步骤 3：上叉与勾爪焊接（左侧），下叉与勾爪焊接（右侧）；步骤 4：中管与下叉焊接。

焊接顺序依据：在焊接中考虑焊枪的行走角、焊枪工作角、摆枪、碰撞、路径优化等因素，进行机器人动作的合理和最优化设计，以保证焊接工艺准确可靠执行，结合仿真模拟，确定了上述焊接流程[3]。

根据氩弧焊在自行车焊接工艺中的应用，确定焊接技术主要为氩弧焊，氩弧焊的重要工艺技术指标包括焊丝直径、焊接速度、焊接电流、电弧电压、焊丝伸出长度、电源极性、气体流量、喷嘴到焊件距离等。

2）焊丝直径

焊丝直径通常是根据焊件的厚薄、施焊的位置、效率等要求选择，薄型或中型厚度材质的全位置焊接时多采用直径在 1.6mm 以下的焊丝，本项目焊接中无论直线焊缝、曲线焊缝还是环形焊缝都是角焊位置，主要参考标准为自行车焊接工艺标准要求[4]。焊丝直径参数表见表 2。

表 2 焊丝直径参数表

焊丝直径/mm	0.5～0.8	0.8～1.0	1.0～1.2	1.2～1.6	1.6	1.6～2.0	2.0～2.5
熔滴过渡形式	短路过渡	颗粒过渡	短路过渡	颗粒过渡	短路过渡	颗粒过渡	颗粒过渡
可焊板厚/mm	0.4～3	2～4	2～8	2～12	2～12	>8	>10
施焊位置	全位置	平焊/角焊	全位置	平焊/角焊	平焊/角焊	平焊/角焊	平焊/角焊

选用焊丝直径为 1.0mm 进行焊接比较合适。

3）焊接速度

半自动焊接速度较慢，速度无法精确控制，在自动焊接的过程中，根据焊接工件焊接工艺的要求，设计速度 11.2mm/s（40m/h）较为合适。该速度参考标准为工人焊接经验值 18～36m/h，在自动化焊接时，2 台机器的共同速度为 80m/h，可达人工速度的 2 倍。

4）焊接电流

焊接电流的大小主要由送丝速度决定，送丝速度越快，则焊接电流越大，焊接速度 40m/h，焊丝直径为 1.0mm，选用配套 60～200A 电流比较合适。

5）电弧电压

在弧焊时，电弧电压计算经验公式为

$$u = 0.014 \cdot i + 16 \pm 2\ (\mathrm{V}) \tag{1}$$

可得在焊接电流 i 为 60～200A 的情况下，电弧电压 u 为 16.4～22V。

6）焊丝伸出长度

焊丝伸出长度一般约为焊丝直径的 10 倍，且随焊接电流的增加而增加。这里焊接情况单一，焊材一致，要求焊接平稳，焊接电流变化不大，设计焊丝伸出长度为 10mm。

7）电源极性

焊接一般采用直流反极性，即焊件接电源负极。

8）气体流量

焊接保护气体的流量控制关系到焊接质量的好坏，气体流量的控制要结合焊接电源、焊接速度、焊丝伸出长度以及喷嘴直径等参数，供气流量范围一般为 0～15L/min，流量不能过大或过小，过小空气侵入降低气体保护效果。焊接气流量与喷嘴直径可参考表 3[5]。

表 3 焊丝直径参数表

喷嘴直径/mm	气体流量/L·min^{-1}	喷嘴直径/mm	气体流量/L·min^{-1}
10～100	4～9.5	8～9.5	6～8
101～150	4～9.5	9.5～11	7～10
151～200	6～13	11～13	7～10
201～300	8～13	13～16	8～15
301～500	13～16	16～19	8～15

由喷嘴直径 10mm，选择送气流量为 10L/min。

9）喷嘴到焊件距离

喷嘴与焊接件的距离的选择依据为焊接电流[6]，基本设置如图8所示。

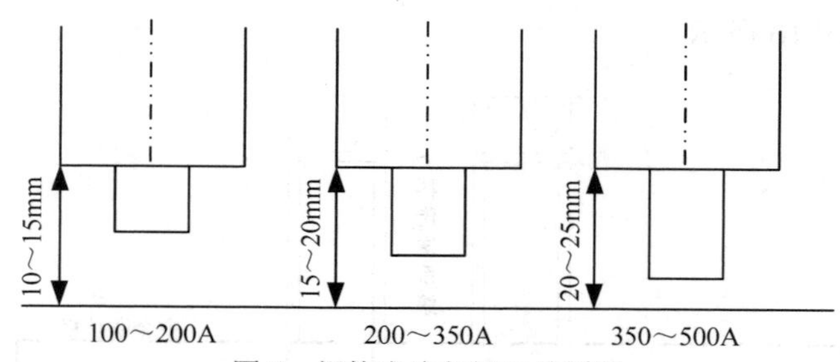

图8 焊接电流与间距关系图

200A以下的焊接电流设置喷嘴到焊件的距离为10mm。

10）工艺参数程序化

焊接机器人将按照焊接工艺指标进行焊接程序化操作，严格定量按照指标施焊，将大大提高焊接的质量和水准，这也是自动焊接系统工艺稳定性的体现[7]。

16.4 生产线总体方案

16.4.1 焊接车间总体布局设计

1. 厂区布局规划

自动化生产厂区应包括仓储区、产品区、生产线、准备间、配电室、工作间、中控室等，由于焊接需要还需要焊接气源室，根据如上分析和相关标准对厂区功能块规划如下。

仓储区：代表待加工工件的堆场区，直接与上道组装工序对接，工件等待下一步上工装夹具的操作；

产品区：完成焊接工序的成品工件，等待进行下一步工序；

生产线：即产线，包括焊接工序主要的操作平台系统和传送系统，机器人工位分布于产线沿线，方便进行上下料焊接操作；

准备间：准备间主要用于工人进行上、下工装夹具的区域，一般设置于传送系统旁；

配电室：用作整个产线的动力配电，符合厂区产线的供配电要求；

工作间：进行厂区日常会议及生活的区域；

气源室：安装焊接气源设备，及相关辅助性焊接监控设备；

中控室：中央监控室，负责对产线智能设备和系统在线监控和实时数据记录、显示，为生产计划的可靠执行提供保证。

根据规划，自行车车架焊接生产厂区总体布局图如图9所示。

厂区的结构设计仅为展示整个功能模块的基本布局，规划理由：尽量将工作区域进行明确功能划分，如主体生产线应居中央，所有辅助性功能区域应按照先后顺序围绕周围，如仓储区位于生产线头，产品区位于生产线尾，准备间尽量距离料库和生产线都较近更合理，中控室应在配电室旁边，且能观察全区工作情况，气源由于具有一定的安全要求，故单独设立区域。该布局并不作为一个封闭的工作空间，因为焊接只是作为自行车车架生产当中的一环，该工序应能够与其他工序进行有效融合和衔接，具有一定的可扩展性。

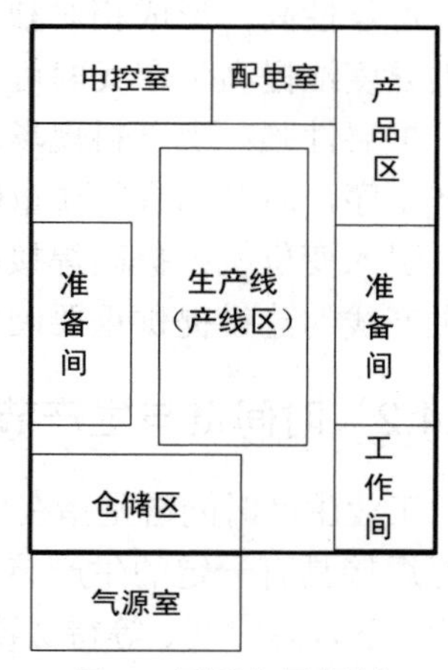

图9 厂区布局规划

2. 生产线布局规划

生产线是根据产线设计流程而对产线设备进行布局规划，产线主要由传送系统和机器人系统构成，对产线布局规划如图 10 所示。

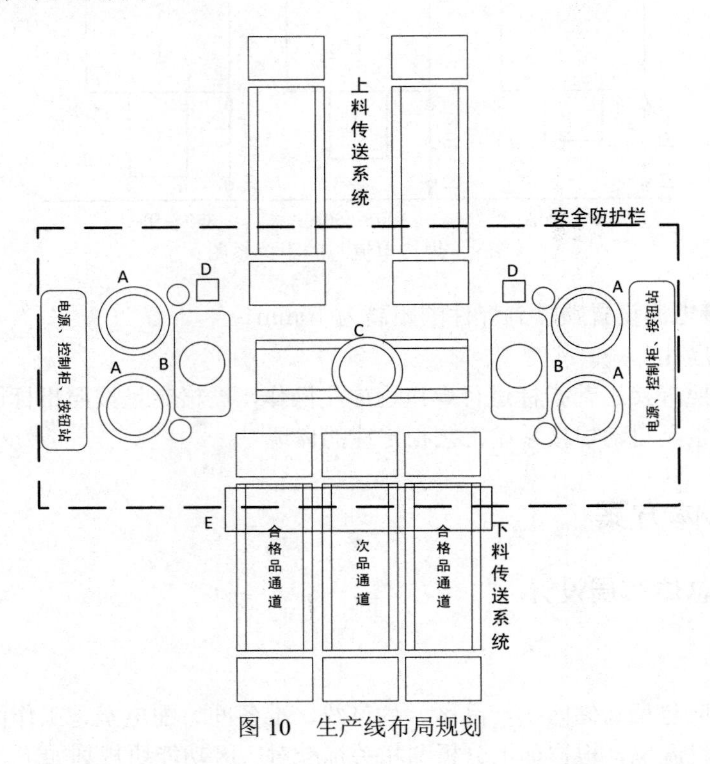

图 10　生产线布局规划

图 10 中 A、B、C 为焊接机器人、变位机、搬运机器人，虚线所示为机器人限定的活动范围。目前只设计两个机器人工位进行独立工作，搬运机器人通过滑动导轨实现双边搬运上料至变位机焊接平台，通过多传感器系统判断工件是否到达，施焊后由搬运机器人双边下料，下料为分批分质下料，实现质量的在线监控。D、E 分别为超声焊缝检测设备和预留下料图像检测装置位置，可进行产品焊接质量检测。该生产线设计方案特点如下。

机器人利用效率高：相比于流程式焊接节省了至少 3 台焊接机器人，足以满足小型简单的焊接任务的需要，在保证焊接质量和生产线生产能力的前提下，避免了不必要的资源消耗，做到优化合理配置；

可靠性高：形成相对独立的焊岛，便于手动检修和停机处理，而不影响其他机器的正常生产，最大限度地提高生产线的可靠性；

扩展性强：上下料现场分开，便于工人操作以及产量统计，同时便于生产线的扩展，对接上下生产工序，对产品进行质量区分，分路传送，实现分料下线、品质管控；

引入变位机：提高焊接的空间维度，灵活应对各种焊接零件，为后期实现全线柔性生产，为柔性生产线的建设提供重要硬件支撑，同时也提高了生产线的可扩展性。

16.4.2 时间链与生产节拍

工业生产时间链是指在生产节拍中所经历的各环节时间链条，是一条流程结构，对成型车架进行弧焊焊接具有一定的生产节拍，时间链包括：上工装夹具时间、上料总时间（传送、搬运）、焊接总时间、下料总时间、等待 2 次上料；时间生产节拍=上工装夹具时间 + 上料总时间（传送、搬运）+ 焊接总时间 + 下料总时间 + 等待 2 次上料时间。

故生产节拍 = 15 + 25 + 55 + 20 + 10 = 128s，车架焊接时间为 55s。

人工焊接生产节拍：根据赛题的人工焊接视频资料，统计得出单个车架的焊接时间为 139s，自动焊接将焊接速度提高到人工焊接的 2 倍，达到预期设计指标。

在产量预估方面，按照预期产品合格率为 99%，可计算出每个工位相应的生产数据，产出一个合格产品所需时间为

$$t = 128\ \text{s}$$

小时产量应为

$$X1 = 28（件 / 工位 / 时）$$

规模年产量为

$$X3 = 24.5280（万个 / 年）$$

企业可根据 $X1$ 和 $X3$ 模拟产量数据，根据自身生产要求，选择需要规划的整体生产线工位布置和生产规划，从而实现生产成本控制和效率预算的目的。

16.4.3 主要设备选型设计

在该项目规划设计实施中，涉及一系列的工程设计的经验和标准规范，部分采用标准工件和设备，部分结合项目实际进行非标设计定制。

1. 产品设备选型分析

生产线是由多个机器人工位（以下简称工位）和传送装置组成，每个工位主要包括机器人本体、工具（焊枪或抓手）、变位机、工装夹具、电源、控制系统、送丝系统、按钮站、清枪站、防护栏等，在工厂设计的生产线上按照合理的生产效率和位置布置工位，且要充分考虑工位系统和传送系统的密切配合，并根据生产场景进行创新型设计。

工位的所有设备选型和设计要根据待加工工件特性和工艺要求综合决定。其中机器人抓手、工件工装夹具、变位机、按钮站需要设计建模，工件的搬运、焊接、传送需要进行动作设计和路径规划。工位系统的另一个重要的组成部分便是多传感器系统。多传感器系统能够保障工位的安全高效运行，同时提高机器人系统的可靠性，典型的如防碰撞、防呆滞、动作检测等。工位设计各部分设备选型技术性能指标如表 4 所示。

表 4 工位主要设备选型技术指标

序号	结构名称	技 术 指 标
1	焊接机器人	设备选用，能完成空间弧度结构在 180° 的焊接任务，自由度在 5 个以上
2	搬运机器人	设备选用，负重能力在 25kg 以上，自由度在 4 个以上
3	焊枪工具	设备选用，采用熔化极气体保护焊（MIG 焊、MAG 焊、CO_2 焊），焊缝精度，要求在 0.5mm 以内
4	抓举工具	自行设计，能适应工装夹具的位置式抓举工具
5	工装夹具	自行设计，根据车架机械结构，设计稳定、可靠、具有一定抗震和碰撞能力的夹具结构，组装工装具有高精度定位和操作方便等特点
6	变位机构	自行设计，变位空间曲度要求为 –30°~30°，设计带有固定气缸和自动夹紧功能，转动灵活，运动电机为西门子高精度伺服电机
7	按钮站	自行设计，具有手动（点动）和自动两种模式，并带有启动、急停按钮，配合围栏警示灯进行工作指示
8	清枪站	设备选用，实现焊枪焊头的清理，保证焊接质量
9	焊接电源	设备选用，焊接电源要求为 380V，最大电流为 300A 左右
10	焊接气源	自行设计，能够提供焊接工位 30 天以上的安全连续供气
11	控制系统	自行设计，控制机器人、变位机、传送装置，包含 PLC、驱动器及其他可编程控制器及控制和检测装置

在此基础上，生产线尽量设计成一条柔性生产线（FMS-W），生产线设备可提供多样性焊接任务和可扩展性接口。

在设计和选型过程中尽量依据现有行业标准[8]，生产线工位机器人主要参考的标准如表5所示。

表5 生产线工位机器人参考标准

序号	参考文献	类别	解释
1	《中国机器人标准化白皮书（2017）》	指南	指南型行业标准准则与计划
2	GB 11291.1—2011 工业环境用机器人	国标	工业机器人标准
3	GB/T 20723—2006 弧焊机器人 通用技术条件	国标	工业机器人弧焊标准
4	GB/T 26154—2010 装配机器人 通用技术条件	国标	工业机器人装配（抓举）标准
5	GB_19400—2003-T_工业机器人_抓握型夹持器物体搬运_词汇和特性表示	国标	工业机器人抓举中的工具标准及特性
6	ISO 10218-1:2011 Robots and robotic devices	国标	国家标准化组织颁布工业机器人标准

2. 设备选型清单

生产线设备清单如表6所示。

表6 生产线主要设备清单

名称	规格	品牌	数量
组装工装夹具	长1.0m 宽0.32 高0.44m	定制	1
焊接工装夹具	长0.6m，宽0.4m，钢板固定材质	定制	2
传送装置	单位链板长0.9m，宽0.2m；动力西门子三相异步电机	定制	5
焊接机器人	IRB 1410	ABB	4
搬运机器人	IRB 6650S-90/3.9	ABB	1
焊枪系统	焊枪系统MIG/MAG，焊枪系统 ROBO WH A 和 ROBO WH-PP A 焊接电源松下YD280RK1HGE，常规送丝系统	松下	4
变位机系统	底座及承载夹持装置自行设计	定制	2
传感器	包括接近、红外、视觉、压力传感器	定制	1
清枪站	清枪站TBi BRG-2	TBi	4
装配工作台	长2.9m，宽1.4m，高0.9m	定制	2
控制组件	S7-1200，SM1223，电源，步进电机驱动器，低压配电与控制集成柜，高1.14m	西门子	2

16.5 单元功能设计

16.5.1 机器人系统设计

1. 传送系统设计

1）数模设计

传送系统包括上料传送和下料传送两个独立的传送系统。考虑到加工工件的重量及传送速度要求，普通的皮带传送具有易磨损、易变位等缺点，故传送系统采用链板固定传动，其主要由驱动电机、自动固定夹座、主体支撑机构组成。自动固定夹座的作用是为保证工件在运送过程中不变位、不脱离，并加装导向条或灵活限位开关作为位置定位，方便工件传送到位，利于机器人的抓取，自动固定夹座设计效果如图11所示。

图 11 固定夹座及夹持数模状态图

自动固定夹座（见图 11(a)）的夹持装置采用下压式活动夹持，取件时机械弹开的方式，夹座动作控制与中控相连实现动作控制，夹持整体效果如图 11(b) 所示，具体设备机械结构需后期详细设计。传送系统整体效果如图 12 所示。

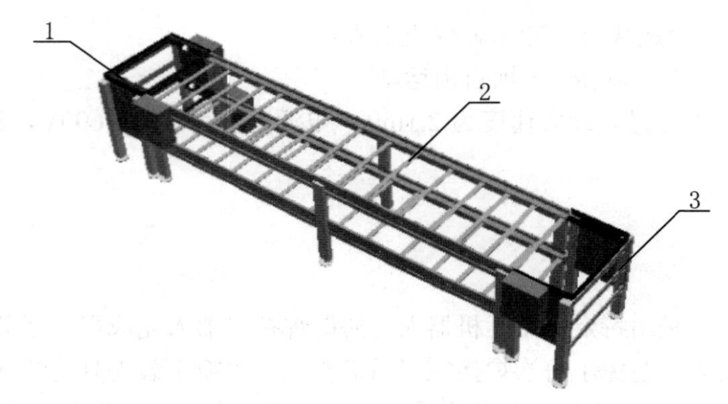

图 12 传送系统

2）设备技术性能指标

传送装置技术指标如表 7 所示。

表 7 传送系统技术指标

序 号	名 称	技 术 指 标
1	主体基本尺寸	长 4.5m，宽 0.9m，铝合金材质
2	自动固定夹座	长 0.9m，宽 0.4m
3	驱动电机	西门子三相异步电机驱动
4	有效传动链长	链距，水平链长 4.5m，垂直链长 0.6m
5	支撑结构	高 0.9m，通体钢材质
6	传送速度	水平速度：1.2m/s；垂直速度：1.5m/s
7	到位检测	红外对管，欧姆龙（E3ZT61 2M）信号线可达 5m

传送系统具有左右防呆设计的 3 个活动锁销，压下夹紧，上提松扣的功能，用于固定带工装夹具的车架。

3）传送路径设计

传送带路径为固定单方向且上下两层循环，传送速度设置为匀速，传送逻辑符合人工上架和机器人搬运上料要求，平均上料时间为 8～10s，能可靠保证人工安装时间和机器人搬运时间的协同，配合工位完成整个传送、搬运、焊接的流程。

2. 焊接机器人

1）设备选型

焊接机器人作为焊接的核心设备，其选取主要考虑活动自由度、装配要求、性价比、可控性等几方面因素；综合 ABB 公司生产的 ABB-IRB 1410 型焊接机器人，理由：焊接机器人具有 6 个自由度，完全能够满足焊接需要，且安装和控制较为方便，在汽车焊接生产线上使用较为广泛，能很好地完成项目焊接需要[9]，如图 13 所示。

焊接机器人的头部具有工具装载法兰盘用于装载焊枪工具，其第三轴上配备有送丝机，保证焊接过程中焊接丝线的供应。底座安装于固定装置上。

2）设备技术性能指标

焊接机器人技术指标如下：

ABB-IRB 1410，控制水平和工作半径精度：0.05mm；

机器人工作范围大、可达距离：1.44m；

总承重能力为 5kg；

上臂可承受 18kg 的附加载荷，专用弧焊机器人；

配备快速精确的 IRC5 控制器，6 轴自由运动；

TCP（焊接工具作业位置）最大速度为 2.1m/s，电源电压为 200～600V，50/60Hz，额定功率为 4kVA/7.8kVA。

3. 搬运机器人

1）设备选型

在项目生产线设计中采用特定的搬运机器人，协助焊接机器人完成焊接任务，在全自动化的生产要求下，引入搬运机器人，避免了每次焊接完毕后需要人工更换工装夹具的烦琐工作，提高了生产线的自动化水平和生产效率，由于车架本身的质量和尺寸都不大，因此选用一般的搬运机械臂即可完成该操作，又考虑到设备选用的统一性、规范性、维护性，同样选取 ABB 公司生产的 IRB 6650S-90/3.9 型搬运机器人[9]，如图 14 所示。

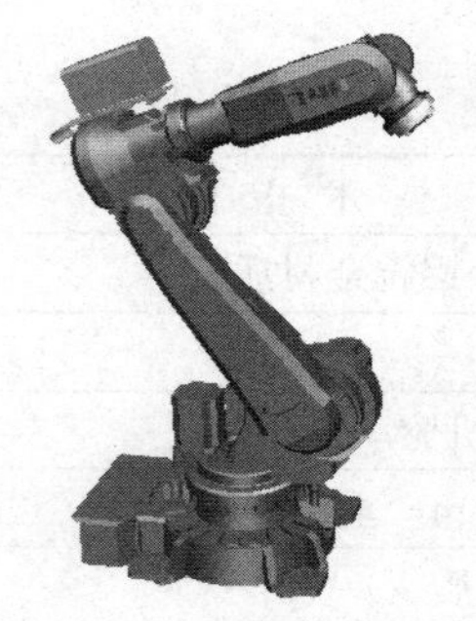

图 13 ABB 焊接机器人

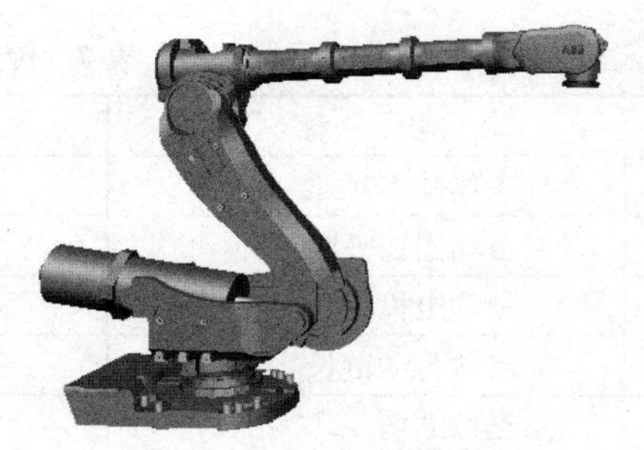

图 14 ABB 搬运机器人

2）设备技术性能指标

IRB 6650S-90/3.9，工作半径为 3.9m；

最大搬运承重 90kg，IRC5 控制器；

电源电压 200～600V，50/60Hz，功耗 2.6kW。

4. 焊枪

1）设备选型

焊枪系统选用 MIG（Metal Inert-Gas Welding）/ MAG（Metal Active Gas Arc Welding）气冷式焊

枪系统，它们都是熔化极气体保护焊接的简称。其中 MIG 所用保护气体为熔化极惰性气体，如氩气（Ar）或氦气（He），MAG 所用保护气体为熔化极活性气体，如氩气、氦气、CO_2 以及这些气体的混合气体。

选型理由：这两种焊接方式在车架焊接领域应用十分成熟，只要控制好焊接参数，一般会得到高质量的焊接工件；采用该类型的焊接方式还具有以下特点：可拓展性强，安装更换部位采用创新接口技术，允许整体枪颈的手动或自动更换。相同设计的焊枪可在数秒内完成枪颈更换，也可更换用于不同焊接位置的焊枪的枪颈；便于监测，效率提升明显，导电嘴和喷嘴的更换以及 TCP（焊接工具作业位置）的监测可以在焊接单元的外部进行，从而提升了系统效率并减少了停机时间，如图 15 所示。

具体焊接技术采取氩弧焊。氩弧焊具有如下优点：

氩气保护可隔绝空气中氧气、氮气、氢气等对电弧和熔池产生的不良影响，减少合金元素的烧损，以得到致密、无飞溅、质量高的焊接接头，降低设备损耗成本；

氩弧焊的电弧燃烧稳定，热量集中，弧柱温度高，焊接生产效率高，热影响区窄，所焊的焊件应力、变形、裂纹倾向小，焊点质量高；

电极损耗小，弧长容易保持，焊接时无熔剂、涂药层，所以容易实现机械化和自动化；

不受焊件位置限制，可进行全位置焊接，便于焊接各种焊缝。

2）设备技术性能指标

冷却方式：气冷保护式，暂载率：100%；

焊丝直径可选：0.8～1.2mm，流量调节范围：0～15L/min。

5. 焊枪电源

1）设备选型

焊枪电源为焊枪提供工作电压，由于松下 YD280RK1HGE 的控制方式为数字 IGBT 控制；具有弧焊、点焊输出电压电流微调，配套有送丝系统，操作简单方便，是一种便携式的焊枪电源，故能够保证焊接时稳定的焊接电流和焊弧电压。模型效果如图 16 所示。

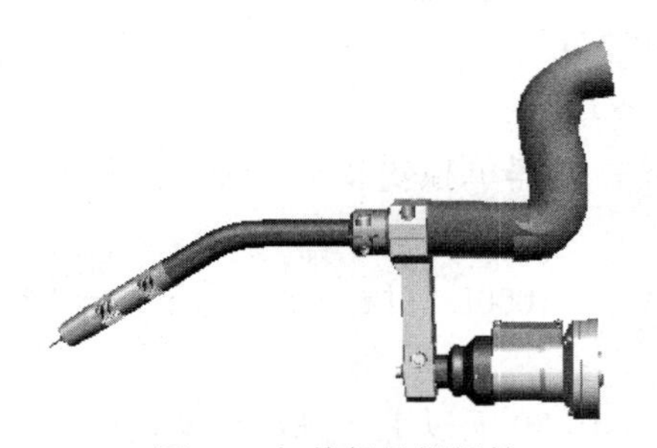

图 15　气体保护焊焊枪

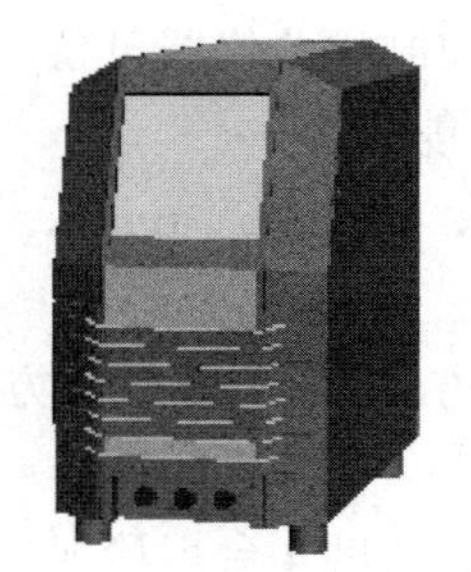

图 16　焊枪电源

2）设备技术性能指标

输入电源为 380V，50/60Hz；

额定输出电流 280A，额定输出电压 28V；

可输出电流范围为 50～350V，输出电压范围为 10～31.5V；

适用焊丝直径 0.8/1.0mm。

6. 焊枪电源

1）设备选型

清枪站可以清除焊枪上的焊渣残留物，提高焊枪喷嘴和导电嘴的使用寿命。采用标准 TBi 公司 TBi BRG-2 型高速自动清枪站。

程序自动设定，无须人工干预操作即可自动完成焊枪枪体清理和焊丝剪切；处理流程绿色环保，采用密闭喷油仓，避免液体飞溅，污染设备；设备成熟度高，调试及维护方便，适用于各种焊枪设备。

设备效果如图 17 所示。

2）设备技术性能指标

空气源压缩压力 6bar，气动程序控制；

额定电压 24VDC，最大电流 0.15A；

清枪时间 4～5s，整体重量约 14kg（不含底座）；

清枪工作流程：打开夹紧气缸→焊枪到位→夹紧气缸→开始清理指令→铰刀上升→开始清理→喷射防飞溅剂→夹紧气缸自动打开→移除焊枪。

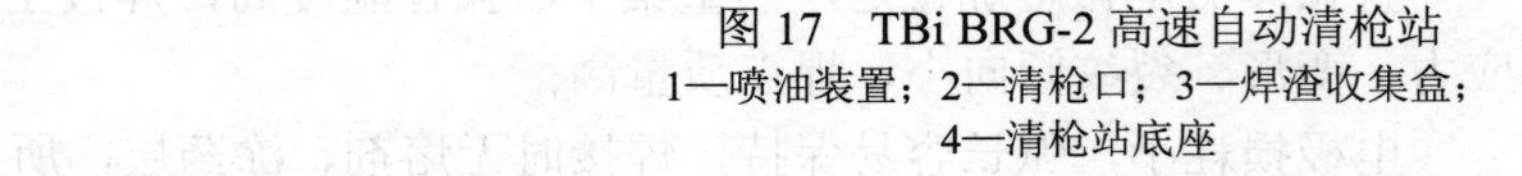

图 17　TBi BRG-2 高速自动清枪站
1—喷油装置；2—清枪口；3—焊渣收集盒；4—清枪站底座

7. 送丝系统

1）设计要求

送丝系统并不是独立单元，它与焊接机器人密切配合完成焊接送丝操作。应选配相应的焊接机器人、焊枪对应的特定规格和要求的送丝机。

2）设备技术性能指标

送丝主体控制箱长 0.45m，宽 0.16m，高 0.15m；送丝速度、焊丝长度可调，支持 5～20mm/s 的焊接速度，自动配合焊丝圈进行焊接作业。

8. 气源系统

1）设计要求

设计符合焊接需求的保护气体气源存储设备，设备规格容器执行标准为 GB18442－2011《固定式真空绝热深冷压力容器》和 TSGR0004－2016《固定式压力容器安全技术监察规程》[10]，供气系统还包含气流监测和控制相关仪器设备，对工位进行可控供气。

2）设备技术性能指标

外壁厚度 8mm，内胆厚度 6mm，设计容量 $3.5m^3$，容器单独安装于气源室，单台焊枪设计气流速度 10L/min。

容量计算：1 立方液体＝0.7812 立方气体；1 立方气体＝1000L 气体；3.5 立方液体＝$3.5\times781\times10^3=2733500$L 气体

液氩源容积可持续供 4 台焊枪（1 个组合工位）工作 30 天以上，满足预期指标。

9. 抓取搬运机构设计

1）设计要求

搬运机器人抓取工具的设计考虑可靠抓取和控制的原则，通过高精度步进电机控制滑槽移动，带动抓爪水平移动，从而实现抓取，抓取位置通过位置控制，上端夹持装置到位后，采取恒力施压抓举，力度可采集压力传感器确定，抓取工具设计效果如图 18 所示。

2）设备技术性能指标

夹持控制电机采用西门子高精度步进电机，控制精度可达 0.1mm；夹持工具定位采用机器人示教的坐标定位或其他经典机器人定位方式，同时可考虑采用机器视觉等先进定位方式，以提高定位精度，减少操作失误，车架上管接触器安装压力传感器，进行夹持力度的判断，防止夹持过程中工件损坏或定位不准，减少系统的故障处理。

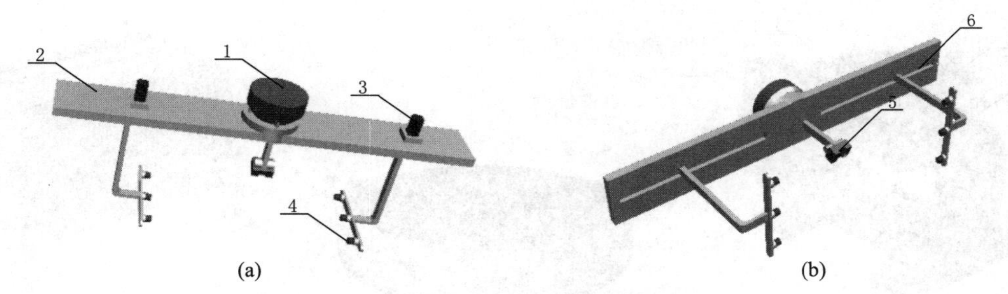

图 18 抓取工具（正面背面）

1—安装法兰盘；2—机构底板；3—高精度步进电机；4—锁扣夹紧机构；5—顶端定位及压力传感器位置；6—机构运动滑槽

16.5.2 车架弧焊工装夹具设计

1. 数模设计

在车架整形完成后，为了使工件便于焊接和固定。采用 X（五通管方向）、Y（下管方向）、Z（垂直于安装底座）三轴作用力抵消法设计工装夹具。为便于焊接以工件的五通管部位为基准，使下管平行于 XY 平面，五通管与 X 轴重合。其在 X 轴上采用两个紧固夹具固定基准，然后在 Y 轴上通过支撑面与一个 U 形支架固定，通过工件支撑面与多个支架固定。实现焊接时作用力的抵消，工装夹具效果如图 19 所示。

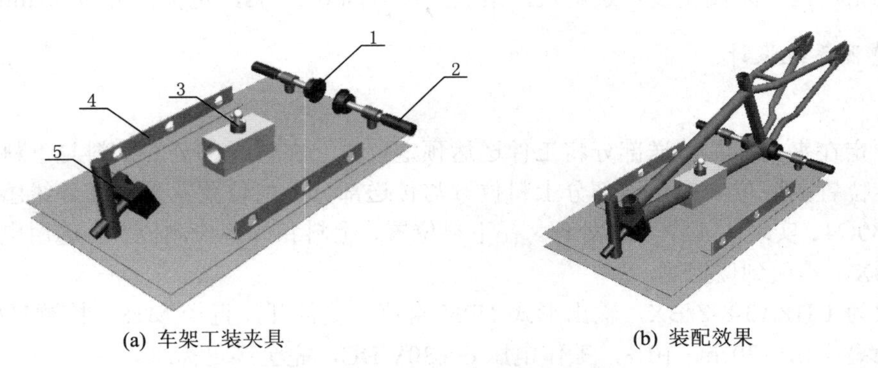

(a) 车架工装夹具　　(b) 装配效果

图 19 车架工装夹具及装配效果

1—车架五通管固定盘；2—手动紧固夹具；3—下管紧固工装；4—夹取搬运锁扣装置；5—头管 U 形紧固装置

工装夹具主要是固定待加工工件，防止工件在加工过程中发生位移造成焊接失败，故其稳固性要求第一，该工具的设计还应考虑尽可能露出待焊接部位，不能有阻挡，以留出足够空间给焊枪运动，以上装置均符合这样的焊接要求。

2. 设备技术性能指标

工装夹具基本尺寸为长 0.65m、宽 0.4m、高 0.2m，具备一定的抗震动性能。

16.5.3 辅助功能设计

1. 变位机系统设计

1）数模设计

变位机主要由 2 轴垂直旋转机构组成，其作用是实现工件配合焊接机器人进行焊接位置变动，实现工件的无死角焊接，最大限度地接近人工焊接，提高焊接质量，如图 20 所示。

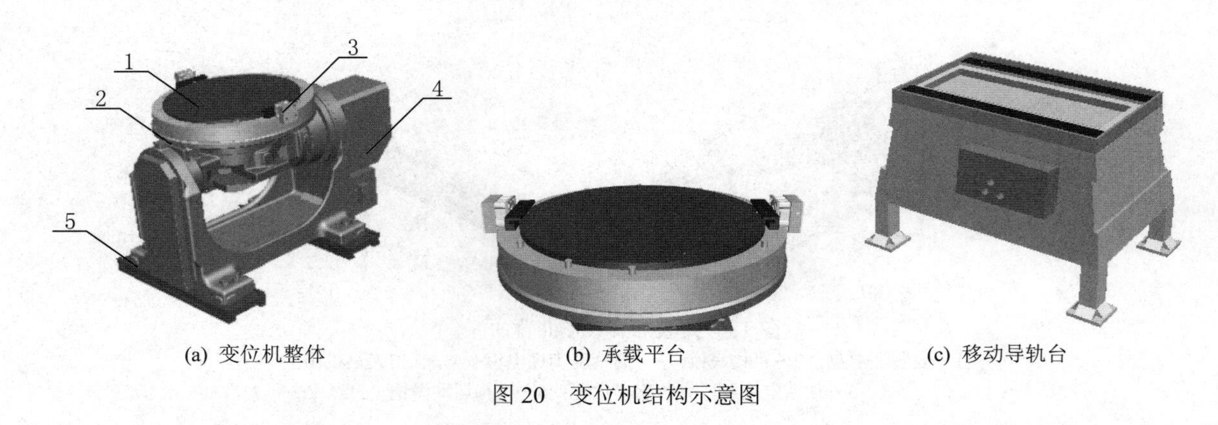

(a) 变位机整体　(b) 承载平台　(c) 移动导轨台

图 20　变位机结构示意图

图 20(a) 中 1 为变位机承载平台；2 为变位机旋转机构，变位功能主要由旋转机构实现；3 为液压夹紧装置，实现工件快速固定；4 为变位机驱动电机；5 为滑槽导轨，实现水平运动。变位机上自行设计工装加紧装置，驱动方式为液压轴驱动，液压推力杆向中心推压夹紧固定工件，变位机底座承载变位机，并提供驱动电源。

2）设备技术性能指标

长 0.77m，宽 0.57m，高 0.62m；工作盘面直径约为 0.5m，转速 10～20r/min，底座水平有效移动距离为 1m。型号：GLR-B2-M，垂直承重 800kg，水平最大承重 200kg，倾斜范围±145°，驱动方式：伺服电机；输入电压 380V。

变位电机采用西门子高精度步进电机，最快定位时间 0.2～1s，定位精度为 0.1mm。

2. 多传感器系统设计

1）接近开关

在工件固定在夹具后，传送部分将工件送达预定位置，在传送部分的上料与下料时，采用接近开关实现预定位置的限位。在传送部分上料位置与传送部分下料位置，采用红外线感应光电开关传感器 E3F-DS30C4，实现人工上下料处理。在下料位置、上料和焊缝检测位置，选用电感式接近开关 LJ18A3-8-Z/BX，实现到位控制。

基本参数为 LJ18A3-8-Z/BX，输出形式 NPN 直流三线常开，直径 M18，检测目标半透明/不透明物体检测距离，10～30cm ±10%，工作电压 6～30V DC，完全满足需求。

2）压力传感器

搬运机器人在搬运工件时抓取夹具需要适当的压力防止搬运掉件，采用 SBT805 机械手臂专用压力传感器。额定量程 20～500kg，直径 44.7mm，工作电压 5～12V，输出灵敏度 2.0 ± 10%mV/V，安全超载 150%F.S，防护等级 IP66，完全满足需求。

3）视觉传感器

在搬运机器人抓取工件与焊缝检测中，采用 U300C 工业相机采集图像实现故障检测和相关辅助性功能。在抓取工件时通过 U300C 采集实时图像，检测机械手是否通过夹具限位孔。在焊缝检测时，检测工件表面焊缝质量，如虚焊、漏焊、空焊等。

3. 防护系统设计

1）接近开关安全隔离栏

隔离栏是隔离工位与正常工作区间的重要设施，由于在焊接过程中会产生高温、高热以及火花，所以人员及其他设备应该处于一个安全的区域；同时，机器人系统是一个多传感器系统，在工作状态下不允许其他任何异物接近，一旦发生，将迫使机器停机造成生产事故。在该项目中，设计两个工位协同工作，每个焊接工位都需要隔离栏进行隔离，保证机器的正常运行环境和人员在安全工作空间。同时，在设备故障时，可通过防护栏进入停机现场进行设备维护，如图 21 所示。

隔离栏设计尺寸为宽 1.8m、高 2.5m，满足焊接工位高度和保护要求。

2）防护设备

在采用氩弧焊的过程中氩弧焊于焊条电弧电流较大，电弧所产生的紫外线辐射是普通电弧焊的 5～30 倍，红外线约为电弧焊的 1～1.5 倍[11]，加装防护窗屏蔽射线已保护工人身体。

焊接过程中会产生较多的臭氧，因此，设计加装通风扇，使产区空气流通正常。防护窗及通风设备效果图如图 22 所示。

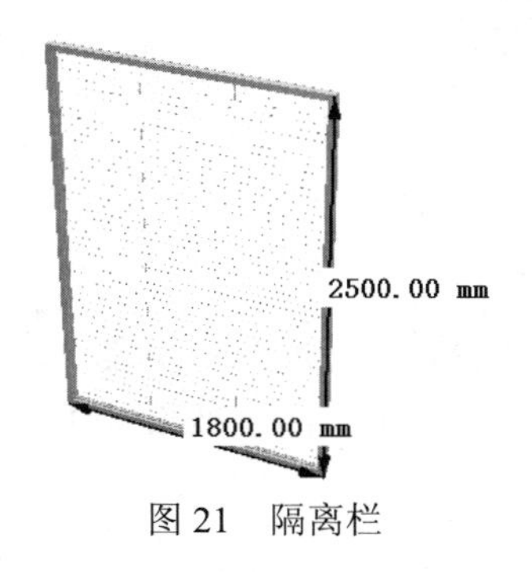

图 21 隔离栏

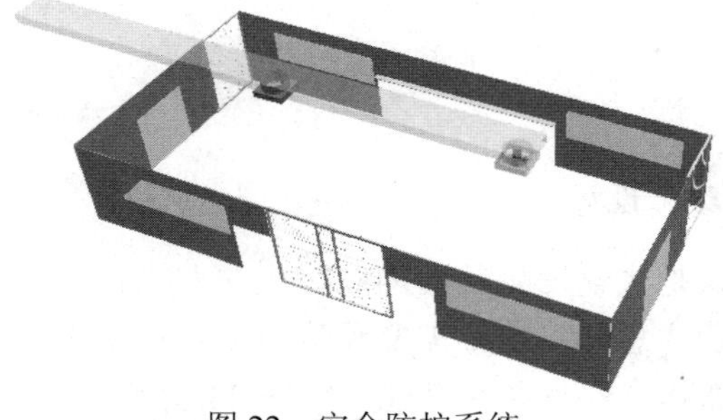
图 22 安全防护系统

4. 生产线故障处理

生产线故障处理主要是出于生产安全和稳定性方面的考虑，任何一个设计的系统都必须要有故障检测和故障处理环节；故障处理主要分为异常处理、停机检测；前者属于轻度故障处理操作，后者属于重度故障处理操作。异常处理是指可以在不停机的情况下实现产品的不停断生产，停机检测是指由于某些特殊原因必须停机进行人工排除或检修的操作。

异常处理的情况包括：搬运工件失败或工件异常掉落的情况，可通过压力和视觉传感器进行判断，一旦发生可以及时响应，判断本次焊接操作无效，直接进行下轮焊接，无须等待，最大限度地减少生产损失。

停机检测的情况包括：变位机定位不准或发生碰撞的情况，这是焊接系统无法自行修复，必须进行停机检修的操作，停机检测还可由外部按钮站人工手动触发，方便工人进行日常检修和维护操作。

5. 焊接质量检测

项目采用氩弧焊进行焊缝焊接，焊接中存在变形、硬度降低、砂眼、局部退火、开裂、针孔、磨损、划伤、咬边、结合力不够、内应力损伤等缺点。产品质量就焊接工序来讲就是焊缝质量的检查，目前可实现的自动化解决方案有超声波探测进行工件内部焊接空隙的检测，视觉传感器系统进行表面的焊缝毛刺、漏焊等焊接问题的定位和识别，并对工件进行电子标记。

生产线设计中采用较为简单的方式实现焊缝质量的在线检查，在产品下料前自动进行探测识别，下料后通过视觉传感器检测方式进行表面焊缝质量检查，检查后通过射频写入的方式将产品属性写入到车架产品的信息码（一般为 RFID 条形码）中，该电子标签可贴附于“白车”表面。设计效果如图 23 所示。

如图 23(a) 为焊缝质量检测仪，焊缝质量的监控和处理采取简单的闭环在线控制方式，实时反馈到在线焊接策略中，由于在焊接中采取不同部位焊接，可根据检测到的不合格部位，进行在线优化调整。

在下料出口预留有检测和传感装置安装板（如图 23(b) 所示），对初级检测分类的车架进行详细检测和分类。智能检测系统结合图像处理，可进一步对自行车进行焊缝质量的区分和处理，具体缺陷判断指标需根据产品工艺要求进行质量检测区分，并分批分质下料。

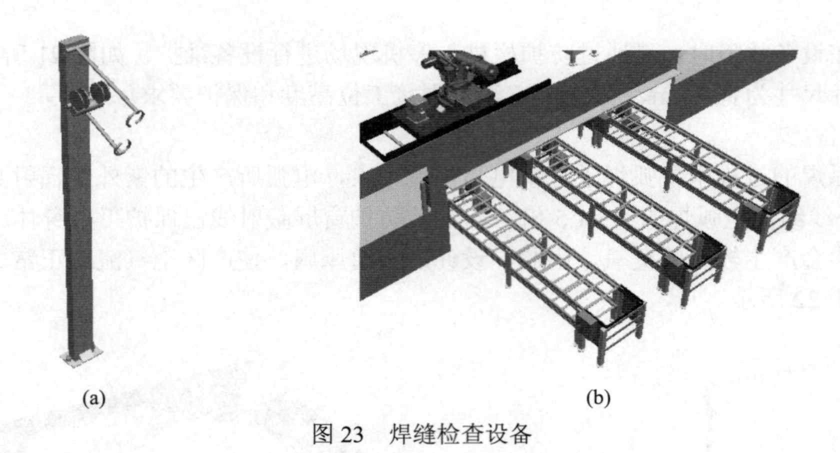

(a)　(b)

图 23　焊缝检查设备

6. 防呆设计

防呆是失误发生前即加以防止的方法，是一种追求制程零缺陷为目的理念和手段。让操作者不需要花费注意力，也不需要经验与专业知识即可完成正确的操作[12]；本产品主要设计了工人上料和机器人搬运上料的防呆功能，如图 24 所示。

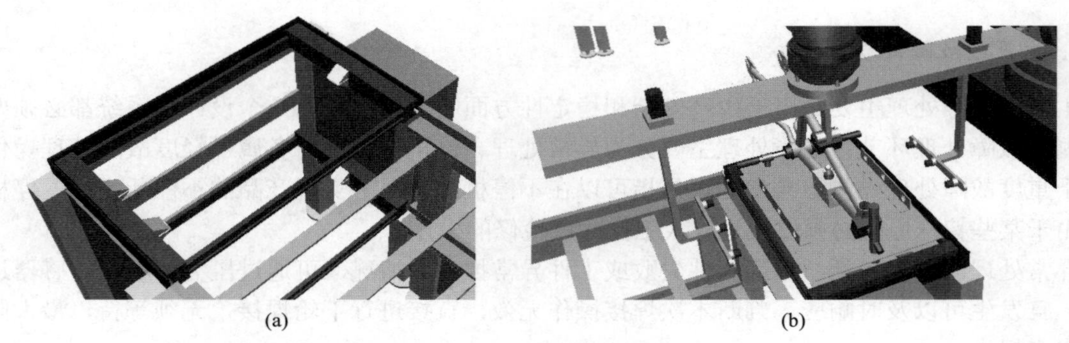

(a)　(b)

图 24　上料防呆设计

该防呆设计规定工人上料的限位底座方向 (a) 和锁扣的限位固定装置 (b)，防止误上货、上反货的情况，在搬运时，采取锁扣夹紧和接近及其他多传感器的方式实现物料位置定位和控制，防止夹取失败和发生系统焊接异常。在变位机上同样设置有限位和液压加紧开关防止错放的情况。

16.5.4　程序逻辑设计流程

生产线的生产需要严密的逻辑控制上，生产线中完成一个车架焊接任务由上料、焊接、下料三个环节组成，其中涉及多传感器系统、焊接机器人、搬运机器人、质量检测等流程，该流程程序逻辑设计如图 25 所示。

流程中的故障处理与停机检测在下节详细介绍，传送判断到位采用接近开关信号，焊缝检测采用超声信号和图像传感器的检测仪，分别检测内部焊接缺陷，如气泡、空隙，表面焊接缺陷如：虚焊、漏焊、咬边等。下料分两个质量等级进行出料：A 料质量良好合格，B 料不合格或废料；架设每个车架在组装之初就贴上产品生产信息射频标签，用于写入产品和生产进度信息。

16.5.5　控制系统总体设计

控制系统是机器人焊接生产线的核心，由控制柜和按钮站组成。一般地，控制柜内为机器人及相应机构的控制 PLC 或 MCU 控制系统，通过现场总线或工业以太网的方式进行连接，形成通信拓扑实现控制任务。控制系统结构主要硬件连接如图 26 所示。

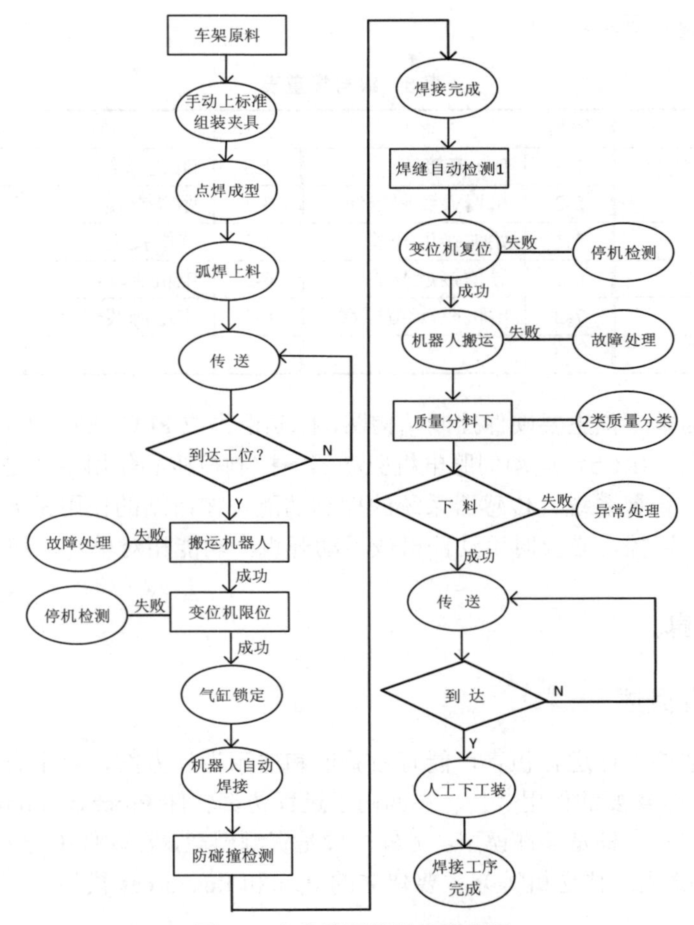

图 25 生产线逻辑设计流程图

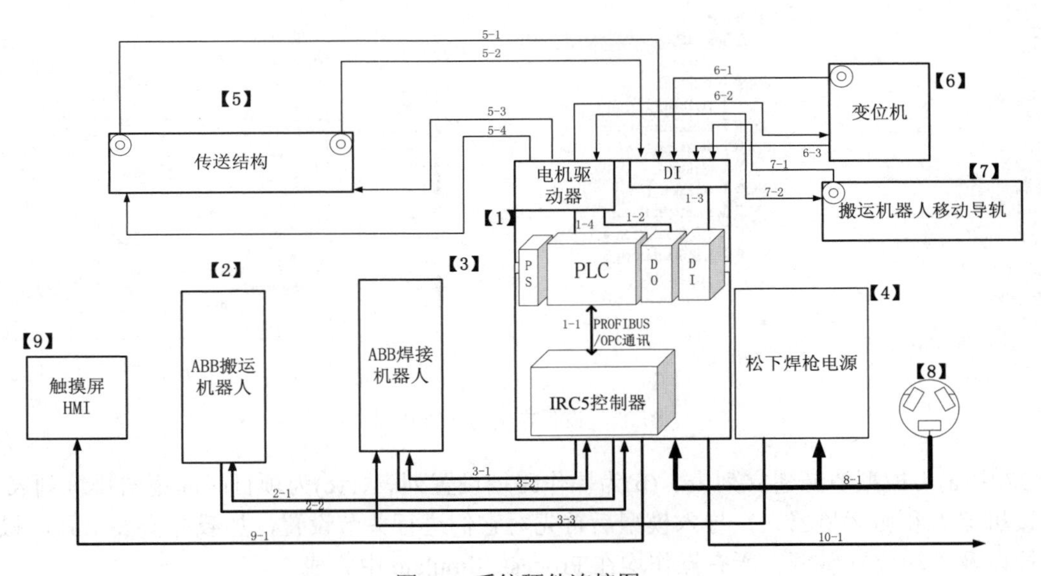

图 26 系统硬件连接图

在图 26 中，【1】为控制柜，【2】为搬运机器人 IRB 1410，【3】为焊接机器人 IRB 6650S，【4】为焊枪电源，【5】为工件传送装置，【6】为变位机平台，【7】为搬运机器人移动导轨，【8】为总电源，三相 380V，【9】为按钮站。

重要接线配置如表 8 所示。

表 8　线号配置表

线号	名称	线号	名称	线号	名称	线号	名称
1-1	Profibus/OPC 通信线	1-2	DO 连接线	1-3	DI 连接线	1-4	DP 通信总线
2-1	机器人驱动电缆	2-2	机器人编码器线	3-1	驱动电缆	3-2	编码器线
3-3	焊枪控制线	5-1	始端接近开关	5-2	终端接近开关	5-3	水平驱动线
5-4	垂直驱动线	6-1	导槽接近开关	6-2	电机驱动线	6-3	编码器线
7-1	导轨接近开关	7-2	电机驱动/编码线	8-1	主电源线缆	9-1	按钮站控制线
10-1	工业以太网						

以上硬件连接图为单工位主要硬件控制结构图，控制柜集成 PLC（S7-1200、SM1223、8DI/8DO、24VDC）、机器人控制器 IRC5、运动伺服电机驱动器。控制柜核心作用主要是实现机器人系统、变位机系统、传送系统、告警系统、传感器系统的控制功能。按钮站的作用是方便工人在隔离栏外对机器人的运行情况进行监控，必要时手动停机或手动开机，功能相对单一，但是工位的必需设备。

16.6　生产线仿真

16.6.1　生产线仿真概述

对焊接生产线工艺的设计进行仿真，能有效验证和展示设计方案，对于方案修改和完善，以及生产线预期评估都有十分重要的作用[13-15]。在西门子过程仿真软件 Process Simulate 中，导入 Part 和 Resources 两种模型类型：一种是部件模型，另外一种是资源模型，在软件中导入模型，设置模型类型（包括工具、设备、机器人、传送机等）主要建立的 Part 和 Resources 模型设置列表如图 27 所示。

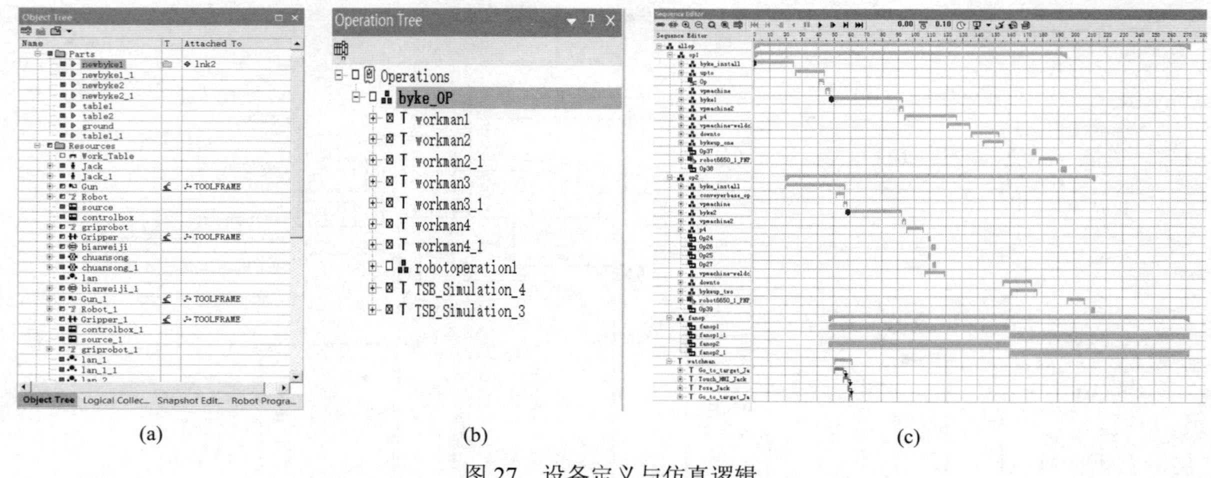

(a)　(b)　(c)

图 27　设备定义与仿真逻辑

图 27 中(a)为模型资源建立列表、(b)为操作路径设置列表、(c)为项目时间逻辑排练列表。

焊接机器人和搬运机器人，导入模型后首先对它们进行关节设置，加载并安装工具，最后设置动作路径以及手动位置微调，所有操作均在 Process Simulate 中完成。

焊接机器人焊枪的三种焊缝路径示意如图 28 所示。

由左至右依次为环缝(a)、曲线缝(b)、直线缝(c)，调整焊枪行走角变化大的地方，避免过度摆枪，实现平稳焊接，保证焊接质量。根据设计要求设定 TCP（焊接工具作业位置）、焊丝长度、焊接速度等焊接工艺指标。

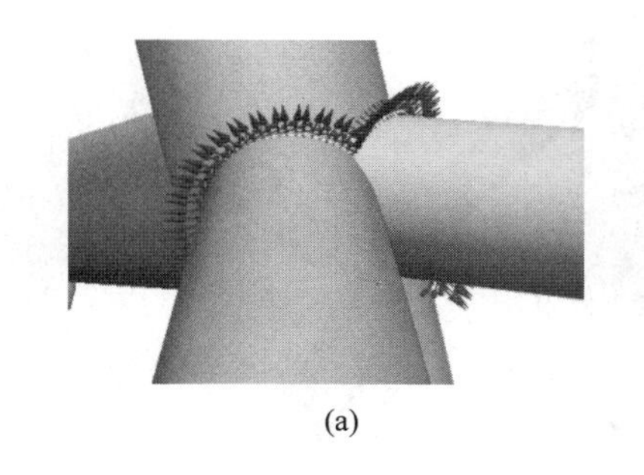
(a)

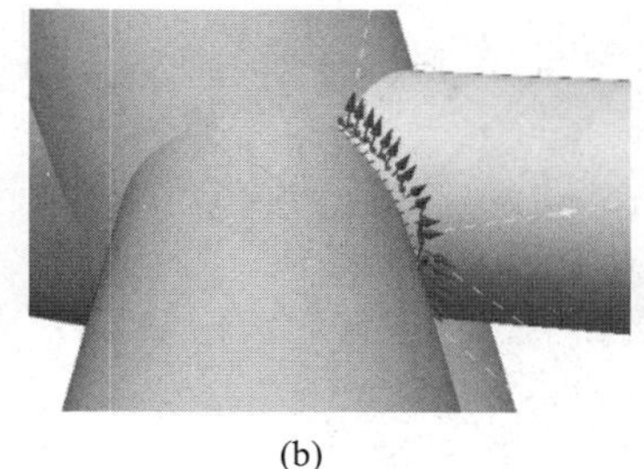
(b)

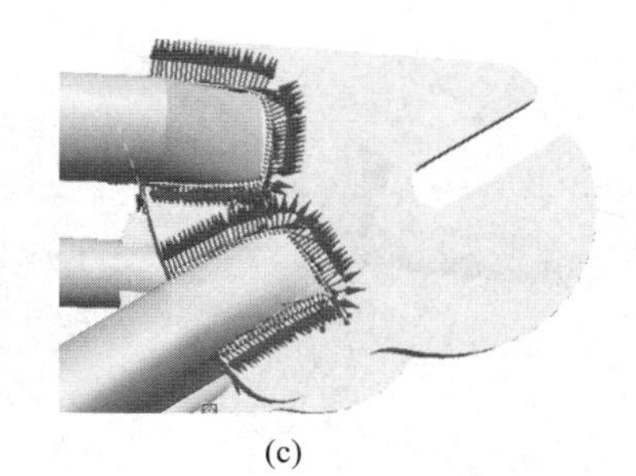
(c)

图 28 弧焊位置示意

16.6.2 模拟人工仿真

Process Simulate 软件中提供“Jack”人物动作仿真，通过选定特定的人物，设置动作路径，规划时间逻辑，可实现模拟人物的特定工作动作，在方案设计中上料过程的工件夹具安装，下料过程的夹具回收都是由人工完成的，如图 29 所示。

图 29 Jack 人工模拟

16.6.3 焊接仿真

1. 焊接机器人动作仿真

依据车架的 6 个焊接部位的焊接顺序，结合焊接机器人的运动空间要求，在保证设计焊接工艺流程不变的情况下对焊接部位进行适当组合，由两台焊接机器人配合分步完成焊接，原则上覆盖所有焊缝，在动作规划上必须考虑机器人运动空间、姿态正常化、空间碰撞干涉等技术要求。

在 Process Simulate 仿真中弧焊的形式是两个面形成的交线作为焊接路径，对焊接部位顺序进行组合焊，达到焊接质量，同时考虑最优的焊接路径，实际仿真焊接顺序及部位效果如图 30 所示。

图 30 中将焊接步骤分为 6 个步骤，分别为：(a)中管与上叉，(b)上、下叉与右勾爪，(c)上、下叉与左勾爪，(d)中管与上叉曲线缝，(e)五通管与下叉环缝 1，(f)五通管与下叉环缝 2；各工位有 2 台机器人同时焊接，焊接部位在焊接过程中主要遵循的机器人动作顺序是：初始位置→焊接部位→中间路径点→回复初始位置，严格调整焊枪轨迹，利用软件碰撞干涉检测，合理规划焊枪运动路径。

2. 搬运机器人动作仿真

搬运机器人通过设计的专用搬运工具进行搬运，将待焊接工件从传送带上搬运到变位机上，搬运过程中考虑机器人活动空间、空间碰撞干涉等因素，搬运分为上料和下料两个过程。

搬运夹紧时设计有锁紧装置，防止夹取过程中的不稳和滑落，并在锁扣装置上装有压力传感器防止工装夹具过度受力而损坏，搬运机器人效果图如图 31 所示。

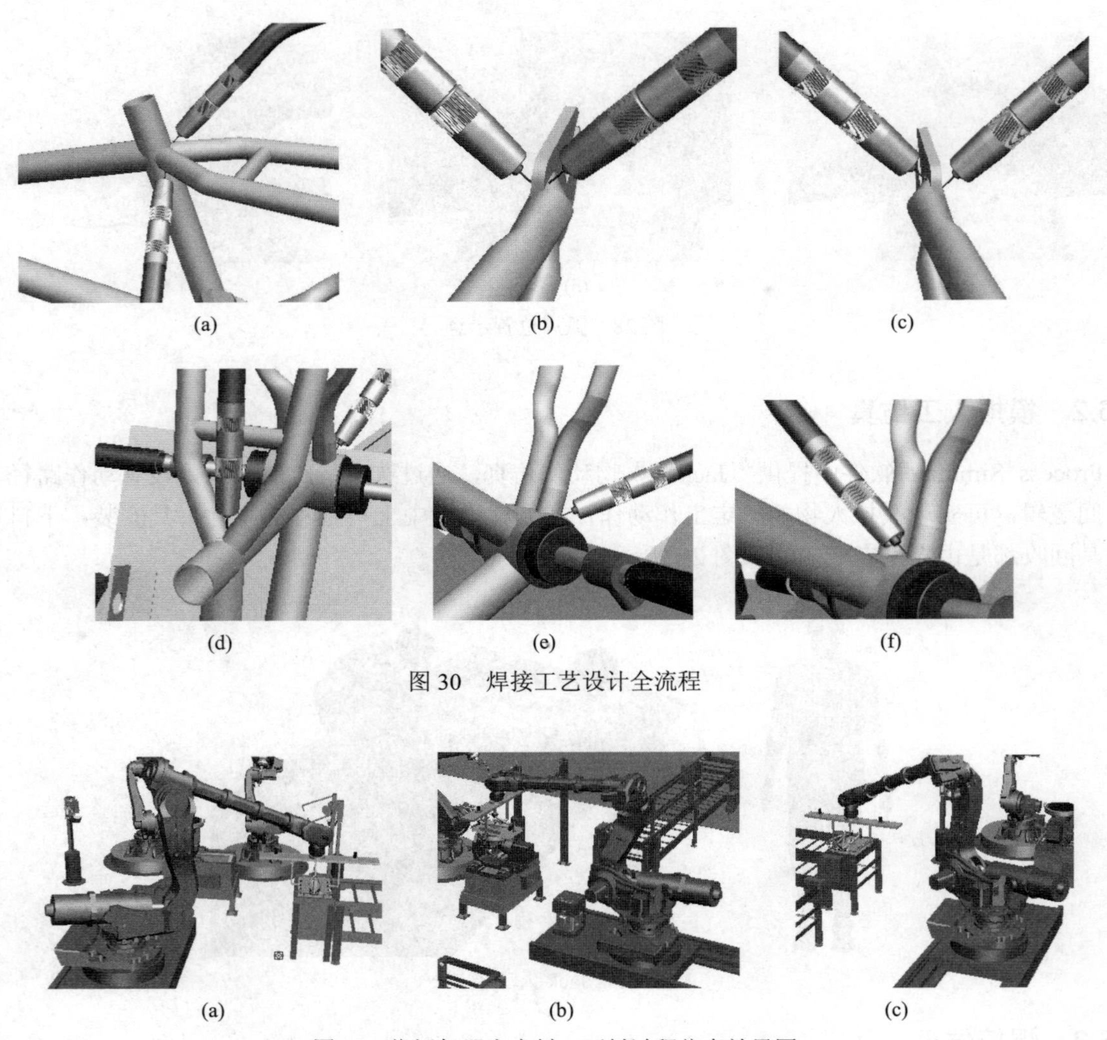

图 30 焊接工艺设计全流程

图 31 搬运机器人上料、下料过程仿真效果图

图 31 中由上至下依次为：(a)上料夹紧、(b)上料放置、(c)下料，搬运机器人的搬运动作顺序为：上料传送装置→变位机→下料传送装置。

3. 变位动作仿真

变位机有两个自由度（X，Z），共设定三个变位姿态，变位机顺时针转动约定为正，如图 32 所示。

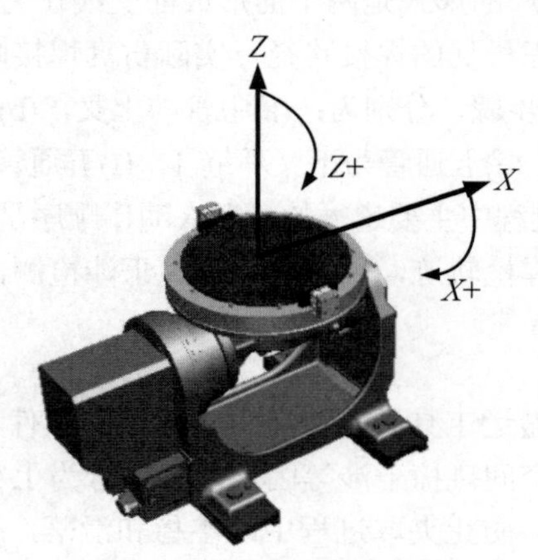

图 32 变位机变位自由度

步骤 1～步骤 6 如前所述。步骤 1～步骤 3：HOME ($X=0$，$Z=0$)；步骤 3～步骤 6：步骤 1 姿态（$X=45$，$Z=30$）；步骤 2 焊缝检查姿态：（$X=90$，$Z=0$）。

16.6.4 仿真整体效果

在 Process Simulate 软件中搭建设计生产线模型，规划运动路径，实现了生产线的三维布局及仿真要求，对生产线设备进行了合理的选用和设计，完成了一整套包含两个工位、两条传送、一套完整的自行车架焊接生产线。

生产线整体效果图如图 33 所示。

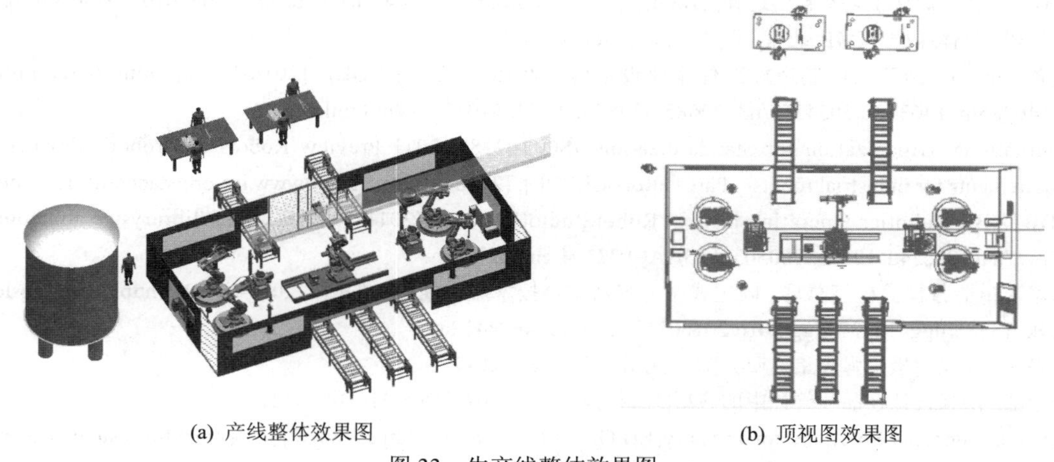

(a) 产线整体效果图　　(b) 顶视图效果图

图 33　生产线整体效果图

仿真对焊接工艺指标进行了极其精确的设置和仿真，对车架焊接的全生命周期工艺流程详细地进行规划和仿真；生产线并不局限于以上设计的独立性，是具有可扩展性，可实现柔性生产的生产线。

16.7 设计方案分析和总结

自行车焊接生产线设计与仿真方案，较好地完成了自动化车架焊接工艺生产线的各项要求和技术指标；虽然方案距离实际生产线的架构和投产还存在一定的距离，但方案还是给自行车焊接生产线的自动化发展提供了新思路。在合理的设想范围内，参考有效的国际、国内设计标准，从焊接生产工艺、生产线布局规划、设备选型、焊接流程设计等方面进行了较为详细的设计；并根据实际情况对现有的人工焊接顺序进行了合理的重组和调整，较好地完成该项目的全位置角焊的要求，有效地提高了自行车车架产品的生产效率。

在设备选型和设计上，参考工厂设备设计选型规范和一定的防呆设计，尽量做到选型和设计的合理性与可行性；特别是在机器人选型上，选用了 ABB 系列机器人，其优良的性能和极好的维护和扩展性早已成为焊接行业的首选品牌，相较之安川、库卡等机器人在功能和性能都十分出色。

三维模型的设计仿真方面，将三维数模格式通过特定的软件转换为西门子仿真软件 Process Simulate 可识别的 JT 格式，在 Process Simulate 软件中定义并搭建生产线模型，规划运动路径，实现了生产线的三维布局及仿真要求，实现了一整套完整焊接流程的自行车架焊接生产线的仿真。在焊接工艺流程的仿真中，对焊丝直径、焊接速度、焊丝伸出长度、焊接位置和角度等重要的工艺指标进行了较为精确的模拟，通过仿真极易获得焊接效果和机器人动作参数，对实际焊接的工艺设计具有一定的指导意义。

项目在设计仿真上考虑了车架焊接的全生命周期管理，在生产线布局上考虑整个工作空间和生产流程的规划，具有一定的可扩展性。

参考文献

[1] 项靖雯. 2018 年自行车制造行业发展现状分析行业出口产品结构有待调整升级[EB/OL]. [2018-05-10]. https://www.qianzhan.com/analyst/detail/220/180510-9c9b98fb.html.

[2] 萧久次昌彦. 精益制造 043: PLM 产品生命周期管理[M]. 北京：东方出版社，2017.

[3] 大连理工大学. 一种镁合金自行车车架的生产方法: 中国，CN1323007C[P/OL]. 2003-09-20[2018-10-18]. https://patents.google.com/patent/CN1323007C/zh.

[4] 黑键变白建. 自行车车架焊接工艺设计说明书[EB/OL]. [2011-01-29]. https://wenku.ba-idu.com/view/9d85e8165f0e7cd184253690.html.

[5] 修己. 氩弧焊焊接工艺参数的选择[EB/OL]. [2009-10-30]. http://blog.sina.com.cn/s/-blog_610c86980100fhgt.html.

[6] 张修智. 气体保护焊[M]. 北京：电力工业出版社，1982.

[7] 装备工业司. 国家智能制造标准体系建设指南（2018 年版）[R/OL]. [2018-10-12]. http://www.miit.gov.cn/n1146285/n1146352/n3054355/n3057585/n3057589/c6425401/content.html.

[8] International Organization for Standardization. ISO 10218-1:2011 Preview Robots and robotic devices—Safety requirements for industrial robots—Part 1: Robots[S/OL]. [2016-03-08]. https://www.iso.org/standard/51330.html.

[9] ABB. ABB Robotics Operating manual RobotStudio[EB/OL]. [2011-10-09]. https://library-y.e.abb.com/public/d11e7784c590c24dc1257b5900503e1f/3HAC032104-en.pdf.

[10] 国家质量监督检验检疫总局. 固定式压力容器安全技术监察规程[R/OL]. [2016-02-02]. http://www.aqsiq.gov.cn/xxgk_13386/jlgg_12538/zjgg/2016/201603/t20160309_462442.htm.

[11] 张兴品. 熔丝钨极氩弧焊工艺研究[D]. 沈阳理工大学，2017.

[12] 许金浩. 防呆设计在品质管控中的应用[J]. 科技展望，2016，26(23)：140-141.

[13] Siemens. Siemens Solutions for Industry[EB/OL]. [2017-08-20]. https://www.plm.automatio-n.siemens.com/media/global/en/corporate-brochure-10737_tcm27-24902.pdf.

作者简介

肖开僖（1993— ），男，学生，E-mail：1085509316@qq.com。

唐德阳（1992— ），男，学生，E-mail：1107559525@qq.com。

何柏榆（1997— ），男，学生，E-mail：1051954290@qq.com。

聂诗良（1968— ），男，教授，研究方向：计算机控制系统、控制理论与控制工程，E-mail：165395886@qq.com。

17 “PLM 产线规划”赛项工程设计方案(二)

——自行车架自动化焊接线设计与开发

参赛选手：齐玉乐（长春理工大学），王劲一（长春理工大学），
陈涵铭（长春理工大学）
指导教师：张义文（长春理工大学），唐　晨（长春理工大学）
审　　校：石炳坤（西门子（中国）有限公司），
苏　育（中国智能制造挑战赛秘书处）

17.1 项目概况

根据查阅资料及实地企业调查，目前自行车车架焊接现状令人担忧。一般采用传统的手工电弧焊，有如下不足：依赖性强，焊条电弧焊的焊缝质量可以通过调节焊接电源、焊条、焊接工艺参数外，还依赖于焊工的操作技巧和经验；焊工劳动强度大，劳动条件差，焊接时，焊工始终在高温烘烤和有毒烟尘环境中进行手工操作及眼睛观察；生产效率低，与自动化焊接方法相比，焊条电弧焊使用的焊接电流较小，而且需要经常更换焊条。

17.2 项目分析

17.2.1 项目设计要求

针对车架后三角焊接生产流程，进行焊接生产线的设计，布置各工位，形成焊接岛。采用 Process Simulate 软件实现车架焊接过程的验证，并进行仿真测试。自行车车架示意图如图 1 所示。

图 1　自行车车架示意图

焊接要求如下：

中管与上叉焊接；上叉与勾爪焊接（左侧）；下叉与勾爪焊接（左侧）；中管与下叉焊接；上叉与勾爪焊接（右侧）；下叉与勾爪焊接（右侧）。

17.2.2 生产线要求与功能

本项目设计的生产线应满足如下的要求：

要求以可靠的夹具设计，完成各部件精准的定位，符合防呆与柔性化设计。

要求以成熟的机器人系统，完成后三角各部位的精确焊接。

要求以细致的选型与计算，保证极高的焊接质量。

要求以智能化的传感器与控制器系统，提高焊接效率，保证焊接的质量及人员的安全性。

要求以合理的工艺流程及工位设计，保证 30s 可完成一个后三角的焊接，两个焊接岛即可实现 150 万辆年产量的生产目标。

17.3 专用技术要求

所有的夹具应保证可靠的定位、防止变形，确保装焊质量和精度达到部件装焊质量检验标准书的要求，满足生产纲领的要求；夹具的工艺性能应优良，部件装配要容易；人工焊接要易于操作；总成取出要方便；要有足够的操作空间，作业方便安全人工操作夹具的工作空间应符合人体工程学的要求，充分考虑人工操作要有足够的操作空间，作业方便、安全[1-3]。

17.3.1 设计依据

产品数模、产品图纸、产品技术要求、焊装生产线设备专用及通用技术要求。

17.3.2 工艺钢构设计

满足可移动拆解式要求（即钢构全部采用螺栓连接），平台上要便于铺设给排水、压缩空气管道及电缆桥架的钢构。整个设计体现生产线工艺先进、物流畅通、设备安全可靠的原则。

控制电源（含照明用电、机器人控制系统用电、往复线控制系统及驱动用电、液压包边机用电、涂胶系统用电、打刻机用电等）与焊接电源分离，以免相互干扰。

左/右侧围生产线、前围轮罩生产线、前地板生产线、门盖生产线及输送线、车身主焊接生产线、储存线及风、水、电均要求分线控制。

该生产线采用机器人焊接，机器人装件，人工辅助的高智能生产线；输送线最大运行速度运行速度可调。充分考虑装置在移动中避免产生噪声；运动部位设置润滑系统；考虑便于维护和更换备件。

工件输送要求平稳、可靠、准确。工件重复定位精度确保工件到位后在夹具上准确定位。具有良好的同步性、缓冲效果。充分考虑工件的支托点，前后工序保持一致，以保证输送精度。为保证输送系统的安全性、可靠性，夹具上的夹紧缸打开状态全检测[2-4]。

控制主要采用电控系统以及 PLC 控制与主焊搬送线连锁。各工位设置安全检测设备。

17.3.3 机器人要求

通往或来自机器人的所有的控制及数据传输都要经过现场的 PLC 网络或硬件 I/O。

现场操作模式可以通过其他的生产线来操控机器人，这必须考虑设备的机械设计和其他安全考虑。

如果一个机器人转换到非自动状态（也就是现场操控模式或维修状态），PLC 将侦测到，此状况将传到控制室监视系统。

所有的机器人必须有一个现场指示灯以显示非自动状态或故障状态。

机器人必须发出详细的故障及处理信息，并可在现场和网络中显示，将根据详细设计，通过一个专用显示器或通过 PLC 现场显示器来实现[5-7]。

17.4 产线设计

由于车架是自行车的重要结构部件，其焊接质量对其安全性起决定作用，因此本项目应用西门子的先进软件设计并改造自行车后三角的焊接流程，以提高企业生产效率、提高后三角焊接质量。具体改进方案如下：

采用专用自动化夹具，使工人上件简单快捷。

采用转台设计，将人工上件区与机器人焊接区分离。

采用分拼工位与主工位相结合的设计，优化生产节拍。

分拼工位与主工位之间使用搬运机器人连接。

主工位采用拼装焊接一体化的设计，提高产品的质量。

主拼工位后预留缓存区或过度装配区，优化厂房布局空间。

17.4.1 产线工艺设计

现有车架后三角焊接工艺流程为：中管与上叉焊接；上叉与勾爪焊接（左侧）；下叉与勾爪焊接（左侧）；中管与下叉焊接；上叉与勾爪焊接（右侧）；下叉与勾爪焊接（右侧）。

根据目前的条件采用半自动焊接，设计工序是在考虑具有装夹工装，由手工或机械臂装夹后实施分工序焊接的情况下制定的。

考虑到各个零件的焊接难度和定位精度，对焊接工艺流程进行改进，将现有工艺流程分为两部分进行，将后三角预先焊装好，在提高零件的定位精度的同时，降低了焊接难度。

设置一个分拼工位 1001 与一个主工位 1003，分拼工位负责将下叉、勾爪、上叉的焊接，分拼工位将后三角焊接完毕后，送至主工位，由主工位负责后三角与中管的焊接，如图 2 所示。

由于分拼工位焊缝较为简单，焊接速度可以设置得快一些，所以只使用一台焊接机器人。而主工位焊缝较为复杂，焊接速度不能太快，需要加一台辅助焊接机器人以加快主工位焊接速度，优化生产节拍。

17.4.2 焊接流程

分拼工位：（后三角焊接）；上叉与勾爪焊接（左侧）；下叉与勾爪焊接（左侧）；上叉与勾爪焊接（右侧）；下叉与勾爪焊接（右侧）。

主工位：中管与上叉焊接；中管与下叉焊接。

流程图如图 3 所示。

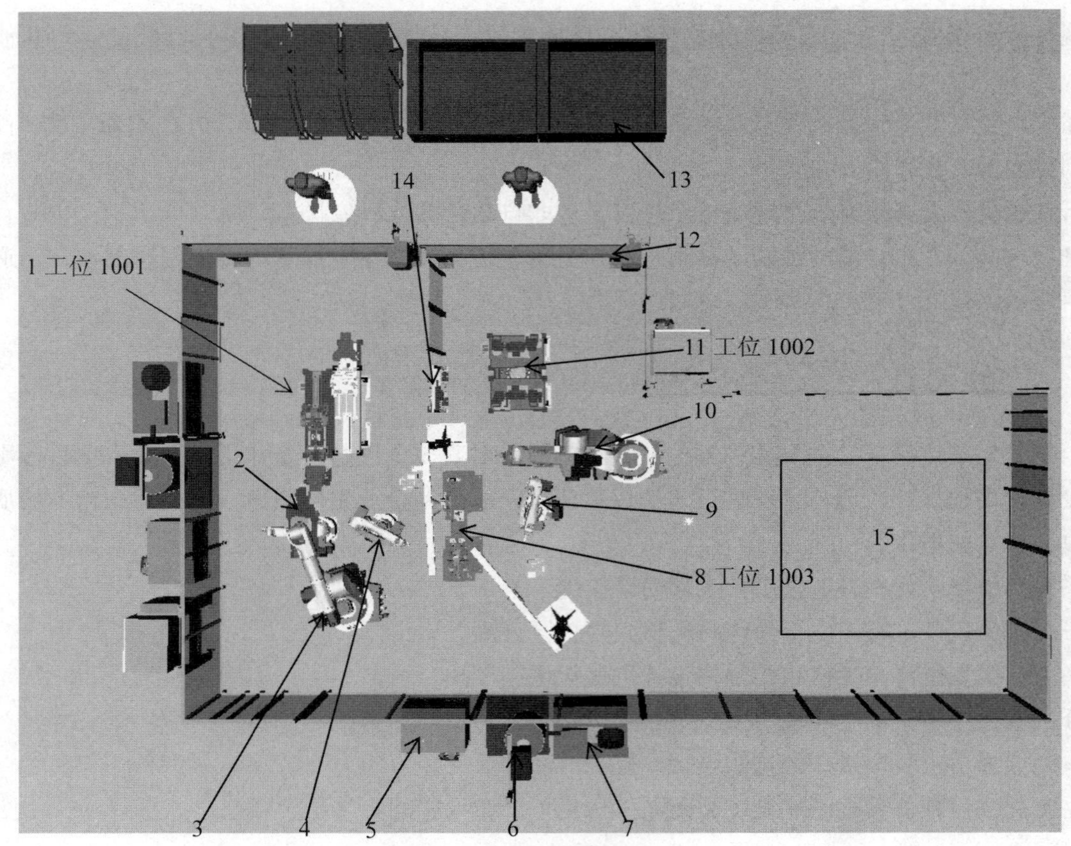

图 2 工位布置示意图

1—分拼工位工作台；2—分拼工位 Kr 5 R1400 焊接机器人；3—Kr60-3 搬运机器人；4—主工位 Kr 5 R1400 焊接机器人；5—机器人控制柜；6—送丝机；7—焊机控制柜；8—主工位工作台；9—主工位 Kr 5 R1400 焊接机器人；10—Kr 60-3 搬运机器人；11—前三角上料台；12—安全门；13—料箱；14—高速自动清枪剪丝站；15—预留区

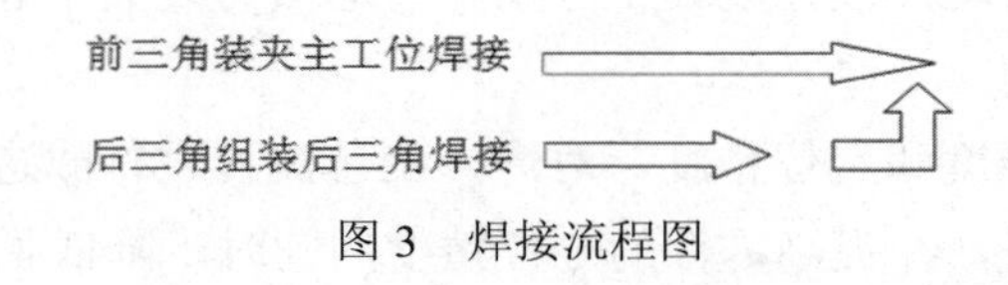

图 3 焊接流程图

17.4.3 工艺流程

1. 1002 工位取件、1001 分拼工位焊接（见图 4）

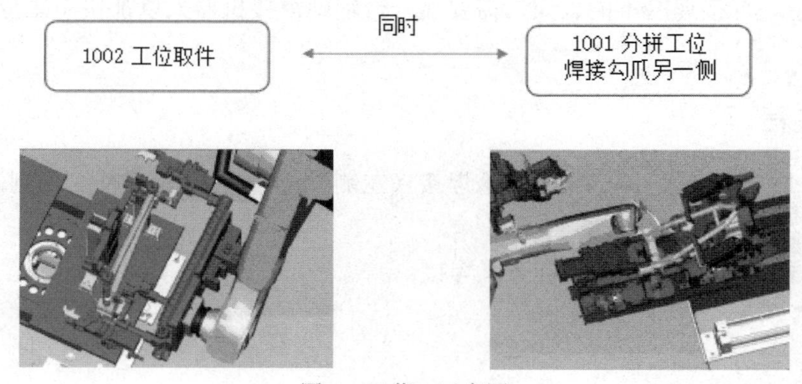

图 4 工艺 1 示意图

2. 1003工位工件到位、1001分拼工位焊接（见图5）

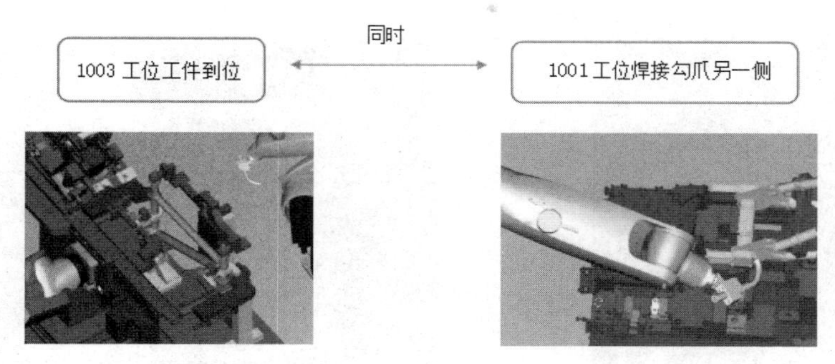

图5　工艺2示意图

3. 1001工位分拼完成，取走后三角，放置1003工位（此时1001工位重复前两步骤）（见图6）

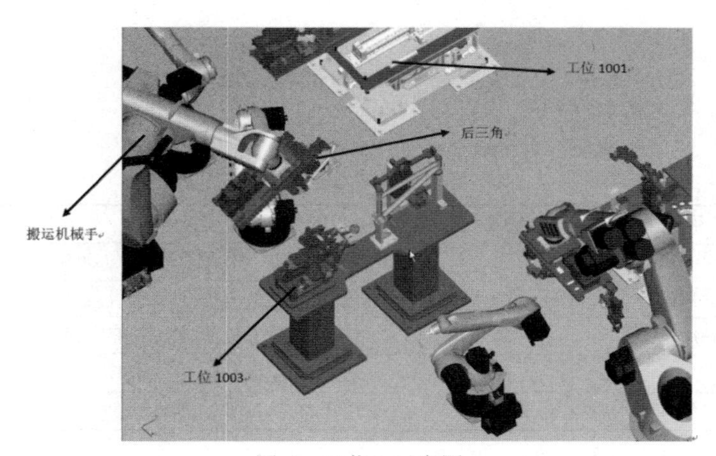

图6　工艺3示意图

4. 1003工位工件到位（见图7）

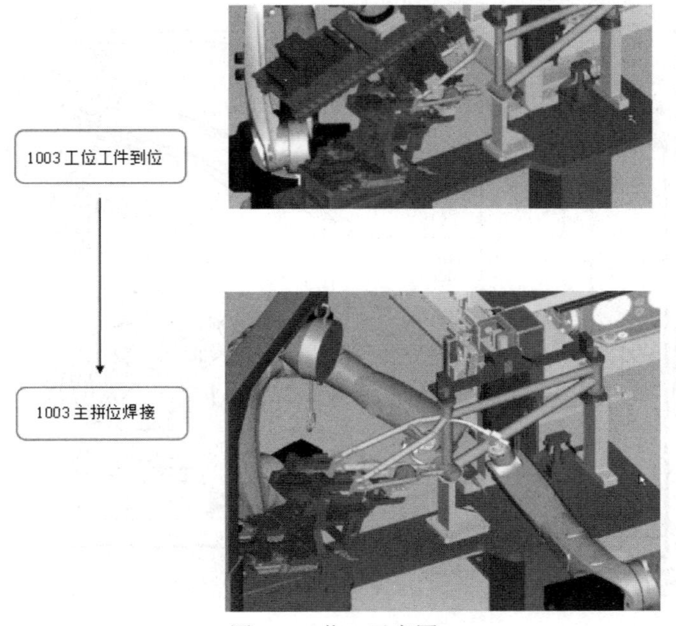

图7　工艺4示意图

5. 1003总拼完成，由搬运机器人取走，放入缓存（见图8和图9）

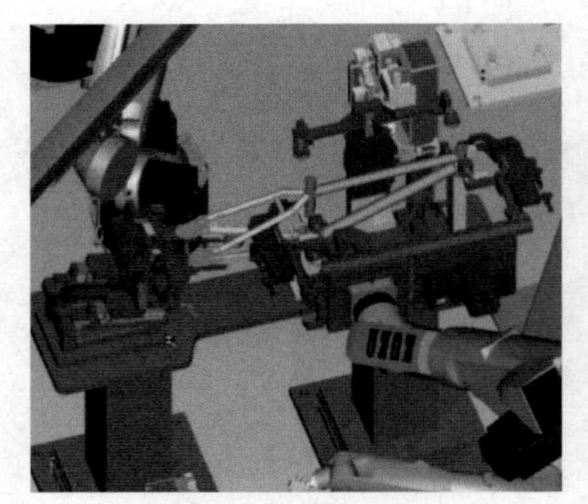
图8 工艺5示意图

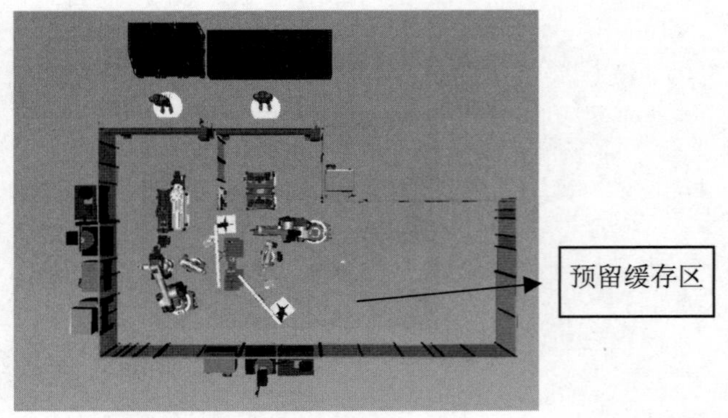

图9 缓存区示意图

17.4.4 装备概况

1. 主要的设备概述（见表1）

表1 主要设备概况

设备和装备名称	数量	备注
焊接夹具	2	专用装配、夹紧一体化气动夹具
焊接机器人 Kr 5 R1400	3	包括后三角分拼工位和主工位
多功能机器人 Kr60-3	2	包括分拼工位于主工位的连接和焊接完成后的取件
清枪剪丝机	3	从焊枪枪头及焊枪喷嘴中去除焊渣及杂质
CO_2焊机	4	用于需要弧焊的各生产线工位中

2. 弧焊机器人工作站构成（见图10、图11和表2）

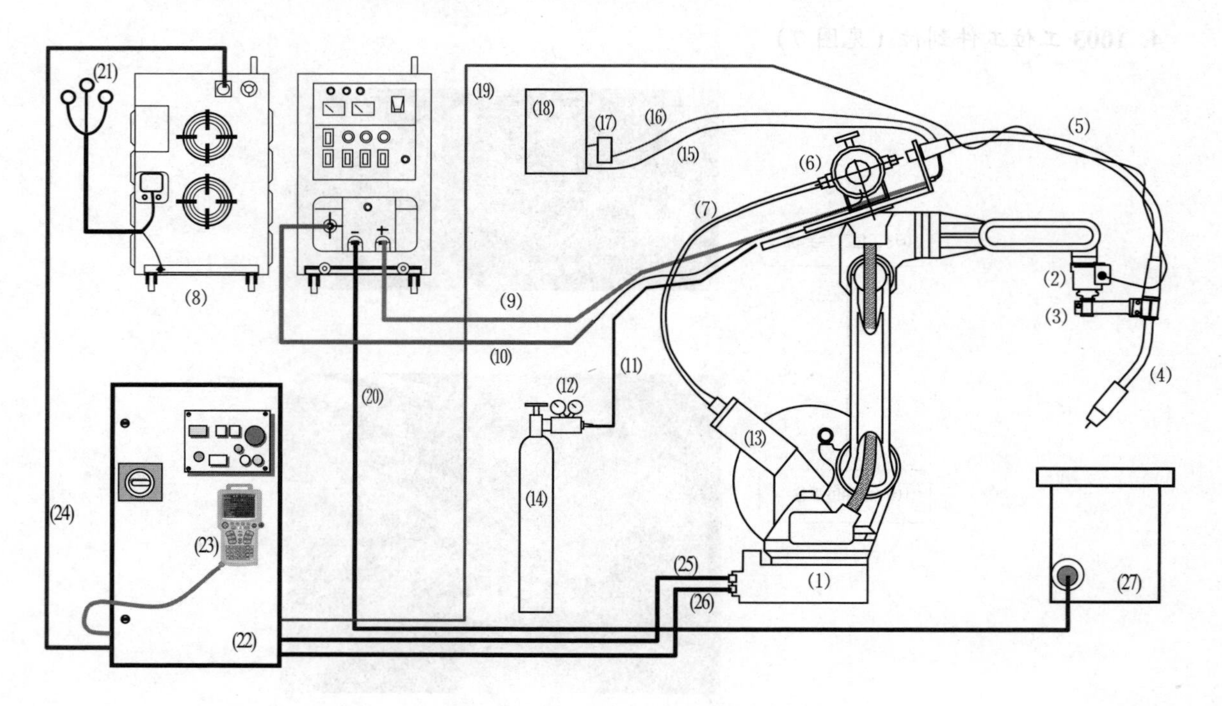

图10 机器人工作站布置示意图

表 2 机器人工作站组成

(1)	机器人本体	(15)	冷却水冷水管
(2)	防碰撞传感器	(16)	冷却水回水管
(3)	焊枪把持器	(17)	水流开关
(4)	焊枪	(18)	冷却水箱
(5)	焊枪电缆	(19)	碰撞传感器电缆
(6)	送丝机构	(20)	功率电缆（－）
(7)	送丝管	(21)	焊机供电一次电缆
(8)	焊接电源	(22)	机器人控制柜 YASNAC XRC
(9)	功率电缆（＋）	(23)	机器人示教盒（PP）
(10)	送丝机构控制电缆	(24)	焊接指令电缆（I/F）
(11)	保护气软管	(25)	机器人供电电缆
(12)	保护气流量调节器	(26)	机器人控制电缆
(13)	送丝盘架	(27)	夹具及工作台
(14)	保护气瓶		（需根据工件设计制造）

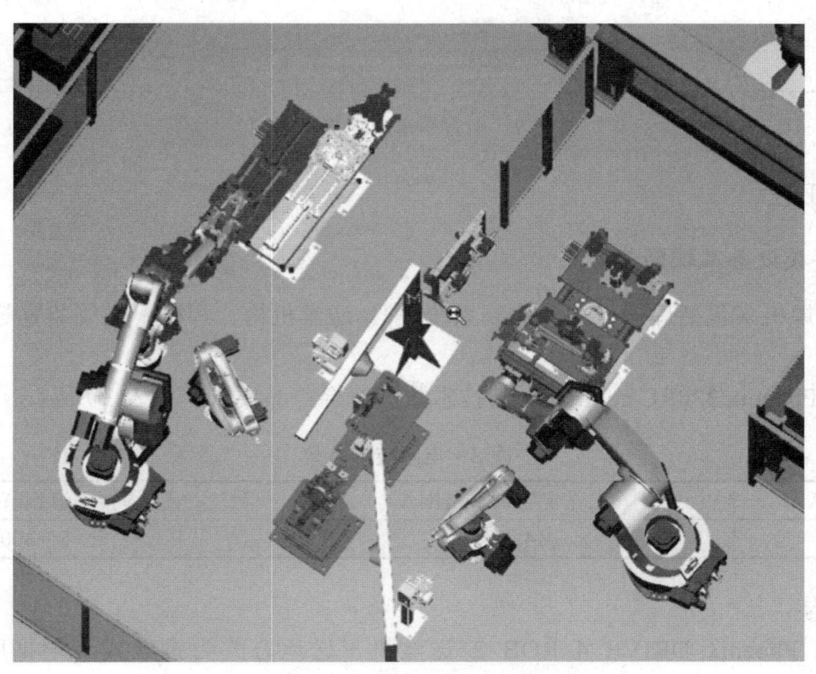

图 11 焊接岛布置示意图

17.5 装焊工艺设计

17.5.1 设计要求

1. 拟用的焊接方式

选用 CO_2 气体保护焊。

2. 车架构件及其焊接要求

自行车车架如图 12 所示，需拼装施焊的计有 11 条焊缝（直缝、环缝和曲线焊缝）。

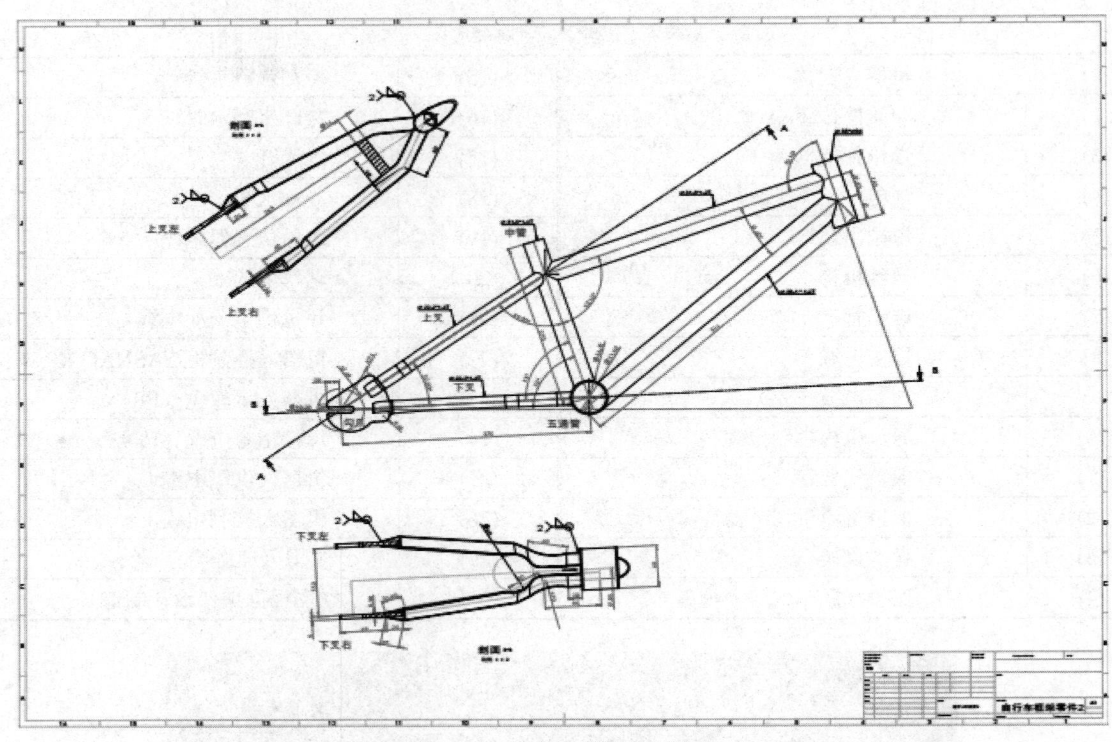

图 12 自行车车架焊接工艺图

17.5.2 焊接工艺

1. 拟用的焊接设备及辅助装置

主要设备由焊机（包括焊接电源、控制系统等）、送丝机构、焊枪、供气装置等几部分组成。

1）焊机

采用 EWM Phoenix 330RC coldArc，其技术数据符合产品要求，如表 3 所示。

表 3 电源技术参数

电源电压/V	工作电压调节范围/V	焊接电流调节范围/A
380	14.2～29	5～300

2）送丝机构

采用 EWM Phoenix DRIVE 4 ROB 2 送丝机，送丝方式为推丝式。根据所选的焊丝直径（Φ0.8mm），选用弹簧钢丝软管，内径为 Φ1.5mm，长度取 2.5m 左右。

3）供气系统

包括气瓶和附属供气装置。附属供气装置包括电热式预热器、干燥器、减压器和 3.01-1 型浮标式流量计等，选用流量调节范围为 0～15L/min 的气阀。

2. 主要焊接材料

（1）CO_2 气体。

（2）焊丝材料。

要求使用的焊丝具有较好的工艺性能和足够的机械性能及抗裂性能，为减少飞溅，焊丝的含碳量必须限制在 0.1%以下。故选用焊丝牌号为 H08Mn2SiA，焊丝表面镀铜，可防止生锈，并改善焊丝导电性能，提高焊接过程的稳定性。

3. 焊接规范确定

1）焊丝直径

焊丝的直径通常是根据焊件的厚薄、施焊的位置和效率等要求选择。焊接薄板或中厚板的全位置焊缝时，多采用 Φ1.6mm 以下的焊丝（称为细丝 CO_2 气保焊）。焊丝直径的选择参照表 4。

表 4 焊丝直径选择

焊 丝 直 径	焊接板厚范围/mm	焊接电流适用范围/A
Φ0.8	0.8～4.0	80～160
Φ1.0	2.0～6.0	100～240
Φ1.2	4.0～120.0	120～400
Φ1.4	8.0～150.0	140～450
Φ1.6	16.0～200.0	400～600

由车架的焊接要求，根据表 4，最终确定焊丝直径为 Φ0.8mm。

2）焊接电流

焊接电流的大小主要取决于送丝速度。送丝的速度越快，则焊接的电流就越大。焊接电流对焊缝的熔深的影响最大。只有在 300A 以上时，熔深才会明显增大。若电流过大，易击穿管壁。初选焊接电流为 80~160A。

3）电弧电压

短路过渡时，则电弧电压可用下式计算：

$$U = 0.04I + 16 \pm 2(\text{V})，即\ U = 0.04 \times 100 + 16 \pm 2 = 18 \sim 20\text{V}$$

焊接电流在 200A 以下时，焊接电流和电弧电压的最佳配合值见表 5。

可见焊接电流选择 80～160A，焊接电压选取 18～20V 时满足焊接电流和电弧电压的最佳配合值。

表 5 CO_2 焊短路过渡时焊接电流和电弧电压的最佳配合值

焊接电流/A		70～120	130～170	180～210	220～260
电弧电压/V	平焊	18～21.5	19.5～23	20～24	21～25
	仰焊	18～19	18～21	18～22	—

4）焊接速度

采用机器人自动焊接时，焊接速度可达 150m/h。

可将焊接速度定为 90～100 m/h。

5）焊丝伸出长度

一般的焊丝的伸出长度约为焊丝直径的 10 倍，并随焊接电流的增加而增加。

由于选用了 Φ1mm 的焊丝，可将焊丝伸出长度定为 10～12mm。

6）CO_2 气体流量

粗丝大规范自动焊为 25～50L/min。

7）电源极性

焊接一般结构用直流反极性。

8）装配间隙及坡口尺寸

由于 CO_2 焊焊丝直径比较细，电流密度大，电弧穿透力强，电弧热量集中，对于 8mm 的焊件不开坡可焊透，对于必须开坡口的焊件，一般坡口角度可由焊条电弧焊的 60°左右减至 30°～40°，钝边可相应增大 2～3mm，根部间隙可相应减少 1～2mm。

9）焊枪行进角度

前进法亦称推焊法。一般地，使用前进法焊接时，行进角较大时，熔融金属被吹向电弧的前方，熔深较浅，飞溅较大。后退法亦称拖焊法。使用后退法焊接时，熔融金属被吹向电弧的后方，直接与母材产生电弧，熔深较深，焊峰余高易形成。在开坡口，易产生熔融金属被吹向前方的场合采用后退法焊接。

10）喷嘴到焊件的距离

喷嘴与焊件间的距离应根据焊接电流来选择，如图 13 所示。

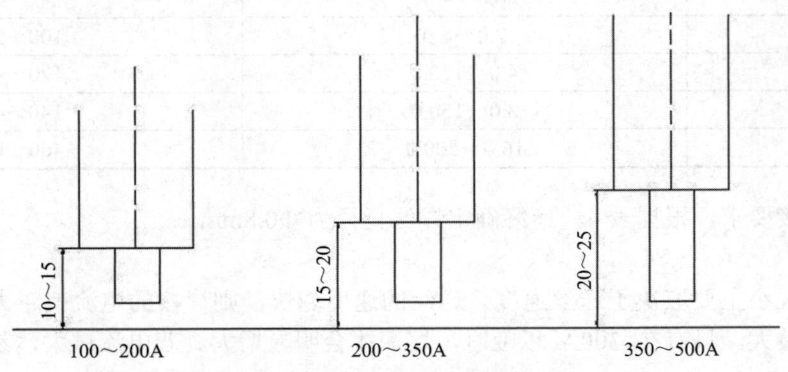

图 13　喷嘴与焊件间的距离参照值

故确定焊接参数如表 6 所示。

表 6　焊接参数

工　位	焊 接 方 式	焊丝牌号	焊丝直径/mm	焊接电流/A	电弧电压/V	气体流量/$L\cdot min^{-1}$	焊接速度/$m\cdot h^{-1}$	目标角度	到焊件距离/mm
主拼工位	CO_2气体保护焊	H08Mn2SiA	0.8	80~160	27	8～15	50	45°	13
分拼工位	CO_2气体保护焊	H08Mn2SiA	0.8	80~160	29	8～15	90	45°	12

17.6　生产节拍

在生产管理中，生产节拍是精益生产的关键理念。生产节拍简称节拍，又称线速，它是控制生产速度的指标。明确生产节拍，就可以指挥整个工厂的各个生产工序，保证各个工序按统一的速度生产加工出零件、半成品、成品，从而达到生产的平衡与同步化。各工序基础数据如表 7 所示。

表 7　各工序所用时间

工　序	设　备	生产节拍	转运时间	备　注
后三角焊接	上件转台		20 秒/件	工人上件
	Kr 5 R1400 焊接机器人　1 台	20 秒/件	5 秒/件	—
主工位焊接	Kr 60-3 搬运机器人　1 台		15 秒/件	工位间的搬运
	Kr 5 R1400 焊接机器人　2 台	20 秒/件	5 秒/件	夹具动作与复位
	Kr 60-3 搬运机器人　1 台		10 秒/件	取走成品放入缓存并复位

$$T=\frac{\alpha\times\beta\times\gamma\times\delta\times 3600}{\theta\times 10000}=\frac{300\times 8\times 3\times 1\times 3600}{2000000}=14.96\,(\mathrm{s})$$

其中，焊装线的生产纲领为 θ，一年中实际生产天数为 α，每天工作的小时数为 β，生产班制为 γ，生产设备开动率为 δ。

本项目设计的焊接岛平均 30s 完成一个工件，只需要两个焊接岛就能完成年产 150 万辆的生产目标。

17.7 工装设计方案

17.7.1 概述

夹具用来将工件进行定位，使工件具有唯一正确的位置并将定位后的工件卡紧固牢，使其不因外力而被破坏，使之占有正确的位置。车架的装配过程与一般构架结构类似，由于零件尺寸不大，因此采用台具集中装配原则，组合件预先装焊好与其他零件一起进入大装台具装焊。因车架零部件刚性较大，如果采用手动夹紧，零部件不容易可靠定位，因此选用气动夹紧。气动夹紧夹紧力大，一方面能使刚性大的零部件定位时可靠到位，有效地控制和减少车架焊接时产生的变形，另一方面气动夹紧生产效率较高。

17.7.2 分拼工位夹具设计

分拼工位需要对各个分散的零部件进行定位和夹紧，是直接关系到后三角焊接质量的工序，除此以外，为了方便工人上件和机器人取件，此部分夹具必须设计成可移动式的，这样不妨碍机器人取件，如图 14 所示。

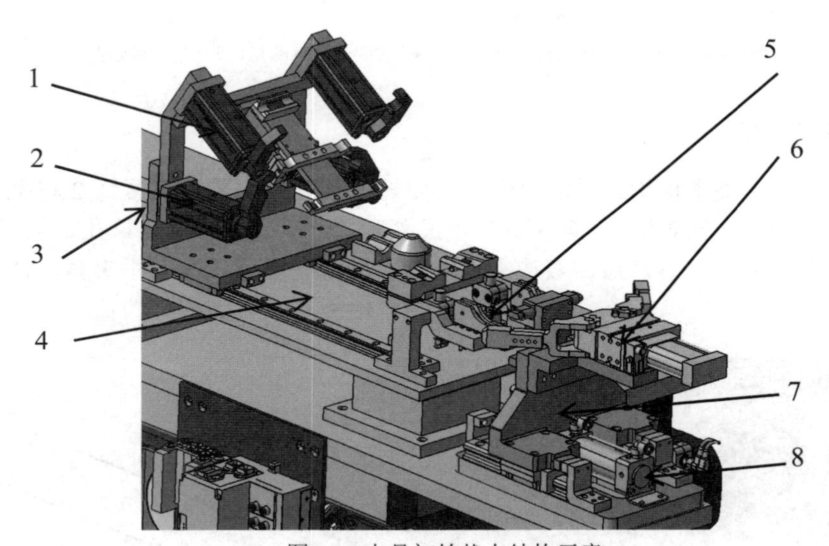

图 14 夹具初始状态结构示意

1—上叉夹紧气缸；2—下叉夹紧气缸；3—上下叉滑台气缸；4—上下叉夹具滑台；5—下叉、勾爪定位元件；6—勾爪夹紧气缸；7—勾爪夹具滑台；8—勾爪滑台气缸

1. 定位基准的选择

以勾爪的中心延长孔和左右平面作为定位基准。

2. 勾爪的定位安装

使用随型进行安装导向与零件定位，随型上安装有磁铁保证安装后的位置不变，如图 15 所示。

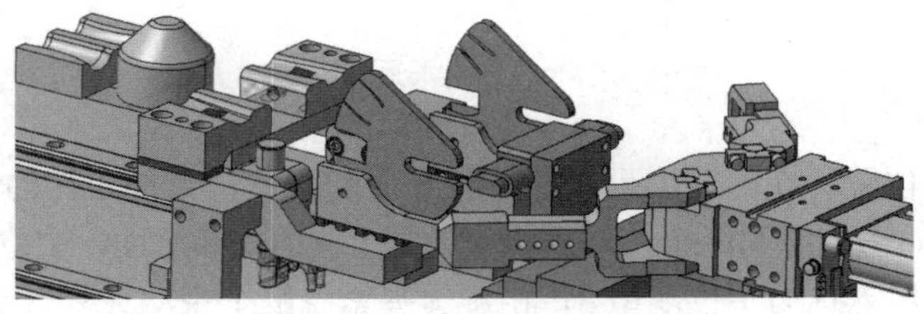

图 15 勾爪安装示意图

3. 下叉的定位安装

下叉前后使用随型 2 和随型 4 进行定位与支撑，根据零件图纸选用 Φ60 的圆柱定位销 1 保证下叉与勾爪的相对位置关系。随型上均设有磁铁 3 和导向，方便工人将下叉放入的同时又能保证零件安装后的位置不会移动。光电传感器 5 检测工件是否安装到位，只有工件安装到位，传感器才发出信号，使夹紧机构动作，如图 16 所示。

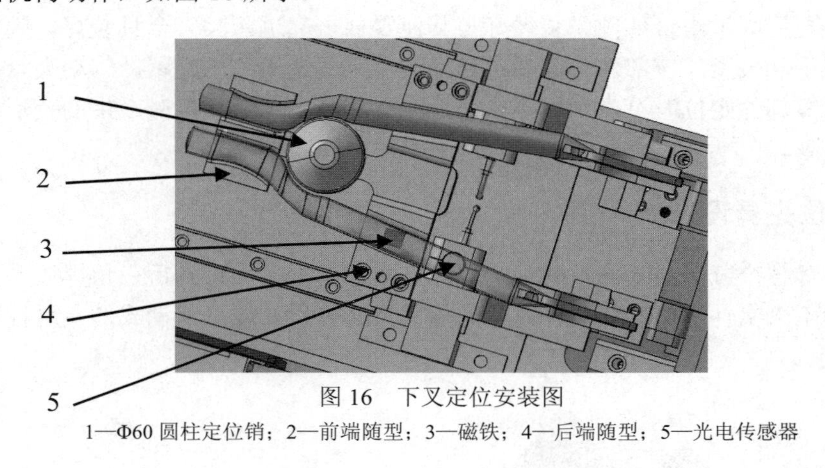

图 16　下叉定位安装图

1—Φ60 圆柱定位销；2—前端随型；3—磁铁；4—后端随型；5—光电传感器

4. 下叉与勾爪的夹紧

在下叉安装完毕后，夹紧机构通过滑台滑入。旋转夹紧气缸 1 带动夹紧臂 2 将下叉夹紧，夹紧力的作用点为后端随型 3，方向为竖直向下。在下叉夹紧后，滑台 6 带动延长孔定位销 5，双边夹紧气缸 8 沿勾爪延长孔方向滑入。然后，双边夹紧气缸 8 带动夹紧臂 7 将勾爪夹紧，使其紧贴勾爪随型 4，如图 17 所示。

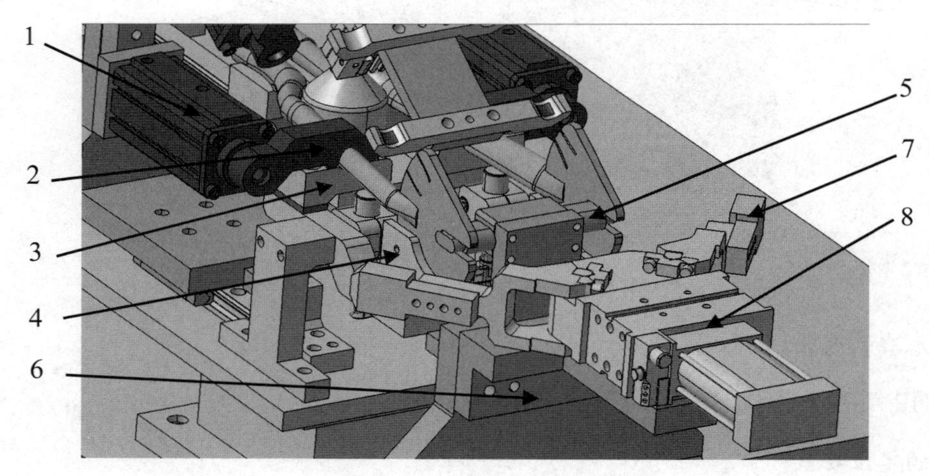

图 17　下叉和勾爪的夹紧

1—旋转夹紧气缸；2—夹紧臂；3—后端随型；4—勾爪随型；5—延长孔定位销；
6—滑台；7—夹紧臂；8—双边夹紧气缸

5. 上叉的安装与夹紧

将上叉放入指定的位置，在随型上也均设计有导向和磁铁，方便工件的安装和定位。本装夹设计采用三点定位，由首端随型 7 与两个末位随型 4 确定上叉的安装平面，中位随型 3 仅在夹紧时起到支承的作用，夹紧力作用点选为中位随型 3，由旋转夹紧气缸 1 带动夹紧臂 2 夹紧工件，见图 18。

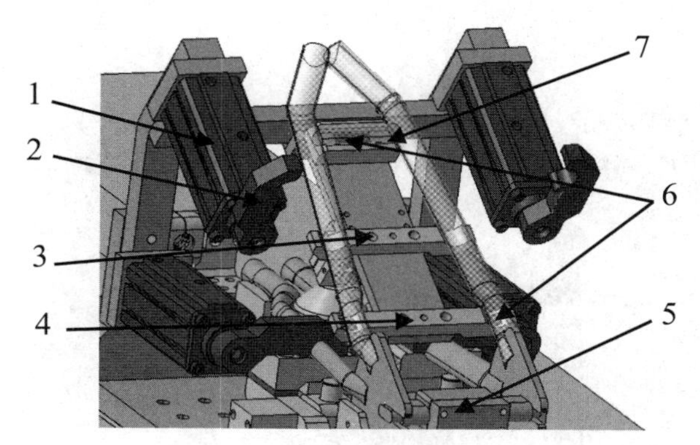

图 18 上叉安装与定位

1—旋转夹紧气缸；2—夹紧臂；3—中位随型；4—末位随型；5—延长孔定位销；6—磁铁；7—首端随型

在上叉夹紧完毕后，滑台直线气缸给延长孔定位销 5 一个夹紧力，作用点为勾爪延长孔，方向指向工件内部，使勾爪与上下叉牢牢贴合。

夹紧后如图 19 所示。

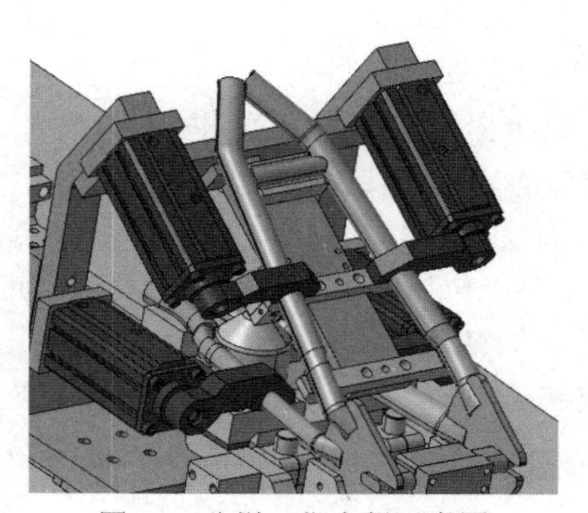

图 19 分拼工位夹紧示意图

6. 焊接完成后夹具的复位

当焊接完成后，夹具需要松开工件并退回原位，以便于机器人将工件抓起运送至主工位。

17.7.3 主工位夹具设计

主工位只需要将已经焊好的后三角焊到前三角即可，所以主工位夹具主要分为：前三角的夹紧和后三角的定位安装与夹紧。现将其结构设计如图 20 所示。

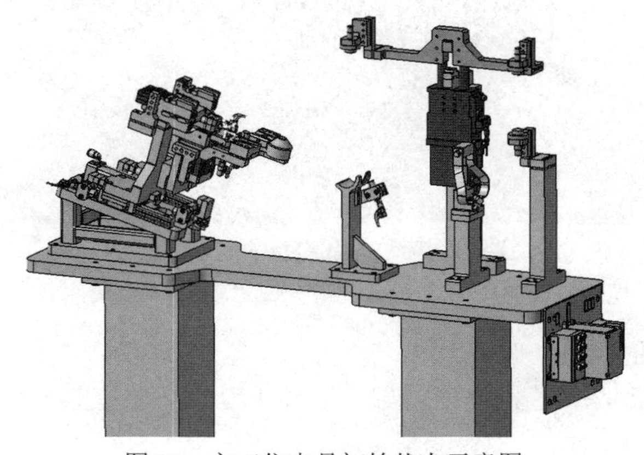

图 20 主工位夹具初始状态示意图

1. 前三角的夹紧

前三角的定位较为简单，使用一个定位销确定头管的位置，再使用一个随型确定五通管的位置即可。具体安装方法如图 21 所示。

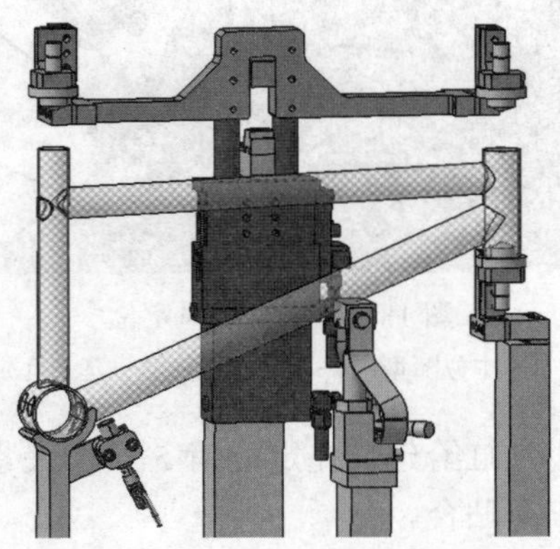

图 21 前三角的定位安装示意图

2. 后三角的定位安装与夹紧

后三角的安装需要较高的精度来保证其与前三角的相对位置关系，所以采用先装夹再定位的方式进行安装。这样可以将安装需要的高精度转换为夹具制造的精度，更容易实现，且定位精度更好。

1）后三角的定位安装

主工位后三角的夹具设计与分拼工位后端夹具设计十分相近，此处不再赘述。需要说明的是，主工位的夹具中多了一个伸缩气缸 1 的结构，其目的是在焊接工作完成之后，将图中绿色部分整体降下，便于搬运机器人抓具的定位和抓取。另外，由于分拼工位和主工位之间使用搬运机器人，所以需要在主工位的夹具上设计导向，如图 22 中的导向块 2 方便机器人将后三角自上而下地放入夹具。

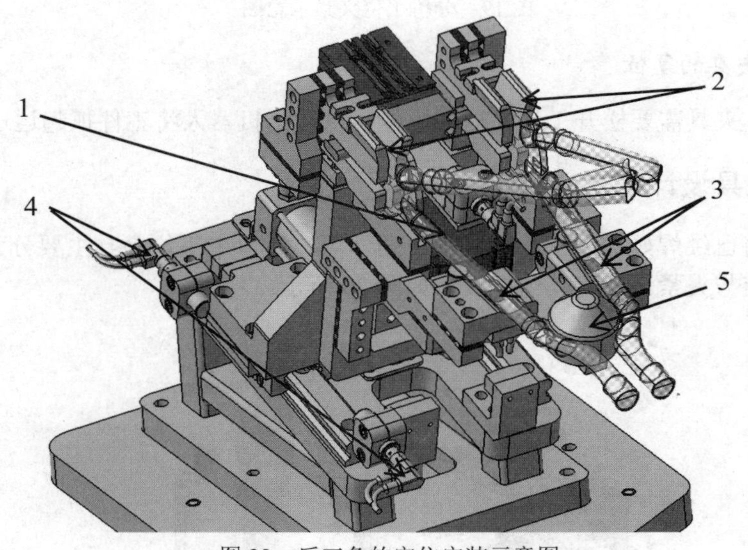

图 22 后三角的定位安装示意图

1—伸缩气缸；2—导向块；3—磁铁；4—传感器；5—导向销

2）后三角与前三角的拼装

后三角安装到位夹紧后，传感器发出信号，滑台 1 动作，将夹具连带后三角同时前移，完成拼装，如图 23 所示。

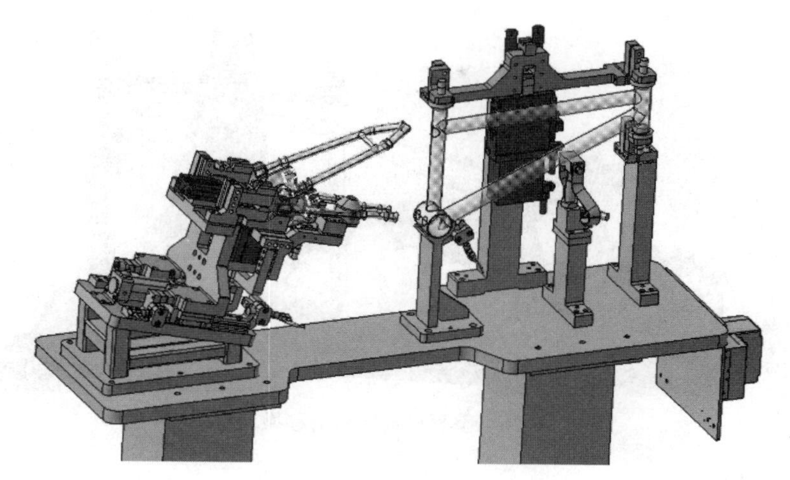

图 23 后三角夹紧，准备安装

3）焊接完成后夹具的复位

焊接完成后，夹具必须复位，以方便搬运机器人的抓具进行抓取，如图 24 所示。所以，焊接完成后，气缸 1 带动整个架子 2 向下移动一定的距离，然后整套夹具向后滑移撤出。具体流程如图 25 和图 26 所示。

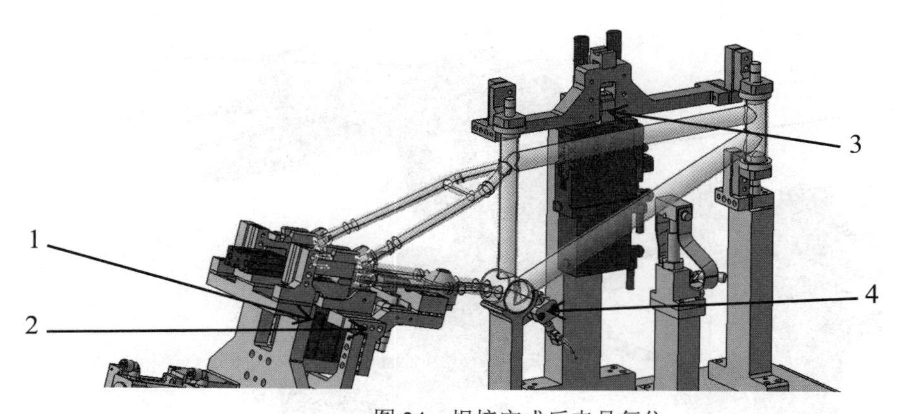

图 24 焊接完成后夹具复位

1—气缸；2—机架；3—限位块；4—传感器

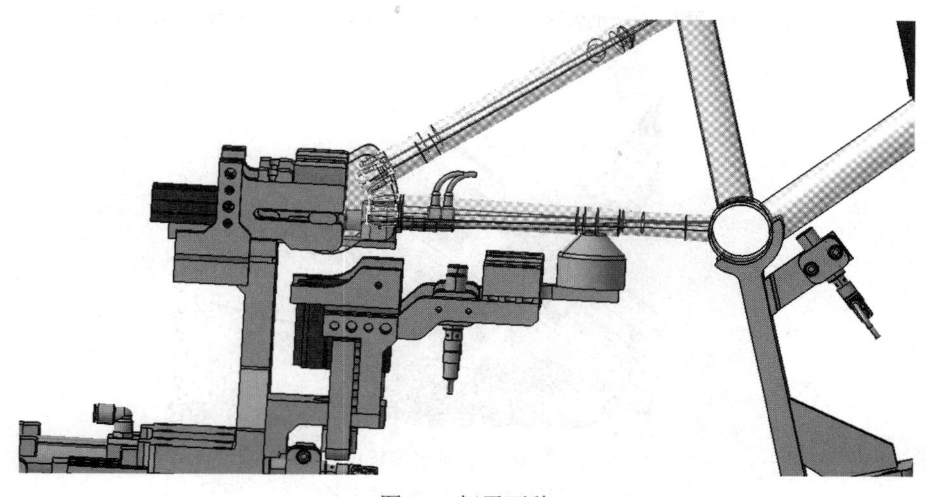

图 25 架子下移

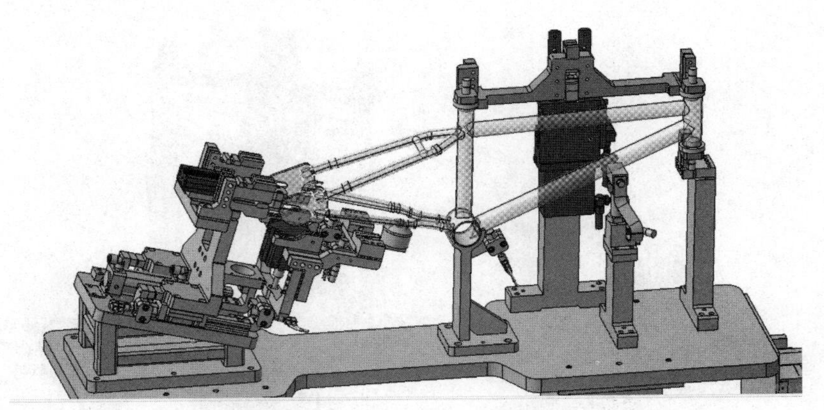

图 26　整套机构向后滑移撤出

17.7.4　机器人抓具设计

1. 后三角抓具设计

如图 27 所示，在分拼工位完成后，搬运机器人带动后三角抓手移至后三角位置，依靠导向定位销 5 进行定位，双边旋转夹紧缸 1 和单边旋转夹紧缸 2 完成夹紧，将后三角搬运至总拼工位滑移机构上，松开双边旋转夹紧缸 1 和单边旋转夹紧缸 2，撤出抓手。导向定位销 5 的详细结构如图 28 所示。

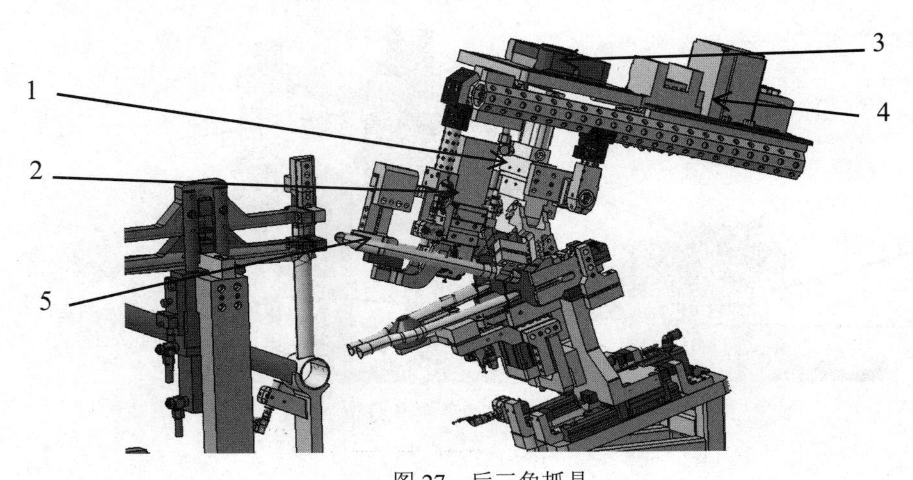

图 27　后三角抓具

1—双边旋转夹紧缸；2—单边旋转夹紧缸；3—快拆盘；4—阀岛；5—导向定位销

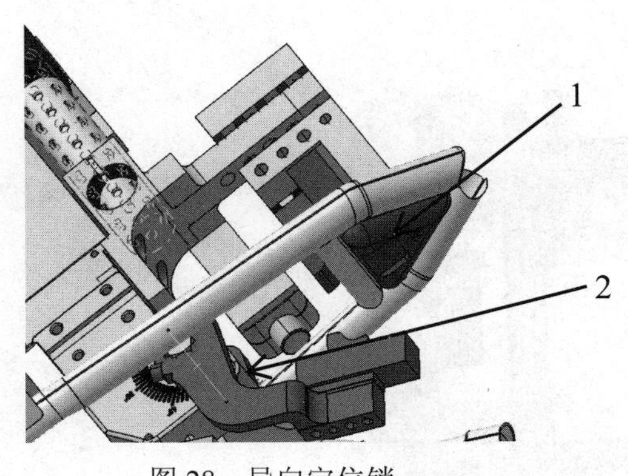

图 28　导向定位销

1—导向定位销；2—单边旋转夹紧气缸

2. 前三角抓具设计

如图 29 所示，抓取前三角时，旋转夹紧缸 1 动作，带动末端随型夹紧前三角。

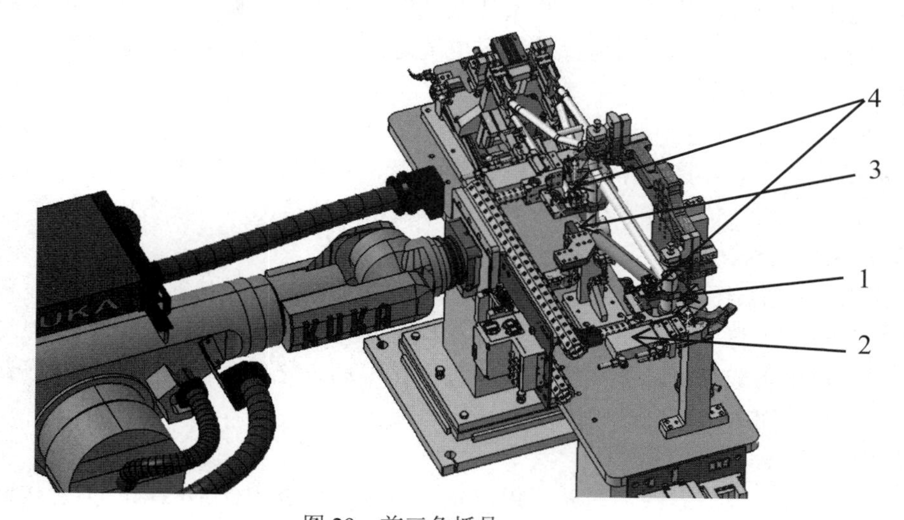

图 29 前三角抓具

1—随型夹紧臂；2—单边旋转夹紧气缸；3—主定位销；4—传感器

3. 快拆盘、阀岛与限位

1）快拆盘

用于机械手法兰与末端执行器的连接，使末端执行器的拆卸更加快速简单。

2）可编程阀岛

将可编程控制器集成在阀岛上，由多个电控阀构成的控制元器件，集成了信号输入、输出及信号的控制，如图 30 所示。

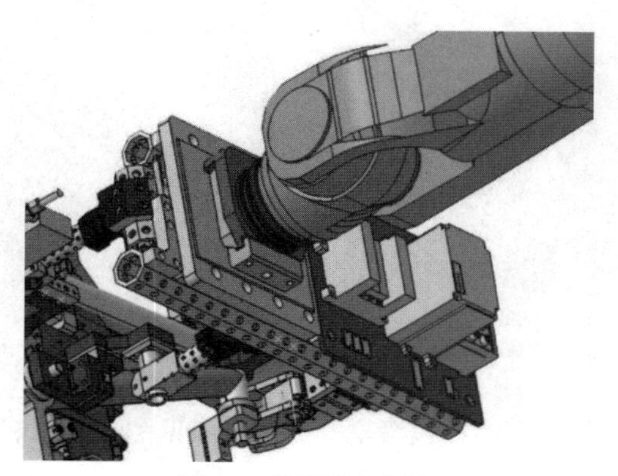

图 30 快拆盘与阀岛

17.8 仿真模拟

17.8.1 操作流程

机器人自动化生产线软件仿真的流程为：

导入主要设备 3D 数学模型，例如机器人、变位机、夹具、导轨等。

一般结合产品特点初步验证可达性和占地对整个项目的设备数量、占地空间有大致的了解，并模拟调整大致位置，为招投标和技术交流提供技术数据。

1）验证生产流程

验证方案具体流程的可行性，例如焊接应用中的点焊的焊点、弧焊的焊缝是否干涉，切割过程中切割枪姿态良好与否，是否与夹具和工件及其他设备干涉，搬运过程中的静态和运动中包括汽缸打开关闭操作是否干涉以及应用运行过程中电缆是否干涉等等，并精确调整各设备位置，为设备进厂前的地基施工提供依据。

2）导入辅助设备

将附加设备（比如焊接工作站的焊机、修磨器、清枪机构、冷却除尘设备、围栏光栅等安全设备）导入工作站，达到仿真结果与现场一致。可以精确计算出所有设备以及操作人员的空间大小。

3）后期文件制作

在工作站仿真完毕后可以用模拟报告标注焊接时机器人、焊枪、变位机等设备的姿态；仿真运行录像能直观地演示整个虚拟工作站的运行流程；某些相贯线的焊接和切割在现场难以编程，而在仿真软件中可轻松生成路径，将离线编程的程序在现场直接导入机器人即可完成调试，大大地节省了现场的人力和时间成本。

4）改造验证

当生产线需要并线或者改造时，可以直接在原来的仿真工作站中修改工艺或增减设备来验证新方案、新工艺的可行性，大大提升了便利性，并节省了时间。

17.8.2 仿真结果

1. 分拼工位焊接任务

1）上叉与勾爪焊接（左侧）——（包含 2 个焊缝）（见图 31 和图 32）

图 31 上叉与勾爪焊接（左侧焊缝 1）

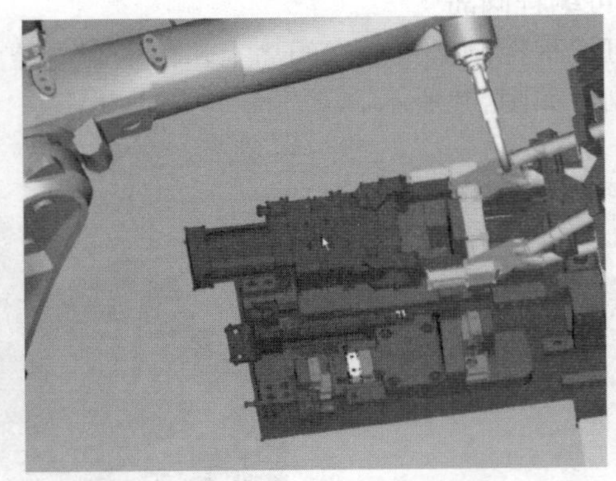

图 32 上叉与勾爪焊接（左侧焊缝 2）

2）下叉与勾爪焊接（左侧）——（包含 2 个焊缝）（见图 33 和图 34）

图 33 下叉与勾爪焊接（左侧焊缝 1）

图 34 下叉与勾爪焊接（左侧焊缝 2）

3）上叉与勾爪焊接（右侧）——（包含 2 个焊缝）（见图 35 和图 36）

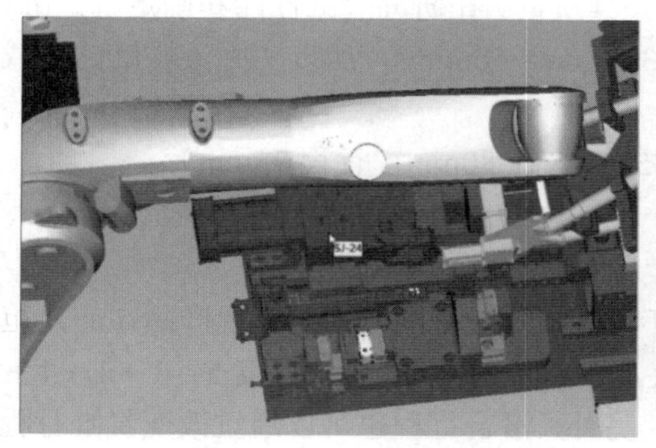

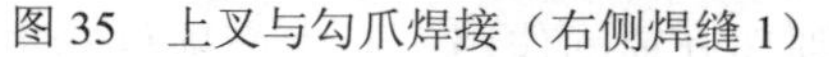
图 35　上叉与勾爪焊接（右侧焊缝 1）

图 36　上叉与勾爪焊接（右侧焊缝 2）

4）下叉与勾爪焊接（右侧）——（包含 2 个焊缝）（见图 37 和图 38）

图 37　下叉与勾爪焊接（右侧焊缝 1）

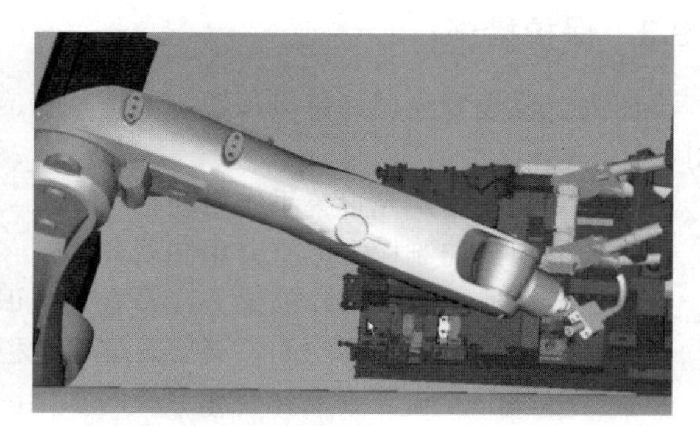

图 38　下叉与勾爪焊接（右侧焊缝 2）

2. 主工位焊接任务

1）中管与上叉焊接（见图 39）
2）中管与下叉焊接（见图 40）

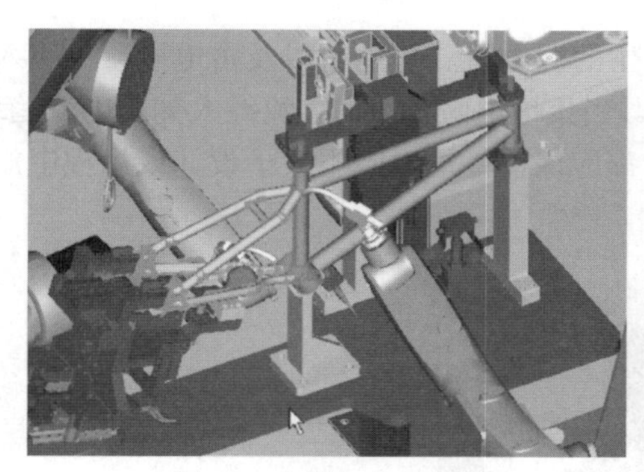

图 39　中管与上叉焊接

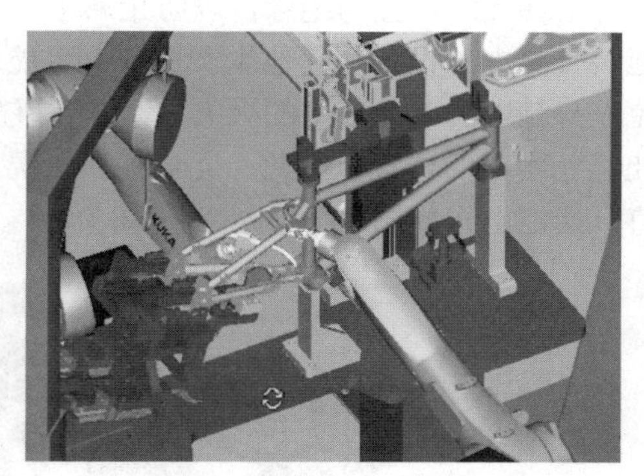

图 40　中管与下叉焊接

17.9　设计合理性

17.9.1　气缸设计计算

执行元件：气动气缸；控制方式：PLC 控制；主要设计参数：气缸工作行程——75mm；运动负载质量——1kg；移动速度控制——3m/min。

要驱动的负载大小为 1kg，考虑到气缸未加载时实际所能输出的力，受气缸活塞和缸筒之间的摩擦、活塞杆与前气缸之间摩擦力的影响，并考虑到夹具质量。在研究气缸性能和确定气缸缸径时，根据负载率 β 的合理性，取 $\beta = 0.60$，运动速度 $v = 3\text{m/min} = 50\text{mm/s}$，所以实际液压缸的负载大小为 $F = F_0/\beta$=1633.3N。

所以，根据要求，滑移机构选用 SMC_MBB80-75Z（缸径 80mm，行程 75mm）。

17.9.2 柔性化设计

本项目采用柔性化设计，所有夹具的设计均是可以调节的，可以方便地实现产品在一定范围内的改型。当产品尺寸或外形发生变化时，只需要改变夹具中垫片的薄厚（垫片厚度 5 = 1 + 1 + 1 + 0.5 + 0.5 + 0.5 + 0.2 + 0.2 + 0.1）就能非常方便地实现改变。另外，滑台行程也可以通过改变气缸行程方便地调节。本项目大部分工作均由机器人完成，人工只起到部分辅助作用，当生产项目发生变化时，只需要改变机器人的程序就可完成对产线的改造。

17.9.3 保护措施

机器人工位设置光栅，急停按钮，并连接相应的安全继电器。按钮站上要有复位按钮，故障指示灯。

所有移动设备由声光报警系统启动。

设备控制柜或控制板上应有紧急制动开关。

自动运行各线上有人操作的地方应设有光电识别安全装置。

设备与通道应留有足够空间，必要时架设护栏，以防发生意外。

设备上可动部分与固定部分要涂上不同颜色，以示区分。

各自动运行线应设置有维修锁，以确保安全。

各自动运行线采用 PLC 控制，输送机与夹具、上线机构及机器人控制信号、光电传感器等装置的信号应连锁。

在各个线首、线尾及机器人相邻工位另设全线“急停”按钮，可实现全线的紧急停止，每个人工操作工位左右各设置一个“停止”按钮，可实现本工位及输送机的停止。

夹具与工件接触位置均绝缘，以防止漏电。

接地装置将电工设备和其他生产设备上可能产生的漏电流、静电荷以及雷电电流等引入地下，从而避免人身触电和可能发生的火灾、爆炸等事故。当接地电阻极小时，流经人体的电流趋近于零，人体因此避免触电的危险。因此，无论任何情况，都应保证接地电阻不大于设计或规程中规定的接地电阻值。接地电极如图 41 所示。

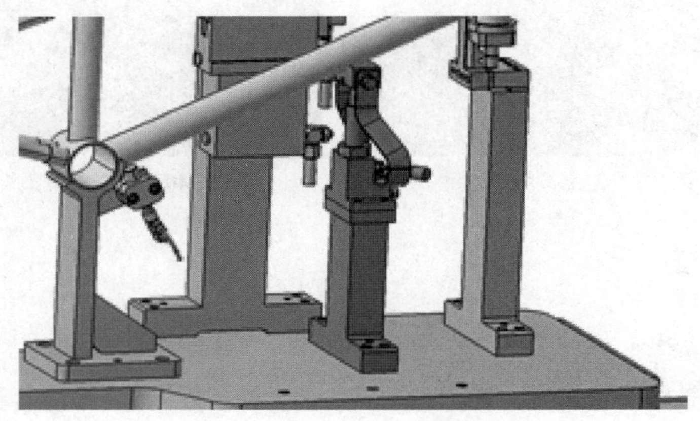

图 41 接地电极

17.9.4 扩展性和易用性

1. 扩展性

本项目目前设计为人工辅助上件，当生产规模扩大或产量需求增加时，可以采用机械臂自动上件。

本项目仅完成后三角的焊接工作，实际应用时可以将前三角的焊接岛直接作为本项目中主工位的上料区，使用搬运机器人完成上料，实现自行车车架的全自动化装焊生产。

现在设计留有预留缓存区与输送带，方便进行产线的扩展，可以附加其他工位。

2. 易用性

1）防呆设计

夹具设计均要考虑到防呆设计，顶部加工有安装导向，底部安装有磁铁，工人可以轻松将工件放到精确的定位位置，如图 42 所示。

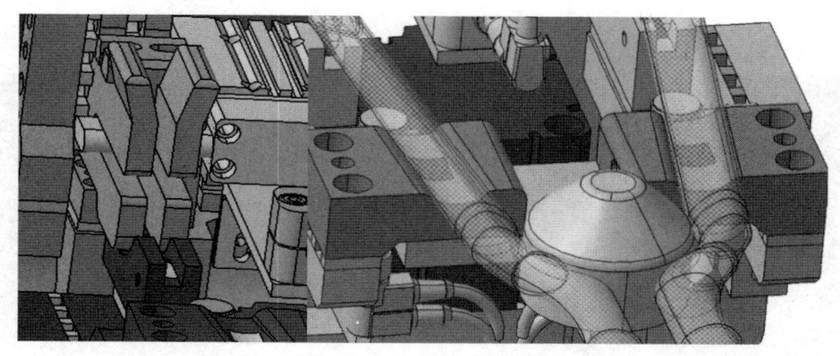

图 42 夹具防呆设计

机器人工位设置光栅，并连接相应的安全继电器。一旦工人在机器人工作时误入工作区，机器人工作将立刻停止，如图 43 所示。

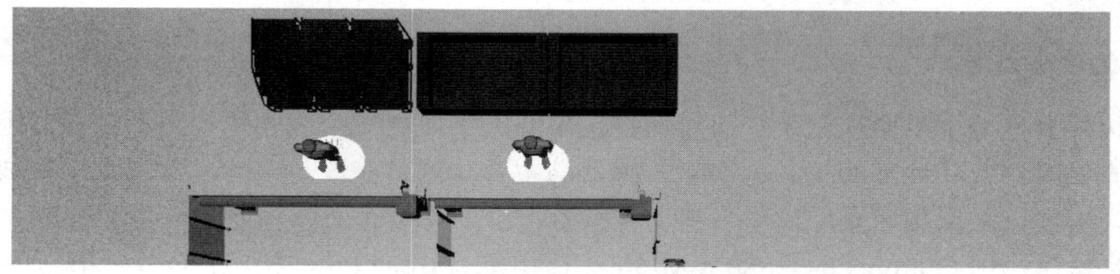

图 43 机器人工位光栅

2）人机交互

一旦机器人出现故障或需要保养的情况，为了不影响生产势必需要工人手工操作，所以本项目以工人的标准身高设计工作台，当需要工人手工操作时，可以以较为舒适的姿态进行操作，如图 44 所示。

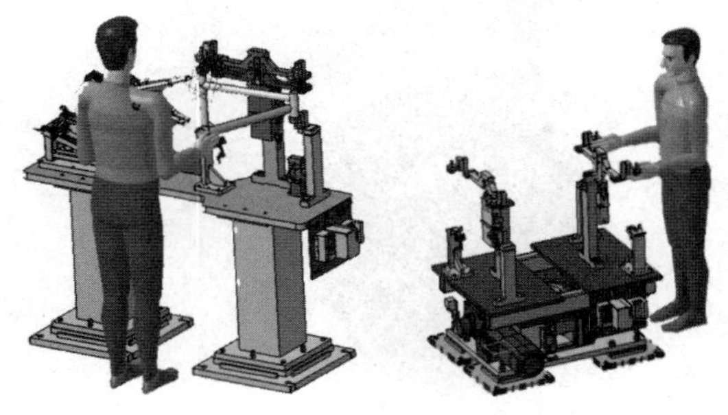

图 44 人机交互示意图

17.9.5　装备的智能功能

本项目控制部分以西门子400系列PLC为核心，采用工业以太网和PROFIBUS（现场总线）连接，焊接机器人系统包括机器人本体、机器人控制器、清枪检丝站、自动送丝机、自动工具交换装置、水气供应的水气控制盘、夹具上的检测传感器等。

17.9.6　传感器

1. 电感式接近开关

电感式接近开关具有如下特点：

1）电感式接近开关由于能以非接触方式进行检测，所以不会磨损和损伤被检测对象。

2）电感式接近开关多采用了半导体三极管（集电极）做控制信号输出，相对用机械动作输出控制，由于采用无触点输出方式，因此输出反应速度快、使用寿命更长，对触点的寿命无影响，如图45和图46所示。

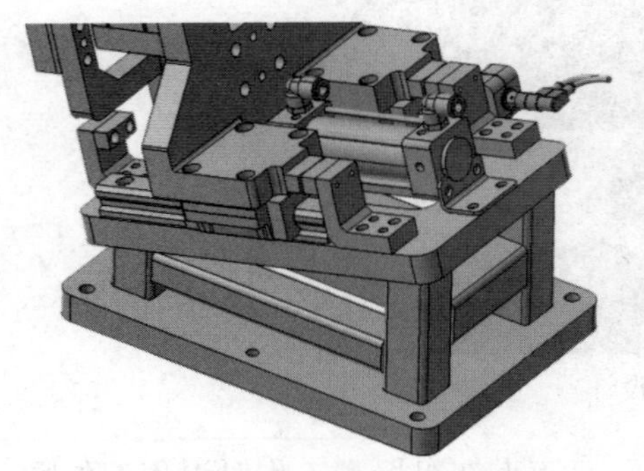

图45　起限位作用的接近开关

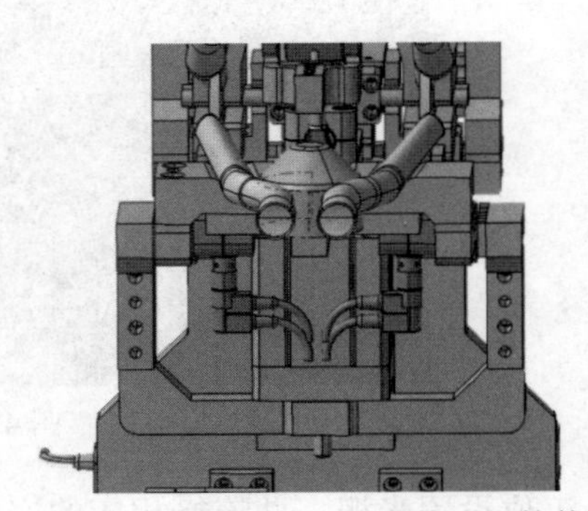

图46　检测工件是否安装到位的传感器

电感式接近开关选择德国巴鲁夫BES M18MI-NSC80B-S04K型。

2. 视觉传感器

视觉传感器是整个机器视觉系统信息的直接来源，主要由一个或者两个图形传感器组成，有时还要配以光投射器及其他辅助设备。视觉传感器的主要功能是获取足够的机器视觉系统要处理的最原始图像。本项目采用高速摄像机作为视觉传感器，用于焊接时的焊缝追踪与自动校准。

本项目选用德国Optronis的CP80-4-M-500，该相机为CoaXPress接口，全分辨率为1696 × 1710下可达500fps，开窗分辨率为512 × 512时可达5000fps，它的这些特点可使拍摄画面更清晰，拍摄过程更缓慢，如图47所示。

图47　Optronis CP80-4-M/C-500高速相机

17.9.7 焊缝跟踪与校正

所谓焊缝跟踪，就是在焊接时实时检测出焊缝的偏差，并调整焊接路径和焊接参数，保证焊接质量的可靠性，所以焊缝跟踪是保证弧焊机器人焊接质量的一个重要方面。其主要原理是，通过高速视觉传感器拍摄动态熔池图像序列，获取熔池特征参数，分析焊缝路径偏差与熔池特征参数之间的内在规律，建立焊缝路径与偏差实时测量的视觉模型。然后输出调整量给机器人控制器，控制机械手指引焊枪运行，实现自动跟踪。

本项目主要针对有缝不锈钢管焊接进行自动跟踪与矫正。采用先进的智能视觉技术，融合光机电技术于一体。由视觉采集系统捕捉焊缝与焊枪的焊接视频，再运用视觉技术计算焊枪的偏移量，进而控制机器人实时矫正焊枪位置，达到车架焊接自动跟踪的目的，从而实现无人值守高质量焊接操作。

17.10 项目创新点

分工位设计，实现自行车架焊接生产线的高度自动化。

使用气动夹具实现自动定位夹紧，保证焊接的精度及平稳性。

各夹具均采用柔性化设计，可适应不同尺寸形状和尺寸的工件，方便增加车型或混流生产。

夹具采用防呆设计，有效防止误操作。

此焊接工艺可以离线编程，减小现场示教和调试时间，提高预期效率，现场数据也可回到此平台，为后期产线升级改造提供准确信息。

17.11 推广应用的经济、社会效益分析

近年来，随着我国劳动力成本的逐渐提升，以廉价劳动力为支撑的“中国制造”经济模式难以为继。焊接作为工业“裁缝”是工业生产中非常重要的加工手段，焊接质量的好坏对产品质量起着决定性的影响，同时由于焊接烟尘、弧光、金属飞溅的存在，焊接的工作环境又非常恶劣。随着先进制造技术的发展，实现焊接产品制造的自动化、柔性化与智能化已经成为必然趋势，采用机器人焊接已经成为焊接技术自动化的主要标志。

查阅资料可知，人工焊接的成本按熟练焊接工人日薪为 400 元，工作 8 小时，其中休息 1 小时。要完成自行车后三角的焊接需要两个焊接工人，三班倒，平均每 1 分钟完成一件。5 台工业机器人工作一个月电费约为 40 000 元左右，每 30s 完成一件。每年工作日为 251 天，机器人检修，保养时间按 65 天计算，可对两种生产方式进行成本估算，如表 8 所示。

表 8 成本估算表

比 较 项 目	年工作时间	年 产 量	年 开 销	平 均 成 本
工业机器人	300 天	864 000 件	480 000 元	0.6 元/件
焊接工人	251 天	316 260 件	602 400 元	1.9 元/件

项目建成达产后，自行车车架生产效率大幅提升，单个焊接岛年焊接车身最高可达到 86 万辆，实现利润增长约 120 万元，投资回收期约 1 年。该项目实施后，将进一步提高国内企业在机器人焊接自动化成套装备的设计、开发、测试等方面的技术能力，进一步提高机器人焊接自动化成套装备的精密加工、装配、调试及检测的生产能力。缓解当地的劳动力不足的压力。对时下正在大力推行的共享单车、绿色出行项目也有着十分积极的作用，能够产生巨大的社会经济效益。

参考文献

[1] 林尚扬, 陈善本, 等. 焊接机器人及其应用. 北京：机械工业出版社，2000.
[2] 吴林, 陈善本, 等. 智能化焊接技术. 北京：国防工业出版社，2000.
[3] Gerhard Teubel. Experience+Application Up-Date: Automation of A.W.-Operations Using Robot-Technology. Welding in the World. 1994, 34: 75-84.
[4] West Carrillton. Robot Assure Quality for Auto Seat Manufacturer. Welding Journal. 1995, 74(8): 57-59.
[5] 王洪光，吴忠萍，许莹，实用焊接工艺手册. 2 版. 北京：化学工业出版社，2014.
[6] 周律. 基于视觉伺服的弧焊机器人焊接路径获取方法研究[D]. 上海交通大学，2007.
[7] 盛仲曦. 基于视觉传感的焊缝自动跟踪系统研究[D]. 上海交通大学，2009.

作者简介

齐玉乐（1991— ），男，学生，E-mail：1259713982@qq.com /qyl_1224@163.com。
王劲一（1997— ），男，学生，E-mail：wjy9635@ qq.com。
陈涵铭（1997— ），男，学生，E-mail：694565264@qq.com。
张义文（1983— ），男，助理研究员，研究方向：现代设计方法，工艺数字化仿真分析，数字化虚拟制造仿真编程，E-mail：zyw0303114@163.com。
唐晨（1986— ），女，讲师，研究方向：机电系统仿真与测试，智能控制技术，E-mail：tangchen@cust.edu.cn。

18 “PLM 产线规划”赛项工程设计方案(三)

——自行车后三角车架焊接生产线设计

参赛选手：屈宏时（青岛理工大学），崔明越（青岛理工大学），
马宗军（青岛理工大学）
指导教师：赵景波（青岛理工大学），郑　钢（青岛理工大学）
审　　校：石炳坤（西门子（中国）有限公司），
苏　育（中国智能制造挑战赛秘书处）

18.1 概况

18.1.1 项目现状

我国的焊接生产自动化技术发展应用正在逐步完善，但就焊接生产线自动化技术整体而言，我国焊接生产自动化技术仍有很大的发展空间。尽管国内企业近年来对焊接自动化装备的投入较大，但是焊接自动化的使用比例仍较低，企业现有自动化焊接设备（含焊接机器人）占总焊接设备的比例为百分之十到百分之十五。而国外同行业的先进企业焊接自动化设备占焊接设备的比例为百分之五十以上。

目前我国自动化焊接设备所占比重逐步扩大，正在向发达国家靠拢，自动化焊接设备因为其工作频率高而且焊接设备具有体积小、节能、省材、动态响应速度快、效率高、焊接性能好、有利于实现焊接机械化和自动化等优点，正逐步成为焊接设备的主流。

现阶段自行车制造企业面临的难题是产品成本较高，焊接质量有时不稳定，自动化程度较低，并且与已实现自动化的部分生产线没有有效地连接起来[1]。

18.1.2 项目意义

焊接自动化已经成为我国工业现代化发展的必然要求。随着我国装备制造业技术水平的提升，焊接设备领域向规模化、大型化、高参数化和精密化方向发展，传统手工焊接已不可能满足现代装备制造技术要求。所以我们这次比赛项目要求将对传统自行车车架后三角焊接做到现代焊接自动化。

自行车车架后三角焊接生产线设计的项目具有如下意义：

提高焊接自行车后三角的自动化水平，对确保自行车后三角焊接质量的稳定性，降低企业生产成本，提高生产效率具有重要意义。

改善操作环境，焊接自动化装备与自动传输系统、自动化检测等其他系统配套组成的自动生产线，可极大地改善生产车间内整体环境状况。

改善工人劳动条件。采用机器人焊接使工人远离了焊接弧光、烟雾和飞溅等，并使工人从高强度的体力劳动中解脱出来。

18.1.3 项目需求

1. 设计任务

针对车架后三角焊接生产流程，进行焊接生产线的设计，形成焊接岛（焊接工位），采用西门子

Process Simulate 软件实现车架焊接过程的验证，并进行仿真测试。

2. 设计要求

针对自行车车架后三角焊接流程，进行工艺流程设计。

对上述流程采用 Process Simulate 建立焊接的三维生产线布局。

对工序 1、工序 2 采用 Process Simulate 软件进行焊接动作设计、仿真（工序 1 即将后三角散件焊接为整件，包括点焊与弧焊流程；工序 2 即设计焊接生产工艺流程）。

焊接流程中用到的待加工车架模型由大赛官方统一提供。需要用到的机器人、操作工作台、工装等需要参赛选手自行选用或设计。

车架后三角焊接流程为：中管与上叉焊接；上叉与勾爪焊接（左侧）；下叉与勾爪焊接（左侧）；中管与下叉焊接；上叉与勾爪焊接（右侧）；下叉与勾爪焊接（右侧），自行车架各部分组成及名称如图 1 所示。

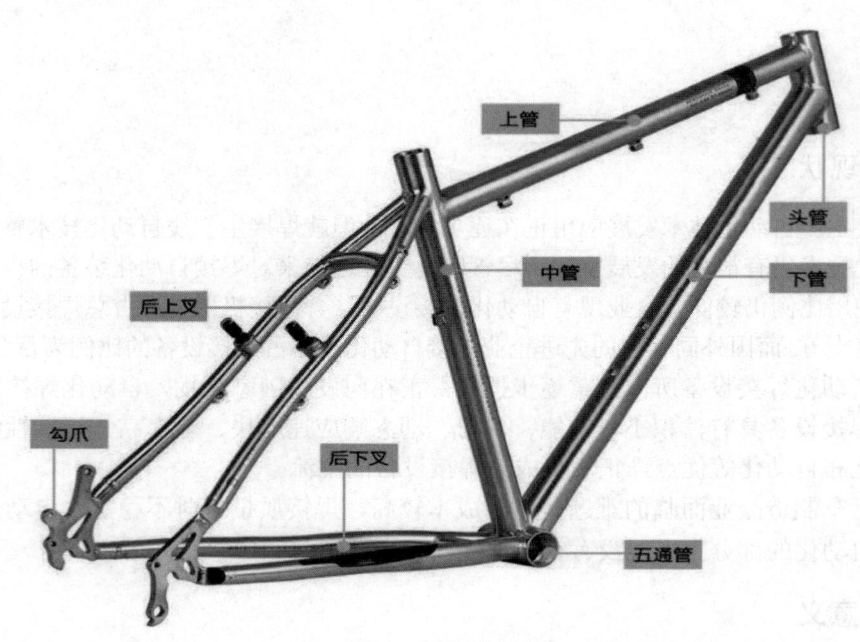

图 1　车架后三角

1）功能性

本设计方案的功能具备很强的新颖性和实用性，具有优秀的用户思维，逻辑严密，有良好的推广价值。

2）性能及可行性

做到了内容完整；分析、设计及技术路线等各方面内容合理且文字描述详细，具有很强的可行性；性能指标清晰，技术实现正确，验证方法严谨，性能验证达标。仿真模型能够正确反映生产线的设计方案且动作清晰。

3）扩展性和易用性

针对未来可能的生产规模提升、扩张等需要，我们充分考虑到了功能升级、规模扩展等潜在需求，在设计上进行了充分体现。在操作、维护等方面充分考虑了人性化设计、防呆设计等。

4）整体技术水平

本方案新颖、具备创新性，具有优秀的用户思维和严谨的逻辑思维，具备较高的技术壁垒和专利价值，方案整体水平优秀。

18.2 生产线工艺设计

18.2.1 生产流程

采用 AGV 物料搬运系统小车将零件运送至加工车间，搬运机器人安装双目摄像机通过示教系统准确定位，将各个三脚架零件按照顺序放置到模具中，焊接机器人通过点焊固定整体三脚架，然后搬运机器人将产品从模具转移到 AGV 物料搬运系统小车。

由 AGV 小车运送至装卸工位处，搬运机器人搬运产品至回转台，此时夹具打开，将产品固定之后，回转台所在的搬运小车移动至焊接工位，焊接回转台将焊点调整到合适位置，焊接机器人开始工作。

考虑到同时双面焊接可能出现干涉、误碰情况，所以采用单面焊接方式，一个工位的焊接机器人只会焊接产品的一侧，焊接完成后搬运小车移动到下一个焊接机器人，去焊接产品的另外一侧。

焊接完成后搬运小车移动到打磨工位，打磨机器人开始产品的打磨，去除焊接过程中可能出现的毛刺，工作原理与焊接机械人相同。

打磨完成后搬运小车移动经过视觉伺服系统检测装置，如果产品合格，夹具会自动打开，由搬运机器人搬送到集装箱，整个加工过程基本完成。

如果产品经检测不合格，那么流水线末端的搬运机器人会将其淘汰。

18.2.2 工艺流程图

本项目的工艺流程图如图 2 所示。

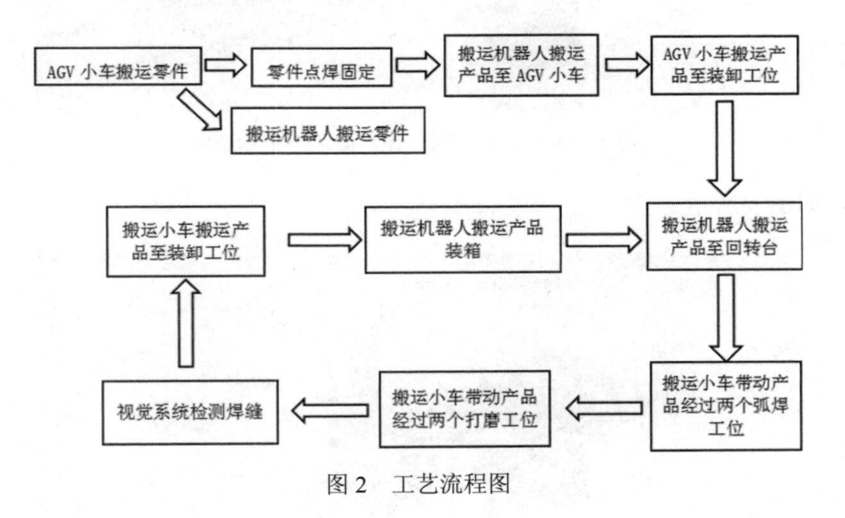

图 2 工艺流程图

18.3 生产线规划总体方案

18.3.1 生产线布局设计

建立椭圆形轨道，定位机器人所处位置，如图 3 所示。

图 3 初步定位椭圆形轨道示意图

放置机器人，如图 4 所示。

图 4 机器人放置到轨道示意图

将夹具、回转台、搬运小车组装，并将搬运小车放置在轨道上，如图 5 所示。

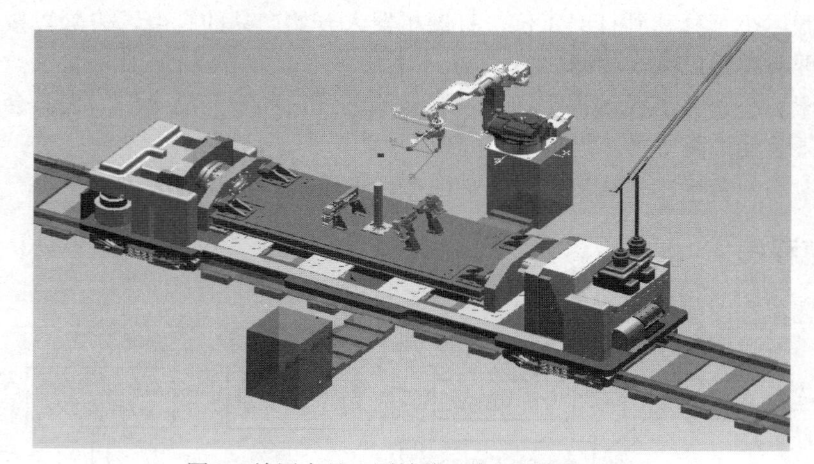

图 5 放置夹具、回转体、搬运小车示意图

组装焊枪，如图 6 所示。

图 6 组装焊枪示意图

架设搬运小车供电设施，如图 7 所示。

图 7 架设搬运小车供电设施示意图

放置机器人防护栏，如图 8 所示。

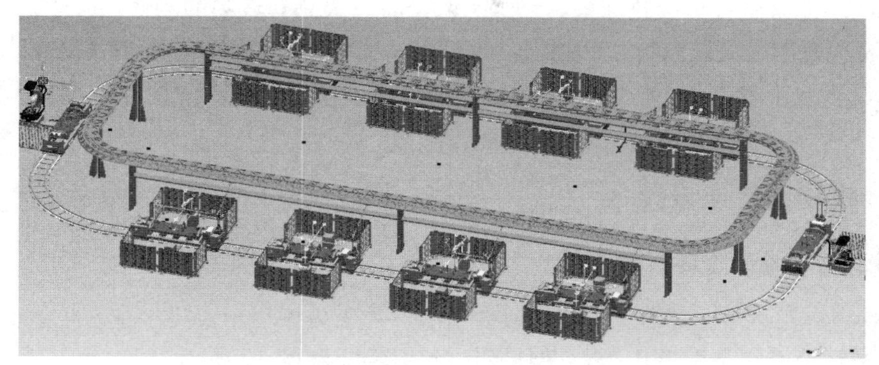

图 8 放置机器人防护栏示意图

放置 AGV 物料搬运小车及点焊工位，如图 9 所示。

图 9 放置 AGV 及点焊工位图

放置控制室、天桥等完成整体生产线布局，如图 10 所示。

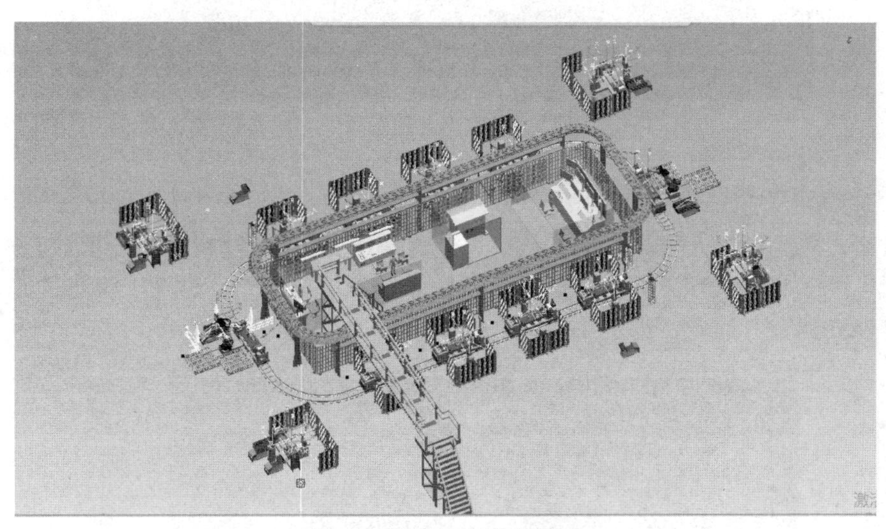

图 10 整体生产线布局图

生产线工艺布局图是依据产品的焊接工艺规划进行设计的，它是指导场地建设的依据。整条生产线的工艺布局图是根据工厂实际的位置，对现场实际测绘后，标出厂房高度、厂房内柱子所在位置、现有钢结构高度、储运平台位置等等信息后重新整理出来的。

工艺布局就是按照工艺路线，对相关设备进行布局。我们可以将具相同用途的设备放到一起，这种布局形式下不同的设备间需要传送设备（如 AGV 搬运小车等）来进行传输。本方案布局的焊接设备是依据不同功能来进行分类排布的，因此工艺排布方式具有较高的刚性。这样不存在闲置设备，每个产品都会将所有的设备及人员全部利用，相对于流水线布局来说单品的成本就相应地减少了，这就是这种布局方式的优势所在。对于 AGV 搬运小车布置也有着一定要求，每台点焊工位附件有两台 AGV 小车进行衔接搬运。

18.3.2 生产线物料传送设计

1. 车架后三角散件的传送过程

规划 AGV 物料搬运小车路径，使其将散件由散件加工处搬运至点焊工位，再由点焊工位的搬运机器人将散件搬运至点焊位置并由散件夹具固定，如图 11 和图 12 所示。

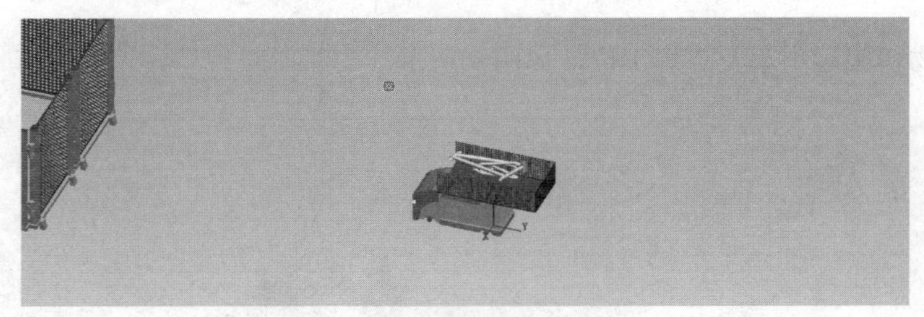

图 11 AGV 散件搬运示意图

图 12 点焊过程示意图

2. 车架后三角半成品的传送过程

点焊完成后，搬运机器人会将半成品从点焊位置搬运到 AGV 物料搬运小车上。规划 AGV 物料搬运小车路径，使其将整件从点焊工位运送至椭圆轨道的搬运工位。搬运工位处的库卡机器人会将整件搬运到整件夹具上并固定，如图 13 和图 14 所示。

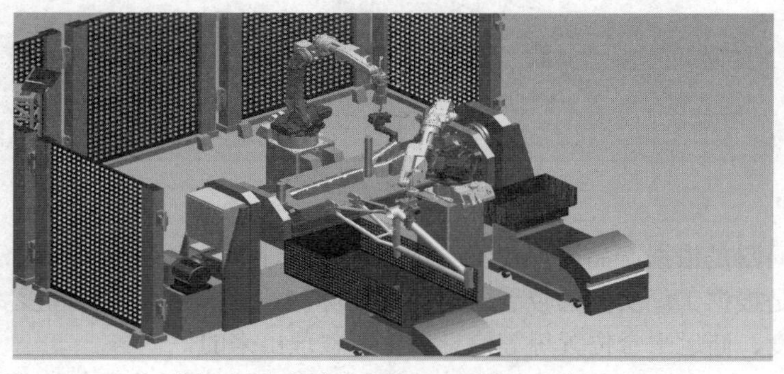

图 13 车架半成品搬运到 AGV 示意图

图 14 车架半成品搬运至搬运小车示意图

车架后三角整件在搬运小车的带动下，沿箭头方向经过弧焊，打磨，检测工位，至焊接流程末端的搬运工位装箱，焊接阶段完成。各工位如图 15 所示。

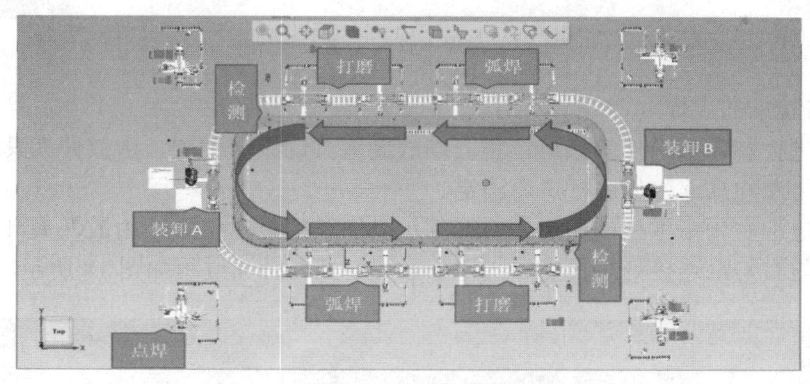

图 15 工位介绍图

18.3.3 生产线的工位设计

1. 点焊工位

该工位需要对以下部位进行点焊：中管与上叉焊接；上叉与勾爪焊接（左侧）；下叉与勾爪焊接（左侧）；中管与下叉焊接；上叉与勾爪焊接（右侧）；下叉与勾爪焊接（右侧）。点焊部位如图 16 所示。

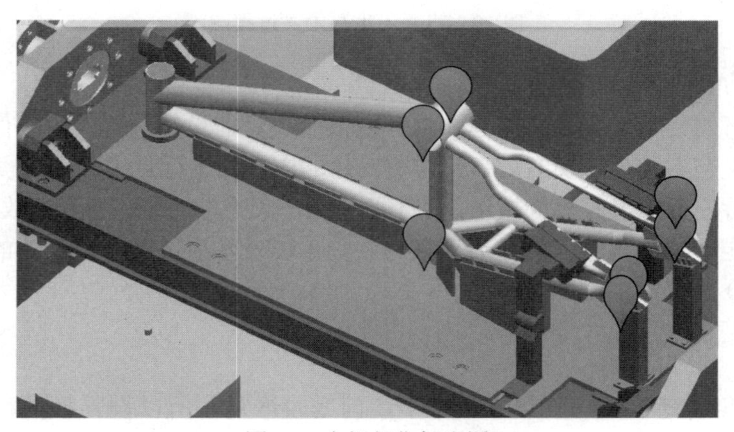

图 16 点焊部位标注图

1）前三角与后上叉的点焊

搬运机器人进行前三角零件的搬运，将其摆放到夹具的设定位置，用散件夹具对其固定，此时前三角搬运完毕。

搬运机器人进行后上叉零件的搬运，将其摆放到夹具的设定位置，由散件夹具对其固定，焊接机器人对前三角与后上叉连接处进行点焊固定。点焊中管与上叉过程如图 17 所示。

图 17 点焊中管与上叉过程图

2）后上叉与勾爪的点焊

搬运机器人进行左勾爪零件的搬运，将其摆放到夹具的设定位置，由散件夹具对其固定，焊接机器人对后上叉与左勾爪连接处进行点焊固定。

搬运机器人进行右勾爪零件的搬运，将其摆放到夹具的设定位置，由散件夹具对其固定，焊接机器人对后上叉与右勾爪连接处进行点焊固定。点焊勾爪与上叉过程如图 18 所示。

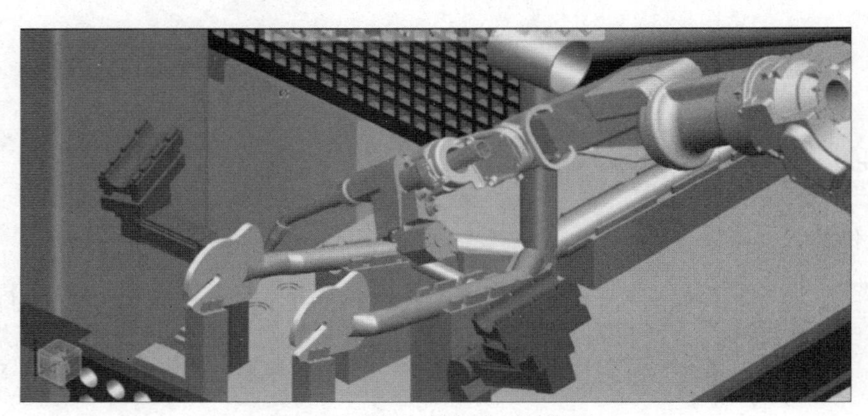

图 18 点焊勾爪与上叉过程图

3）后下叉与勾爪、前三角的点焊

搬运机器人进行右后下叉零件的搬运，将其摆放到夹具的设定位置，由散件夹具对其固定，焊接机器人对右后下叉与右勾爪以及右后下叉与前三角的连接处进行点焊固定。

搬运机器人进行左后下叉零件的搬运，由于两个后下叉方向不同，将其摆放到夹具的设定位置，由散件夹具对其固定，焊接机器人对左后下叉与左勾爪以及左后下叉与前三角的连接处进行点焊固定，如图 19 和图 20 所示。

2. 弧焊工位

由于车架后三角焊缝狭小，弧焊过程中干涉问题较严重，所以设置第一、第二弧焊工位来完成焊接。

图 19 点焊勾爪与下叉过程图

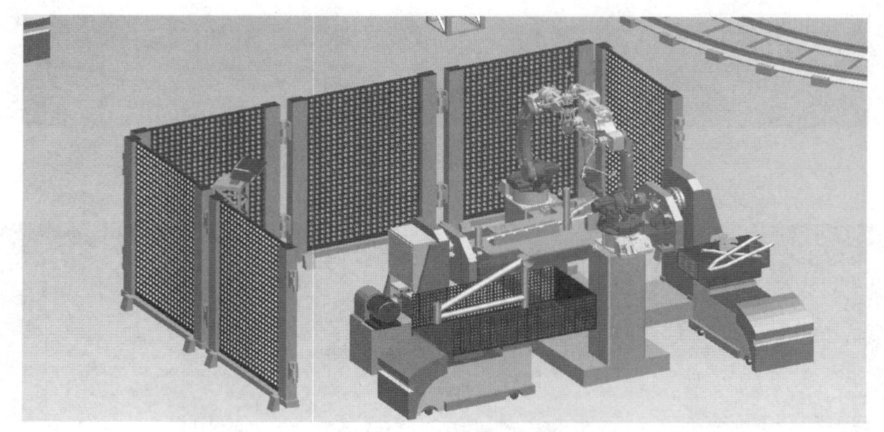

图 20 部分点焊工位工作图

1）第一弧焊工位

在设置完焊接机器人、回转台及各个焊点的参数后，搬运小车移动到第一弧焊工位，焊接机器人 1 会对后三角的中管与后上叉左侧焊缝进行弧焊。

回转台右转 30°。焊接机器人 1 对后三角的中管与后下叉左侧焊缝及中缝进行弧焊。

回转台回到水平位置，焊接机器人 1 对后三角的后下叉与勾爪左侧焊缝进行弧焊。

焊接机器人 1 对后三角的后上叉与勾爪左侧焊缝进行弧焊。此时第一焊接工位已经将后三角左侧所需焊接部分弧焊完毕，如图 21 所示。

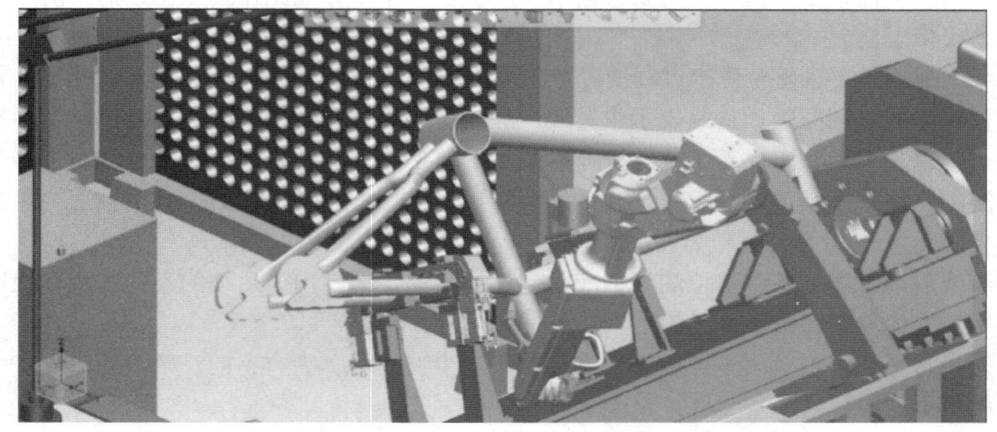

图 21 第一弧焊工位焊接中管与后上叉图

2）第二弧焊工位

搬运小车移动到第二弧焊工位，焊接机器人 2 对后三角的中管与后上叉右侧焊缝进行弧焊。

回转台右转 30°，焊接机器人 2 对后三角的中管与后下叉右侧焊缝及中缝进行弧焊。

回转台回到水平位置，焊接机器人 2 对后三角的后下叉与勾爪右侧焊缝进行弧焊。

焊接机器人 2 对后三角的后上叉与勾爪右侧焊缝进行弧焊。此时第二焊接工位完成后三角右侧所需焊接部分的弧焊，弧焊流程结束，如图 22 和图 23 所示。

图 22　第二弧焊工位焊接中管与后上叉过程图

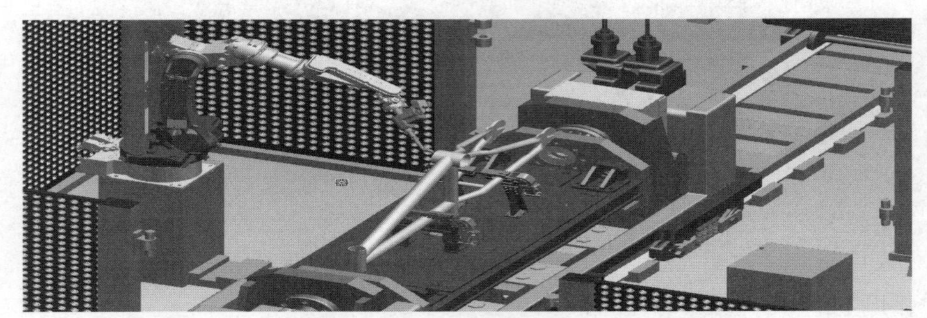

图 23　第二弧焊工位焊接五通管与后下叉过程图

18.3.4　生产线工艺平衡

生产线工艺平衡即是对生产线上的全部工序内容进行整合，使每个工位的设备利用、人员负荷平均合理，使每个工位的操作时间都尽可能接近。对于自行车制造企业来说，一个新产品的确立，最主要的也是最核心的部分就是产品的工艺平衡，它决定了整条生产线的投资成本。而自行车车架焊装生产线的工位内容是依据产品的工艺需求及产能需求平均分配到每个工位中的，所以这就要求我们合理地安排工位。

生产线平衡就是要求整个生产过程的各个阶段都按照同一个节拍来完成操作。“节拍”指的是两个相邻工位传输的时间间隔，它是表示生产线产能的重要指标。若工位的操作时间与节拍接近，则是平衡状态，也是理想状态；若工位的操作时间大于节拍时间，则表示这个工位滞后操作，我们通常将这样的工位称为瓶颈工位；若工位的操作时间小于节拍时间，则表示这个工位的工作内容不足，会影响到平衡。

在生产线规划阶段，各个工位的节拍应是接近均衡的，但是由于后续的某些因素在投产阶段又出现了不平衡的现象。归结不平衡的因素有如下几点：

操作人员水平的不均衡。不同的操作人员对某一事物的理解能力不同，学习的时间也不同，学习的效率就更不相同。

工艺的调整。在规划初期工艺确定是某一种方案即在某一工位上有个工件焊接某些焊点，但经过一段时间后由于用户的需要会调整某些工艺内容，如在车顶部安装旅行架等等，这样就需要在顶盖处增加螺柱焊接来满足要求。这些产品的变化所引起的工艺调整会引起节拍的不平衡。

工作现场条件的不同。不同的工作场地会给操作者带来不同的反应，如果车间干净整洁视线清晰操作者的效率会提高，相反如果车间昏暗则操作的效率会低下。

产能的不同。随着现在混流生产线的不断增加，各个车型会在同一工位完成焊接内容，但由于不同车型的工艺流程有所区别，各个工位的上件内容、焊接内容都不同。这样在不同车型需求量不同的情况下，生产也会出现不均衡状况。

现场设施位置的变化。在焊装车间中每个工位的节拍时间包括辅助时间和焊接时间。而现场的工位器具即上件的料箱离操作者的距离和位置也会引起节拍的不平衡。若料箱离操作者的距离近则上件时间短，这样会增加相应的焊接时间。因此我们要减少辅助时间，以此来满足后续的节拍平衡[2]。

本方案为满足节拍平衡且提高生产效率，使搬运小车能够在轨道上循环利用，设计出如图 24 所示的工位布局。

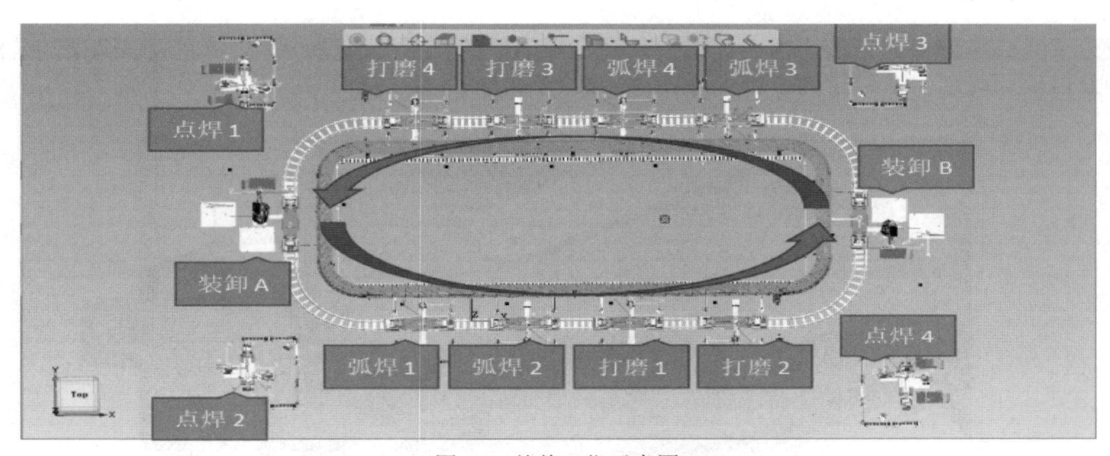

图 24 整体工位示意图

如果出现瓶颈工位，则要通过调整工序内容或者焊接内容来规避，使整条生产线平衡。混流生产线中节拍的分析是整个规划中的重点。

如表 1 所示，本方案调节生产节拍时间如下。

表 1 各个工位工作节拍表

工序名称	单位	点焊	AGV 搬运	弧焊	打磨	装卸
每天总的时间	小时	24	24	24	24	24
检测及休息（人）	分钟/班	30	30	30	30	30
班数	班/天	3	3	3	3	3
设备数量	台数	4	10	4	4	2
工作时间	小时/班	8	8	8	8	8
产量	件/班	799	799	1597	1597	1597
节拍时间	秒/件	77.22	22.6	49.91	49.91	49.91

设计弧焊、打磨、装卸工位的节拍时间为 49.91 秒。

由于点焊时间较长，本方案设计了四个点焊工位，通过调节其节拍时间来配合弧焊、打磨、装卸工位的工作。

设计点焊工位的节拍时间为 77.22 秒，AGV 物料搬运小车由点焊工位运送至装卸工位的节拍时间为 22.6 秒。

18.4 单元功能设计

一个焊件在自由状态下焊接，焊接后一般会发生变形，如果变形超过技术要求，产品基本报废，所以需要焊装夹具的辅助。

焊装夹具在生产中的功能是：

提高产量方面：利用夹具的自动固定，可以省去很多辅助工作的时间。

提高质量方面：可有效防止焊接过程中焊件的变形问题。

扩大焊接机器人的工作范围：如果没有夹具的辅助，焊接机器人只能焊接平焊位置的焊缝。

通过夹具上的定位销（基准销）、S 面型（基准面）、夹紧臂等组件的协调作用，将三脚架安装到工艺设定的位置上并夹紧，不让工件活动位移，保证三脚架焊接精度的一致性和稳定性。

本方案为生产线设计了点焊夹具与弧焊夹具，弧焊夹具又分为上叉夹具、中管夹具和上管夹具。

18.4.1 点焊夹具

为了完成零部件的组装，需要使用夹具固定零部件的位置，通过点焊初步完成三脚架的装配，本方案根据三脚架所需焊接的位置，设计出如图 25 和图 26 所示的夹具。

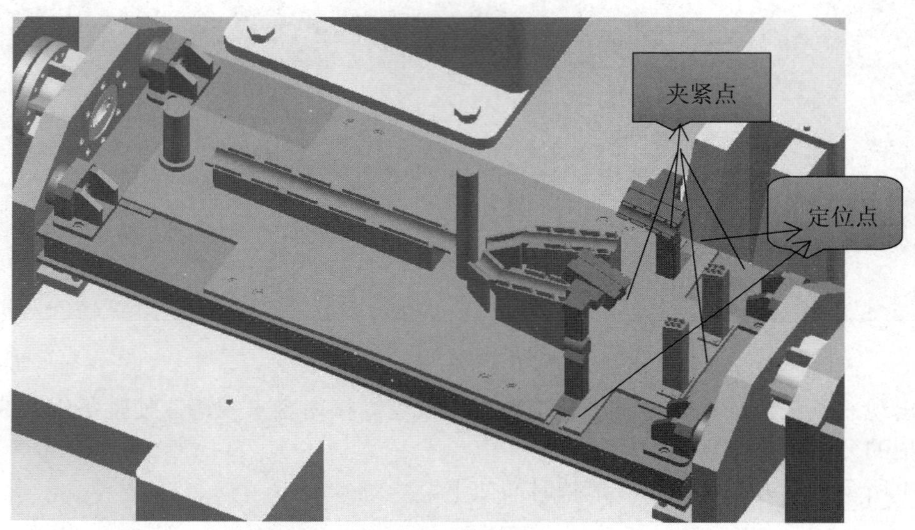

图 25 点焊夹具示意图

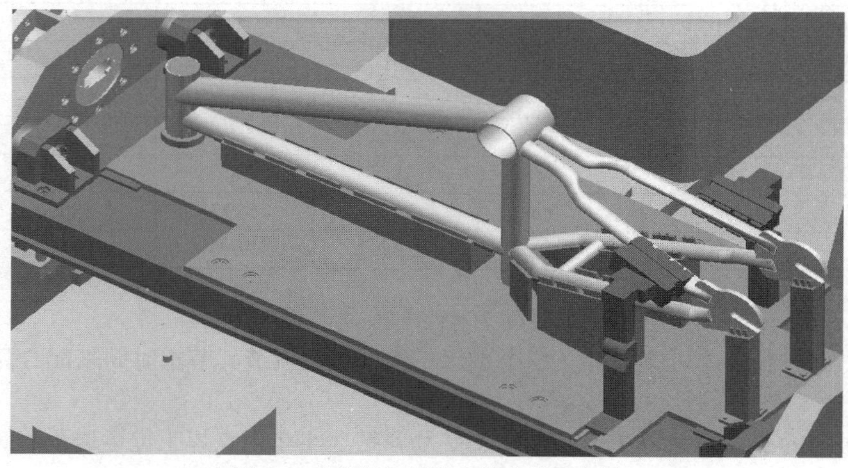

图 26 夹住散件后的点焊夹具示意图

18.4.2 弧焊夹具

1. 上叉夹具

上叉夹具的主要作用是固定产品的上叉部分，其结构图如图 27 所示。

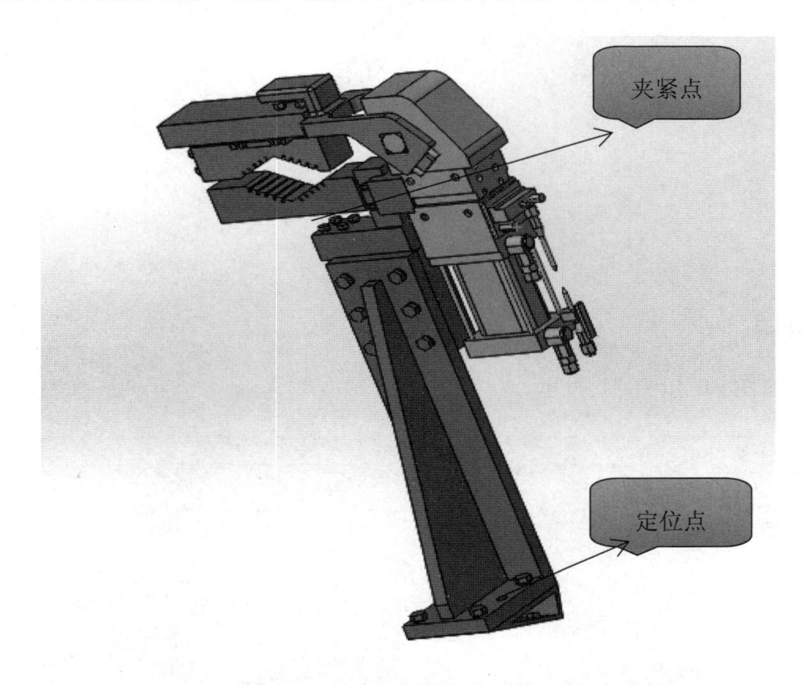

图 27 上叉夹具示意图

2. 上管夹具

上管夹具的主要作用是固定产品的上管部分，其结构图如图 28 所示。

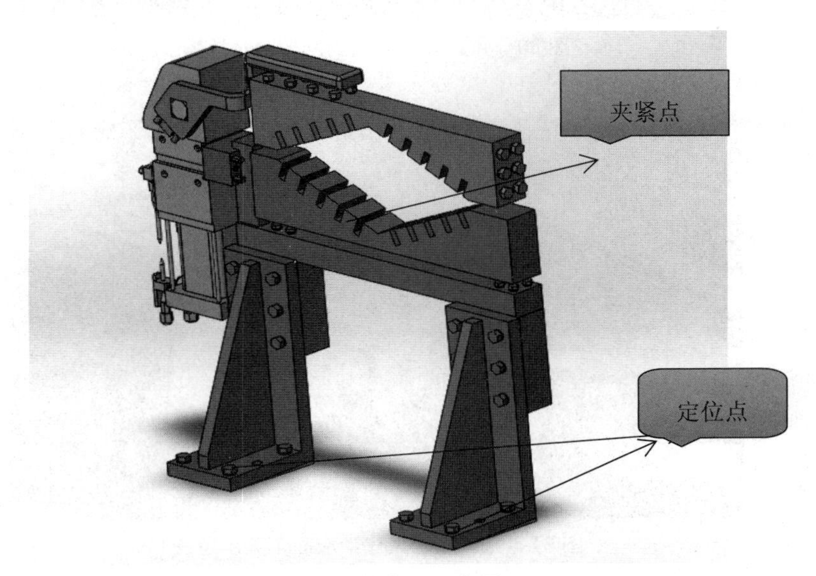

图 28 上管夹具示意图

3. 中管夹具

中管夹具的主要作用是固定产品的中管部分，其结构图如图 29 所示。

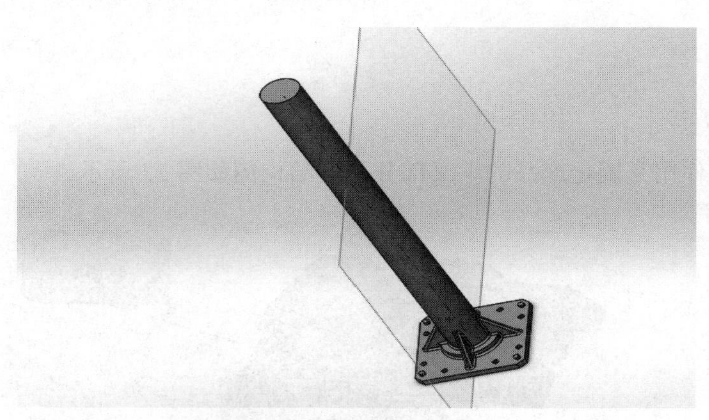

图 29　中管夹具示意图

4. 夹具总体结构

夹具总体结构如图 30 和图 31 所示。

图 30　弧焊夹具装配到回转台示意图

图 31　弧焊夹具夹住半成品车架示意图

18.4.3　焊接回转台

焊接回转台的主要功能是将产品的焊点焊线移动到适合焊接机器人焊接的位置。其模型如图 32 所示。

焊接回转台是将焊件绕垂直轴或倾斜轴回转的焊接变位机械，主要用于焊件的焊接、堆焊与切割。焊接回转台多采用直流电机驱动，工作台匀速可调。对于大型绕垂直轴旋转的焊接回转台，在其工作台面下方均设有支撑滚轮，在工作台面上也可以进行装配作业。

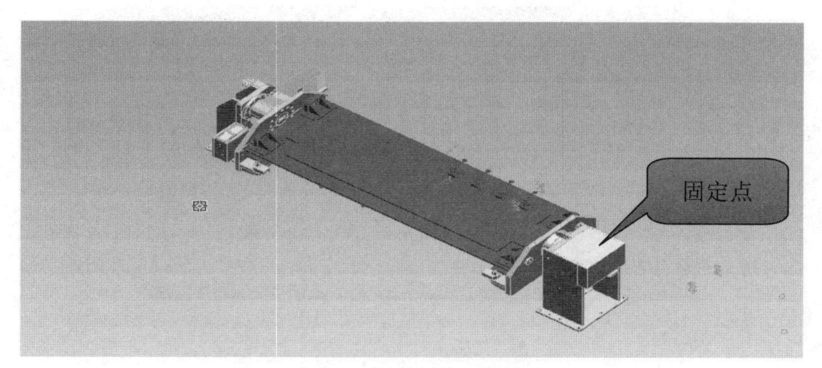

图32 回转台示意图

18.4.4 搬运小车

搬运小车（如图33和图34所示）是采用电力驱动并在轨道上行驶的轻型轨道车辆，为了提高工作效率，避免回转台的闲置，我们特地设计了搬运小车，由电网集中供电，将旋转工作台固定在搬运小车上，搬运小车安装转向架，确保电车能够通过弯道，搬运机器人在起始端将点焊固定好的产品搬运至搬运小车的工作台上，当一个工艺完成后，搬运小车经轨道自动移动至下一工艺进行加工，在完成所有工艺后在流水线末端由搬运机器人搬运成品。

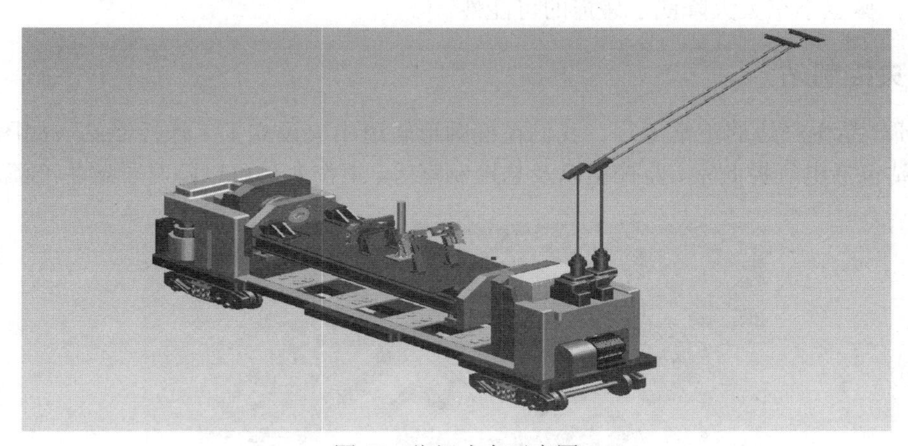

图33 搬运小车示意图

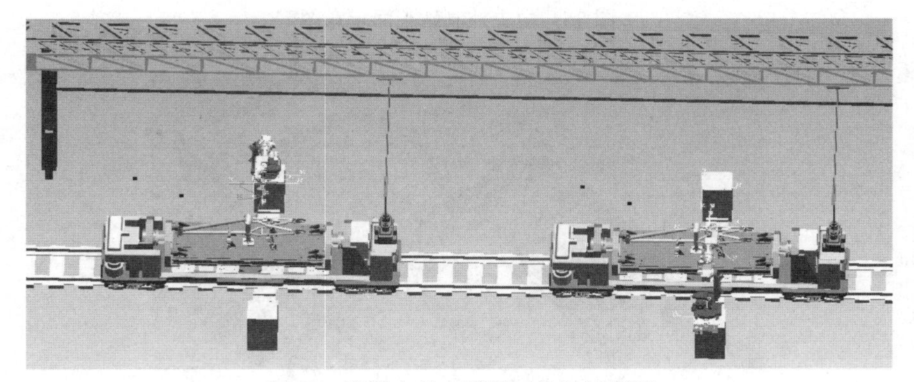

图34 搬运小车在弧焊工位时示意图

搬运小车是靠红外感应器与中央控制器联系的，当搬运小车在椭圆形轨道（见图 35）上运动时，实时的传回位置传感器所产生的信号，由 PLC 处理，并将响应信号传递给搬运小车，进而执行红外置停抱闸。

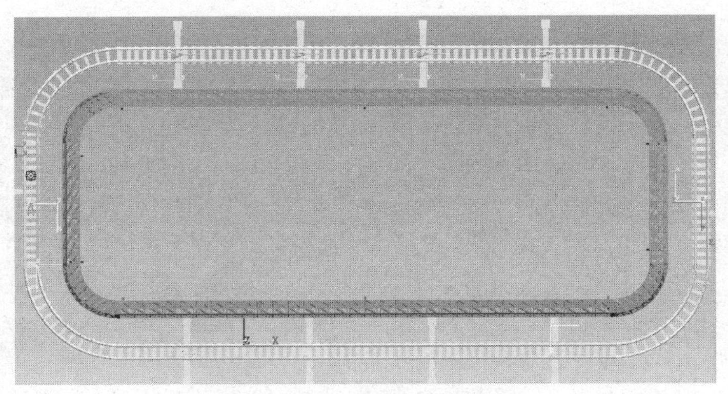

图 35　椭圆形轨道示意图

设计搬运小车的原因如下：

- 提高生产线的工作效率，避免回转台的闲置。
- 建造成本低：由于机器人数量庞大，相对于让机器人移动，搬运小车在一定程度上降低了建设成本。
- 建设难度低：搬运小车的建设技术在我国已经非常成熟。
- 安全系数高：搬运小车只是在所设计的轨道上行走，单一且简单，相对于庞大的机器人行走轨道，搬运小车大大降低了碰撞的可能性。

18.4.5　中央控制站

为了保证产品生产线的正常运行，我们在椭圆形轨道中央设立了工作控制站（如图 36 和图 37 所示），控制站包括电气控制室、监控室以及总控制室等，工作人员可以随时了解生产流水线的情况。

图 36　中央控制站正面示意图

图 37　中央控制站侧面示意图

18.4.6 打磨设计

弧焊完成后，由于产品弧焊的焊缝空间狭小极易产生毛刺，降低用户体验感，使良品率降低，为了改进工艺，在此设计打磨过程。

我们对打磨机器人的选择依然是 TM-1400 松下机器人，并为机器人设计专用浮动打磨头。机械打磨方式目前分为刚性打磨和柔性打磨，可根据工件及工艺要求不同采用适合的刚性和柔性打磨头。刚性打磨头的特点为成本低廉，工件外形复杂时加工效果不好，柔性头则能有效补充刚性打磨头的缺点，打磨头模型如图 38 所示。

打磨流程：搬运小车带动产品移动至第一打磨工位进行左侧的打磨，左侧打磨完毕后搬运小车带动产品至第二打磨工位进行右侧的打磨，具体打磨流程参考弧焊流程。打磨工位如图 39 所示。

图 38 打磨头示意图

图 39 打磨工位示意图

由于打磨机器人成本较高，为了降低成本，可以不使用打磨机器人，由工人师傅检查有无毛刺，本设计方案出于自动化流水生产线的考虑设计打磨机器人。

18.4.7 全防护设计

为了保证安全，我们在机器人工作区域内安装了安全防护栏，如图 40 所示，可避免人员进入机器人工作环境造成误伤。

电磁干扰是电缆干扰信号并降低信号完好性的电子噪音，隔绝防护栏采用材料内含黄铜、紫铜，可作电磁辐射屏蔽网使用，可以有效地避免电磁干扰。

图 40 安全防护栏示意图

18.4.8 检测与控制系统设计

1. 视觉系统检测设计

在打磨流程完毕之后，为了检查焊缝的焊接程度设计了基于示教系统的视觉伺服检测系统，通过流水线上双目 CCD 摄像机摄取（见图 41）的工件图像，将所采集到的焊缝图像与系统内部设定的标准焊缝进行对比，完成对产品焊接情况的判断，在检测出产品焊接不合格之后，产品对应的搬运小车会自动标记，搬运机器人会对其进行分拣。

图 41　视觉检测仪器示意图

2. 控制系统设计

控制装置是焊装生产线实现自动化的关键部分，以 PLC 控制为主的车间数字化设计为了保证产品加工过程中的工作精度，可以采用搬运机器人示教系统，将所需要搬运的产品及其设备建模数据化，建立三维坐标系，确定各个部件的三维坐标值，在机器人上安装 CMOS 双目工业摄像机[3]，在墙壁上安装若干台 CMOS 工业摄像机，利用双目立体视觉的基本原理全方面、无死角地完成信息的采集。

在系统中设定焊缝、抓取的特征点，双目视觉伺服系统机器人上的 CMOS 摄像机经过墙壁上的 CMOS 摄像机的辅助会完成焊缝的边缘特征自标定，经过区域匹配后，根据匹配准则，系统会画出致密视差图，采用灰度阈值分割的方法将最终的目标物体图像分离出来，并求出其深度信息和质心坐标，使得机器人在三维空间可以完成对目标物体的识别、跟踪等功能[3]。

确定目标的空间三维坐标，然后机器人通过本征曲线算法，计算两幅图像对应扫描线的本征曲线，将立体匹配问题转化为寻找本征曲线之间最近邻域的问题，规划各个自由度应该旋转的角度进而实现经典的装配动作，如工件的拾取、搬运等，从而提高机器人的智能化，增强操作准确度和精度。

工作原理：首先，为了改善从 CMOS 摄像头摄取的工件图像的质量，对所摄取的图像进行预处理，主要包括直方图均衡化和中值滤波[3]。接着，提取工件的边缘特征，经过对各种经典边缘检测算子的分析比较，可知 Canny 算子以其定位的准确性、响应的单一性而获得较好的边缘检测效果[4]。其次，针对工件识别，采用了基于改进遗传算法和 Hausdorff 距离的工件识别算法。该算法采用工件的边缘为匹配特征，将修正的 Hausdorff 距离作为目标物体轮廓的相似性度量准则，并应用遗传算法进行最佳匹配的快速搜索，在距离变换空间内，成功实现了目标物体的匹配识别，能有效地检测出具有平移、旋转和小尺度变化以及有遮挡的目标物体[5]。

在对工件进行空间定位时，采用基于恒定旋转矩阵法的单目移动视觉获得工件的深度信息，并完成工件的三维定位。该方法通过保持机器人连杆三到机器人基坐标系的旋转矩阵恒定来直接获得世界坐标，简化复杂的手眼标定和相机标定。

最后，以机器人为执行机构，采用 CMOS 摄像头、图像采集卡与 PC 建立了机器人手眼视觉系统，利用此实验装置，应用前面提出的工件识别和定位算法，完成了工件的抓取[3]。

3. 双目立体视觉原理

双目立体视觉的基本原理是从两个视点观察同一场景，以获取不同视角下的图像，通过解决两幅图像中像素点的对应关系，根据三角测量原理来获取物体的三维信息，这一过程与人类的视觉系统立体感知过程是类似的，一个完整的双目立体视觉系统一般包括图像的获取、摄像机的标定、图像的预处理与特征提取、立体匹配、深度信息提取及三维重建六个部分；CMOS 摄像机就是在这个基础上使用的。

18.5 生产线设备选择

18.5.1 焊接机器人

TM-1400 松下焊接机器人是一款六轴独立多关节、最大到达距离为 1437mm、总功率为 3400W、质量为 170kg 的焊接机器人。它负责完成车架后三角的点焊与弧焊过程，此款焊接机器人便于使用，实现了焊枪与机器臂的配套，并且满足了所需点焊弧焊的需求。

为了考虑使用者工作过程中的安全，安装有扭矩传感器，在机械手工作过程中如果与其他部件发生碰撞，可以及时关掉机械臂的运转，减小损失。机器人模型如图 42 所示。

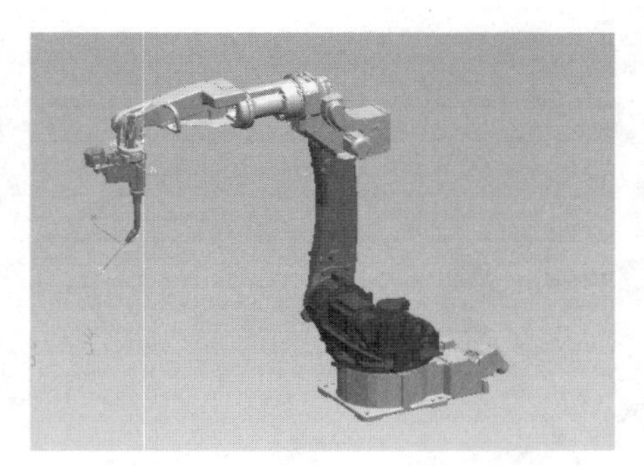

图 42 TM-1400 松下焊接机器人

18.5.2 搬运机器人

1. TM-1800 松下搬运机器人

加长型 TM-1800 松下搬运机器人是一款六轴独立多关节、最大到达距离为 1796mm、最小到达距离为 472mm、前后范围为 1323mm 的搬运机器人。它负责完成方案中的车架后三角散件与整件的搬运过程。TM-1800 机器人模型如图 43 所示。

2. 库卡 KR 40 PA 搬运机器人

库卡 KR 40 PA 搬运机器人为中等负荷的堆垛机器人，它有效载荷 40kg，最远可达距离 2091mm，控制轴为四轴，这款机器人主要负责方案中车架后三角半成品的搬运过程。库卡 KR 40 PA 机器人模型如图 44 所示。

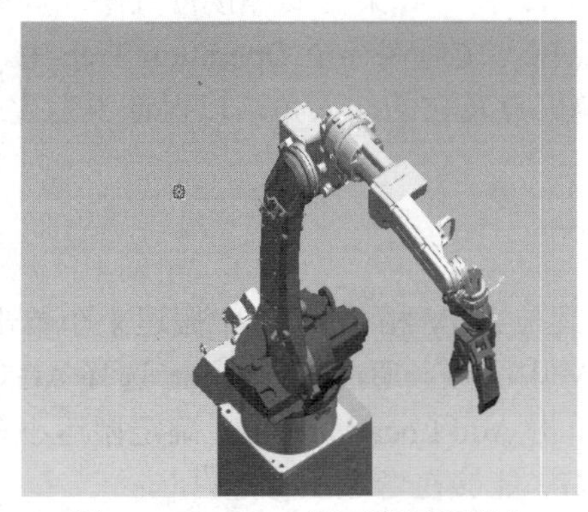

图 43 TM-1800 松下搬运机器人

图 44 库卡 KR 40 PA 搬运机器人

18.6 生产线仿真

在本次设计仿真之前，应用 SW 和 UG 软件将赛方给出的车架后三角模型还原为正常比例来配合生产线及机器人尺寸，并将车架后三角拆分成如图 45 所示的散件。

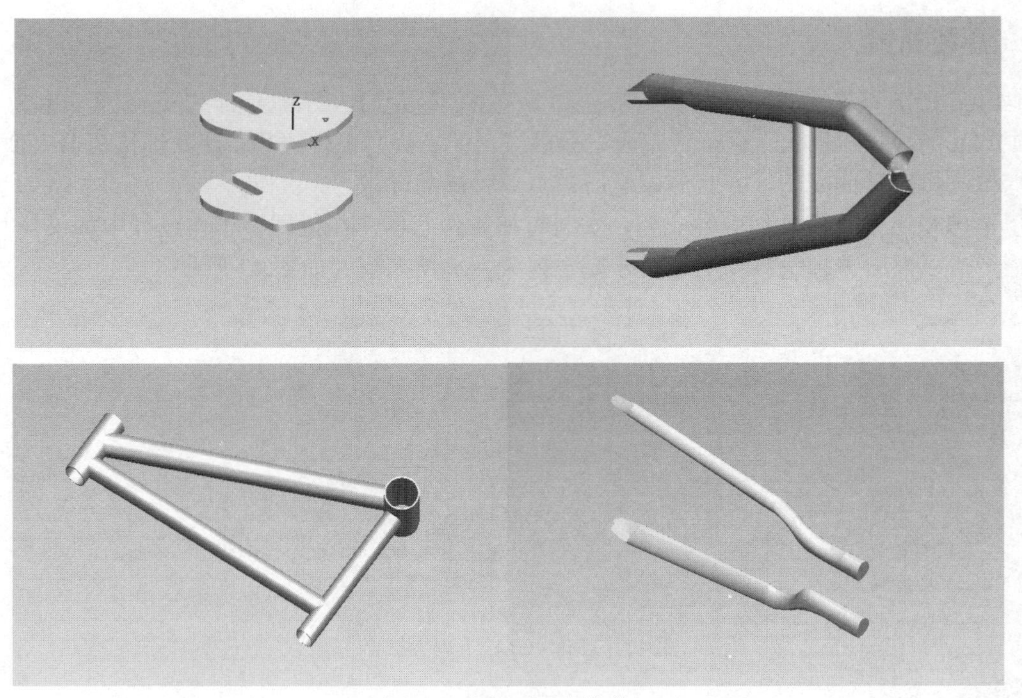

图 45　车架后三角散件

1. 资源导入与三维布局

启动 Process Designer，创建一个工程，在这个 Project 下面新建一个 StudyFolder；新建一个 RobcadStudy 用来存放所需要的包括工业机器人在内的各种零件，此 RobcadStudy 文件夹作为资源库，并可以在 Process simulate 直接打开中直接打开；打开 Operation Tree，在 Process 目录下选择红色的 Line，从右侧的 Operation Tree 窗口拖曳 Zone 1 到左侧窗口的 RobcadStudy 目录下，从右键快捷菜单中选择 Open with Process Simulate，使用 Process Simulate 打开并且对 Zone 1 进行仿真操作；将 Zone 1 相关的所有的零件和资源全部显示出来；之后通过操作放置器对所有的零件和资源进行摆放[6]。

2. 焊点的设置

单击 Set Modeling Scope 选择 Curves 中的 Create Polyline 在三脚架需要焊接位置添加焊线，然后单击 Create Continuous mfgs from curves 将焊线导入焊点树，之后保存至 Operation Tree 中，然后选择焊接的焊缝的 base 和 side，通过 Torch Alignment 调整焊点及它的切入角，以保证不发生干涉，多次调整直至达到目标效果[7]。

3. 搬运小车的设置

将产品和夹具安装在 AGV 上，通过 attach 将产品和夹具与 AGV 相关联，选中搬运小车单击 New Object Operation 打开操作界面，单击 Grip Frame 选择 AGV 中心点。通过 Star Point 选择 AGV 中心点所在的起始点，生成路径并将其导入至 Path Editor 中，单击 Add Location After 确定搬运小车的停止点，在弯道上采用积分原理，通过多个点的设置，使 AGV 能够在弯道上行走[7]。

4. 搬运过程的设置

新建两个产品副本 1 和 2，分别建立搬运前后的产品模型，定义拾取点在副本 1 上，定义放置点在副本 2 上，将机器人抓手的基准点定义在拾取点与放置点上，单击 New Pick and Place Operation 将刚刚定义的拾取点与放置点导入，单击 OK 按钮后产品搬运动画即可生成[7]。

5. 回转台的设置

单击 New Operation 中的 New Device Operation 选择所需转动的回转台，根据焊枪及焊点的相对位置选择回转台转动的最佳角度；当焊点方位所需要调节时，将三脚架与回转台转动通过 att 连接，使三脚架可以随着回转台一起转动，调节焊线及焊点至最佳焊接方位[7]。

6. 焊枪安装到机器人上

选择 Station 1 中的机器人，在窗口上方的菜单栏选择 Kinematics→Mount Tool；在 Tool 设置区域添加上一步骤已经选好的焊枪，在 Frame on Tool 设置区域选择 anb 为安装的参考坐标点，调整焊枪的位置，最终符合实际要求[7]。

7. 检查焊点的可接近性

在 Operation Tree 中打开 WeldOperation→Process 栏，在 Robot 栏选择机器人，随后在 Gun 栏自动显示与之对应的焊枪；在 Edit Viewer 窗口选择下方的 Path 栏；在 Operation Tree 下选中 WeldOperation，之后选择菜单栏的 Weld→Weld Distribution Center；看到一些焊点的状况，绿色表示焊枪可以正确触到这个点；橙色半对勾表示虽然可以触到，但是不满足切入角的合理范围，需要调整焊点的切入角，使焊枪可以从切入角的区域进入[7]。

调整方法首先选中第一个点的半对勾，使机器人和焊枪自动改变姿态，跳到这个位置；打开 Pie Chart 窗口调整切入角，若当前的切入方向位于红色区域，则需要拖曳下方的按钮，使这个方向旋转到蓝色区域，单击 Close 退出这个窗口；再次检查焊点，出现绿色对勾，表示焊枪可以正确触到焊点；若处于干涉状态，则出现一个红色的叹号需要继续重复上述步骤[7]。

8. 调节焊接切入角

选择左侧的机器人，在窗口上方的工具栏选择 Weld→Weld Distribution Center；选择第一个焊点的接近性状态，选择 Jump robot to weld point，使机器人切换到焊这个点时的状态，接下来需要调整焊点的切入角；选择焊点这一行，单击 Pie Chart Tool，调整切入角；选择 Check for collisions and reachability，若焊点的状态变成绿色的对勾，则焊枪可以从合理的角度切入；对其他点重复上面的操作，使所有焊点的状态变成绿色；通过运行 Plays Simulation Forward，观察焊接过程后，可能需要优化焊枪的运动路径，选择焊点，在窗口上方的菜单栏选择 Weld→Flip Locations[7]。

9. 焊接干涉检查及焊枪运动路径设置

选择 Collision Mode On\Off，以激活干涉检查模式；再次运行仿真，观察焊接的干涉情况。若出现机器人运动时发生干涉后，在 Edit Viewer 选择第一个焊点，右击，选择 Add Location；焊枪自动移到第一个焊点的位置处；调节焊枪位置，在 Edit Viewer 可以看到，焊点的前面增加了一个关键点（命名为 via）；使用 Add Location Before，在 via 前面再添加一个关键点，再调节焊接点位置；选择 Jump Simulation to Start，使机器人回到起始点，准备重新运行仿真；若在这个过程中还发生干涉，则重复上述操作进行关键点调整[7]。

10. 定义焊枪的动作

在菜单栏选择 Kinematics→Kinematics Editor；选择窗口最左侧的 Create Link，创建两个独立关

节；接下来要把这两个独立的关节关联起来，创建成可以运动的关节；之后创建姿态，接下来在焊枪电极头处创建一个 TCPF 坐标，以电极头的中点作为坐标原点并重命名为 TCPF，作为和焊点接触的参考位置，保存修改操作；这样焊枪的定义就完成了[7]。

11. 定义夹具夹头的动作

在夹头上创建三个 Frame，选中 clamp1，选择 Modeling→Create Frame→Frame by 6 values；分别创建三个坐标点，并使这三个点在同一个平面上；接下来创建连杆机构的关节，选择下拉菜单中的 Slider（RPRR），选择相应的关节后，通过定义 Link 查看各关节之间的关系；按照上述操作将这个夹头的内部结构分成了若干个可以活动的部分[7]。

12. 仿真动画的视频输出

选择 File→Outputs→AVI Recorder；设置视频文件的保存位置，单击 Save 按钮之后即开始录制；在悬浮的 AVI 窗口单击左侧的 Stop Recording 按钮，结束录制；提示该视频文件已被保存；在 Sysroot 下找到并打开这个视频文件；仿真动画的视频输出完成[7]。

18.7 设计方案分析和总结

18.7.1 可行性分析

1. 技术性能分析及可行性

在自动焊接技术方面，随着科学技术的发展，使自动焊接技术已得到长足发展。机器人系统的性价比得到了大幅提升。自动焊接技术开放性好，对焊缝要求非常严格的产品可以应用自动焊接技术完成。焊接技术由来已久，在科学技术高速发展的今天，自动化焊接技术对机械焊接行业影响非常深远，机械焊接行业也对自动焊接技术有很大的需求。基础层面上来讲，自动焊接技术已经成为焊接领域不可或缺的组成部分。

在数字化制造技术方面，我国已经取得大量应用。目前，数字化制造技术正在深入发展，呈现以下趋势。一是由 2D 向 3D 的转变，形成以基于模型的定义/基于模型的作业指导书为核心的设计与制造；二是并行和协同，通过产品、工艺过程和生产资源的建模仿真及集成优化技术，提高多学科的设计与制造的协同性和并行性，实现产品和工艺设计结果的早期验证；三是数字化装配与维修；四是数字化车间与数字化工厂，为高效物流实施以及精益生产、可重构制造等先进制造模式提供辅助工具；五是工业互联网，由机器、设备组、设施和系统网络组成，能够在更深的层面将连接能力、大数据、数字分析、3D 打印等结合起来[8]。

在工业机器人方面，现阶段主流工业机器人视觉系统技术是第二代工业机器人视觉系统，由计算机、图像输入和图像输出三个部分组成。核心处理器是计算机系统。通过计算机对输入图像的分析，转化成数字信息，从而在计算机当中建立适当的三维坐标，再转化成图像信息输出。第二代工业机器视觉系统技术具有一定的学习适应能力，具有的通用性较强[9]。

第三代工业机器人视觉系统采用融入智能化技术的系统技术，所使用的是具有高速图像处理能力的芯片。但目前来说，这种工业机器人视觉系统技术还处于科研阶段，还没能得到大量的使用。但是第三代工业机器人视觉系统大量投入使用也是指日可待[9]。

2. 经济可行性

表 2 对本次设计方案进行了成本预估。

结合表 1 的生产节拍得出：生产线 24 小时全天运作。每月生产线停运一天，检修一次。每年年终大修一次（3 天）。预计每条生产线年产量在 150 万件。若每件产品为工厂带来十元效益，预计一年之内即可弥补设备投入费用。

表 2 生产线成本预估

种　　类	价格/万元	总计/万元
库卡 KR 40 PA 搬运机器人 × 2	36 × 2	72
TM-1800 松下搬运机器人 182000 × 4	21 × 4	84
TM-1400 松下机器人 × 12	18 × 12	216
AGV 物料搬运小车 × 10	2.2 × 10	22
搬运小车 (套) × 10	7 × 10	70
COMS 摄像头	0.2 × 16	3.2
生产线轨道 × 1	5 × 1	5
视觉、示教系统	4 × 1	4
中央控制室	5 × 1	5
厂房租金/年	2	2
维修及水电等杂费/年	5	533.2

18.7.2 设计方案优势

随着焊接技术加工制造的产品向重型化、精密化的方向发展，机械生产中对焊接工艺的技术含量和焊接质量的要求也更为严格，传统的手工焊接操作逐步无法满足实际的生产需求。在完成基本焊接功能的同时，本次设计还有以下特点：

参考自动化密集仓库，采用视觉伺服系统，将整个车间数字化，提高了工作的精度与准确度，保持产品的同一性。

设计特定夹具，在工作流程中固定三脚架，提高焊接过程的稳定性。

应用扭矩传感器，能够在机器发成碰撞时及时有效地关闭工作系统，降低工作损失，保证工作人员的安全。

设计打磨机器人打磨焊接过程中出现的毛刺，保证产品的使用安全性及提高产品美感。

增加视觉系统检测焊缝环节，帮助厂家有效降低次品率。

设计搬运小车及闭环生产线，使生产线柔性化，对搬运小车实现循环利用，相对于普通生产线大大提高了生产效率。

降低了焊接过程对工人们的健康损害，在手工完成焊接工作时，弧焊作业产生的弧光和高温辐射会对人体造成影响，同时焊接工作劳动强度高，容易使工作者疲劳，无法长时间进行高强度的连续工作。

自动化焊接设备有着更佳的使用效率，在人力成本逐步高涨的今天能够有效地缓解生产企业在人力成本投入上的压力。

18.7.3 设计方案不足及扩展性

由于不了解焊接环节上游与下游的具体工艺流程，本次设计可能不能与上下游工艺进行完美的衔接。

进一步提高生产线柔性设计，如增加快速互换装夹系统，使车架后三角散件夹具与整件夹具实现一体化。

可进一步简化搬运小车结构，相对现代智能工厂略显笨重，可采用机器人协作方式减少工作量。

优化 AGV 物料搬运小车路径，本方案选用的 AGV 物料搬运小车数量相对较多，在避免小车工作过程出现停滞的同时，实现一车多用。或者仿照现代有轨巷道自动化仓库，提高物料运输的可靠性。

在机器人规格选择方面，搬运机器人选用了库卡系列机器人，可选用埃夫特机器人代替。

参考文献

[1] 杨静. 基于焊装生产线节拍平衡的布局优化研究[J]，2014.
[2] 王彬. 我国焊接自动化技术的现状与发展趋势[A]，2014.
[3] 刘文涛. 焊缝图像识别与跟踪控制方法研究[D]，2013.
[4] 谢志孟，高向东. 基于 Canny 算子的焊缝图像边缘提取技术[J]，2006.
[5] 王文成，李晓伟，智佳，赵彦发. 基于 Hausdorff 距离的轮廓线匹配[J]，2007.
[6] Process Designer 使用手册.
[7] Process Simulate 使用手册.
[8] 武瑞，赵正龙，王连坤，闫伟驰. 面向全三维数字化的机械设计人才能力培养[J]，2018.
[9] 何晓辰. 基于图像信息的决策方法研究[D]，2014.

作者简介

屈宏时（1998—　），男，学生，E-mail：215856783@qq.com。
崔明越（1999—　），男，学生，E-mail：1805018721@qq.com。
马宗军（1997—　），男，学生，E-mail：1427185994@qq.com。
郑刚（1965—　），男，老师，学院：信息与控制工程学院，E-mail：18561379623@126.com。
赵景波（1971—　），男，老师，学院：信息与控制工程学院，E-mail：1459840751@qq.com。

第九部分

附　　录

附录A 多回路控制与调节器整定

马 昕（北京化工大学）

A.1 串级控制

当被控变量具有较大的容积滞后或时间常数，或系统负荷变化和干扰作用比较剧烈频繁，或对控制回路品质要求较高时，往往需要采用串级控制回路系统。

A.1.1 串级控制系统的组成

串级控制系统有主、副两个调节器，只有一个调节阀。主回路为定值控制，副回路是随动控制。主调节器的给定值由工艺决定，副调节器的给定值由主调节器输出给定，随主调节器输出变化而变化。在串级控制系统中，对主回路的控制品质要求比较高，副回路的控制品质要求没有主回路高，图 A.1 是串级控制系统的组成结构图。

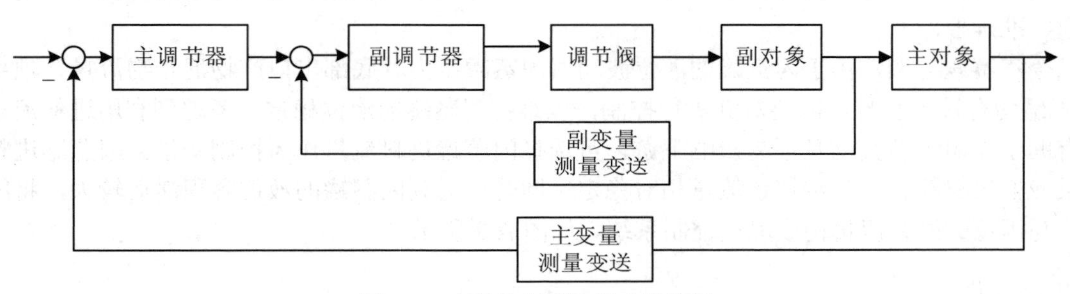

图 A.1 串级控制系统组成结构图

选择串级控制系统的副变量时，需要注意必须将系统的主要干扰包含在副回路内，而且尽可能包含更多的干扰，副回路尽量少地包括或不包括纯滞后，以使副回路具有一定的快调能力。另外，副回路的设计还要考虑方案的经济性和工艺的合理性。

串级控制系统的主调节器一般选择 PI 调节器，如果回路具有较大的滞后，如包含温度或成分对象，可选用 PID 调节器，副调节器一般选用 P 调节器。

A.1.2 串级控制系统的投运和整定

串级控制系统的投运顺序是先副、后主，先将主、副调节器的比例增益、积分时间、微分时间设置好，再将主、副调节器正、反作用放于正确位置，主、副调节器均放在手动模式下，调节调节阀的开度，等待主变量慢慢在给定值附近稳定下来，按先副、后主的顺序，依次将副调节器切入串级、主调节器切入自动，即完成了串级控制系统的投运工作。

串级控制系统的调节器参数整定方法有逐步逼近整定法、一步整定法和两步整定法，常用的是一步整定法和两步整定法。一步整定法是根据经验先将副调节器一次放好，不再变动，然后按一般单回路控制系统整定主调节器参数。一步整定法的步骤是：首先根据副变量的类型，按经验值选好副调节器参数，一般只用比例作用；然后按单回路控制系统整定主调节器参数，观察主变量的响应过程，适当调节主调节器参数，使主变量达到控制要求。一步整定法的依据是：在串级控制系统中，主变量是主要的工艺操作变量，直接关系到产品的质量，因此对它的要求比较严格；副变量是为了提高主变量的控制质量，对副变量本身没有很高要求或要求不严，允许在一定范围内变化。调节器参数整定时，不必过多地在副回路上下功夫，只要主变量达到规定的控制指标即可。

二步整定法分两步进行：先整定副回路，再整定主回路。二步整定法的步骤是：将主、副调节器比例增益放在1，积分时间放在最大，微分时间放在最小，将副回路投入自动；主调节器置手动，手动调整主调节器输出（改变副调节器的给定值），按照单回路控制系统整定副回路；将副调节器参数放置好，主调节器切入自动，用同样的方法整定主调节器参数；观察主、副被控变量的响应曲线，如不够满意，可适当进行微调；二步整定法要寻求主、副回路都达到4:1衰减的响应过程比较为费时。

通常情况下，主调节器的比例作用弱一些、积分作用强一些，便于消除静差；副调节器的比例作用强一些、积分作用弱一些，便于消除干扰。

A.1.3　液位-流量串级控制系统

在生产过程中，储罐类容器（混合罐、冷凝罐等）通常是中间存储和缓冲单元，在罐中存储一定体积的物料，一旦上游生产工艺出现局部停车，由于罐中还有物料，在一定时间内不会影响下游生产，在允许的时间内上游恢复了生产，不会对生产造成过多的经济损失，因此储罐类容器的液位控制是重要的工艺要求。如果液位控制的稳定性要求较高，可以采用液位串级控制。影响储罐类容器液位的变量是进、出口流量，通常可将流量与液位构成串级控制系统，克服流量扰动，实现液位的快速、准确控制。

以今年赛题为例，由于闪蒸罐的液位波动对闪蒸罐压力、底部出口产物混合物流量、顶部物料A回流量均有较大影响，需要对其进行控制，以维持闪蒸罐的液位稳定。考虑到利用进料流量控制液位有助于克服上游扰动且不易影响下游，可选择闪蒸罐进料流量作为控制变量。闪蒸罐进料流量即为反应器出料流量，为维持该流量相对稳定，同时考虑到闪蒸罐的液位容积滞后较大，将闪蒸罐的液位与闪蒸罐进料流量构成串级控制系统，如图A.2所示。

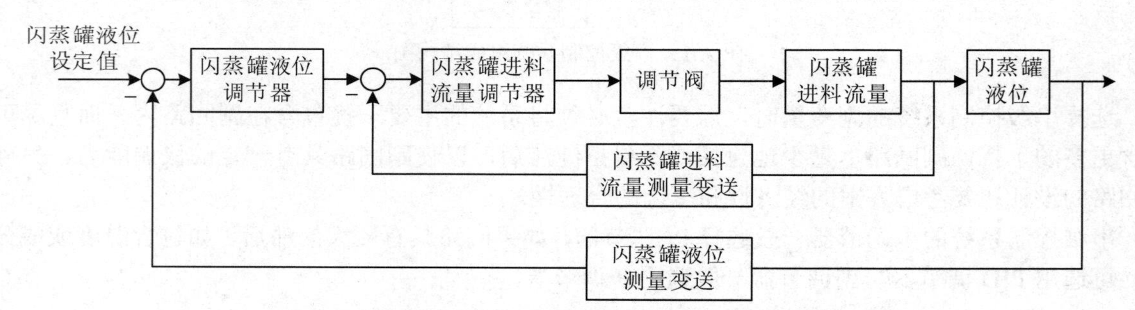

图A.2　闪蒸罐的液位-进料流量串级控制系统方案

A.1.4　应用场合和工程经验

在过程控制系统中，当被控过程的容积滞后较大，特别是被控变量是温度参数时，采用单回路控制系统往往不能满足要求，这时可以利用串级控制改善系统控制性能。构成串级控制系统时，合理选择副回路很重要，以利于减小容积滞后对系统的影响，加快控制响应速度，因此应该选择滞后较小、能快速动作的回路作为副回路。

被控过程存在纯滞后时，会严重影响控制系统的动态特性，使控制系统不能满足生产工艺要求。使用串级控制系统，在距离调节阀较近、纯滞后较小的位置构成副回路，把主要扰动包含在副回路中，以减小纯滞后对主被控变量的影响，这样可以改善控制系统的品质。

由于串级控制系统的副回路对于回路内的扰动具有很强的抑制能力，对于变化剧烈且幅度大的扰动，只要在设计时将其包含在副回路中，即可大大削弱其对主被控变量的影响。

在过程控制中，一般的被控过程都存在着一定的非线性，这会导致当负载变化时整个系统的特性发生变化，影响控制系统的动态性能，单回路控制系统往往不能满足这种生产工艺的要求。由于串级控制系统的副回路是随动控制系统，具有一定的自适应性，在一定程度上可以补偿非线性对控制系统的影响。

A.2　前馈控制

理想的过程控制系统要求，在过程对象特性呈现大滞后（包括容积滞后和纯滞后）和多干扰的情况下，被控变量可以持续稳定保持在工艺要求的设定值上。可是，仅用反馈控制是不能实现这一要求的，因为反馈控制总是要在干扰已经形成影响，使被控变量偏离给定值之后才产生作用，控制作用是不及时的。特别是干扰频繁、对象有较大滞后时，控制回路的质量会较差。对于这种被控对象，可以利用前馈控制，实施提前控制，以克服对象的滞后特性以及频繁扰动对被控变量的影响。

前馈控制是一种开环控制，直接按照干扰量的变化，提前给出控制动作，以补偿干扰量对被控变量的影响，从而达到被控变量不受干扰量影响的一种控制方式。

前馈控制是利用干扰到输出（被控变量）之间存在的两个传递通道：干扰通道和控制通道，如图A.3所示。控制作用和干扰作用对输出量的影响是相反的，这样就可以利用控制作用抵消掉干扰对输出的影响，使得被控变量不随干扰的变化而变化。

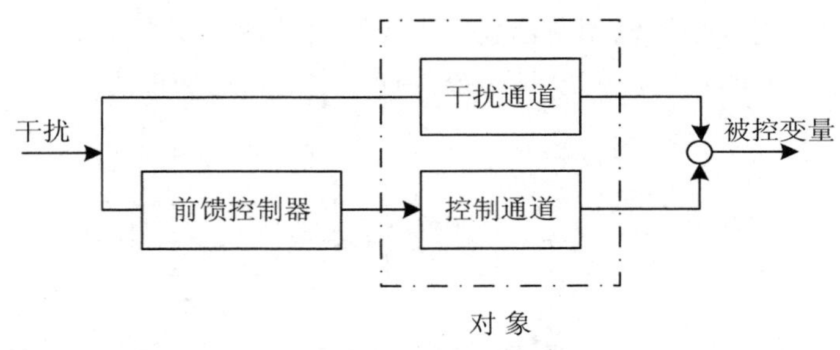

图A.3　干扰通道与控制通道

前馈控制是一种超前控制，按照干扰量的变化提前补偿其对被控变量的影响，通过前馈调节器和控制通道的作用，及时有效地抑制干扰对被控变量的影响，而不是像反馈控制那样，要等到被控变量产生偏差后再进行控制。前馈控制的效果不能通过反馈补偿，所以对前馈调节器的设计要求比较严格。

前馈调节器采用的控制律取决于过程对象的动态特性，所以前馈调节器应该是一种专用调节器，对不同的过程特性，采用的前馈调节器也不同。由于前馈控制是根据干扰实施控制动作的，按某种干扰设置的前馈控制律，只能用于克服对应的干扰，对于其他类型的干扰，它是无能为力的。然而，实际中影响被控变量的干扰类型很多，不可能针对每种干扰设计一种专用前馈调节器，因此前馈控制虽然可以用来减少被控变量的动态偏差，但它不可能完全补偿干扰产生的影响。

如果干扰是不可测的，那就无法实施前馈控制。如果干扰可测且可控，那也只需设计一个定值控制系统，无须采用前馈控制。由于前馈控制不需要反馈信息，所以大大提高了控制系统的带宽，加上反馈控制后比例增益可以大大减小。

A.2.1　静态补偿与动态补偿

前馈控制根据不同的干扰补偿特点，可分为动态补偿和静态补偿。

动态补偿力求任何时刻均对干扰实施补偿，通过选择合适的前馈控制律，使干扰经过前馈控制通道的动态响应与经过干扰通道的动态响应完全一致，并使它们的动作方向相反，便可以达到动态补偿的控制作用，以完全补偿干扰对被控变量的影响。

实际的生产过程并不要求像动态前馈那样实现完全的瞬态补偿，通常仅需要在稳定工况下实现对干扰量的补偿，因此前馈调节器的输出可以与时间无关，仅是干扰输入量的函数，起静态补偿作用。前馈控制的静态补偿必须具有比例特性，以使被控变量最终的静态偏差接近或等于零，也就是说，至稳定工况时，实现对干扰量的完全补偿，至于干扰通道和控制通道动态响应特性不一致引起的动态偏差就不予关心了。

当前应用最多的是静态补偿前馈控制，因为这种前馈补偿不需要专用调节器，用比例调节器即可满足要求，实施起来很方便。

A.2.2 前馈与反馈控制

由于单纯的前馈控制存在很多不足，为了获得满意的控制效果，合理的控制方案是把前馈控制和反馈控制结合起来，组成前馈-反馈控制系统。一方面利用前馈控制以减少干扰对被控变量的影响，另一方面利用反馈控制使被控变量稳定在给定值上，保证控制系统具有较高的控制性能。

图 A.4 给出了前馈-反馈控制系统的结构图，被控变量的校正作用是反馈调节器输出和前馈调节器输出的叠加，因此实质上是一种偏差控制和扰动控制的结合，所以前馈-反馈控制又称为前馈-反馈复合控制。前馈补偿只需要针对主要的干扰进行，增加了的反馈控制回路是对其他干扰的校正。反馈控制回路的存在，降低了对前馈控制模型的要求，使用静态补偿前馈控制就可以实现基本要求，也就是说，前馈调节器使用一个比例调节器就可以了。负荷或工况发生变化时，过程模型也会发生相应变化，由于有反馈控制的补偿，使控制系统具有一定的自适应能力。

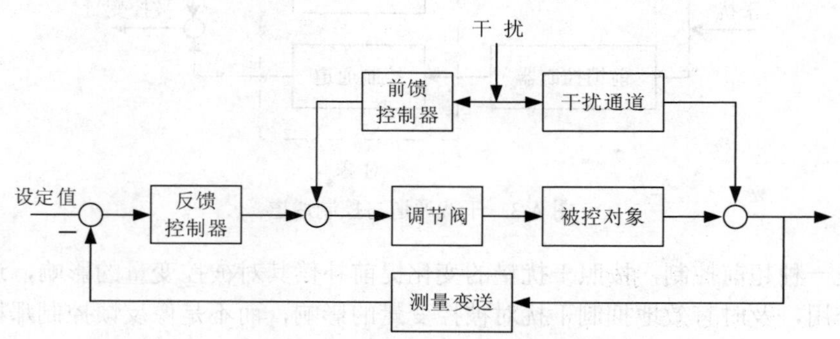

图 A.4 前馈-反馈控制系统结构图

A.2.3 应用场合和整定方法

前馈控制适用于对象的滞后或纯滞后较大（控制通道）、反馈控制难以满足工艺要求的场合，对主要的干扰实施前馈控制，可提高控制质量。如果系统存在可测、不可控、变化频繁、幅值大且对被控变量影响显著的干扰，则可采用前馈控制。如锅炉汽包水位控制，蒸汽用量是一个可测不可控的干扰，为了使汽包水位的变化控制在工艺要求的范围内，通常以蒸汽量为前馈信号，与水位构成前馈-反馈控制系统，或与水位和给水量构成前馈-串级复合控制系统。

前馈-反馈控制系统投入运行时，先将反馈调节器置为手动状态，设置好前馈调节器，再将反馈调节器置为自动状态。至于前馈-反馈控制系统的参数整定，反馈调节器的参数整定方法与一般反馈控制系统参数整定方法相同。前馈调节器参数整定也就是对调节器的比例增益进行整定，在工程实际中既可用开环整定法，也可用闭环整定法。

开环整定法是将反馈回路断开，使系统处于单纯的静态前馈状态下，施加干扰，比例增益由小逐步变大，直到被控变量回到给定值，此时对应的比例增益即为最佳整定值。为了使比例增益整定结果准确，应力求工况稳定，减少其他干扰对被控变量的影响。

闭环整定法分为两种情况：反馈系统运行下的整定方法和前馈-反馈系统运行下的整定方法。闭环整定时需要注意，反馈调节器必须具有积分作用，否则在干扰作用下无法消除被控变量的余差，同时要求工况稳定，以避免其他干扰的影响。反馈系统运行下的整定方法如下：首先使系统运行在反馈状态下，整定反馈控制回路，达到 4:1 的衰减比；待系统稳定运行后，记录干扰变送器输出量和反馈调节器输出量；然后对干扰量施加一个增量，等反馈系统在该干扰增量作用下被控变量重新回到给定值时，再记录下干扰变送器输出量和反馈调节器输出量，前馈调节器的静态放大系数等于施加干扰前后干扰变送器输出量与反馈调节器输出量之差的比值，以此可计算出前馈调节器的输出量，也就是前馈补偿量，这样前馈-反馈控制系统就可以投入运行。

前馈-串级控制系统在投入运行时，先将串级控制回路主、副调节器置为手动状态，设置好前馈调节器，再将串级控制回路按照先副、后主的原则置为自动状态。前馈-串级控制系统的参数整定方法与前馈-反馈控制系统的参数整定方法类似，先按照一步整定法或两步整定法整定好串级控制回路主、副调节器参数，再整定前馈调节器参数。

A.3　比值控制

比值控制是实现两个或两个以上参数满足一定比例关系的控制系统，一般都是流量比值控制系统，即控制一种物料随另一种物料按一定比例关系变化。

A.3.1　比值控制系统的组成

在需要保持比值关系的两种物料中，处于比值控制中主导地位的物料称作主物料。另一种按主物料进行配比的物料称作从物料，它随着主物料变化。表征主物料特性的参数称为主流量或者主动量，用 F_1 表示；表征从物料特性的参数称为副流量或者从动量，用 F_2 表示。比值控制系统包括开环比值控制系统、单闭环比值控制系统和双闭环比值控制系统等。

1. 开环比值控制系统

根据主物料量调整辅物料量，构成的比值控制系统是开环比值控制系统，如图 A.5 所示。

在开环比值控制系统中，若主流量 F_1 变化，则副流量 F_2 将跟随变化，以满足 F_2=KF_1。然而，对副流量 F_2 的控制，本质上处于开环状态。F_2 的实测值没有反馈给调节器，当 F_2 发生变化时，难以保证 F_2 和 F_1 的比值关系，也就是说，开环比值控制系统对副流量 F_2 没有抗干扰能力。开环比值控制系统适用于副流量 F_2 较平稳且比值要求不高的场合。

2. 单闭环比值控制系统

为了解决开环比值控制系统对副流量 F_2 无抗干扰能力的问题，在开环比值控制的基础上，增加一个副流量 F_2 的闭环控制，构成了单闭环比值控制系统，如图 A.6 所示。

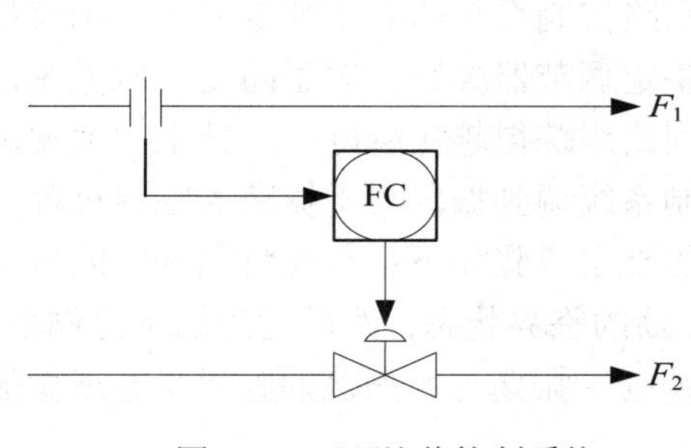

图 A.5　开环比值控制系统

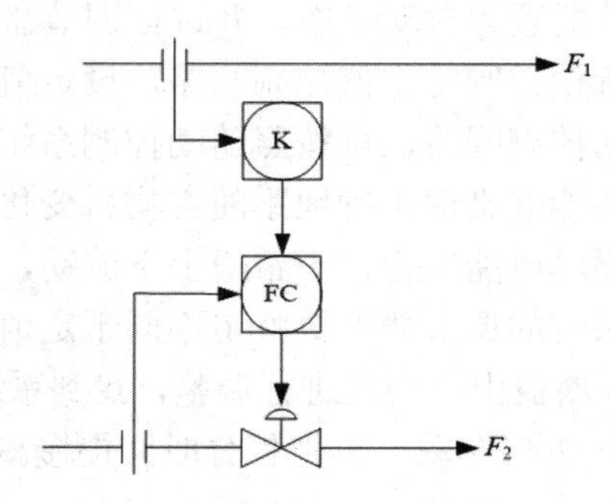

图 A.6　单闭环比值控制系统

当主流量 F_1 变化的时候，经过比值计算单元，将变化后的信号送给副流量调节器作为给定值，使副流量 F_2 跟随主流量 F_1 的变化成比例变化。在这种情况下，副流量控制回路实际上就是随动控制系统，当副流量 F_2 由于自身的干扰发生变化时，副流量闭环控制回路相当于一个定值控制系统，通过调节使流量比仍保持不变。

单闭环比值控制系统不但能实现副流量 F_2 跟随主流量 F_1 的变化而变化，而且能克服副流量 F_2 本身的干扰。但是，单闭环比值控制系统中的主流量 F_1 是不受控制的，总物料量不固定，对于负荷变化幅度大、物料又直接去化学反应器的场合不合适。当主流量 F_1 出现大幅度波动时，副流量调节器的给定值会出现比较大的变化，主、副流量比值会较大地偏离工艺要求，不能保证正确的动态比值。单闭环比值控制系统适用于主流量在工艺上不允许进行控制的场合。

3. 双闭环比值控制系统

单闭环比值控制系统中的主流量 F_1 是不受控制的，总物料量不固定，若对主流量 F_1 也进行闭环控制，就构成了双闭环比值控制系统，如图 A.7 所示。双闭环比值控制系统能够克服生产负荷的波动。

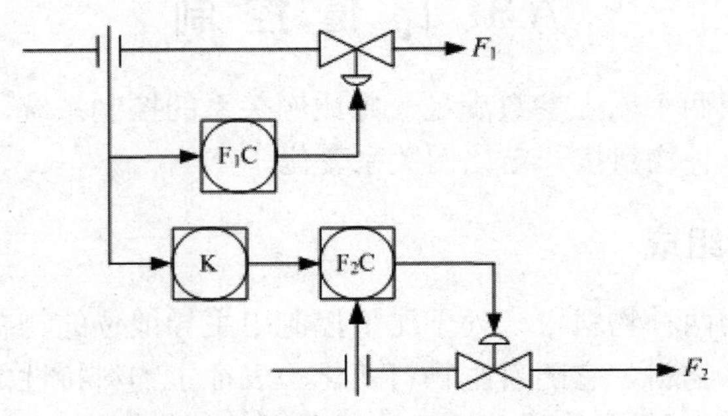

图 A.7 双闭环比值控制系统

双闭环比值控制系统是由定值控制的主流量控制回路和跟随主流量 F_1 变化的副流量控制回路组成的，主流量控制回路克服主流量 F_1 扰动，实现定值控制；副流量控制回路抑制副回路的干扰，从而使主、副流量均比较稳定，使总物料量也比较平稳。双闭环比值控制系统适用于主流量干扰频繁及工艺不允许负荷较大波动或工艺经常需要提降负荷的场合。

A.3.2 比值控制系统的整定

单闭环比值控制系统的投入运行和调节器参数整定，实际上与单闭环控制系统的投入运行和调节器参数整定是一样的，此处不再赘述。

双闭环比值控制系统的投入运行，首先需确保主、副调节器均处在手动状态；待系统稳定后，将主调节器置为自动状态，对主调节器进行参数整定，并将主流量 F_1 调整到要求的设定值，直到系统稳定；然后手动修改副调节器的 MV，观察副流量 F_2 和主流量 F_1 达到工艺所要求的比值附近时，将副调节器置为自动状态，并进行调节器参数整定。

主流量控制是定值控制回路，设定值不变，可使用单回路控制系统的参数整定方法；副流量控制是随动控制回路，可按照随动控制系统参数的整定方法整定调节器参数。对于随动控制系统，希望从物料能够迅速正确地跟随主物料变化，这就要求控制回路跟踪得越快越好。工艺上一般要求流量变化要尽可能平稳，不希望上下波动，因此要把随动控制系统调到振荡与不振荡的临界过程。随动控制系统的调节器参数整定不同于定值控制系统，具体的整定步骤如下：首先将积分时间置于最大，比例增益由小到大进行调整，找到系统处于振荡与不振荡的临界状态；然后适当缩小比例增益，一般缩小 20%左右，再把积分时间慢慢减小，直到找到系统处于振荡与不振荡的临界状态或微振荡状态为止。

A.3.3　流量比值控制系统

比值控制算式有乘法和除法两种，具体实施可以分为相乘与相除两种方案。实现两流量的比值关系，即 $F_2=KF_1$，可以对 F_1 的测量值乘上某一系数，作为 F_2 流量调节器的给定值，这种称为相乘方案，如图 A.8 所示。实现两流量的比值为 $K=F_2/F_1$，可以将 F_2 与 F_1 的测量值相除，作为比值调节器的测量值，这种称为相除方案，如图 A.9 所示。

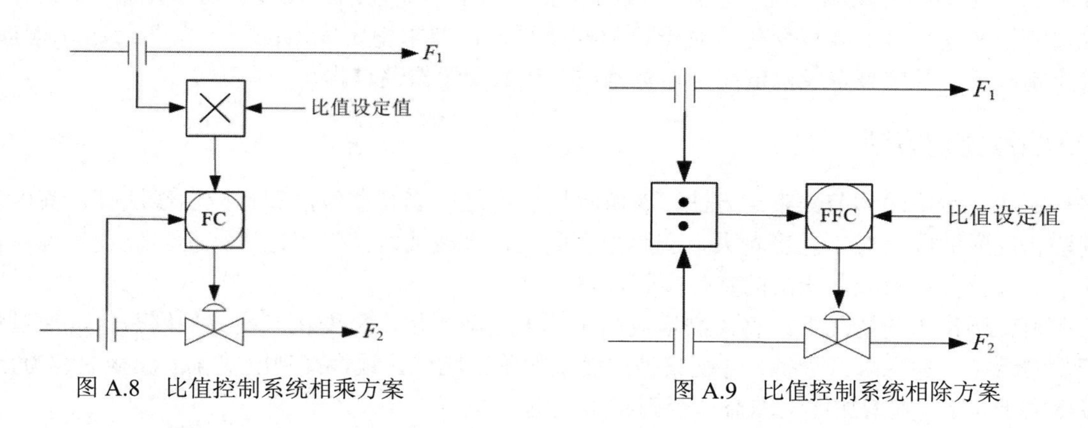

图 A.8　比值控制系统相乘方案　　图 A.9　比值控制系统相除方案

以今年赛题的反应器物料 A、B 控制为例，为保证物料 A、B 的流量符合比值要求，并考虑到物料 A、B 稳定和负荷出现波动时的抗干扰能力，采用双闭环比值控制方案。考虑到后期存在物料 A 循环物料回流，将其同样作为物料 A 流量调节器的输入信号，组成如图 A.10 所示基于乘法器的比值控制回路。

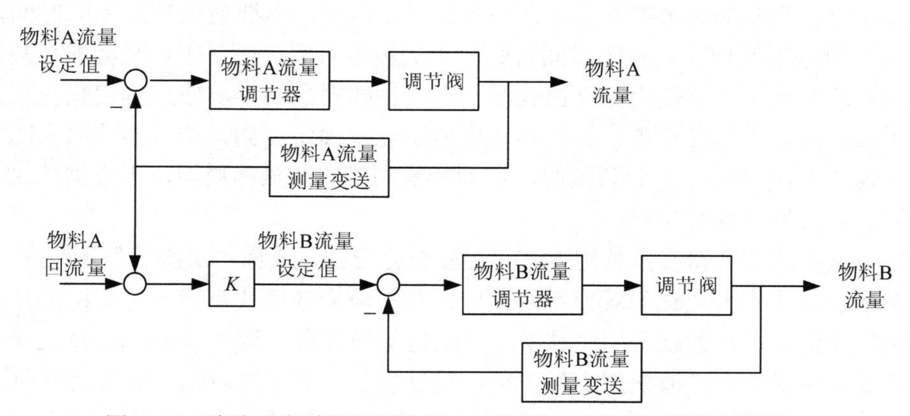

图 A.10　连续反应过程进料物料 A、物料 B 双闭环比值控制回路

A.3.4　应用场合和工程经验

一般情况下，总是把生产中的主要物料定为主动量 F_1，其他物料为从动量 F_2，并以从动量 F_2 跟随主动量 F_1 变化。在两种物料中，如果一种可控，另外一种不可控，则应选择不可控的物料为主动量 F_1，可控的物料为从动量 F_2。

如果两种物料中一种物料的供应不成问题，另一种物料可能供应不足，则要选择可能供应不足的物料为主动量 F_1。这样一旦主动量 F_1 因供应不足而失控，流量比值仍能保持。以今年的赛题为例，在物料 A、B 管线阀门均开满的情况下，可以发现物料 A 最大流量与物料 B 最大流量的比值超过 3:1，说明相对来说物料 B 可能供应不足。如果在控制系统实施时希望物料 A、B 尽量以最大流量进料，则可以选择物料 B 为主动量、物料 A 为从动量。有时主、从动量的选择可能关系到安全生产，此时需要从安全的角度选择主动量和从动量。

A.4 调节器整定

控制系统的性能取决于对象特性、控制方案、干扰的形式和大小以及调节器参数的整定等各种因素，其中调节器的整定对控制系统性能的影响是重要的，但也不是万能的。如果被控对象特性不好，控制方案选择不合理，或是仪表选型不对、安装不当，那么无论怎样整定调节器参数也是达不到控制要求的。对不同的控制系统，整定的目的和要求也是不一样的。比如，对于定值控制系统，一般要求过渡过程呈现 4:1 衰减变化；对于比值控制系统，要求整定成振荡与不振荡的边界状态；对于均匀控制系统，要求整定成幅值在一定范围内变化的缓慢振荡过程。

A.4.1 调节器整定方法

工程整定法是常用的调节器整定方法，有临界比例度法、衰减曲线法和反应曲线法等，其中临界比例度法和反应曲线法对工艺影响大，应用受到限制，衰减曲线法对工艺干扰小、便于实施，在工程实际中应用较多。衰减曲线法的整定步骤如下：

（1）在纯比例作用的情况下，将比例增益由小到大逐渐变化，每变化一次比例增益值，通过修改被控变量的给定值加入阶跃干扰，并观察被控变量的阶跃响应曲线，直到出现 4:1 衰减曲线为止。如果衰减比大于 4:1，则增加比例增益，否则减小比例增益。

（2）根据出现 4:1 衰减的比例增益和振荡周期可以计算得出不同类型的 PID 调节器的积分时间和微分时间。

（3）计算出调节器参数之后，先将比例增益放在比计算值稍小一些（一般小 20%）的值上，再依次设定积分时间和微分时间，最后再将比例增益设置到计算值上即可。

衰减曲线法整定得到的调节器参数，往往控制作用偏强，需要适当增加积分时间，才能够得到较为理想的 4:1 衰减响应曲线。对于时间常数较小的被控对象，由于不容易测取衰减振荡周期，或者干扰较为频繁的系统不适宜使用衰减曲线法。有些被控对象由于响应过程较快，从记录曲线上读出衰减比有困难，此时可以通过观察调节器输出的变化来确定。如果调节器输出来回摆动两次就达到稳定状态，则认为该过程是 4:1 衰减的，波动一次的时间即振荡周期，再根据此时调节器的比例增益值就可以计算出调节器的参数。

另一种更为常用的调节器参数整定方法是经验整定方法，或称“试凑法”。该方法首先在纯比例作用下将比例增益由小到大变化，观察系统响应，直至响应速度快且有一定范围的超调时为止，得到满意的比例增益值后，再继续采用“试凑法”确定其他参数。调节器 P、I、D 三个参数的大小都不是绝对的，而是相对的，只能根据实际工况，反复权衡，既把握原则，又灵活处理。

A.4.2 工程经验

参数整定找最佳，从小到大顺序查。先是比例后积分，最后再把微分加。
曲线振荡很频繁，比例度盘要放大。曲线漂浮绕大弯，比例度盘往小扳。
曲线偏离回复慢，积分时间往下降。曲线波动周期长，积分时间再加长。
曲线振荡频率快，先把微分降下来。动差大来波动慢，微分时间应加长。
理想曲线两个波，前高后低四比一。一看二调多分析，调节质量不会低。
简单一句话：学会看曲线！

作 者 简 介

马昕（1975— ），女，高级工程师，研究方向：控制系统应用，E-mail：maxin@mail.buct.edu.cn。

附录 B　卷绕张力控制

顾和祥（西门子（中国）有限公司）

B.1　卷绕张力控制系统的组成

在各类生产机械中，卷绕是一种非常普遍、经典的应用，其系统主要由放卷、牵引及收卷等组成（见图 B.1）。放卷负责将材料从母卷中放出，有主动放卷和被动放卷两种形式；牵引是系统的牵料部分，将放卷的料牵回、收卷，牵引辊的线速度代表生产线的速度；收卷是将牵引过来的料，按照一定的规格收起来。在整个系统运行过程中，各部分必须相互配合，并保持张力稳定。在控制过程中，张力控制是最重要、最关键的环节，张力控制的好坏将直接影响产品的质量。为了保证系统高效稳定地运行，除了需要牵引能够保持速度稳定外，必须控制好整个系统各环节的张力。

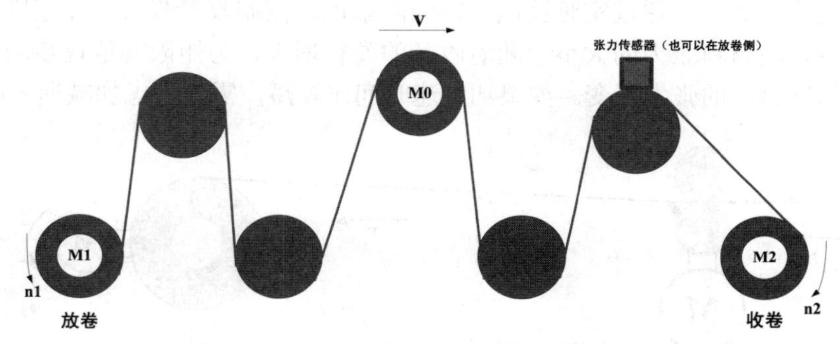

图 B.1　常用卷绕应用系统示意图

在卷绕应用系统中，根据不同的应用场合，张力控制通常有两种控制模式：开环张力控制和闭环张力控制。开环张力控制是指系统按照设定的张力进行控制，没有实际张力测量装置，不需要额外的硬件，实际张力的大小完全由计算得到，一般适用于对张力控制的精度要求不是非常严格或安装张力测量装置不是很方便的场合。闭环张力控制是指实际张力的大小由张力测量装置得到，通过比较设定张力和实际张力的差值，进行实时控制，时刻保持实际张力与设定张力一致，需要安装实际张力测量装置，一般适用于对张力控制的精度要求比较高的场合。

卷绕系统的电气控制部分是整个系统控制的核心，张力控制精度，除了和机械有关外，很大程度上与电气控制部分有关，控制部分的硬件、控制模式以及算法将会直接影响系统的张力。电气控制部分主要由操作屏（HMI）、控制器、驱动器、电机及张力测量装置等组成，根据不同的应用场合，有些设备还装有实际速度测量和卷径测量装置等。系统控制框图如图 B.2 所示。

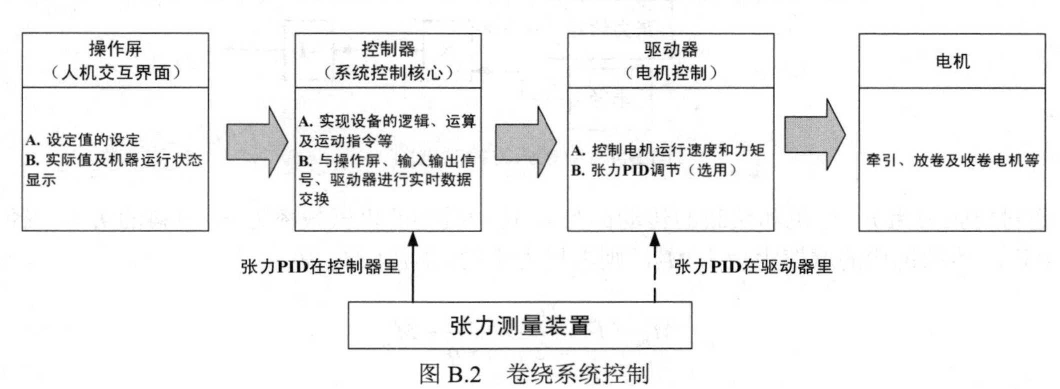

图 B.2　卷绕系统控制

在卷绕应用中，收卷和放卷部分都需要进行张力控制，即在材料运行过程中，既要保证收卷的张力稳定，又要保持放卷的张力稳定，本部分重点讨论在收卷应用中的张力控制，放卷应用的张力控制和收卷非常类似。

B.2 张力控制方式

在卷绕应用中，张力控制方式通常有四种：间接张力控制、直接张力控制、浮动辊位置控制、线速度控制，下面以收卷为例阐述这四种控制方式。

在张力控制中，经常会用速度控制下的力矩限幅来代替纯力矩模式，因为纯力矩控制模式。在空载和断料的情况下，容易造成飞车，必须进行适当的控制，而速度控制模式不会存在飞车现象，所以，这种控制模式经常被用于张力控制。

B.2.1 间接张力控制

这是一种开环张力控制方式（见图 B.3），没有实际张力测量装置，张力的大小完全通过计算得到。电机工作在速度模式下，通过实时控制力矩的限幅值，控制收卷张力，让速度环工作在饱和状态。力矩的限幅值反映材料张力的大小，随着收卷的卷径增大，力矩限幅值逐步增大，电机的力矩也随之增大，以保证材料的张力不变。如果加减速时间比较短，需要考虑加减速时的力矩变化。

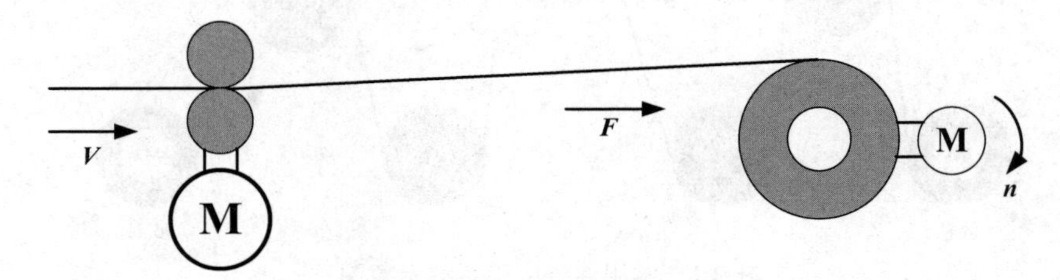

图 B.3 间接张力控制示意图

控制框图如图 B.4 所示。

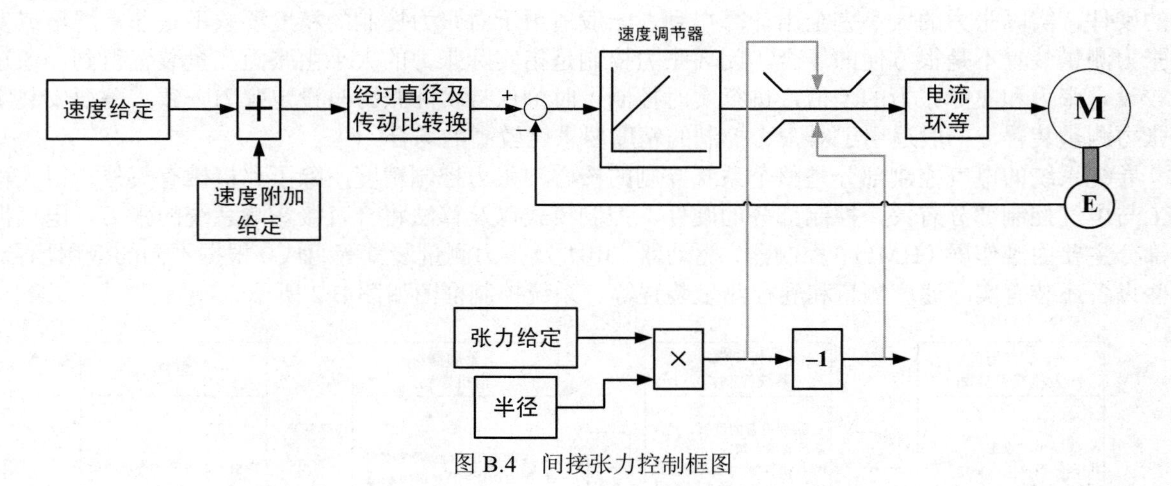

图 B.4 间接张力控制框图

设定材料张力为 F，电机和负载的传动比为 i，传动机构的机械效率为 η，材料的实时卷径为 D_{act}（m），电机及传动机构的摩擦力矩为 M_R，则电机力矩的限幅值 M_m 为

$$M_m = F \times \frac{D_{\mathrm{act}}}{2} \times \frac{1}{i \times \eta} + M_R$$

负载惯量为 J_v，电机惯量为 J_m，假设电机加减速时间相同，其角加速度 α_m，在加减速时的电机的附加力矩为 M_a，则

$$M_a = \left(\frac{J_v}{i^2 \times \eta} + J_m \right) \times \alpha_m$$

材料运行的速度为 V（m/min），附加速度为 V_0（m/min），则电机的速度给定 n_{set}（r/min）为

$$n_{\text{set}} = i \times (V + V_0) \times \frac{1}{\pi \times D_{\text{act}}}$$

根据上述公式算得的 n_{set} 作为收卷电机的速度给定，M_m 作为速度环的力矩限幅，M_a 作为加减速时的附加力矩给定，从而保证电机在匀速及加减速时材料张力的稳定。

B.2.2　直接张力控制

这是一种闭环张力控制方式（见图 B.5），又分两种控制模式：速度调节和力矩限幅值调节，实际张力的大小通过张力传感器测得。当工作在速度调节模式时，张力控制器的输出作为速度的附加给定；当工作在力矩的限幅值调节模式时，张力控制器的输出作为力矩的限幅值的附加给定。由于测量的是实际张力，所以两种控制模式的控制精度很高。但由于干扰及测量装置的本身精度问题，容易引起张力的波动，控制起来有一定的难度，所以实际控制过程中，有时需要对测量信号进行适当的处理

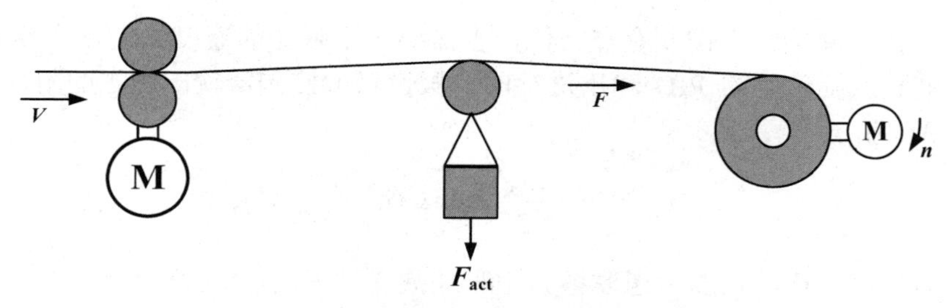

图 B.5　直接张力控制示意图

当张力控制器的输出作为速度的附加给定时，其控制框图如图 B.6 所示。

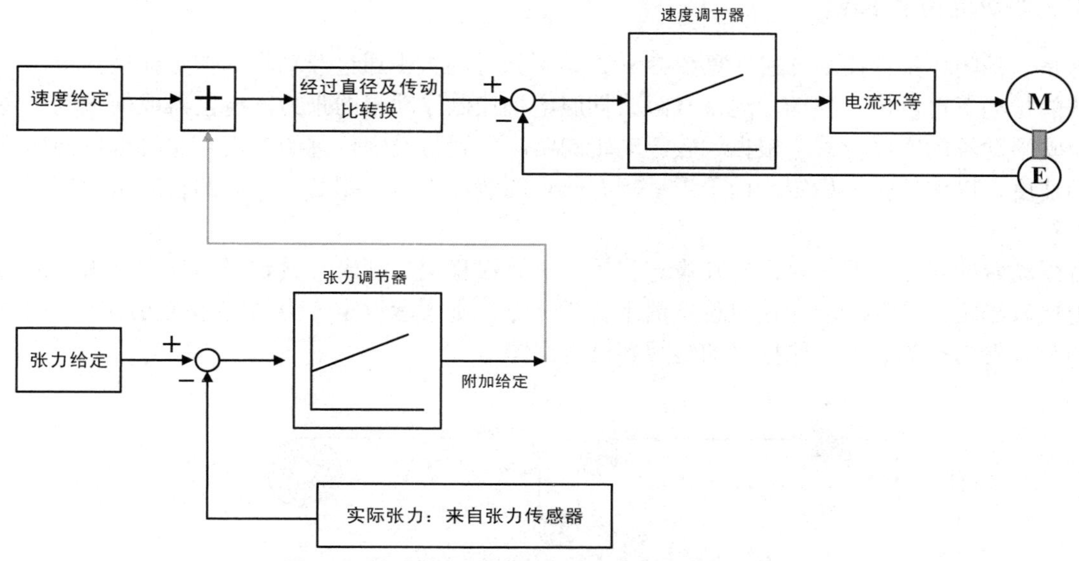

图 B.6　张力控制器输出作为速度附加给定的控制

设材料运行速度为 V（m/min），张力控制器输出产生的速度附加给定为 ΔV，则收卷电机的速度给定 n_{set} 为

$$n_{\text{set}} = i \times (V + \Delta V) \times \frac{1}{\pi \times D_{\text{act}}}$$

当张力控制器的输出作为力矩极限的附加给定时，控制框图如图 B.7 所示。

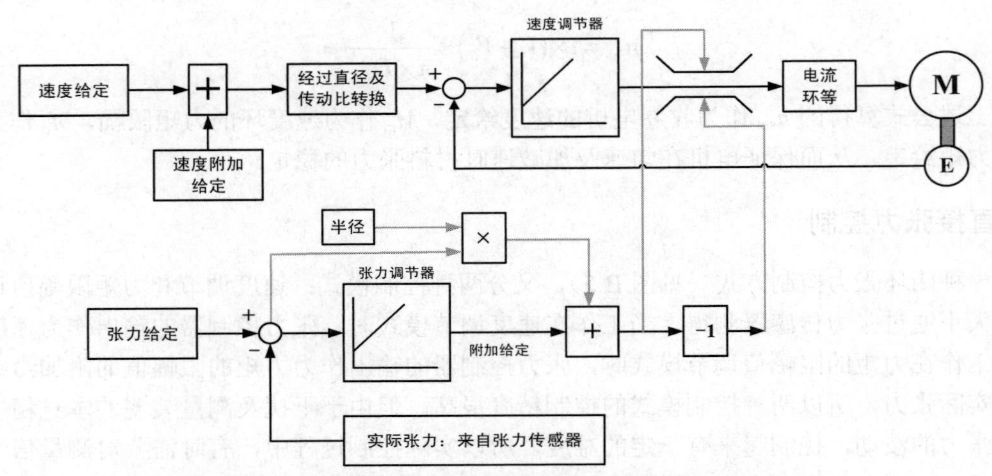

图 B.7　张力控制器输出作为力矩极限附加给定的控制

控制过程和上述的间接张力控制有点类似，也需要一个附加的速度给定，力矩的限幅值的调整是根据张力设定值和实际值差的 PID 输出进行的。假设张力控制器输出产生的附加力矩为 ΔM，则电机的力矩极限 M_m 为

$$M_m = \left(F \times \frac{D_{\text{act}}}{2} + \Delta M \right) \times \frac{1}{i \times \eta} + M_R$$

与上述的间接张力控制一样，也要考虑摩擦力矩和加减速过程的加/减速力矩。

由于张力控制器的输出参与了张力控制，所以能够保证材料在运行时，实际张力和设定张力保持一致，且精度很高。

B.2.3　浮动辊位置控制

这是一种闭环张力控制方式（见图 B.8），实际张力的大小通过浮动辊的位置间接获得，浮动辊在材料的拉动下可以上下移动，通过气缸或伺服电机控制浮动辊的张力，电位器或伺服电机转动的角度反映浮动辊的实际位置。根据比较浮动辊的实际位置与设定位置的差值，实时地自动调节收卷电机的速度，以保持张力稳定。由于浮动辊有一定的缓冲作用，相对于前面的直接张力控制来说，调试相对容易一些。

若浮动辊的实际位置一直保持在设定位置上，且很稳定，则表示设定张力与实际张力值相等，且张力比较稳定。若浮动辊在设定位置的上方或下方，则表示设定张力与实际张力不等，此时需要自动调节收卷电机的速度，保持浮动辊回到设定位置。

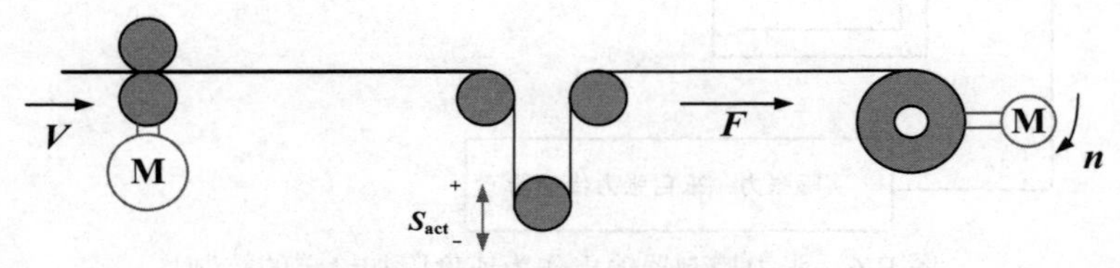

图 B.8　浮动辊位置控制示意图

控制框图如图 B.9 所示。

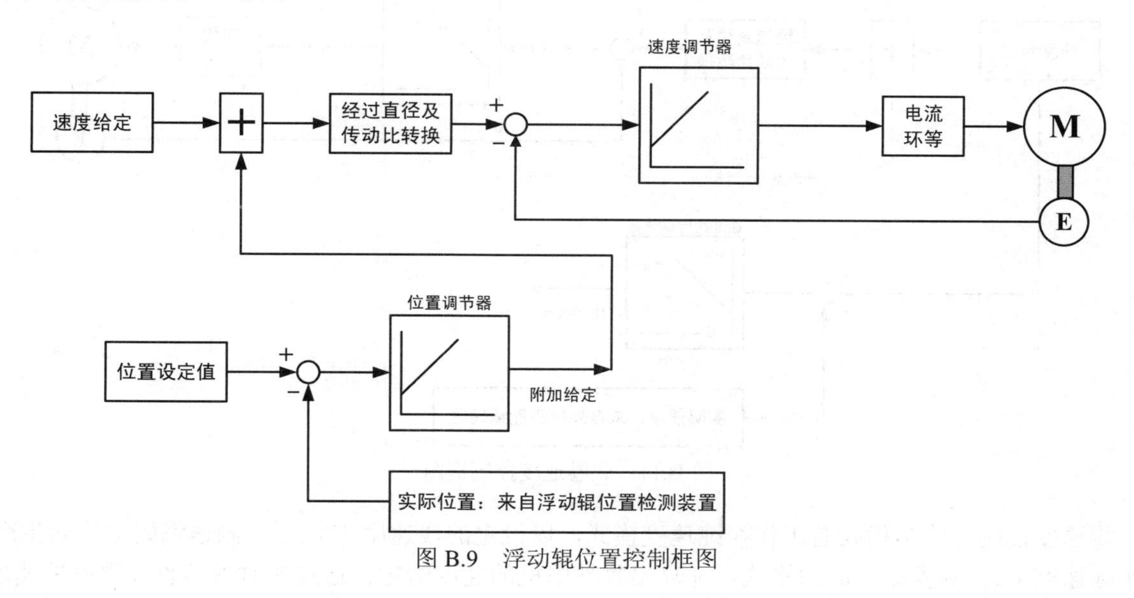

图 B.9　浮动辊位置控制框图

材料运行速度为 V（m/min），浮动辊的位置控制器输出产生的速度附加给定为 ΔV，则收卷电机的速度给定 n_{set} 为

$$n_{set} = i \times (V + \Delta V) \times \frac{1}{\pi \times D_{act}}$$

根据上述公式算得的 n_{set} 作为收卷电机的速度给定，由于浮动辊的位置控制器的输出参与了速度给定，从而保证材料在运行时，实际张力和设定张力保持一致。如果控制得当，那么材料在加减速及匀速运行过程中浮动辊都能保持不动。

B.2.4　线速度控制

这种张力控制模式在实际应用中不常用，与前面描述的几种控制方式不一样，前面讲述的无论是间接或直接张力控制，都需要有牵引电机，牵引电机工作在纯速度模式，用它来控制和稳定生产线的速度。而这种控制模式，需要用外接编码器来测定生产线速度，用张力测量装置测得实际张力作为直接张力控制，也可以用计算的方法算得实际张力作为间接张力控制，收卷和放卷中的一个用来控制线速度，另外一个用来控制张力，这样既能保证生产线的速度稳定，又能保证材料的张力稳定。

近几年的“西门子杯”中国智能制造挑战赛的运动控制赛就是这种控制模式，如图 B.10 所示，通过收卷电机控制生产线速度，放卷电机控制张力。

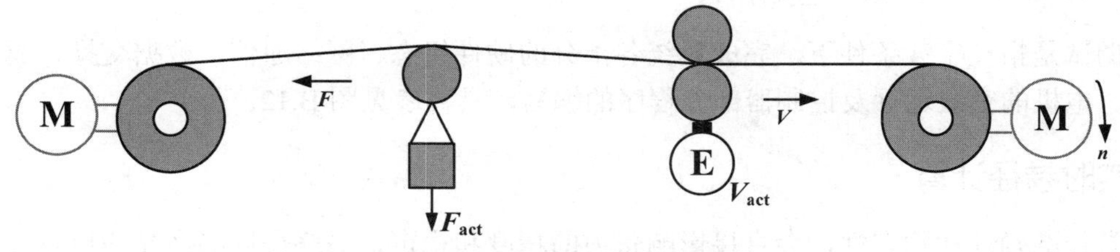

图 B.10　线速度控制示意图

收卷的速度控制的框图如图 B.11 所示（放卷的张力控制部分与前述收卷张力控制部分的框图类似）。

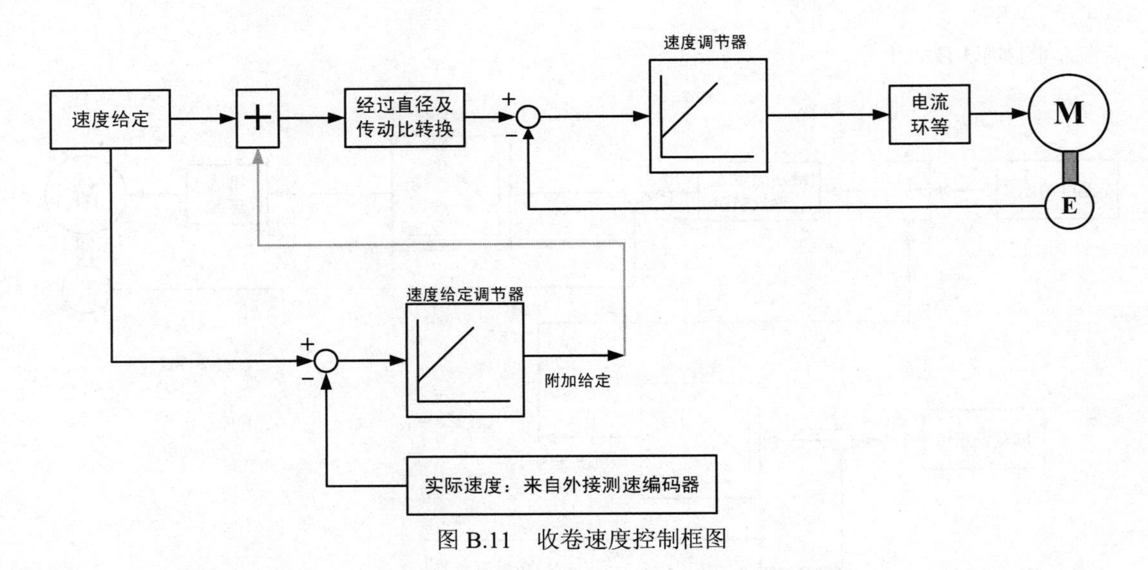

图 B.11　收卷速度控制框图

线速度控制方式是指收卷工作在纯速度模式，以设定的线速度 V 运行，测速编码器检测生产线的实际速度 V_{act}，则根据下面的格式，计算出收卷电机的速度给定，通过实时调节收卷电机的速度，从而保证生产线的速度稳定。

$$n_{set} = i \times \left(V + \Delta V\right) \times \frac{1}{\pi \times D_{act}}$$

或

$$n_{set} = i \times V_{act} \times \frac{1}{\pi \times D_{act}}$$

根据上述公式算得的 n_{set} 作为收卷电机的速度给定，由于实际线速度是通过外接编码器测得，所以线速度应该比较准确，放卷既可以是直接张力控制又可以是间接张力控制。但由于没有牵引辊，要同时保持速度的稳定和张力精度，实际调试起来有一定的难度。

B.3　张力控制的调试

对于卷绕应用，不同的设备和材料有不同的要求，但通常都要确保在加减速及匀速运动过程中，既不能拉断材料，又要保持张力的稳定和精度，比如对于薄膜的分切和复卷的张力控制还要控制底皱、面皱及端面的平整，要做到无底皱、无面皱及端面整齐。为了满足这些需求，调试过程、步骤及对设备的工艺了解就显得非常重要。

B.3.1　系统的基础调试和前期准备

基础调试是指在空载条件下，完成系统各部分的硬件组态、网络通信、数据交换、驱动系统的参数优化、电机的空载运行及控制器部分程序的编写，具体参见图 B.12。

B.3.2　实时卷径计算

实时卷径准确性和稳定性，会直接影响张力的精度和稳定，最终会影响产品的质量，尤其对于间接张力控制更为重要，因为它没有张力测量装置，张力值完全靠计算获得。卷径计算有很多种方法，可以根据不同的材料和控制方法来选择相应的计算方法，下面重点介绍四种常用的卷径计算方法。

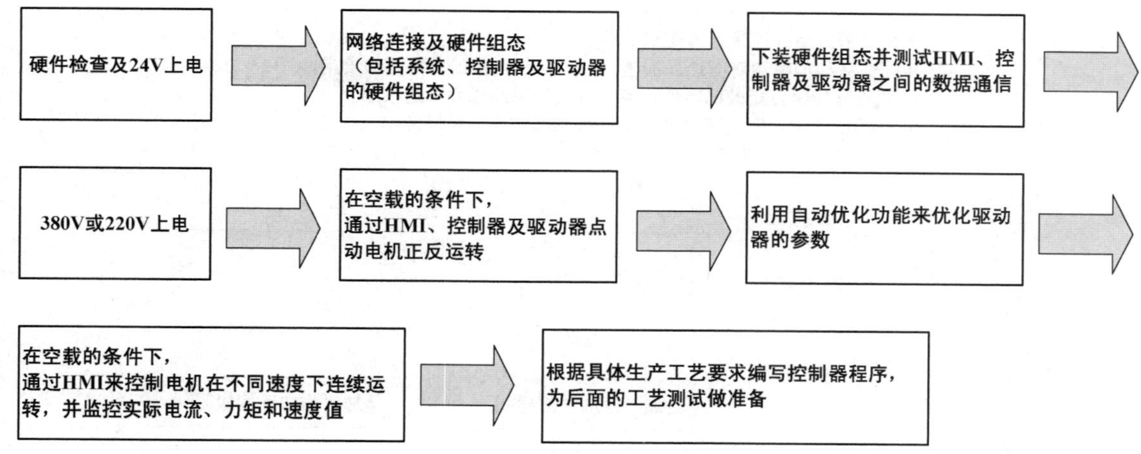

图 B.12　张力控制系统基础调试流程

实时速度计算法：这种方法比较直接，也不会依赖初始卷径的精度。但在低速时，误差会比较大，在加减速时也会产生一定的误差，所以在这些阶段需要做适当的处理。假设初始卷径为 D_0，则

开始运行时：

$$D_{\text{act}} = D_0$$

正常运行时：

$$D_{\text{act}} = \frac{i \times V_{\text{act}}}{\pi \times n_{\text{act}}}$$

积分法：这种方法相当于是计算平均值，积分时间通常是圈数，相对于实时速度计算法，卷径值相对比较稳定。但由于是基于实时速度，所以速度的波动还是会影响卷径的计算值，为了得到比较准确的卷径值，在低速和加减速时，也需要做适当的处理。假设初始卷径为 D_0，则

开始运行时：

$$D_{\text{act}} = D_0$$

正常运行时：

$$D_{\text{act}} = \frac{i \times \int v}{\pi \times \int n_{\text{act}}}$$

厚度叠加法：这种方法是基于初始直径和材料的厚度，根据收卷的圈数或长度来叠加厚度，收卷每转一圈卷径增加两倍厚度，从而得出卷径值，所以计算出来的卷径非常稳定，不会受低速和加减速的影响。但必须很准确地知道初始卷径值，而且要求材料的厚度比较均匀，否则计算出来的卷径不准确。假设初始卷径为 D_0，材料的厚度为 d，则实时卷径为

开始运行时：

$$D_{\text{act}} = D_0$$

正常运行时：

$$D_{\text{act}n} = D_{\text{act}(n-1)} + 2d$$

直接测量法：这种方法是通过位移传感器，直接测得卷径，这是最直接也是最好的方法，但需要增加一定的费用并有适当的安装位置。

在实际调试过程中，会根据不同的材料类型和设备，选择适合的卷径计算方法。但无论是哪种方法，卷径的准确和稳定对调试来说都非常重要，所以实际调试过程中还会对卷径进行适当的处理。

B.3.3　张力调试

完成以上的步骤后，就可以进行收卷的张力调试，分别以间接张力控制和直接张力控制为例，描述调试步骤，其他的控制方式以此作为参考，具体参见图 B.13。

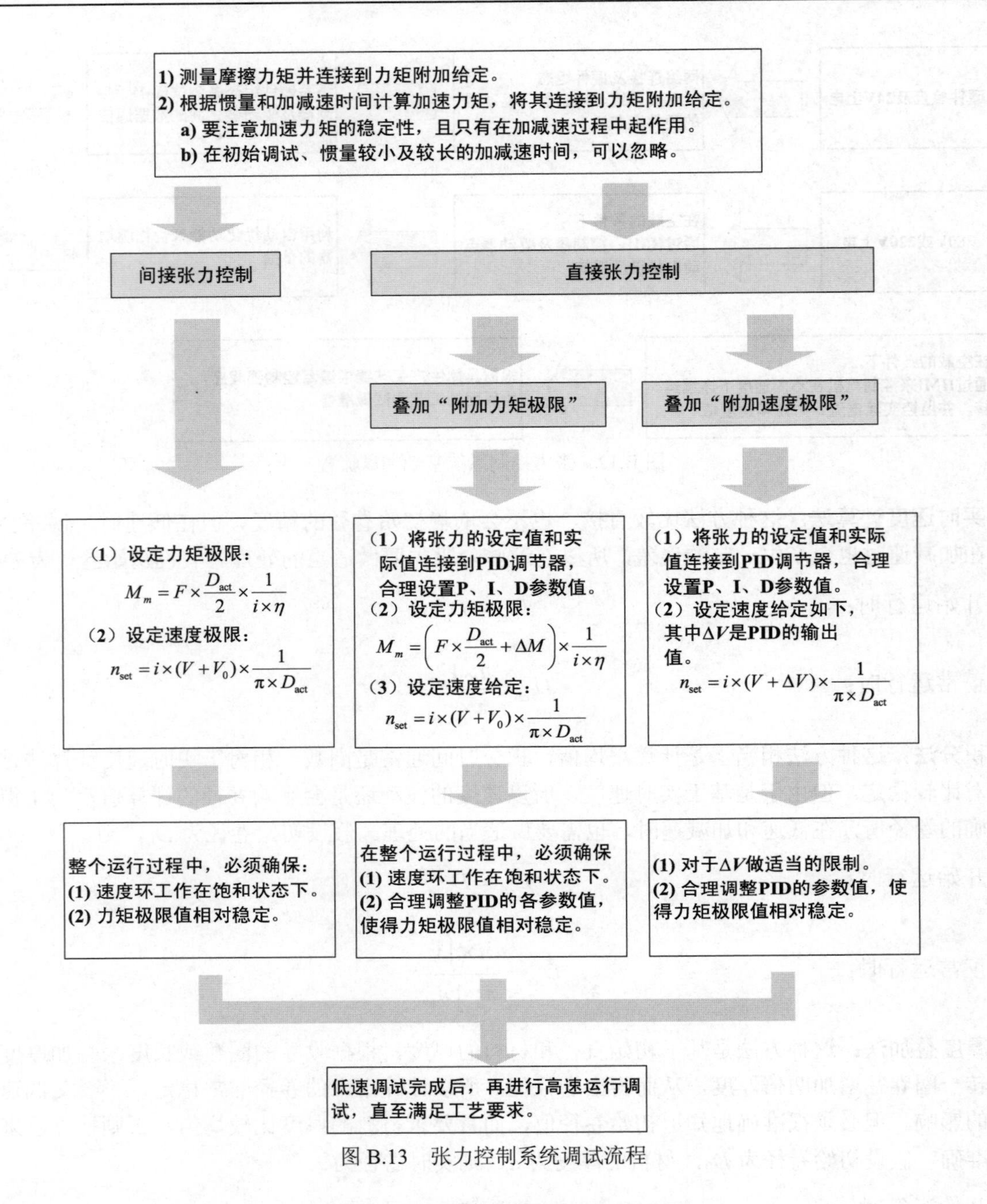

图 B.13　张力控制系统调试流程

B.4　张力控制的应用场合

张力控制被广泛应用于各类生产机械中，如冶金行业的开卷线、造纸行业的纸机生产线最后收卷、纺织行业的浆纱机、尿不湿行业的生产线、印刷行业的放卷和收卷、线缆行业的收卷和排线，包装行业的纸和薄膜的分切和复卷、电池的卷绕、多晶硅和蓝宝石切片的收放卷等，可以说卷绕的张力控制是各类生产机械中最常用的应用之一。

作 者 简 介

顾和祥（1968—　），男，通用运动控制应用技术部门经理，高级工程师，研究方向：运动控制整体解决方案，E-mail：hexiang.gu@siemens.com。

附录 C　工业网络项目实战

高　静，吴佛清，顾　清，吴　博（西门子（中国）有限公司）

C.1　工业网络通信需求及解决方法

由民用需求发展而来的以太网技术对于通信延时不敏感，因为在这些应用场合，人们对于数据传输的时间并不那么敏感，例如，我们通常不会太在意设备数据和网页画面在加载更新时出现的几毫秒或几十毫秒甚至几秒的延迟。对于工业现场的产线设备，这种数据通信的非确定性延时会严重影响和制约其控制性能。尤其是在运控系统中，为了达到较高的动态响应特性，控制器与驱动器之间必须能以极为精准确定的时间周期进行位置/指令数据的高频交互，这恰恰是传统的以太网技术无法做到的。工业数据通信网络具有以下特点：

（1）周期与非周期信息同时存在，在正常工作状态下，周期性信息（如，过程测量与控制信息、监控信息等）较多，而非周期信息（如突发事件报警、程序上下载等）较少；

（2）有限的时间响应，一般办公室自动化计算机局部网响应时间可在几秒范围内，而工业控制局域网的响应时间应为 0.01～1 秒；

（3）信息流向具有明显的方向性，通信关系比较确定。在正常工作情况下，变送器只需将测量信息传送到控制器，而控制器则将控制信息传送给执行机构，来自现场仪表的过程监控与突发事件信息则传向操作站，一般操作站只需将下载的程序或配置数据传送给现场仪表等；

（4）根据组态方案，信息的传送遵循严格的时序；

（5）传输的信息量少，信息长度比较小，通常仅为几位或几个、十几个、几十个字节；网络吞吐量小；

（6）网络负荷较为平稳，工业控制网络作为一种特殊的网络，直接面向生产过程和控制，肩负着工业生产测量与控制信息传输的特殊任务，并产生或引发物质或能量的运动和转换。因此，它通常应满足强实时性与确定性、高可靠性与安全性、工业现场恶劣环境的适应性、总线供电与本质安全等特殊要求。

C.1.1　实时性需求及解决方法

1. 实时性需求

对于控制网络，它的主要通信量是过程信息及操作管理信息，信息量不大，但实时响应时间要求较高。目前根据不同的应用场合，将实时性要求划分为三个范围：信息集成和较低要求的过程自动化应用场合，实时响应时间要求是 100ms 或更长；绝大多数的工厂自动化应用场合实时响应时间的要求最少为 5～10ms；对于高性能的同步运动控制应用，实时响应时间要求低于 1ms，同步传送和抖动时间小于 1μs。

2. 针对实时性需求的解决方法

（1）针对不用应用场景，需要采用支持相应实时通信的工业以太网协议及设备，PROFINET 为自动化通信领域提供了一个完整网络解决方案，包括以下三种通信协定等级：

① TCP/IP是针对 PROFINET CBA 及工厂调试用，其反应时间约为 100ms。

② RT（实时）通信协定是针对 PROFINET CBA 及 PROFINET IO 的应用，其反应时间小于 10ms。

③ IRT（等时实时）通信协定是针对驱动系统的 PROFINET IO 通信，其反应时间小于 1ms。

1）PROFINET 实时通信现场应用场景

在 PROFINET IO 网络中，程序资料和警告都是实时（Real Time，RT）传送。PROFINET 的实时是依 IEEE 及 IEC 的定义，在一个网络周期内允许在有限的时间内处理实时的服务。实时通信是 PROFINET IO 资料交换的基础。在处理时，实时资料的优先权比 TCP（UDP）/IP 资料要高。PROFINET RT 是分散式周边实时通信的基础，也是 PROFINET 元件模型（PROFINET CBA）的基础。一般资料交换的总线循环时间约在数百微秒以内。

由于 PROFINET IO RT 的实时刷新时间能够达到 250μs，且通过报文优先级可保证实时性，因此能够满足大多数非运动控制，且对数据实施性要求不是特别高的场合，比如石化、冶金、矿山、食品饮料、航空航天、地铁、电力电子、物流存储等多行业应用。

2）PROFINET 等时通信及现场应用场景

PROFINET 的等时资料交换定义在等时实时（Isochronous Real Time，IRT）机能中，具有 IRT 机能的 PROFINET IO 现场设备有整合在现场设备中的 switch ports，可以用像以太网控制器 ERTEC 400/200 为基础。一般资料交换的总线循环时间约从数百毫秒至数微秒。等时通信和实时通信的差异是前者有高度的确定性，因此总线周期的起始时间可维持到很高的准确度，其抖动至多到 1 μs（jitter）。像马达位置控制程序的运动控制应用就会用到等时实时通信。由于 PROFINET IO IRT 对始终同步及延迟抖动的高标准要求，因此需要使用专门的 PROFINET IO IRT 处理芯片。

PROFINET IO IRT 主要应用一些运动控制，多轴同步的应用场合，主要是在一些高精度加工行业，如机床、金属切割、钢铁热连轧等。

（2）利用控制网络通信可以实现预计的特性，通过在网络设计时选择网络的拓扑结构、控制各网段的负荷量、现场设备分布位置，可在很大程度上降低网络负荷。

（3）目前工业以太网的通信速率已经达到 1000Mb/s，全双工通信设备可以同时发送和接收，1000Mb/s 的工业以太网主干实际上提供了 2000Mb/s 的带宽。提高通信速率，减少通信信号占用传输介质的时间，可以减少信号的碰撞冲突。

C.1.2 可靠性需求及解决方法

1. 可靠性需求

工业以太网必须连续运行，它的任何中断和故障都可能造成停产，甚至引起设备和人身事故。

2. 针对可靠性需求的解决方法

（1）针对不用的应用场景采用不同的冗余协议及冗余设备，为了满足工业网络通信可靠性，且达到快速收敛的要求，一般采用环网协议，这其中又包含网络重构时间和无网络重构时间两个方面：

① 标准的介质冗余环网协议（MRP）或各工业网络厂商自行开发的工业高速冗余环网协议（如西门子的 HRP、MOXA 的 Turbo Ring 和赫斯曼的 Hi-HSR 等），这些协议的工作机制基本是通过在环网管理器中双向发送检测帧来达到快速切换的目的，主要应用于对网络切换要求不严格的工业场合。

② 无网络重构的环网协议，如并行冗余协议（PRP）或高可用性无缝环网协议（HSR），其工作机制是通过其模块上的两个冗余口，将接在该交换机上的单帧复制为双桢，采用先到先转发，后到丢弃的工作机制达到网络 0ms 切换的目的，主要应用于对网络切换要求极其严格的场合，如电力行业的 SCADA 综合监控。

③ 增加冗余单元可以提高网络强壮度，从而提高工业控制系统的整体可用性。在网络中增加适当的冗余单元，在故障发生时使用冗余单元接替故障单元的通信任务。

（2）采用具有高可靠性的工业以太网设备，保证在恶劣环境下数据传输的完整性、可靠性。工业以太网设备有良好的环境适应性，含机械稳定性、气候环境适应性、电磁环境适应性或电磁兼容性 EMC 等要求。同时工业以太网设备应采用体积小巧、便于导轨安装、提供冗余供电的设计。

（3）采用专用屏蔽线缆、工业连接器，不仅简化了工业现场网络的布线，而且能提高整体网络的抗干扰能力和可靠性。

C.1.3　工业信息安全需求及解决方法

1. 工业信息安全需求

过去十几年间，世界范围内的过程控制系统（DCS/PLC/PCS/RTU 等）及 SCADA 系统广泛采用信息技术，Windows、Ethernet、现场总线技术、OPC 等技术的应用使工业设备接口越来越开放，企业信息化让控制系统及 SCADA 系统等不再与外界隔离。但是，越来越多的案例表明，来自商业网络、因特网、移动 U 盘、维修人员笔记本电脑接入以及其他因素导致的网络安全问题正逐渐在控制系统及 SCADA 系统中扩散，直接影响了工业稳定生产及人身安全，甚至对基础设备造成破坏。

随着工业控制网络与企业管理网络的逐渐融合。网络信息安全方面的问题逐渐显现出来。信息本身的保密性、完整性、鉴别性以及信息来源和去向的可靠性是每一个管理者和操作者始终不可忽视的，也是整个工业控制网络系统必不可少的重要组成部分。

2. 常用的工业网络信息安全策略

（1）采用工业网络安全设备，针对不同需求采用不同的安全策略配置，工业网络安全防护——防火墙是作用于不同安全域之间，具备访问控制及安全防护功能的网络安全产品。这类设备进行了针对工业环境、工业特性等方面的强化设计。

① 采用策略路由。

根据不同需求可采用的策略路由如下：

- 基于源、目的 IP 策略路由；
- 基于下一跳接口的策略路由；
- 基于协议和端口的策略路由；
- 基于应用类型的策略路由；
- 基于多链路负载情况自动选择路由。

② 冗余部署。

采用冗余部署的防火墙，至少能够支持“主-备”“主-主”或“集群”中的一种模式。

③ 包过滤。

根据不同需求可采用的包过滤策略如下：

- 最小安全原则，即除非明确允许，否则就禁止；
- 基于源 IP 地址、目的 IP 地址的访问控制；
- 基于源端口、目的端口的访问控制；
- 基于协议类型的访问控制；
- 基于 MAC 地址的访问控制；
- 基于时间的访问控制。

④ NAT。

根据不同需求可采用的 NAT 如下：

- SNAT 技术，至少可实现“多对一”地址转换，使得内部网络主机访问外部网络时，其源 IP 地址被转换；
- DNAT 技术，至少可实现“一对多”地址转换，将 DMZ 的 IP 地址/端口映射为外部网络合法IP地址/端口，使外部网络主机通过访问映射地址和端口实现对DMZ服务器的访问；

- 动态SNAT技术，实现“多对多”的SNAT。

（2）建置应用程序白名单：只允许预先经认可的应用程序来执行，让网络能侦测并防止恶意袭击。

（3）降低易受攻击的表面范围、建立可防御的环境：关闭未使用的端口以及未用的服务。只有在绝对必要时才允许即时的外部连接。正确的架构有助于限制从外围入侵的潜在损害，将工业网络与不受信赖的外部网络隔绝开来。因此，透过双重因素认证、限制使用者权限的存取、为企业与控制网络存取提供不同的认证，以及各种保护机制，都有助于强化认证。

（4）监测与应对计划：持续监测网络以避免可能的入侵迹象或其他攻击，同时应事先制定好入侵时的应对计划并且迅速采取行动，这样可限制受损害的程度，也有利于尽快恢复。

C.2 工业网络案例与工程经验

C.2.1 案例1：钢厂铁路站无人化机车工业无线网络设计

1. 项目背景

建设数字化绿色钢厂，是钢铁行业探索工业4.0的主要愿景，其中在危险和环境恶劣区域实现少人化和无人化又是在探索实践道路上的关键步骤，钢厂铁路站的“机车无人化”应用，其总体思路是以机车作为独立的智能化单元进行运行控制，机车根据作业指令自行选择进路，实现精准对位，并依托地面设施实现自动摘挂钩以及车辆的制动活动。通过主机实现对全部铁路运输相关的设备设施状态信息进行集中统一控制，实时采集机车、车辆、道岔、道口、厂房、厂门信号以及铁路限界等相关状态，根据现场的状态，实时控制机车、道岔、信号等，实现车辆运输无人化操作。

建立安全可靠的无线通信平台是整个“无人化机车”项目的重要组成部分，通信平台在整个系统中发挥了神经网络的作用，无线网络主要用于将现场设备状态信息传输至中央控制系统，中央控制系统又将指定的动作命令传递至现场设备，实现远程无线的数据和信号传输。

现场实施无人化后，机车、车辆、轨道等设备要安装大量的在线监控、监测传感器和设施，监测传感器及设施检测到的设备状态信息，需要通过无线手段，将结果反馈至中央控制系统。现场机车、车辆、道岔等设备的动作指令，中央控制系统根据生产计划、现场设备状态等信息，通过无线的手段将动作命令发送至现场设备，并实时跟踪设备的动态，设备动作完成后的状态要及时通过无线反馈至中央控制系统，便于中央控制系统及时掌握设备状态。

在“无人化机车”科研项目中，西门子工业通信与识别部门主要参与了无线通信网络平台的设计。目标是保证无人化机车运行过程中无线通信平台的可靠性、稳定性和安全性。

2. 工业无线网络关键技术

无人化机车的通信平台设计以无线为主，又要兼具冗余性、可靠性、安全性。需要充分考虑现有通信网络、厂房设施等可能导致的信号传输失效风险，保证依靠无线传输实现相关（制动、解除、连挂、解锁在操作台实现）作业计划的可靠稳定。

基于钢厂运输部铁路站对无线网络的可靠性、冗余性、安全性的设计需求，西门子提出了在无线网络方案中使用iPRP技术方案。

1）PRP原理

“并行冗余协议”（PRP）是用于有线网络的冗余协议。它是在IEC 62439标准的第3部分中定义的。PRP网络包含两个完全独立的网络。如果其中一个网络中断，则会通过并行冗余网络发送帧，且不会中断/无须进行重新组态。为此，将通过两个网络向接收方重复发送以太网帧。具备PRP

功能的设备至少有两个独立的以太网接口，这些接口分别连接于独立的网络。对于不具备 PRP 功能的设备，在上游连接了冗余盒（RedBox）。这样，所谓的单连接节点（SAN）便可访问 PRP 网络。RedBox 会复制待发送的每个以太网帧，还会添加 VLAN ID 和序列号。RedBox 会通过两个网络同时在两个以太网接口上发送帧的副本。

2）在无线环境中使用 PRP 协议的困难

在 PRP 协议中节点被连接到两个拓扑相似的独立的局域网，命名为 LAN_A 和 LAN_B，这两个局域网是并行运行的。源节点将同一个数据帧发送到两个局域网中，目标节点在一段时间后从两个局域网分别收到这个帧数据，选取第一个到达的帧，丢弃后到的复制数据帧。在 PRP 协议中为了避免重复帧，发送端将含有序列号的冗余检测标记（RCT）附加到数据帧上，接收端能够基于 RCT 检测重复帧，所以存在帧数据的过期机制，考虑最坏情况下的传播延迟差异，避免两个帧数据都被接收到终端。PRP 协议中的两个局域网在 MAC-LCC 层协议是一致的，而在性能和拓扑上可能不同，传输延时也可能不同，由此导致 PRP 这两个数据帧在两个局域网中经过不同的延时传输到达目标节点，理想情况下它们同时到达目标节点。但在无线环境中，由于两个无线网络的工况差异，两个无线网络的传输延迟差不稳定，有可能达到秒级或更长，如仅简单使用 PRP 协议将导致无法进行重复帧的正常检测，导致最终设备端将会收到重复帧或数据帧丢失。

3）iPRP

iPRP 是工业并行冗余协议（见图 C.1），是可在工业无线网络中使用的 PRP 技术，使用 iPRP 可通过两个无线链路并行传送 PRP 帧。凭借并行传送，当一个无线链路的传送中断时，可由另一个无

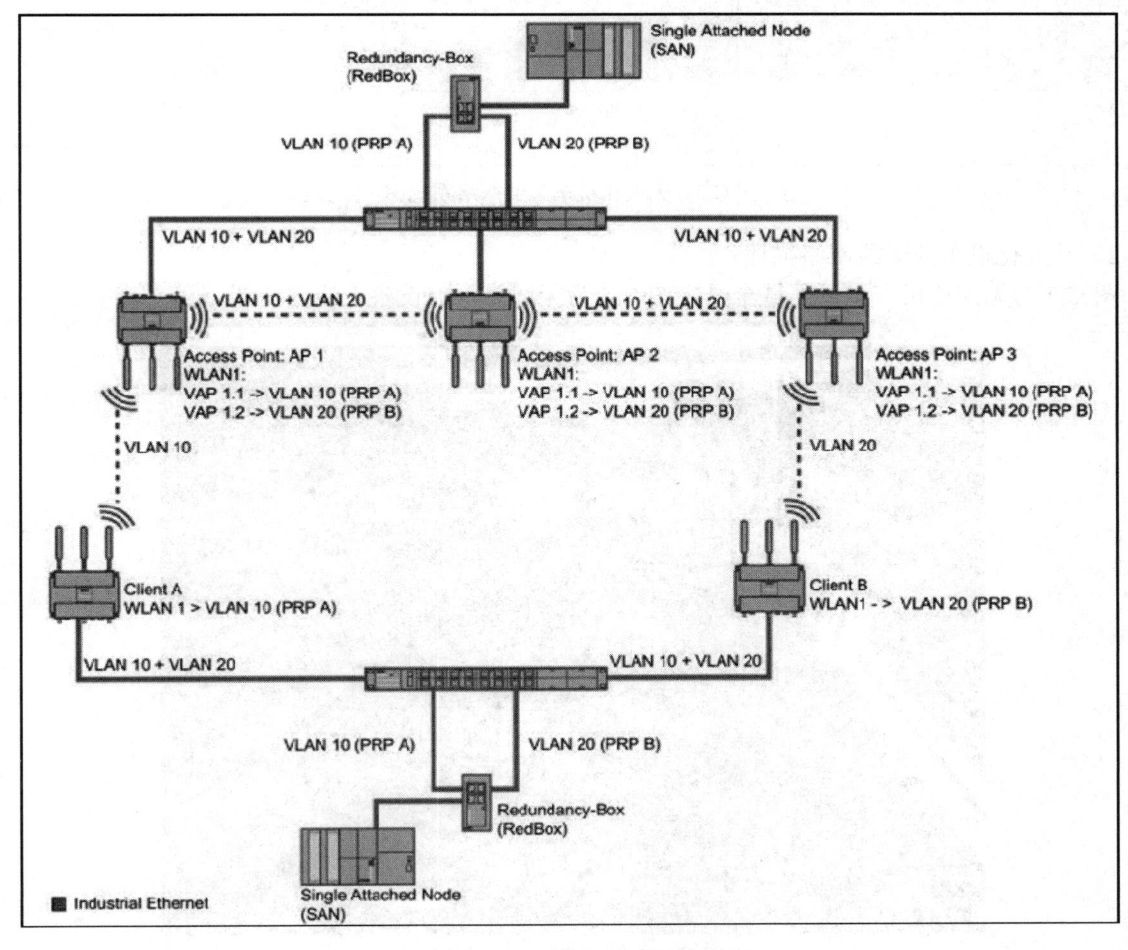

图 C.1　iPRP 的典型架构

线链路进行补偿。这样就达到了较好的无线通信效果。借助“工业并行冗余协议”（iPRP），可在工业无线网络中使用 PRP 技术，改善了无线通信的可用性。在 iPRP 协议中，针对在无线环境中使用 PRP 协议的困难，iPRP 冗余伙伴间彼此进行通信，相互协调，按一定的过期机制删除重复帧，以防止两个冗余 PRP 帧到达 SCALANCE X200RNA 的时间相差过大，在使用无线网络时，即使出现传输延迟差不稳定甚至出现漫游时，也能保证数据的有效性。

3. 工业无线网络系统结构

1）无人化机车的无线网络系统结构（见图 C.2）

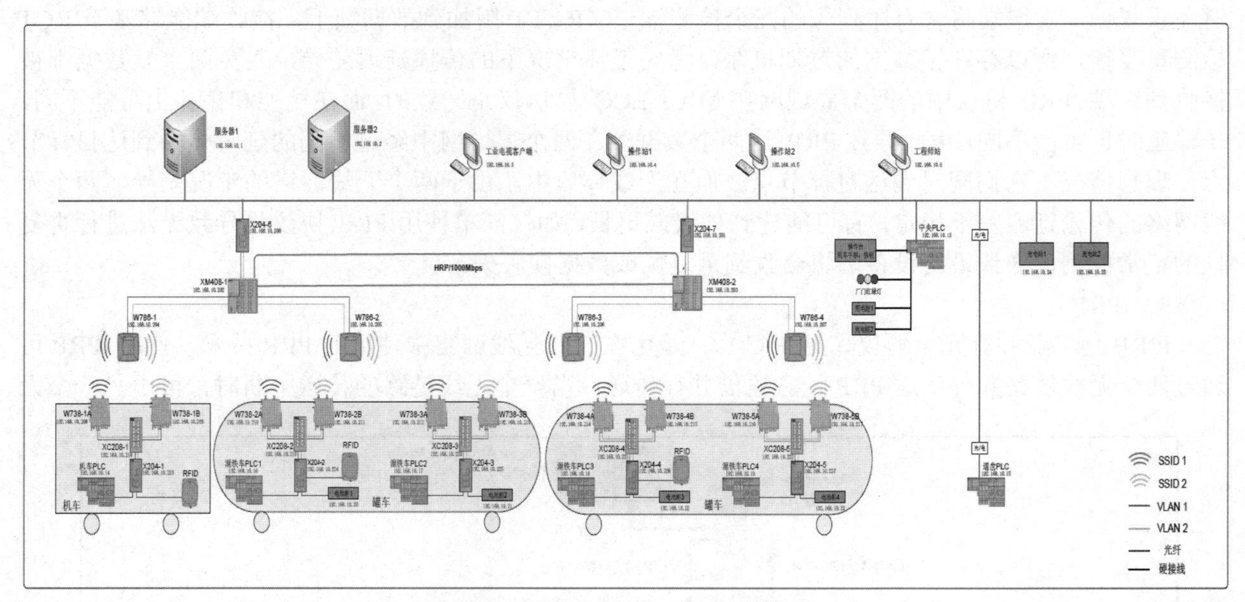

图 C.2 无人化机车工业网络系统图

2）无人化机车的无线网络描述

图 C.3 为无人化机车测试区域全景，图 C.4 为无线接入点设备天线安装图。

图 C.3 无人化机车测试区域全景

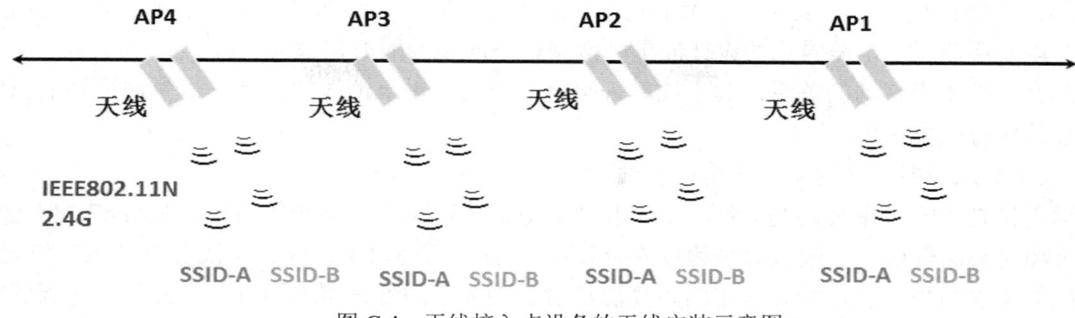

图 C.4 无线接入点设备的天线安装示意图

（1）中控室采用两台 X204RNA（PRP）交换机和两台 XM408-8C 交换机构成 IPRP 网络 AP 侧有线网络，其中两台 X204RNA（PRP）分别接入中控室本地设备（一般工业管理型交换机），两台 XM408-8C 分别连接两台（共 4 台）无线 AP，即 AP1～AP4。每台都是 AP 双无线网卡型号，均设置网络名称为 SSID-A 和 SSID-B。

（2）SSID-A 数据对应 VLAN10，SSID-B 数据对应 VLAN20，相应的 VLAN 出入口规则需要在每台 XM408-8C 交换机和 AP 上正确配置。

（3）每台 AP 均安装兼 2.4G 和 5G 频段的定向天线，所有天线的朝向一致，AP 的间隔为 80～100 米。

（4）车载无线客户端采用 2 台 W738-1 M12，一共有 5 套共 10 台，分别为机车 1 套，混铁车 2 套（前后各 1 套），2 台混铁车，共 4 套。客户端 A 接入 SSID-A 数据对应 VLAN10，客户端 B 接入 SSID-B 数据对应 VLAN20，相应的 VLAN 出入口规则需要在车载上的每台 XC208 交换机和客户端上正确配置。

（5）每个车载各一台 X204RNA（PRP）交换机，PRP 口接入 IPRP 网络，本地口接车载本地设备（PLC、RFID 读写器等）。

（6）客户端侧采用兼 2.4GHz 和 5GHz 频段的全向天线，安装高度与 AP 天线尽量等高。

4. 工程经验分享

该无线系统凭借冗余传输机制，在任一无线链路发生中断时，很好地实现了 0ms 的备用数据链路切换，项目实际测试表明，从带宽、无线信号强度和丢包率以及平均传输延迟，都能很好地满足机车无人化控制对网络的需求。考虑到现场存在高温、粉尘及复杂金属环境等恶劣环境的挑战，需要在工程实施和设备安装时充分优化馈线和天线以及合理的信道规划菲涅尔半径，并尽量提高系统的冗余程度同时做好定期的设备维护等，以使系统可用性及可靠性更高。

1）无线频段和信道的选择

在工厂无人化机车实际运营环境中，因为 2.4GHz 同频干扰过多，虽然 iPRP 功能通过冗余复制数据+丢弃后到数据帧机制能够起到一部分抑制作用，但是为了达到最大化的效果，建议需要选择 5GHz 频段来保证最大的同频干扰的影响，信道选择上，相邻需要漫游的 AP 使用不同信道，由于 WiFi 频段是公开资源，因此建议厂区相关部分对无线通信设备进行必要的统一规划管理。

2）关于 AP、天线和馈线的选择

试验区采用单 MIMO 天线，这样带宽将会受限制，后续在实际的机车环境中除了标准的 TCP/IP 通信，还会涉及多达 19 路甚至更多路视频、语音等高带宽占用数据，因此 Client 可以选择性能更高且带有 3 MIMO 的 Scalance W748-1，天线使用 2xMIMO 或者 3xMIMO 以增加带宽，此外目前的方案均是基于 802.11n 系列，后续可以使用支持 802.11ac 技术的产品，带宽高达 1Gb/s 以上，如 Scalance W1788 系列，以获得更好的性能效果。

在 AP 天线的选择上，应充分考虑不同场景的环境差异，从而确定天线类型（全向、定向、漏波电缆）以及增益大小，差异化的设计能更好地保证不同场景的通信效果。

车载客户端由于移动的关系，其天线应采用全向天线。对于馈线的选择，尽量遵循短的原则以保障足够的信号强度余量。

3）关于高温辐射、高粉尘的环境适应性

目前无论是 AP、Client 还是天线，工作温度均是不超过 80℃，防护等级最高是 IP67，但是实际的行车环境是高温辐射（一般很容易超过 100℃），而且伴随高粉尘，因此建议需要对 AP 和 Client 做好相应的二次防护措施，加装一定的防高温辐射、高粉尘的保护罩或电气柜，此外由于天线需要放置于室外，因此必要的情况下可以考虑采用隔热材料（对信号的衰减尽量小）进行高温防护，或使用第三方的高温天线，同时需要考虑进行设备粉尘（尤其是天线）的定期清理维护，以上措施都是为了最大限度地保证网络设备的元器件能够正常工作。

4）关于复杂的现场环境

由于机车的鱼雷罐车在接铁水、预处理和倒铁水环节需要进入相对密闭甚至全封闭的操作空间，其内空间较为紧促，金属环境较多，这些对于无线通信都是不利因素，故此在此等场景内需单独布设 AP 信号点以覆盖空间内部，AP 天线和客户端天线应尽量满足“菲涅尔半径”要求。

户外场景环境相对开阔，但需考虑厂区管道以及高大建筑物的遮挡问题，AP 天线需尽量避开遮挡物，尽量保证无信号盲区。

5）关于网络系统系统冗余结构

结合硬件成本和可用性，图 C.5 为建议的网络拓扑。

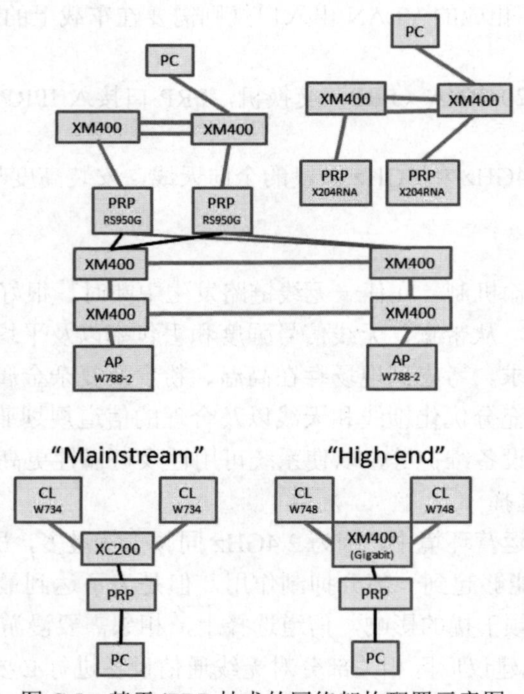

图 C.5　基于 iPRP 技术的网络架构配置示意图

C.2.2　案例 2：某药厂生产网络

1. 项目背景

基于“工业 4.0”理念，某医药产业综合运用互联网、大数据、物联网、3D 打印、云计算、远距离成像、增强现实等科技手段，建设大数据中心、智能制造、智慧医疗、智慧物流、智慧体验等多种业态，打造全球医药大健康领域富有科技感和体验感的超现代智慧创新园区。

2. 涉及的工业网络技术

从网络系统的可靠性和安全性两个方面分别介绍。

1）可靠性

（1）HRP高速环网。

项目涵盖3个生产车间网络，每个车间网络又分为终端网络和系统网络两个网络，共计6个车间网络。每个车间均由两台全千兆XM400交换机构成HRP（高速冗余协议）环网，两台交换机分别配置为Manager和Client，可以实现环间断线后200ms内的快速网络恢复，从而满足网络工业网络对高可用性的要求。同时车间XM400交换机作为DHCP Server为连接到其上的设备自动分配IP地址。

数据中心同样使用两台XR500交换机组成核心HRP环网，由于核心交换机承担车间数据汇聚任务，从带宽的角度考虑，环网采用了10Gb/s光纤接口。

（2）Standby环间冗余。

车间级HRP环网都通过两根多模千兆光缆连至数据中心机房的核心HRP网络。采用Standby环间耦合冗余技术，可以实现车间级HRP环网和数据中心核心HRP环网的冗余链接。Standby的相关设置既可以在车间级XM400交换机上配置，也可以在数据中心的XR500上配置，实际采用XM400配置方式，即一台XM400作为Master，另一台为Slave。需要注意的是，两台交换机设置时Standby name应一样。

（3）VRRP虚拟路由冗余协议。

数据中心的核心交换机实现车间网络需要与数据中心服务器互通，采用VRRP技术，两台三层核心交换机XR500互为备用路由器，在一台XR500发生故障时，另一台XR500可以继续承担路由功能。

（4）静态路由。

数据中心服务器VLAN1001需要与S627-2M的外网（10.4.1.0/24）设备通信，所以需要在两台XR500上分别设置路由下一跳IP：10.5.0.1/24。

2）安全性

（1）VLAN。

西门子交换机支持基于端口的VLAN技术，广播域被限制在同一个VLAN内，节省了带宽，提高了网络处理能力。不同VLAN内的报文在传输时是相互隔离的，故障被限制在一个VLAN内，从而提高了网络的安全性。通常情况相同的业务可被划分为同一VLAN。

（2）ACL。

不同VLAN业务之间需要通信，比如车间终端数据需要传至数据中心服务器，因此通信由两台三层核心交换机XR500来实现。同时，由于XR500核心交换机采用本地路由模式，在配置好Subnets子网后，所有VLAN都彼此互通，而从管理和安全角度这是不被允许的，项目要求指定的VLAN间才能互通，所以采用ACL访问控制策略来限制非允许的VLAN间通信。采用基于IP地址的访问控制，所有的ACL规则策略均在车间XM400上进行配置。

（3）防火墙。

数据中心采用两台西门子安全型交换机S627-2M承担OT车间自动化网络与IT办公网络的安全隔离任务，同时实现数据中心服务器与办公网络的路由工作。两台S627-2M互为冗余备份，即在一台发生故障时，另一台可以继续承担网络安全与数据路由的工作。需要注意的是，两台安全交换机的DMZ口通过一根网线互连，采用冗余方式时DMZ功能不可用。系统的DMZ区功能由Checkpoint FW防火墙实现。

3. 网络架构及设计规划

从可靠性及安全性角度对其新建制药工厂网络都提出了较高的要求，系统拓扑如图 C.6 所示。

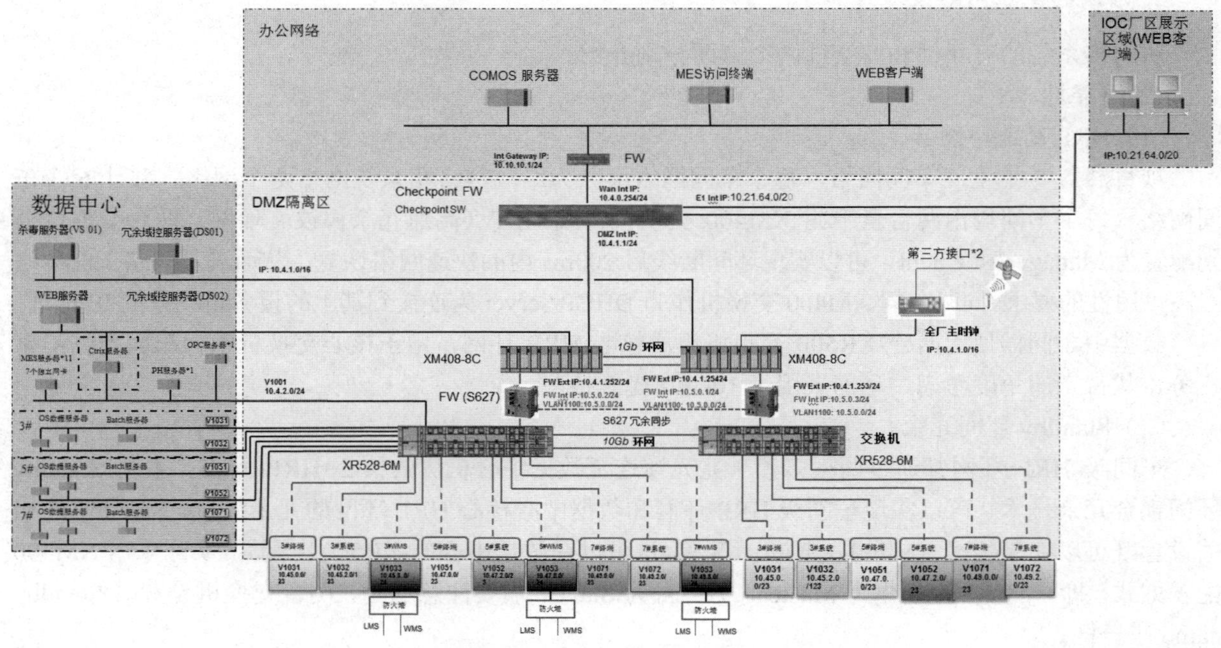

图 C.6 制药工厂网络拓扑图

4. 工程经验

充分考虑业务量和网络系统未来的扩展，尽可能地在带宽设计上留有足够的余量和接口。在实施阶段，尽可能先把网络需求一一细化落实，然后再进行设备调试。否则，可能会出现很多反复修改交换机配置的情况，既浪费人力、时间，又加大了错误配置的可能性。当网络系统具备一定的规模，所涉及交换机的设置较多，从未来生产维护的便利性考虑，及时保存配置文件很重要。

作者简介

高静（1981— ），女，西门子（中国）有限公司高级工程师，研究方向：数字化工业网络解决方案，工业控制网络及 IT 与 OT 的融合，工业无线网络通信等，E-mail：gao.j@siemens.com。

吴佛清（1980— ），男，西门子（中国）有限公司高级工程师，研究方向：数字化工业网络解决方案，包括底层的工业实时以太网 PROFINET，工业控制网络及 IT 与 OT 的融合等，E-mail：fuqing.wu@siemens.com。

顾清（1979— ），女，西门子（中国）有限公司，研究方向：工业通信网络规划和项目咨询，E-mail：qing.gu@siemens.com。

吴博（1985— ），男，西门子（中国）有限公司上海分公司高级工程师，研究方向：数字化工业网络解决方案，工业控制网络及 IT 与 OT 的融合，工业无线网络通信及工业识别系统，E-mail：bo.wu@siemens.com。

附录 D 自动化工程项目的实施

张 鹏（成都工鼎科技有限公司）

D.1 自动化工程项目实施流程

自动化工程分为两种：一种为实施工程，一种为设计＋实施工程。

D.1.1 实施工程

甲方已通过其他渠道（一般为设计院或其他有工程设计资质的公司），完成项目勘察、设计，本方只负责实施与调试、验收工作。图 D.1 所示即本类型工程的实施流程。

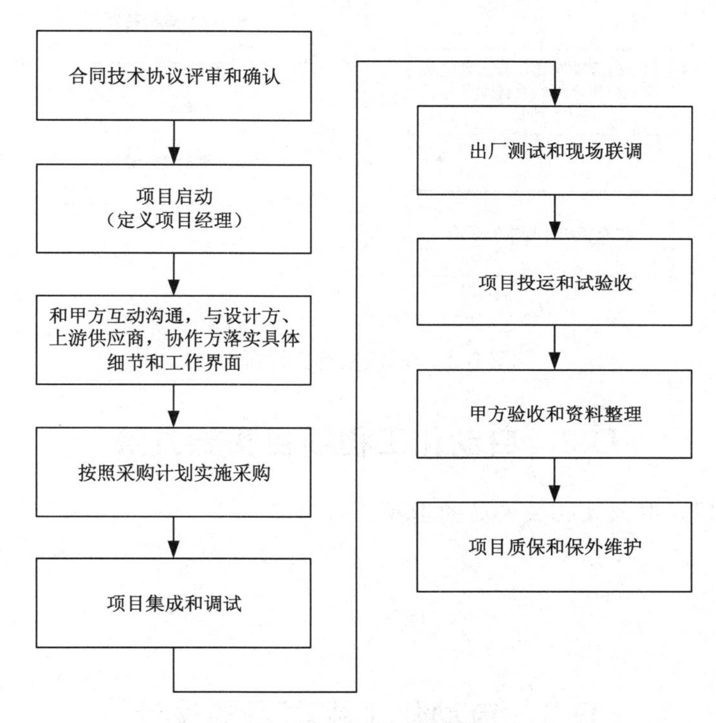

图 D.1 实施工程流程

D.1.2 设计＋实施工程

甲方委托本方进行包括项目勘察、设计、实施在内的全部自动化工程项目。图 D.2 给出了本类型工程的实施流程。

通常大型项目的设计与实施是分离的，所以一般是实施工程。实施工程对项目的设计要求较低，更多在于现场安装、调试、配合的要求。

通常中小型项目的设计与实施是一体的，所以一般是设计＋实施工程。这种工程对项目的整体把握能力要求较高，要能全面、准确地挖掘、理解甲方的工艺要求，将工艺要求转化为项目实施需求与设备配套方案，能够将工艺流程通过设备编程与配合准确实现。对于容错、备灾、冗余、检修等方面都要有合理的考虑。同时，所有以上考虑必须在项目预算框架、现场场地情况与实施周期下实现，所以这种工程对项目经理的整体设计、掌控、沟通能力有较高的要求。

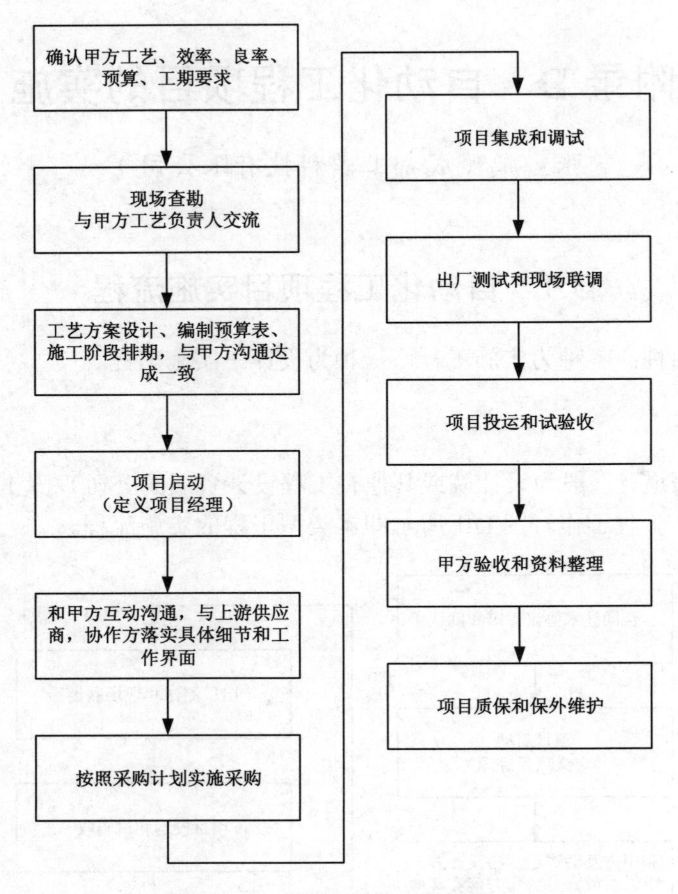

图 D.2 设计+实施工程流程

D.2 自动化工程项目实施方法

分清如下 3 个阶段，并落实相关人员的责权。

（1）设计阶段。

（2）施工调试阶段。

（3）竣工阶段。

D.3 自动化工程项目的设计

单纯的实施工程，因为设计方已经完成了整体与具体设计，所以更多是与设计方沟通具体设计需求，根据现场情况反馈实施情况，需要的时候由设计方在征得甲方同意的情况下进行设计更改。

D.3.1 设计流程

下面是设计＋实施工程过程的设计流程。

（1）熟悉和了解甲方的工艺流程和生产工艺，整理并落实对甲方的理解；

（2）了解电气设备布置和现场勘查，熟悉就地安装条件；

（3）制作 IO 点数，PLC 站点分配，网络结构；

（4）根据合同技术协议做出初步设计和工程方案，并和甲方充分交流并确认；

（5）编制 PLC 程序，触摸屏界面，SCADA 软件等；

（6）柜体集成和测试，并做出厂测试。

其中需要根据甲方的工艺流程、生产工艺与现场环境、预算要求确定 PLC、触摸屏、电机、驱动、上位机等现场设备的类型与技术参数。

D.3.2 设计方法

通常采取自底向上与自顶向下相结合的设计原则：

（1）确保每个工艺站的工艺要求能够满足；

（2）根据整体效率要求，确认工艺节拍；

（3）根据工艺节拍确定各个工艺站的工作速率；

（4）对个别不能满足工艺节拍的工艺站进行设计改进，直到符合工艺节拍或调整整体工艺节拍；

（5）运动控制相关部分要充分考虑电气系统与机械、气动系统的配合，结构件老化、磨损引起的精度变化，据此设计设备维护周期与方案；

（6）在设备通信方面，需要设计好通信周期与应答机制，一方面保证设备通信不会导致拖慢工艺节拍，另一方面能及时发现通信故障，进行排查。同时，通信周期与 PLC/DCS 的运算周期需要做好配合，防止木桶效应的发生；

（7）过程中要充分考虑现场安装空间、设备大小、设备传送距离与速度、人工工艺的持续工作效率、设备检修空间、人员移动距离、原材料上料路线、将来的设备扩展等实际问题，进行反复修改。

D.4 自动化工程项目的调试

1. 通电前检查

（1）检查主电路的相位连接；

（2）检查接地线的连接；

（3）检查连接导线的型号、规格、使用的正确性；

（4）检查线端接头的制作质量，连接应牢固；

（5）检查线端标记的正确性及完整性；

（6）检查导线布线和捆扎的质量。

2. 通电后检查

（1）先断开重要设备接线（驱动器、PXI、PLC、HMI 等）；

（2）初次通电时检查时，不要同时合上两个回路且必须至少有两人在场；

（3）先检查所有电源回路电压、绝缘性等，无误后再接上重要设备；

（4）先调试局部，再进行部分联合调试，最后整体调试；

（5）按先本地设备、再设备通信，先低速设备、再高速设备的顺序进行调试。

3. 通电结束检查

（1）主电路（接触器、热继电器、开关、熔座、端子）螺丝的检查，用力矩扳手要符合规定；

（2）检查各个元件型号和图纸是否与材料表相符；

（3）设备铭牌、型号、规格，应与被控制线路或设计相符；

（4）检查螺丝是否有松动；

（5）有机玻璃要安装完毕，有机玻璃的塑料薄膜需撕去；

（6）有机玻璃防护罩要贴上警告标语；

（7）有机玻璃的支撑螺杆必须套绝缘管；

（8）额定电压不同的熔断器，应尽量分开安装，当熔断器的额定电压高于500V，其熔断器座能插入低额定电压的熔断器时，则应设置专用警告牌。如"当心！只能用660V熔断器"等；

（9）柜内接地自制的接地铜排的所用螺丝直径不得小于6mm；

（10）测试完毕后，接线槽及接线端子盖板应及时复位盖上，电控箱内断路器及空气开关应保持在断开状态。

D.5 自动化工程项目的验收

验收分为项目试运行验收与正式验收两阶段。

1. 试运行验收

项目联调无误后，开始试运行，投入少量原料，低速运转，记录各个设备的运行日志，检查各个设备的运行情况是否与预期一致。若一切正常，则逐步提速到正常运转速度，考察原设计工艺要求是否能达到。如果目标不能达到，检查各个工段设备的运行情况，找出原因，进行程序调整或设备替换。

在能够保证工艺目标的情况下，根据甲方要求，连续运转一段指定时间，记录下设备运行情况与工艺完成情况。如果连续运转出现错误，则需要设计与实施方共同勘察，找出根本原因，较普遍的原因是没有充分考虑现场环境、设备磨损、误差累积与原材料参数等。

甲方可能在这个过程中提出改进意见，需要综合商务因素，进行讨论与修改。

2. 正式验收

试验收通过后，对甲方运维、操作人员进行操作、维护培训。培训完成后，由其接手运行一段指定时间，期间必须制定严谨的操作、维护作业指导书，辅导甲方操作、维护人员熟悉整个流程，确保后续运行的稳定性。在甲方人员能够完全接手运行后，签署正式验收单，完成项目验收。

D.6 自动化工程项目案例分析

1. 项目背景

一次性餐盒的出厂自动检测。过去的纸质一次性餐盒的出厂检测是依赖人员目视检测，效率极其低下，高强度的工作也容易导致误检漏检，结果是导致出厂产品批量报废。

2. 项目要求

通过机器视觉，自动化检测一次性餐盒的以下缺陷：

（1）印刷错误。

（2）压纸错误。

（3）裁纸错误。

（4）污渍。

电控系统必须与机器视觉系统结合以实现上述功能。其节拍要求每条线每分钟检测90个，自动剔废，自动堆叠良品。

3. 机器视觉系统

机器视觉系统是整个工艺的关键节点，其效率决定了客户要求的节拍能否满足。效率又受制于光场设计、算法效率、芯片处理能力、待检错误类型、待检错误分布等多个因素。同时其与 PLC 的同步采用 Modbus RTU，这个总线的传输效率也会影响进料与检测的速度。

4. 场地、安装尺寸

整个工艺点的空间不超过 3m×2m 的平面，高度不超过 2m。

5. 电控系统设计

（1）需要 2 台伺服驱动器与电机，分别控制进料与良品堆叠。出于综合成本考虑，使用脉冲型伺服驱动器；

（2）以 PLC 为核心进行整体设计：由 PLC 调度进出料、视觉拍照处理、统计良率、提供显示面板、手动操作功能等；

（3）PLC 选型。

① 无模拟量输入输出要求，基本全部是数字量输入输出，主要是光电传感器、接近开关、急停按钮、电机启停、正反转控制、剔废、工作状态显示、告警等。

② 要求具备多个高速脉冲计数器，以连接编码器、伺服驱动器，获取原料进出的具体位置，控制伺服电机的速度与转角。

③ 具备 2 个高速脉冲输出端口，以控制 2 个伺服驱动器。

④ 具备 2 个 RS485 通信口：一个连接机器视觉上位机，1 个连接本地 HMI 屏。考虑连接距离不远，现场干扰不强，使用接口波特率 115 200b/s。

⑤ 最终根据传送带的输送速度、输送距离、机器视觉的拍照、判决时间、确定 PLC 的扫描、通信周期。

⑥ 考虑现场检修时操作的要求，必须加入现场操作员手动调整的能力。

根据上述各个因素与预算限制，选择 PLC 品牌与型号，其中一般预留 10%～15%的数字量点为以后的维护升级准备空间。HMI 不需要很大的屏幕，同时考虑预算要求，使用 10 英寸 256 色 HMI 屏。伺服驱动与电机主要考虑现场供电情况、传送带的负荷、运转速度、精度、减速速度等选择脉冲型伺服驱动器。传感器、编码器可以根据具体需求确定。

在电控系统设计中要保留一定的余量，尤其是程序空间与通信周期，避免后期实施的时候发现现场情况不能满足要求。同时对低速数字量输出，尽量采取隔离保护，如用继电器输出替代晶体管输出，避免意外情况下烧毁整个电控系统。设计中要保证强弱电的完全隔离。

6. 设计审核

设计完成后出具设计草图，由甲方与本方的设计专家进行审核，找出缺陷与不满足要求的点，进行修改。对于机械安装空间应尤其谨慎，一旦需要返工，会付出很大的时间与经济成本。

7. 安装调试

按照先易后难，先本地后远程的原则，分别调试好各个子系统，然后进行联调。其中尤其需要注意机械传动与通信部分。现场机械运转的磨损、意外情况都应该在设计时加以考虑，以免影响正常运转。通信可能受到现场的突发干扰，需要进行报文确认，以可靠通信避免子系统间的失步。

8. 验收

调试最后阶段通常会使用甲方提供的样品进行测试。在预验收阶段，通常是连续运行一段时间，模拟现场可能出现的情况，对系统的可靠性进行验证。通过以后，进行实际现场安装，与其他工艺站点结合，开始低速到全速实际生产，验证实际情况的可靠性，有可能还会有现场调试的情况。一般在连续无故障运行 1～3 周，甲方会签署验收合格。之后，会进行甲方操作工、维修工的培训，确定保养周期、检修间隔、易损件、常见问题的排除等现场注意事项。培训完成后，辅导甲方操作人员逐步接手进行生产与检修。

9. 总结

对项目成败进行总结回溯，检讨不足，为以后的项目积累经验。

作者简介

张鹏（1979—　），男，高级工程师，研究方向：工业系统控制系统、工业实时通信系统，多网融合通信、强实时系统的设计与应用，E-mail：ss11_div@yahoo.com。

附录 E　Solid Edge 应用实例剖析

黄　胜（西门子 PLM）

Solid Edge 是西门子 PLM 面向工程师研发的一套易于使用、功能强大的创新工具组合。当前最新版本为 Solid Edge 2019，具有完整的产品研发生态链，包括二维与三维一体化的机械与电气设计、仿真验证、加工制造、技术出版物、设计管理、信息协同等。

下面以一个实际产品为例，结合产品研发的常规流程，详细讲解使用 Solid Edge 进行产品设计的操作过程。同时，针对 2018 年“西门子杯”中国智能制造挑战赛智能创新研发赛项中的方案设计给出一点建议。

E.1　Solid Edge 软件的功能

Solid Edge 2019 将顺序建模、同步建模、收敛建模三大建模技术融为一体，兼备正向设计与逆向设计方法，可以帮你实现零缺陷的产品设计。

顺序建模技术，俗称传统建模。它是以二维草图为基础，进行二维几何约束和尺寸驱动，通过二维驱动三维的手段来创建三维模型，具有历史特性的参数化特征建模技术。从 20 世纪 80 年代中期诞生以来，顺序建模技术一直是三维建模软件的首选技术，比如 NX、SolidWorks 等。

同步建模技术，一种直接面向三维模型，实现所见即所得的直观式参数化设计手段，大大降低了三维软件的应用门槛，使得每个人都可轻松上手。这项技术诞生于 2008 年，自面世以来，得到众多设计师的厚爱，认为它可以大大加快产品的设计速度。

收敛建模技术，由西门子在 2017 年推出，它赋予了设计师更多的创造力。它将非精确的小平面模型与精确的 B 样条模型有机融合，打通了从 3D 扫描到 3D 打印的关键创新环节，实现产品的再创新。

E.1.1　Solid Edge 同步建模技术

兼具直接建模的速度和简便性以及参数化设计的灵活性和控制功能的同步建模技术，可以帮助快速创建新的产品设计、轻松响应更改请求，并对装配内的多个零部件进行同步更新。利用这一设计灵活性，可以省去烦琐的预先规划，并避免特征失效、重建等问题，还可以运用同步建模技术编辑修改和重用异种 CAD 3D 数据，与上下游展开无缝协同工作。

在 Solid Edge 同步建模环境下，方向盘是最灵活的工具之一（见图 E.1）。移动、旋转方向盘，便可直观、所见即所得地创建和编辑 3D 模型。

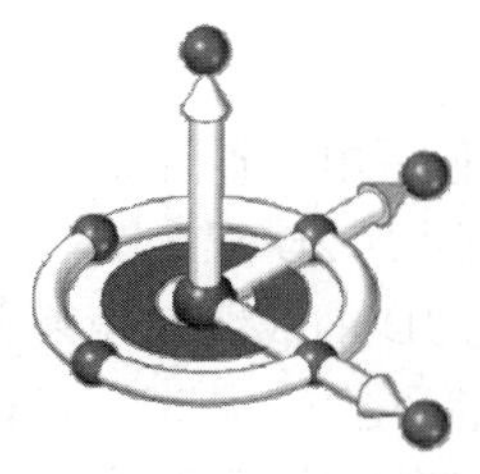

图 E.1　Solid Edge 同步建模的方向盘

利用同步建模技术，Solid Edge 还是业界唯一能将二维尺寸自动转变为三维可驱动尺寸的软件。直观的三维转换向导迅速地将原来的二维几何图形转变为三维零件，不需要重新绘制，极大地保护了原有的历史资源。

E.1.2　Solid Edge 软件的功能

有了同步建模的基础，接下来完整地了解 Solid Edge 产品线的全部功能：机械与电气设计、仿真验证、加工制造、技术出版物、数据管理、信息协同，如图 E.2 所示。

图 E.2　Solid Edge 产品线的功能

1. Solid Edge 机械设计

Solid Edge 的机械设计紧密关联实际的产品设计过程，从单个的零件、钣金件开始，然后装配起来，产生工程制图指导生产，所有这些，Solid Edge 都提供了。

钣金与零件的互换，提高了设计的便捷性，同时符合钣金工艺的钣金设计能力，能够完成建模、展平和加工制造文件编制，创建带有弯边、孔、缺口和拐角的直弯、轧制或过渡型部件。

Solid Edge 简化了装配设计与零件关系管理，无论是处理几个还是成千上万的零部件都能得心应手。图 E.3 展示的 3D 模型就包含了五万多个零部件。

Solid Edge 还可以自动创建符合 GB 标准的多种视图，包括标准、截面、细节、断开和等角视图。由于 Solid Edge 支持尺寸检索，并能够自动生成带标识的零件列表，因此可以快速制作生产详图。图纸与 3D 模型始终保持关联。

2017 年新增收敛建模技术，使得 Solid Edge 具备了逆向工程能力，可以编辑修改来自非精确的小平面模型数据，并与精确的 B 样条表示模型进行融合操作，实现新时代的产品再创新设计。

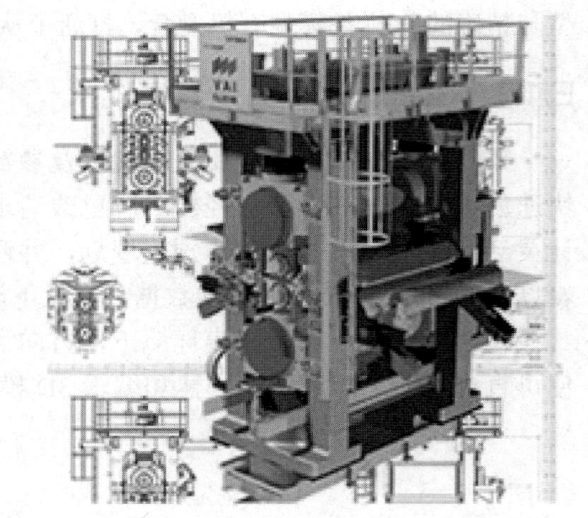

图 E.3　大型装配

2. Solid Edge 电气设计

在电气设计领域，嵌入了 Mentor 的最新电气设计软件，形成 Solid Edge 电气设计模块，具备进行 2D 配线图设计及仿真，并链接到 Solid Edge，实现 3D 的线缆和线束设计，自动创建 2D 线缆图表。Solid Edge PCB 模块则把 PCB 设计融入 Solid Edge 环境下，使得 Solid Edge 在具有机械设计的同时，又有 PCB 和电气设计能力，帮助用户实现机电一体化设计新模式。

3. Solid Edge 仿真验证

提供一套面向工程师的可扩展仿真解决方案。从零件到装配，从产品结构仿真，到稳态和瞬态的热分析，以及计算流体力学 FloEFD。

Solid Edge 仿真功能与 Solid Edge 产品设计在同一界面下操作。完成几何体和有限元模型，同时附加边界条件和约束条件，使用世界著名的 NX Nastran 解算器，获得可信的仿真结果，用于 3D 模型的验证和优化，从而提高工作效率并加强创新。

最佳的佐证就是 Solid Edge 创成式设计。在保证产品强度的条件下，利用仿真结果来优化几何模型，使得材料最小化，获得的产品模型可直接用于 3D 打印。

4. Solid Edge 加工制造

Solid Edge 制造（参见图 E.4）解决方案可帮助制造商定义和执行广泛的传统和新型制造工艺，包括数控机加工、嵌套、切割、弯曲、成型、焊接、装配、3D 打印，可直接用于 Solid Edge 零件、钣金和装配模型，确保制造工艺准确高效。

Solid Edge CAM Pro 模块，是一款构筑在 NX CAM 基础之上，包括 2 轴、3 轴、5 轴铣削和车铣机加工。全面的机器仿真也可用于机器运动分析和碰撞检测，有助于确保安全并避免在机加工过程中出现代价高昂的错误。

Solid Edge 利用“3D 打印”命令支持最新的 3D 打印和增材制造技术，该命令会将您的 Solid Edge 模型以.STL 或者.3MF 文件格式输出到 Microsoft 3D Builder 应用程序。您也可以直接将设计上传到基于云的 3D 打印服务，并即时获得使用各种材料制造零件的报价。

5. Solid Edge 数据管理

数据管理解决方案涵盖从 Solid Edge 内嵌的集成数据管理功能，到 Teamcenter® 的产品生命周期管理（PLM）功能。

Solid Edge 内嵌数据管理，提供包括编码管理、权限、版本等基本的文档数据管理能力，是小型工作组不可多得的管理助手。

与 Teamcenter®内嵌的客户端，则将数据管理上升到一个新层次，帮助你实现在线式的产品设计新模式，即所有的设计工作均在 Teamcenter®数据管理环境下进行，真正实现正确的人，在正确的时间，查看和编辑正确的数据。

6. Solid Edge 信息协同

Solid Edge 提供您需要的云功能，包括云许可和 Portal，方便在不同设备上访问专业 3D CAD，按照您的个人首选项即时配置 CAD 环境，并在设计资源以及供应商和客户之间快速共享数据。

Solid Edge Portal 是一款基于云的免费安全协同工具，为每个账号提供 5GB 免费云空间，支持所有常用 CAD 格式的批注和浏览，可随时随地在任何支持基于 Web 浏览器的设备上工作。

访问 www.siemens.com/plm/portal，即可进入 Solid Edge Portal 协同工具界面（见图 E.5）。

图 E.4　Solid Edge 制造

图 E.5　Solid Edge 云协同工具

E.2 Solid Edge 实际案例详解

了解 Solid Edge 的功能，知道 Solid Edge 能做什么之后，接下来进入怎么用 Solid Edge 进行产品设计环节。本文将以一个实际产品作为教案，结合产品设计的常规流程，为大家详细讲解 Solid Edge 操作过程。

MasterMover 是来自英国制造业中心德比郡的一家生产手持式牵引机产品的公司，产品被广泛应用在航空、汽车、制药、零售和医疗等各个行业。如图 E.6 所示的手持式牵引机，就是采用 Solid Edge 设计完成的。

(a)

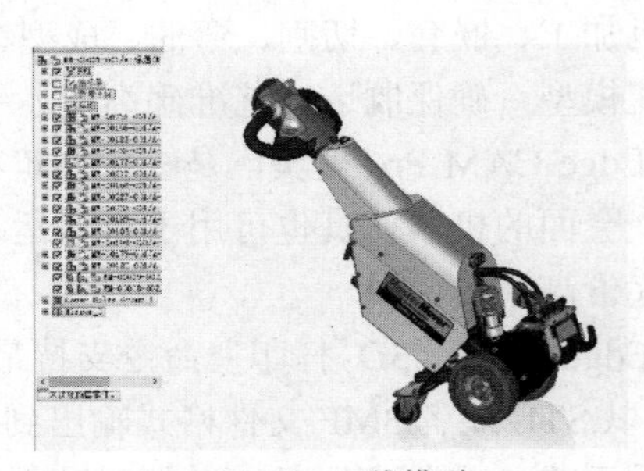

(b) Solid Edge 三维模型

图 E.6 手持式牵引机

E.2.1 数据整理和重用

时代发展到今天，很多时候新产品的设计已经不用从零开始，而是在其他产品的基础上进行改进。因此，这种情况下，在设计之初就需要对已有数据进行整理和重用。Solid Edge 的内嵌数据管理功能，就可以帮你完成这部分工作（当然，若部署了 Teamcenter，就更加完美了，Teamcenter 支持更强大的数据管理功能）。

在 Windows 文件浏览窗口里，找到需要整理和重用的 Solid Edge 装配文件，然后用鼠标右键弹出菜单，选择“用设计管理器打开（M）”命令，进入数据整理和重用过程。

使用“另存为”“移动”“重命名”“替换”“编辑路径”“递增名称”等重用数据的命令，为新数据合理建立一个恰当的使用场景，最后使用“执行操作”，完成数据整理和重用工作。在如图 E.7 所示的操作窗口中，新产品的新数据使用版本 B 表示，而借用数据仍然使用版本 A 表示。

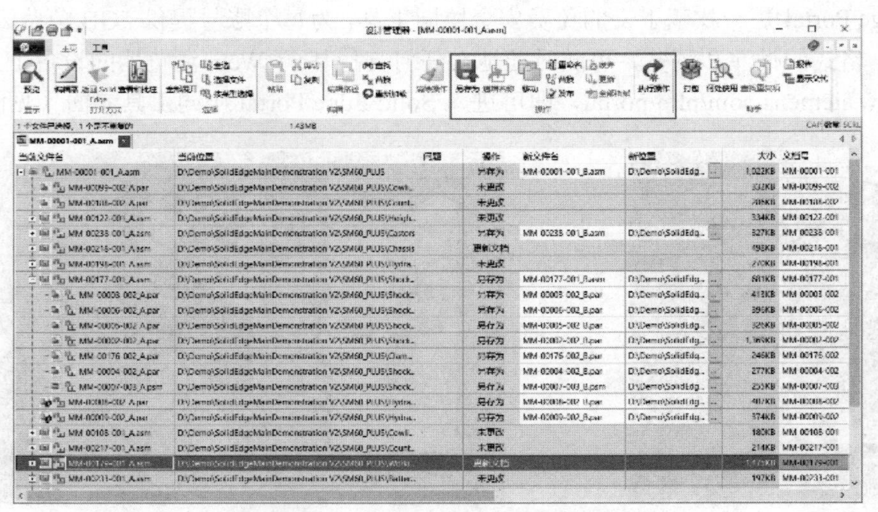

图 E.7 对原有设计数据的整理和重用

E.2.2　设计新零件

新产品除了重用一部分历史数据之外，还有相当数量的新零部件需要重新设计。在完成了数据整理和重用工作之后，我们就应该进入设计新零件的工作阶段。

这一部分将牵引机的L型连接件为例，详细讲解使用Solid Edge的设计过程。

1. 新建GB公制零件

新建GB公制零件如图E.8所示。

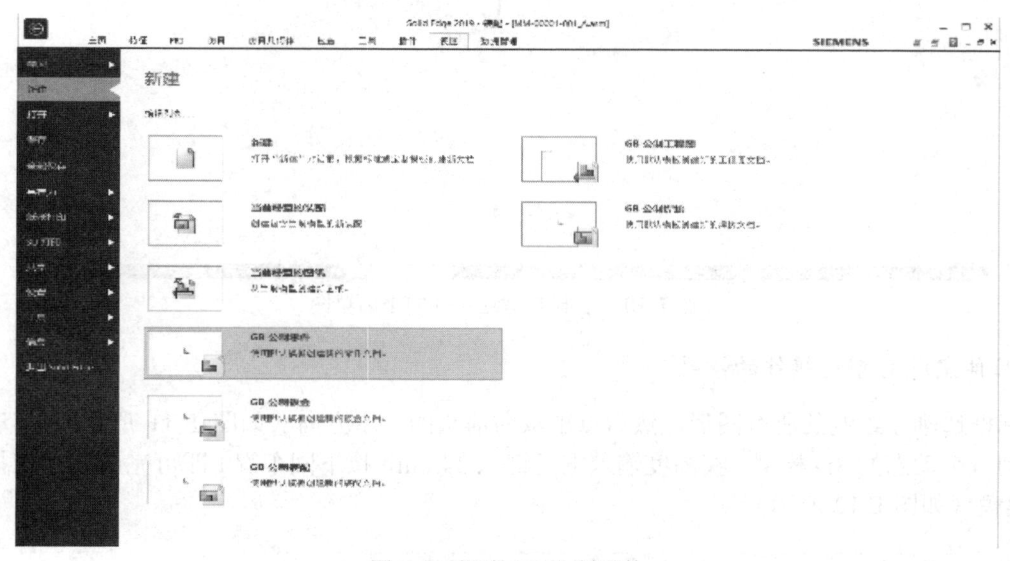

图E.8　新建GB公制零件

2. 绘制L型连接件零件的平面草图

Solid Edge具有顺序建模和同步建模两种建模方法，其中又以同步建模为特色，因此本例的操作，就以同步建模方法来设计L型连接件零件。

在上方的“绘图”命令栏里点击“中心圆”命令，用F3快捷键锁定XY平面为绘图平面，然后绘制半径50mm，坐标原点为圆心的平面圆，完成以后按Esc键退出当前状态，如图E.9所示。

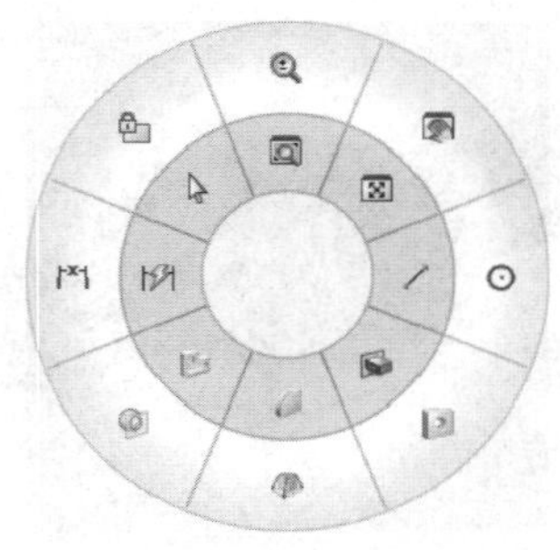

图E.9　圆盘菜单

再从上方的“绘图”命令栏里点击“中心矩形”命令，在XY平面上，绘制长度100mm、宽度25mm、以坐标原点为中心的矩形，完成以后按Esc键退出当前状态。

完成的图形如图E.10所示。另外，Solid Edge还提供圆盘菜单的快捷操作方法。在窗口的空白处右击，就可弹出圆盘菜单。圆盘菜单的所有命令都允许用户自行定义更改，而且内圈的8个命令，还可以使用鼠标手势方法进行调用，非常快捷方便。

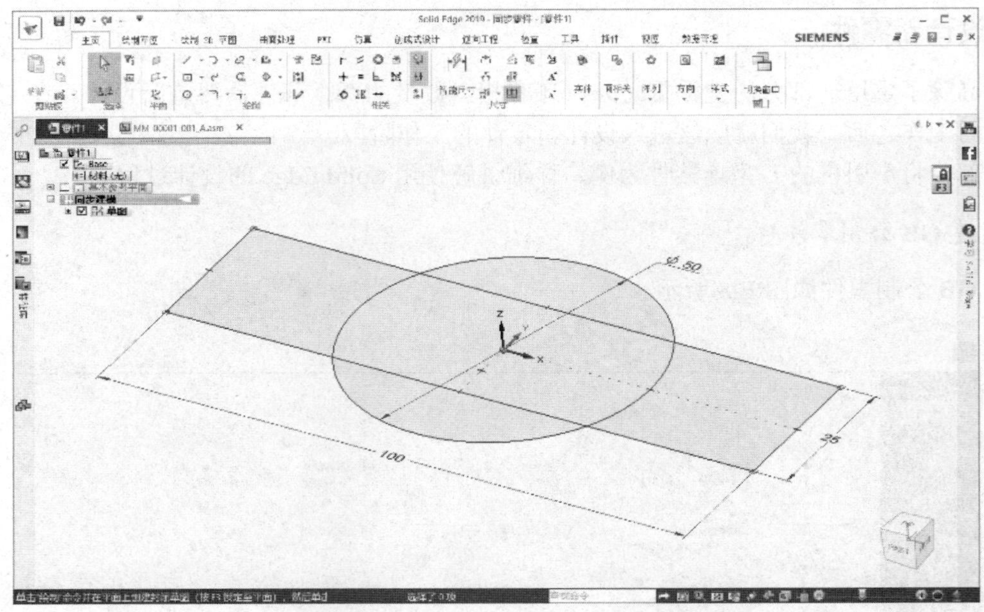

图 E.10 绘制 L 型连接件的平面草图

3. 拉伸完成 L 型连接件的横梁

鼠标框选刚才绘制的所有图形，然后点击双向箭头的一个方向（如图 E.11 所示），移动鼠标，即可看到一个动态的 3D 模型。在高度输入框里键入 34mm，按下回车键，即可完成 L 型连接件的横梁 3D 建模（如图 E.12 所示）。

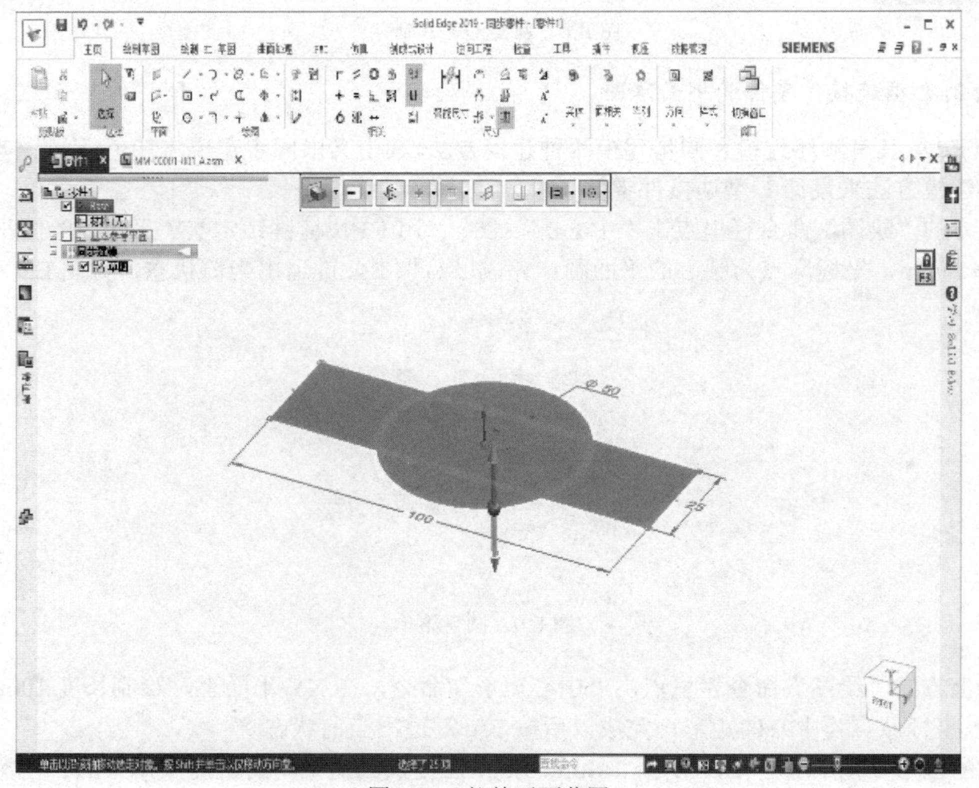

图 E.11 拉伸平面草图

鼠标点击 3D 尺寸 100mm，在输入框里键入 80mm，按下回车键，即可将横梁长度修改到 80mm。

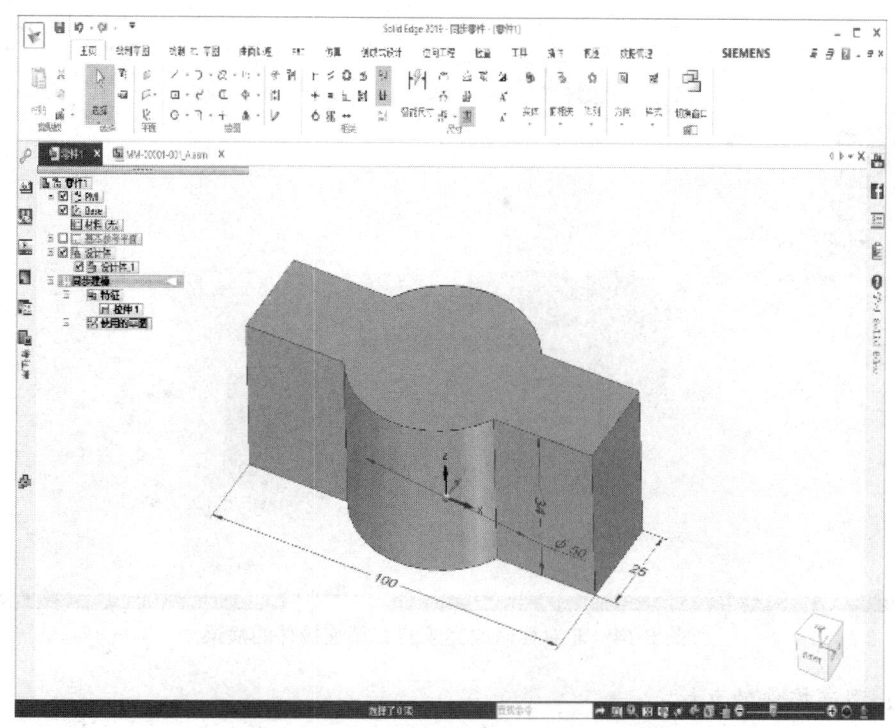

图 E.12　拉伸完成 L 型连接件的横梁

4. 非对称修改 L 型连接件的横梁

需要将这个 L 型连接件的横梁长度修改到 130mm，但仅仅是右边变长，而左边保持不变，即希望最右边的立面向外移动 50mm。同步建模就可以帮你所见即所得地完成本次修改。

鼠标点击需要移动的最右边立面，然后再用鼠标点击图 E.13 所示的右上角菜单“对称”前面的符号（或者在键盘上敲入快捷键 s），关闭“对称”选项。再移动鼠标就会发现，仅有刚刚选中的这个立面发生了移动，其他所有的面都没有变化。

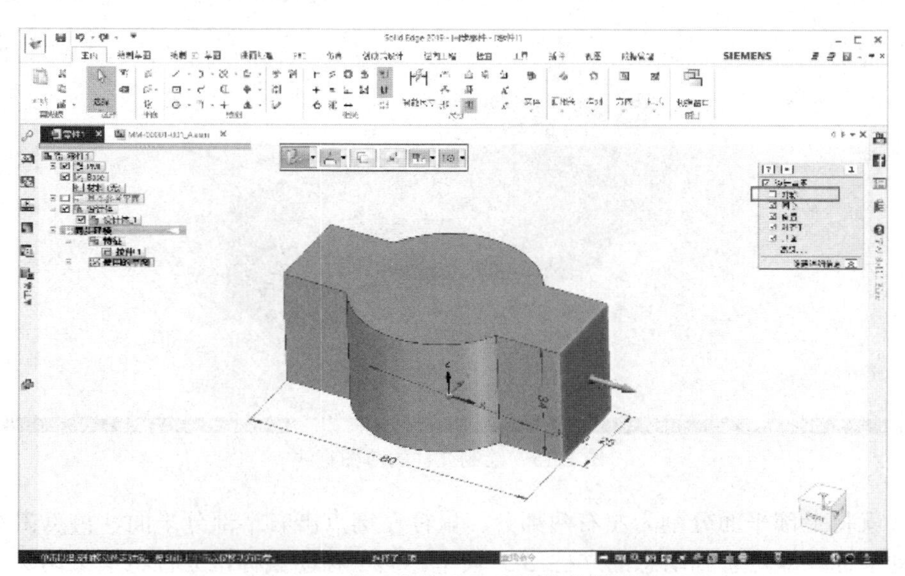

图 E.13　非对称修改 L 型连接件的横梁

在移动距离的输入框里键入 50mm，按下回车键，横梁长度将被非对称修改到 130mm，见图 E.14 所示。

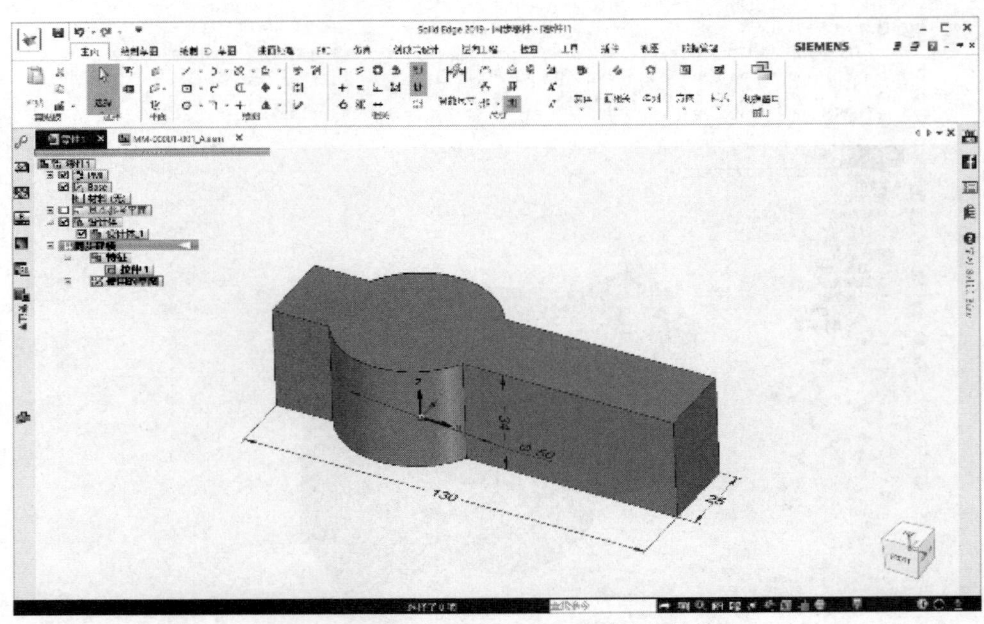
图 E.14 非对称修改完成的 L 型连接件的横梁

5. 创建 L 型连接件的立柱

使用“直线”绘制命令，在图 E.15 所示的右边区域的上部平面，绘制一条直线。从屏幕上方命令栏里点击“直线”命令，然后使用 F3 快捷键锁定上部平面后，再绘制一条垂直的直线，直线的长度可以稍微比横梁长一点，如图 E.15 所示。最后按下 Esc 键退出当前绘制状态。

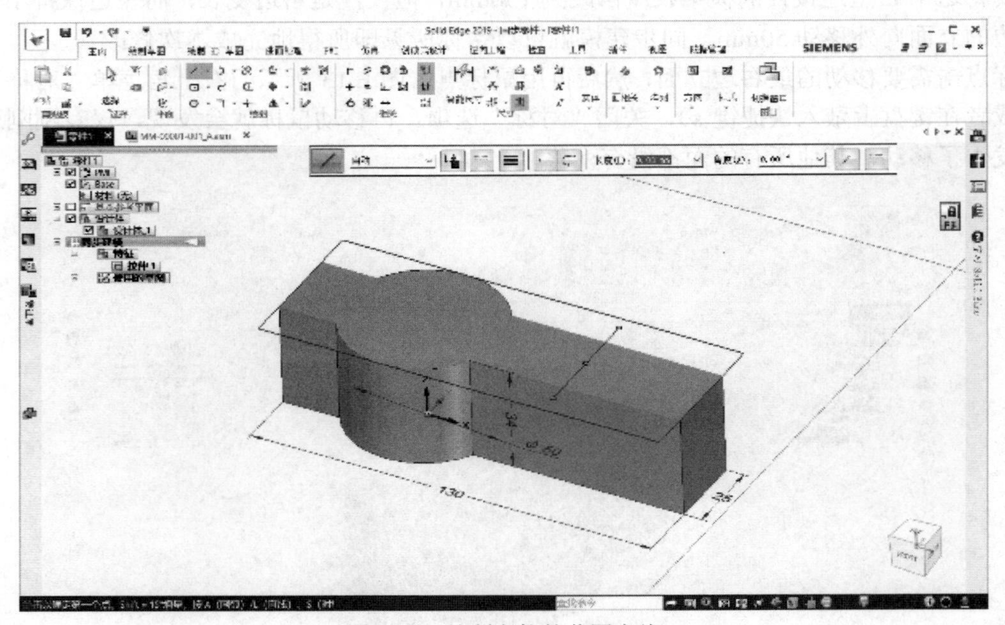
图 E.15 绘制立柱的草图直线

这条直线就将上部平面分割为左右两部分。鼠标左键点击右半部分平面，再点击双向箭头的某个方向，移动鼠标，即可看到动态的立柱 3D 模型。向下移动鼠标，立柱将横梁切除一部分，向上移动鼠标，即在横梁的上方，长出一个立柱。

在长度的输入框里键入 116mm，按下回车键，立柱 3D 模型即刻完成，如图 E.16 所示。此时，L 型连接件毛坯已经创建完毕。

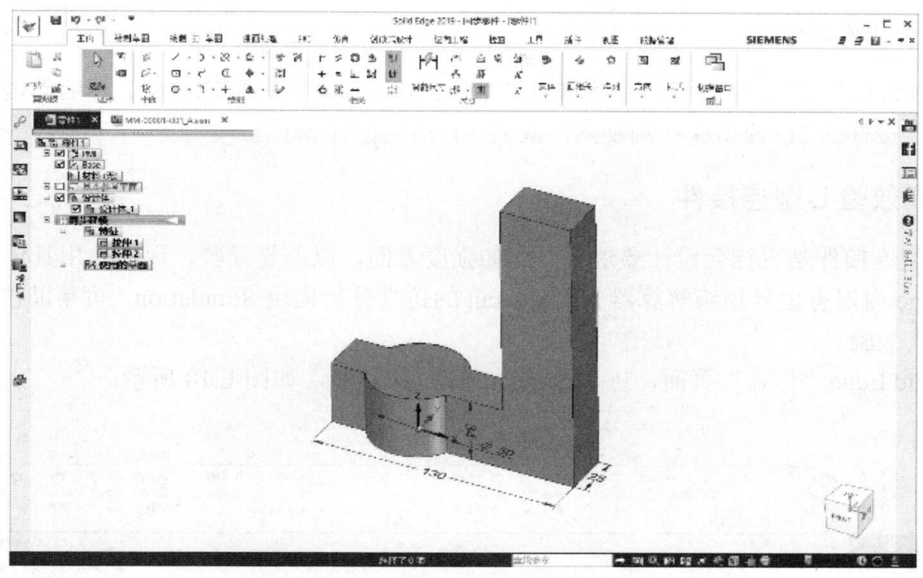

图 E.16　创建 L 型连接件立柱

6. 细化 L 型连接件

在 L 型连接件毛坯上增加设计细节，比如倒圆角等，或者增加更多的功能，如槽、孔等，最后完成的产品如图 E.17 所示。

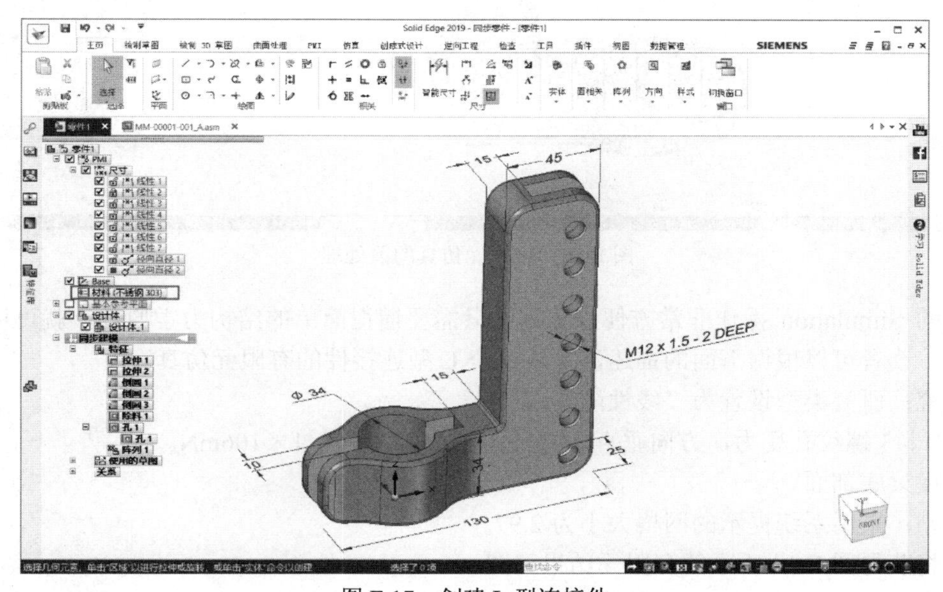

图 E.17　创建 L 型连接件

由于篇幅所限，操作细节不再赘述，读者可以根据下列设计参数，完成整个 L 型连接件的 3D 建模。

倒圆角：12mm、40mm、2mm。

中间圆形孔：直径 34mm、与外圆同心。

横梁槽：居中、宽度 10mm、右边与立柱侧面相距 15mm。

立柱槽：居中、宽度 10mm、左边与立柱侧面相距 15mm。

螺纹孔：与圆角同心、M12X1.5、通孔。

孔阵列：沿着立柱方向排列 7 个、间距 20mm。

7. 保存 L 型连接件

点击左侧特征树里的“材料表”，将材料“不锈钢 303”赋给 L 型连接件，然后单击“保存”命令，将 L 型连接件的 3D 模型保存到硬盘，取名“L 型连接件.par”。

E.2.3 仿真效验 L 型连接件

当前 L 型连接件是否符合设计要求呢？比如强度方面。以前靠经验，现在要用具体的数字来验证。Solid Edge 内嵌有世界顶级解算器 NX Nastran 的仿真分析模块 Simulation，可帮助快速、准确地进行产品仿真效验。

点击 Solid Edge“仿真”页面，进入 Simulation 工作环境，如图 E.18 所示。

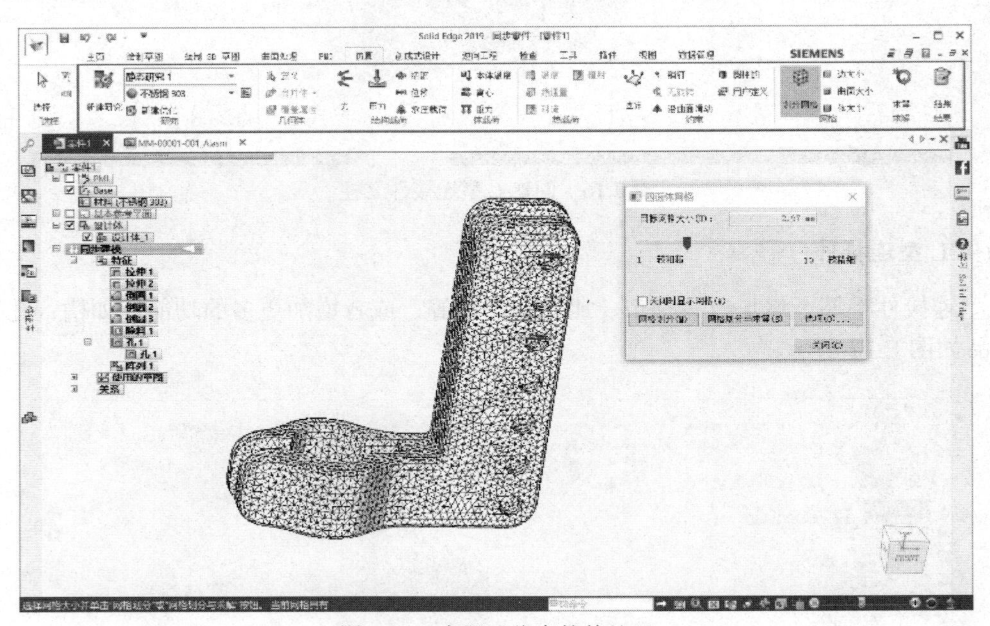

图 E.18 有限元仿真的前处理

向导式的 Simulation 操作非常方便，工程师只需要懂得简单的结构力学原理，就可以完成零件的仿真验证。读者可以根据下面的描述，完成这个 L 型连接件的有限元仿真。

新建研究：研究类型设置为“线性静态”。

力：第 1、3 螺纹孔受力，方向垂直于立柱面向右，大小为 1×106mN。

固定：横梁底部面。

划分网站：采用系统提示的网格大小为 2.97。

求解：将获得图 E.19 所示的有限元结果云图。

在此受力情况下，零件的安全系数为 3.97，基本上符合预定的设计要求。

E.2.4 装配新零件

L 型连接件设计完成以后，就需要将它装配到小型手持式牵引机中。

进入小型手持式牵引机的 Solid Edge 装配件环境，通过“显示配置”管理，将外壳隐藏，然后从“零件库”里找到刚才设计完成的“L 型连接件.par”，将其拖入到当前的装配环境里，如图 E.20 所示。

当前待装配的零件以半透明方式显示，只需简单地选择面和轴线，Solid Edge 会自动匹配相对应的装配关系。

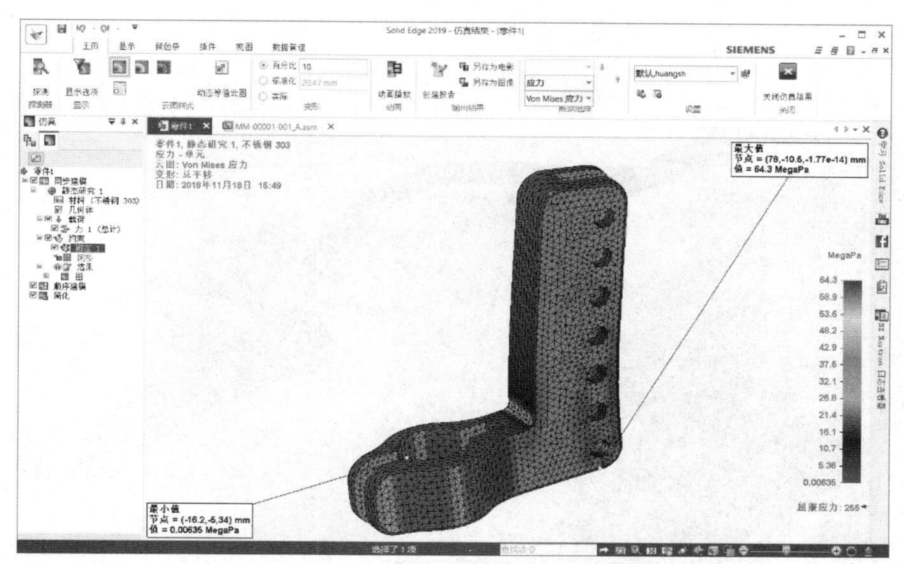

图 E.19　有限元仿真结果的后处理

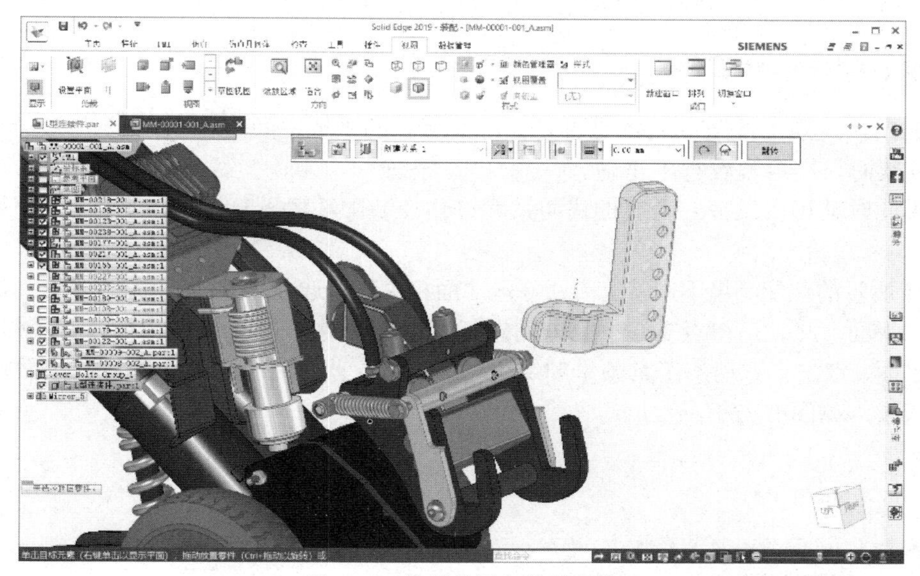

图 E.20　将零件调入装配环境

第一组：鼠标移动到 L 型连接件的圆孔附近时，会自动显示旋转轴，选中这个轴，然后鼠标移动到装配件弹簧附近，又将显示旋转轴，然后选中这个轴后，一个轴对齐装配关系自动加入。

第二组：鼠标移动到 L 型连接件的横梁底面时，会自动加亮横梁底面，选中这个底面，然后鼠标移动到装配件弹簧台阶轴的小平面附近，又将加亮显示这个小平面，然后选中这个面后，面贴合装配关系自动加入。

第三组：鼠标移动到 L 型连接件的第一个螺纹孔附近时，会自动显示旋转轴，选中这个轴，然后鼠标移动到装配件 T 型夹板的第一个孔附近，又将显示旋转轴，然后选中这个轴后，一个轴对齐装配关系自动加入，此时三个装配关系加入以后，就可以将 L 型连接件固定，因此 L 型连接件将显示为本色。

但此时，T 型夹板与 L 型连接件的连接位置不正确，缺少第三孔的轴对齐。此时需要使用上方的“装配”命令，为 L 型连接件增加第四个装配关系。重复上面的第三组操作步骤，L 型连接件的最终装配位置如图 E.21 所示。

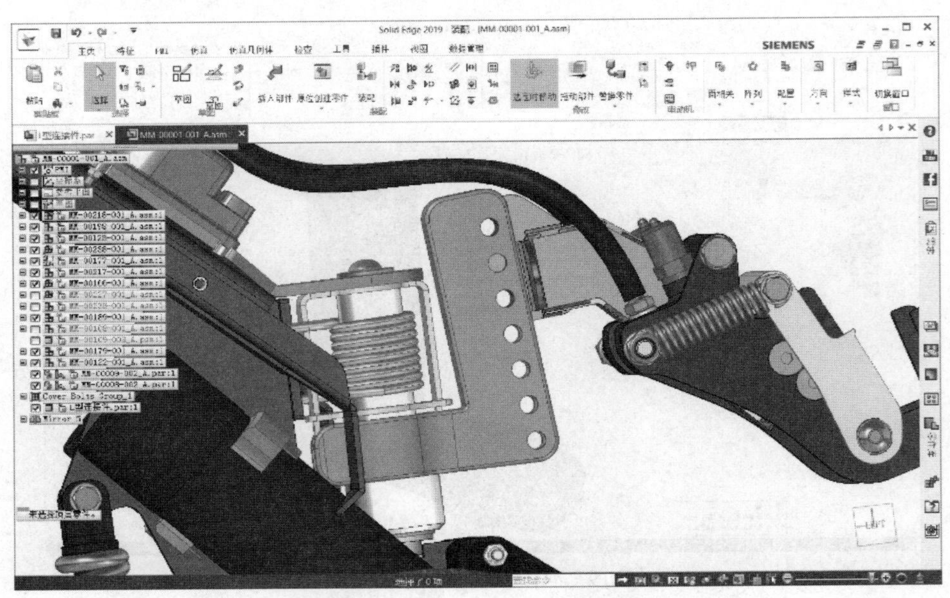

图 E.21　L 型连接件装配进牵引机

E.2.5　修改 L 型连接件零件

查看图 E.21，发现 L 型连接件的上部平面与弹簧轴的平板中间还存在一个空隙，表明在设计 L 型连接件的横梁时，高度设置得不正确。

同步建模此时就可以发挥它特有的优势，允许你在装配环境下直接修改零件，而不用进入零件环境。

在图 E.21 所示的装配环境下，从上方命令区“面相关”里选择“共面”命令，然后鼠标选中 L 型连接件的上部平面，此时记得点击一下上方动态工具条里的绿色“√”按钮。再接着鼠标选中弹簧下方夹板的下平面，点击上方动态工具条里的绿色“√”按钮，就能将分属两个零件的平面贴合在一起，达到共面的效果，如图 E.22 所示。

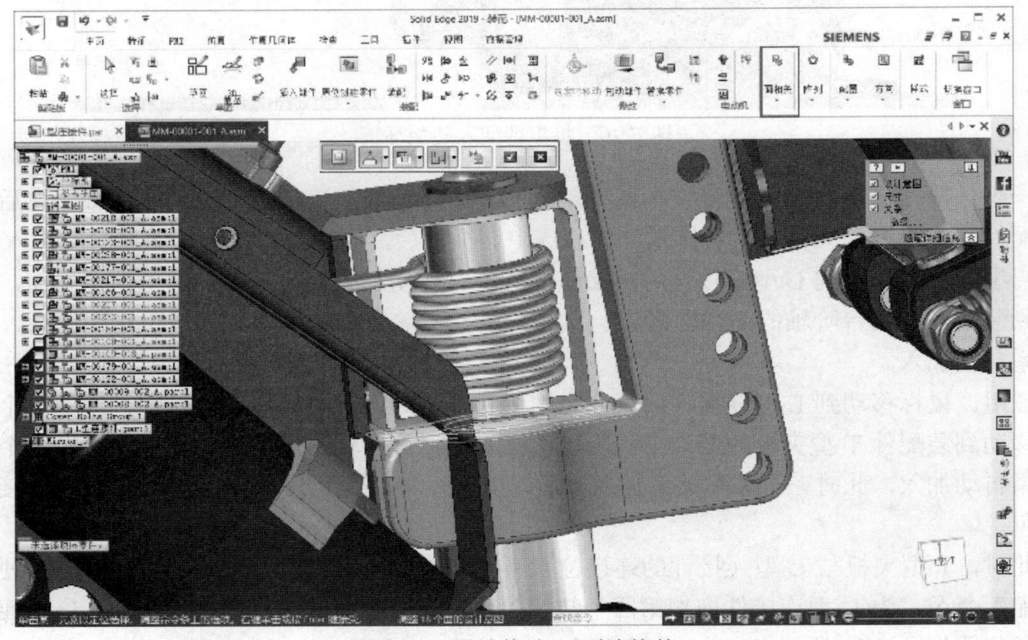

图 E.22　设计修改 L 型连接件

E.2.6　创建工程图

产品的 3D 模型设计完成以后，就进入加工制造过程。现在加工制造的方法分为增材制造（3D 打印）、减材制造（传统 CNC）、等材制造（锻压等）。因此在加工制造之前，就需要将设计信息平滑、顺利地流通到制造领域。

通常工程图是目前最为常见的一种方法。Solid Edge 可以快捷创建符合中国 GB 标准的工程图，并且 3D 模型与 2D 工程图保持关联。即 3D 模型发生变化，2D 工程图也将随之而变。图 E.23 列出小型手持式牵引机的装配工程图，图 E.24 列出小型手持式牵引机的零件工程图（示意）。图纸的创建过程，就留给读者去完成。

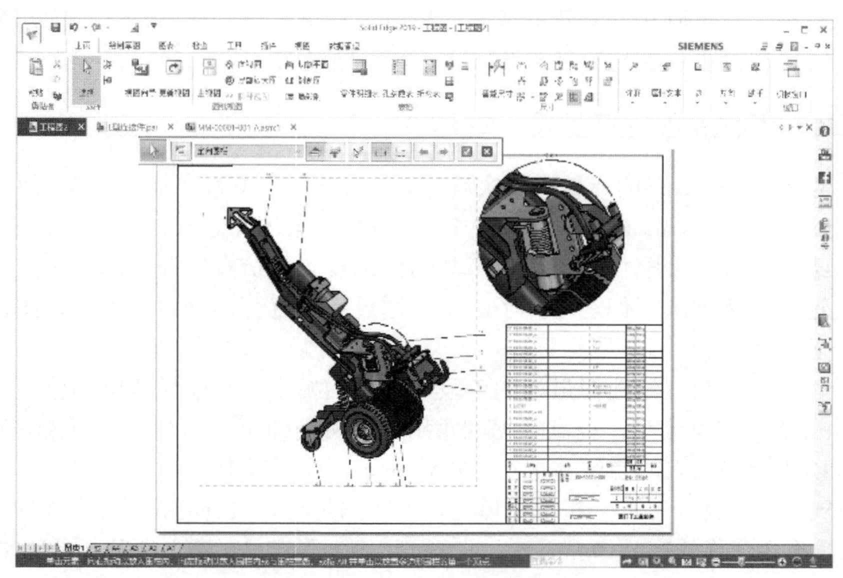

图 E.23　小型牵引机的装配工程图

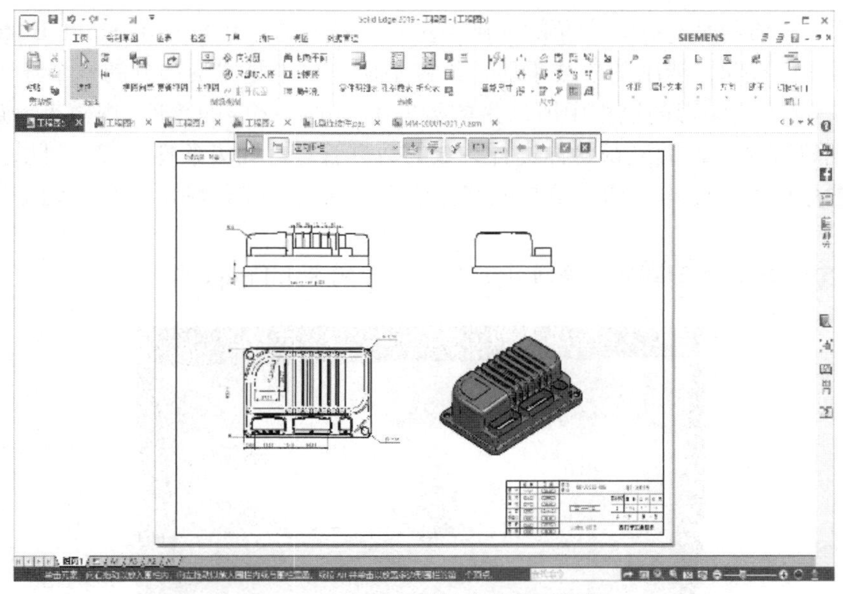

图 E.24　小型牵引机的零件工程图

以上 6 小节，为读者详细介绍了目前产品设计流程中的 6 个常规关键节点，而这些仅是产品设计流程中的几个重要环节，还有更多、更重要的环节，留给读者去挖掘和应用，比如电子线路板 PCB

设计、线缆线束设计、运动仿真效验、产品说明书制作等等。只有综合应用这些技能，才能发挥最大的效用。

E.3 使用 Solid Edge 的一些建议

“西门子杯”中国智能制造挑战赛智能创新赛项要求选手们使用 Solid Edge 进行方案的虚拟实现，其实也就是饯行了西门子数字化双胞胎的理念。先在虚拟数字领域，对方案进行三维建模、仿真，验证方案的可行性，然后再进入实际物理世界，进行方案的实现。但从参赛作品的表现来看，很多选手都没有做到这一点。有些选手仅仅是为了满足参赛条件而做了三维建模，这种为了三维建模而进行的三维建模，并没有达到竞赛的要求。所以，在这里给今后参赛选手的几个建议，并给出 Solid Edge 2019 的安装方法，以及学习 Solid Edge 的指导建议。

E.3.1 使用 Solid Edge 进行产品设计的建议

第一，三维建模是产品方案的一种虚拟实现方式，也是一个不断完善的过程，而这一切，用 Solid Edge 是最好的记录和体现方式。在 Solid Edge 中，先进行方案的概念设计（有条件还可以进行仿真），然后项目分解，给参赛选手分配任务，进入产品的详细设计，仿真验证。这其中又会有多次的反复和修改。而修改过程，都被选手们忽略掉了。验证通过后，就可以创建二维工程图，或者直接使用三维模型来指导后续的制造。

第二，同步建模是目前三维建模最好的手段，可以大幅度提高建模速度和修改效率，并且能编辑修改非 Solid Edge 的三维模型，提高数据的重用率。所见即所得的直观式建模方法在多人协同阶段特别有效，可以快速将众人的想法体现在 Solid Edge 三维模型中。

第三，创成式设计、逆向工程、机电一体化，这些都是与时俱进的新科技、新技术，如果选手们能合理加以利用，将会使你的产品如虎添翼，也是创造高质量产品的有效手段，是你制胜的法宝之一。

第四，Solid Edge Portal 是多人协同的一个最佳免费安全工具。基于最新云技术，提供 5GB 存储空间，免费创建账号，存储所有文件格式，Solid Edge Portal 可以安全共享所有的文件数据。

第五，售后服务通常是一款好产品的关键考量点。参赛选手可以利用 Solid Edge 技术出版物这个工具，制作简洁、直观、清晰的安装手册、维修手册。这也是比赛加分的一个环节。

第六，整个产品方案实现的过程中所产生的数据需要进行必要的管理。规模小一点的，使用 Solid Edge 内置的数据管理功能，就能帮助你进行有效的数据管理。如果条件允许，可以做得大一点，用 Teamcenter 来进行管理。而这一切，更是能培养选手严谨的工作作风，为今后到工作岗位打下扎实的基础。

图 E.25 是 2018 年智能创新研发赛项决赛某个选手的 Solid Edge 作品。

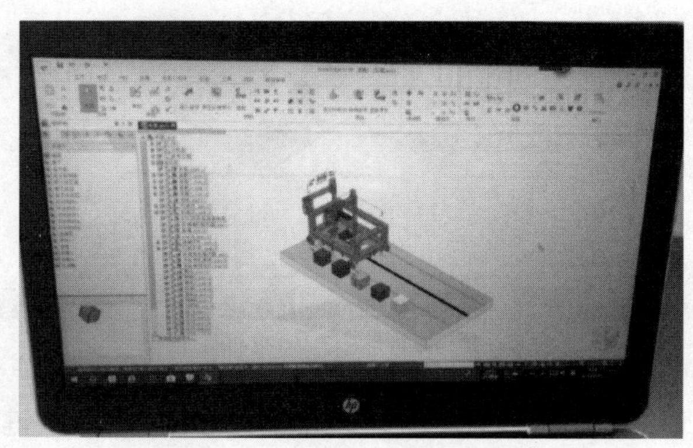

图 E.25 2018 年“西门子杯”智能创新研发赛项参赛选手作品之一

E.3.2　Solid Edge 2019 的系统要求

Solid Edge 2019 必须运行在 Windows 64 位系统中，支持 Windows 7、Windows 8、Windows 10（1709 以后的版本）、Windows Server 2012、Windows Server 2016，并且要求浏览器为 IE9.0 以上，最佳搭配系统是 Windows 10 周年庆版本。Solid Edge 2019 是最后一个支持 Windows 7 和 Windows 8.1 的版本。

CPU 尽量用当前销售的型号，计算机至少具有 4.0 GB 内存（建议 16.0 GB 以上），50GB 以上的硬盘。Solid Edge 2019 至少需要预留 8GB 空间。

显示卡要求选用符合图形协议 OpenGL 3.1 或者 Microsoft Direct 3D/X，显存 2048 MB（建议 4096 MB）以上。显示器分辨率要在 1280×1024 之上。

E.3.3　Solid Edge 2019 的安装

Solid Edge 2019 软件分为网络版和单机版。由于参加西门子杯的学生大部分使用 Solid Edge 教育版，而教育版归于单机版，因此此处只介绍单机版的安装方法。

安装过程中，必须先将 360 监控程序关闭，否则将会严重影响到安装的成败。

在计算机上，浏览到 Solid Edge 2019 的安装文件夹，或者进入 DVD 光盘的安装文件夹，如图 E.26 所示。

图 E.26　Solid Edge 安装介质

双击 autostart.exe，获得 Solid Edge 2019 的主控安装界面（见图 E.27）。

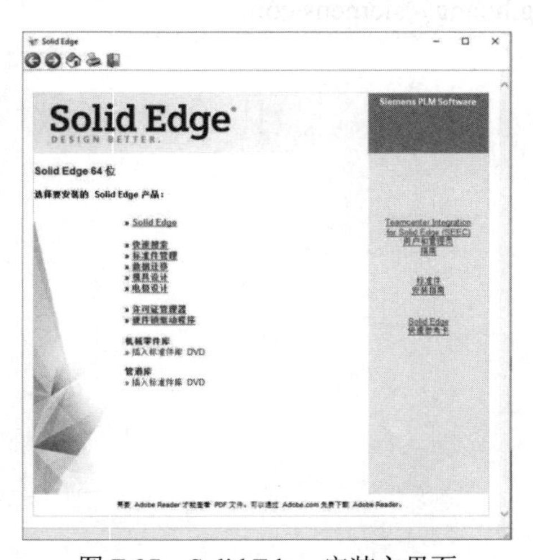

图 E.27　Solid Edge 安装主界面

点击 Solid Edge，开始安装 Solid Edge 2019。

依次选择默认选项，进入 Solid Edge 2019 的最为关键的设置步骤：安装路径、模板、许可证文件（见图 E.28）。

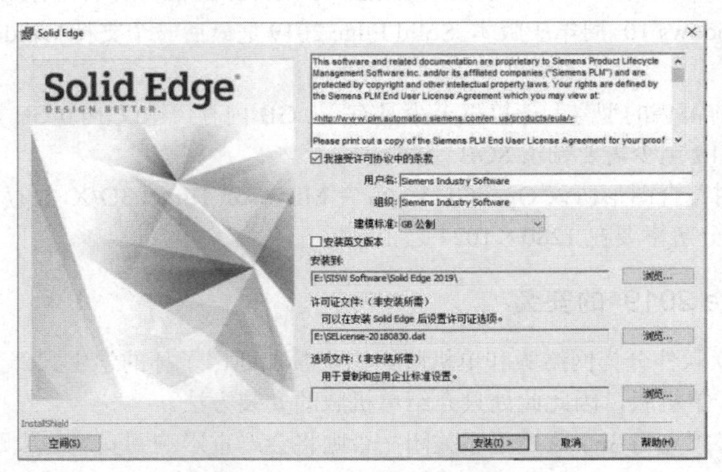

图 E.28　Solid Edge 安装设置界面

在上面窗口中，只需要设置最重要的三项内容。

（1）建模标准：设置 Solid Edge 所用的模板，在中国请选择 GB 公制。

（2）安装到：将 Solid Edge 安装到哪个文件夹下面。

（3）许可证文件：当前拥有的许可证的位置。此处设置不强求，你也可以在安装完毕以后，再自行复制到所需的文件夹下面。Solid Edge 许可证的文件名默认为 selicense.dat，当 Solid Edge 安装结束后，你可以把这个许可证文件 selicense.dat 拷贝到 Solid Edge 安装文件夹的 Preferences 下面，替代原来的同名文件即可。

软件正常安装结束后，系统会在桌面自动创建 Solid Edge 2019 图标。日后点击这个图标，即可启动 Solid Edge 系统。

作 者 简 介

黄胜（1968—　），男，西门子工业软件（上海）有限公司资深技术顾问，研究方向：PLM、Solid Edge、3D 零缺陷设计，E-mail：sheng.huang@siemens.com。

附录 F　赛项指导教师经验交流

F.1 “连续过程设计开发”赛项经验交流

马昕（北京化工大学）

“西门子杯”中国智能制造挑战赛（以下简称“西门子大赛”）是非常贴近工程实践的一个比赛，“连续过程设计开发”赛项（以下简称“连续赛项”）则是完美复现了过程控制行业的典型问题，学生可以在学习专业核心课之后直接参加此赛项，在比赛准备和参赛过程中，逐步了解如何从工程实施角度思考问题、分析问题、设计方案、进行项目实施，这是在潜移默化地培养工程习惯。

关于工艺过程分析：对于连续赛项，一句话概括需求分析就是，生产最多的符合要求的产品。但是如何让产物流量最多，涉及工艺过程的质量平衡；如何让产物浓度符合要求，涉及工艺过程的能量平衡。对整个工艺过程反复分析，才能对其愈加透彻理解，并有针对性地设计、调整控制方案和控制器参数。

在进行对象特性分析时，最好能够利用实验数据、影响关系曲线及相关理论做深度分析，为设计控制回路提供依据。透彻的影响关系分析，也能帮助同学们在程序调试时面对各种曲线波动现象分析出本质原因，并有针对性地调整程序或控制器参数。不要急于编程调试，如果可能，先以纯手操方式在 SMPT 软件上开车若干次，摸索一下系统从开车到稳定运行的过程，感受整个工艺过程的动态变化，顺便掌握一下各个参数的稳定运行值、各个阀门的稳态开度。

以近几年赛题的核心设备连续反应器为例，为了取得更高的合格产物累积量，同学们往往会控制反应器高液位、高温度，并逐渐降低催化剂用量。高液位，能够使得反应物停留时间长，接触充分，反应充分，可以提高合格产物产量；同时，连续进入反应器的物料的温度和反应器温度之间的温差大，有利于反应器压力的稳定，还有助于省冷水。高温度，能够加快主反应速率，同样有助于省冷水；但是温度太高，主反应瞬时选择率又会下降，合格产物产量会下降。催化剂，在反应初期确保催化剂用量，加快诱发反应；但是随着产物的产出，密度较大的催化剂随产物混合物流出反应器，会降低产物在反应生成物中的比例，降低其用量，反应混合物中产物的浓度自然就会提高，所以催化剂的用量需要不断修正。今年的反应器明显体积变小，反应放热量增加，对于控制有利有弊，也需要全方位分析。闪蒸罐的液位为什么越低越好？液位低，气化空间大，混合物中未反应的物料 A 蒸出去的多，既提高了回收物料 A 的量，又提高了混合物中 D 的浓度，一箭双雕。气化空间大，A 物料闪蒸的多，闪蒸罐的液位会下降。两个变量之间相互影响，关联性很大，也需要认真分析和慎重处理。如果两者处理不当，会使闪蒸罐无法稳定运行，影响控制质量。

决赛准备时有一件比较挠头的事情就是，不知道合格产物累积量、冷水累计消耗量、回收物料 A 累积量这三个累积量各自的分值如何分配。此时，从工艺需求出发，侧重于合格产物累积量，一定是合理可行的。不要奢望三个累积量都拿到满分，它们本来就是相互冲突的。那么在确保合格产物累积量更多的前提下，去拿另外两项的分数，是符合工程实际的做法。再进一步，回收物料 A 累积量和冷水累积量之间，回收物料 A 累积量的限值只有几千，首选应该拿这个分数。冷水累积量，有多少是多少，毕竟在基本控制方案中就考虑了省冷水的做法。现场实施结束后，听同学们说三个累积量的分数是平均分配的，这更加印证了以经济效益为先的做法的可行性。

在开始项目实施、进行系统联调后，反应器会在控制作用下出现很多奇怪的现象，多进行工艺分析，对改进控制方案、改进参数设定值，都有很大帮助。从整体上把握好物料平衡、能量平衡，掌握工艺的核心，也是整个控制的关键。毫不客气地说，工艺分析决定了分数的下限，根据合理的工艺分析得出的控制思路，实施分数一定不会低，分数下限很高，调试效率也很高。控制器参数的好坏，对于所有回路得分的影响还不到 1 分；工艺分析的作用，至少影响整体得分的 3～5 分。

关于方案设计：从 2016 年到今年，连续赛项的赛题恰恰都是连续反应过程，但是三年的侧重点并不一样。前年的评分规则还是传统的指定参数设定值，主要考察控制回路的性能；去年放开了评价规则，但其实需要在确保控制回路性能的基础上更加关注能量平衡；今年在去年的基础上，引入了回收物料 A，更加关注生产效率。控制回路性能，本来就是控制效果好坏的基础，能量平衡、生产效率，这些恰恰和工艺分析密不可分，所以单纯从控制方案实施上来看，这几年其实变化不大，关键在控制程序细节上。

我校自动化专业本身就是面向过程控制方向，“过程控制工程”和“自动化装置”是专业核心课，给同学们上课的老师也是搞了很多年过控、理论和实践经验无比丰富的老师，因此大三同学上完这两门专业课后，正好可以参加连续赛项的比赛，无须补充理论知识。也恰恰是因为刚刚学习了“过程控制工程”，同学们经常会将各种复杂控制回路用在方案设计中，以期获得更完美的控制效果。这时候就需要适时地告诉同学们，合适的才是最好的，为什么实际工业现场单回路用得最多，因为单回路正合适。串级也很好用，大部分串级控制回路的副变量都是操作变量，串级控制回路在应对副变量波动时显然非常适合。可是回到赛题上，我们面临的是一个没有任何波动、干扰的仿真对象，在分秒必争的自动评分系统面前，单回路就会比串级更适合，串级的调节时间比单回路的长。前馈非常有用，实际工业现场用得非常多，可同样是回到赛题上，这几年的反应过程都没有控制通道滞后较大的被控变量，也没有可测不可控的显著干扰，所以，英雄无用武之地。比值控制倒是在赛题面前得到了充分的应用，尤其今年，初赛时有的学生直接用开环比值系统搞定进料 A、B 物料的配比，到了决赛双闭环比值系统还不够，进料 A 物料和循环回流 A 物料还要做加法。所以在方案设计过程中，同学们确实锻炼了自控方案设计能力，同时由于被控对象的仿真性质，并没有进行更加深入的思考。

如何选择操作变量，是方案设计中另外要仔细考虑的问题。今年赛题中有四个液位需要控制，是用进口流量做操作变量好一点，还是用出口流量做操作变量好一点？如果是从控制特性、干扰特性等方面看都差不多的话，那么从安全角度出发，建议用进口控，可以把上游的扰动直接隔绝在液位这里，不会向下游蔓延。抽真空管线，既有调节阀又有变频泵，用哪个做执行机构比较好？如果不太确定，可以单独改变一下阀门开度或泵的频率值，看看闪蒸罐的压力动态变化，哪个线性度更好用哪个；如果是变频泵更适合做执行机构，还为节能降耗做出了贡献。

不建议将往年的控制方案、参赛工程分享给新参加比赛的同学，以免同学们不进行思考就全盘模仿，这样不易提高。在工程实施前认真做好控制方案设计，对于理清自己的控制思路非常有必要。在联调过程中，随时把对工艺、控制的最新思考记录到方案里，也是非常必要的，既对方案实现了细化，又进行了材料的累积。

除了系统分析和基础控制系统设计，安全相关系统设计、设备选型与系统连接也是工程设计文件模板中的重要内容。设备选型与系统连接对于同学们了解比赛设备的系统结构、网络结构、通信链路非常有用，也能够为工程实施奠定良好的开端，也有助于同学们在项目实施时进行硬件组态、通信排故。安全相关系统设计往往不受同学们重视，但其实对同学们扩宽视野，了解报警、安全连锁、紧急停车的缘由，了解工程实践对环境、社会可持续发展的影响很有帮助。

关于工程实施：工艺分析有助于提高调试效率和成绩下限，但是成绩的上限，还是取决于程序、控制器、控制参数的优化上。一言以盖之，细节决定成败！

我校学生虽然多年参加连续赛项的比赛，但是参赛人数并不多，也因此从来没有进行过系统培训，同学们基本都是自己看书、在实践中摸索。今年却让我深刻认识到，软件的基本操作，其实最能培养同学们工程实施的规范性，也是最需要有经验的老师或学长带领的。从 HW Config 到 WinCC 运行模式，整个硬件、软件通信链路上的每一个环节，都要培养同学们做到心中有数，一旦通信出现异常，知道如何排查问题。显然，最适合的方式应该是从头开始，组织学生接受培训，介绍工程项目实施过程，培训 PCS7 的基本使用，明确解释 PCS7 每个应用的作用、每个操作的作用，培养正确习惯，培养学生发现问题先自己想办法解决的习惯。硬件组态时，不要闷头操作，多看看实际硬件的连接，比如 ProfiBus-DP 总线到底挂接在 CPU 的哪个 DP 口上，一旦组态与实际连接不一致，就会报错。今年决赛练习时遇到一支队，硬件组态时应当是将 PM125、ET200M 先后挂在了 ProfiBus-DP 总线上，后来又删掉了 ET200M，但不知具体如何操作的，使得 PM125 中模拟量输入信号的起始地址都变成了 IW566，导致 CFC 程序中读到的参数值都不对。CFC 编程时，正规操作是在模块库中拖出所要使用的模块，有的同学却是不管不顾、只要能用就行，一旦将程序复制到其他工程项目中，就容易出现错误。实际工业现场冷态开车时，首先就要检查是不是所有阀门都关闭、所有控制器都手动且输出为 0，可是自从不再对开车步骤评分后，开车初始化工作被很多同学省略了，一旦操作不当，就有可能在开车初始阶段将若干调节阀开度赋值。更多的问题则会在决赛准备过程中出现，因为初赛不用 WinCC、决赛才用 WinCC，导致同学们不太重视 WinCC 的相关工作，也为决赛时使用 WinCC 埋下隐患。在初赛工程基础上添加 OS 时，总是会出现各种各样的通信问题。最典型的是，在自己中文操作系统的基础上安装英文版 PCS7，OS 编译就会报错。决赛准备时有一支队的 WinCC 组态时找不到想要显示的变量。经过排查，是因为那个变量所在的 CFC 是在 SIMATIC 管理器的组件视图中创建并编辑的，可见我们进了决赛的同学都还没弄清组件视图和工厂视图的作用。还有一次，同学们说 WinCC 运行模式里什么也不显示，在这之前还正常工作呢。我想了几种可能性之后突然问他们，你们的工厂视图中每个层级都确定有图片吗？同学们答曰，前几个层级的图片又没用，所以给删掉了，可见他们也没有了解到工厂层级和画面树的作用。

从去年开始，在满足安全生产的前提下，初赛时只考察一个合格产物累积量，去年感觉很多队伍不太敢放开、基本上还是沿用前年给定的参数在进行控制。我们队员在分析了去年和前年反应器的异同后，直接就在前年的基础上提高反应器温度，既省冷水、又提高产物浓度。今年，基本上所有队都开始全力追求合格产物累积量了。实际生产过程中，管线里物料量在满负荷的 2/3 左右、管线阀开到 50～90、液位在 20～80 是相对合适的。可是同学们为了提高合格产物累积量，在初赛、决赛第一阶段，都是满负荷运行，这种操作着实让老师觉得矛盾，实际中不会、不能这么干的，比赛中为了分数却不得不这么干。如何让同学们区分比赛与工程实际，就非常需要指导教师去引导。

今年的反应器体积较小，其进出物料管线阀的流通能力也偏小，冷却水管线阀的流通能力也偏小，再加上同学们希望卡边操作，反应器液位不高到 99 就行、闪蒸罐的液位不低到 0.1 就行，导致初赛时有些参数根本不用控制，直接把阀门开满即可。但是决赛时，尤其在施加扰动阶段，自动评分系统会考察关键参数的动、静态指标，必须闭环、必须好好调 PID 参数，此时同学们会发现时间宝贵，该调的 PID 参数都没有调好。可是，越磨人的地方，往往也是越“像”实际工程实施的地方，踏踏实实按照课本上的方法去调 PID 参数，并不是很浪费时间；浪费的时间，恰恰是用在了同学们着急调参数、不管不顾地把 P 和 I 都给上数值的时候。刚开始调 PID 参数时，同学们往往过分注重积分作用，对于偏差的消除往往依赖积分参数的调整。一般情况下，如果比例参数设置不合理，那么静差也往往难以消除。在没有设置好比例作用的时候，急于加上积分参数，不是明智之举。

关于接线环节：在现场实施过程中设置接线环节很有必要，对于同学们了解实际现场的系统连接很有帮助，其中涉及软件、硬件的多方面配置，对于锻炼学生严谨的工作作风、掌握必需的职业规范也很有好处。

接线部分的原理，赛项资料给的非常完整，但是没有对应到实物、没有亲自动手做几遍，仍然会在不注意的细节之处出现问题。这也反映了学生平时锻炼的机会太少，通常课程内实验是不会允许同学们随便改动硬件接线的。再加上跑程序时都是使用 ProfiBus-DP 总线通信，导致同学们在第一次看到 SM331 的接线图时，基本不知道怎么读图。

前年我们的队伍因为接线环节被扣掉了 2.5 分，没能进入答辩环节，这使得我们去年格外重视接线，去年决赛前的免费练习，我们大部分的时间都花在看设备、研究怎么接线和确保通信正常了。不过直到今年，真正有了比赛设备之后，学生们才算是充分了解了基于 ET200M 硬接线进行通信和监控，应该是什么样子。对象侧，除了在 SMPT 软件内配置好变量，Hardware Manager 的使用、DCON 的使用，要弄清楚；PCS7 侧，既要会拆装量程卡，又要会在 HW Config 中组态测试 AI 模块各通道量程卡的设置方式；既要能看懂接线图，又要能在 CFC 中正确使用 AI 驱动块；既要确保和 WinCC 的正常通信，又要能在 OS 中准确关联变量。接线环节将控制器与被控对象通信的所有细节都展示了出来，对于学生掌握 DCS 系统结构、各种过程 IO 卡件原理很有帮助。

今年在决赛前出了个接线的培训视频，讲得比较清楚，不过根据比赛结果来看，还是有很多队伍在软件配置方面失分，也许就是忽略了某个细节。今年和往年的最大区别，是决赛的扰动要同学们自己添加，导致现场实施分数没有那么密集。前两年决赛时并非如此，现场实施环节前 20 名的分数，都不会超过 8 分；进入答辩环节的队伍，和差一点没进入答辩环节的队伍，分数差可能就是接线环节这里的 2.5 分。所以还是建议各位老师和同学们重视接线环节，不仅仅是为了分数，而是有助于提高同学们对整个系统连接的理解。

再对第一次参加接线环节的同学们说一句，一定要准备好长柄 3mm 一字螺丝刀，不要梯形头、一定要矩形头，矩形头可适应多种端子排、长柄便于施力。

关于答辩环节：进入答辩环节，可以说是决赛阶段的一个小目标，为此需要在之前确保有较高的分数，有相对漂亮的曲线。至于在答辩环节怎样将半年甚至大半年的成果充分、完美、有特色地展示出来，传达出我们的分析和思考，依然需要探索，在答辩方面我们还需要继续努力。

前年决赛闭幕式的现场上，大赛又改名为智能制造挑战赛了，当时没觉得和自己带队参赛有什么关系。去年有幸以现场实施环节最高分进入答辩，其实我和队员们对拿到特等奖还是信心满满的，但是答辩现场专家的提问，却如当头冷水泼了一身。对于我们基于工艺分析设计控制方案，专家没有意见；对于为什么控制系统由若干单回路组成，专家不置可否；对于为什么各个被控变量的设定值就取我们设定的那个值，专家则对同学们的回答相当不满意。我给这些设定值的来历归纳为“人肉搜索”，因为在准备决赛阶段，就考虑到了合格产物累积量、冷水消耗累积量、回收热水累积量（去年的一个评分项）在不同分数值时应该如何搭配能够获得更高的分数，同学们手里掌握了厚厚一摞经验数据。但是，当专家听说是试出来的，他们显然是不满意的。从去年答辩结束，如何把“智能”引入到今年的连续赛项、答辩时候怎样更能满足专家的需求，就成了我时不时会想起来的事情。思考的方向有 3 个：一是上先进算法、智能算法；二是考虑实际中反应器工况突变应该怎么办，把方案做的智能些；三是过程优化。自己倾向于第三点，但是实话实说，在不知道自己能否进入答辩之前，学生们根本不会关注此事。

今年决赛细则出来时，盯着第 43 条仔细研究了一番。单纯引入智能算法、先进算法，觉得没意义，对象特性真的不复杂；根据生产工况变化智能调整算法参数，可以一试，但是准备时间不够；控制回路参数智能化自整定，同样是来不及测试了；开车过程最优化，说实在的，明知道比赛中工况不会有啥变化，练习时间又紧张，哪里会再去智能优化开车步骤？！我们还是人肉优化吧。有一位爱思考的 C 同学也说“如果单纯在回路控制器上用先进算法，从现在看来整体的控制还是各干各的，如果在整体上协调各个控制器而控制器还是 PID，是不是也算一种智能”，这正好和我琢磨的过程优化对上了。所以最后我们依然延续先前的思路，看能否将过程优化引入，使得我们的参数设定值不是靠大量经验数据猜测出来的，而确实是优化算法计算得到的。我们用三个累积量的计算公式作为优化目标，为相关的产物浓度、产物流量、物料 A 回流量、冷水流量等加上了若干约束条件，求解出 30 分的累积量满分最多只能拿到 24～25 分，同时得到产物流量、物料 A 回流量、冷水流量的操作值/设定值。在此基础上，倒推或根据经验得到其他若干参数的操作值/设定值。这种做法在答辩现场漏洞百出。首先就是优化目标有明显问题，不是从工艺出发，完全没有实际的物理意义，完全是为了比赛，整个反应过程中最关键的反应器压力、反应器温度、反应器液位、蒸发器压力、蒸发器液位等参数都没有出现在优化目标中。如果要优化，也是应该按实际工艺设置优化目标，而不是评分标准。其次，因为是在决赛练习阶段才开始做优化，相关内容并没有出现在工程设计文件中，一看就是临时凑的。所以，过程优化这条路还要走下去，但是在决赛阶段才开始做是万万来不及的。

关于参赛学生：我校自动化专业本身就是过程控制方向，良好的学生素质、适合的专业基础和优秀的教师团队，使得学生在参赛时基本具备了工程实践所需的各项理论基础。关于参赛学生所需要具备的条件，但凡符合下面的一两条就会觉得很好，如果符合很多条，简直是幸运。

（1）学习态度和工作态度端正，能够主动培养正确且良好的工程习惯和调试习惯；

（2）从全局考虑问题，愿意思考和反思，主动利用已有知识分析问题；

（3）注重工程实际，不会为了分数完全脱离实际，努力在比赛和工程实践之间寻找平衡；

（4）具备权衡、决策能力，能够根据应用场合决定是采取保守方案还是采取激进方案；

（5）追求完美，总觉得 PID 参数可以调得更好，某个参数的设定值可以进一步优化；

（6）善于寻找队友、与队友配合，有责任感，充分发挥个人能力和群体智慧。

我带过的队伍，有的是一个主导型同学搭配辅助型、任劳任怨听指挥的同学；有的是强强联合，至少有两名同学能力相差无几、可以交换意见的，也是不错的选择。无论是哪种搭配，重要的是发掘出同学们最擅长的内容并善加利用。我校参加西门子大赛的同学们都是自己组队，好处是他们自己就能够协调具体的工作内容。同学们自己组队的坏处就是，我们的延续性很差。

一个能够承上启下、有参赛经验的参赛学生，在某些时候会比指导教师还重要。这几年我们的成绩一直不错，也要归功于有一位连续参加了三年比赛的 C 同学，他从前年大二时候的控制思路单一，到去年的能够合理解释工艺现象、设计相应的控制方案，到今年的游刃有余地分析工艺现象并给出应对措施，三年与这个反应器的亲密接触使得他的工艺分析能力远远超过我，这种经验在决赛阶段尤其明显。今年比赛结束后，C 同学像是谢幕总结一样说：“一是靠着老师要求从工艺角度出发，强调对于每个现象进行分析；二是 Get 到小锅书中多次提到的能量和物质平衡的点，才有了如今的游刃有余”，这可以算作不忘（工艺分析的）初心，方得始终吧。

西门子大赛为学生提供了什么？西门子中国公众号是这样说的：“在工程类赛项中着重培养学生在工程项目的需求分析、方案设计、工程实施，以及对项目全生命周期进行系统优化的能力”，与工程教育认证的毕业要求高度吻合。可以说，经过比赛的洗礼，学生们确实已经踏上了工程师之路：他们能够将专业知识用来进行设计和优化；能够进行系统分析和工艺分析；能够针对赛题中相对复杂的反应过程设计满足需求的自动化系统、自动化装置，并且考虑了经济效益、安全等因素；能够根据练习过程中发现的问题进行分析、评估，对控制方案进行修正、改进；能够比较熟练地使用 PCS7，了解系统结构和通信原理；能够大体上遵循工程设计规范和实施规范，撰写工程文件，进行项目实施；在团队合作中充分发挥群体智慧和个人能力；能够较为准确地用文字表达专业问题，具备和专家沟通的能力。当然，他们也还有很多不足，还有不少需要雕琢之处，还有上升空间，还有很多未来可以期待！

F.2 “逻辑控制设计开发”赛项经验交流

任俊杰（北京联合大学）

学生的选拔和培训：一般是选择自动化专业大三的学生，大三第 2 学期开始，专业负责人或专业课教师会给学生介绍大赛的情况，动员学生参加，指导教师会跟学生面谈，了解学生的参赛意愿是否强烈，也会说明大赛的时间周期，要求参赛了就要坚持到底，再让学生考虑确定。指导教师会对确定参赛的学生每周周五进行软硬件培训。参加逻辑控制赛项的会先从PLC的基本原理、硬件组成、指令系统讲起，再进行简单的指令实验。同时会把博途软件给学生，看是否能安装在自己笔记本上，这也是考察学生的第一个环节。然后再培训博途软件的使用，最后是熟悉比赛设备，进行设备组态、通信连接。在培训的过程中会观察学生的接受能力、动手能力和头脑灵活度，对明显不适合参赛的学生会淘汰掉，人数不够时，在课内实验中如果发现不错的学生也会让其加入。一般四月初会由学生自主组队，真正确定下参赛队员。

选拔学生考虑几个方面：不一定学习成绩最好，中等即可；对这个比赛有比较强的兴趣；能坚持、有团队精神；动手能力强、善于思考。

备赛过程：无论是风机的控制还是电梯的群控，做方案前首先要对被控的系统进行深入分析，这一步非常重要。通过查阅大量资料，越来越熟悉系统。

以今年为例，组队后每组3名同学一起先搞清楚电梯的结构、检测元件、执行元件、拖动电路、工作原理以及单梯的控制要求，搞清楚什么是上下平层等概念。网上可以搜到一些单梯的PLC程序，筛选出有参考价值的读懂，跟要控制的梯子类似的可以借鉴，之后，开始编写自己的单梯控制程序。编程之前要告诉学生根据功能分解分块来编写。

先编写一个简单的电梯楼层初始化程序，调试一下行不行，有问题那怎么找到。刚开始学生不大会调试，出了问题不知道怎么根据现象缩小错误范围，这时候老师可以拿这个例子给学生一步步进行分析演示，学生很快也学会了。以后的编程调试他们全都可以自己解决，偶尔有特殊问题师生讨论下，老师给出尝试的建议，一般学生花点时间也都想办法解决了。

刚开始学生一边上课一边整程序，进度很慢，单梯程序差不多5月中写完，梯子基本就动起来了，一组跑起来就带动了其他组的同学，后面进度就会慢慢快起来。

单梯基本功能实现了，学生们开始查阅群控的资料，重点调度的策略，分析清楚、考虑好不好实现，确定自己的方案。6月之后就是写群控的算法块了，写完再一边调试一边完善。遇到问题会咨询去年参赛的学长，6月底的时候学生们都能非常熟练地修改程序和调试程序了。

今年的决赛题目是小型生产线的控制，虽然没有比赛设备，但我们分析主要就是开关量的逻辑控制，里面可能会有一些模拟量的检测处理。因此备赛的重点放在顺序控制上，复习了顺序控制功能图设计梯形图的方法，利用实验室内一些实验装置，提出一些顺序控制任务，学生练习编写程序，而且我们也想到了可能会有几种工作方式（自动、单步、点动等）的切换，都做了相应的练习。以防万一，我对学生做了模拟量处理的简单培训，决赛中学生们碰巧抽到了有模拟量的站，因为做好了准备，所以学生现场能应付自如。

除此之外，决赛增加了智能网关和云管理的内容，赛前网上进行了培训，学生们底下也花了好多时间在上面，特别是网页编程，学生们都是自学，为了显示一个开关费尽心思。

赛前学生还要准备工程文件，初赛虽然只看现场实施成绩，但文档的撰写对提高学生的能力同样重要，因此我要求学生按文档模板写好自己的工程文件，图文排版格式都要规范。内容上要按照实际工程项目来进行设计，硬件配置按实际来配，不能针对比赛的仿真设备，明确实际工程和仿真系统的相同和不同之处。

决赛进到答辩环节，工程方案的撰写太关键，所以盯紧学生写好每段话、画好每个图，做好PPT。3位同学这时候也是务尽完美，确实下了很大功夫，答辩前一天夜里整到了凌晨2点多。特等奖正是对他们付出努力的回报！

老师的指导作用：老师的指导一方面是技术上的，包括赛前的软硬件培训、调试的指导、遇到问题的师生讨论建议；再一方面就是把握好大赛的节奏、赛前的准备进度、到什么时间该完成什么任务了，督促学生；最后就是要掌握好学生的心理动态，及时处理。让学生以学习知识获得能力为主，不要急功近利只为得奖，告诉他们认真设计调试，调好了得奖只是水到渠成的事。组队时就跟学生说清决定参加比赛就要耐得住枯燥的调试、就要做好要投入时间精力的准备，如果做不到就退出，决定了就不能打酱油。今年初赛就有一组只有一个同学在实验室进行程序调试，另两人总不来，那老师就得出面叫来 2 名学生谈，该严厉得严厉，因为组队时我已经把话都说过了。分配给他们各自一定任务，后面就好多了。再有就是观察到学生有些浮躁的时候就得敲打敲打，让他们沉下心来，遇到进度落后急躁的得安慰鼓励，后来者可以居上。总之，就是让学生们更沉稳，戒骄戒躁。

参赛的收获：北京联合大学是应用型大学，学校每年都有经费支持学生参加此项赛事。参加比赛的学生们通过教、学、练，掌握了 PLC 的应用和软件的使用，做到了学以致用，通过动手实践养成熟练度和严谨的流程并积累了工程经验。参赛同学在毕业设计中基本都能独立思考解决设计中的问题，撰写的论文也像模像样。考研的学生由于有参赛获奖的经历，给他们的复试面试增加了砝码，不少同学考上“985”和“211”大学研究生。参加工作的同学也相对更有竞争力找到自动化领域的相关工作。

作为教师，在教学中可以以大赛的赛题作为案例，丰富了教学内容，补充了课程训练项目，也提供了毕业设计题目以便学生进一步研究算法等。除此之外，组委会技术组提供的赛前培训我们觉得很好，师生都学到了新知识并用于今后的教学实践中。

近几年每年都利用比赛设备，学生也申报了多项国家级和市级的课外科技项目，许多学生从中得到了科研锻炼和能力提高。

F.3 “工业信息设计开发”赛项经验交流

霍静怡（北京交通大学）

1. 竞赛组织与管理

1）竞赛设备与场地的准备

选取相对独立的场地用于竞赛设备放置及赛项训练。一方面竞赛所需设备较多且较为贵重，另一方面竞赛的组织培训和参赛学生的上机训练需要占用大量时间，因此应设置固定的实验场地，并挑选责任心较强的学生辅助老师进行竞赛设备及实验室的管理工作。

2）以“兴趣”和“态度”为主进行选拔

根据历年参赛情况，对比赛相关知识感兴趣的学生会不遗余力地投入到这项活动中去，积极的参赛态度是取得优异成绩的关键因素之一。建议以大二、大三学生为主组建队伍，此阶段的学生已经具备了一定的专业基础知识，对理论知识的应用有一定兴趣，且急需专业引导，有效的指导和完整的参赛经历能够快速提升其创新实践能力。

3）鼓励学生合理进行团队分工

参赛队组长的选择至关重要，其应当具备较强的协调与组织能力。在比赛中，队员之间的配合尤为重要，作为组长，除了熟悉应有的知识技能外，还需要合理进行任务分配，调动组员积极性，切忌划水心态，否则整个团队都将丧失积极性。

此外，该竞赛考察的是一个参赛小组的整体水平，涉及队员多方面的素质。如，总结归纳及文案能力、方案表现能力及演讲水平等，因此需要对参赛队的能力搭配和协作精神予以充分考虑。

4）志愿者的组织与管理

组织竞赛是一项较为繁重的任务，因此需要充分调动学生的积极性，发挥学生的自主能动性组织自己的比赛，建议以大一学生为主力进行竞赛的会务与边裁等志愿工作。由于新生刚进入大学，处于较为迷茫的状态，举办学术竞赛，吸引新生目光，使其对专业知识充满渴望并积极参与其中，初步培养大学生的组织协调能力和学术兴趣，为后续参赛打下基础。

2. 工业信息赛项经验

1）赛项教师培训

中国智能挑战赛组委会每年会举办参赛教师培训，针对赛项涉及的相关技术问题及大赛组织管理办法进行讲解。参加此次培训对于工业信息赛项分赛区负责教师来说意义尤其重要，培训内容主要包括工业信息设计开发赛项介绍、竞赛设备介绍、工业网络通信技术讲解与实验、初赛规则讲解、赛场内组织讲解与演练等。通过培训，各负责教师对比赛流程及竞赛设备有了一定的了解，并且能够掌握赛项设备的基本操作，对于后期指导学生参赛有很大的帮助。

2）参赛学生培训

由于工业信息赛项涉及的设备及模块较多，且学生在平时很难接触到工业网络设备，因此需要对参赛学生进行赛前培训，使其了解最基本的操作方法，将以往学习的理论知识实物化、具体化，方便学生进行后续的深入学习。

3）志愿者培训

由于赛项比赛需要，赛场除主裁老师外，还需一定数量的边裁志愿者，因此需要对志愿者进行赛前培训，使其熟悉比赛流程并掌握恢复模块出厂设置的操作方法。需要注意的是，在比赛过程中很容易出现重置按钮损坏等现象，因此除了培训学生硬件重置方法以外，还应了解模块的软件重置方法。

4）做好设备使用记录

作为工业信息赛项分赛区，需要为整个赛区参赛队伍提供上机练习设备。由于参赛学校不同、参赛学生较多，在上机练习过程中容易出现不爱惜设备、随意更改密码等现象，因此需要充分做好设备使用记录。

5）鼓励学生上机练习

参加工业信息赛项对竞赛设备的熟悉非常重要，在具备条件的情况下，应鼓励各参赛队伍尽量多的接触设备、操作设备，以便学生更好的理解理论知识。由于竞赛题目会考查学生设计思维，因此只有在对比赛设备熟练掌握的情况下，才能灵活应用所学知识，在有限的比赛时间内拿到较好的成绩。

6）关注学生比赛心态

由于比赛用到的软件较大、安装较为复杂，且易出现系统不兼容的情况，许多参加西门子比赛的学生止步于安装软件，因此指导老师应鼓励学生不要轻易放弃，在整个参赛过程中需要有不断克服困难的勇气和毅力。在最开始没有任何预备知识的情况下，不被参加比赛的难度吓倒，按部就班学习知识、熟悉设备，并不断练习、打好基础。比赛是一种形式而不是目的，引导参赛学生树立“重参与、重过程、重收获”的参赛观，合理权衡比赛过程和结果的重要性，在比赛过程中不断学习和成长。

3. 以竞赛为载体，提高学生工程创新能力

1）做好“传帮带”，建设阶梯式队伍结构

校内参赛队伍应由多个年级学生构成，由高年级学生指导低年级学生，进行经验交流和技术切磋，在竞争中不断学习。每年参加比赛的同学中，高年级同学专业知识较丰富，学习能力较强，经过大赛的锻炼，取得优异成绩后，可以为下一年度参赛的低年级学生进行指导，并帮助老师进行简单的培训。同时，低年级的同学在参加过一次比赛后，积累了经验，为来年的大赛奠定了基础。由于不同年级的学生长期共同学习、参赛，建立了良好的学习、交流氛围，这种阶梯式队伍结构使教师的指导工作达到了事半功倍的效果。

2）以赛促学，完善科研俱乐部建设

工程创新能力是一种综合素质，将实践教学与学科竞赛相结合，是培养应用型工程创新人才的有效途径。将比赛融入学生平时学习，使学生参加比赛获奖成为一个水到渠成的过程，而非刻意追求的结果。将组织比赛作为一个全年不间断的工作，加强平时的宣传力度，在日常实践教学环节注意引导学生。

为提高学生工程实践和创新能力，学院一直致力于科研俱乐部的建设，引导学生养成良好的学习、研究习惯，让学生之间、师生之间形成一个自觉交流沟通的平台，促使学生工程创新活动常态化。通过不断的积累，学生工程创新能力不断提高，综合实力从量变到质变，不断推动学院创新人才培养体系建设。

F.4 “运控系统设计开发”赛项经验交流

张松林（安徽信息工程学院）

注重团队协作能力的培养：学科竞赛不是一个人在战斗，是靠团队整体的力量取得竞赛的成功，因而团队协作能力非常重要。在平常的训练中我们注重此方面的能力培养，密切配合，发挥每个学生的优点和长处，注重性格的磨合，情绪的引导，做到按时按质完成任务。团队组建以互补原则包含专业自学能力、表达能力强和理论基础扎实的同学。

建立智能制造实验室，绑定社团，给学生更多动手机会：改变常规实验室管理方式，建立独立的创新实验室，实验室的管理由社团管理，配备常规设备和部分比赛设备，学生平时以创新课题形式进入开展相关认识和掌握实施手段，比赛时以参赛队伍形式进入准备学科竞赛。这样能让学生随时进出实验室，高年级学生带低年级学生，这样形成阶梯式的“传帮带”，大大提高了指导效率。

注重现场设备调试环节，做好后勤保障：比赛的成绩与比赛场地有直接性关系，尽量在有条件的情况下，鼓励学生到比赛现场调试设备。发现细节问题，在现场指导解决，使比赛时的突发性问题大大降低。

F.5 “智能创新研发”赛项经验交流

许英杰（厦门大学）

张贝克老师所倡导的“工程人才的能力模型”是对企业人才需求非常科学的一种阐述，也是一种人生职业规划，具体落实到人才培养上，高校可以做些探索和尝试。在教学范畴内，为学生提供智能制造方向上层次化、阶梯状的学习路径（图1）。一方面通过多门课程为学生建立知识体系，另一方面通过多项科创活动让学生参与工程化实践创新。

赛事活动的开展：一、二年级学生需要掌握电路、模数电理论知识，并完成相关实验过程，具有这些基础知识后，在电气实训课程中让学生接受电气接线技能（三相异步电动机正反转控制）、PLC基础入门（S7-300指令及案例联系）及机器人应用（寻迹小车设计）的训练。三年级开始接触专业课程，提供《电气控制技术课程》，课程涵盖传统继电接触器控制、EPLAN电气制图、PLC高级编程应用及人机界面应用。同时每年10月面向全校同学组织“厦门大学智能制造挑战赛”，赛事包含实验室实物对象平台、行业仿真课题及虚拟仿真被控对象类课题，学生以团队形式完成任务工艺分析、控制方案设计、电气选型及图纸设计、控制程序设计、人机界面设计、系统调试、设计文稿撰写，并聘请企业工程师和专业领域教师参与学生答辩的过程。同年9月期间也会招募一批团队成员，拟定部分大创课题，做先期课题预研。在次年1月期末考结束后，将选定优异校赛和团队成员，按各项赛事所需专业重新组合划分，由老队员做一些课题培训，逐步进入国赛状态中来。

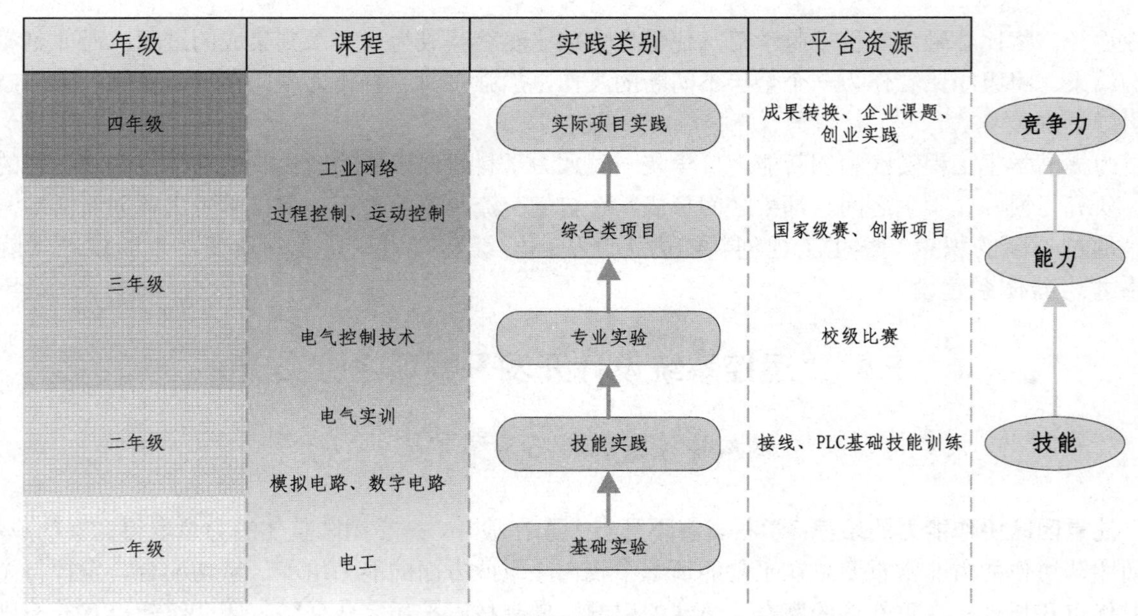

层次化、阶梯状的学习途径

备赛期间或赛后，老师会有引导学生完成科创成果转换，包括论文、专利、软件著作权等。在四年级时，鼓励学生通过对作品成果的价值挖掘，与经管类学生组合，申报创业比赛，学习并体验产品商业化过程，探索尝试创业。

参赛经验分享：首先合适选题和立题是关键。参赛多年，更愿意参加开放性课题，例如西门子的创新赛项、硬件赛项，以及去年的企业命题赛项。一是希望能完成一项完整作品，包括机、电、控制以及算法等；二是在完成比赛要求的基础上，能够进一步提出适合 985 高校学生难度的设计要求，切实锻炼学生；三是贴近工程和实际，让作品更具有实用价值；四是围绕先进技术和方法，例如采用 EPLAN 制图软件，引入人工智能等。

备赛期间建立有效反馈机制，给予学生竞争对比的压力。拟定课题后，学生通过资料查找与调研，细化技术路线和实施方案，指导老师对团队学生的进行分工，制定赛程的工作计划和每周的工作内容。团队保持每周的例会制度，要求学生汇报工作。一方面可使队伍间相互学习和作进度比较，另一方面指导教师可以给予答疑、建议和思路，以此方式保障各个赛项有序开展。在备赛时间充裕的条件下，对作品的要求要按产品的完整设计要求提出，包括实施细节和最终目标，如此可有效提升最终作品质量。

全方位的保障，学校对赛事给予了大力支持：在我校科技园专门划拨场地，作为学生 24 小时开放创新场所，同时实验室空余时间开放给学生使用；建设公共加工、测试平台，包括常规雕刻、数铣、3D 打印等设备，以及常规测试仪表；教务处每年给予经费保障，确保赛事的开展；以团队方式运营多个赛事，建立统一管理、统一采购、统一财务机制，保障赛事高效运行；指导教师的及时响应，会给予学生充足信心，特别在赛场之上，我们基本是全程陪同，针对现场展示和答辩环节给予设计和排练。

探索学科交叉，迸发好作品。电气、自动化专业的毕业生找工作经常开玩笑说，自己是“狗皮膏药”，那里都能用，没有竞争优势；产生这种原因的背后更多是缺乏行业背景，难以挖掘自身价值。因此希望学生完成一些具有行业背景的课题，鼓励学生多专业合作。一方面是本学科方向的专业交叉，如机械、电气、测控共同完成软硬件兼具作品，另一方面是跨学科方向的合作，与其他学院共同开展赛事。例如，今年参加的国际太阳能十项全能竞赛，团队同学协助建筑学院完成整套二层建筑的太阳能发电用电、住宿电气配电、能源管理和智能家居等工作。

F.6 “企业命题”赛项经验交流

何　成（上海第二工业大学）

队伍组建，兴趣比成绩更重要，坚持比兴趣更重要：全国每年都会举办各级各类大学生竞赛，通常的队伍选拔、选手晋级模式为：校级初赛、地区复赛、全国总决赛。一些在学生中知晓度高的热门赛事往往在学校初赛时便会报名者踊跃，竞争激烈，有些指导教师在筛选选手时会向学习成绩好的学生倾斜，而我的选拔原则是：兴趣比平时成绩更重要。因为有些学生可能理论考试不一定名列前茅，但实践技能却掌握得好，应用能力很强。尤其此次参与的企业命题赛项，更要求选手有实践的思维和解决工程实际问题的能力。因而，我选拔的学生首先是喜欢动手实践的，而且都已经参与过老师所承担的企业实际项目，具备一定的实践基础和创新意识。

在比赛备战过程中，向学生们强调，坚持比兴趣更重要。因为从赛前准备到最终比赛会遇到各种意想不到的困难和挫折，小到原型机的运输，大到整个比赛方案的设计和可行性论证，以及比赛过程要历经的层层筛选、多轮淘汰，就像跑马拉松一样，只有坚持到最后才有胜利的希望，一定要有砥砺前行的勇气、百折不挠的毅力和坚持不懈的努力。兴趣给予探索的勇气，坚持则助力更上台阶。正如学生在比赛设计方案最后的“活动收获”中写道：在为期三个多月的赛事准备中，由于经验不足等原因，设计的时候遇到了方方面面的困难，但是这并没有打倒我们，通过破解一个个难题，进一步提升了自身画图、编程等技能，同时也明白了企业需要什么样的人才，深切了解了企业需要解决什么样的问题。学生的感言虽朴实却道出了参赛的意义和收获。

实践育人，注重“授之以渔”，以竞赛为平台培育创新型拔尖人才：“西门子杯”中国智能制造挑战赛设置这样的科技创新竞赛活动，有利于培养学生的实践能力、创新思维和协作精神，对于提升大学生理论联系实际、学以致用、创新能力培育起到了不可替代的积极作用。作为指导教师要利用好这个实践育人的平台，在赛事备战中对选拔出的学生进行系统地专业知识培训、实践技能指导和创造性思维的启发引导，充分挖掘参赛队员潜力，使队员经过紧张的赛前准备和正式比赛后，提升能力和综合素养，成长为具有较强竞争力的工科类拔尖创新人才。

给人一杯水，自己要有一桶水。带领学生参与企业命题赛项，教师首先需要具备“双师型”素养。多年来作为学校“知识服务团队”成员，承担了“弹簧齿条自动装配机器人”“自动拧螺丝机器人”“自动点胶机”“自动钢管冷拔机”和“PHM 智能故障预测与健康管理设备”等一系列为企业开发的横向项目，在“机器换人”大背景下瞄痛点、接地气，精准对接企业需求，深受企业欢迎。通过一次又一次解决生产实际问题，一在为企业研发的实际项目得到锤炼，实践能力和创新思维也得到了有效提升。

在本届赛前指导工作中，注重把科研成果应用于赛事培训的教学实践，将实践经验融入专业指导，把在为企业研发项目过程中遇到的具体问题作为案例，引导学生探讨并得出解决方案。通过这样有的放矢的指导，使参赛学生巩固和掌握了比赛所需的“机械结构设计”“二维和三维机械图绘制”“电气原理图绘制”“电气接线操作”“可编程控制器程序编制”和“气动原理与气动元件应用”等知识和应用技能，提升学生的创新层次和能力，从而使其在比赛项目准备和设计过程中能够触类旁通、拓宽思路、举一反三。同时也鼓励学生在遇到问题时去企业现场找答案，曾帮助联系了一些相关的自动化企业让学生去观摩学习，这也是培育参赛学生的沟通交流能力。

打破局限，建梯队带团队，探索大学生创新能力培养的可持续发展：天下无不散之筵席，很多比赛团队成员在赛事结束后便又回归各自学习和生活的轨道，单打独斗的能力增强了，但是团队优异的战斗力和作用却没有很好地显现和发挥。如何打破“竞赛”局限，做到学生创新能力培养的针对性和持续性，充分发挥优秀竞赛团队效能和辐射作用，实现大学生创新能力培养的可持续发展，值得深思。本人也在进行有效路径的探索和尝试。

其一，后续在科研实践项目的研发过程中，已经带着本届比赛团队的成员加入课题组，参与方案设计、制图、实验验证、安装调试等环节；进一步通过项目实践指导提升学生的探究能力、动手能力与创造性思维，深化和巩固所学。

其二，通过这些竞赛获奖的优秀学生在课题组学生中进行“同伴激励”和“朋辈影响”，发挥榜样示范引领作用，通过相互之间的沟通交流、深入探讨，激发其他大学生的创新意识。使团队形成开展学术研究与科研探索的习惯，培养团队成员严谨的科学态度和团队合作精神，提高实践动手能力，增强运用知识、解决实际问题的能力，实现大学生创新能力培养的可持续发展。

F.7 “PLM 产线规划”赛项经验交流

张义文（长春理工大学）

根据赛题自行车支架焊接，首先明确支架焊接采用的是弧焊工艺，但由于学生对机器人弧焊的系统集成不了解，对目前智能制造方面知识匮乏，因此需要有针对性地展开专业讲座培训。比如，以安川机器为例讲解机器人弧焊系统的组成，系统集成的注意事项等。智能制造方面邀请了中国第一汽车集团高级专家，以《白车身数字化工厂建设》为题目进行一次讲座培训。在讲座中，同学们与专家进行互动讨论，学生的收获会非常大。6 月中旬又带领学生参观了“一汽”大众 Q 工厂和“一汽”解放 J7 自动化焊装生产线。通过学校的讲座培训和与汽车行业专家的互动，对智能制造有了一定的理解。

本届的赛题目体现了自动化制造与至智能制造的交叉，不仅限于工装设备的设计与工业机器人工艺仿真，在完成赛题的过程中有许多学科交叉问题需要解决。比如，产线规划中节拍计算、产能分析、物流调度、机器人离线编程和电控虚拟调试等问题。

“PLM 产线规划”赛项可以促进学生对现代智能制造的了解，并将自己所学的知识进行模拟应用，对学生个人未来工作乃至指导教师的教学工作都有着很大的影响。学校可以借助比赛引导建设一些选修课程，如“工业机器人仿真与应用”“虚拟制造系统”和“工业机器人编程与应用技术”等。在大二下学期就安排一些选修课程，为比赛做好准备，这样在大三参赛前就会具备一定的基础知识。通过比赛总结发现，现场临时培训的效果不会很理想，希望赛前就应该多多自学一些东西，并有针对性地加入一些专业 QQ 讨论群，学习 PLM 知识。比如，PLM 之家 www.plmhome.com、SOSC 仿真开源社区 bbs.zixin2025.com 社区等。这些专业讨论群与论坛有很多工程师参与，有很多共享资料可供学习和讨论。

建议指导教师应该多参与西门子 GO PLM 举办的各种专业培训，并将专业技能应用到课题中，带动研究生和愿意参加科研活动的本科生。也就是说，可以把比赛理解为对学生学习、工作的一种检验，让参赛学生成为项目的技术骨干，也带领其他学生，形成协作团队，发挥团队的协作能力。这样既检验了参加科研的学生能力，又锻炼了普通学生的工业实践能力。

后　记

2018年全国总决赛期间，由全国竞赛专家组组长、清华大学萧德云教授推荐，全国竞赛组委会秘书处向北京理工大学廖晓钟教授和中国化工集团冯恩波先生发出邀请，请两位专家担任主编和副主编来主持将本年度总决赛优秀方案编辑出版成册，廖教授和冯老师都认为这将是造福大赛参赛师生和智能制造技术学习者的一件大好事，欣然同意。在2018年总决赛闭幕式上，廖老师宣布了优秀方案集锦出版计划，在座指导教师和参赛学生集体拍手称赞，呼吁多年的优秀方案集锦终于开始筹备了！

总决赛结束后，在萧教授和廖教授的指导下，秘书处迅速开展筹备和组织工作，集锦汇编工作计划迅速出炉，主要由2018年总决赛评审专家和组委会工程师组成的编委会也很快确定下来，集锦汇编工作迅速启动。

9月下旬，每个赛项分别由1～2位专家对总决赛90余份参赛方案进行审阅，并对各个方案给出了第一轮修改意见。10月，按照专家的修改意见和清华大学出版社的格式要求，各参赛队伍完成对原参赛方案的第一次修改。同期，编委会邀请了多位技术专家和优秀指导教师撰写技术经验分享的附录文章，并邀请几位指导教师撰写带队经验分享文章，也获得了各位专家和指导教师热心允诺，所有分享文章初稿在两周时间就全部返回到了秘书处。11月8日，编委会主要编委成员以及组委会工程师在北京化工大学召开了审稿工作会议，筛选确定了18份可入选的方案，并对可入选方案和带队经验分享文章、附录文章的所有内容进行逐段逐句地审阅和批注修改意见。11月底，参赛队伍、指导教师和技术专家陆续完成文稿第二次修改完善。12月初，秘书处对集锦所有文稿进行汇总编辑和修改格式。12月中旬，主编完成集锦整体校审。12月25日，集锦定稿，由主编提交于清华大学出版社。

非常荣幸的是，我们邀请到教育部原副部长、中国工程教育专业认证协会理事长吴启迪教授，中国工程院吴澄院士，中国工程院李伯虎院士，西门子（中国）有限公司执行副总裁、数字化工厂集团总经理王海滨先生，以及上海交通大学邵惠鹤教授，华东理工大学俞金寿教授，浙江大学王树青教授，共同担任编委会顾问。同时，吴启迪教授、王海滨先生、萧德云教授拨冗为本集锦执笔作序。各位前辈和先生是真正在关心祖国的工程教育和人才培养，备受尊重，你们对大赛的无私支持和信任，也激励我们所有汇编工作者以更加严谨的态度和更高的要求来完成评审和修稿。

本次集锦汇编工作能够迅速完成和顺利出版，非常感谢所有编委会顾问、编委、专家、工程师和指导教师、参赛选手们的共同努力和辛苦工作！

集锦的付梓出版，汇聚了各方的期待和汗水，相信一定能为未来参赛师生提供很多在工程思维、方法、技术和经验等方面的启发和帮助，对提高大赛整体水平将大有裨益。

最后，我们特别感谢萧德云、冯恩波、廖晓钟、胡晓光、顾和祥、杨清宇、燕英歌、齐晓慧、李擎、刘翠玲、牟昌华、乔铁柱、石炳坤等（此处按赛项惯例顺序作排序）专家，以及高东、许欣、刘洋、张玉良、苏育等（此处按赛项惯例顺序作排序）组委会工程师一起为集锦方案选拔、评审和修稿等付出的技术指导和审稿工作。

感谢张鹏、黄胜、顾和祥、马昕和西门子工业通信部同仁等朋友们百忙之中撰写附录和经验分享，使本书内容更加丰富和充实。

感谢清华大学出版社对本集锦出版的支持。

张贝克　彭　惠

“西门子杯”中国智能制造挑战赛秘书处

图书资源支持

感谢您一直以来对清华版图书的支持和爱护。为了配合本书的使用，本书提供配套的资源，有需求的读者请扫描下方的“清华电子”微信公众号二维码，在图书专区下载，也可以拨打电话或发送电子邮件咨询。

如果您在使用本书的过程中遇到了什么问题，或者有相关图书出版计划，也请您发邮件告诉我们，以便我们更好地为您服务。

我们的联系方式：

地　　址：北京市海淀区双清路学研大厦 A 座 701

邮　　编：100084

电　　话：010－62770175－4608

资源下载：http://www.tup.com.cn

客服邮箱：tupjsj@vip.163.com

QQ：2301891038（请写明您的单位和姓名）

教学交流、课程交流

清华电子

扫一扫，获取最新目录

用微信扫一扫右边的二维码，即可关注清华大学出版社公众号“清华电子”。

图书资源支持